Heinz Ladener, Frank Späte

SOLARANLAGEN

Handbuch der thermischen Solarenergienutzung

mit Beiträgen von
M. Norbert Fisch, Peter Herdlitschke,
Wolfgang Keip, Michael Mack,
und Ulrich Victor-Ulmke

ökobuch
Staufen bei Freiburg

Dankeschön
Die Autoren und der Verlag danken allen Firmen und Institutionen, die das Entstehen dieses Buches durch Informationen und Anregungen sowie durch die Überlassung von Bildern und Grafiken unterstützt haben.

Die Deutsche Bibliothek – CIP-Einheitsaufnahme

Solaranlagen : Handbuch der thermischen Solarenergienutzung / Heinz Ladener ; Frank Späte. Mit Beitr.von M. Norbert Fisch .... - 6., vollst. überarb. und erw. Aufl. - Staufen bei Freiburg : ökobuch, 1999
ISBN 3-922 964-72-9

ISBN 3-922 964-72-9

1. Auflage 1993 unter ISBN 3922964-54-0
6. vollständig überarbeitete und erweiterte Auflage 1999
7. verbesserte Auflage 2001

Layout: Michael Müller, Badenweiler
Druck: Druckhaus Beltz, Hemsbach

Cover-Photos oben: Sonnenkraft GmbH, A-4655 Vorchdorf;
Bilder Mitte und ganz unten rechts:
Arbeitsgemeinschaft Erneuerbare Energie, A-8200 Gleisdorf;
Bild unten links und Grafik: Fa. Solvis, 38122 Braunschweig

Inhaltsverzeichnis

Dankeschön

Bei der Arbeit an der Neuauflage dieses Buches wurde schnell deutlich: Die Solartechnik ist den Kinderschuhen entwachsen! Der Vergleich mit einem Kind drängt sich auf: Wenn man es jeden Tag sieht, merkt man kaum, wie es heranwächst; hat man es jedoch längere Zeit nicht gesehen, so ist man überrascht, wie groß es in der Zwischenzeit geworden ist.
In den letzten Jahren hat sich auf dem Gebiet der thermischen Solartechnik so vieles getan, daß es für die Neuausgabe dieses Buches nicht ausreichte, Details zu ändern oder vereinzelt neue Kapitel einzufügen, um dem heutigen Stand der Solartechnik gerecht zu werden.
Daß die komplette Neubearbeitung des Buches mit beträchtlichem Arbeits- und Zeitaufwand verbunden war, hat auch meine engste Umgebung häufig zu spüren bekommen. Daher möchte ich an dieser Stelle allen danken, die mich bei der Arbeit an diesem Buch unterstützt haben, insbesondere meiner Lebensgefährtin Katja Moscardi für ihre tatkräftige Hilfe und moralische Unterstützung.
Für die vielen wertvollen fachlichen Diskussionen und Anregungen sowie für seinen Beistand sage ich ein ganz besonderes Dankeschön an Michael Meliß.
Stellvertretend für alle weiteren möchte ich hier ausserdem Detlef Kakoschke nennen und danken, der mir häufig eine große Hilfe war.

Im Mai 1999 Frank Späte

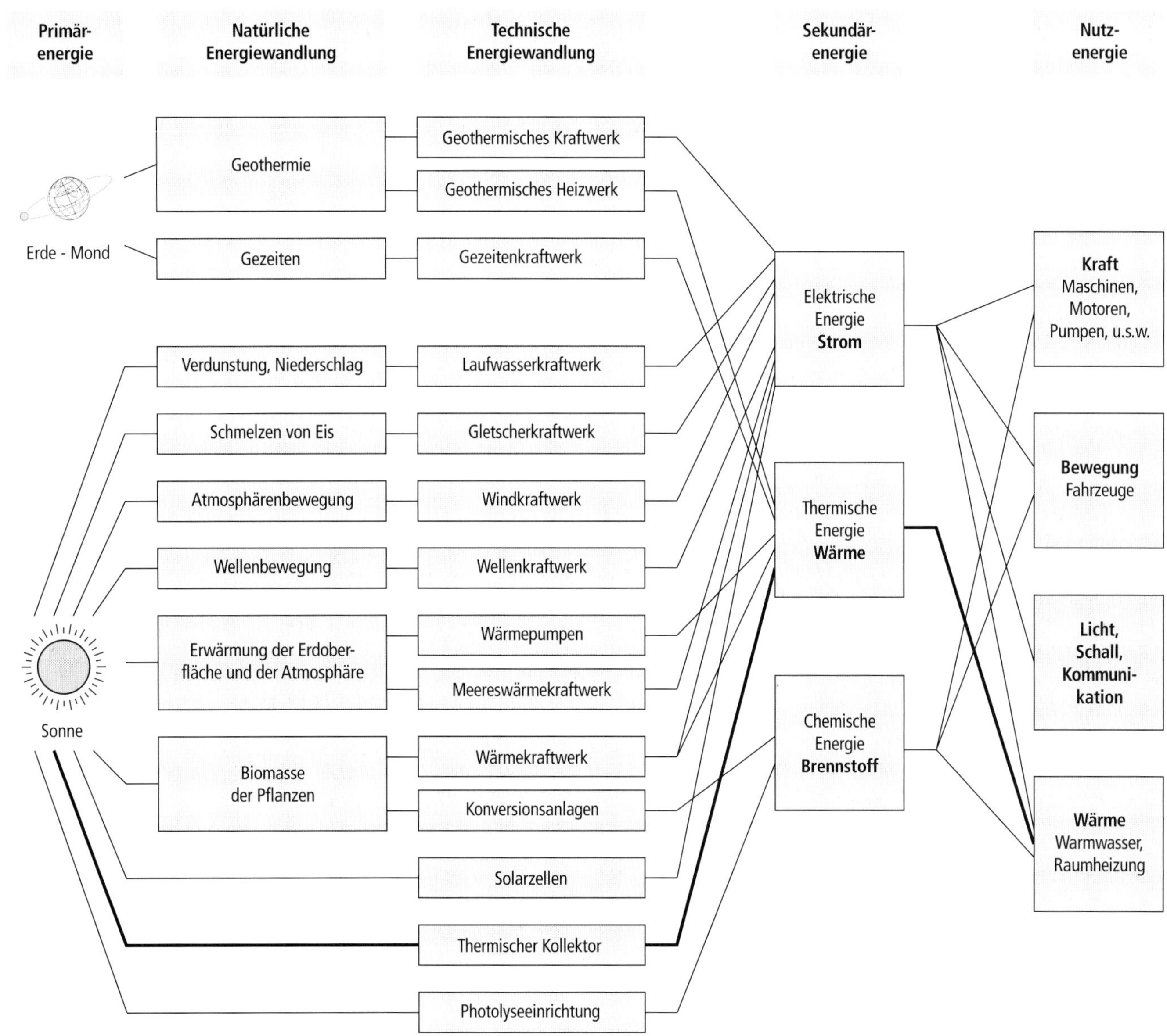

1.1
Nutzungsmöglichkeiten der Regenerativen Energiequellen. Aus der Vielzahl der dargestellten Möglichkeiten wird in diesem Buch „nur“ die thermische Sonnenenergienutzung, d.h. die Umwandlung der Sonnenstrahlung in Wärme und deren Nutzung behandelt /1/.

1 Vom Nutzen der Sonnenenergie

1.1 Warum brauchen wir Sonnenenergie?

Die Sonne ist seit Jahrmillionen der wichtigste Energielieferant für die Erde. Ohne sie wäre das Leben auf unserem Planeten undenkbar. Die fossilen Energierohstoffe Kohle, Öl und Erdgas, die heute im großen Maßstab abgebaut werden, sind nichts weiter als gespeicherte Sonnenenergie aus früheren Erdzeitaltern. Durch den technischen Fortschritt und den damit einhergehenden „Energiehunger" der Menschen werden diese in Jahrmillionen gewachsenen Energie-Vorräte in wenigen Jahrzehnten aufgezehrt. Ein Blick auf die Reichweite der fossilen Energieträger zeigt, daß sie in absehbarer Zeit durch andere Alternativen ersetzt werden müssen. Dies gilt in gleicher Weise auch für Uran – also die Nutzung der Kernenergie – ebenso wie für andere Rohstoffe der Erde.

Noch brisanter wird die Situation durch die nachhaltige Schädigung der Umwelt und des Klimas, im wesentlichen verursacht durch den verschwenderischen Umgang mit den Ressourcen. Stellvertretend für die massiven Auswirkungen auf das ökologische Gleichgewicht unseres Planeten sei hier nur der Treibhauseffekt erwähnt.

Die Zunahme von Naturkatastrophen und die Häufung von klimatischen Ausnahmeereignissen wie z.B. ungewöhnlich heiße Sommer, milde Winter, Orkane, Jahrhundertregen usw. in jüngster Zeit machen es überdeutlich: Es muß dringend gehandelt werden. Dabei führen zwei Wege aus dem Dilemma:

- Verringerung des Energieverbrauchs und
- Nutzung regenerativer Energiequellen.

Beide Wege müssen parallel beschritten werden.

Die *Verringerung des Energieverbrauchs* als Aufgabe betrifft heute hauptsächlich die reichen Industrieländer, denn der größte Teil der Menschheit nimmt an den „Segnungen" eines hohen Energieverbrauchs, einhergehend mit hohem Lebensstandard, schier grenzenloser Kommunikation und Mobilität nicht teil. Die sehr ungleichmäßige Verteilung des Energieverbrauchs in den Ländern und Kontinenten der Erde zeigt Abb. 1.4.

Der Treibhauseffekt

In der öffentlichen Diskussion um die Nutzung der Sonnenenergie fällt immer wieder der Begriff „Treibhauseffekt", der daher hier kurz erläutert wird. Ähnlich wie ein Treibhaus oder ein Auto von der Sonne erwärmt wird, verhält es sich auch mit der Erdatmosphäre. Sonnenstrahlung fällt durch die Atmosphäre (sie entspricht der Glasscheibe beim Treibhaus) ein und trifft auf die Erdoberfläche (sie entspricht dem Boden des Treibhauses), die sich dadurch erwärmt. Daß diese Wärme nicht wieder in den Weltraum zurückgestrahlt wird, verhindert vor allem das in der Luft enthaltene Kohlendioxid. Ohne Kohlendioxid in der Atmosphäre (CO_2-Konzentration in der Atmosphäre derzeit etwa 0,36%) würde die Erdtemperatur im Durchschnitt -15°C statt derzeit +15°C betragen. Mit steigendem CO_2-Anteil nimmt die Erdtemperatur zu, was eine empfindliche Störung des in Jahrmillionen entstandenen Gleichgewichts zur Folge hat. Die Eiszeiten waren z.B. auch solche Störungen, allerdings ist die derzeitige CO_2-Zunahme nicht auf natürliche, sondern auf menschliche Aktivitäten – im wesentlichen durch die massive Verbrennung fossiler Energieressourcen – zurückzuführen. Welche Auswirkungen dieser anthropogene (vom Menschen verursachte) Treibhauseffekt auf die klimatischen Verhältnisse der Erde letztendlich haben wird, ist unter Klimaforschern noch sehr umstritten. Mit großer Sicherheit ist wohl ein Anstieg des Meeresspiegels zu erwarten, wobei Zahlen zwischen mehreren Zentimetern und mehreren Metern genannt werden, sowie großklimatische Veränderungen, die sich voraussichtlich in der Zunahme von verheerenden Unwettern, Dürreperioden, Flutkatastrophen und anderen Anomalien auswirken werden.

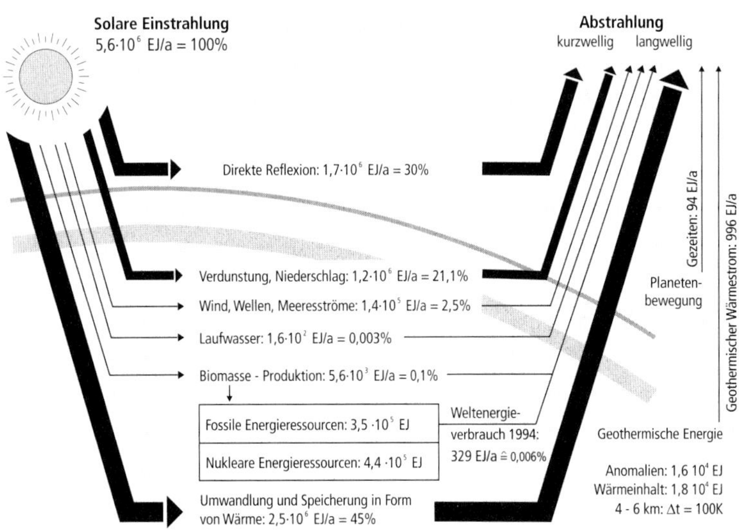

1.2
Das Energieflußbild der Erde mit den theoretischen Energiepotentialen der drei regenerativen Energiequellen Solare Strahlung, Planetenbewegung und Geothermie im Vergleich mit den theoretisch verfügbaren fossilen und nuklearen Energieressourcen sowie dem weltweiten, anthropogenen Primärenergieverbrauch /1/, /2/.

1.3
Sicher gewinnbare internationale Energiereserven - Reichdauer bei gegenwärtiger Förderung. Auch wenn teilweise etwas andere Zahlen genannt werden, ändert dies nichts an der absehbaren Begrenztheit der Ressourcen /3/, /4/.

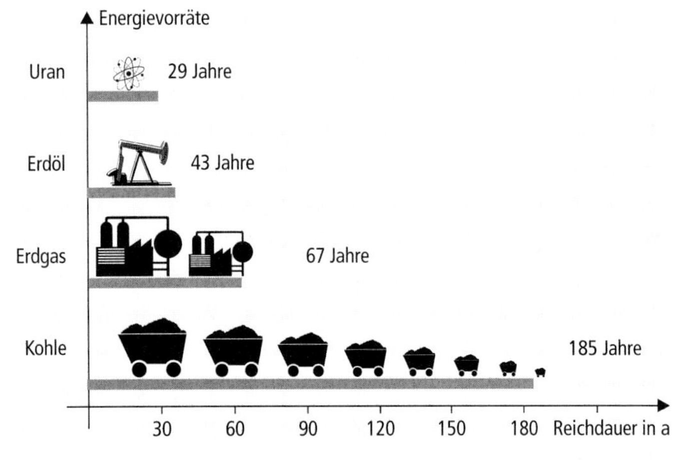

Allerdings orientieren sich viele Länder mit niedrigem Energieverbrauch am Vorbild der Industrieländer. So ist insbesondere durch bevölkerungsreiche Länder wie China, Indien und Indonesien mit ihren zeitweise zweistelligen Wirtschaftswachstumsraten ein ungebremster Anstieg des weltweiten Energieverbrauchs zu verzeichnen. Hier ist es Aufgabe der Industrieländer, beispielhaft zu zeigen, wie durch sparsamen und rationellen Umgang mit Energie bzw. durch den Einsatz von energieeffizienten Geräten und Methoden ein hoher Lebensstandard bei begrenztem Energieeinsatz zu erzielen ist. Was auf diesem Gebiet möglich ist, hat nicht zuletzt Ernst Ulrich von Weizsäcker mit den Studien seines „Wuppertal Institut für Klima, Umwelt und Energie“ eindrucksvoll belegt /6/, /7/. Zum anderen wird immer deutlicher, daß Einschränkungen unseres Lebensstandards über kurz oder lang unvermeidlich sind. Diese „Tatsache“ ist allerdings sehr unpopulär und wird daher in der öffentlichen Diskussion bisher kaum vertreten.

Neben drastischen Einsparungen müssen die *regenerativen Energiequellen* so schnell wie möglich zur Deckung des Energiebedarfs herangezogen werden. Regenerative Energiequellen sind solche, die sich ständig erneuern und nach menschlichen Maßstäben zeitlich unbegrenzt zur Verfügung stehen. Dazu gehören die Planetenbewegung, die Geothermie (Zerfallsprozesse im Erdinneren) und – mit Abstand am bedeutendsten – die solare Strahlung, also die Energie der Sonne. Abb. 1.1 zeigt, was die Regenerativen auf der Erde bewirken und wie damit alle vom Menschen benötigten Nutzenergien bereitgestellt werden können.

Allein durch die Strahlung der Sonne wird der Erde und ihrer Atmosphäre kontinuierlich die Leistung von $1{,}2 \cdot 10^{17}$ Watt (= 120 Mio. Gigawatt, 1 Gigawatt entspricht etwa der elektrischen Leistung eines Atomkraftwerkes) zugeführt. Auf ein Jahr bezogen ergibt sich daraus ein Solarenergieangebot von $1{,}1 \cdot 10^{18}$ kWh/a (= 1.100 Milliarden Gigawattstunden, aus Abb. 1.2: $5{,}6 \cdot 10^6$ EJ/a Gesamteinstrahlung

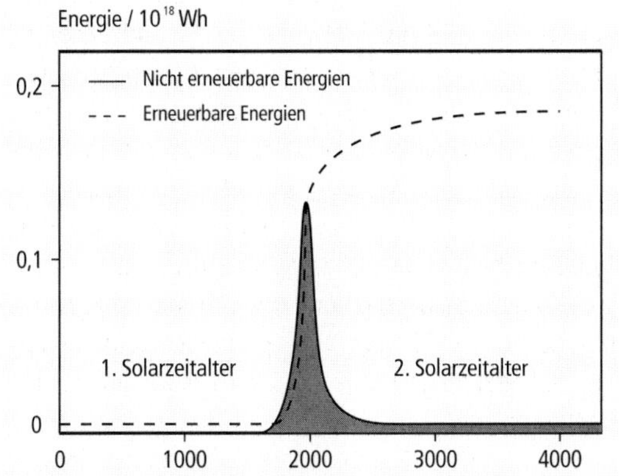

1.5: Energieverbrauch vom Jahre 0 bis zum Jahr 4000 /8/.

minus 30% direkte Reflexion), dem ein Weltenergieverbrauch von ungefähr $100 \cdot 10^{12}$ kWh/a gegenüber steht.

Erst der *Vergleich* dieser astronomischen Zahlen miteinander macht sie etwas anschaulicher: Die der Erde zugeführte Solarenergie ist etwa 11.000 mal größer als der Weltenergiebedarf der gesamten Menschheit. Damit ließe sich dieser Bedarf vollständig aus Sonnenenergie decken, wenn die Sonneneinstrahlung auf 0,13% der Erdoberfläche mit 5% Wirkungsgrad für die Energieerzeugung genutzt würde. Oder anders ausgedrückt: In weniger als einer halben Stunde strahlt die Sonne soviel Energie auf die Erde, wie weltweit von der Menschheit pro Jahr verbraucht wird. Auf den Energieverbrauch Deutschlands bezogen beträgt der solare Überschuß etwa das 80-fache, d.h. selbst bei mitteleuropäischem „Schmuddelwetter“ in Verbindung mit unserem hohen Verbrauchsstandard ist eine solare Vollversorgung theoretisch möglich.

Die Energieversorgung der Menschen durch Sonnenenergie ist angesichts der beschriebenen Probleme langfristig unumgänglich. Sie ist prinzipiell realisierbar, und zwar ohne Rückfall in die „Steinzeit“. Die Schwierigkeiten beim Übergang in das Solarzeitalter liegen – abgesehen von technischen Proble-

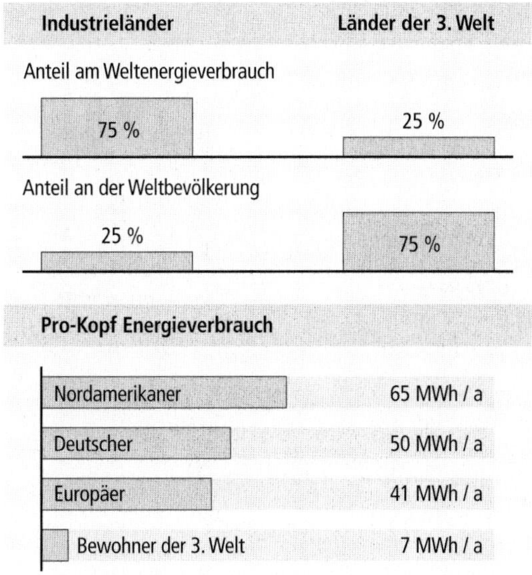

1.4
Weltenergieverbrauch /5/.

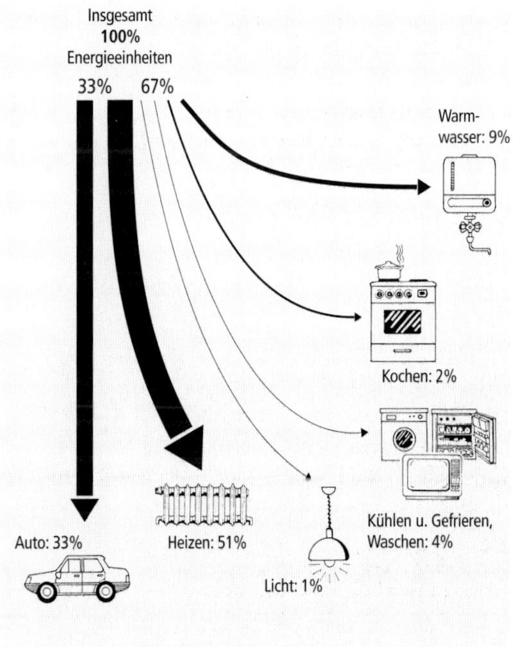

1.6
Energieverbrauch einer Familie /5/.

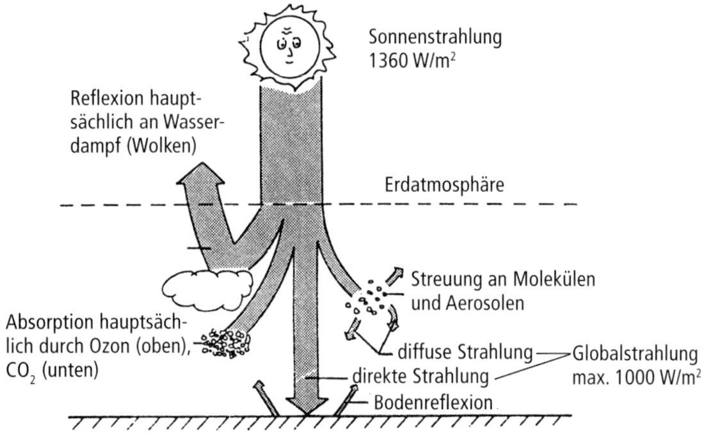

1.7: Vorgänge beim Durchgang der Solarstrahlung durch die Atmosphäre.

men und ökonomischen Zwängen – wohl vor allem darin, daß mächtige Wirtschaftsbranchen umstrukturieren müßten. Bis zum vollen Einstieg in das „2. Solarzeitalter" (Abb. 1.5) ist es deshalb noch ein beschwerlicher Weg.
Dieses Buch soll einen kleinen Beitrag zum Fortschreiten auf dem skizzierten Weg leisten. Dabei beschäftigt es sich „lediglich" mit der *thermischen Sonnenenergienutzung*, d.h. der Umwandlung der Sonnenstrahlung in Wärme und deren Nutzung. Daß dieser kleine Ausschnitt dennoch ein großer und wichtiger Bereich gerade für die privaten Haushalte ist, verdeutlicht Abb. 1.6. Allein der Bereich Wärme (Heizen plus Warmwasser) macht danach 60% vom gesamten Energieverbrauch einer Durchschnittsfamilie aus. Meistens wird der Energieverbrauch für das Auto jedoch nicht in die Energiebilanz des Haushalts einbezogen, in diesem Fall liegt der Anteil der Wärme am Gesamtenergiebedarf einer Durchschnittsfamilie in Deutschland sogar bei nahezu 90%!

1.2 Die Sonne als Energiequelle

Als Einstieg ist es sinnvoll, sich zunächst mit den wichtigsten Eigenschaften der Sonnenenergie sowie deren Möglichkeiten und Grenzen vertraut zu machen.

Das Solarangebot schwankt

Die Sonne ist physikalisch gesehen ein Fusionsreaktor. Aufgrund der enorm hohen Masse und der damit verbundenen Massenanziehung verschmelzen Atome miteinander, im wesentlichen Wasserstoffatome zu Helium. Dabei werden unvorstellbare Mengen an Energie freigesetzt, die in Form von elektromagnetischer Strahlung in den Weltraum abgegeben werden. Ein Bruchteil dieser abgestrahlten Energie erreicht nach ca. 150 Millionen Kilometern und einer Laufzeit von 8,3 Minuten die Erde. Einige interessante Daten zur Sonne gibt Tab. 1.1 wieder.
Bei der Messung der Solarstrahlung außerhalb der Erdatmosphäre (auf der Sonnenseite senkrecht zur Solarstrahlung) etwa in Satellitenhöhe ergibt sich ein konstanter Energiestrom von ca. 1.360 W/m² – die sogenannte Solarkonstante.
Beim Durchgang der Strahlung durch die Erdatmosphäre laufen eine Reihe von komplexen Vorgängen ab. Teile der Strahlung werden absorbiert, gestreut, reflektiert und emittiert (vgl. Abb. 1.7). Dadurch hat sich im Laufe der Erdgeschichte ein thermisches Gleichgewicht an der Erdoberfläche eingestellt, das Voraussetzung für die Existenz von Leben ist. Treibende Kraft für fast alle energetisch nutzbaren Vor-

gänge und Abläufe in unserer Umwelt ist die Sonneneinstrahlung, das sind z.B.:

- Luftbewegungen aufgrund von Temperatur- und Luftdruckunterschieden (Windenergie),
- Verdunstung und Niederschlag (Wasserkraft z.B. durch Flüsse)
- Meeresbewegung (Wellen und Meeresströmungen),
- Erwärmung von Erdoberfläche und Atmosphäre (Wärmenutzung z.B. durch Wärmepumpe),
- Pflanzenwachstum (Photosynthese, Biomasse).

Bei klarem, wolkenlosem Himmel erreicht der größte Teil der Strahlung die Erde ohne Richtungsänderung. Diese *direkte Strahlung* kann z.B. durch Spiegel oder Linsen gebündelt (konzentriert) werden.

Durch Streuung der direkten Strahlung an Wolken und Partikeln in der Atmosphäre entsteht *diffuse Strahlung* (auch Himmelsstrahlung genannt), die aus allen Himmelsrichtungen auf die Erde trifft. Die diffuse Strahlung kann nicht gebündelt werden.

Die Summe aus direkter und diffuser Strahlung wird als *Globalstrahlung* bezeichnet. Während die diffuse Strahlung im Sommer etwa 50% der Globalstrahlung (im Monatsmittel) ausmacht, liegt der Anteil im Winter bedingt durch das trübe Wetter erheblich höher (vgl. Tabelle 1.2 und Abb. 1.8). Im Jahresmittel beträgt sie ca. 60%. Daher müssen bei der Nutzung der Sonnenenergie Technologien zum Einsatz kommen, die auch die diffuse Strahlung gut nutzen. Konzentrierende Systeme kommen damit für eine (breite) Anwendung in Deutschland und Mitteleuropa nicht in Betracht.

Je stärker die Trübung der Atmosphäre und damit je höher der Anteil der diffusen Strahlung ist, um so mehr nimmt auch der Energieinhalt der Globalstrahlung ab. So beträgt die Strahlungsintensität in der Mittagszeit

- an trüben Tagen 40 - 200 Watt/m²,
- an klaren Tagen 600 - 1.000 Watt/m².

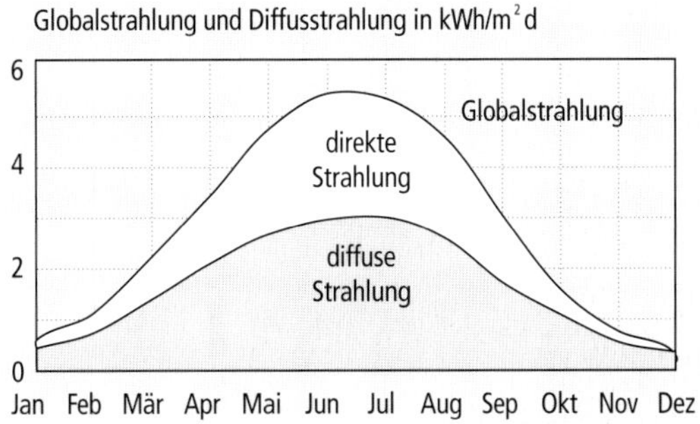

1.8
Der Anteil der diffusen Strahlung an der Globalstrahlung liegt in unseren Breiten bei 50-70% je nach Jahreszeit.

Größenverhältnisse Sonne – Erde

	Sonne	Vergleich zur Erde
Durchmesser	1.390 000 km	109 Erddurchm.
Masse	$2 \cdot 10^{27}$ t	330.000 Erdmassen
Schwerkraft	28 g	g (= 9,81 m/s²)
Oberflächentemp.	ca. 6.000 °C	ca. 15°C
Entfernung von der Sonne zur Erde	ca. 150 Mio. km (= 1 Astronomische Einheit, AE) oder 8,3 Lichtminuten	

Tabelle 1.1
Größenverhältnisse Sonne – Erde /9/.

Strahlungsleistung und Diffusstrahlung

	Einstrahlung [W/m²]	Diffusanteil [%]
blauer Himmel	800 - 1000	10
dunstiger Himmel	600 - 900	bis 50
nebliger Herbsttag	100 - 300	100
trüber Wintertag	50	100
Jahresdurchschnitt	600	50 bis 60

Tabelle 1.2
Spezifische Strahlungsleistung und Anteil der Diffusstrahlung bei verschiedenen Wetterbedingungen.

Strahlungsangebot auf südorientierte Kollektoren

	Sonnenschein, blauer Himmel	Bewölkter Himmel
Sommer	7 - 8 kWh/m²	2 kWh/m²
Frühjahr / Herbst	5 kWh/m²	1,2 kWh/m²
Winter	3 kWh/m²	0,3 kWh/m²

Tabelle 1.3
Typisches tägliches Strahlungsangebot auf südorientierte Kollektoren.

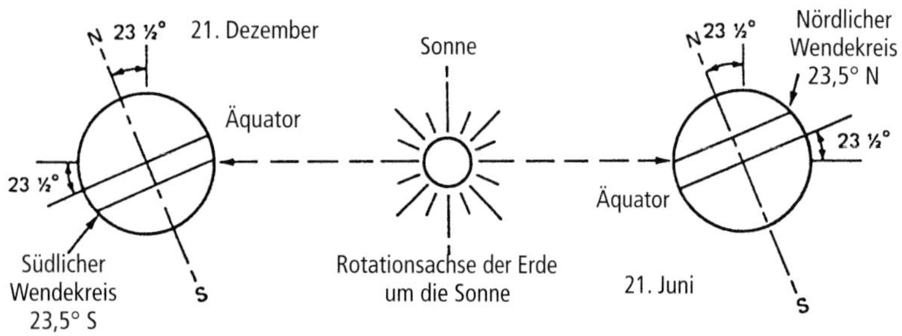

Entsprechend stark schwankt die im Laufe eines Tages eingestrahlte Energiemenge (Tabelle 1.3). Aufgrund der Erddrehung und der Bewegung der Erde um die Sonne im Jahreslauf (Abb. 1.9) schwankt die Einstrahlung auf der Erdoberfläche sowohl im Tag-Nacht-Rythmus als auch im Wechsel der Jahreszeiten. Im Winter empfängt die nördliche Halbkugel deutlich weniger Sonnenenergie als im Sommer, da die Tage kürzer sind und die Sonne niedriger am Himmel steht. Der Rückgang der Sonneneinstrahlung im Zusammenwirken mit dem globalen Windsystem führt hierzulande zu einem überwiegend trüben und kalten Winterwetter mit entsprechend niedrigen Solarstrahlungswerten (vgl. Tab. 1.2 und 1.3). Auf der Südhalbkugel ist es umgekehrt.

Das stark schwankende Angebot an Solarstrahlung ist Ursache für ein grundlegendes Problem bei der technischen Solarenergienutzung: Damit solare Energiesysteme kontinuierlich Energie bereitstellen können, müssen entweder entsprechende Speicher oder aber Zusatzsysteme (Back-up-Systeme) eingesetzt werden.

Das Strahlungsangebot der Sonne.

Für die Planung von Solaranlagen ist es sinnvoll, das Strahlungsangebot der Sonne auch in Zahlen auszudrücken. Von den Wetterstationen auf der ganzen Welt werden vor allem zwei interessante Werte der Solarstrahlung gemessen:

1.9 (oben)
Durch die Neigung der Erdachse empfängt im Winter die Süd- und im Sommer die Nordhalbkugel mehr Sonnenenergie.

1.10 (unten)
Mittlere Jahressummen der Globalstrahlung auf horizontale Flächen in kWh/m²a für den Zeitraum 1982-1991 /10/.

900 - 950 kWh/m²a
950 - 1000 kWh/m²a
1000 - 1050 kWh/m²a
1050 - 1100 kWh/m²a
1100 - 1150 kWh/m²a
1150 - 1200 kWh/m²a

- die *Sonnenscheindauer*, gemessen in Stunden pro Monat oder Stunden pro Jahr und/oder
- die *eingestrahlte Energie* auf eine waagerechte Fläche, oder genauer gesagt die Tages- oder Monatssummen der Globalstrahlung auf eine waagerechte Fläche, gemessen in Wattstunden pro m^2 (Wh/m^2 bzw. kWh/m^2).

Um die „Launen" des Wetters aus späteren Berechnungen heraus zu halten, ermitteln die Wetterämter aus den Meßwerten vieler Jahre Mittelwerte, die sozusagen ein Durchschnittswetter bzw. das durchschnittliche Strahlungsangebot vor Ort beschreiben. Wer genaue und detaillierte Strahlungs- und Wetterdaten benötigt, kann beim Deutschen Wetterdienst (DWD) solche Durchschnittswetterdatensätze in Form von sogenannten Testreferenzjahren (TRY - *T*est-*R*eference-*Y*ear) beziehen. Um die Zahl der Datensätze zu beschränken, wurde Deutschland in eine Reihe klimatisch vergleichbarer Zonen aufgeteilt. Die Mittelwerte aus 10jährigen Messungen aller anerkannten Wetterstationen einer jeweiligen Zone ergeben dann das TRY. Diese sind bis zu einer Auflösung von Stundenwerten erhältlich. Abb. 1.10 zeigt die Globalstrahlung auf horizontale Flächen in Deutschland, Abb. 1.11 die weltweite Verteilung. Als Grundlage für eigene Berechnungen sind im Anhang 1 die mittleren monatlichen Tagessummen der Globalstrahlung für Deutschland und einige Orte des europäischen Auslandes zusammengestellt /12/.

Die jährlich eingestrahlte Energiemenge liegt in Deutschland zwischen 950 kWh/m^2 (Nordseeküste) und 1200 kWh/m^2 (Schwäbische Alb), beträgt also im Mittel ungefähr 1.000 kWh/m^2. Die besten Einstrahlungswerte auf der Erde werden mit ca. 2200 kWh/m^2a in Wüstengebieten (z. B. Sahara, Kalifornien, Australien) erzielt und liegen damit lediglich um den Faktor 2 höher als in Deutschland. Hierzulande fällt der überwiegende Teil, nämlich etwa 75% entsprechend 750 kWh/m^2a, in das Sommerhalbjahr (d.h. in die sechs Monate von April bis September). Gute Voraussetzungen für eine Sonnenenergienutzung sind daher vornehmlich im Sommerhalbjahr gegeben, d.h. für Verbraucher, die in dieser Zeit Energie benötigen, wie z.B. die Kühlung von Lebensmitteln oder von Räumen, die Freibadbeheizung, die Trinkwassererwärmung usw.

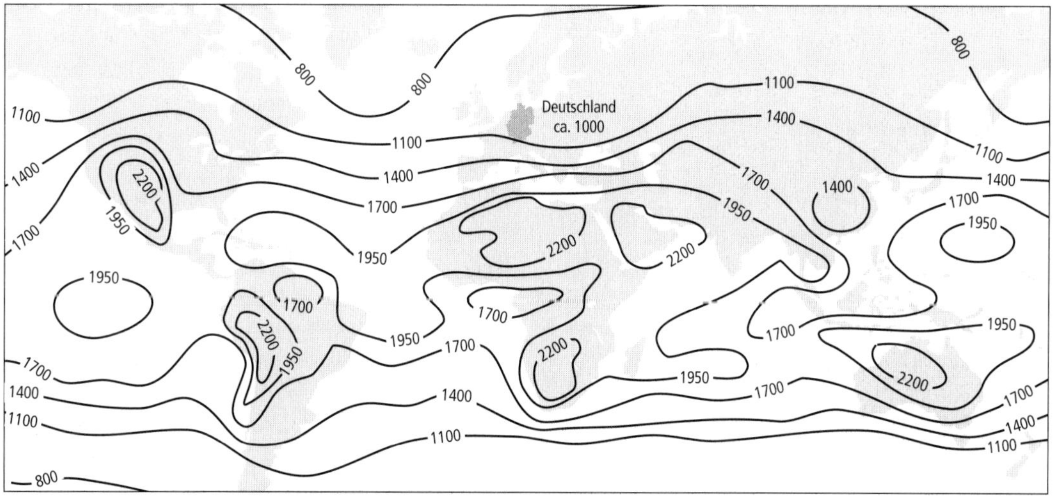

1.11
Mittlere jährliche Globalstrahlung auf waagerechte Flächen in kWh/m^2a basierend auf Meßdaten der World Meteorological Organisation (WMO) in /11/.

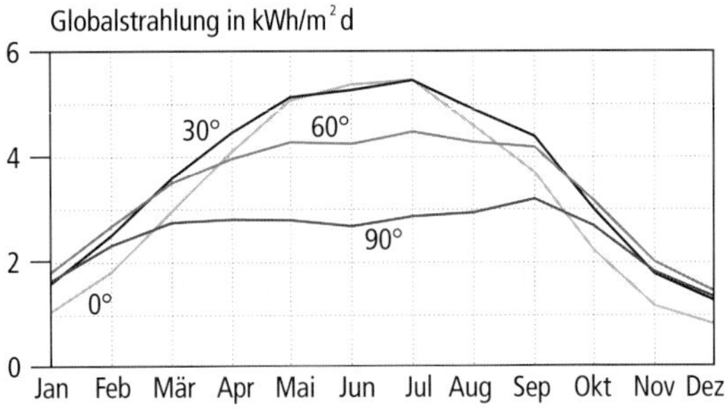

1.12
Jahresgang der Globalstrahlung auf südorientierte, geneigte Flächen (Werte der Station Weihenstephan bei München).

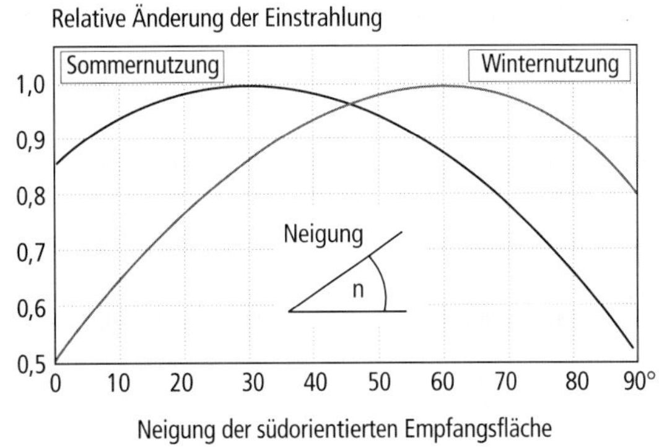

1.13
Günstige Neigungswinkel für eine solare Nutzung.

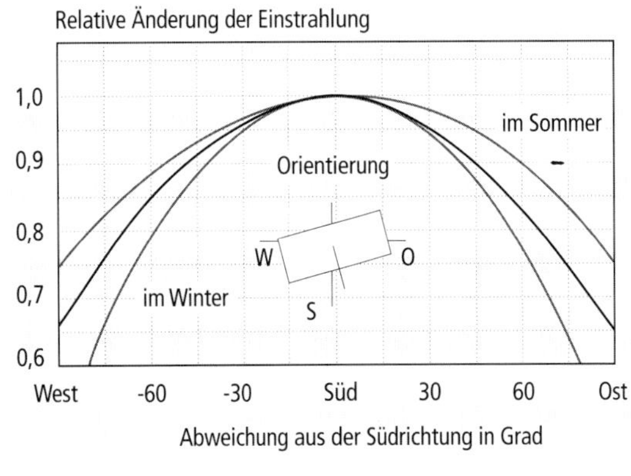

1.14
Relative Änderung der Sonneneinstrahlung bei Abweichung von der Südorientierung.

Hier zeigt sich neben dem schwankenden Dargebot ein weiteres grundlegendes Problem bei der technischen Nutzung der Sonnenenergie: die niedrige Leistungsdichte von lediglich 1 kW/m^2 maximal (im Vergleich dazu beträgt die Leistungsdichte in der Brennkammer eines konventionellen, fossilen Kraftwerks ca. 500 kW/m^2). Das bedeutet, daß für eine technische Nutzung stets relativ große Sammler (= Kollektor) -flächen benötigt werden.

Die Orientierung zur Sonne

Durch Orientierung des Kollektors zur Sonne hin läßt sich der Ertrag an Strahlungsenergie optimieren. Die höchste Ausbeute wird erzielt, wenn der Kollektor dem Lauf der Sonne nachgeführt wird, bei konzentrierenden Kollektoren ist dies sogar notwendig. Allerdings ist für nichtkonzentrierende Systeme das Verhältnis von Aufwand zu Nutzen der Nachführung so ungünstig, daß in der Praxis davon abzuraten ist.

Wie Abb. 1.12 zeigt, ändert sich der Verlauf der eingestrahlten Energie, wenn die bestrahlte Fläche nicht waagerecht, sondern geneigt und nach Süden orientiert ist.

Bei einer Neigung von ca. 30° ergibt sich im Sommerhalbjahr der höchste Energiegewinn, während für eine gute und relativ gleichmäßige Energieausbeute bis in die Übergangszeiten hinein, d.h. von März bis Oktober, eine Neigung von 50 bis 60° günstiger ist. Neigungswinkel zwischen 30 und 60° sind für eine ganzjährige Nutzung akzeptabel (s. Abb. 1.13).

Die optimale Orientierung für geneigte Kollektorflächen ist Süden, wobei geringe Abweichungen nach Ost oder West nur wenig ins Gewicht fallen. Abb. 1.14 gibt Anhaltswerte für die relative Änderung der eingestrahlten Sonnenenergie bei Abweichung von der Südrichtung, und zwar sowohl für den Jahresmittelwert als auch für die Sommer- und Winterhalbjahreswerte. Bei 40° Abweichung von der Südrichtung beträgt die Einbuße an Strahlungsenergie im Jahresmittel gerade einmal 10%.

Fazit: Sowohl bei der Neigung als auch bei der Orientierung existiert also eine relativ große Bandbreite, innerhalb deren eine solare Nutzung ohne nennenswerte Einbußen möglich ist. Damit sind prinzipiell sehr viele Dachflächen in Deutschland für eine Solarenergienutzung geeignet.
Bei Solaranwendungen insbesondere im dichtbesiedelten Deutschland ist weiter zu prüfen, ob und ggf. wieweit durch Gebäude, Bäume oder ähnliches Verschattung auftritt. Abbildung 1.15 verdeutlicht die Zusammenhänge.

Hinweise zum praktischen Umgang mit Verschattung sowie zur Ermittlung der optimalen Neigung und Orientierung finden sich im Kapitel 5: Dimensionierung.

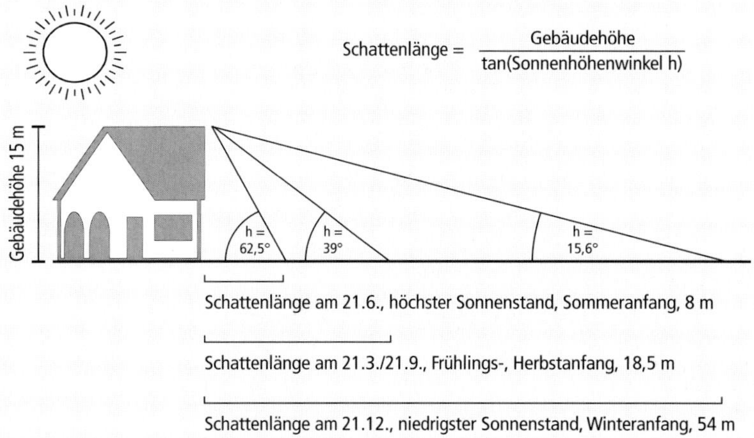

1.15: Schattenwurf am Beispiel eines Gebäudes von 15 m Höhe.

1.3 Solarenergie technisch nutzen

In den letzten Jahren wurde in den Medien immer wieder über neue, oft spektakuläre Techniken der Sonnenenergienutzung berichtet, wobei es durch den unterschiedlichen Gebrauch von Bezeichnungen gelegentlich zu Mißverständnissen kam und kommt. Deshalb erscheint eine Erklärung der wichtigsten Begriffe angebracht.
Als *Sonnenkollektoren* oder *thermische Kollektoren* werden solche technischen Systeme bezeichnet, die Sonnenstrahlung in *Wärmeenergie* umwandeln (vgl. Abb. 1.1), auch wenn der Begriff „Kollektor" ganz allgemein die Eigenschaft des Sammelns beschreibt und auf andere Techniken ebenso anwendbar wäre. Entsprechend sind mit *Sonnenkollektoranlagen* – oder im Sprachgebrauch der DIN-Norm – mit *Sonnenheizungsanlagen* /13/ bzw. *Solarthermischen Anlagen* /14/ oder kurz *Solaranlagen* – zumindest in diesem Buch – stets Anlagen gemeint, die Sonnenenergie in Wärme umwandeln und sie für Anwendungen wie Warmwasserbereitung, Schwimmbaderwärmung oder Heizung nutzbar machen.

Solarzellen bzw. Solarmodule dagegen wandeln Strahlung bzw. Licht in elektrischen Strom um. Sie nutzen dabei den photoelektrischen Effekt, bei dem die Erzeugung von Wärme eher unerwünscht ist. Die Anordnung vieler Solarmodule einschließlich der zugehörigen Installation wird insbesondere in den Medien ebenfalls oft als Solaranlage bezeichnet. Unmißverständlich und daher besser ist jedoch die Bezeichnung *Solarstrom-* oder *Photovoltaik-Anlage*. Solche Anlagen werden in diesem Buch *nicht* behandelt (siehe hierzu /15/).
Wenn in Veröffentlichungen von *aktiven Solarsystemen* oder *aktiver Nutzung der Sonnenenergie* die Rede ist, können damit sowohl Sonnenkollektoranlagen als auch Photovoltaik-Anlagen gemeint sein, da in beiden Fällen Solarenergie mittels technischer Systeme gewonnen wird.
Im Gegensatz dazu wird bei der *passiven Solarenergienutzung* versucht, das Haus selbst als eine Art Sonnenkollektor auszubilden und die Solarenergie ohne technische Hilfsmittel für die Unterstützung

1.16
Schematischer Aufbau einer Solaranlage (Anwendungsfall Warmwasserbereitung).

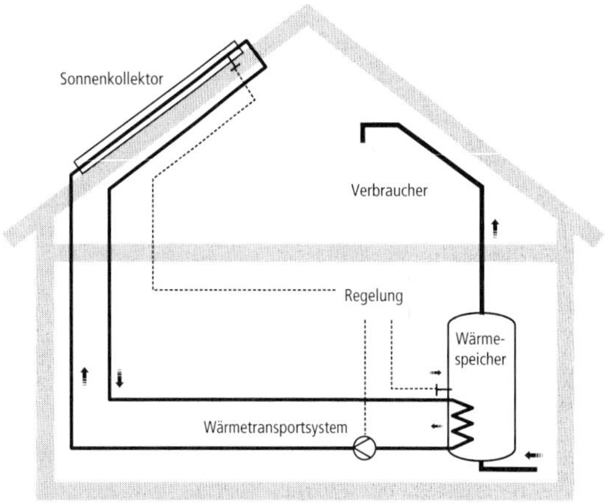

der Hausheizung zu nutzen. Mit Hilfe von Simulations- und Berechnungsverfahren ist es schon in der Planungsphase möglich, Grundriß, Gebäudeform und -konstruktion sowie Fensterflächen und Wärmespeichermassen im Gebäude so zu gestalten, daß der solare Energiegewinn optimiert und gleichzeitig ein angenehmes Raumklima geschaffen wird (siehe hierzu /16/).

Die passive Sonnenenergienutzung macht die Anwendung aktiver Systeme durchaus nicht überflüssig, denn die Warmwasserbereitung und die Stromversorgung können mit passiven Systemen nicht realisiert werden. Vielmehr ergänzen sich beide Techniken gerade im Bereich der Raumheizung gut, wobei der Übergang zwischen Systemen mit rein passiver und solchen mit aktiver Solarenergienutzung fließend ist.

Im folgenden werden ausschließlich *aktive Solarsysteme* beschrieben, und zwar genauer gesagt *Sonnenkollektoranlagen* bzw. *Solaranlagen*.

Der Aufbau von Sonnenkollektoranlagen

Sonnenkollektoranlagen bestehen aus den Teilen *Sonnenkollektor, Wärmespeicher* und *Solarkreislauf* bzw. Wärmetransportsystem mit allen notwendigen Aggregaten (Abb. 1.16).

Der Sonnenkollektor wandelt die Sonnenstrahlung in Wärme um und überträgt diese auf ein Wärmeträgermedium (z.B. Wasser, Luft o.ä.), um die Wärme zum Verbraucher transportieren zu können. Es gibt eine Fülle von Bauweisen und Konstruktionen, konzipiert und optimiert für die unterschiedlichsten Anwendungen. Neben größtmöglicher Effizienz ist die Haltbarkeit von besonderer Bedeutung, d.h. die eingesetzten Materialien müssen vor allem gegenüber Wettereinflüssen und UV-Strahlung beständig sein. Der Sonnenkollektor wird so aufgestellt, daß er möglichst viel Sonnenstrahlung aufnimmt, also bevorzugt auf südorientierten, nicht verschatteten Hausdächern oder an anderen besonnten Stellen. Als äußerlich sichtbares Bauteil der Solaranlage muß er nicht nur wärmetechnische Anforderungen erfüllen, sondern auch den baulichen Gegebenheiten und dem Bedürfnis nach ästhetischer Gestaltung Rechnung tragen.

Da der Kollektor das wesentliche „solare Bauteil" ist, wird er in einem eigenen Kapitel (Kap. 2) ausführlich behandelt.

Der Wärmespeicher oder einfach Speicher hat die Aufgabe, die natürlichen Schwankungen im Solarenergieangebot auszugleichen. Er nimmt Wärme vom Sonnenkollektor auf und hält sie für die gewünschte Nutzung bereit. Es sind vielfältige Bauformen gebräuchlich; sie werden z.B. unterschieden nach physikalischen Eigenschaften (druckloser Speicher, Druckspeicher, Latentwärmespeicher, usw.), nach der Art des Speichermediums (Wasserspeicher, Steinspeicher usw.), nach Baumaterialien (Stahlspeicher, Kunststoffspeicher usw.), nach ihrem Einsatzzweck (Trinkwasserspeicher, Pufferspeicher usw.), um nur einige zu nennen. Die eingesetzten Materialien müssen eine gute Temperatur- und eine Langzeitbeständigkeit von mindestens 20 Jahren aufweisen.

Wärmespeicher werden zusammen mit den anderen Komponenten einer Solaranlage ausführlich in Kapitel 3 behandelt.

Der Solarkreislauf sorgt dafür, daß immer dann, wenn der Kollektor ausreichend Wärme produziert, diese zum Speicher bzw. zum Verbraucher transportiert wird, und zwar durch Umwälzen eines *Wärmeträgermediums* (Wasser, andere Flüssigkeiten, gelegentlich auch Luft). Das Wärmeträgermedium wird im Kollektor aufgeheizt und im Speicher bzw. beim Verbraucher abgekühlt, wo es die aufgenommene Wärme wieder abgibt. Zum Wärmetransportsystem (Solarkreislauf) gehören neben dem Medium selbst typischerweise Rohrleitungen, Ventile, Sicherheitseinrichtungen sowie je nach Art und Größe der Anlage Pumpe(n), Steuerung, Wärmetauscher etc. Abb. 1.17 zeigt für eine Solaranlage zur Trinkwassererwärmung die typischen Komponenten des Solarkreislaufs; sie werden ausführlich in Kapitel 3 beschrieben.

Fazit: Das Prinzip einer Sonnenkollektoranlage ist recht einfach und übersichtlich. Um das wechselnde und hierzulande nicht allzu üppige Strahlungsangebot so weit wie möglich zu nutzen, kommt es darauf an, die Funktion der einzelnen Komponenten zu optimieren, ein gut abgestimmtes Gesamtsystem aufzubauen sowie die Verbraucher für einen sorgsamen Umgang mit Sonnenenergie zu sensibilisieren.

1.4 Anwendungsmöglichkeiten

Wie bei so vielen technischen Produkten gibt es auch bei Solaranlagen nicht *die* Anlage schlechthin. Beispielsweise fällt es leichter, bei sommerlicher Witterung das Wasser eines Schwimmbades mit Sonnenenergie auf 25°C zu erwärmen als im sonnenscheinarmen Winter Wasser auf 45°C zu erwärmen oder ein Haus solar zu beheizen. Der erforderliche technische Aufwand richtet sich nach den Ansprüchen: Er wird um so größer, je beschränkter das Angebot an Sonnenenergie ist und je höhere Anforderungen an Qualität (d.h. Temperatur) und Menge der erzeugten Energie gestellt werden. Die günstigsten Bedingungen für eine Solaranlage sind dann gegeben, wenn das Sonnenenergieangebot und die Nachfrage der Nutzer nach Wärme zeitlich übereinstimmen (vgl. Abb. 1.18, 1.21, 1.23).
Für folgende Anwendungsbereiche werden Sonnenkollektoranlagen eingesetzt:

- Erwärmung von Schwimmbadwasser, vornehmlich in Freibädern,
- Trinkwassererwärmung im Sommerhalbjahr und in der Übergangszeit bzw. Vorwärmung im Winter,

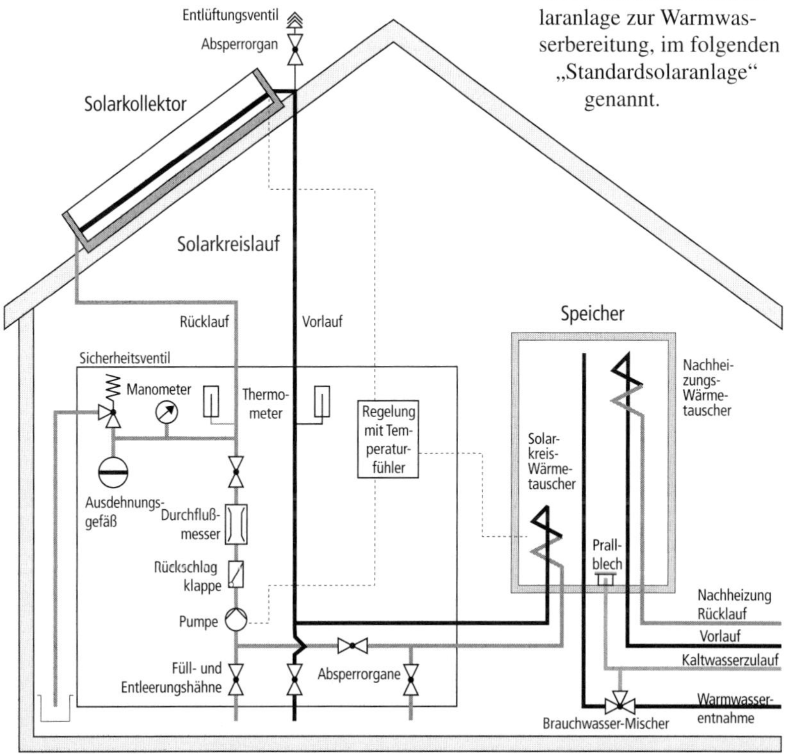

1.17
Die Bestandteile einer Solaranlage zur Warmwasserbereitung, im folgenden „Standardsolaranlage" genannt.

	Kennwerte von Sonnenkollektoren		
	Schwimmbad-heizung	**Trinkwasser-erwärmung**	**WW-Bereitung + Raumheizung**
Kollektortyp	Absorber	Flachkollektor u. Vakuumkollektor	Flachkollektor u. Vakuumkollektor
Typ. Differenz zwischen Nutzungs- und Umgebungstemperatur	0 - 10°C	40 - 70°C	30 - 70°C
Bemessung der Kollektorfläche	(0,5 - 0,8) x Beckenoberfläche	0,8 - 1,5 m² pro Person	je nach Deckungsgrad u. Qualität des Hauses
Spez. Systemertrag pro m² Kollektorfläche	200 - 300 kWh/m²	250 - 600 kWh/m²	150 - 500 kWh/m²
Typ. Deckungsgrad	≤ 100%	40 - 60%, im Sommer 70-95%	20 - 30%, im Extrem bis 100%
Speicher	Beckenwasser	70 – 100 l/Person Standspeicher	Kombi-, Schichtenladespeicher, Mehr-Speicher-Systeme; Größe je nach Kollektorfläche
Typ. Anlagenkosten pro m² Kollektorfläche	100 - 250 DM/m²	1.000 - 3.900 DM/m²	je nach Deckungsgrad 800 - 5.000 DM/m²

Tabelle 1.4:
Typische Kennwerte von Sonnenkollektoranlagen für die Anwendungsbereiche Schwimmbadheizung, Warmwasserbereitung und Raumheizung.

1.18: Prinzipschaltbild einer solaren Schwimmbadheizung.

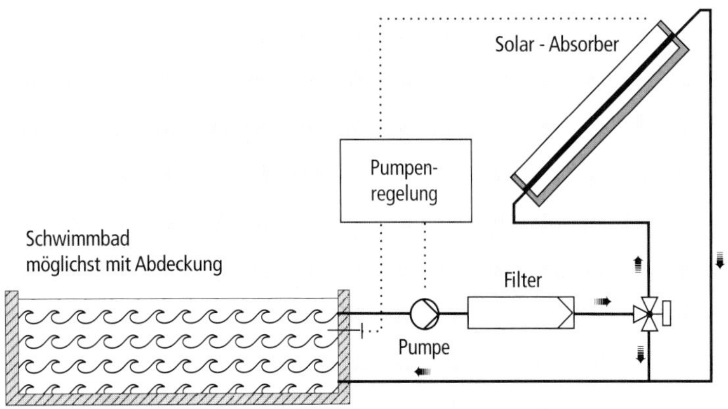

- Raumheizung, meist mit Wasser, seltener mit Luft (in der Übergangszeit und im Winter),
- Temperierung von Fertigungs- und Lagerhallen mittels Luftkollektoren,
- Erzeugung von Prozeßwärme für industrielle Anwendungen,
- (solares) Kochen,
- (solare) Trocknung, z.B. von Lebensmitteln oder Heu,
- Destillation, z.B. zur Meerwasserentsalzung und Trinkwasseraufbereitung usw.

Hauptanwendungsbereiche sind die drei erstgenannten, nur diese werden im folgenden behandelt. Einen Überblick gibt Tab. 1.4.

1. Schwimmbadwasser-Erwärmung

Bei der Beheizung von Freibädern stimmen Sonnenergieangebot und Nachfrage exakt überein (Abb. 1.19), denn Freibäder werden in der Regel nur im sonnenreichen Sommerhalbjahr betrieben. Die Schwimmbadwasser-Erwärmung stellt damit wärmetechnisch nur geringe Anforderungen: Die gewünschten Wassertemperaturen liegen selten höher als 23 bis 26°C, wobei geringfügige Schwankungen der Wassertemperatur von den Besuchern durchaus hingenommen werden /17/. Außerdem geht bei schlechtem Wetter nicht nur die Wassertemperatur zurück, auch die Neigung zum Besuch von Freibädern läßt stark nach (Schönwetterbäder). Die Temperaturerhöhung des Wassers um maximal 5 bis 10°C läßt sich mit Kollektoren einfachster Bauart erreichen: Eingesetzt werden vorwiegend sogenannte „Absorber", bestehend aus parallel liegenden, schwarzen Kunststoffschläuchen, Kunststoff- oder Gummimatten mit Wasserkanälen o.ä. (vgl. Kap. 2.3.1), die z.B. auf einer Dachfläche flach oder mit geringer Neigung nach Süden ausgelegt werden. Eine aufwendige Isolierung und Abdeckung mit Glas bzw. Folie ist nicht erforderlich, denn jeder schwarze Körper erwärmt sich bei guter Sonnenein-

strahlung und für die genannten Anforderungen ist das schon ausreichend.
Wärmespeicher ist bei diesem System das Wasser im Schwimmbecken selbst. Das Speichervermögen der großen Wassermenge bewirkt, daß die Wassertemperatur in der Nacht und an sonnenarmen Tagen nur langsam zurückgeht. Durch eine Abdeckung des Beckens in der Nacht können die Wärmeverluste der Oberfläche allerdings merklich verringert werden. Da der Betrieb auf das Sommerhalbjahr beschränkt ist und in dieser Zeit mit einem Einfrieren des Kollektors nicht gerechnet werden muß, kann der Kollektor direkt mit Schwimmbadwasser „gekühlt" werden, so daß die Anlage insgesamt recht einfach ausfällt (Abb. 1.18).
Pro m^2 Beckenoberfläche werden etwa 0,5 bis 0,8 m^2 Kollektorfläche benötigt. Der Kollektor muß gleichmäßig und relativ stark durchströmt werden (mittels vorhandener Filterpumpe oder durch eine separate Umwälzpumpe), so daß eine Temperaturerhöhung im Kollektor bei voller Sonneneinstrahlung von ca. 8°C erreicht wird. Unter diesen Bedingungen erzielen Schwimmbadkollektoren einen jährlichen Energiegewinn von etwa 200 - 300 kWh/m^2 Absorberfläche, nutzen also bezogen auf die jährliche Einstrahlung von ca. 1.000 kWh/m^2a etwa 20 - 30% der Solarenergie. Die Solaranlage entlastet die Umwelt dadurch um ca. 70 kg CO_2-Emissionen (Treibhausgas) pro m^2 Kollektorfläche und Badesaison /22/.
Die Kosten für größere Anlagen liegen bei etwa 100 bis 250 DM/m^2 Absorberfläche (Systemkosten inkl. Installation), so daß sich spezifische Kosten von 5 bis 8 Pf/kWh ergeben. Verglichen mit den Energiekosten konventioneller Systeme (ca. 10 Pf/kWh) sind Solaranlagen zur Beheizung von Freibädern damit auch ohne Subventionen absolut wirtschaftlich.
In Deutschland gibt es etwa 4000 öffentliche Freibäder, die zum großen Teil beheizt werden. Obwohl die Solartechnik für diesen Bereich optimal ist, sind lediglich 435 Freibäder (1997), also gut 10%, mit Solaranlagen ausgerüstet, die insgesamt eine Absorberfläche von etwa 275.000 m^2 haben. Über private Schwimmbäder liegen entsprechende verläßliche Zahlen nicht vor, man schätzt jedoch die Gesamtzahl auf 450.000 mit einer Wasseroberfläche, die insgesamt größer ist als die der öffentlichen Bäder. In der Schweiz müssen Besitzer von privaten Schwimmbecken seit 1992 mindestens 50% der für die Heizung benötigten Wärme aus regenerativen Energien bereitstellen. Ähnliche Regeln gibt es in Deutschland bisher nicht. Allerdings finden die Ergebnisse der intensiven Untersuchungen, die Ende der 80er bis Anfang der 90er Jahre in diesem Bereich gemacht wurden und die dazu führten, daß die solare Schwimmbadbeheizung heute Stand der Technik ist, Eingang in die Neufassung der VDI-Richtlinie 2089 /18/.

2. Solare Trinkwassererwärmung

Hier stimmen Sonnenenergieangebot und Wärmenachfrage nicht so gut überein wie bei der Freibadwassererwärmung (Abb. 1.21), dennoch stellen Solaranlagen zur Warmwasserbereitung (richtiger: Trinkwassererwärmung) – nicht nur hierzulande – die bedeutendste Anwendung thermischer Solarenergienutzung dar. Denn bei entsprechender Dimen-

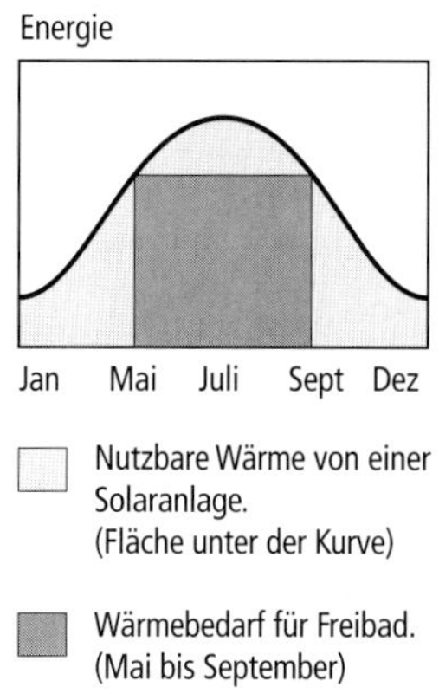

1.19
Angebot und Nachfrage bei der Beheizung von Freibädern.

1.20
Solaranlage zur Schwimmbadwassererwärmung.

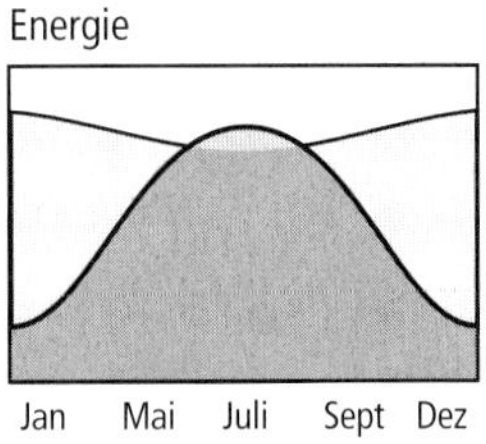

1.21
Angebot und Nachfrage bei der Warmwasserbereitung.

sionierung ist es möglich, die häusliche Versorgung mit warmem Wasser (Nutzungstemperatur 45 bis 50°C) im Sommerhalbjahr weitgehend ohne zusätzliche Fremdenergie sicherzustellen, so daß die Hausheizung in dieser Zeit abgeschaltet werden kann. Und in den Übergangsmonaten März/April und September/Oktober können gute Solaranlagen die Arbeit der Zentralheizung bei der Warmwasserbereitung merklich unterstützen.
Die Anforderungen an die Anlagentechnik liegen hier merklich höher als bei der Schwimmbadheizung (vgl. Abb. 1.17): Für die Warmwasserversorgung wird eine Temperatur von mindestens 45°C gefordert, so daß die Solaranlage das Wasser um mehr als 35°C (bei 10°C kaltem Leitungswasser) aufheizen muß. Bei Außenlufttemperaturen von durchschnittlich 12 bis 25°C im Sommerhalbjahr muß der Sonnenkollektor also in der Lage sein, Kollektor- bzw. Absorbertemperaturen von 50 bis 70°C zu erzeugen und dabei die Strahlung mit akzeptablem Wirkungsgrad in Wärme umzusetzen.

1.22:
Solaranlage zur Trinkwassererwärmung.
Quelle: Fa. Wagner & Co

Die höheren Temperaturen erfordern einen merklich größeren Aufwand zur Vermeidung von Wärmeverlusten: Die Sonnenkollektoren für Brauchwasseranlagen sind in der Regel flache, gut gedämmte Kästen, in denen ein schwarzer Absorber hinter einer Glasscheibe angeordnet ist. Als Bestandteil der Haustechnik werden sie meist innerhalb oder oberhalb der Dachfläche des Hauses fest montiert. Für die Speicherung kommen gut isolierte, aufrecht stehende, zylindrische Speicher zum Einsatz, wie sie in der Sanitärtechnik seit langem gebräuchlich sind. Im Gegensatz zu Schwimmbadanlagen bleiben Solaranlagen zur Trinkwassererwärmung das ganze Jahr über in Betrieb, schließlich können sie auch an schönen Wintertagen beachtliche Energiemengen ernten. Daher wird überall dort, wo mit Frost zu rechnen ist, ein Wärmeträger mit Frostschutzmittel im Kollektorkreis verwendet, was einen Wärmetauscher zur Trennung zwischen Wärmeträgerflüssigkeit und Trinkwasser notwendig macht.
Die Entwicklung der Solartechnik hat in den letzten 20 Jahren gerade bei Anlagen zur Trinkwassererwärmung vielfältige Konstruktionsvarianten und Anlagentypen hervorgebracht, die in den folgenden Kapiteln näher behandelt werden. Im Vordergrund stand und steht immer wieder das Bemühen, bei möglichst günstigen Anlagenkosten den Energieertrag zu optimieren. Das hat inzwischen zu einem erfreulich hohen Standard bei der Anlagentechnik und -qualität geführt, so daß eine Haltbarkeit (Dauerstandfestigkeit) des Materials bzw. eine Lebensdauer der Anlage von 20 bis 25 Jahren und mehr erreicht wird /20/.
Als grober Richtwert für die Anlagengröße gilt, daß pro Person bei einem typischen Warmwasserverbrauch von 50 l/Tag etwa 0,8 bis 1,5 m² Sonnenkollektorfläche und ein Speichervolumen von 70 bis 100 l benötigt werden, um im Sommerhalbjahr den Warmwasserbedarf zu decken (90 bis 100% Deckungsgrad im Sommer).
Je nach Anlagengröße und -konzeption kann mit einem jährlichen Energieertrag von 250 bis 600 kWh/

m² gerechnet werden. Die Kollektorkosten betragen derzeit (1998) etwa 400 bis 900 DM/m² (Flachkollektoren) und die spezifischen Anlagenkosten liegen bei 1.000 bis 2.500 DM/m² (Flachkollektoranlagen), wobei letztere mit zunehmender Anlagengröße zurückgehen. Bedingt durch die Bandbreite bei den Anlagenkosten und bei den Energieerträgen liegen die Kosten der solaren Wärme zwischen 0,14 DM und 0,33 DM pro kWh Nutzenergie (20 Jahre Lebensdauer, Zinssatz 4%, nur Materialkosten, d.h. ohne Montage und MwSt.) /19/. Zum Vergleich: die Wärmeerzeugung mit elektrischen Durchlauferhitzern kostet etwa 0,30 DM/kWh, der Fernwärmepreis liegt bei etwa 0,10 DM/kWh (vgl. auch Abb. 1.26).
Günstigere Anlagenkosten lassen sich gerade bei diesem Anlagentyp durch den Selbstbau oder durch Eigenleistungen, z.B. bei der Montage, erreichen. Hier sind insbesondere in Österreich durch Selbstbaugruppen – initiiert von der „Arbeitsgemeinschaft Erneuerbare Energie" – viele Erfolge erzielt worden: Mittlerweile stehen Kosten und Wirtschaftlichkeit bei der Kaufentscheidung nicht mehr so sehr im Vordergrund, während die Bedeutung des Komfort- und Prestigegewinns deutlich zugenommen hat.
Auch in Deutschland ist die insgesamt installierte Kollektorfläche in den letzten Jahren stark gestiegen (vgl. Kapitel 1.4). Außer an gesteigertem Umweltbewußtsein liegt das sicherlich auch an der hohen Qualität der Anlagen und an den kontinuierlich sinkenden Preisen. Da die solare Wassererwärmung nach wie vor die häufigste Anwendung thermischer Solarenergienutzung ist und viele Techniken und Details auch auf andere Anwendungen übertragbar sind, wird dieser Anlagentyp in den folgenden Kapiteln besonders ausführlich behandelt.

3. (Teil-)Solare Raumheizung

Für die Heizung unserer Häuser wenden wir heute sehr große Mengen fossiler Energieträger auf (siehe Abb. 1.6). Daher ist die solare oder teilsolare Raumheizung eine sehr interessante und wichtige Anwendung für Sonnenkollektoranlagen, denn hier könnten die größten Mengen an fossiler Energie ersetzt werden. Es ist zugleich aber auch eine relativ ungünstige Anwendung, da Sonnenenergieangebot und Wärmenachfrage zeitlich auseinander liegen, wie Abb. 1.23 verdeutlicht.
In den letzten Jahren haben sich Entwickler und Techniker in Forschungseinrichtungen, Firmen und Initiativen verstärkt dieser technischen Herausforderung angenommen. Abgesehen von der Bereitstellung entsprechend großer Speichertanks wurde insbesondere die Speicher- und Systemtechnik entscheidend verbessert und optimiert, so daß solarunterstützte Heizungen heute als Stand der Technik anzusehen sind. Gefördert wurde die rasante Entwicklung der letzten Jahre sicherlich durch die Novellierung der Wärmeschutzverordnung 1995, die zu deutlich niedrigeren Energieverbrauchswerten bei Neubauten geführt hat, sowie durch die noch weitergehende, in Planung befindliche Energiesparverordnung 2000. Inzwischen liegen Messungen und praktische Erfahrungen mit Gebäuden vor, deren Energieverbrauch deutlich unter den Zielwerten der Energiesparverordnung 2000 bleibt und die als

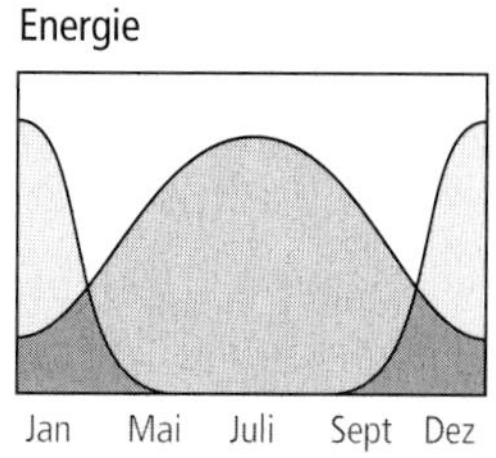

1.23
Angebot und Nachfrage bei der Raumheizung.

1.24
Prinzipschaltbild einer der Einbindungsmöglichkeiten einer Solaranlage zur Heizungsunterstützung.

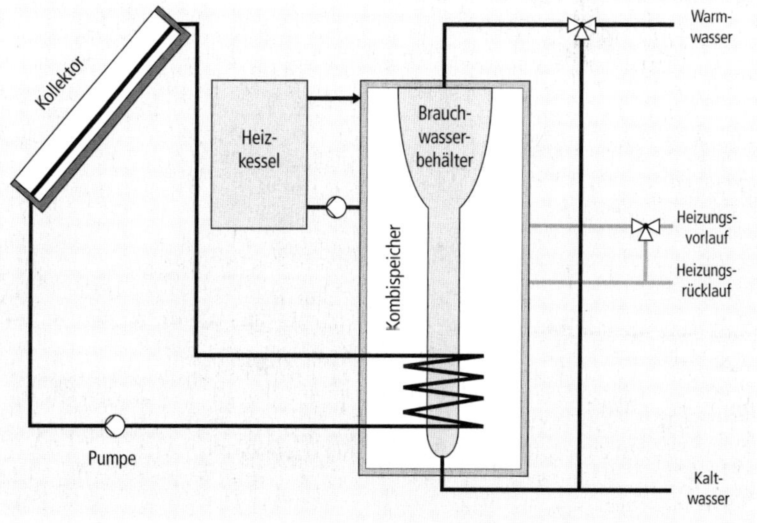

1.25:
Niedrigenergiehaus mit Solarheizung.
Photo: Fa. Solvis, Braunschweig

1.26
Spezifische Wärmekosten verschiedener Heizsysteme (20 Jahre Lebensdauer, Zinssatz 4%) /19/.

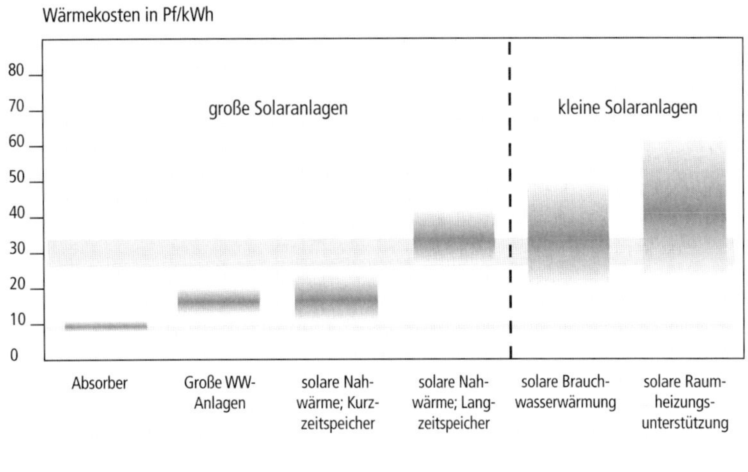

Niedrigst-Energie- oder Passivhäuser bezeichnet werden. Zunehmend werden heute sogar Null(heiz)energiehäuser oder Energiegewinn-Häusern (Plusenergiehäuser) gebaut; auch wenn diese noch eher dem Forschungsbereich zuzurechnen und vergleichsweise teuer sind, ist es doch vorstellbar, daß die Heizung irgendwann nur noch ein „Abfallprodukt" der Trinkwassererwärmung sein wird – also im Vergleich zu heute gerade umgekehrt. Eine solche Entwicklung wird völlig neue Heizsysteme ermöglichen und birgt sicherlich ein großes Entwicklungspotential für die Solartechnik.

Eins haben die Erfahrungen deutlich gezeigt: Wichtige Voraussetzung für einen hohen solaren Heizungsbeitrag sind die deutlich niedrigeren Temperaturen im Heizungssystem solcher Niedrigenergiehäuser. Mit Blick auf Altbauten ist es also wichtig, daß der Wärmeschutz des Gebäudes optimiert wird, um den Heizenergiebedarf und dann auch die Heizwassertemperaturen soweit wie möglich zu senken. Das Motto lautet: Erst sparen, dann Solarenergie effektiv einsetzen!

Andererseits darf eine Schwierigkeit der solaren Heizung in gut gedämmten Gebäuden nicht übersehen werden: Bei Niedrigenergiehäusern schrumpft die Heizperiode auf die Wintermonate November bis Februar/März, d.h. auf die Monate mit der geringsten Sonneneinstrahlung. Dadurch sind hohe Anforderungen an die Anlagentechnik zu stellen.

Im Prinzip besteht eine *Solaranlage zur Heizungsunterstützung* aus den gleichen Komponenten wie eine Anlage zur Brauchwasserbereitung, allerdings mit größeren Kollektorflächen und größeren Speichervolumina. Die Größe dieser beiden Anlagenteile hängt von der angestrebten Deckungsrate ab; so können für ein Einfamilienhaus (Niedrigenergiehaus) zur 100%igen Deckung durchaus bis zu 50 m^2 Kollektorfläche und 30 m^3 oder mehr Speichervolumen erforderlich sein. Eine 100%ige solare Deckung des Gesamtwärmebedarfes inclusiv Raumheizung ist heute allerdings eher die Ausnahme. Eine 20 bis 30%ige Solardeckung kann für ein

1.27
Solar unterstützte Nahwärme-Systeme.

Projekt Hamburg-Bramfeld mit Sonnenkollektoren auf den Reihenhäusern und zentralem Wärmespeicher (im Bild nicht sichtbar).
Photo:
Fa. Wagner & Co, Cölbe

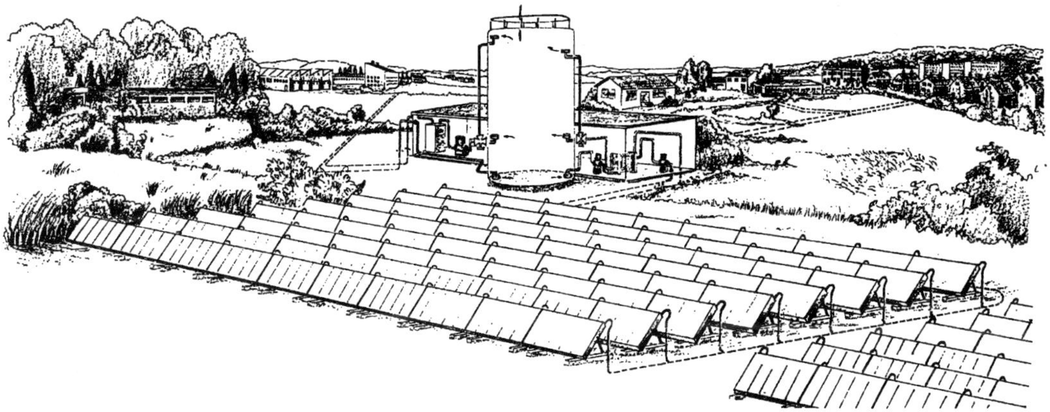

Schema einer solar unterstützten Nahwärmeversorgung mit Kollektorfeld und oberirdischem zylindrischen Speichertank.

Einfamilienhaus schon mit Kollektorfeldgrößen von 8 bis 20 m^2 in Verbindung mit 600 bis 2.000 l Speichervolumen erreicht werden.
Das einfachste Konzept besteht darin, das Speichervolumen zu erhöhen, z.B. durch einen sogenannten Pufferspeicher, der zusätzlich zum Trinkwasserspeicher aufgestellt wird. Solche Mehrspeichersysteme erfordern allerdings einen erhöhten Aufwand für die Regelung und Verrohrung sowie relativ viel Platz. Daher haben sich Einspeichersysteme auf dem Markt etabliert, z.B. in Form von sogenannten Kombispeichern, bei denen ein kleiner Brauchwasserspeicher im oberen Teil eines größeren Pufferspeicher fest eingebaut ist (Abb. 1.24). Zum anderen gibt es Schichtenladespeicher, bei denen sowohl die Beladung (Solarwärmeeintrag) als auch die Entladung (Trinkwasserentnahme) über Wärmetauscher erfolgt. Im Speicher selbst befindet sich dann Heizungswasser. Diese Speicher zeichnen sich z.T. durch eine ausgeklügelte Systemtechnik aus (Low-Flow-Prinzip), die eine optimale Nutzung der Solarenergie ermöglicht. In den letzten Jahren hat der Anteil der neu installierten Solaranlagen mit Heizungsunterstützung erfreulich zugenommen. Da

dieser Technik für die Zukunft verstärkte Bedeutung zukommt, werden entsprechende Anlagenkonzepte und ihre Besonderheiten in den folgenden Kapiteln ausführlich behandelt.
Neben individuellen, kleinen Solaranlagen können *Großanlagen*, z.B. für die Versorgung von Mehrfamilienhäusern oder auch von ganzen Siedlungen, zu noch geringeren solaren Energiekosten führen (Abb. 1.26). Denn sehr große Wärmespeicher für eine ganze Siedlung mit mehreren 1.000 bis 100.000 m³ Volumen lassen sich – bezogen auf eine Volumeneinheit – weitaus kostengünstiger bauen und mit geringeren spezifischen Verlusten betreiben als kleinere Einheiten für ein einzelnes Haus. In Verbindung mit entsprechend großen Sonnenkollektorflächen (Großserien-Fertigung bis hin zu kompletten Kollektordächern, sogenannten „solar roofs") können solche *Nahwärmesysteme* ganze Siedlungen mit Solarenergie versorgen.
So wurden in den letzten Jahren zahlreiche *Großanlagen* (Kollektorfläche >100 m²) zur Wassererwärmung in Gemeinschaftseinrichtungen wie Seniorenheimen, Wohnheimen, Krankenhäusern usw. errichtet bzw. befinden sich in der Realisierung. Darüber hinaus sind in Schweden und Dänemark, aber auch in Deutschland, eine Reihe von *solaren Nahwärmesystemen* mit Kurz- und Langzeitspeichern (saisonalen Speichern) in Betrieb genommen worden. Dabei werden die Häuser einer Siedlung über Versorgungsleitungen (das Nahwärmesystem) mit Warmwasser und Heizwärme zentral versorgt. Die Kollektorfläche solcher Großanlagen liegt zwischen einigen 100 und mehreren 1000 m², das Speichervolumen zwischen 100 und mehreren 1000 m³. Beispielsweise wurden bei einer der ersten größeren solaren Nahwärmesysteme in Friedrichshafen (Pilotanlage) 5.600 m² Kollektorfläche und 12.000 m³ Speichervolumen installiert; die Solaranlage deckt damit 50% des Jahreswärmebedarfs von 570 Wohneinheiten /22/.
Mittlerweile sind auch erste Solaranlagen zur Einspeisung in ein konventionelles Fernwärmenetz erstellt worden, so z.B. eine Anlage in Marstal, Dänemark, die mit 8.000 m² Kollektorfläche die derzeit größte Solaranlage der Welt ist. Sie ist mit einem relativ kleinen Speicher von nur 2.000 m³ als Kurzzeitpuffer ausgestattet, da die Wärme direkt in das Fernwärmenetz eingespeist wird. Vorteil solcher Anlagen sind die vergleichsweise kleinen bzw. fehlenden Speicher und damit die noch geringeren Kosten. Nachteil ist allerdings, daß Fernwärmenetze in der Regel mit sehr hohen Temperaturen bis 100°C und mehr (Dampfsysteme) betrieben werden, also keine günstigen Betriebstemperaturen für Solaranlagen bieten.
Obwohl bisher erst wenige beispielhafte Pilotprojekte in der Regel mit öffentlichen Zuschüssen/ Förderungen realisiert wurden, so zeigen sie doch deutlich den Trend hin zu größeren Systemen, im wesentlichen wegen der möglichen Kostenvorteile.

1.5 Perspektiven

In Deutschland erlebten die Solartechnik-Firmen ihren ersten Boom gegen Ende der 70er Jahre, nicht zuletzt wegen der hohen Energiepreise von 0,70 bis 0,80 DM/l Heizöl. Damals wurden nicht nur vergleichsweise viele Anlagen gebaut, sondern – mangels ausreichender praktischer Erfahrung – auch viele, zum Teil gravierende Fehler gemacht, sowohl von Planern als auch von den ausführenden Handwerkern. So war die erste Euphorie bei allen Beteiligten schnell verflogen, als es zu Beginn der 80er Jahre bei sinkendem Ölpreis und auslaufender Förderung zum unvermeidlichen Einbruch kam. Etliche Hersteller gaben das Solargeschäft auf, viele Handwerker wollten mit dieser „fehlerträchtigen" Technik, mit der sie noch wenig vertraut waren, nichts zu tun haben, zumal „sie doch nichts bringt und unwirtschaftlich ist".

Nach der Reaktorkatastrophe von Tschernobyl ging es in den späten 80er Jahren wieder aufwärts. Die überlebenden Hersteller und engagierten Handwerksbetriebe hatten aus den Anfangsfehlern gelernt; und der 1. Solaranlagen-Test, durchgeführt von der Stiftung Warentest in Verbindung mit dem TÜV Bayern schaffte für die Verbraucher in Deutschland nicht nur mehr Überblick, sondern sorgte gleichzeitig für weitere Verbesserungen bei der Anlagentechnik und für eine Bereinigung der Preise. Seitdem ist eine gewisse Marktreife erreicht, was sich in entsprechend hohen Zuwachsraten ausdrückt (vgl. Abb. 1.28) und durch kontinierlich weitergeführte Tests bestätigt wird /23/.

Durch den gesteigerten Umsatz und den damit verbundenen Gewinn stehen der Branche heute mehr Finanzmittel für technische Weiterentwicklungen zur Verfügung. Hauptziel der Innovationen sind einfache, preiswerte Systeme ohne Einschränkung der Effektivität und größerer Komfort. Das bedeutet für die Zukunft der Sonnenkollektortechnik konkret:

- Verbesserung der Systemtechnik im Hinblick auf eine weitere Vereinfachung der Installation vor Ort,
- komfortable, benutzerfreundliche Regelungseinheiten (intelligente Einheiten) sowie Optimierung der Pumpen, um den Systemwirkungsgrad weiter zu verbessern,
- Kostenreduktion durch rationellere Produktionsverfahren, d.h. weg von der derzeit vorherrschenden Handfertigung hin zur Massenproduktion.

Der Trend geht dabei eindeutig hin zum verstärkten Einsatz von Solaranlagen mit Heizungsunterstützung sowie zu größeren Anlagen.

Der deutsche Markt ist mittlerweile der bedeutendste in Europa, allein 1996 wurden etwa 360.000 m² Kollektorfläche installiert. Die Branche kann damit auf ein durchschnittliches jährliches Wachstum von über 25% in den vergangenen 10 Jahren zurückblikken /25/. In Deutschland ist zwar mit über 1,7 Mio.

Solaranlagen in Europa und weltweit

Bevölkerung	Land	Gesamte installierte Fläche in 1000 m²		Kollektorfl. je 1000 Einw.	Solare Wärmeerzeugung	Vermeidg. von CO_2-Emmision
Mio.		Kollektoren	Absober	m²	GWh/a	1.000 t/a
	EU-Länder					
7,8	Österreich	565	375	72	310	105
9,8	Belgien	17	16	2	10	3
5,2	Dänemark	74	14	14	32	11
5	Finnland	3	56	1	9	3
56,6	Frankreich	320	260	6	277	84
79,2	Deutschland	685	335	9	340	102
10,1	Griechenland	2000	-	198	1200	1416
3,5	Irland	1	-	0	-	-
57,7	Italien	176	4	3	88	19
0,4	Luxemburg	1	-	2	-	-
15,1	Niederlande	49	79	3	31	5
10,6	Portugal	200	-	19	120	42
39	Spanien	118	-	3	71	16
8,6	Schweden	71	9	8	23	8
57,5	Großbritannien	108	63	2	60	28
366,1	Gesamt	4388	1211	12	2571	1842
	EU-Nachbarländer					
4,7	Kroatien	250	-	53	100	
0,7	Zypern	560	-	800	308	262
54,5	Ägypten	140	-	3	77	30
5	Israel	2800	-	560	1680	1428
4,1	Jordanien	535	-	130		
25,7	Marokko	11	-	0	6	2
4,3	Norwegen	1	-	0	-	-
23,3	Rumänien	100	-	4	40	40
2	Slovenien	82	-	41	30	
6,8	Schweiz	131	128	19	90	18
8,4	Tunesien	22	-	3	11	3
67,3	Türkei	1538	-	23		63
206,8	Gesamt	6170	-	30	2342	1846
	Weltüberblick					
17	Australien	1400	1000	82		
1155	China	1500	-	1		
844	Indien	275	-	-		
124	Japan	6040	-	49		
253	USA	5200	1200	21		
2393	Gesamt	14415	2200	6		

Tabelle 1.5: Solaranlagen in Europa und weltweit /26/.

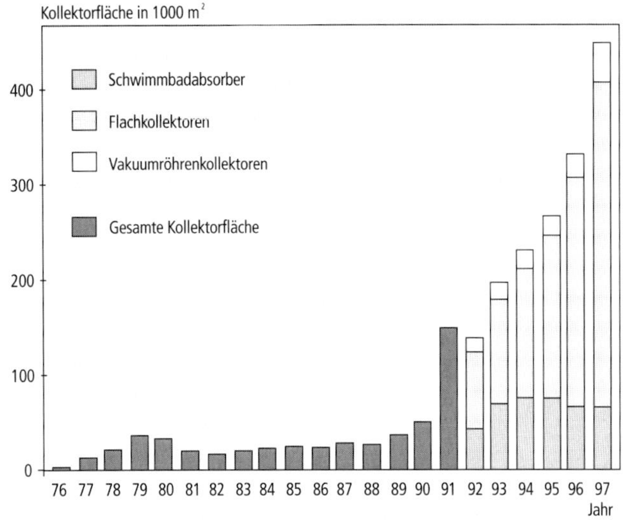

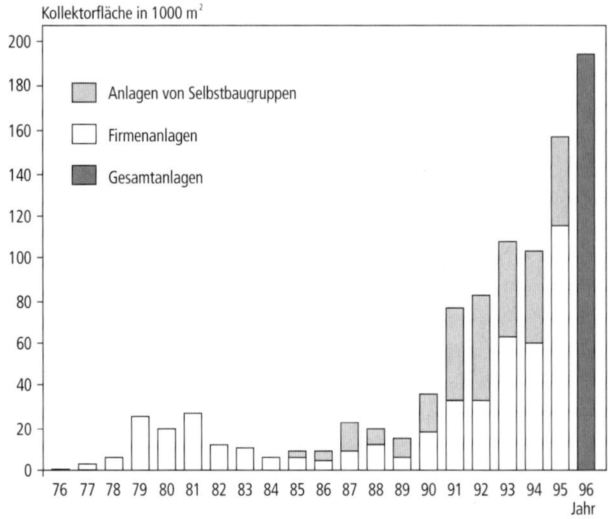

1.28 (links)
Jährlich in der BRD installierte Kollektorfläche /24/.

1.29 (rechts)
Jährlich in Österreich installierte Kollektorfläche /27/.

Quadratmetern (Ende 1996) insgesamt die größte Fläche in Europa installiert, jedoch zeigt ein Blick auf die pro 1000 Einwohner installierte Fläche, daß Deutschland mit ca. 10 m² weit zurückliegt hinter Griechenland mit ca. 200 m² oder gar Israel mit 560 m² und auch weit hinter einem klimatisch ähnlichen Land wie Österreich mit über 70 m² pro 1000 Einwohner (Tab. 1.5). Dabei sind die Wachstumsraten in Österreich durchaus vergleichbar mit denen in Deutschland (Abb. 1.29). Die gesamte in der EU installierte Kollektorfläche betrug Ende 1994 ca. 5,6 Mio. m², wodurch Emissionen des Treibhausgases CO_2 von ca. 1,8 Mio. Tonnen pro Jahr vermieden werden.

Angesichts dieser Entwicklungen ist mittlerweile auch das Handwerk aufgewacht. Nachdem es lange Zeit die Solartechnik als „Spinnerei einer Minderheit“ abgetan hat, scheint es nun das Potential des Zukunftsmarktes Sonne zu erkennen und wird sich zukünftig sicherlich stärker an dessen Verwirklichung beteiligen. Das läßt eine weitere Zunahme der Anzahl installierter Solaranlagen erwarten – eine erfreuliche Tendenz.

So beeindruckend diese Zahlen sind, muß man sich doch vor Augen führen, daß der Anteil der solar erzeugten Wärme am Endenergieverbrauch heute nicht einmal 1% beträgt, obwohl das theoretische Potential, wie schon erwähnt, eine vollständige Deckung ermöglichen würde. Selbst das sogenannte technische Potential, also das mit derzeit verfügbaren Techniken sofort erschließbare Potential, liegt bei 17% /28/. So wurde vom „Deutschen Fachverband Solarenergie e.V. (DFS)“ eine „Vision Solarmarkt“ entwickelt, nach der bis zum Jahre 2010 durchaus 10 Mio. m² Kollektorfläche in Deutschland installiert sein könnten. Zum Vergleich: Bei gleichbleibenden Wachstumsraten wie in den vergangenen Jahren würde die Fläche bis 2010 nur auf 5 Mio. m² anwachsen, d.h. eine weitere Steigerung der heutigen Wachstumsraten erscheint also realistisch /21/.
So utopisch diese Zahlen auch klingen mögen, das Ziel ist nicht unerreichbar, denn die Studien gehen von realistischen Vorgaben aus. Die Verwirklichung verlangt jedoch klare politische Entscheidungen, Forschung und Weiterbildung auf breiter Basis und mutige unternehmerische Initiativen. Immerhin geht es um die Erhaltung unserer Lebensgrundlage ...

2. Sonnenkollektoren

Vom Gartenschlauch zum Hochleistungskollektor

2.1 Funktion und Aufbau

Jeder kennt das Phänomen: Wasser in einem Gartenschlauch, der in der Sonne liegt, wird erwärmt, und zwar in einem schwarzen stärker als in einem hellen Schlauch. Das zugrundeliegende Prinzip, die direkte Umwandlung von Sonnenstrahlung in Wärme, wird beim Sonnenkollektor genutzt bzw. perfektioniert.

Eine der einfachsten Formen des Sonnenkollektors sind schwarz gestrichene Behälter bzw. Fässer, wie man sie in vielen Entwicklungsländern auf den Hausdächern sehen kann; sie liefern in warmen Ländern angenehm temperiertes Wasser. Einfachstkollektoren etwas anderer Bauart, unserem Gartenschlauch nicht unähnlich, werden zur Erwärmung von Schwimmbädern eingesetzt – und heißen entsprechend Schwimmbadkollektoren. Schwimmbadkollektoren bestehen in der Regel aus wasserdurchströmten, nebeneinanderliegenden schwarzen Kunststoffröhren oder -matten (s. Kap. 2.3.1).

Der Weg vom Gartenschlauch zum gebräuchlichsten Kollektortyp, dem Flachkollektor, ist nicht allzu weit: Als Absorber dient anstelle des Gartenschlauches eine schwarz beschichtete Metallplatte, die von einem Wärmeträger (Flüssigkeit oder Luft) durchflossen wird; dieser Absorber befindet sich in einem Kasten mit gut isolierten Wänden, der zur Sonne hin mit einer transparenten Abdeckung geschlossen ist. Am Beispiel so eines Flachkollektors, der bereits wesentlich leistungsfähiger ist als einfache Schwimmbadkollektoren, sollen im folgenden Funktionsprinzip und Konstruktion von Sonnenkollektoren im einzelnen beschrieben werden.

Prinzip des Flachkollektors

Die „schwarze Platte“ im Inneren des Kollektors wird *Absorber* (absorbieren = Strahlung aufnehmen) genannt. An seiner Oberfläche wird die Sonnenstrahlung, und zwar die direkte ebenso wie die diffuse Strahlung, in Wärme umgewandelt. Die Oberfläche sollte die Eigenschaft haben, die auftreffende Strahlung möglichst vollständig in Wärme umzuwandeln und möglichst wenig davon wieder abzustrahlen. Zwar ist ein Anstrich mit schwar-

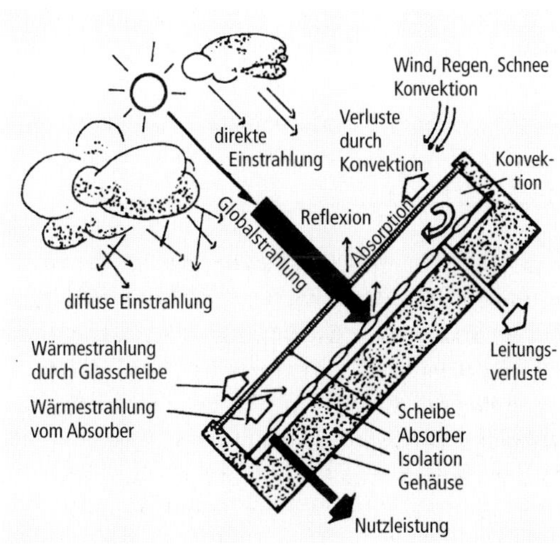

2.1
Vorgänge am und im Sonnenkollektor.

zem Lack besser als andere (hellere) Farben; es wurden jedoch spezielle Absorberbeschichtungen entwickelt, welche die genannten Anforderungen besonders gut erfüllen.
Im oder am Absorber sind Kanäle oder Rohre angebracht, durch die der Wärmeträger (meist Wasser oder ein Wasser-Frostschutz-Gemisch) strömt bzw. gepumpt wird. Damit der Wärmeträger die Wärme des Absorbers gut abführen kann (er kühlt diesen sozusagen), müssen der Absorber ebenso wie die Rohre bzw. Kanäle und die Verbindungen zwischen beiden sehr gut wärmeleitend sein. Deshalb werden die Absorber aus gut wärmeleitenden Metallen wie Aluminium oder Kupfer gefertigt, die mit den Rohren bzw. Kanälen für den Wärmetransport (ebenfalls meist aus Kupfer) verlötet, verschweißt oder verpreßt sind.
Leider hat die Wärmeenergie das oft unerwünschte Bestreben, Temperaturunterschiede durch Austausch von Wärme auszugleichen. So geht auch an dem durch die Strahlung erwärmten Absorber ein Teil der gewonnenen Sonnenwärme gleich wieder verloren. Abb. 2.1 zeigt die Vorgänge am Flachkollektor im einzelnen:

- Verluste infolge *Wärmestrahlung*: Jeder Körper, in unserem Fall der Absorber, der wärmer ist als seine Umgebung, strahlt Wärme in Form von langwelliger Infrarot-Strahlung an die Umgebung ab.
- Verluste durch *Konvektion*: Am heißen Absorber und an allen warmen Körpern erwärmt sich die Luft, steigt auf und trägt damit Wärme davon.
- Verluste durch *Wärmeleitung*: Über die Befestigung des Absorbers, über Rohrleitungen und über die rückseitige Auflage des Absorbers wird ein Teil der Wärme abgeleitet und geht verloren.

Um die Verluste zu minimieren, ist der Absorber von Flachkollektoren in ein Gehäuse eingebaut, das allseits geschlossen (wg. Konvektion), an den Seiten und auf der Rückseite gut wärmegedämmt (wg. Wärmeleitung und -strahlung) und nur auf der Sonnenseite mit einer lichtdurchlässigen Abdeckung (meist Glas) verschlossen ist. Die transparente Abdeckung muß die Sonnenstrahlung gut durchlassen, die Wärmestrahlung des Absorbers soll sie jedoch so weit wie möglich zurückhalten (Treibhauseffekt). Noch leistungsfähiger werden die Kollektoren, wenn als Isolierung anstelle von Dämmstoffen ähnlich wie bei einer Thermoskanne ein Vakuum benutzt wird (vgl. Kap. 2.3.3: Vakuumröhrenkollektoren).

2.2 Verluste, Kennlinien, Wirkungsgrade ...

Zum besseren Verständnis der Kollektorbauweisen ist es sinnvoll, die Energieströme und -verluste am und im Kollektor systematisch zu betrachten und sie auch mathematisch zu beschreiben. Wer mit Formeln auf dem Kriegsfuß steht, möge über die wenigen im folgenden Text hinweglesen und sich allein auf den Text konzentrieren. Andererseits sind diese Formeln das Werkzeug für die quantitative Auslegung von Sonnenkollektoranlagen, so daß jeder, der die Zusammenhänge verstanden hat, damit einfache Berechnungen zur Bemessung von Kollektoranlagen selbst durchführen kann.
In den folgenden Beispielrechnungen gehen wir einmal davon aus, daß die Sonne um die Mittagszeit senkrecht auf unseren Muster-Flachkollektor von 1 m^2 Größe scheint. Die Intensität der Einstrahlung

E betrage 800 W/m^2 (ein richtiger Sonnentag), d.h. auf unseren Beispielkollektor trifft eine Einstrahlung von 800 W.

Optische Verluste

Durch *Reflexion* an der Oberfläche der transparenten Abdeckung und durch *Absorption* beim Durchgang durch das Material erreicht ein Teil der Strahlung nicht den darunterliegenden Absorber. Während die Reflexionsverluste vom Einfallswinkel der Strahlen abhängig sind (bei Einfallswinkeln über 50° macht sich die Reflexion deutlich verluststeigernd bemerkbar), werden die *Transmissionsverluste* durch die Lichtdurchlässigkeit des Materials bestimmt und durch den Transmissionskoeffizienten τ beschrieben. Eine einzelne Glasscheibe z.B. läßt je nach Glassorte etwa 85 bis 95% der Einstrahlung zum Absorber durch, entsprechend $\tau = 0{,}85 \ldots 0{,}95$.
Tabelle 2.3 nennt Zahlenwerte für die Lichtdurchlässigkeit der wichtigsten im Kollektorbau verwendeten Materialien. Für die Abdeckung unseres Musterkollektors gehen wir in der folgenden Beispielrechnung von $\tau = 0{,}90$ aus.

Um die am Absorber auftreffende Strahlung möglichst vollständig in Wärme umzuwandeln, ist ein *hoher Absorptionskoeffizient* α des Absorbers bzw. der Absorberbeschichtung erwünscht. Die Absorberbeschichtung für unseren Musterkollektor habe einen Absorptionskoeffizient α von 0,90. Das heißt, 90% der dort ankommenden Strahlung werden in Wärme umgesetzt. Tabelle 2.2 nennt Zahlenwerte für Absorptionskoeffizienten gebräuchlicher Absorberbeschichtungen.

Der optische Wirkungsgrad η_o gibt nun an, welcher Bruchteil der einfallenden Strahlung E am Absorber in Wärme W_A umgesetzt wird. Er ist das Produkt aus Transmissions- und Absorptionskoeffizient und ergibt in unserem Beispiel:

$$\eta_o = \tau \cdot \alpha$$

$$\eta_o = 0{,}90 \cdot 0{,}90 = 0{,}81.$$

Dieser Zusammenhang gilt für vorwiegend senkrecht auftreffende Strahlung, weil die Reflexionsverluste an der Abdeckung nicht berücksichtigt sind. Er ist allerdings bis zu einem Strahlungseinfallswinkel von 50° in guter Näherung gültig und beschreibt damit die optischen Verluste bei Ausrichtung nach Süden für die weitaus meiste Zeit außer in den 1 bis 2 Stunden nach Sonnenaufgang und vor Sonnenuntergang.
Damit läßt sich die am Kollektor erzeugte Wärmeleistung W_A berechnen, sofern die Sonneneinstrahlung E bekannt ist:

$$W_A = \eta_o \cdot E = \tau \cdot \alpha \cdot E.$$

$$W_A = 0{,}81 \cdot 800 \text{ W/m}^2 = 648 \text{ W/m}^2 \quad \text{im Beispiel.}$$

Sonnenstrahlung, Absorption, Emission und Transmission

Die Sonne schickt ihre Energie in Form von elektromagnetischer Strahlung auf die Erde. Was wir als weißes Licht wahrnehmen, besteht physikalisch betrachtet aus einem Spektrum von Farben, dessen Intensitätsverteilung in Abb. 2.2 dargestellt ist. Der Schwerpunkt des Sonnenspektrums liegt im Bereich des sichtbaren Lichtes, doch enthält die Solarstrahlung auch eine ultraviolette Komponente (je nach Höhenlage und Feuchtegehalt der Luft unterschiedlich stark) und einen beträchtlichen Anteil an Infrarot-Strahlung (Wärmestrahlung).

Alle Körper tauschen mit ihrer Umgebung Wärmestrahlung aus, wobei die Temperatur des jeweiligen Körpers ausschlaggebend dafür ist, in welchem Wellenlängenbereich die Strahlung liegt. Das Spektrum eines 50°C warmen, schwarzen Absorbers ist zum Vergleich ebenfalls in die Abb. 2.2 eingetragen. Der Schwerpunkt dieses Spektrums liegt im fernen Infrarot bei etwa 8 bis 9 µm.
Oberflächen, die alle Farben des Spektrums gleichermaßen absorbieren (z.B. eine berußte Fläche), erscheinen unserem Auge schwarz – keine Farbe

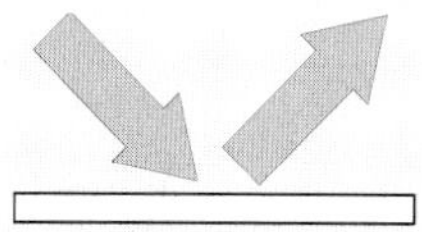

Eine spiegelnde Oberfläche (Alu-Platte) reflektiert die Sonneneinstrahlung.

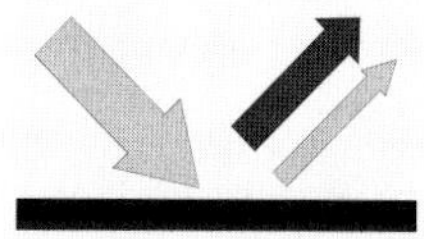

Eine schwarz gestrichene Platte absorbiert die Sonneneinstrahlung.
Die Platte wird erwärmt und emittiert einen grossen Teil der Energie als Wärmestrahlung.

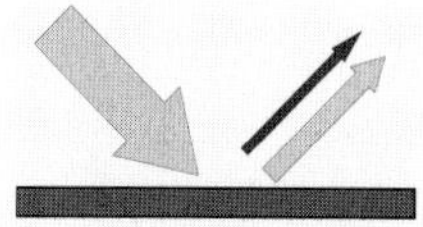

Eine selektiv beschichtete Platte absorbiert die Sonneneinstrahlung ähnlich wie die schwarze Platte, die Wärmeabstrahlung ist jedoch erheblich geringer.

2.2
Funktion einer selektiven Beschichtung.

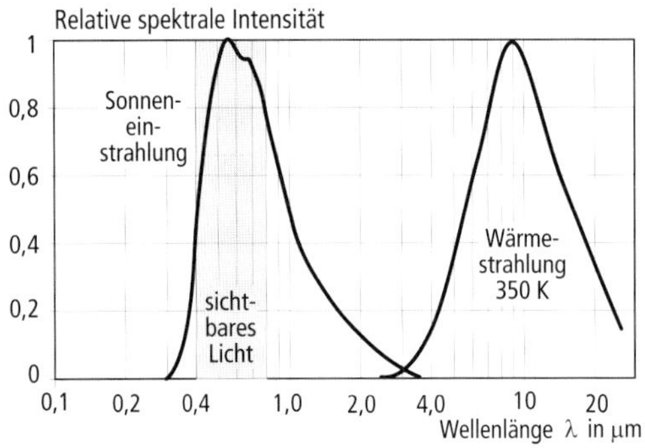

2.3
Relative spektrale Verteilung der Solarstrahlung (Oberflächentemperatur der Sonne ca. 6000°C) und eines Körper (z.B. Absorber) mit einer Temperatur von 70°C.

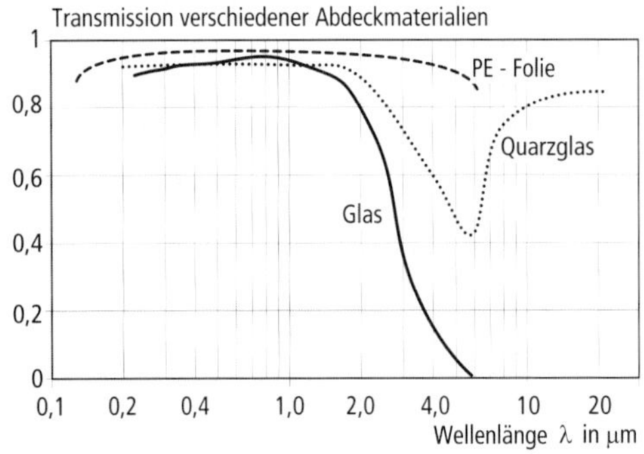

2.4
Transmission verschiedener Abdeckmaterialien.

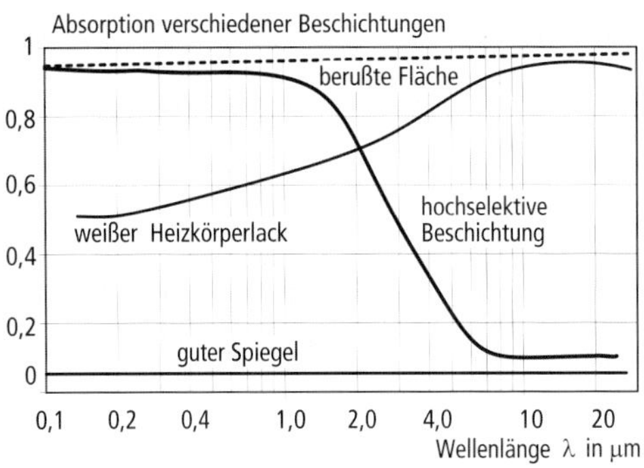

2.5
Absorption verschiedener Beschichtungen.

wird reflektiert. Der ideal schwarze Absorber würde die Energie des Lichtes somit vollständig in Wärme umsetzen.

Die Physik lehrt, daß das Absorptions- und das Emissionsvermögen einer Oberfläche bei gleicher Temperatur (d.h. im gleichen Wellenlängenbereich) gleich sind. Die ideal schwarze Oberfläche, die alle Wellenlängen gleichermaßen absorbiert, gibt daher auch eine viel stärkere Wärmestrahlung (im fernen Infrarot) ab als z.B. ein Spiegel. Um die Wärmeabstrahlung des Absorbers (Verluste!) zu reduzieren, werden im Sonnenkollektorbau bevorzugt sogenannte „selektive Beschichtungen" eingesetzt, die im Bereich des sichtbaren Lichtes (entsprechend einer Strahlungstemperatur von 5.000 K) gut absorbieren ($\alpha > 90\%$), im Bereich der langwelligeren Wärmestrahlung (entsprechend einer Strahlungstemperatur von ca. 350 K) aber ein sehr geringes Emissionsvermögen (Emissionskoeffizient $\varepsilon < 20\%$) aufweisen.

Die transparente Abdeckung sollte, wie bereits erwähnt, das Sonnenspektrum möglichst ungehindert durchlassen, für die Wärmerückstrahlung des Absorbers jedoch möglichst undurchlässig sein. Glas erfüllt diese Bedingungen recht gut, während Polyethylen-Folie und andere Kunststoffe für Wärmestrahlung relativ durchlässig sind. Bei der Auswahl gilt es ferner zu berücksichtigen, daß bestimmte Kunststoffe gegen ultraviolette Strahlung nicht beständig sind. Mehr zu den Materialien sowie zu ihren Kennwerten und Möglichkeiten findet sich in Kapitel 2.3.2.

Thermische Verluste

Die am Absorber erzeugte Wärmeleistung W_A bewirkt eine Erhöhung der Absorbertemperatur ϑ_m gegenüber der Umgebungstemperatur ϑ_L. Auf etwa dieselbe Temperatur wird auch die im oder am Absorber vorbeiströmende Wärmeträgerflüssigkeit aufgeheizt. Wegen der unvermeidlichen Wärmeverluste wärmerer Körper ist nicht die gesamte am Absorber erzeugte Wärmeleistung W_A auch nutzba-

re Wärme. Vielmehr müssen die *thermischen Verluste* des Kollektors abgezogen werden.
Die Höhe dieser thermischen Verluste ist stark von der Konstruktion des Kollektors abhängig und natürlich von der Temperaturdifferenz ($\vartheta_m - \vartheta_L$) zwischen Absorber und Außenluft. Je heißer der Absorber und je größer damit die Temperaturdifferenz zur Umgebung, um so größer sind die Wärmeverluste, die wir im folgenden mit dem Formelzeichen W_V beschreiben. Der Zusammenhang läßt sich ebenfalls durch eine einfache Formel ausdrücken:

$$W_V = k \cdot (\vartheta_m - \vartheta_L)$$

Der Einfluß der Konstruktion wird durch den thermischen Verlustkoeffizienten k beschrieben, der analog zum k-Wert von Bauteilen (Fenster, Wandaufbauten usw.) angibt, wieviel Wärme in Watt pro m^2 Kollektorfläche und pro K Temperaturdifferenz (K = Kelvin = absolute Temperaturskala, 1 K ≙ 1°C Temperaturunterschied, 0 K ≙ -273°C absolut) an die Umgebung „wegfließt". Er wird auch als Wärmeverlust- oder Wärmedurchgangskoeffizient bezeichnet.
Beim Flachkollektor können die Rückwand und die Seiten des Kastens durch ausreichend dicke Dämmschichten wirkungsvoll gedämmt werden. Eine gewisse Schwachstelle ist dagegen die transparente Abdeckung auf der Vorderseite, da die Forderung nach optimaler Lichtdurchlässigkeit die Möglichkeiten des Wärmeschutzes einschränkt. Moderne Flachkollektoren verwenden hier eine, manchmal auch zwei Abdeckungen (in der Regel Glas, ggf. kombiniert mit einer Folie auf der Innenseite), die für die langwellige Wärmestrahlung des heißen Absorbers möglichst wenig durchlässig sein sollten. In Verbindung mit einer selektiven Beschichtung des Absorbers lassen sich damit k-Werte von 2,3 bis 4 W/m^2K erreichen.

Für unseren Musterkollektor nehmen wir einen k-Wert von 3,5 W/m^2K an, d.h. pro K bzw. °C, die der Absorber wärmer ist als die Außenluft, verliert der 1 m^2 große Kollektor 3,5 Watt. Unterstellen wir für ein Zahlenbeispiel weiterhin eine Außentemperatur von ϑ_L = 20°C und eine Absorbertemperatur von ϑ_m = 40°C, so können die Wärmeverluste des Musterkollektors unter diesen Bedingungen berechnet werden:

$$W_V = 3{,}5\ W/m^2K \cdot (40 - 20)K = 70\ W/m^2.$$

bzw. 70 W für den 1 m^2 großen Kollektor.
Abb. 2.6 verdeutlicht die Energieströme an und in unserem Musterkollektor. Abb. 2.7 zeigt die Verhältnisse allgemeiner.

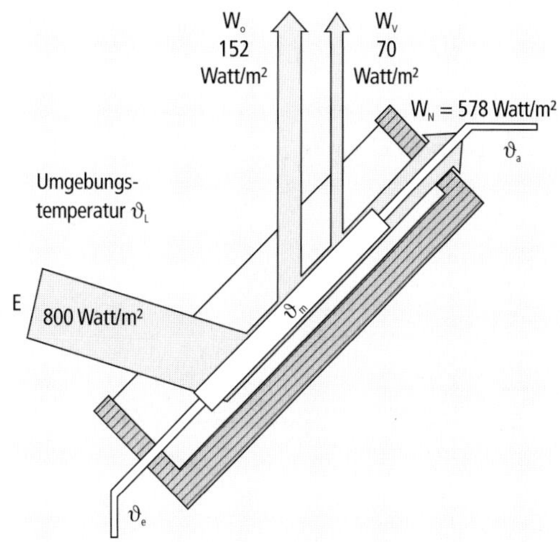

2.6
Energieströme am und im „Muster-Kollektor".

E = 800 W/m^2 (Globalstrahlung) · 1 m^2 Kollektorfläche
= 800 W
W_o = optische Verluste durch Reflexion und Absorption an der Scheibe sowie durch Reflexion a. Absorber
$= (1 - t \cdot a) \cdot E = 152$ W
W_V = Gesamte thermische Verluste des Kollektors durch Wärmeabstrahlung des Absorbers und der Glasscheibe nach vorn, durch Wärmeleitung nach hinten und zu den Seiten und durch Konvektion zwischen Absorber und Scheibe sowie über der Scheibe
$= k \cdot (\vartheta_m - \vartheta_L) = 70$ W
W_N = Nutzleistung $= E - W_o - W_V = 578$ W

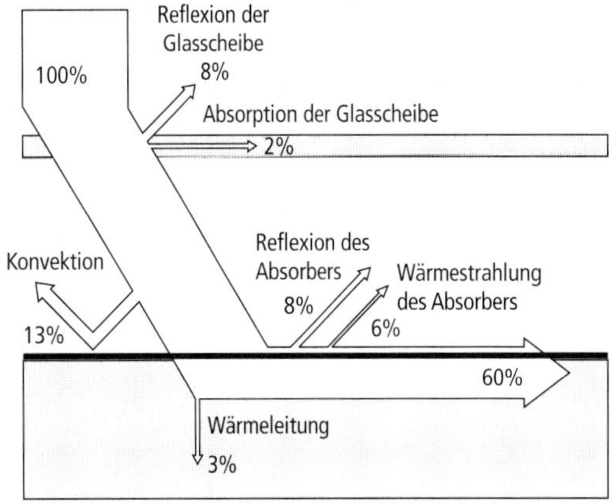

2.7
Energieströme am Flachkollektor.

Nutzbare Wärme vom Kollektor: Die Kollektorgleichung in 1. Näherung

Die Nutzleistung W_N, die in Form von erwärmter Wärmeträgerflüssigkeit abgeführt werden kann, ist nun (in erster Näherung) die Differenz zwischen der am Absorber anliegenden Wärmeleistung W_A und den Wärmeverlusten W_V der Kollektorkonstruktion, im Beispiel:

$$W_N = \text{umgesetzte Sonnenenergie} - \text{Wärmeverluste}$$
$$= 648\ \text{W} - 70\ \text{W} = 578\ \text{W}$$

Werden alle Einzelfaktoren in die obige Formel eingesetzt, sieht sie etwas komplizierter aus:

$$W_N = W_A - W_V = \alpha \cdot \tau \cdot E - k \cdot (\vartheta_m - \vartheta_L) \quad \text{mit}$$

- E Sonneneinstrahlung in [W/m²]
- τ Transmissionskoeffizient der transparenten Abdeckung
- α Absorptionskoeffizient des Absorbers
- k spezifischer Wärmeverlustkoeffizient des Kollektors in [W/m²K]
- ϑ_m (mittlere) Absorbertemperatur in [°C]
- ϑ_L Lufttemperatur in der Umgebung des Kollektors in [°C]
- W_A Wärmeleistung am Absorber in [W/m²]
- W_V Wärmeverluste des Absorbers in [W/m²]
- W_N Nutzbare Wärme oder Nutzleistung in [W/m²]

Diese Formel wird auch Kollektorgleichung genannt, da sie den Zusammenhang zwischen eingestrahlter Sonnenenergie, Kollektortemperatur, den Wärmeverlusten und der nutzbaren Wärme allgemein beschreibt. Sie ist als erste, allerdings recht gute Näherung zu betrachten, bei der noch gewisse Randeffekte vernachlässigt sind, wie z.B. die winkelabhängigen Reflexionsverluste, die Wärmekapazität des Kollektors selbst oder nichtlineare Zusammenhänge zwischen Temperatur und Wärmeverlusten.

Sofern die Kennwerte des Kollektors α, τ und k – sie werden durch Messung nach Normen ermittelt und von den Herstellern angegeben – bekannt sind, kann damit bei gegebener Sonneneinstrahlung für beliebige Absorbertemperaturen die resultierende, nutzbare Wärme errechnet werden.

Der Wirkungsgrad von Sonnenkollektoren

Der Wirkungsgrad η eines Sonnenkollektors ist, wie bei allen technischen Geräten, definiert als das Verhältnis zwischen abgegebener Leistung und der zur Verfügung stehenden Leistung, auf den Kollektor bezogen also:

$$\eta = \text{Nutzleistung / eingestrahlte Sonnenenergie}$$
$$\eta = W_N / E = \alpha \cdot \tau - k \cdot (\vartheta_m - \vartheta_L) / E$$
$$= \alpha \cdot \tau - k \cdot x$$

In der Praxis wird für die Darstellung der Kollektorkennlinie häufig diese allgemeine Form gewählt, weil dadurch der Kollektorwirkungsgrad als eine Funktion der Betriebsbedingungen, gegeben durch $(\vartheta_m - \vartheta_L) / E$, dargestellt werden kann. Der Ausdruck $x = (\vartheta_m - \vartheta_L) / E$ wird als „reduzierte Temperatur“ bezeichnet und in der grafischen Darstellung auf der x-Achse aufgetragen. Der Kollektorwirkungsgrad als Funktion von x (den Betriebsbedingungen) ist dann eine Gerade (Abb. 2.9).

Wenn der Absorber die gleiche Temperatur wie die Umgebung aufweist, treten keine thermischen Verluste auf (wegen $\vartheta_m - \vartheta_L = 0$). In diesem Fall erreicht der Kollektor seinen *maximalen* Wirkungsgrad, der allein durch die optischen Verluste, d.h. durch den Wert von $\alpha \cdot \tau$, bestimmt ist, der daher auch als optischer Wirkungsgrad bezeichnet wird. Die thermischen Verluste wachsen mit zunehmender Temperaturdifferenz zwischen Absorber und Umgebung. Mit steigender Absorbertemperatur wird also der Wirkungsgrad des Kollektors immer schlechter. Verständlicher wird die Darstellung, wenn wie in Abb. 2.8 die Abhängigkeit des Wirkungsgrades von der Temperaturdifferenz bei verschiedenen Einstrahlungen (z.B. E = 800 W/m²) gezeigt wird. Für unseren Musterkollektor wurde bei 40°C mittlerer Absorbertemperatur und 20°C Außentemperatur (x = 20/ 800 = 0,025) oben ein nutzbarer Wärmeertrag von 578 W/m² errechnet, entsprechend einem Kollektorwirkungsgrad von 72%. Soll der Absorber auf 60°C aufgeheizt werden (x = 40/800 = 0,05), so steigen die thermischen Verluste auf das Doppelte (etwa die Verhältnisse wie in Abb. 2.7 dargestellt). Der Wirkungsgrad beträgt dann

$$\eta = 0{,}81 - 3{,}5 \cdot (60 - 20) / 800 = 0{,}81 - 0{,}175$$
$$= 0{,}635 \cong 63{,}5\%.$$

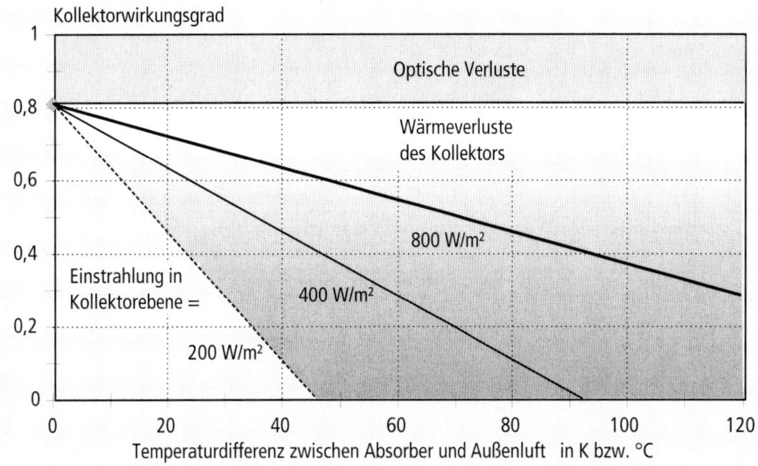

2.8 (oben)
Wirkungsgrad eines Sonnenkollektors als Funktion der Temperaturdifferenz zwischen Absorber und Umgebung bei 800, 400 und 200 W/m² Sonneneinstrahlung. Die Verluste durch nicht genutzte Einstrahlung (optische Verluste) und die temperaturbedingten Wärmeverluste addieren sich.

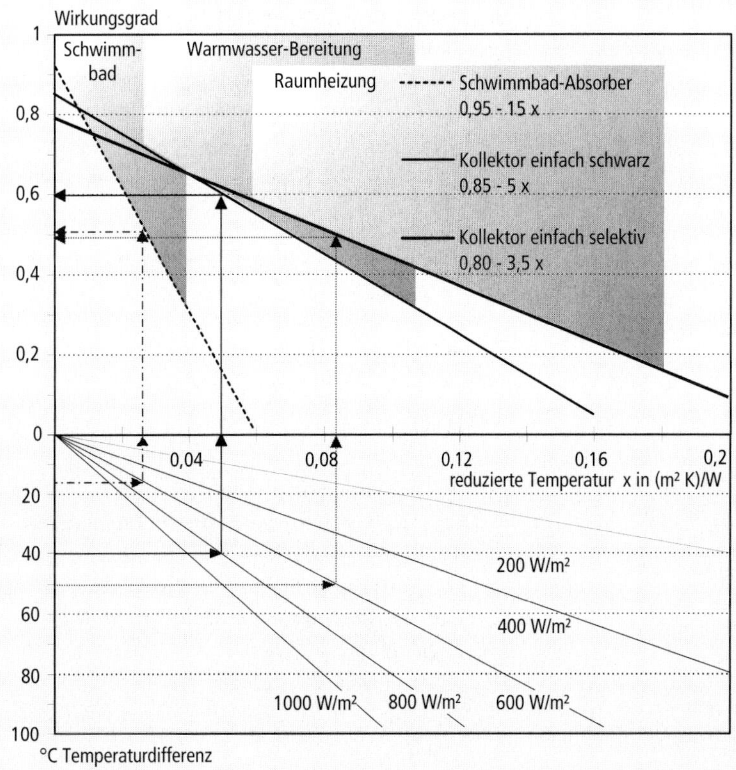

2.9 (unten)
Kennlinien verschiedener Kollektorkonstruktionen. Der obere Teil des Diagrammes zeigt den Wirkungsgrad als Funktion der „reduzierten Temperatur" x. Der untere Teil erlaubt die graphische Ermittlung von x aus Temperaturdifferenz und Einstrahlung. Die gebräuchliche Maßeinheit von x ist K·m²/W; etwas anschaulicher ist °C/kW bezogen auf 1 m², wobei die x-Werte dann mit dem Faktor 1000 zu multiplizieren sind.

Es werden dann nicht mehr 578 W Nutzwärme geliefert, sondern aufgrund des erhöhten Wärmeverlustes von 140 W nur noch 508 W.
Bei geringeren Einstrahlungen wirkt sich die Temperaturabhängigkeit des Wirkungsgrades noch stärker aus. Geht die Sonneneinstrahlung im Beispiel auf 400 W/m² zurück, führt dies zu einem deutlich geringeren Wirkungsgrad:

$\eta_1 = 0{,}81 - 3{,}5 \cdot 20 / 400 = 63{,}5\%$
bei 40°C Absorbertemperatur.
$\eta_2 = 0{,}81 - 3{,}5 \cdot 40 / 400 = 46{,}0\%$
bei 60°C Absorbertemperatur.

Wegen der starken Temperaturabhängigkeit des Wirkungsgrades gilt als wichtiger Grundsatz der Systemauslegung, daß Sonnenkollektoren stets auf möglichst niedrigem Temperaturniveau betrieben werden sollen.

Anhand der Kennlinie läßt sich auch leicht ablesen, für welchen Einsatzzweck ein bestimmter Kollektor am besten geeignet ist, für die Schwimmbadbeheizung, die Warmwasserbereitung oder die Raumheizung.

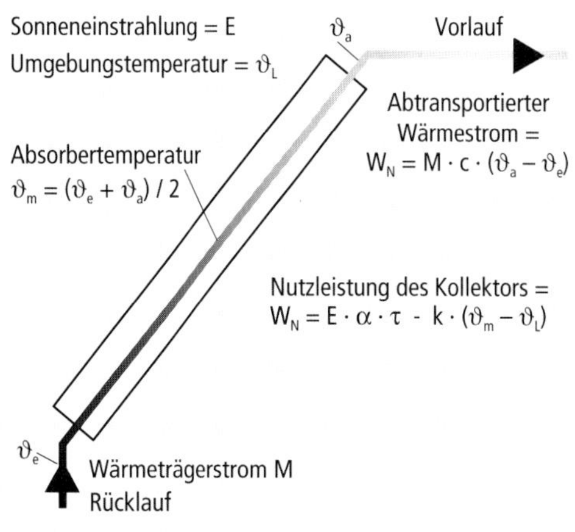

2.10
Temperaturen und Energieströme am Kollektor.

Temperaturen im Kollektor

Bleibt die Frage: Welche Absorbertemperatur stellt sich im praktischen Betrieb tatsächlich ein? Es ist leicht einzusehen, daß die Absorbertemperatur etwas mit dem Grad der Kühlung durch die Wärmeträgerflüssigkeit zu tun hat. Eine genauere Betrachtung der Wärmeübertragung am Absorber liefert auch auf diese Frage eine Antwort und eine einfache Formel zur quantitativen Berechnung.
Aus der Wärmelehre ist bekannt, welcher Energieaufwand Q zum Erwärmen eines Körpers oder einer Flüssigkeit von der Temperatur ϑ_1 auf die Temperatur ϑ_2 nötig ist:

$$Q = m \cdot c \cdot (\vartheta_2 - \vartheta_1) = m \cdot c \cdot \Delta\vartheta$$

in [J] oder [kWh] mit

m Masse des Körpers / der Flüssigkeit in [kg]
c spezifische Wärmekapazität in [kJ/kg K] oder [Wh/kg K]
c_w = 1,16 Wh/kg K; spez. Wärme von Wasser
$\Delta\vartheta$ Temperaturdifferenz, um die erwärmt wird in [K].

Analog gilt für die Berechnung der Wärme*leistung* W, die zum Erwärmen einer kontinuierlich vorbeiströmenden Flüssigkeit erforderlich ist:

$$W = M \cdot c \cdot (\vartheta_2 - \vartheta_1) = M \cdot c \cdot \Delta\vartheta \text{ in [W]},$$

wobei M die pro Zeiteinheit vorbeiströmende Masse ist, gemessen in [kg/s] oder [kg/h].
Das Wärmeträgermedium (z.B. Wasser) strömt mit der Temperatur ϑ_e in den Kollektor ein und verläßt ihn erwärmt mit der Temperatur ϑ_a. Der Absorber ist daher in der Praxis niemals überall auf gleicher Temperatur, sondern am Kollektoreingang stets kühler als am Ausgang.
Die am Absorber erzeugte Wärme-Nutzleistung W_N wird dazu genutzt, das Medium beim Durchfluß um die Temperaturdifferenz $\Delta\vartheta = (\vartheta_a - \vartheta_e)$ aufzuheizen. Die Wärmeleistung W_N aus der Kollektorgleichung kann also mit der Wärmeleistung W zum Erwärmen des Flüssigkeitsstromes gleichgesetzt werden:

$$M \cdot c \cdot (\vartheta_a - \vartheta_e) = W_N = E \cdot \alpha \cdot \tau - k \cdot (\vartheta_m - \vartheta_L)$$

Die Absorbertemperatur ϑ_m entspricht dabei etwa dem Mittelwert zwischen ϑ_e und ϑ_a:

$$\vartheta_m = (\vartheta_e + \vartheta_a) / 2$$

Führen wir das oben begonnene Rechenbeispiel weiter, werden die praktischen Konsequenzen schnell deutlich. In diesem Beispiel liefert der Kollektor bei 800 W/m² Einstrahlung und 40°C Absorbertemperatur eine nutzbare Wärmeleistung von 578 W (bei 20°C Außentemperatur). Soll das durchströmende Wasser durch diese Leistung um 10°C erwärmt werden, so kann die Menge berechnet werden, die den Absorber stündlich durchströmen muß:

$$M = W_N / (c_w \cdot \Delta\vartheta)$$

$$M = 578\ W / (1{,}16\ Wh/kg{\cdot}K \cdot 10\ K) = 49{,}8\ kg/h$$

Die oben angenommene, mittlere Absorbertemperatur von 40°C wird also dann erreicht, wenn stündlich etwa 50 l Wasser durch den Kollektor fließen. Das Wasser strömt mit 35°C ein, um 10 K erwärmt verläßt es den Kollektor mit 45°C. Geringere Temperaturdifferenzen erfordern einen höheren Wärmeträgerdurchsatz, umgekehrt führt ein niedrigerer Wärmeträgerdurchfluß zu höheren Temperaturdifferenzen zwischen Kollektorvor- und -rücklauf und bei gleichbleibender Eintrittstemperatur zu höheren mittleren Absorbertemperaturen.

- Durch Veränderung des Durchflusses kann somit der Betriebs- oder Arbeitspunkt des Kollektors entlang der Wirkungsgradkennlinie verschoben werden.
- Bei konstantem Durchfluß wiederum führen eine niedrigere Sonneneinstrahlung und eine entsprechend geringere Nutzwärme am Absorber zu einer geringeren Erwärmung des Wärmeträgers und damit zu kleineren Temperaturdifferenzen.

Die Kollektorgleichung in 2. Näherung

Wie wir gesehen haben, ist die erste Näherung der Kollektorgleichung in der grafischen Darstellung eine Gerade, bei der die Steigung (bzw. das Gefälle) der Geraden durch den k-Wert und der Schnittpunkt mit der y-Achse bei $x = 0$ durch den Wert von $\alpha \cdot \tau$ bestimmt wird.
Nun zeigen praktische Messungen an Kollektoren, daß diese lineare Beschreibung in manchen Fällen nicht hinreichend mit der Realität übereinstimmt. Bei großen Temperaturunterschieden zwischen Absorber und Umgebung steigen die Wärmeverluste nicht mehr linear zur Temperaturdifferenz, sondern nehmen infolge zunehmender Wärmeabstrahlung

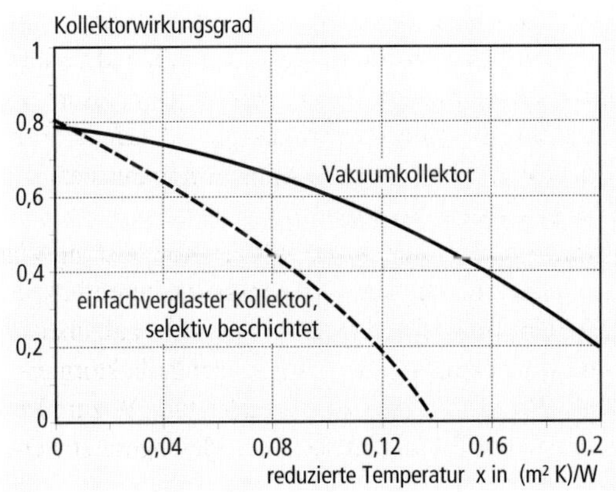

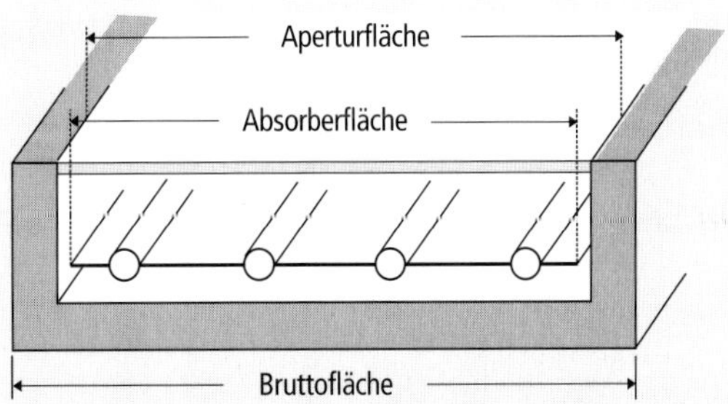

2.11 (links)
Kennlinien eines Flachkollektors und eines Vakuum-Kollektors in 2. Näherung. Charakteristisch ist die Abweichung bei größeren x-Werten.

2.12 (rechts)
Bezugsflächen eines Flachkollektors.

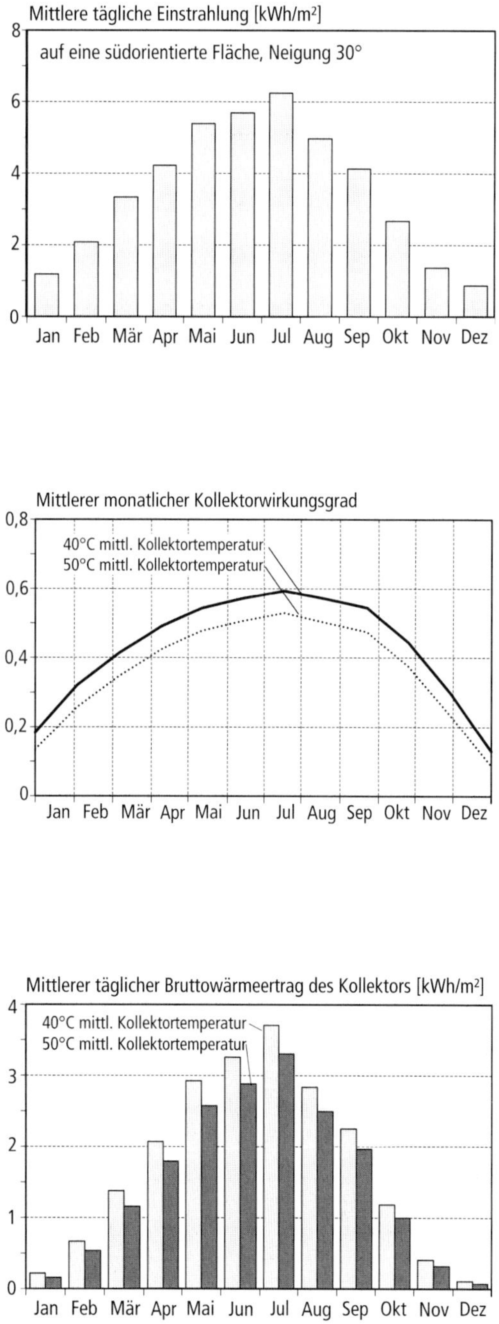

2.13
Monatliche Werte von Einstrahlung, Kollektorwirkungsgrad und Kollektorertrag im Jahresverlauf am Beispiel eines selektiv beschichteten Kollektors /31/.

stärker zu. Das heißt, daß der oben eingeführte k-Wert keine Konstante mehr ist, sondern eine Funktion der Temperaturdifferenz ($\vartheta_m - \vartheta_L$).
Um diesen Sachverhalt mathematisch zu erfassen, wird in der 2. Näherung der Kollektorgleichung zusätzlich ein quadratisches Glied eingefügt:

$$\eta = \alpha \cdot \tau - k_1 \cdot x - k_2 \cdot E \cdot x^2 \quad \text{mit}$$
$$\Delta\theta = (\vartheta_m - \vartheta_L) \quad \text{bzw.} \quad x = (\vartheta_m - \vartheta_L) / E$$

In der grafischen Darstellung entsteht dadurch eine Krümmung der Kollektorkennlinie bei großen x-Werten. Kennzeichnend für den Kollektor sind dann neben dem optischen Wirkungsgrad $\alpha \cdot \tau$ zwei Koeffizienten k_1 und k_2, die den Wärmeverlust beschreiben.

Die Leerlauf- oder Stillstandstemperatur

Je nach Bauweise entstehen im Normalbetrieb am Absorber eines Flachkollektors Temperaturen von 30 bis 90°C, denen die Kollektorbauteile dauerhaft standhalten müssen.
Wird die produzierte Wärme durch das Wärmeträgermedium *nicht* abgeführt (z.B. bei Ausfall der Umwälzpumpe oder weil während des Sommerurlaubs kein Energiebedarf besteht), heizt sich der Absorber so weit auf, bis die Wärmeverluste des Kollektors genauso groß sind wie die solaren Wärmegewinne. Dieser Fall wird als Leerlauf bezeichnet, die Temperatur des Absorbers in diesem Fall als *Leerlauf-, Stillstands-* oder *Stagnationstemperatur* ϑ_s. Sie kann bei guten Flachkollektoren 140 bis über 200°C erreichen. In der Kollektorkennlinie ist ϑ_s durch den Schnittpunkt mit der x-Achse charakterisiert.
Je geringer die Wärmeverluste des Kollektors und je kleiner der k-Wert, d.h. je „besser“ der Kollektor ist, um so höher ist seine Leerlauftemperatur. Mit der folgenden Faustformel kann aus den Kollektorkennwerten ein Schätzwert für die *Stillstandstemperatur* ϑ_s ermittelt werden:

$$\vartheta_s = (1000\ \text{W/m}^2 \cdot \eta_o) / k$$
$$\vartheta_s = 1000 \cdot 0{,}81 / 3{,}5 = 230°\text{C}\ ,$$

wenn die Zahlenwerte des Beispielkollektors eingesetzt werden.
Da das Eintreten des Leerlauffalles kaum mit Sicherheit vermieden werden kann, müssen die im Kollektor verwendeten Materialien bei diesen Temperaturen noch beständig sein. Auch bei der Wahl des Wärmeträgers und des Anlagenkonzeptes wird der Punkt „Anlagensicherheit im Leerlauf" zu berücksichtigen sein.

Kollektortests

Um Kollektoren in ihrer Qualität beurteilen und miteinander vergleichen zu können, werden von verschiedenen anerkannten Testinstitutionen Prüfungen entsprechend den Normen durchgeführt. Adressen solcher Prüfinstitute finden sich in Kapitel 9.
Die in Deutschland gültige Norm ist die DIN 4757. Sie besteht aus vier Teilen. Ein fünfter Teil zur Standardisierung von kompletten Systemen ist in Vorbereitung, Tests danach werden z.T. schon durchgeführt. Die beiden ersten Teile der Norm behandeln allgemeine sicherheitsrelevante Aspekte und Anforderungen an „Sonnenheizungsanlagen" – so der frühere Begriff – sowie deren Bauteile; sie stammen noch aus dem Jahre 1980, sind also etwas veraltet. Der dritte und vierte Teil wurde 1995 novelliert und an die europäische und internationale Normung (ISO 9806) angeglichen. Die älteren Versionen von Teil 3 und 4 gelten übergangsweise noch bis 1999 / 13,14,30/.
Teil 3 beschreibt die Anforderungen an Qualität und Lebensdauer (s. Kap. 2.5).

Ergebnisse der in Teil 4 festgelegten Tests zur Bestimmung des Wirkungsgrads sind die Kollektorkennwerte η_0, k_1 und k_2. Der einzige wesentliche Unterschied zur ISO besteht darin, daß nach DIN mit einer Windgeschwindigkeit am Kollektor von 3 m/s, nach ISO dagegen ohne Wind gemessen wird. Hinzu kommt noch der sogenannte Einfallswinkel-Korrekturfaktor, der angibt, um wieviel Prozent weniger Solarstrahlung bei 50° Einfallswinkel (der Strahlung) auf den Kollektor trifft. Dieser K_{50}-Wert beträgt in der Regel über 90%, d.h. es gehen weniger als 10% der Solarstrahlung durch Reflexion verloren.
Um Kollektoren vergleichen zu können, muß zum einen sichergestellt sein, daß sie nach dem gleichen Verfahren getestet sind; zum anderen ist aber auch die Fläche wichtig, auf die die Werte bezogen sind. Es wird zwischen Brutto-, Apertur- und Absorberfläche differenziert. Die äußeren Abmessungen sind als Bruttofläche, die Abmessungen der transparenten Abdeckung als Aperturfläche und die Nettofläche des Absorbers als Absorberfläche definiert (Abb. 2.12).

Solarenergie Prüf- und Forschungsstelle **Technikum Rapperswil**

Resultate **Testkollektor**
Update : 01.96

4.1 Monatliche BRUTTOWÄRMEERTRÄGE für den Standort KLOTEN
Kollektor Parameter : C_0 = 0.7706 [-] C_1 = 3.100 [W/m²K] C_2 = 0.0170 [W/m²K²] K_{CH} = 0.95 [-]

Monat :	Jan	Feb	Mär	Apr	Mai	Jun	Jul	Aug	Sep	Okt	Nov	Dez	Jahr	%
Global :	25.8	45.8	81.3	113.9	155.9	170.3	183.1	137.6	102.0	60.0	28.8	19.0	1123.7	
HK 30°/± 0°:	35.7	62.5	99.9	126.8	161.8	170.8	187.3	149.4	124.2	80.0	41.2	26.2	1265.9	
BWE(30°C) :	9.3	25.4	49.3	71.6	98.9	109.3	123.6	95.8	77.1	42.9	16.2	5.3	724.5	57.2
BWE(40°C) :	6.8	20.4	41.4	62.1	87.7	97.5	111.0	85.0	67.7	36.1	12.8	3.6	632.1	49.9
BWE(50°C) :	4.9	16.1	34.4	53.3	77.0	86.4	98.9	74.7	58.8	30.2	9.9	2.4	547.2	43.2
BWE(100°C) :	0.2	2.3	8.7	18.7	31.0	36.5	43.2	30.0	21.5	7.9	1.1	0.0	201.1	15.9
HK 45°/± 0°:	38.6	66.7	102.1	124.2	153.1	159.1	176.0	144.5	125.8	84.2	44.5	28.3	1247.2	
BWE(30°C) :	11.7	29.1	51.7	69.9	91.9	99.6	113.9	91.8	78.8	46.7	19.2	7.0	711.3	57.0
BWE(40°C) :	9.0	24.0	43.9	60.7	81.2	88.3	101.7	81.3	69.5	40.0	15.7	5.1	620.7	49.8
BWE(50°C) :	6.9	19.6	36.9	52.3	70.9	77.6	90.1	71.4	60.8	34.2	12.7	3.7	537.2	43.1
BWE(100°C) :	0.8	4.0	10.7	18.8	27.7	31.1	37.8	28.6	23.7	10.8	2.4	0.2	196.5	15.8
HK 60°/± 0°:	39.7	67.7	99.4	115.6	137.2	140.2	156.2	132.4	120.9	84.0	45.6	29.0	1168.0	
BWE(30°C) :	12.9	30.3	50.1	63.4	78.9	83.7	97.1	82.0	75.1	47.1	20.6	7.9	649.0	55.6
BWE(40°C) :	10.3	25.3	42.7	54.6	68.6	72.8	85.3	71.9	66.1	40.6	17.1	5.9	561.1	48.0
BWE(50°C) :	8.0	20.9	35.9	46.7	59.2	62.8	74.2	62.4	57.7	34.9	14.1	4.5	481.3	41.2
BWE(100°C) :	1.2	4.7	10.4	15.7	20.2	21.5	27.3	22.9	21.9	11.5	3.2	0.4	161.0	13.8
HK 90°/± 0°:	36.5	60.0	80.0	83.0	89.8	88.3	99.4	91.4	93.1	70.9	41.0	26.7	860.1	
BWE(30°C) :	11.8	25.3	35.8	37.4	39.0	39.4	48.1	47.3	52.3	37.7	18.2	7.3	399.6	46.5
BWE(40°C) :	9.4	20.8	29.3	30.2	30.3	29.8	37.4	38.4	44.3	32.0	15.1	5.5	322.5	37.5
BWE(50°C) :	7.3	16.7	23.7	23.9	23.0	21.8	28.4	30.5	37.0	26.8	12.3	4.2	255.6	29.7
BWE(100°C) :	0.9	2.7	3.9	3.2	1.0	0.2	1.2	3.7	8.3	6.4	2.3	0.4	34.1	4.0

2.14
Beispiel für ein Datenblatt zu den Bruttowärmeerträgen eines Flachkollektors für den Standort Kloten/Schweiz /31/. Dabei bedeuten:
$c_0 = \eta_0$, $c_1 = k_1$, $c_2 = k_2$ und K_{CH} der Einfallswinkel-Korrekturfaktor bei 50°,
Global = Globalstrahlung auf die Horizontalfläche in kWh/m²,
HK = Globalstrahlung auf die Kollektorfläche, Neigung/Orientierung in kWh/m²,
BWE (bei °C) = Ertrag bei mittlerer Kollektortemperatur in kWh/m² und
% = Jahreswirkungsgrad des Kollektors in %

TZS Stuttgart Pfaffenwaldring 6 D-70550 Stuttgart	Telefon (0711) 685-3536 Telefax (0711) 685-3503 Telex 7 255 445 univ d	Seite 8 Prüfbericht-Nr: 96COL45

Firma:	GreenONEtec Kanduth Produktions GmbH	Typ:	SK500N
Herstellnr:	96004315	Herstelljahr:	1996

Anhang A: Ertragsvorhersage

Die Vorhersage beruht auf der Berechnung des Jahresenergieertrags des Kollektors in einer Referenzanlage zur Brauchwassererwärmung. Die Anlage ist für einen Vierpersonenhaushalt dimensioniert. Die Berechnung erfolgt für die Aperturflächen 3, 4, 5 und 6 m² sowie Referenz-Wetterdaten von Hannover, Würzburg und Stötten (Ostalb).

Kollektorkennwerte (Bezug: Aperturfläche)

Konversionsfaktor	effektiver Wärmedurchgangskoeffizient	Wärmekapazität
$\eta_0 = 0{,}760$	$k_1 = 3{,}647$ W/(m²K) $k_2 = 0{,}015$ W/(m²K²)	C = 8,381 kJ/(m²K)

Einfallswinkel-Korrekturfaktoren

$K^{dir}_{\tau\alpha}(50°) = 0{,}91$

$K^{dfu}_{\tau\alpha} = 0{,}84$

Systemdaten

Dachausrichtung:	Süd; Anstellwinkel entspricht Breitengrad
Kollektoranbindung:	Je 15 m Vor- und Rücklauf; Nennweite DN 16; Dämmstärke 25 mm, $\lambda = 0{,}04$ W/(mK) Vor- und Rücklauf befinden sich je zur Hälfte im Innen- und Außenbereich
Speicher:	Volumen 300 l Wärmeverluste 2,2 W/K; Umgebungstemperatur im Innenbereich 15°C Volumen des Bereitschaftsteils 135 l; Solltemperatur 60 °C Schichtungskennzahl 100; effektive vertikale Wärmeleitfähigkeit 2 λ_{Wasser}
Wärmeübertrager:	eingetauchter Wärmeübertrager, $(kA)_{WT} = 9$ W/(m²K) · Aperturfläche · $\Theta^{0,6}$; (Θ = Mittelwert aus WT-Eintrittstemperatur und lokaler Speichertemperatur in °C)
Warmwasser-verbrauch:	200 l/Tag (7^{00}: 80 l; 12^{00}: 40 l; 19^{00}: 80 l); Kaltwassertemperatur 10 °C; Warmwassertemperatur 45 °C; Jahresverbrauch 2936 kWh/a

Berechnungsresultate

Standort	Hannover	Würzburg	Stötten
Einstrahlung [kWh/(m²a)]	1022	1212	1354
Aperturfläche [m²]	Jährlicher Kollektorertrag[1)] [kWh/(m²a)]		
3	448	540	588
4	410	493	536
5	376	450	487
6	346	410	442

[1)] Ertrag des Kollektors ohne die Wärmeverluste in den Rohrleitungen und des Warmwasserspeichers

2.15: Ertragsvorhersage für einen Flachkollektor an 3 Standorten in Deutschland /32/.

Energieerträge von Kollektoren

Nun ist es zwar möglich, anhand der Kollektorkennwerte Kollektoren miteinander zu vergleichen, jedoch sind diese Werte – insbesondere für den Laien – sehr abstrakt. Wesentlich anschaulicher ist ein Vergleich der Energieerträge von Kollektoren. Der Energieertrag eines Kollektors ist allerdings von mehreren Faktoren abhängig. Neben den lokalen Einstrahlungsverhältnissen sind dies Orientierung und Neigung des Kollektors, die Betriebsbedingungen des Kollektors (Temperaturen) sowie natürlich die Kollektor-Kennwerte. Unter Berücksichtigung all dieser Randbedingungen werden von den verschiedenen Prüfinstituten die Wärmeerträge der Kollektoren gemessen und mittels Computersimulation auf vergleichbare Verhältnisse umgerechnet. Insbesondere das Schweizerische Testinstitut, die Solarenergie-Prüfungs- und Forschungsstelle am Technikum in Rapperswil, gibt mit den Prüfberichten auch umfangreiche Tabellen heraus, welche die sogenannten Bruttowärmeerträge von Kollektoren für verschiedene Neigungen und Orientierungen, für verschiedene Kollektortemperaturen sowie für verschiedene Standardwetterzonen der Schweiz in monatlicher Auflösung auflisten. Diese Tabellen mit den Prüfberichten sind bei der Prüfstelle erhältlich. In Abb. 2.13 sind Monatswerte von Einstrahlung und Ertrag eines Kollektors für die Klimazone Schweizerisches Mittelland dargestellt. Die Tabellenform zeigt Abb. 2.14 (für einen anderen Kollektor).

In Deutschland wurde – initiiert durch die Förderrichtlinien des Bundeswirtschaftsministeriums – zwischen allen Testinstituten eine Vereinbarung getroffen, daß einhergehend mit der Prüfung von Kollektoren auch Ertragsvorhersagen durchzuführen sind /39/. Diese Vorhersagen basieren auf der Berechnung des Kollektor-Jahresenergieertrags einer genau definierten Referenzanlage zur Brauchwassererwärmung, die in etwa für einen 4-Personen-Haushalt dimensioniert und für alle Kollektoren gleich ist. Bei einem solaren Deckungsanteil von

40% (der Beitrag der Solaranlage zum gesamten Energiebedarf) muß der Mindestertrag des Kollektors am Standort Würzburg mindestens 350 kWh pro m² und Jahr betragen. Abb. 2.15 zeigt die Ertragsvorhersage vom Test- und Entwicklungszentrum für Solaranlagen, Stuttgart für den gleichen Kollektor wie in Abb. 2.14.
In der Marktübersicht „Thermische Solaranlagen" vom Öko-Institut in Freiburg /19/ werden die technischen Daten und Kennwerte nahezu aller in Deutschland verfügbaren Kollektoren übersichtlich angegeben. Dabei werden ebenfalls Jahresbruttowärmeerträge für die Kollektoren ermittelt, und zwar für eine Kollektortemperatur von 60°C. Je nach Bauart ergeben sich folgende Richtwerte:

- Flachkollektoren ohne selektive Beschichtung: 250 bis 400 kWh/m²a
- Flachkollektoren mit selektiver Beschichtung: 320 bis 530 kWh/m²a
- Vakuumkollektoren: 400 bis 890 kWh/m²a.

Eigenschaften gebräuchlicher Kollektortypen

Kollektortyp	**Temperaturbereich °C**	**Anwendung**	**Leerlauftemperatur *) °C**	**Energieertrag kWh/m²·a**
Solarabsorber, unverglast und nicht isoliert	0 - 30°C	Schwimmbadheizung, Wärmepumpen	70 – 90°C	200 - 300
Flachkollektoren - schwarz beschichtet - selektiv beschichtet	20 - 80°C	Warmwasserbereitung, Raumheizung	120 – 140°C 140 – 240°C	250 – 400 320 - 530
Vakuum-Kollektoren	20 - 100°C	Warmwasserbereitung, Raumheizung, Prozeßwärme	150 bis > 300°C	400 – 890
Konzentrierende Kollektoren mit Nachführung	80 - 800°C	Dampferzeugung, Prozeßwärme, Raumheizung	je nach Konzentration > 1.000°C	je nach Konzentration und Anteil der direkten Strahlung

*) bei E =1.000 W/m² und 20°C Außentemperatur

Tabelle 2.1: Eigenschaften gebräuchlicher Sonnenkollektoren.

2.3 Kollektor-Bauweisen

Die Kunst, gute Sonnenkollektoren zu bauen, besteht darin, Materialien und Bauweisen zu finden, mit denen es gelingt, die Sonnenstrahlung unter Vermeidung größerer Verluste soweit wie eben möglich in Wärme umzuwandeln, und zwar zu möglichst niedrigen Kosten bei optimaler Haltbarkeit (Lebensdauer).
Entsprechend den Anforderungen der einzelnen Anwendungsgebiete wurden verschiedene Kollektortypen entwickelt. Tabelle 2.1 gibt eine Übersicht über die gebräuchlichen Typen. Herausragende Bedeutung für die Praxis haben heute der Flachkollektor und der Vakuumröhrenkollektor. Sie werden daher im folgenden besonders ausführlich behandelt.

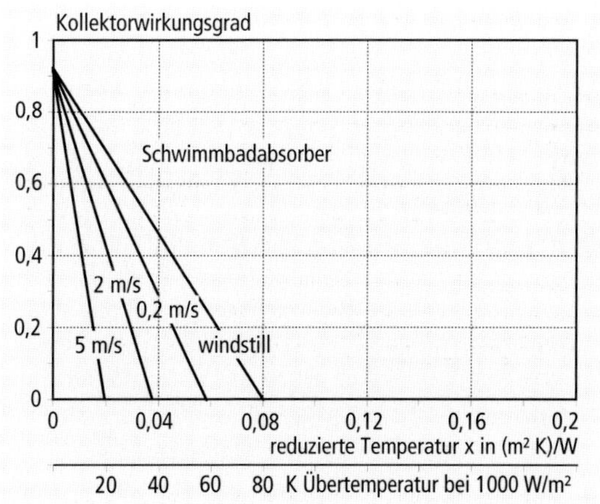

2.16
Kennlinie eines Schwimmbadabsorbers. Wegen des fehlenden Gehäuses macht sich der Windeinfluß hier besonders deutlich bemerkbar.

2.3.1 Schwimmbad-Kollektoren

Das Hauptanwendungsgebiet des Schwimmbad-Kollektors liegt – wie der Name schon sagt – in der Heizung von privaten und öffentlichen Freibädern im Sommerhalbjahr, oder – allgemeiner ausgedrückt – in der Erzeugung von Wärme auf niedrigem Temperaturniveau. Schwimmbad-Kollektoren sind daher so gebaut, daß sie in einem Temperaturbereich von 0 bis 20 K oberhalb der Umgebungstemperatur mit gutem Wirkungsgrad arbeiten. Bei 20°C Lufttemperatur sind also Kollektortemperaturen von maximal 35 bis 40°C zu erwarten.
Der Schwimmbad-Kollektor besteht in der Regel nur aus einem schwarzen Absorber, ohne den wärmedämmenden Kasten und ohne die transparente Abdeckung des Flachkollektors; denn bei den geringen Temperaturdifferenzen zwischen Absorber und Umgebung ist eine Wärmedämmung nicht notwendig. Die Kollektorkonstruktion wird dadurch nicht nur sehr einfach und entsprechend kostengünstig, durch Weglassen der transparenten Abdeckung entfallen auch die optischen Verluste infolge Reflexion und Transmission, so daß nur die optischen Verluste durch unvollständige Absorption bleiben.
Trotz höherer Abstrahlungs- und Konvektionsverluste ist daher der Kollektorwirkungsgrad bei genügend kleinen Temperaturdifferenzen höher als der von Flach- und Vakuumkollektoren. Bei Temperaturdifferenzen von mehr als 10 K gehen diese Wirkungsgradvorteile verloren, vielmehr zeigt sich dann ein deutlicher Einfluß der Windgeschwindigkeit auf den Kollektorwirkungsgrad (Abb. 2.16).

Anforderungen an Konstruktion und Material

- Als Wärmeträger im Absorber dient in der Regel das Schwimmbadwasser selbst. Das Absorbermaterial muß daher gegen gechlortes Wasser *korrosionsbeständig* sein. Das gilt natürlich auch für die verbindenden Rohrleitungen.
- Das Absorbermaterial muß dauerhaft beständig sein gegenüber den *Einwirkungen des Wetters*, insbesondere durch UV-Strahlung und Feuchtigkeit, sowie gegen länger andauernde und wechselnde *thermische Belastungen* im Temperaturbereich von -20°C bis 70°C .
- Um einen guten Wirkungsgrad zu erreichen, sollte das Material eine *gute Strahlungsabsorption* (mindestens schwarze Oberfläche) und eine *gute Wärmeleitfähigkeit* besitzen.
- Der Durchflußwiderstand sollte möglichst klein sein, d.h. der Absorber sollte *ausreichende Leitungsquerschnitte* besitzen, um die für die Kühlung erforderlichen großen Wassermengen mit akzeptablem Energieaufwand pumpen zu können.

Die Absorber werden in der Regel nicht mit hohem Druck und hoher Temperatur beansprucht, so daß an die Festigkeit des Materials keine erhöhten Anforderungen gestellt werden. Schwimmbadkollektoren können daher aus Kunststoffen gefertigt werden, die eine gute Korrosions- und Wetterfestigkeit aufweisen: Polyethylen (PE), sowie vorzugsweise Polypropylen (PP) und der Synthesekautschuk Ethylen-Propylen-Dien-Monomer (EPDM), die lichtbeständig gemacht und durch Rußzusätze schwarz eingefärbt werden. PE und PP sind preiswerte und relativ umweltfreundliche Materialien; EPDM ist erheblich teurer, dafür jedoch auch haltbarer.

Bauformen von Absorbern

Wegen des relativ schlechten Wärmeleitvermögens der Kunststoffe (im Vergleich zu den Metallen) sind solche Konstruktionen zu bevorzugen, bei denen möglichst die gesamte Absorberfläche durch das Wärmeträgermedium (hier: das Schwimmbadwasser) gekühlt wird. Gebräuchlich sind

- *Multischlauchabsorber* (Abb. 2.17, a, e, j, k)

Sie bestehen aus vielen einzelnen oder mittels Zwischenstegen miteinander verbundenen Schläuchen oder Rohren, die als Register an ein Verteil- bzw.

Sammelrohr angeschlossen werden. Verbreitet sind einzelne Rippenrohre aus PP oder Stegplatten aus EPDM, bei denen die Strömungskanäle je nach Bauart durch Schlauchschellen oder Quetschverbindungen an die Verteil- bzw. Sammelrohre angeschlossen werden oder mit diesen fest verbunden sind.

- *Multikanalabsorber* (Abb. 2.17 g - i)

Sie werden als flexible Matten (EPDM) oder starre Platten (PP) mit einer bestimmten Breite und mit fest angeschweißten Verteil- bzw. Sammelrohren angeboten, wobei mehrere Absorber untereinander über Muffen mit Schlauchschellen oder mit Verschraubungen verbunden werden. Eine Sonderbauform ist der *Kissenabsorber* (Abb. 2.17 i).

Beide Bauformen zeichnen sich dadurch aus, daß sie sich kostengünstig in großen Längen fertigen lassen. Während die Multischlauchabsorber auf der Baustelle angepaßt werden können, müssen bei Multikanalabsorbern die Abmessungen bei der Bestellung angegeben werden.
Wer Kosten sparen will, kann selbst Hand anlegen. Es gibt eine Reihe von preisgünstigen Systemen, die mit etwas Geschick selbst zusammengebaut und installiert werden können. Hilfe findet man in /33/, /34/.

Materialien und Erfahrungen

Durch die Sonneneinstrahlung (insbesondere durch den UV-Anteil) und die Temperaturwechselbelastung verspröden alle Kunststoffe im Laufe der Jahre, je nach Material allerdings unterschiedlich schnell. Am Ende entstehen stets tiefgehende Materialschäden und Undichtigkeiten, durch die der Absorber schließlich unbrauchbar wird.
Polypropylen und *Polyethylen* werden seit vielen Jahren bei Sanitärinstallationen z.B. für Rohrleitungen, Fußbodenheizungen usw. eingesetzt. Der zulässige Temperaturbereich liegt bei PP zwischen -30°C und +120°C. Bei PE ist die Temperaturbeständigkeit etwas schlechter, so daß dieses Material selten ein-

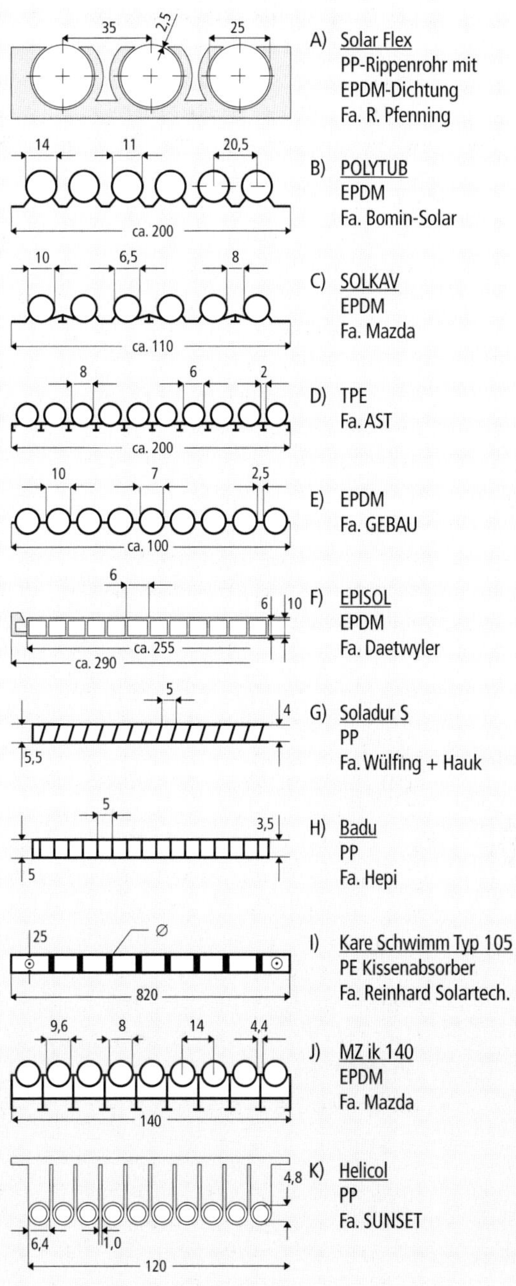

2.17: Bauformen von Schwimmbadabsorbern (Typenname unterstrichen).

gesetzt wird. Beide Materialien sind frostbeständig, jedoch werden sie bei Temperaturen unter 0°C sehr spröde und empfindlich gegen mechanische Beanspruchung, so daß ein Einfrieren von Wasser in den Leitungen unbedingt vermieden werden sollte. PP- bzw. PE-Absorber sind daher im Winter zu entleeren. Beide Materialien sind für die Verlegung im Freien mit besonderen UV-Stabilisatoren ausgerüstet, da sie normalerweise nur eine geringe UV-Beständigkeit aufweisen. Die Erfahrungen, besonders mit PP, sind gut, bei sorgfältiger Behandlung sind Lebensdauern von weit über 10 Jahren zu erwarten. Die Hersteller geben in der Regel 10 Jahre Garantie. Der *Kunstkautschuk EPDM* wird seit vielen Jahren insbesondere als Dichtungsmaterial z.B. für Fenster oder in Fahrzeugen eingesetzt. Er weist eine hervorragende UV-Stabilität auf und wird in einem Temperaturbereich von -50°C bis +150°C eingesetzt, kurzzeitig auch für höhere Temperaturen. Er ist absolut frostbeständig und muß selbst beim Erstarren des Wärmeträgers im Winter nicht entleert werden (sofern nicht andere Materialien im Kreislauf ein Entleeren notwendig machen). Die Haltbarkeit von EPDM-Absorbern wird mit etwa 30 Jahren angegeben, Hersteller geben meist 10 Jahre Garantie.

Andere Kunststoffmaterialien, insbesondere Recycling-Kunststoffe, die deutlich preiswerter sind, kommen aufgrund ihrer ungünstigeren Eigenschaften und damit schlechten Haltbarkeit in der Praxis nicht zum Einsatz.

2.18
Verlegung von Schwimmbad-Absorbermatten auf einem flach geneigten Dach.
Bild: AST Wasser- und Sonnentechnik, Telfs, Österreich

Hinweise zu Aufstellung und Installation

Für den Nutzungszeitraum Mai bis September wäre in Mitteleuropa eine südorientierte Montage unter einem Neigungswinkel von 20 bis 35° optimal. In den Sommermonaten steht die Sonne jedoch so hoch am Himmel, daß die einfachere Montage auf leicht geneigten Flachdächern oder auch ebenerdig neben dem Becken (meist sind die Absorber auch begehbar) kaum weniger Energieertrag einbringt. Die waagerechte Anordnung auf Dächern macht u.U. ein wenig mehr Arbeit, da der Absorber im Winter zum Entleeren mit Druckluft ausgeblasen werden muß.

Beim Aufbau und bei der Befestigung der Absorber ist unbedingt zu berücksichtigen, daß sich Kunststoffe bei Erwärmung erheblich ausdehnen und bei Abkühlung wieder zusammenziehen. Die Montage vor Ort muß so ausgeführt werden, daß die Absorber dies auch unbeschadet überstehen. Wichtig ist eine Sicherung der Absorber gegen Windangriff. Dies gilt insbesondere für den Winter, wenn die Absorber entleert und damit relativ leicht sind und zudem größere Windstärken auftreten. Die Absorber müssen daher befestigt werden.

Selbstverständlich darf die zulässige Dachbelastung nicht überschritten werden; Kunststoffabsorber wiegen inklusive Wasserfüllung etwa 6 bis 10 kg/m². Vor der Installation ist die Dachhaut auf einwandfreien Zustand zu prüfen, denn spätere Dachreparaturen können teure Demontage- und Monta-

gearbeiten erforderlich machen. Bei einer Verlegung auf der Erde ist darauf zu achten, daß sowohl Pflanzenbewuchs als auch eine Schädigung durch Nagetiere ausgeschlossen wird, was meist durch eine entsprechende Vorbereitung des Untergrundes erreicht werden kann.
Auf einen guten Ablauf des Regenwassers sollte geachtet werden, da Wasserpfützen unter oder auf dem Absorber die Erwärmung behindern. Besonders bei Multischlauchabsorbern mit Zwischensteg ist dies unter Umständen schwierig zu realisieren. Da Absorber in der Regel sehr flach liegen, ist eine erhöhte Verschmutzungsgefahr gegeben. Die Absorber sollten daher regelmäßig in Augenschein genommen und bei Bedarf gereinigt werden.

2.3.2 Flachkollektoren

Die meisten der heute am Markt angebotenen Kollektoren fallen in die Kategorie „Flachkollektoren". Sie bestehen aus einem Metallabsorber in einem „flachen", gut wärmegedämmten Gehäuse, das auf der Sonnenseite mit einer transparenten Abdeckung versehen ist. Durch die wärmegedämmte Bauweise können Flachkollektoren auch bei Temperaturen von 40 bis 60 K über der Umgebungstemperatur noch Wärme mit gutem Wirkungsgrad erzeugen. Ihr Haupteinsatzbereich ist heute die Warmwasserbereitung, vornehmlich in der heizfreien Zeit.

Anforderungen

An die Konstruktion eines leistungsfähigen Flachkollektors sind folgende Anforderungen zu stellen (vgl. Kap. 2.1: Funktion und Aufbau):

- Der Absorber muß die einfallende Strahlung möglichst vollständig in Wärme umwandeln und diese gut an das Wärmeträgermedium übertragen. Das heißt:
  - *hoher Absorptionsfaktor* der Absorberoberfläche,
  - *gute Wärmeleitung* zwischen Absorber und Wärmeträger,
  - *geringe Wärmerückstrahlung* des Absorbers.
- Der Absorber und alle Materialien in der unmittelbaren Umgebung müssen in hohem Maße *temperaturbeständig* sein, und zwar von -20°C im Winter bis zur Leerlauftemperatur von 140 bis über 200°C; der Absorber muß außerdem *druckbeständig* und *korrosionsbeständig* gegenüber dem Wärmeträgermedium sein.
- Die transparente Abdeckung soll möglichst *lichtdurchlässig* sein und gleichzeitig thermische Verluste durch Wärmestrahlung und Konvektion minimieren. Sie muß außerdem *wärme-*, *witterungs-* und *UV-beständig* sein; sie darf nicht zur Verschmutzung neigen und muß so stabil sein, daß sie bei Hagelschlag und größeren Schneelasten standhält.
- Die rückseitige Wärmedämmung ist nicht nur *ausreichend dick* zu bemessen (Dämmstärke 6 bis 10 cm entsprechend k = 0,3 bis 0,5 W/m^{2}K), sie muß ebenfalls *temperaturbeständig* sein (bis zur Leerlauftemperatur des Absorbers) und darf keine Bindemittel enthalten, die bei höheren

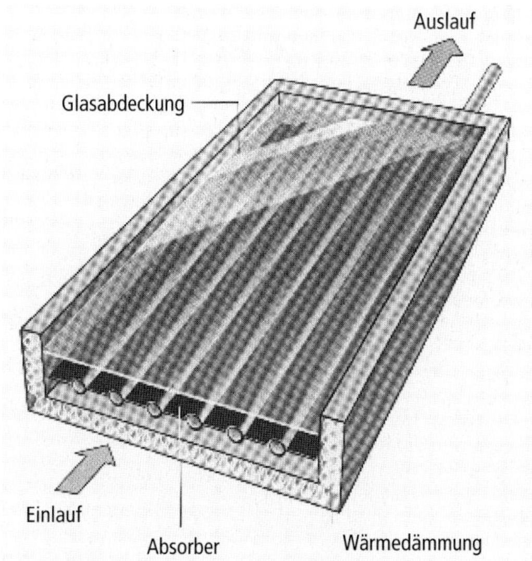

2.19
Prinzipieller Aufbau eines Flachkollektors.

Temperaturen ausgasen und auf der Innenseite der transparenten Abdeckung einen strahlungsmindernden Niederschlag bilden können.

- Der gesamte Kollektorkasten muß *gut nach außen abgeschlossen* sein, so daß weder Feuchtigkeit noch Staub oder Insekten in den Innenraum zwischen Scheibe und Absorber gelangen und dort auf Dauer die Eigenschaften des Kollektors verschlechtern. Eventuell auftretendes Kondensat muß abgeführt werden.
- Der Kollektor muß von seiner *Größe* und seinem *Gewicht* so bemessen sein, daß er mit handwerklichen Methoden auf die Baustelle geschafft, eingebaut und ggf. auch repariert bzw. ausgetauscht werden kann.
- Kollektoren sollten natürlich auch möglichst *preiswert* sein: Neben der Materialwahl haben insbesondere rationelle Produktionsverfahren großen Einfluß auf die Herstellungskosten.

Absorbermaterialien

Material	Vorteile	Nachteile
Aluminium	+ leicht + gute Wärmeleitfähigk. + rationelle Fertigung + preiswert	- korrosionsgefährdet - hoher Herstellungsenergieaufwand
Stahl	+ preiswert + gut zu verarbeiten + geringer Herstellungsenergieaufwand	- schwer - geringe Wärmeleitfähigkeit - Korrosionsgefahr
Edelstahl	+ keine Korrosionsgefahr auch bei Schwimmbadwasser + sehr hohe Lebensdauer	- teuer - schwer - geringe Wärmeleitfähigkeit - hoher Herstellungsenergieaufwand
Kupfer	+ sehr gute Wärmeleitfähigkeit + leicht zu verarbeiten + korrosionsbeständig + hohe Lebensdauer	teuer

Tabelle 2.2: Eigenschaften verschiedener Absorbermaterialien.

Konstruktionsmerkmale

Die richtige Materialwahl und gute Verarbeitung sind für die Qualität und Haltbarkeit der Sonnenkollektoren von entscheidender Bedeutung. Die Praxis zeigt, daß die Lebensdauer von Kollektoranlagen insbesondere von der Korrosionsbeständigkeit des Absorbers und seiner Beschichtung sowie von der Witterungsbeständigkeit der transparenten Abdeckung und ihrer Abdichtung zum Gehäuse bestimmt wird. Auch das thermische Verhalten, d.h. der Wirkungsgrad eines Kollektors, wird maßgeblich von der Konstruktion bestimmt. Daher wird im folgenden ein kurzer Überblick über die wesentlichen Konstruktionsmerkmale moderner Flachkollektoren gegeben.
Wer Flachkollektoren selbst bauen und sich mit den Materialfragen entsprechend ausführlicher beschäftigen will, findet in /33/ weitere Informationen zu diesem Thema.

Absorbermaterialien und -bauformen

Als Absorbermaterial werden wegen der hohen Leerlauftemperaturen fast ausschließlich die Metalle Kupfer, Stahl und Aluminium eingesetzt (Tab. 2.2). Für jedes dieser Materialien gibt es typische Bauweisen:

- *Fahnenabsorber*, bestehend aus korrosionsbeständigem Kupferrohr mit einer Absorberfahne aus Kupfer oder aus dem leichteren und preiswerteren Aluminium,
- *Plattenabsorber* aus Kupfer oder Stahl mit eingepreßtem oder aufgelötetem Rohrsystem aus Kupfer,
- *Kissenabsorber* aus Stahl oder Edelstahl und
- *Rollbond-Absorber* aus Aluminium.

Nachdem in den Anfangsjahren der Solartechnik alle möglichen Absorberkonstruktionen gebaut und angeboten wurden, haben bei den heute am Markt befindlichen Kollektoren die *Fahnenabsorber* die größte Verbreitung. Dabei wird die Verbindung zwischen Cu-Rohr und Fahne durch Schweißen (Ultraschall-, Laser-, Punkt- oder elektromagnetisches Schweißen), Löten oder Verpressen hergestellt. Wichtig für die Leistungsfähigkeit des Kollektors ist ein guter Wärmeübergang zwischen Absorberfahne und Rohr, d.h. es dürfen z.B. keine Luftspalte entstehen. Bei Aluminium-Cu-Verbindungen darf wegen der Korrosionsgefahr auf keinen Fall Feuchtigkeit an den Übergang der Metalle gelangen. Mit Fahnenabsorbern hat man eine große Flexibilität hinsichtlich Größe (Lieferlängen bis 6 m) und Durchströmung (Serien- oder Parallelschaltung der Fahnen) des Absorbers. Darüber hinaus weisen sie in der Regel gute thermische Eigenschaften auf, sind leicht, gut handhabbar und als Massenware recht preiswert.

Kissenabsorber, also vollflächig durchströmte Absorber, erreichen einen besseren Wärmeübergang zwischen Absorber und Wärmeträger, der insbesondere relativ unabhängig von der Durchströmungsgeschwindigkeit ist. Nachteilig ist jedoch, daß sie nicht so druckbeständig und außerdem schwerer sind. Fahnenabsorber wiegen meist zwischen 2 und 7 kg/m^2, Kissenabsorber dagegen um die 10 kg/m^2. Hinzu kommt der Flüssigkeitsinhalt: Während Fahnenabsorber etwa 0,3 bis 1 l/m^2 enthalten, fassen Kissenabsorber über 2 l pro m^2 Kollektorfläche. Aus diesen Gründen gibt es bisher nur einige wenige Hersteller von Kissenabsorbern und entsprechend wenige Anbieter von Kollektoren mit solchen Absorbern.

Alu-Rollbond-Absorber sind unter thermischen Gesichtspunkten sehr leistungsfähige Absorber. Der Werkstoff Aluminium ist jedoch besonders korrosionsanfällig, so daß bei der im Handwerk gebräuchlichen Kupferrohr-Installation auf jeden Fall spezielle, mit Korrosionsschutzmittel versehene Wärmeträger-Flüssigkeiten für Alu-Werkstoffe erforderlich sind. Bei Einsatz dieser Mittel sind gegenüber anderen Materialien und Absorbern jedoch keine Einschränkungen bei der Haltbarkeit vorhanden /20/.

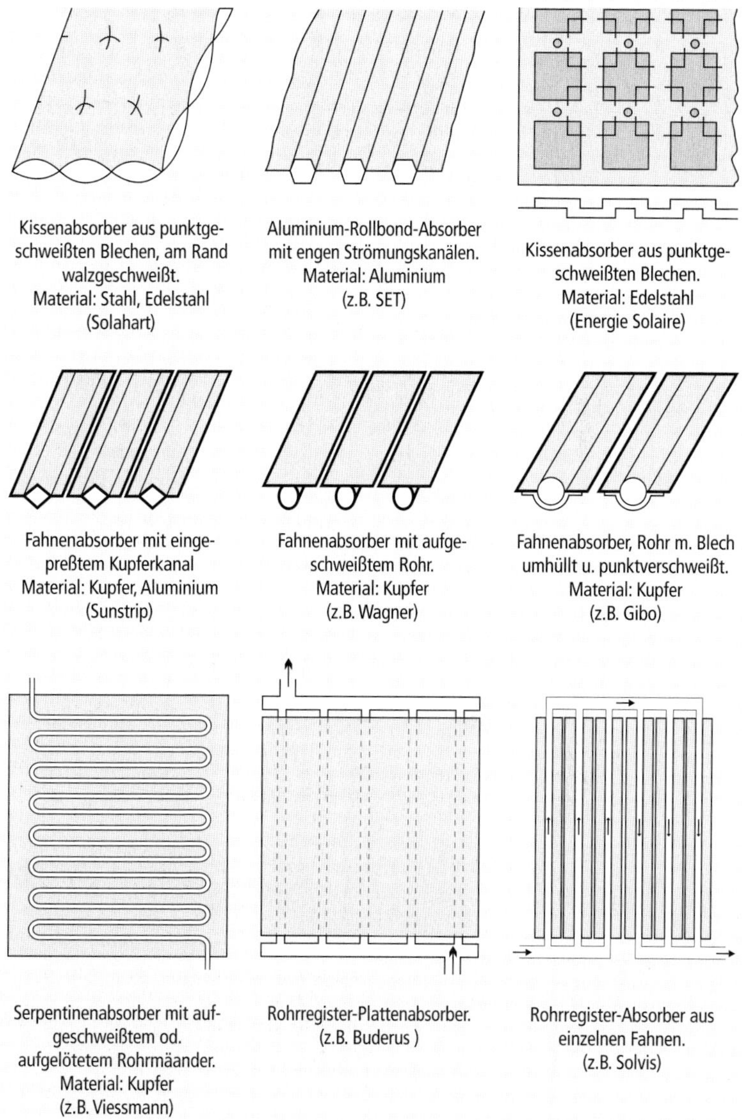

2.20: Absorberbauformen.

Absorberbeschichtungen

Die Leistungsfähigkeit eines Absorbers hängt ganz wesentlich von der Beschichtung der Oberfläche ab. Sie sollte nicht nur einen hohen Absorptionsfaktor aufweisen, sie muß auch gegen hohe Temperaturen und häufige Temperaturwechsel beständig sein. Neben den schwarzen Farben, die meist durch Spritzen aufgebracht werden, sind *selektive Beschichtungen* heute Stand der Technik und sehr verbreitet, da sich die Wärmeverluste des Kollektors dadurch deutlich reduzieren lassen (vgl. Kap. 2.2). Die heute gebräuchlichsten selektiven Beschichtun-

Absorberbeschichtungen und deren Herstellungsverfahren

Hersteller	Produkt	α	ε	Beschichtung	Verfahren	Absorber
TeknoTerm	SunStrip	95 ± 2	15 ± 2	Ni auf oxidiertem Alu	elektrochemisch	Alu
MTI	Black Chrome	95 ± 2	12 ± 2	SchwarzChrom auf Ni	galvan. Bandverfahren	Cu
Batec	Batec	95 ± 2	12 ± 2	SchwarzChrom auf Ni	galvan. Bandverfahren	Cu
GIBO	GIBO	95 ± 2	12 ± 2	SchwarzChrom auf Ni	galvan. Badverfahren	Cu
INCO Alloys	Maxorb	97 ± 1,5	10,5 ± 1,3	SchwarzNickel	als Folie geklebt	Alu
Energie Solaire [a]	Solar Absorber	94 ± 2	18 ± 4	SchwarzChrom auf Ni	galvan. Badverfahren	Edelstahl
Thermafin	Black Crystal	≥ 95	≤ 10	Nickel [c]	Bandverf. m. Kristallisation	Cu
TiNOx	TiNOx	95	5	TiNOx	PVD	Cu
Interpane	Sunselect	95	5	Materialmix [d]	Sputter	Cu
TeknoTerm	SunStrip neu	95	10	Nickel	Sputter	Alu
Ikarus Solar	Absorber 2000	95	10	a-C:H [e] / Metall	PECVD	Cu
Solel (Luz) [b]	Solel	98	8	k.A.	k.A.	Cu
Shiroki [a]	Sydney Absorber	96	3	k.A.	k.A.	Glas
div. Anbieter		90 ± 2	20 ± 5	Selektiver Lack	diverse Lackierverfahren	Alu / Cu

a Shiroki bietet die Schicht wie Energie Solaire nur in den eigenen Kollektoren an.
b Bislang nur Beschichtung für Vakuumröhren in Solarkraftwerken, nach eigenen Angaben jetzt auch für Flachkollektoren verfügbar.
c Nickelkristalle auf Nickel mit Glasschutzschicht. d wie Edelstahl e eine organische Verbindung

Nasse Beschichtungsverfahren

Schwarzchrom Bandverfahren: Ein Kupferband wird von der Rolle durch mehrere Bäder mit Lösungs-/Reinigungsmitteln, Nickel und Chrom geführt und kontinuierlich beschichtet.

Schwarzchrom Badverfahren: Ganze Absorberplatten werden in mehreren Einzelbädern nacheinander beschichtet.

Black Crystal: In einem Bandverfahren wird zunächst Kupfer von der Rolle in mehreren Bädern gereinigt, anschließend Nickel galvanisch aufgetragen, Kristalle auf der Oberfläche gezüchtet und zum Schluß eine Art Flüssigglas unter Wärmeeinwirkung auf das Kupferband aufgetragen.

Trockene Beschichtungsverfahren

PVD (Physical Vapour Deposition): In einer Vakuumkammer wird ein Elektronenstrahl in einen Tiegel mit Beschichtungsmaterial gelenkt. Das Material verdampft und schlägt sich mit den dem Vakuum zugegebenen Gasen auf dem Kupferband nieder.

Sputtern: Beim Gleichstromsputtern wird in Argon-Gas zwischen einer Anode und dem als Kathode geschalteten Beschichtungsmaterial eine Glimmentladung gezündet, in der Argon-Ionen durch das angelegte Feld auf die Kathode hin beschleunigt werden, die durch den Beschuß erodiert oder zerstäubt wird. Die freigesetzten Ionen werden auf das Kupferband abgeschieden.

CVD (Chemical Vapour Deposition: Eine flüchtige chemische Verbindung, welche die Bestandteile der gewünschten Schicht enthält, wird mit dem Absorber in einen Reaktionsraum gebracht. Auf dem erhitzten Kupferband zersetzt sich die Verbindung und hinterläßt eine Schicht aus anorganischen Elementen oder Verbindungen.

PECVD (Plasma Enhanced Chemical Vapour Deposition): Dieser Prozeß stellt eine Kombination aus CVD und PVD dar.

Tabelle 2.3: Verschiedene Beschichtungen von Absorbern. Eigenschaften und Herstellungsverfahren der Beschichtung nach Herstellerangaben. Beim Vermessen der Proben wurden je nach Meßverfahren z.T. deutliche Abweichungen zu den genannten Leistungsdaten festgestellt /82/.

gen – Schwarzchrom und nickelpigmentiertes Aluminium – werden in industrieller Fertigung galvanisch aufgebracht. Es handelt sich dabei um sehr dünne Schichten, die eine gewisse Empfindlichkeit gegenüber Feuchtigkeit und Verschmutzung, insbesondere gegenüber Fett, zeigen. Sofern die Absorber im Kollektorkasten vor Bewitterung und kondensierender Feuchtigkeit geschützt sind, erreichen diese Schichten ohne signifikante Veränderung der physikalischen Werte eine Lebensdauer von 20 Jahren und mehr /20/, /35/.
In jüngster Zeit wurden auch Verfahren eingesetzt, die aus der Erzeugung anderer Beschichtungen bekannt sind. Dazu zählen trockene Beschichtungsverfahren wie Sputtern, CVD (Chemical Vapour Deposition), PVD (Physical Vapour Deposition) oder PECVD (Plasma Enhanced Chemical Vapour Deposition). Diese selektive Schichten weisen gegenüber den galvanischen folgende Vorteile auf:

- Für ihre Herstellung wird weniger Energie benötigt (nach Herstellerangaben etwa 1 kWh/m^2, respektive 4 bis 10% des Energiebedarfs für galvanischen Schichten).
- Der Herstellungsprozeß ist umweltfreundlicher, d.h. es entstehen keine giftigen Gase oder Schwermetalle, welche die Umwelt belasten.
- Das Recycling ist problemloser (Beschichtungsmaterial: Stahloxide).
- Die physikalischen Werte sind etwas besser (vgl. Tab. 2.3).

Die genannten Beschichtungsverfahren erfordern hohe Investitionskosten für die Produktionsanlagen und lohnen daher nur bei großen Mengen. In hochautomatisierten Produktionsanlagen können heute pro Jahr weit über 100.000 m^2 Kupferblech bis zu einer Breite von 1,2 m und unterschiedlichen Dikken beschichtet werden. Erste Tests bescheinigen diesen Schichten eine gute Langzeitbeständigkeit gegenüber Alterung, Temperatur und Feuchtigkeit. Dies muß sich allerdings im praktischen Gebrauch in den nächsten Jahren noch bestätigen. Darüber hinaus haben diese Schichten teilweise sehr gute mechanische Eigenschaften, d.h. sie können angefaßt, gereinigt, verformt, geschweißt und genietet werden, ohne daß sich die physikalischen Eigenschaften verändern oder die Schicht gar abplatzt. Aus den genannten Gründen wird ihnen allgemein eine große Zukunft vorausgesagt.

Transparente Abdeckung

Die transparente Abdeckung des Kollektors soll für die Sonneneinstrahlung möglichst durchlässig sein, andererseits soll sie die langwellige thermische Rückstrahlung des Absorbers zurückhalten und die konvektiven Wärmeverluste an die Umgebung, insbesondere durch Windeinwirkung, reduzieren. Absorber mit selektiver Beschichtung erreichen mit einer einzigen Abdeckung bereits einen akzeptablen k-Wert, so daß heute über 90% aller kommerziell angebotenen Kollektoren nur über eine Abdeckung verfügen.
Eine zweifache Abdeckung ähnlich der Isolierverglasung beim Fenster führt im Vergleich zu einer einfachen Abdeckung zwar zu deutlich reduzierten Wärmeverlusten, gleichzeitig geht aber auch die Lichtdurchlässigkeit zurück, so daß die optischen Verluste des Kollektors steigen. Außerdem bedeutet eine zweite Abdeckung, als Glasscheibe ausgeführt, eine erhebliche Gewichtszunahme und Verteuerung des Kollektors.
Unter den zahlreichen Materialien hat sich das eisenarme, thermisch behandelte (gehärtete) Sicherheitsglas („Solarglas“) mit 3 - 6 mm Dicke je nach Kollektorgröße als äußere Abdeckung weitgehend durchgesetzt, da es eine hohe Lichtdurchlässigkeit aufweist und sehr beständig gegen Hagelschlag ist. Nur noch ganz wenige Hersteller benutzen Kunststoffmaterial als äußere Abdeckung. Dabei kommt im wesentlichen Polycarbonat (PC) als Doppelstegplatte oder Wellabdeckung zur Verwendung.
Allgemein liegt der Vorteil von Glas in der Langzeitstabilität der Transmissionswerte und in der mechanischen Festigkeit, wie sie von Kunststoffen

nicht erreicht werden. Die Materialbeanspruchungen sind beim Sonnenkollektor so hoch, daß die Nachteile von Kunststoffplatten wie schlechte Wärmebeständigkeit, Verspröden und Blindwerden unter Einwirkung von UV-Strahlung sowie Verkratzen und Verschmutzen der Oberfläche durch Witterungseinflüsse auf Dauer zu Leistungsminderungen führen bzw. die Lebensdauer verkürzen. Dem stehen als Vorteile die geringeren Kosten und das geringere Gewicht gegenüber.
Einige Hersteller setzen zusätzlich zur äußeren Glasabdeckung eine innere dünne und sehr gut lichtdurchlässige Folie ein, meist Teflon (Polytetrafluorethylen PTFE), Tedlar (Polyvinylfluorid PVF) oder Hostaflon (ETFE). Einen Überblick über die Materialien für die transparente Abdeckung und ihre Eigenschaften gibt Tabelle 2.4.

Wärmedämmung

Zur Wärmedämmung des Absorbers nach unten und zu den Seiten werden vielfach Polyurethan (PU)-Hartschaumplatten (FCKW-frei!) eingesetzt, die aufgrund ihrer Festigkeit z.T. auch als Konstruktionselement vor allem zur Flächenaussteifung des Kollektorrahmens dienen. Wegen ihres sehr guten Wärmedämmwertes ermöglichen die Hartschaumplatten eine geringe Bauhöhe des Kollektorkastens. Allerdings sind PU-Schäume bei den möglicherweise auftretenden Stillstandstemperaturen von über 200°C nicht temperaturbeständig, so daß sie mit einer Zwischenschicht vor den hohen Temperaturen des Absorbers geschützt werden müssen. Für Polystyrol-Schäume (Styropor) gilt das in erhöhtem Maße, sie werden im Kollektorbau kaum noch verwendet.
Aufgrund der besseren Temperaturbeständigkeit werden heute sehr häufig Mineralfaserdämmstoffe wie z.B. Stein- oder Glaswollematten oder -platten eingesetzt. Bei den Mineralfaserprodukten ist besonderes Augenmerk auf die Ausgasung zu legen: Die Wolle, Platten oder Matten sollten frei von bituminösen oder harzhaltigen Bindemitteln sein, da solche Bindemittel unter der Wärmeeinwirkung des Absorbers teilweise verdampfen, an der kältesten Stelle des Kollektors, der Innenseite der Verglasung, kondensieren und einen strahlungsmindernden Niederschlag bilden. Einen Überblick über die Eigenschaften der eingesetzten Isolationsmaterialien bietet Tabelle 2.5.
Um die Wärmeverluste auch über die transparente Abdeckung zu verringern, bieten manche Hersteller auch Kollektoren mit einer transparenten Wärmedämmung (TWD) hinter der äußeren Glasabdeckung an. Dabei handelt es sich vorwiegend um Kunststoffmaterialien (Polycarbonat (PC) und Polymethylmethacrylat (PMMA) in Kapillar- oder Wabenstruktur mit einem geringen k-Wert bei gleichzeitig

Tabelle 2.4: Eigenschaften einiger transparenter Abdeckungen.

Transparente Abdeckungen

Material	Dicke mm	Gewicht kg/m^2	zuläss. Temperatur °C	sol. Transmission %	Alterungsbeständigkeit *)
Normalglas	3	10	160	84	+
eisenfreies Glas gehärtet (Solarglas)	4	10	> 200	91	+
eisenfreies Glas strukturiert und gehärtet (Solarglas)	4	10	> 200	91	+
Polycarbonat- Platten (Makrolon)	4	4,9	130	80	o
- Doppelstegplatte	8 – 16	1,2	130	80	k.A.
- Kapillarplatte 3 mm ø, k=0,92 W/m^2K	100	0,14	130	69	k.A.
- Wabenstruktur,4 mm ø k=1,07 W/m^2K	100		130	75	k.A.
Acrylglas (PMMA)	4	4,8	90	84	o
- Doppelstegplatte	16	5,0	90	77	o
- Dreifachstegplatte	16	5,6	90	72	o
PTFE-Folie (Teflon)	0,05	0,12	> 200	96	+
Hostaflon-Folie (PTFE)	0,125	0,27	> 200	94	o
Tedlar-Folie (PVF)	0,1	0,14	120	90	oo

*) Alterungsbeständigkeit: Ergebnisse aus einem Langzeittest in Rapperswil und Davos über 10 Jahre. Beurteilung der Abnahme des Transmissionsgrades innerhalb der ersten 5 Betriebsjahre ohne Berücksichtigung von Verschmutzungseffekten /22/.

+ = geringe Abnahme des solaren Transmissionsgrades $\Delta\tau \leq 0,02$
o = mittlere Abnahme $0,02 \leq \Delta\tau \leq 0,05$, oo = erhöhte Abnahme $\Delta\tau > 0,05$

relativ hoher Transmission (vgl. Tab. 2.4). Ein großes Problem dabei ist allerdings die geringe Temperaturbeständigkeit der Kunststoff-TWD. Die alternativ mögliche Glas-TWD wiederum ist sehr schwer.

Kollektorgehäuse

Das Kollektorgehäuse vereinigt die eben genannten Komponenten erst zu einem funktionstüchtigen Kollektor und macht daraus ein Bauteil. Es muß den Absorber und die Wärmedämmung dauerhaft und sicher vor Witterungs- und Feuchtigkeitseinflüssen schützen, die Halterung der Bauteile wie Absorber, Isolation und Abdeckung sicherstellen sowie Befestigungsmöglichkeiten für die Montage bieten. Wichtig ist eine wärmebrückenfreie Konstruktion. Folgende Bauformen und Materialien sind gebräuchlich (Abb. 2.21):

- *Aluminium* ist der mit Abstand am meisten verwendete Werkstoff für Kollektorrahmen, vorzugsweise in Form von Aluminium-Strangpreßprofilen, die sich gut und preiswert verarbeiten lassen und große Flexibilität bezüglich der Modulabmessungen bieten. Das Material ist witterungbeständig, leicht und preiswert. Vorrichtungen zur Befestigung und zum Aneinanderreihen von Kollektoren bzw. zur Anbringung von Blechverwahrungen zwecks Anschluß an die übrige Dachhaut lassen sich leicht integrieren. Während bei Verwendung von Aluminiumprofilen zumeist ein Rückseitenblech benötigt wird, entfällt dies bei tiefgezogenen Wannen aus Aluminium. Für deren Herstellung werden allerdings aufwendige Werkzeuge benötigt, was sich nur bei entsprechend großen Stückzahlen lohnt. Außerdem ist man in der Modulgröße nicht so flexibel wie bei den Profilkonstruktionen.
- Einige Hersteller verwenden *Kunststoffe*, wie z.B. GFK (glasfaserverstärkter Kunststoff) oder recyclierte Kunststoffe als Rahmenmaterial. Gegenüber Aluminium hat Kunststoff den Vorteil, daß sehr viel weniger Energie zur Herstellung des Materials aufgewendet werden muß.
- Der Blechkasten aus verzinktem *Stahl* oder aus *Edelstahl* ist das „klassische" Gehäuse aus der handwerklichen Fertigung. Üblicherweise erfolgt die Herstellung mittels konventioneller Blechbearbeitungsmaschinen. Obwohl die Wannenform im Tiefzieh-Verfahren sehr rationell produziert werden könnte, sind tiefgezogene Wannen kaum verbreitet, da die Herstellung der Werkzeuge sehr kostenintensiv ist und sich daher erst bei sehr großen Stückzahlen rentiert. Stahlgehäuse sind im Vergleich zu Aluminium- oder Kunststoffgehäusen sehr schwer.
- In jüngster Zeit haben einige Hersteller den alten, ökologischen Werkstoff *Holz* „wiederent-

Wärmedämmmaterialien

Material	max.zuläss. Temperatur °C	Dichte kg/m³	Wärmeleitfähigkeit (bei 20°C) W/mK
Steinwolle	> 200	60 – 200	0,040
Glaswolle	> 200	30 - 100	0,040
Schaumglas	> 200	130 – 150	0,048
PU-Schaum	< 130	30 – 80	0,030
Polystyrol	< 80	30 – 50	0,034

Tabelle 2.5: Eigenschaften der wichtigsten Wärmedämmmaterialien für Flachkollektoren.

Dichtungsmaterialien im Kollektorbau

Dichtungsmaterial	Kurzform	Max. Einsatztemperatur °C	UV-Beständigkeit
Ethylen-Propylen-Terpolymer-Kautschuk	EPDM	–40 – 140°C	ja
- bei peroxydischer Vernetzung		150°C	
Silikon-Kautschuk	MQ / MVQ	–60 – 200°C	ja
Fluor-Kautschuk (Viton®)	FPM	–20 – 200°C	ja
Chloropren-Kautschuk (Neoprene®)	CR	–30 – 100°C	ja
Nitril-Kautschuk	NBR	–20 – 80°C	nein

Tabelle 2.6: Eigenschaften der wichtigsten Dichtungsmaterialien im Kollektorbau /22/.

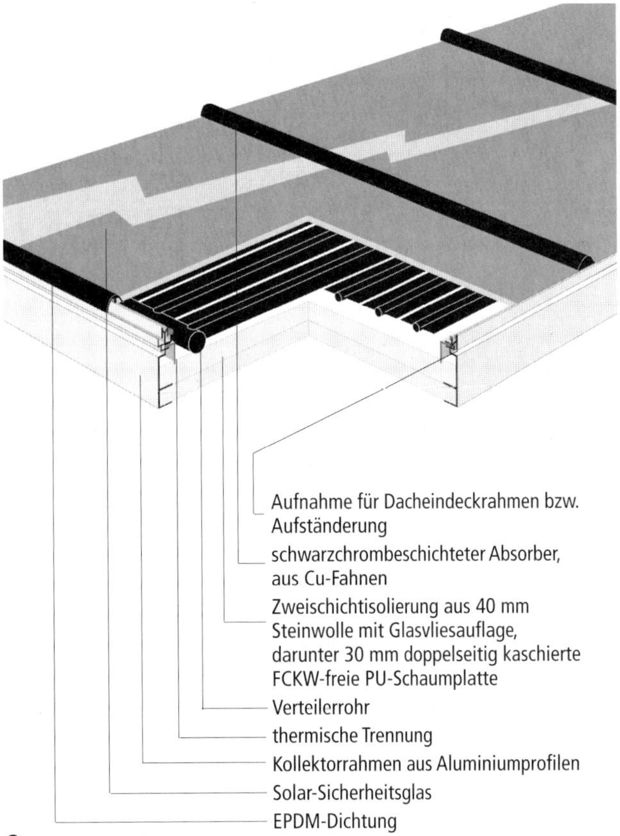

Aufnahme für Dacheindeckrahmen bzw. Aufständerung
schwarzchrombeschichteter Absorber, aus Cu-Fahnen
Zweischichtisolierung aus 40 mm Steinwolle mit Glasvliesauflage, darunter 30 mm doppelseitig kaschierte FCKW-freie PU-Schaumplatte
Verteilerrohr
thermische Trennung
Kollektorrahmen aus Aluminiumprofilen
Solar-Sicherheitsglas
EPDM-Dichtung

a

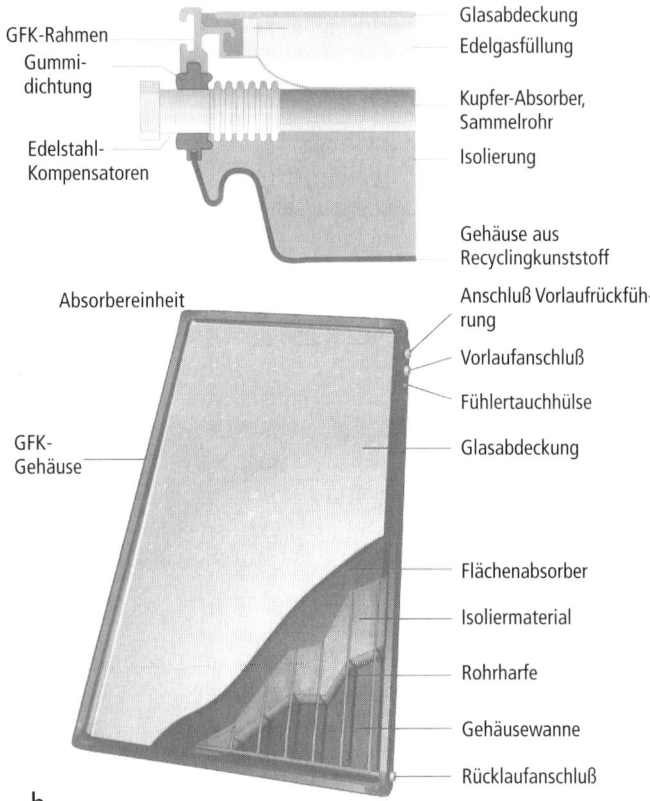

GFK-Rahmen
Gummidichtung
Edelstahl-Kompensatoren
Glasabdeckung
Edelgasfüllung
Kupfer-Absorber, Sammelrohr
Isolierung
Gehäuse aus Recyclingkunststoff
Absorbereinheit
Anschluß Vorlaufrückführung
Vorlaufanschluß
Fühlertauchhülse
GFK-Gehäuse
Glasabdeckung
Flächenabsorber
Isoliermaterial
Rohrharfe
Gehäusewanne
Rücklaufanschluß

b

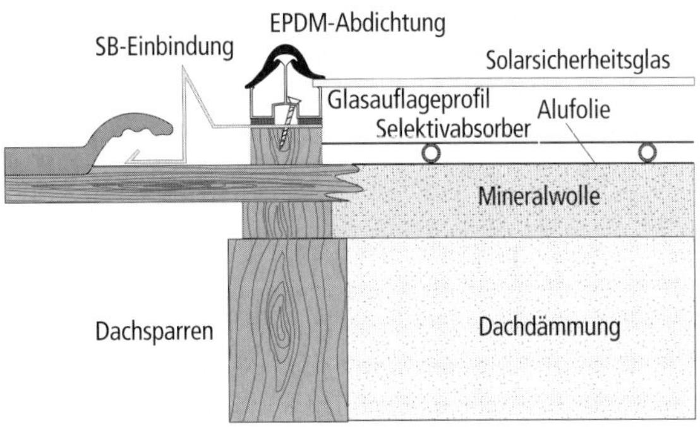

EPDM-Abdichtung
SB-Einbindung
Solarsicherheitsglas
Glasauflageprofil
Selektivabsorber
Alufolie
Mineralwolle
Dachsparren
Dachdämmung

c

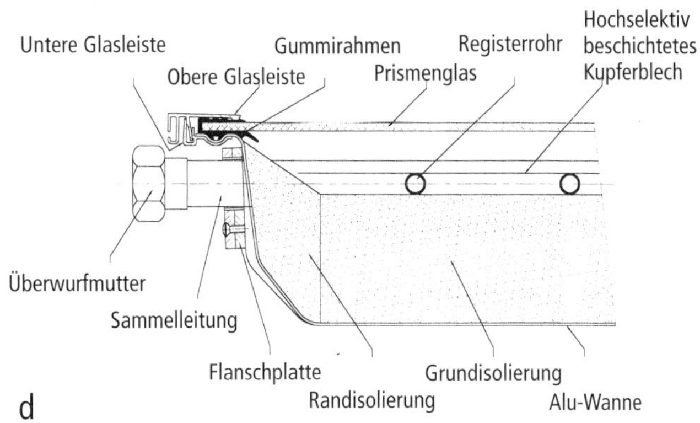

Untere Glasleiste
Gummirahmen
Registerrohr
Hochselektiv beschichtetes Kupferblech
Obere Glasleiste
Prismenglas
Überwurfmutter
Sammelleitung
Flanschplatte
Randisolierung
Grundisolierung
Alu-Wanne

d

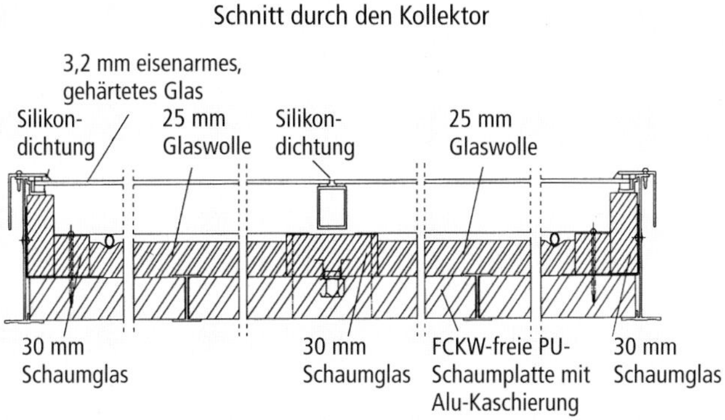

e

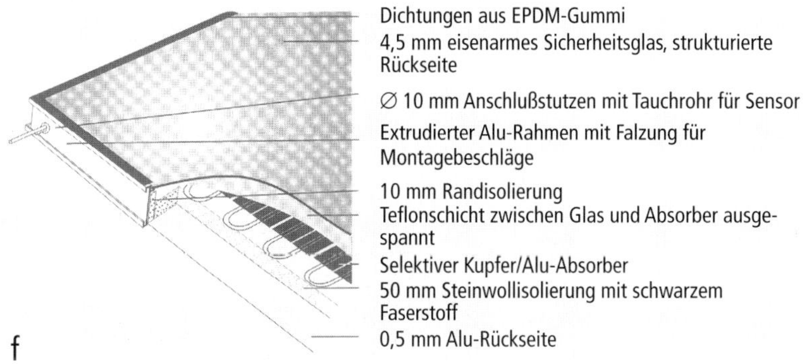

f

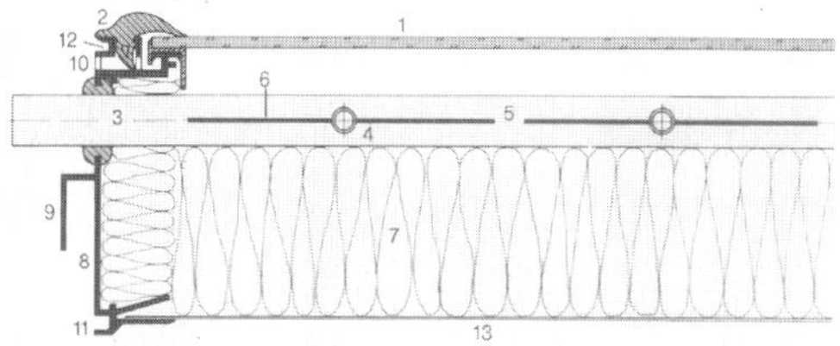

1 Abdeckung aus hochtransparentem, gehärtetem Weißglas, begehbar, hagelfest, transportsicher, temperaturbeständig, reflexarm
2 Dichtung aus EPDM-Gummiprofil (Pat. ang.). Bewährt für Dichtungen an Fenstern usw.; Ecken vulkanisiert
3 Sammelrohr / Anschlußstutzen Kupfer
4 Registerrohr, Kupfer, druckfest und korrosionsbeständig
5 Kupferlamelle auf Registerrohr gerollt
6 Hochselektive Schwarzchrombeschichtung, absolut stabil gegen Feuchtigkeit und thermische Einflüsse, seit Jahrzehnten bewährt in der Optik
7 Isolation 60 mm, unbrennbar, alterungsbeständig
8 Aluminium-Rahmenprofil (Pat. ang.) selbsttragend, schneelastfest
9 Kragen für den Dacheinbau mittels Eindeckrahmen
10 Entwässerungsschlitze
11 Stapel- und Abtropfleiste
12 Nute für Befestigungen und Abdeckungen zwischen den Kollektoren
13 Boden aus sendzimirverzinktem Blech

g

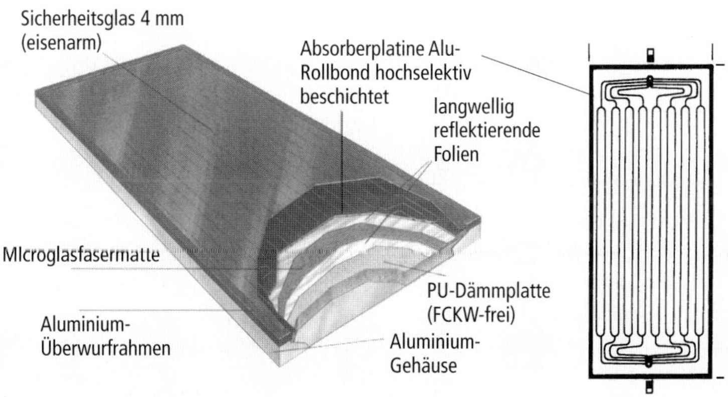

h

2.21
Flachkollektoren von verschiedenen Herstellern /40/.

a: Fa. Solvis, Typ F60
b: Fa. Buderus, Typ SKS 2.1
c: Fa. Wagner & Co, Selbstbau-Kollektor Typ SB
d: Fa. GreenOneTec, Österreich, Typ SK500
e: Fa. ZEN, Zonne-Energie Nederlande
f: Fa. Ar-Con, Dänemark, Typ ST
g: Fa. Schweizer, Schweiz
h: Fa. SET Solar Energie Technik

deckt“. Kollektorkästen aus wasserfest verleimtem Holz stellen für den Selbstbauer ebenso wie für die Indachmontage mit entsprechenden außenliegenden Abdeck- und Regenableitblechen eine sehr interessante und recht preiswerte Alternative dar.

Von entscheidender Bedeutung ist die Abdichtung des Kollektors gegenüber äußeren Einflüssen; denn mangelhafte Dichtungen aufgrund von ungeeigneten, nicht dauerhaft beständigen Dichtungsmaterialien sowie ungenügende konstruktive Lösungen sind eine der Hauptursachen für spätere Kollektorschäden. Besondere Beachtung verdienen die Abdichtung der Rückwand, der Übergang von der Glasscheibe zum Gehäuse sowie die Durchführung der Rohre für den Wärmeträgervor- und -rücklauf, die auch unter den extremen Temperaturbelastungen von -20°C bis über +200°C sowie UV-Bestrahlung dauerhaft dicht sein müssen. Es dürfen keine Fugen entstehen, durch die Wärme entweichen, Wasser eindringen oder Insekten in den Kollektor gelangen können. Meist wird mit EPDM-Dichtungsprofilen zum Beispiel für das Einsetzen der Glasscheiben und mit Kautschuk-Dichtungsmassen (z.B. Silikon) für die Abdichtungen in den Ecken gearbeitet. Einen Überblick über die am häufigsten verwendeten Dichtungsmaterialien im Kollektorbau sowie deren Eigenschaften gibt Tabelle 2.6.
Am Kollektor können Betriebszustände auftreten, bei denen die Luftfeuchtigkeit im Kollektor, die im wesentlichen der Außenluftfeuchtigkeit entspricht, an der Innenseite der Glasabdeckung kondensiert, was zu einer Minderung der Leistungsfähigkeit führt. Dieses Phänomen ist vor allem morgens zu beobachten, wenn durch die Kühle der Nacht die Feuchtigkeit im Kollektor kondensiert ist. Damit das Kondensat schnell abgeführt werden kann, ist bei nahezu allen Kollektoren eine Art kontrollierter Be- und Entlüftung, zum Teil in Verbindung mit speziellen Ablaufrinnen, vorgesehen.
Mittlerweile bietet eine Firma (Buderus / Solar Diamant) eine hermetisch abgeschlossene Glas-Absorber-Einheit an, die zur weiteren Verminderung der Wärmeverluste ähnlich wie eine moderne Wärmeschutzverglasung mit einem Edelgas gefüllt ist. Eine andere Firma (Altec) bietet einen luftdichten Kollektor an, bei dem der Innenraum des Kollektors mit einem Gasausgleichsbehälter verbunden ist, der die durch die Temperaturänderungen auftretenden Druckschwankungen ausgleicht. Eventuell auftretende Feuchtigkeit wird dabei über ein Trocknungsmittel gebunden. Schon seit den Anfängen der Kollektortechnik wurden immer wieder Kollektoren mit luftdichten Abdichtungen des Gehäuses erprobt und gebaut; in der Praxis sind diese Konstruktionen bisher immer wieder an den hohen Belastungen gescheitert, die aufgrund der extremen Temperaturschwankungen und der unterschiedlichen Materialien auftreten (sie sind um ein Vielfaches höher als bei Isolierverglasungen). Ob sich die neuen, oben erwähnten Konstruktionen nunmehr bewähren, wird sich in den nächsten Jahren zeigen. Die vorliegenden Testergebnisse stimmen zuversichtlich.

Kollektorgröße

Kollektoren sollten auf der Baustelle – die sich ja zumeist auf dem Dach befindet – einigermaßen leicht zu handhaben sein. So liegt die Größe vieler heute angebotener Standard-Flachkollektoren zwischen 1 und 2,5 m², bei einem Leergewicht von 20 bis 30 kg/m². Solche Kollektoren lassen sich noch gut zu zweit ohne weitere Hilfsmittel (wie Aufzug oder Kran) transportieren und montieren. Zur Vereinfachung der Montage werden auch zweigeteilte Kollektoren angeboten, bei denen ein unterer Teil bestehend aus Kollektorrückseite und Isolierung und ein oberer Teil bestehend aus Rahmen mit Glasscheibe und Absorber getrennt voneinander installiert werden (vgl. Abb. 2.22). Inzwischen werden sogar Systeme angeboten, bei denen zunächst nur die Kollektorwanne eingebaut wird, um dann eventuell erst Jahre später den eigentlichen Kollektor einzusetzen (Abb. 2.21b).

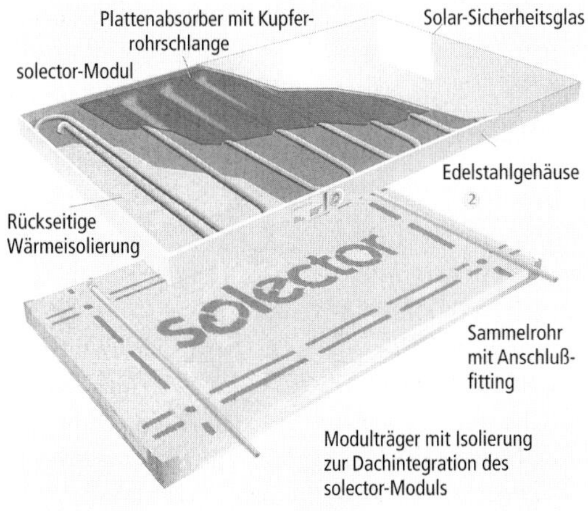

2.22 (oben)
Kollektor im Baukastensystem: Typ Solector /40/.
Quelle: Fa. KBB Kollektorbau, Berlin,

2.23 (unten und rechts)
Der Fertigdachkollektor Solar-Roof FDK Kollektordach in mehreren Ansichten und Schnitten.
Die Breite eines Solar-Roof-Elementes kann wahlweise 2,04 m bzw. 2,42 m oder 3,03 m betragen; die Höhe (Länge) des Elementes ist variabel zwischen 4,20 m und 6,30 m und läßt sich projektspezifisch angepassen.
Das Gewicht des Kollektorelementes ohne Unterkonstruktion beträgt 24 kg/m^2.
Quelle: Fa. Wagner & Co /40/

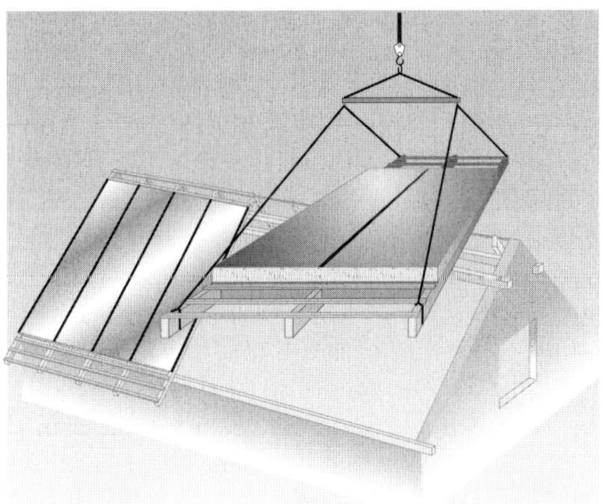

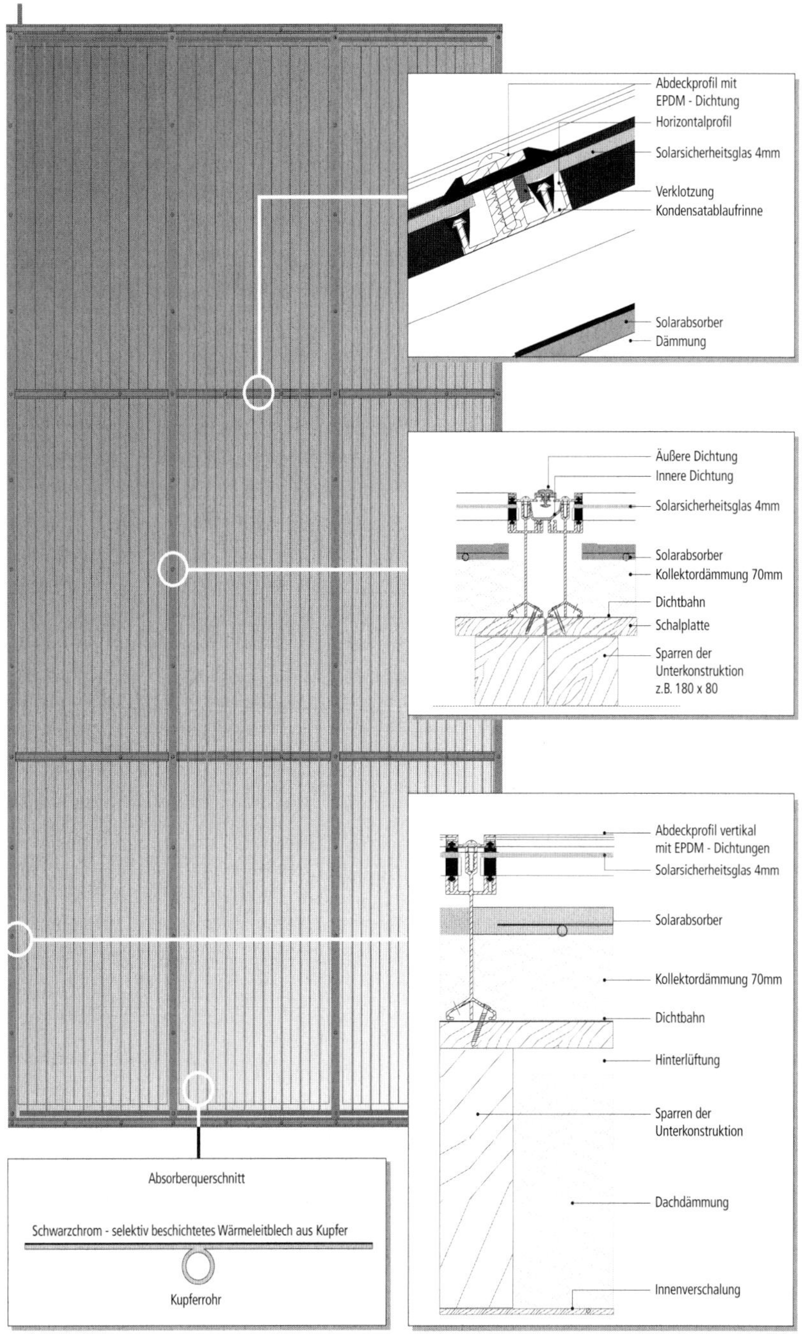

Die Gesetze der Wärmetechnik (weniger Randverluste, weniger Verrohrung) sowie fertigungs- und montagetechnische Überlegungen (günstige Fertigung, schnelle Montage) sprechen jedoch für größere Kollektoreinheiten. So bieten immer mehr Hersteller auch sogenannte *Großflächenkollektoren* mit 4 bis 12 m² Kollektorfläche an. Da die Verglasung bei diesen großen Einheiten erst nach der Montage eingesetzt wird, lassen sich diese Bauteile durchaus noch mit gebräuchlichen Hilfsmitteln (z.B. Dachdeckeraufzug) auf das Dach befördern.
Einige Hersteller bieten auch Kollektoren in variablen Größen an, die den Kundenwünschen sowie den Verhältnissen vor Ort angepaßt werden können. Die Bauteile wie z.B. der Absorber werden in der benötigten Größe vorgefertigt, in Einzelteilen auf die Baustelle geliefert und vor Ort montiert. Bei größeren Kollektorfeldern oder besonderen örtlichen Gegebenheiten kann auf diese Weise u.U. recht rationell und entsprechend kostengünstig installiert werden.
Für Großanwendungen wie z.B. für Solaranlagen im Mietwohnungsbau mit Kollektorflächen von 150 m² und mehr oder für solare Nahwärme-Anlagen zur Raumheizungsunterstützung wurden *Kollektordächer* entwickelt, bei denen Dach und Kollektor eine Einheit bilden. Dabei werden die vorgefertigten Dachelemente mit eingebautem Kollektor zur Baustelle transportiert und dort zu einem Dach zusammengesetzt. Als letzter Arbeitsschritt erfolgt dann die Verglasung des gesamten Daches (Abb. 2.23).

Marktübersicht

Nachdem Anfang der 90er Jahre einige Hersteller den Markt dominierten, gibt es mittlerweile ca. 150 verschiedene Kollektortypen von noch weit mehr Anbietern. Erfreuliche Begleiterscheinungen dieser Entwicklung sind verbesserte Qualität bei stetig sinkenden Kosten. So liegt der Preis für Kollektoren derzeit (Frühjahr 1999) bei 400 bis 900 DM/m². Für komplette Kollektordächer in Großanlagen sind die Kosten bereits auf ca. 400 DM/m² inklusive der kompletten Installation und Verrohrung gesunken. Einen Marktüberblick über die derzeit angebotenen Kollektoren mit technische Daten und Kosten wird in /19/ gegeben. Auch von der Stiftung Warentest werden immer wieder Testergebnisse veröffentlicht, die einen objektiven Vergleich ermöglichen /23/, /41/.
Derartige Markübersichten können helfen, in der Planungsphase bereits eine gewisse Vorauswahl für die Ausschreibung zu treffen. Denn neben den energietechnischen Daten bestimmen am Ende stets

Technische Daten der Kollektoren in Abb. 2.21

Hersteller/Anbieter	Typ	Größe	Fläche Absorber/Brutto	Kollektor-Kennwerte η_0	k_1	k_2	$\eta_{0.050}$ bei 800 W/m²
Solvis	F60	4,76 x 1,45 m	6,04 / 6,9 m²	0,80	3,69	0,0070	0,60
Buderus	SKS 2.1	2,12 x 1,135 m	2,2 / 2,4 m²	0,83	k.A.	k.A	k.A.
Wagner & Co	SB	frei wählbar	verschiedene	0,82	2,635	0,0190	0,61
GreenOneTec	SK 500	2,08 x 1,24 m	2,21 / 2,57 m²	0,80	3,02	0,0113	0,63
ZEN	AGPO	1,75 x 1,78 m	3,12 / - m²	k.A.			k.A.
ArCon	ST	2,27 x 1,22 m	2,41 /2,78 m²	0,80	3,39	0,0090	0,61
Schweizer	Flachkollektor klein	2,03 x 0,86 m	1,48 / 1,74 m²	0,80	3,89	0,0110	0,58
Solar-Energie-Technik	D1	2,21 x 0,91 m	1,8 / 2,0 m²	0,80	3,68	0,0108	0,59

Tabelle 2.7: Technische Daten der in Abb. 2.21 gezeigten Kollektoren.

auch ganz praktische Erwägungen wie Kollektorgröße, Abdeckungsmaterial, Aussehen, Montagefreundlichkeit und lieferbares Zubehör die Entscheidung für das eine oder andere Produkt.

2.3.3 Vakuumröhrenkollektoren

Eine genauere Analyse der Wärmeverluste des Flachkollektors zeigt, daß ein erheblicher Teil der Wärme durch Konvektion (= Luftbewegung) vom Absorber an die Außenhaut (Verglasung, Ränder) gelangt sowie ein weiterer – kleinerer – Anteil durch Wärmeleitung im Glas und in der Wärmedämmung verloren geht (Abb. 2.7). Eine Methode, diese Wärmeverluste wesentlich zu verringern, besteht darin, die Luft als Transportmedium aus dem Kollektor zu entfernen. Eine Anwendung dieses Prinzips kennt jeder aus der täglichen Praxis – die Thermoskanne. Während der k-Wert (Wärmeverlustkoeffizient, vgl. Kap. 2.2) für gängige Flachkollektoren bei 2,3 bis 4,5 W/m^{2}K liegt, beträgt er für Vakuumröhrenkollektoren nur 0,8 bis 2 W/m^{2}K. Ein niedrigerer k-Wert bedeutet stets geringere Wärmeverluste und damit höhere Wirkungsgrade, insbesondere bei höheren Temperaturen.
Ein Vergleich der Kollektorkennlinien eines Vakuumkollektors und eines einfachen Flachkollektors mit selektiver Beschichtung zeigt die Überlegenheit des Vakuumkollektors bei hohen Temperaturdifferenzen zwischen Absorber und Umgebung bzw. bei niedrigen Einstrahlungen: Bei einer Einstrahlung von ca. 800 W/m^2 und einer gegenüber der Umgebungstemperatur etwa 35°C höheren Kollektortemperatur, also einem typischen Betriebszustand im Sommer (entsprechend einer reduzierten Temperatur von 0,04 m^{2}K/W), erzielt der Vakuumröhrenkollektor einen etwa 8% höheren Wirkungsgrad (72% gegenüber 64% beim Flachkollektor). Bei gleicher Einstrahlung und einer Temperaturdifferenz von etwa 65°C entsprechend einem Betriebspunkt 0,08

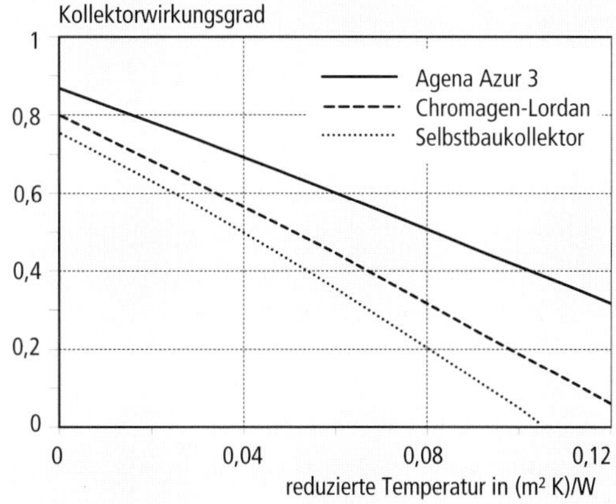

2.24
Vergleich der Kennlinien von 3 verschiedenen Flachkollektoren /42/.

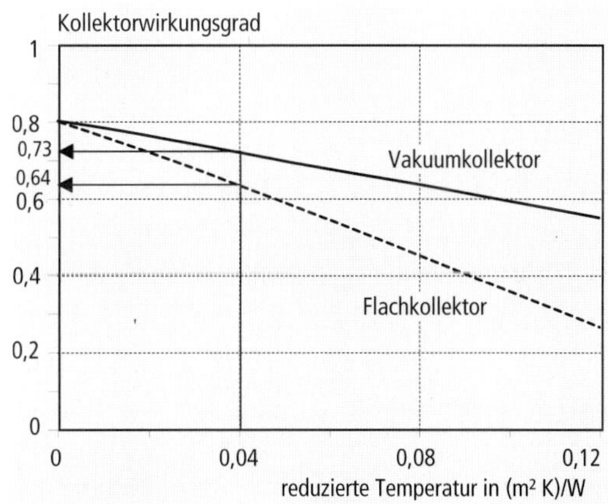

2.25
Vergleich der Kennlinien eines Flach- und eines Vakuumröhrenkollektors (obere Kurve) /42/.

m^2K/W beträgt der Unterschied dagegen schon fast 20% (vgl. Abb. 2.25).
Für den praktischen Einsatz folgt daraus, daß der höhere Aufwand und Preis für Vakuumkollektoren dann sinnvoll eingesetzt sind, wenn sie aufgrund der Betriebsbedingungen tatsächlich einen höheren Energieertrag erzielen. Sie eignen sich damit besonders für Hochtemperaturanwendungen wie z.B. Prozeßwärmeerzeugung oder auch für die Raumheizung (Betrieb im Winter), insbesondere bei konventionellen „Hochtemperatur"-Heizsystemen, weniger dagegen für die Warmwasserbereitung (Temperaturdifferenzen zur Umgebung 20 bis 40°C) und gar nicht für die Schwimmbadheizung (Temperaturdifferenz von einigen wenigen Grad bis 15°C).
Vakuumröhrenkollektoren sind bis auf 10^{-5} mbar, also auf 0,00001 mbar evakuiert (Hochvakuum). Da der äußere Luftdruck etwa 1000 mbar beträgt, stehen sie unter einer beträchtlichen Druckbelastung. Das macht andere Bauformen als die eines Flachkollektors erforderlich, weshalb solche hochevakuierten Vakuumkollektoren immer eine Röhrenform haben. Innerhalb dieser Röhre befindet sich eine Absorberfahne mit Rohr für das Wärmeträgermedium, vergleichbar mit den Fahnenabsorbern von Flachkollektoren. Eine Gruppe von mehreren, nebeneinander auf einem Rahmen montierten Röhren mit einem Sammelkasten für die hydraulischen Anschlüsse bildet ein Kollektormodul (vgl. Abb. 2.26).
Prinzipiell wird bei Vakuum-Röhrenkollektoren zwischen direkt durchströmten Absorbern und Absorbern mit Wärmerohr oder „Heat-Pipe" unterschieden. Erstere werden, wie die Bezeichnung bereits aussagt, vom Wärmeträgermedium unmittelbar durchflossen. Dagegen bildet die Röhre beim Wärmerohr-Prinzip einen eigenen geschlossenen Kreislauf. In diesem befindet sich als Wärmeträgermedium eine leicht verdampfende Flüssigkeit (ab 25°C), meist Wasser bei niedrigem Druck oder Alkohol.
Der schon bei geringer Einstrahlung entstehende Dampf steigt durch das „Wärmerohr" nach oben und gelangt außerhalb der Glasröhre in einen Kondensator (Wärmetauscher), der von dem Wärmeträgermedium des Kollektorkreises umflossen und dadurch gekühlt wird. Aufgrund der Kühlung kondensiert der Dampf wieder zu Wasser und fließt im Wärmerohr nach unten zurück. Damit dieser thermodynamische Kreislauf einwandfrei abläuft, muß das Wärmerohr eine Mindestneigung von 15 bis 20° aufweisen. Die direkt durchströmten Kollektorröhren arbeiten dagegen bei jedem Einbauwinkel.
Vorteile des Wärmerohr-Systems bestehen zum einen darin, daß eine schadhafte Röhre innerhalb eines Kollektormoduls sehr einfach ausgewechselt werden kann, ohne daß der Kollektorkreislauf entleert werden muß. Zum anderen haben diese Systeme in gewissem Rahmen eine selbstregulierende Wirkung, denn wenn der gesamte Inhalt des Wärmerohres verdampft ist, findet keine weitere Temperaturerhöhung statt, die Stillstandstemperatur ist erreicht. Dennoch können auch in Wärmerohr-Kollektoren Stillstandstemperaturen von bis zu 250°C auftreten. Bei solch hohen Temperaturen nehmen die Materialbelastungen enorm zu, insbesondere ist die

2.26
Vakuumröhren-Kollektor,
Foto: Fa. Viessmann.

Beständigkeit des in der Regel auf Glykol basierenden Wärmeträgermediums im Solarkreis gefährdet (vgl. Kap. 3.2.3). Daher hat ein Hersteller eine Stillstandstemperaturbegrenzung konstruiert, bei der durch eine Memory-Metall-Feder der Kondensator ab einer Temperatur von 130°C verschlossen wird (Abb. 2.29).
Direkt durchströmte Röhrenkollektoren können Stillstandstemperaturen bis 300°C erreichen – bei Einsatz eines zusätzlichen Reflektors, wie er zum Teil angeboten wird, sogar noch höhere Temperaturen. Sie sind daher sehr gut geeignet für die Erzeugung von Prozeßwärme (Dampferzeugung). Falls derartige Röhrenkollektoren in einfachen Solaranlagen mit einem Glykol-Wärmeträgerkreislauf eingesetzt werden, müssen zusätzliche Sicherheitsmaßnahmen zur Temperaturbegrenzung im Kollektorkreis vorgesehen werden.
Dem Thermoskannen-Prinzip noch ähnlicher ist eine spezielle Bauform des Vakuumröhrenkollektors, die Vakuumkoaxialröhre oder auch Sydney-Röhre (die Bauform wurde in Sydney zur Serienreife entwickelt), die heute im wesentlichen in Fernost (Japan und China) produziert wird. Die Glasröhren sind im Grunde nichts weiter als lange Thermosflaschen, d.h. das Vakuum befindet sich zwischen einem inneren und äußeren Glasrohr, dessen Enden miteinander dauerhaft verschmolzen sind. Das innere Glasrohr ist der eigentliche Absorber. In diese auf einer Seite offene „Thermosflasche" wird innen ein kreisförmig gebogenes Wärmeleitblech mit einem U-förmigen Rohr eingeschoben, durch das der Wärmeträger fließt und die Wärme abführt (vgl. Abb. 2.30). Problematische, vakuumdichte Durchführungen des metallischen Wärmeträgerrohres durch Glas entfallen damit ganz. Dieser Vorteil sollte jedoch nicht überbewertet werden, denn die vorgenannten Konstruktionen sind bereits seit vielen Jahren erprobt und nachweislich sehr robust und solide.
Ein Modul besteht aus mehreren Röhren und wird z.T. auch zusätzlich mit einem parabolförmigen Reflektor angeboten, der die Einstrahlung auf den Ab-

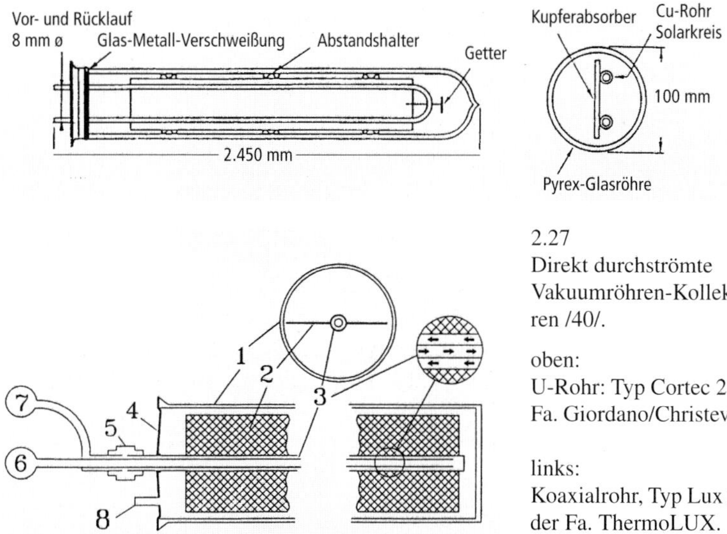

1 Glasrohr
2 Absorber
3 Wärmetauschrohr
4 Metall-Kappe
5 Rohrverschraubung
6 Einlauf
7 Auslauf
8 Evakuierstutzen

2.27
Direkt durchströmte Vakuumröhren-Kollektoren /40/.

oben:
U-Rohr: Typ Cortec 2 der Fa. Giordano/Christeva,

links:
Koaxialrohr, Typ Lux 2000 der Fa. ThermoLUX.

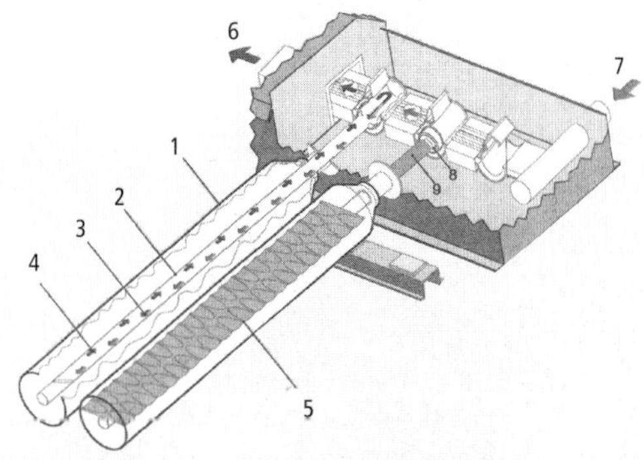

1 Glasröhre
2 Wärmerohr
3 Abfließendes Wasser (flüssig)
4 Aufsteigendes Wasser (dampfförmig)
5 Absorber (selektiv beschichtet)
6 Vorlauf (warme Seite)
7 Rücklauf (kalte Seite)
8 Kondensator
9 Flexible Anbindung

2.28
„Heat-Pipe"- (d.h. Wärmerohr) -Vakuumröhren-Kollektor,
Typ Mazdon der Fa. Solatherm/Thermomax /40/.

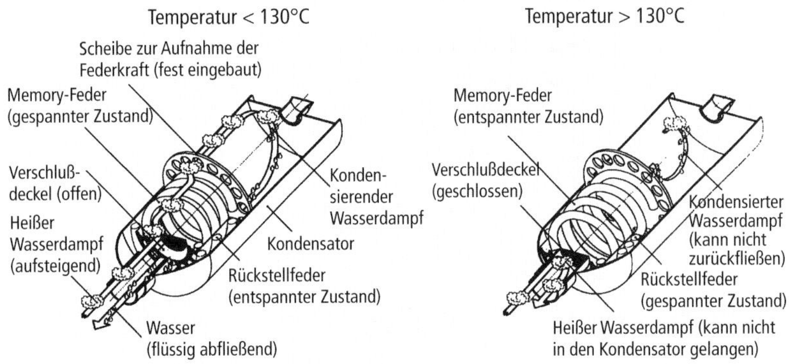

2.29: Stillstandstemperaturbegrenzung bei der „Heat-Pipe" vom Typ Mazdon /40/.

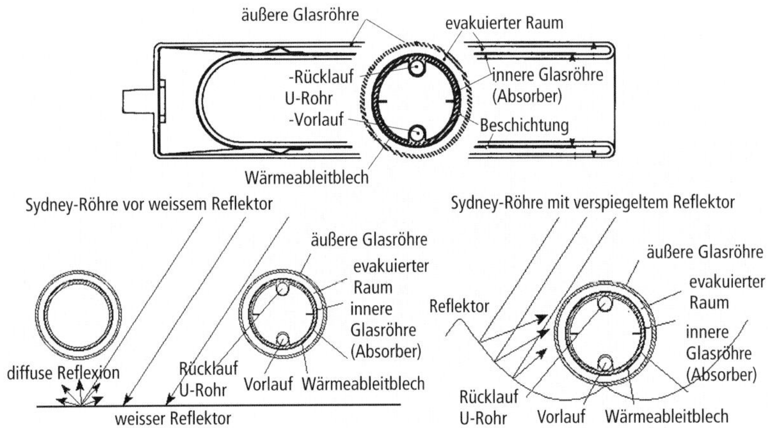

2.30
Vakuumröhre vom Typ Sydney der Fa. Microtherm /40/.

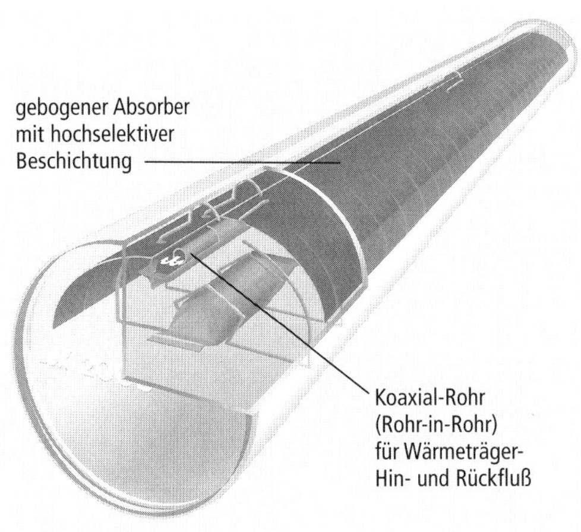

2.31
Gebogener Absorber in der Vakuumröhre Lux 2000 5R der Fa. ThermoLUX /40/.

sorber und damit die Kollektortemperaturen noch weiter erhöht.

Absorbermaterialien, -bauformen und -beschichtungen

Als Absorbermaterial findet im wesentlichen Kupfer Verwendung, und zwar in Form von Fahnenabsorbern mit integriertem Rohr. Röhren nach dem Wärmerohr-Prinzip enthalten eine Fahne mit einem mittig angeordneten Rohr, in dem der Wärmeträger zirkuliert. Bei den direkt durchflossenen Röhren gibt es zwei Bauformen: eine Absorberfahne mit U-förmigem Rohr sowie eine Absorberfahne mit Koaxialrohr (Rohr in Rohr-System). Erstere erfordern zwei Glasdurchführungen je Röhre, die aufgrund der unterschiedlichen Materialien und damit unterschiedlichen Wärmeausdehnungen konstruktiv schwierige Stellen sind. Dafür ist bei diesen Absorbern der Wirkungsgrad etwas höher als bei den Koaxialrohr-Absorbern, die lediglich einen Metall-Glas-Übergang erfordern. Der Wärmeträger wird dabei über das innere Rohr bis zum unteren Ende des Absorbers geführt, fließt durch das äußere Rohr im Gegenstrom zurück und nimmt dabei die Wärme vom Absorber auf. Außenliegende Verschraubungen erlauben gerade für diesen Bautyp eine sehr einfache, optimale Ausrichtung der einzelnen Absorber durch Verdrehen der Röhren unabhängig von der Einbaulage. Auch die U-förmigen Absorber können in beliebiger Lage eingebaut werden, sind jedoch nicht so einfach zu verstellen.

Seit kurzem wird ein gebogener Fahnenabsorber mit Koaxialrohr angeboten. Durch diese Geometrie folgt der Absorber sozusagen der Sonne, ohne nachgeführt zu werden. Dies führt insbesondere in den Morgen- und Abendstunden zu einem erhöhten Energiegewinn, mittags allerdings zu einem etwas geringeren, da die von der Sonne bestrahlte Fläche etwas kleiner ist. Dennoch soll ein Modul mit 5 Vakuumröhren annähernd den gleichen Wärmeertrag wie ein 6-Röhren-Modul erreichen, was letztendlich zu

geringeren Kosten führt. Der Platzbedarf wird kaum kleiner, da der Abstand zwischen den einzelnen Röhren größer sein muß (Abb. 2.31).
Das Vakuum unterdrückt weitestgehend die Wärmeverluste durch Konvektion und Leitung. Übrig bleiben also Verluste bedingt durch die Wärmeabstrahlung des Absorbers. Um diese möglichst gering zu halten, werden Absorberbeschichtungen mit möglichst kleinen ε-Werten, z.B. solche aus Schwarzchrom, eingesetzt. Besonders günstig sind die Verhältnisse bei den Sydney-Röhren, da der eigentliche Absorber aus Glas besteht und die Beschichtung von Glas nicht nur einfacher und preiswerter ist als die von Metall, sondern auch bessere ε-Werte von 4% und weniger bringt (vgl. Tab. 2.3).

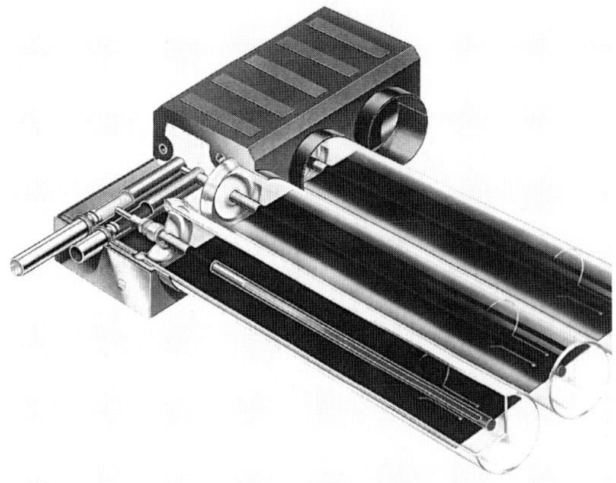

2.32
„Nasse" Anbindung einer direkt durchströmten Röhre an den Wärmeträgerkreislauf: Typ TubuSol der Fa. Viessmann /40/.

Transparente Abdeckung

Anstelle von eisenfreiem, gehärtetem „Solarglas" kommt durchweg Borsilikatglas mit Dicken von 1,5 bis 3 mm zum Einsatz, da es eine deutlich höhere mechanische und thermische Stabilität aufweist. Damit überstehen Vakuumröhren in der Regel auch extreme Belastungen wie Hagelschlag, Temperaturschocks usw. – man kann sogar auf Ihnen herumlaufen. Die optischen Eigenschaften dieses Glases sind durchaus vergleichbar mit denen von Flachkollektoren, allerdings ist das Glas teurer.

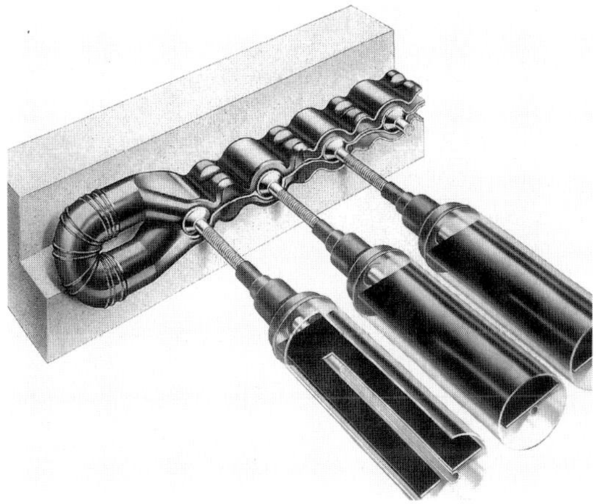

2.33
„Trockene" Anbindung einer Heat-Pipe an den Wärmeträgerkreislauf: Typ DuoSol der Fa. Viessmann /40/.

Gehäuse

Streng genommen ist bei den Vakuumröhren die Röhre das Gehäuse, das den Absorber und das Vakuum, also die Isolierung schützt. Als Kollektorgehäuse wird hier nun die Halterung für mehrere Röhren bezeichnet, die das Kollektormodul bilden. Dafür kommen die gleichen Materialien wie beim Flachkollektor zum Einsatz, also im wesentlichen Aluminium (auch für die Reflektoren), Edelstahl und Kunststoffe, jedoch kein Holz. Die aus den Vakuumröhren herausragenden Rohre, durch die der Wärmeträger zirkuliert, werden in dem sogenannten „Header" (Kopf) an ein Sammelrohr angeschlossen, das die Wärme zum Speicher transportiert.
Der Header ist ein wetterfester und dichter Kasten, der neben dem Sammelrohr mit den Anschlußmöglichkeiten für die Röhren auch eine hochtemperaturbeständige Wärmedämmung enthält. Darüber hinaus ist er in der Regel mit Anschlußmöglichkeiten für eine Installation auf dem Dach oder auf Gestellen versehen. Den Anschluß direkt durchströmter Röhren an die Sammelleitung zeigt Abb. 2.32, für Wärmerohr-Absorber wird dagegen die sogenannte trockene Anbindung bevorzugt (Abb. 2.33).

Vakuum-Kollektor-Module werden in Größen von 0,5 bis 3 m^2 Größe angeboten und wiegen zwischen 15 und 40 kg/m^2.

Marktübersicht

Für die Warmwasserbereitung und zunehmend auch für die Heizungsunterstützung hat sich der Flachkollektor eindeutig durchgesetzt, da er für diese Anwendungsbereiche ein deutlich besseres Preis-Leistungs-Verhältnis hat als Vakuum-Röhren-Kollektoren, die zwar einen höheren Energieertrag pro m^2 Kollektorfläche erbringen, jedoch auch deutlich teurer sind.

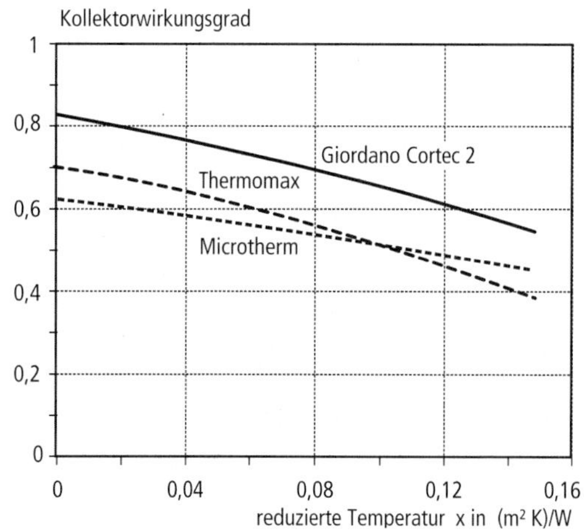

2.34
Vergleich der Kennlinien von 3 verschiedenen Vakuumröhren-Kollektoren /42/.

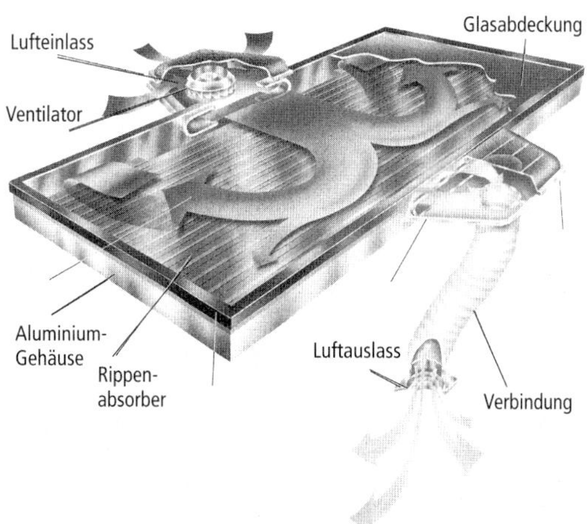

2.35
Luftkollektor der Fa. Solahart/Solarway /40/.

Daher ist der Markt bei den Vakuum-Röhren-Kollektoren sehr viel überschaubarer; es gibt auch nur wenige Hersteller, da die Produktion von Vakuum-Röhren-Kollektoren technologisch erheblich anspruchsvoller ist als die der Flachkollektoren. Einer der ältesten Hersteller ist die Fa. Thermomax in Großbritannien, deren Produkte in Deutschland über die Firmen Elco-Klöckner, Stiebel-Eltron und Viessmann vertrieben werden (vgl. Abb. 2.28). Ebenfalls bereits recht lange bewährt ist der unter dem Typennamen Cortec in Deutschland von der Fa. Christeva vertriebene und in Frankreich bei der Fa. Giordano hergestellte Röhren-Typ (vgl. Abb. 2.27a). In der Schweiz gibt es seit vielen Jahren einen kleinen Hersteller, die Fa. Schweizer (in Rafz), die Röhren mit Koaxialrohr herstellt und vertreibt. In Deutschland existiert noch ein einziger Produzent, die Fa. ThermoLUX (Abb. 2.27b und 2.31), die ihre Produkte selbst vertreibt, zum Teil aber auch über andere Firmen wie Daimler Benz Aerospace, Viessmann u.a. In zunehmendem Maße werden Röhren aus fernöstlicher Produktion, insbesondere aus China, angeboten. Beispielsweise kommen alle Sydney-Röhren-Typen von dort. Vertrieben werden diese Röhren durch Firmen wie Daimler-Benz Aerospace, Hegeler, Microtherm, Paradigma usw. Einzelheiten wie technische Daten, Wärmeerträge und Kosten von Vakuum-Röhren-Kollektoren finden sich in /19/.

2.3.4 Luftkollektoren

Während in flüssigkeitsgekühlten Flachkollektoren die Erwärmung der Luft zwischen Absorber und Glasscheibe aufgrund der damit verbundenen Wärmeverluste eher ein lästiger Nebeneffekt ist, nutzen Luftkollektoren die Solarstrahlung gezielt zur Erwärmung von Luft. Der Aufbau ähnelt sehr dem des Flachkollektors: Ein luftdurch- bzw. -umströmter Absorber liegt in einem gut wärmegedämmten Gehäuse mit Glasabdeckung auf der Vorderseite. Auch die eingesetzten Materialien sind im wesentlichen die gleichen.

Luftkollektoren haben bei weitem nicht die Verbreitung gefunden wie Flüssigkeits-Kollektoren. Eine Hauptursache dafür ist physikalischer Natur, denn Luft hat für den Einsatz als Wärmeträgermedium sehr viel ungünstigere Stoffwerte als Wasser (Tab. 2.8). Die spezifische Wärmekapazität ist etwa 4 mal geringer. Das bedeutet für die Praxis: Um die gleiche Wärmemenge zu transportieren, muß bei Luft 4 mal mehr Masse und 4000 mal mehr Volumen gefördert werden, da die Dichte von Luft etwa um den Faktor 1.000 kleiner ist als die von Wasser. Die Kanäle für Luftsysteme müssen infolgedessen einen großen Querschnitt haben und benötigen viel Platz. Außerdem verbrauchen die Antriebsaggregate (Ventilatoren) in der Regel mehr elektrische Energie als entsprechende Wasserpumpen, was ungünstige Auswirkungen auf die Gesamtenergiebilanz des Systems hat.

Neben der Wärmekapazität ist auch die Wärmeleitfähigkeit von Luft sehr viel geringer als die von Wasser, etwa um den Faktor 24. Um also Wärme auf Luft zu übertragen oder umgekehrt von Luft auf ein anderes Medium (z.B. auf Wasser in einem Luft-Wasser-Wärmetauscher), müssen die wärmetauschenden Flächen entsprechend groß dimensioniert und so konstruiert werden, daß ein guter Wärmeübergang erreicht wird.

Aus den genannten Gründen sind Luftkollektoren für die Brauchwassererwärmung, dem wichtigsten und größten Anwendungsbereich in Europa, weniger geeignet. Anders sieht es bei der Luftheizung aus, wobei – im Gegensatz zu beispielsweise den USA – Luftheizsysteme in Europa noch wenig verbreitet sind. Dies alles führt dazu, daß der Marktanteil von Luftkollektoren momentan gering ist.

Luftkollektoren sind aber nicht etwa unsinnig – im Gegenteil, es gibt eine ganze Reihe von Bereichen, in denen ihre Anwendung sinnvoll und erfolgreich ist. Denn sie weisen auch eine ganze Reihe von Vorteilen auf: Sie können im kältesten Winter nicht einfrieren, sommerliche Stagnationsbedingungen sind unproblematisch und die Korrosionsprobleme sind geringer als bei Flüssigkeits-Kollektoren, so daß einfachere und damit preiswertere Materialien verwendet werden können.

Stoffwerte von Luft und Wasser

	Luft	Wasser
Wärmeleitfähigkeit λ	0,026 W/mK	0,614 W/mK
Dichte ρ	1,1774 kg/m³	995,8 kg/m³
spez. Wärmekapazität c	1005,7 Ws/kg·K	4179 Ws/kg·K
kin. Viskosität ν	$15{,}68 \cdot 10^{-6}$ m²/s	$0{,}86 \cdot 10^{-6}$ m²/s

Tabelle 2.8:
Wichtige Stoffwerte von Luft und Wasser (bei 27°C, 1 bar).

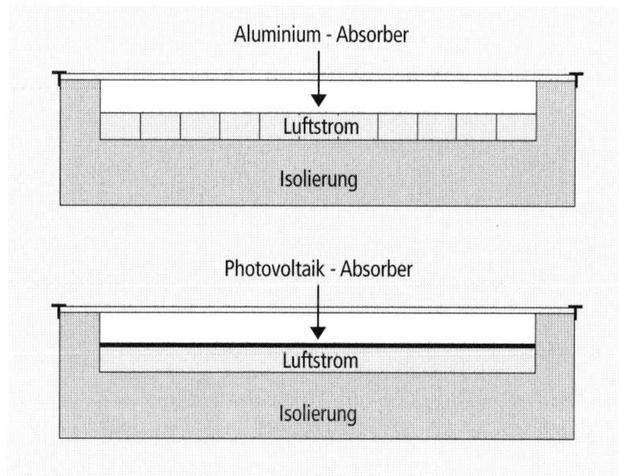

2.36
Schnitt durch einen „normalen“ Luftkollektor (oben) und einen „autarken“ mit PV-Modul (unten).
Quelle: nach Produktunterlagen der Fa. Grammer /40/.

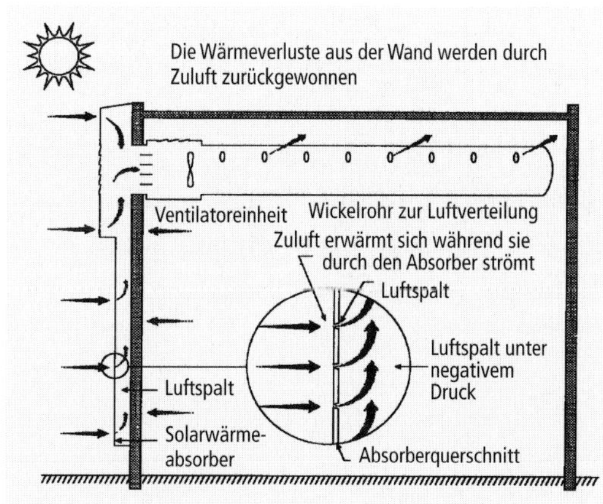

2.37
Funktionsschema des Luftkollektorsystems „Solarwall“.
Quelle: Fa. Solarwall /40/.

Einen günstigen Einsatzbereich für Luftkollektoren bieten insbesondere Gebäude, die mit Luftheizungssystemen ausgerüstet sind oder werden sollen, also Sporthallen, Schwimmbäder, Produktions- und Lagerhallen, Werkstattgebäude und Wohngebäude, vornehmlich solche, die nur zeitweise genutzt werden, wie z.B. Wochenend- und Ferienhäuser, Berghütten usw.

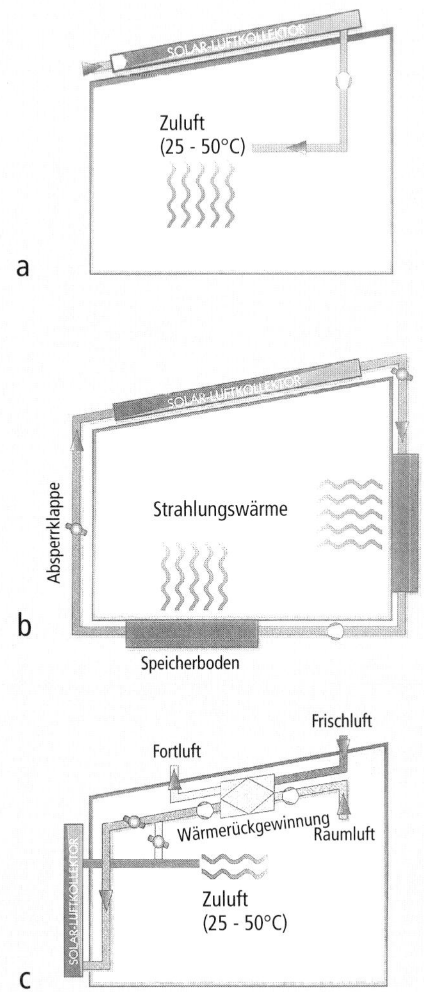

2.38
Betriebsweise von Luftkollektoranlagen.

a: Frischluftsystem
b: Umluftsystem
c: Einbindung in die Wohnungslüftung

Quelle: Produktunterlagen der Fa. Grammer, Amberg

Letztere können durch Luftkollektoren gelüftet und frostsicher gehalten werden, wodurch sich bauphysikalische Schäden vermeiden lassen. Für Häuser ohne Stromversorgung bietet die Fa. Grammer sogar einen autarken Luftkollektor mit integriertem Photovoltaik-Modul zur Stromerzeugung für den Ventilator an (Abb. 2.36b). Ein weiterer großer Anwendungsbereich für Luftkollektoren ist die Trocknung von landwirtschaftlichen Produkten, z.B. von Heu, Obst, Getreide, Holz, usw. Es lassen sich Trocknungsraten von 0,2 bis 0,7 kg Wasser pro Stunde und m^2 Kollektorfläche erreichen.
Immer häufiger finden Luftkollektoren als Fassadenkollektoren Verwendung. Abb. 2.37 zeigt das System der Fa. Solarwall, das perforierte Aluminiumbleche ohne Glasabdeckung verwendet.
Luftkollektoranlagen können als Frischluft- oder als Umluftsystem betrieben werden (vgl. Abb. 2.38a und b). Vorteil des Umluftsystems ist eine geringere Verschmutzung des Kollektors durch Staub, Insekten u.ä. und damit ein geringerer Wartungsaufwand. Bei der Frischlufterwärmung dagegen entfallen alle Wärmetauscher und somit auch die damit zwangsläufig immer verbundenen Wärmeverluste. Außerdem wird in vielen Fällen einfach angewärmte Frischluft benötigt. In Abb. 2.38c ist die Einbindung eines Luftkollektors in eine kontrollierte Wohnungsbe- und -entlüftungsanlage skizziert. Solche Anlagen könnten in Zukunft an Bedeutung gewinnen und ein neues Marktsegment für Luftkollektoren eröffnen, wenn der Trend zu Gebäuden mit immer niedrigerem Energiebedarf (sogenannte Niedrig-, Niedrigst- und Passivhäuser) fortschreitet; denn solche Gebäude erzwingen mehr oder weniger den Einsatz von Lüftungsanlagen und bieten damit günstige Voraussetzungen für Luftheizungsanlagen.

2.3.5 Konzentrierende Kollektoren

Konzentrierende Kollektoren überwinden die wärmetechnischen Grenzen des Flachkollektors, indem auf optischem Wege durch Spiegel oder Linsen die Einstrahlung auf den Absorber vervielfacht wird. Dadurch können, je nach Grad der Konzentration, Temperaturen von 80 bis über 2.000°C erzeugt werden. Konzentrieren läßt sich jedoch nur der direkte Strahlungsanteil, so daß im mitteleuropäischen Klima der hohe Anteil diffuser Strahlung weitgehend ungenutzt bleibt. Sinnvoll erscheint die Anwendung konzentrierender Systeme daher vor allem in Ländern bzw. Gegenden mit hoher Direkteinstrahlung. Dort sind für die Prozeßwärmeerzeugung vor allem zylindrische Parabolspiegel mit einem röhrenförmigen Absorber im Brennpunkt gebräuchlich.

Der Konzentrationsfaktor des Kollektorsystems entscheidet darüber, welche Temperaturen noch mit akzeptablem Wirkungsgrad erzeugt werden können. Er ist definiert als das Verhältnis von Aperturfläche („Öffnungsfläche" des Reflektors) zur Absorberfläche. In Abb. 2.40 ist der Zusammenhang dargestellt. Konzentrierende Kollektoren müssen der Sonne nachgeführt werden, damit der Brennpunkt des Spiegels stets auf den Absorber fällt. Solche mit einachsiger Fokussierung (zylindrische Parabolspiegel mit einem Absorberrohr in der Brennlinie) erfordern die Nachführung nur um eine Achse. Durch Spiegel in Form eines Rotationsparaboloiden können zwar höchste Konzentrationsfaktoren und entsprechend Temperaturen über 800°C erreicht werden, doch erfordert die kontinuierliche, zweiachsige Nachführung sowie die Abfuhr der Wärme erheblichen Aufwand.

Bei Flach- und Vakuumröhrenkollektoren werden hin und wieder Reflektoren in Form von flachen Spiegeln oder häufiger in einer geometrisch optimierten Form als Parabolrinne (CPC - Compound Parabolic Concentrator) eingesetzt. Insbesondere bei Röhrenkollektoren läßt sich dadurch eine Ver-

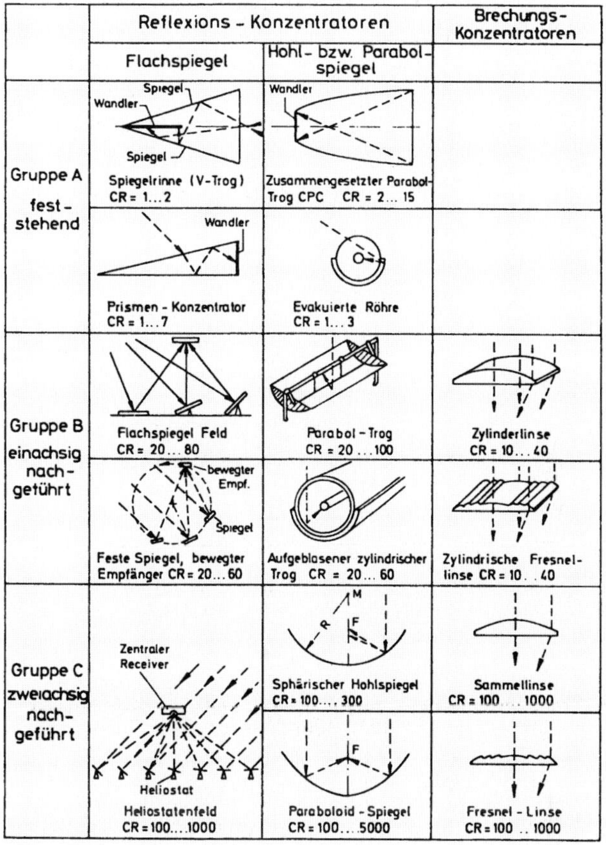

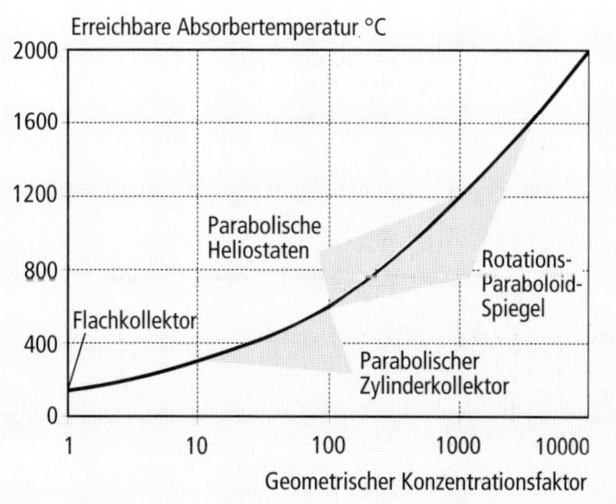

2.39 (oben)
Übersicht über konzentrierende Kollektorsysteme /43/.

2.40
Typische Arbeitstemperaturen als Funktion des Konzentrationsverhältnisses bei konzentrierenden Kollektoren /44/.

größerung der wirksamen Fläche erreichen (Abb. 2.41).

2.3.6 Der Speicherkollektor und andere Sonderbauformen

Immer wieder präsentieren Hersteller „neuartige“ Sonderbauformen der Öffentlichkeit, vielfach einhergehend mit der Behauptung, diese seien deutlich besser als jeder bislang existierende Kollektor. Im allgemeinen entpuppen sich solche Medienereignisse als Werbung, denn die Physik läßt sich nicht überlisten. Dennoch gibt es eine Reihe von interessanten Sonderbauformen, die im Grunde genommen nichts anderes sind als Abwandlungen der bisher erläuterten Formen. Eine Auswahl, die sicherlich keinen Anspruch auf Vollständigkeit erheben kann, wird in diesem Kapitel vorgestellt.

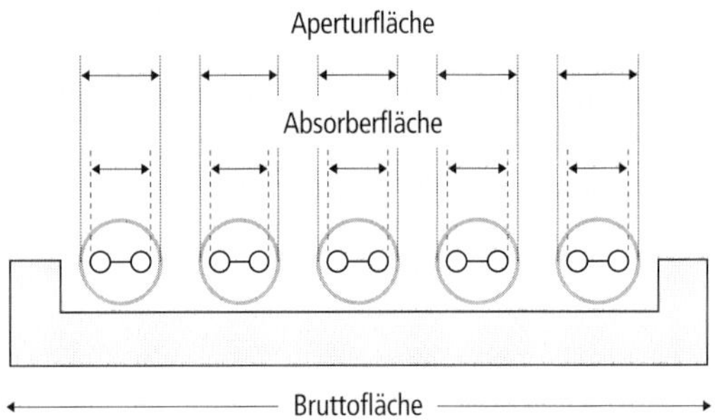

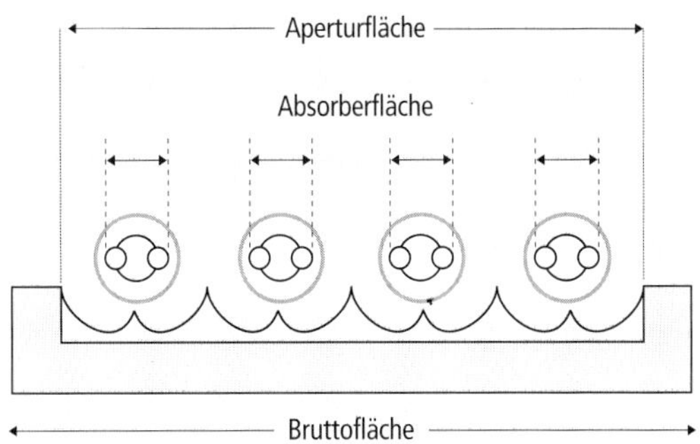

2.41
Bezugsflächen beim Vakuumröhren-Kollektor und Vergrößerung der Aperturfläche durch Reflektoren /22/.

Speicherkollektor

Der Speicherkollektor vereinigt – wie der Name schon sagt – die Funktionen des Kollektors und des Wärmespeichers (Kap. 3.1) in einem Bauteil (Abb. 2.42).
Das Anlagenkonzept ist denkbar einfach: Der Speicher mit Absorberoberfläche liegt in einem gedämmten Kollektorgehäuse und wird mit der Kalt- und Warmwasserinstallation verbunden; zur Nachwärmung wird z.B. eine Gastherme eingesetzt, die thermostatisch gesteuert anspringt, wenn die Wassertemperatur im Speicherkollektor unter die erforderliche Nutztemperatur von z.B. 45°C sinkt. Dadurch entfallen viele Bauteile, die in Flachkollektor-Anlagen notwendig sind, wie Rohrleitungen im Solarkreislauf, Wärmetauscher, Pumpe etc. (Kap. 3). Mit dem geringeren technischen Aufwand sind auch niedrigere Anlagenkosten verbunden.
Natürlich dürfen auch die Nachteile gegenüber normalen Flachkollektoranlagen nicht verschwiegen werden: Die Wassertemperaturen im Speicherkollektor gehen in der Nacht und an Tagen mit schlechtem Wetter schneller zurück als in gut gedämmten, separaten Wärmespeichern, so daß häufiger und mehr nachgeheizt werden muß. In extrem kalten Winterperioden besteht sogar die Möglichkeit des Einfrierens.
Um insbesondere der Gefahr des Einfrierens zu begegnen, die zu einer Zerstörung des Kollektors führen würde, werden verschiedene erprobte Konstruktionen am Markt angeboten. In einem Fall wird die Wärmedämmung des Speicherkollektors durch den Einsatz einer 4 bis 8 cm dicken transparenten Wärmedämmung unter der Glasabdeckung des Kollektors so verbessert, daß ein Einfrieren in Mitteleuropa ausgeschlossen werden kann. In einem anderen

Fall wird ähnlich wie bei einem Vakuumröhrenkollektor das Wärmerohr-Prinzip genutzt; dabei befindet sich in den Rohrleitungen des Kollektors ein spezielles Alkoholgemisch, das nicht einfrieren kann. Bei Erwärmung durch Solarstrahlung verdampft es schon bei geringen Temperaturen, steigt in den Speicher auf, der im oberen Teil des Kollektors integriert ist, kondensiert dort in einem Wärmetauscher und läuft dann auf der Rückseite des Kollektors wieder nach unten zurück. Es handelt sich hier also um ein Zweikreissystem mit Schwerkraftumlauf (Anbieter: Fa. AET, Abb. 2.44).
Auch wenn durch solche konstruktiven Maßnahmen die Gefahr des Einfrierens gebannt wurde, bleiben doch die Probleme der Dachbelastung durch das hohe Gewicht, was lediglich recht kleine Anlagen bis maximal 200 l Speichervolumen zuläßt, sowie die Schwierigkeiten der Integration in die bestehende Trinkwasser-Hausinstallation, die in der Regel nicht unter dem Dach entlang läuft. Aufgrund dieser Nachteile und Einschränkungen hat der Speicherkollektor nur relativ geringe Marktanteile erreichen können; er wird – zumindest in Mitteleuropa – hauptsächlich für Nischenanwendungen, wie z.B. für nicht kontinuierlich bewohnte Wochenend- und Ferienhäuser eingesetzt.

Unterdruck-Flachkollektor

Als einziger Hersteller bietet die Fa. Thermo-Solar einen *Unterdruck-* bzw. *teilevakuierten Flachkollektor* an, den die Firma selbst als *Vakuum-Flachkollektor bezeichnet.* Der hochselektiv beschichtete Absorber hängt in einer tiefgezogenen Edelstahlwanne, als transparente Abdeckung wird 5 mm starkes Sicherheits Solarglas verwendet, das über eine temperaturbeständige Spezialdichtung mit dem Gehäuse verbunden ist. Um die enorme Druckbelastung auf Vorder- und Rückseite des evakuierten Kollektors aufzufangen, hält ein enges Raster von Edelstahl-Stützstiften diese Flächen „auf Abstand“. Vor- und Rücklaufleitungen für den Wär-

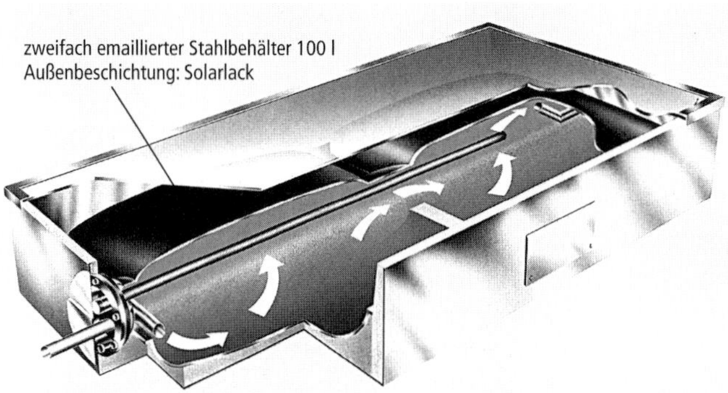

2.42 (oben)
Speicherkollektor Typ HotTop der Fa. Solahart/ Paal /40/.

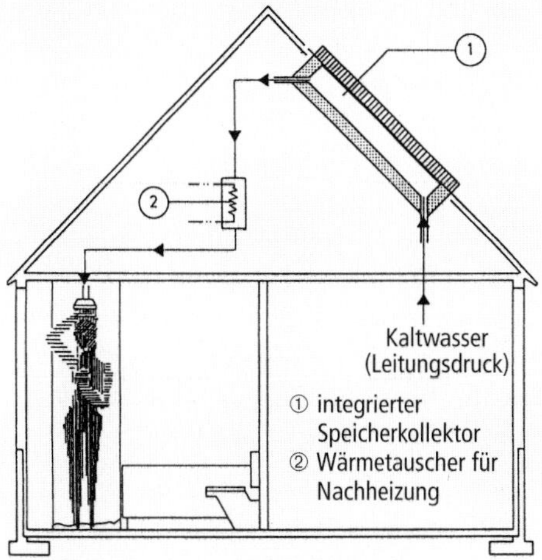

2.43 (links)
Der Speicherkollektor (SpeiKo) und seine Einbindung in die Haustechnik.

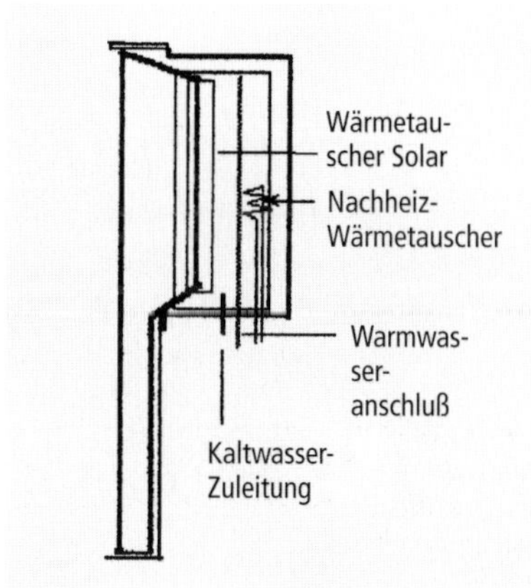

2.44 (unten)
Speicherkollektor (Volumen 120 Liter) mit Alkohol im Solarkreislauf der Fa. AET /40/.

metransport liegen geschützt im Kollektor, die Anschlüsse erlauben eine einfache Verschaltung mehrerer Kollektoren miteinander.

Besonderes Konstruktionsmerkmal ist der zusätzliche Anschluß für die Leitung zur Vakuumpumpe; denn der Kollektor wird erst nach der Montage und Fertigstellung der Installation durch eine zum System gehörige, kleine Vakuumpumpe evakuiert. Mit einem Betriebsdruck zwischen 1 und 100 mbar handelt es sich um einen Unterdruck bzw. ein Grobvakuum, bei dem Wärmeverluste durch Konvektion bereits weitestgehend unterbunden werde. Undichtigkeiten, die bei dieser Kollektorgeometrie auftreten können, lassen sich durch Nachevakuieren (automatisch) beheben. Außerdem kann die Wärmeproduktion des Kollektors bzw. seine Leerlauftemperatur durch Belüften des Innenraumes gegebenenfalls auf einfache Weise begrenzt werden.

Neuerdings wird dieser Kollektor mit dem Edelgas Krypton mit 50 mbar Druck „gefüllt". Dadurch werden auch die Verluste aufgrund von Wärmeleitung im Gas weiter reduziert. Erste Meßergebnisse zeigen eine Leistungsfähigkeit, die durchaus vergleichbar ist mit einem Vakuumröhrenkollektor – 50% Wirkungsgrad bei einer Einstrahlung von 1000 W/m² und 100°C Temperaturdifferenz zwischen Absorber und Umgebung.

2.45
Teilevakuierter Flachkollektor der Fa. Thermo-Solar /40/.

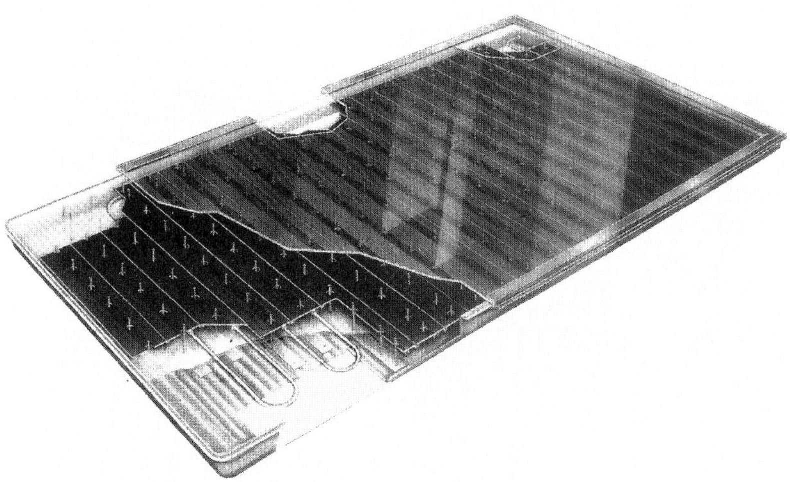

„Strahlenfallenkollektor"

Bei diesem Typ handelt es sich um einen Flachkollektor mit einem profilierten, 3-dimensionalen Aluminiumlamellenabsorber (Abb. 2.46). Auf den ersten Blick scheint dieses Prinzip sehr einleuchtend und vielversprechend, Tests ergaben jedoch keine höhere Leistungsfähigkeit – aber auch keine geringere – als bei „herkömmlichen" Flachkollektoren. Ebenfalls von der Herstellerfirma Chromagen-Lordan in Israel bzw. der Fa. Sunset in Deutschland wird ein Flachkollektor mit transparenter Wärmedämmung angeboten (Abb. 2.47). Eine Reduzierung der Wärmeverluste (niedrigerer k-Wert) geht einher mit einem etwas verringerten optischen Wirkungsgrad, so daß sich dieser Kollektor vornehmlich für Einsatzbereiche eignet, wo höhere Temperaturen erforderlich sind. Er liegt sozusagen zwischen dem gängigen Flachkollektor und den Vakuumröhrenkollektoren.

Flachkollektor mit Reflektor

Die österreichische Fa. Kalkgruber Solar- und Umwelttechnik bietet unter dem Typennamen Solarfocus eine weitere interessante Sonderbauform an. In einem „normalen" Flachkollektorgehäuse befinden sich anstelle der üblichen Wärmedämmung parabolförmige Aluminiumreflektoren, von denen die Strahlung auf die in der Brennlinie angeordneten Absorber reflektiert wird. Die Absorber sind als Fahnenabsorber ausgebildet, jedoch befindet sich das Wärmeträgerrohr nicht in der Mitte der Fahne sondern an der Außenseite, ziemlich nahe unter der Glasabdeckung des Kollektors (Abb. 2.47). Ein Blick auf die Kennlinien zeigt eine Leistungsfähigkeit vergleichbar mit der anderer Flachkollektoren.

Flüssigkeit-Luft-Kollektor

Die dänische Fa. AIDT-Miljö hat einen Luft-Wasser-Kollektor im Angebot. Luft wird dabei durch den Kollektor gezogen, strömt an dem wasserführenden Absorber innen vorbei und kann dann als erwärmte Luft über ein Rohrsystem in ein Gebäude geführt werden. Der wasserführende Teil des Kollektors wird wie gewöhnlich über einen Solarkreis an einen Speicher angeschlossen (Abb. 2.49). Obschon den Autoren keinerlei Erfahrungswerte oder Testergebnisse über diesen neuartigen Kollektor vorliegen, ist davon auszugehen, daß sich dieser Kollektortyp eher für Spezialanwendungen, wie z.B. für nur zeitweise genutzte Gebäude (Wochenendhäuser, Clubhäuser o.ä.) eignet. Denn daß ein Nutzer warme Luft und warmes Wasser gleichzeitig benötigt, ist sicherlich eher selten. Selbstverständlich leidet die Leistungsfähigkeit sowohl der Wasser- als auch der Lufterwärmung, da die gesamte vom Kollektor produzierte Wärme, die ja nicht höher sein kann als bei anderen Kollektoren, auf beide Bereiche aufgeteilt wird. Durch eine intelligente Regelung läßt sich die Aufteilung der Wärmeleistung auf

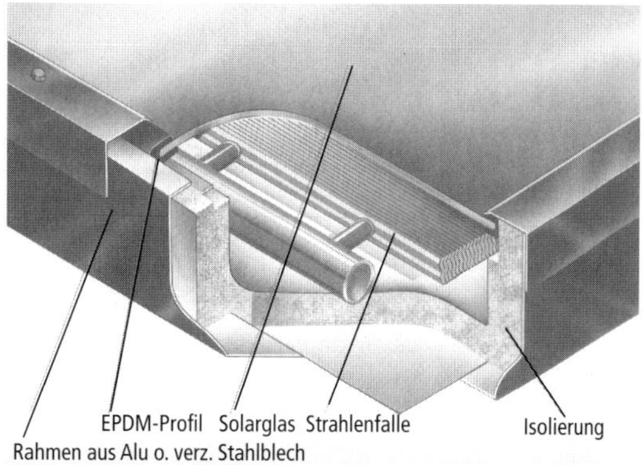

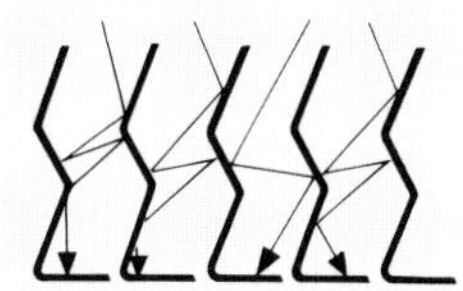

2.46
„Strahlenfallenkollektor“, Typ LSC-D, der Fa. Chromagen-Lordan / Sunset /40/.

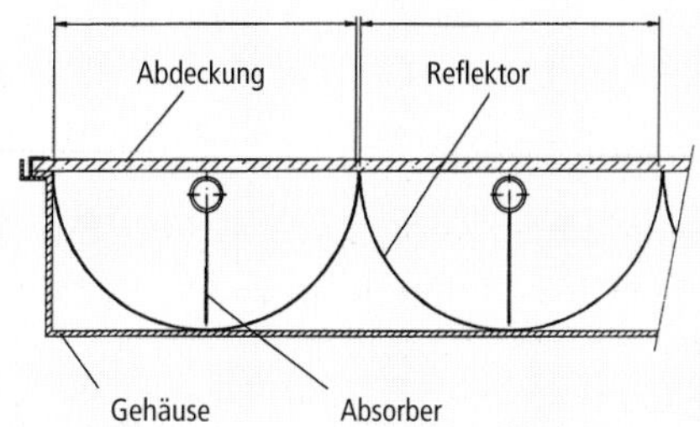

2.47
Flachkollektor mit Reflektoren, Typ Solarfocus, der Fa. Kalkgruber /40/.

1 Anschlußverschraubung ¾“
2 Absorberrückseite
3 Transparente Wärmedämmung PMMA, Wabenstruktur
4 Metallgehäuse
5 Reflektionsfolie
6 Kupfer-Kupfer-Absorber
7 Warmeisolation 50 mm
8 Rückseitige Abdeckung
9 Solarglas
10 Integriertes Anschlußrohr 1 1/8“
11 EPDM-Gummiabdichtung
12 Einlaßverschluß
13 Kupferrohrregister 5/8“

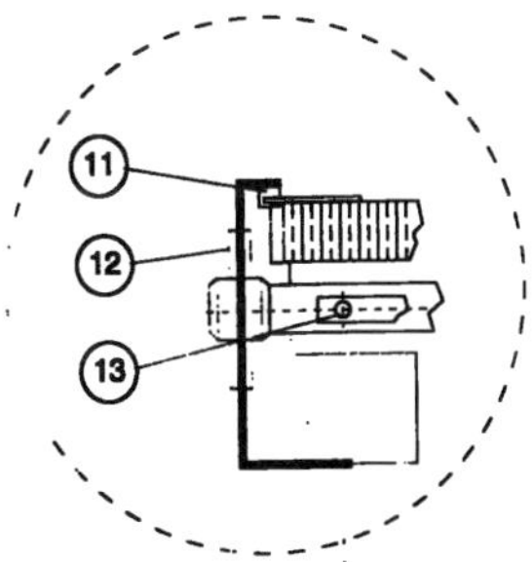

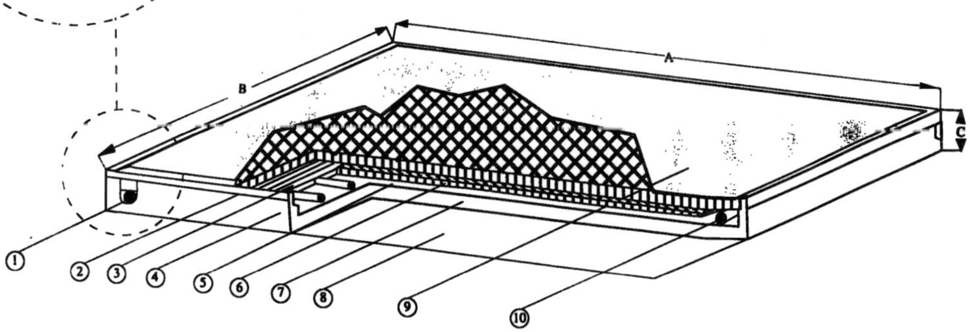

2.48
Flachkollektor mit TWD, Typ HC20, der Fa. Chromagen-Lordan / Sunset /40/.

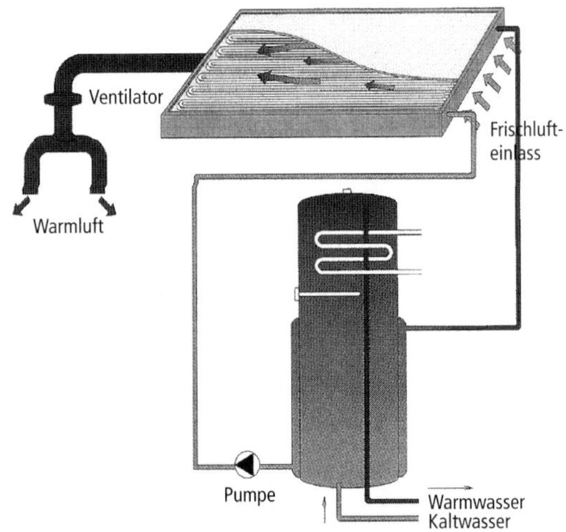

2.49
Kombinierter Flüssigkeits-Luft-Kollektor der Fa. Aidt-Miljö /40/.

die beiden Medien sicherlich in einem gewissen Rahmen dem Nutzerverhalten anpassen, dennoch ist, verglichen mit den jeweiligen „Spezialkollektoren", eine geringere Leistungsfähigkeit sowohl bei der Wassererwärmung wie auch bei der Lufterwärmung zu erwarten.

Fassadenkollektoren

Im Grunde sind Fassadenkollektoren nichts anderes als gewöhnliche Solarkollektoren, die nicht auf dem Dach, sondern an der Fassade eines Gebäudes installiert werden. Durch die Fassadenintegration und konstruktive Details, die auf die besonderen Belange von Fassaden wie zum Beispiel Schallschutz, Wetterschutz u.ä. eingehen, lassen sich jedoch günstige Kosten erzielen. In Abb. 2.50 ist ein solches Fassadenpanel der schweizerischen Fa. Schweizer AG dargestellt.
Durch die Installation von Kollektoren an vornehmlich nach Süden ausgerichteten senkrechten Fassaden wird das Solarstrahlungsdargebot besonders im Winterhalbjahr, also bei tiefstehender Sonne, genutzt. Fassadenkollektoren bieten sich damit zur Heizungsunterstützung in der Übergangszeit und im Winter an oder für Gebäude, bei denen die eingeschränkte Wärmeproduktion im Sommer ausreicht. Noch sind Bedeutung und Verbreitung solcher Fassadenkollektoren relativ gering; es ist jedoch zu erwarten, daß mit der Verbreitung von Niedrigenergiehäusern immer mehr Architekten Fassadenkollektoren als Stilelement der Architektur entdecken und einsetzen und entsprechend mehr Kollektorhersteller diesen Markt erschließen werden.

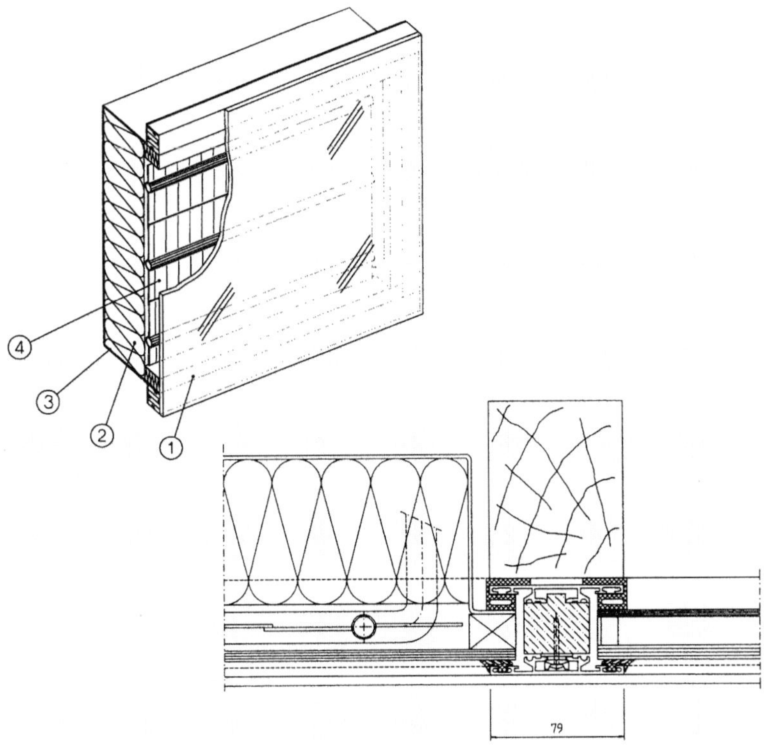

2.50
Fassaden-Kollektor der Fa. Schweizer AG /40/.
1 Solarglas
2 Wärmedämmung 60/100 mm
3 Blechkoffer abgedichtet
4 Absorber

2.4 Zusammenschaltung und Verbindung von Kollektoren

Bei jeder Sonnenkollektoranlage, die aus mehreren Modulen besteht, stellt sich die Frage, wie die Kollektoreinheiten strömungstechnisch zu einer größeren Fläche mit entsprechend größerem Wärmeertrag verschaltet werden. Für die Leistungsfähigkeit der Kollektoranlage insgesamt, aber auch der einzelnen Kollektoren ist dabei eine gleichmäßige Durchströmung aller Kollektoren und der gesamten Absorberfläche von entscheidender Bedeutung, damit die Wärme effektiv abtransportiert wird. Folglich müssen Durchfluß und hydraulische Verschaltung gut an die Absorbergeometrie angepaßt werden.
Grundsätzlich möglich sind die *Serienschaltung*, die *Parallelschaltung* und als Kombination dieser beiden Varianten die *Serien-Parallel-Schaltung* (Abb. 2.51).

Die *Serienschaltung* hat den Vorteil, daß alle Kollektoren gleichmäßig durchströmt werden; allerdings steigt der erforderliche Wärmeträgerdurchfluß zur Abführung der erzeugten Wärme bei der Serienschaltung proportional zur Zahl der hintereinandergeschalteten Flächen. Damit steigt der resultierende Strömungswiderstand, die Summe der Einzelwiderstände aller Kollektoren, infolge der vervielfachten Durchströmung exponentiell an, so daß die Serienschaltung von mehr als 2 oder 3 Absorbern im allgemeinen nicht sinnvoll ist.

Die reine *Parallelschaltung* bietet sich bei kleinen und mittleren Anlagengrößen an. Alle Absorber sind an eine untere und obere Sammelleitung angeschlossen. Damit der Wärmeträgerstrom möglichst gleichmäßig auf alle Absorber verteilt wird, sollten die Sammelleitungen einen größeren Rohrdurchmesser (= niedriger Fließwiderstand) aufweisen und die Fließwege durch die Absorber gleich lang (= gleicher Strömungswiderstand) sein. Außerdem werden Zu- und Abfluß an gegenüberliegenden Ecken angeschlossen, um alle Fließwege im Kollektorfeld gleich lang zu gestalten (System Tichelmann).
Allerdings folgt die Strömung von Flüssigkeiten – gerade an den Verzweigungen und Zusammenflüssen – nicht den einfachen geometrischen Gegebenheiten. Vielmehr nehmen mit steigender Zahl parallelliegender Stränge auch die Unterschiede in der Durchströmung zu, wobei die Strömung an den Rändern stärker ist als in der Mitte. Dieses Problem der Parallelschaltung tritt übrigens nicht nur bei der Zusammenschaltung mehrerer Kollektoren auf, sondern auch bei allen Absorbern mit paralleldurch-

2.51
Serien-, Parallel- und Serien-Parallel-Schaltung von Kollektoren. Bei der Serien-Parallel- und Parallelschaltung wird die Vorlauf-Sammelleitung so geführt, daß sich für alle Kollektoren gleich lange Strömungspfade ergeben (System Tichelmann).

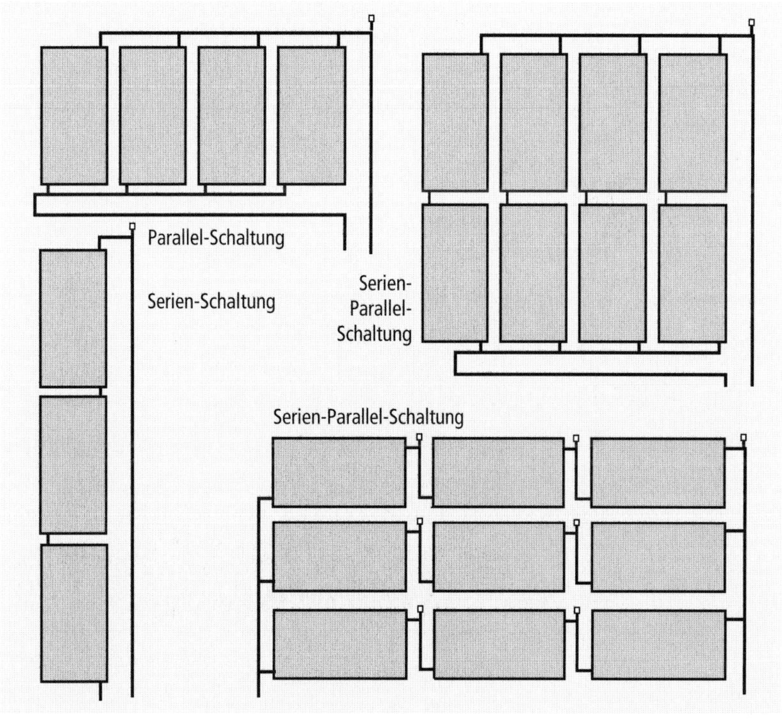

strömten Kanälen (Rohrregisterabsorber, Schwimmbadabsorber u.ä.). Allgemein gilt, daß die Unterschiede der Durchströmung klein gehalten werden können, wenn die Strömungswiderstände in den Sammelleitungen klein sind im Vergleich zum Strömungswiderstand der Zweige.
Die *Serien-Parallel-Schaltung* vereinigt bei größeren Anlagen die Vorteile beider Grundschaltungen. Durch die Serienschaltung kann der Strömungswiderstand der einzelnen Zweige gerade so bemessen werden, daß er einerseits für das System noch vertretbar ist, andererseits aber groß ist im Vergleich zu den Strömungswiderständen des unteren und oberen Sammelrohres. Bei einer größeren Kollektorzahl bietet die Serien-Parallel-Schaltung somit die besten Möglichkeiten, um gleichmäßige Durchströmung einerseits und akzeptablen Strömungswiderstand andererseits miteinander in Einklang zu bringen.

2.52
Beispiel für flexible Verbindungselemente zwischen Kollektoren: Edelstahl-Wellschlauch mit Metallgewebe ummantelt, oben mit Preßfitting, unten Typ SP10 mit Verschraubungen. Quelle: Fa. IWK, Stutensee. /40/

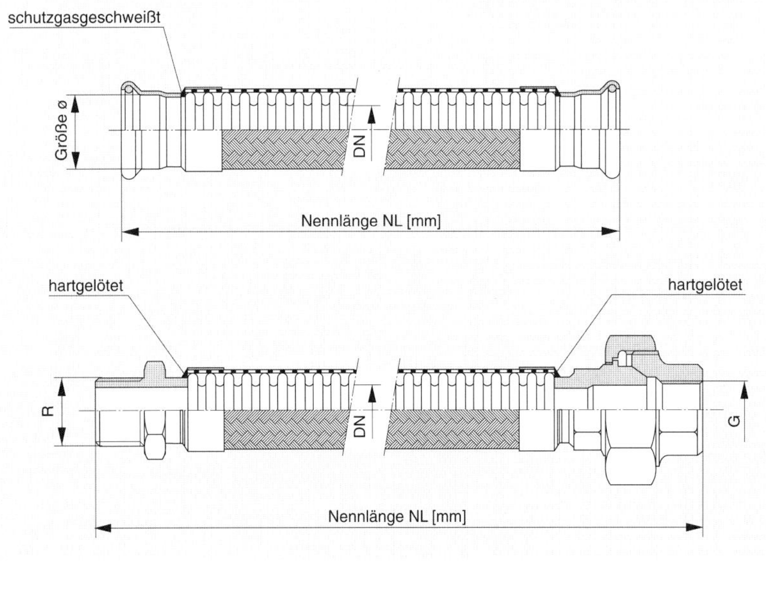

Verrohrung

Selbstverständlich muß die Dichtigkeit des Kollektorkreises auf Dauer gewährleistet sein. *Anschlüsse* und *Verbindungen* müssen sorgfältig ausgeführt werden und aus Materialien bestehen, die den enormen Belastungen gewachsen sind. Belastungen sind einerseits die Temperaturschwankungen zwischen Minusgraden im Winter und bis über 200°C bei sommerlicher Stagnation und andererseits die damit verbundenen Längenausdehnungen. Um diese aufzunehmen, werden flexible Verbindungselemente wie z.B. Silikon- oder EPDM-Schläuche mit Gewebearmierung, Edelstahlwellschläuche oder kurze Edelstahlfaltenbalge (Kompensatoren) in die Rohrleitung eingebaut. Manche Kollektorhersteller sind bereits dazu übergegangen, solche Kompensatoren in die Kollektoren mit zu integrieren. Generell sind alle Kollektorhersteller ständig bemüht, die Anschlüsse ihrer Kollektoren so zu optimieren, daß eine sehr einfache und damit schnelle und preiswerte Verbindung der Kollektoren, die meist unter schwierigen Arbeitsbedingungen auf dem Dach hergestellt werden muß, zu ermöglichen. Für Vakuumröhrenkollektoren sind wegen der möglichen sehr hohen Temperaturen Schläuche aus Kunststoff nicht mehr verwendbar.
Die Anschlüsse und Verbindungen zwischen den Kollektoren müssen, um Wärmeverluste zu reduzieren, isoliert werden. Für die Temperaturbeständigkeit dieser Dämmaterialien gilt das bereits bei den Flachkollektoren gesagte; jedoch kommt hinzu, daß sie wetter- und vor allem UV-strahlungsbeständig sein müssen. Bei vorgefertigen Rohrdämmschalen aus geschäumten Kunststoffen (z.B. Armaflex) ist dies in der Regel nicht gegeben. Darüber hinaus halten diese Isolierungen den hohen Temperaturen meist nicht Stand. Besser sind vorgefertigte Mineralfaserdämmschalen, die vor Witterung, insbesondere Feuchtigkeit, durch eine Kaschierung auf der Außenseite, meist aus Aluminium, geschützt sind. Es werden auch UV- und witterungsbeständige Kunststoffschaumisolierungen für den Außenbe-

reich angeboten oder spezielle Lacke, mit denen eine Dauerbeständigkeit erreicht werden soll. Deutlich besser ist jedoch ein zusätzlicher Außenschutz der Wärmedämmung z.B. durch außentaugliche Kunststoffrohre (PE) oder Rohre aus verzinktem Stahlblech. Bei Kleinanlagen wird diesem Problem in der Regel noch zu wenig Aufmerksamkeit geschenkt, dagegen sind bei Großanlagen solche zusätzlichen Ummantelungen der Wärmedämmung im Außenbereich üblich. Daß dabei trotzdem Probleme auftreten, belegen die jüngsten Untersuchungen zur Langzeitbeständigkeit von Solaranlagen /20/. Generell sollten daher außenliegende Rohre und Dämmungen möglichst vermieden bzw. minimiert werden.

2.5 Nutzungsdauer und energetische Amortisation von Kollektoren

Nutzungsdauer

Nicht nur Energieertrag und Leistungsfähigkeit sind ausschlaggebend für die Qualität eines Kollektors, sondern auch seine Nutzungsdauer. Denn was nützt der effektivste Kollektor, wenn er bereits nach wenigen Jahren kaputt ist. Diesbezüglich sind in den letzten Jahren einige Vorschriften entstanden bzw. novelliert worden, allen voran die DIN 4757-3 /14/. Darin werden Testverfahren beschrieben, mit denen die Beständigkeit bei Stillstandstemperatur, die Beständigkeit bei Temperaturschocks (plötzliche Abkühlung eines Kollektors z. B. durch Regen), die Regendichtigkeit und Belüftung, die mechanische Belastbarkeit sowie das Alterungsverhalten geprüft werden. Derartige Prüfungen sind hilfreich, um herstellerseitig eine hohe Qualität und eine lange Lebensdauer der Produkte sicherstellen zu können, sie sind allerdings derzeit noch nicht verbindlich.

In Deutschland fallen Sonnenkollektoren seit 1999 nicht mehr unter die Dampfkesselverordnung, was langwierige und teure Genehmigungsverfahren insbesondere für große Anlagen erspart. Die Bauartzulassung beinhaltet den Leistungstest nach DIN 4757-4, einen zusätzlichen Stillstandstest sowie im Herstellerwerk eine Druck-, Berst- und Lötprüfung. Leider sind die Bestimmungen in den europäischen Ländern unterschiedlich. Es bleibt zu hoffen, daß im Rahmen der Europäisierung von Normen auch in diesem Bereich europaweite, einheitliche Verfahren erarbeitet und festgelegt werden, die letztlich dem Verbraucher die Sicherheit geben, ein leistungsfähiges und dauerhaftes Produkt zu erwerben.

Ungeachtet der noch anzustrebenden Harmonisierung belegen neuere Untersuchungen eindrucksvoll eine Mindestlebensdauer für Sonnenkollektoren von 20 Jahren /20/, ein Wert, der seit jeher in Langzeit-Kostenvergleiche und Wirtschaftlichkeitsanalysen eingesetzt wird. Aufgrund der in den letzten Jahren erfolgten technischen Verbesserungen kann mit einiger Sicherheit angenommen werde, daß die Lebensdauer heutiger Sonnenkollektoren weit größer als 20 Jahre ist.

Energetische Amortisation

Nachdem zu den Energieerträgen von Sonnenkollektoren bereits Aussagen gemacht wurden, erscheint es angebracht, auch einen Blick auf den Energieaufwand zu richten, der mit der Herstellung von Kollektoren verbunden ist. Die Gegenüberstellung des (einmaligen) Energieaufwandes für die

Tabelle 2.9:
Primärenergieaufwand zur Herstellung von Kollektoren incl. Befestigung.

- Kollektor 1: Flachkollektor, Alu-Rahmen, Cu-Fahnenabsorber, ca. 6 m^2 /36/
- Kollektor 2: Flachkollektor, GFK-Gehäuse, Cu-Fahnenabsorber, ca. 6 m^2 /36/
- Kollektor 3: Flachkollektor, Edelstahlgehäuse, Cu-Plattenabsorber, ca. 6 m^2 /37/
- Kollektor 4: Vakuumröhrenkollektor, Wärmerohr, ca. 5 m^2 /36/

GFK: Glasfaserverstärkter Kunststoff;
PU: Polyurethan;
EPDM: Ethyl-Propylen-Dien-Monomer;
PA: Polyamid

Herstellung einerseits und des jährlichen Wärmeertrages andererseits führt zum Begriff der „energetischen Amortisation“. Strenggenommen ist die hier verwendete Definition nicht ganz korrekt, denn es fehlen noch der Energieaufwand für Betrieb und Beseitigung der Anlage. Darüber hinaus ist der jährliche Ertrag nicht über die gesamte Nutzungsdauer konstant. In Tabelle 2.9 sind für 4 verschiedene Sonnenkollektoren der Materialeinsatz und der damit verbundene Herstellungsenergieaufwand zusammengestellt. Die Angaben über die spezifischen Energieinhalte der verschiedenen Materialien wurden /36/ entnommen. In dieser Veröffentlichung wurden über die energetische Amortisation hinaus auch die bei der Produktion entstehenden Umweltbelastungen auf Wasser und Luft ermittelt, und das nicht nur für die Kollektoren selbst, sondern für ganze Anlagen. Diese Betrachtung wird im Zusammenhang mit der Analyse kompletter Systeme und deren Vergleich mit konventionellen Systemen nochmals aufgegriffen (vgl. Kap. 5).

Der Herstellungs-Energieaufwand für Flachkollektoren beträgt etwa 200 bis 330 kWh/m^2. Da sie einen Energieertrag zwischen 250 und 530 kWh/m^2a liefern, liegt die energetische Rücklaufzeit somit zwischen 4 Monaten und 1,3 Jahren (= 1 Jahr und 4 Monate); für Vakuumröhren-Kollektoren, deren Energieertrag zwischen 400 und 890 kWh/m^2a schwankt, beträgt sie sogar nur 2 bis 5 Monate.
Beim *Erntefaktor* wird die Energierücklaufzeit einer Anlage auf deren Nutzungsdauer bezogen. Er gibt an, wieviel Mal innerhalb der Lebensdauer die Energiemenge erzeugt wird, die zur Herstellung benötigt wurde. Nimmt man 20 Jahre als Mindest-Nutzungsdauer an, so ergeben sich Erntefaktoren für Sonnenkollektoren von 15 bis 120.
Tabelle 2.9 zeigt relativ große Unterschiede für den Herstellungsenergieaufwand von Flachkollektoren. Der Grund dafür ist in den eingesetzten Materialien zu finden. So ist zum Beispiel Aluminium in der Herstellung sehr viel energieaufwendiger als Kunststoff oder Stahl oder gar Holz. Gleiches gilt für die

Primärenergieaufwand zur Herstellung von Kollektoren

		Kollektor 1		**Kollektor 2**		**Kollektor 3**		**Kollektor 4**	
Material	spez. Energieaufwand kWh/kg	Materialmenge kg/m^2	Energieaufwand kWh/m^2	Materialmenge kg/m^2	Energieaufwand kWh/m^2	Materialmenge kg/m^2	Energieaufwand kWh/m^2	Materialmenge kg/m^2	Energieaufwand kWh/m^2
Glas	4,1	8,1	33,2	7,3	29,9	8,5	34,9	13,2	54,1
Alu	41,3	3,4	140,4	0,4	16,5	-	-	-	-
GFK	29,8	-	-	4	119,2	-	-	-	-
Stahl	7	1,2	8,4	1,2	8,4	2,6	18,2	9,1	63,7
Edelstahl	15,2	-	-	-	-	2,8	42,6	-	-
Kupfer	12,5	4,2	52,5	4,6	57,5	5,1	63,8	1,1	13,8
PU	29,1	2,6	75,7	1,3	37,8	-	-	-	-
EPDM	26,2	0,5	13,1	0,3	7,9	-	-	0,4	10,5
Mineralfaser	3,4	1,4	4,8	-	-	8,8	29,9	-	-
Gummi	18,8	-	-	-	-	0,3	5,6	-	-
PA	47,2	-	-	-	-	-	-	0,3	14,2
Summe		**21,4**	**328,1**	**19,1**	**277,2**	**28,1**	**195**	**24,1**	**156,3**

Absorberbeschichtungen: Die neueren CVD-Schichten sind deutlich weniger energieintensiv zu produzieren als herkömmliche galvanische Beschichtungen (vgl. 2.3.1). Immer mehr Hersteller legen bei ihrer Produktion ein Augenmerk nicht nur auf diesen Aspekt, sondern auch auf die Verwendung möglichst umweltfreundlicher Materialien; beispielsweise werden möglichst FCKW-freie Materialien, keine Verbundwerkstoffe usw. eingesetzt. Seit 1992 gibt es den „Blauen Engel" für Sonnenkollektoren, dessen Anforderungen seit Anfang 1998 noch verschärft sind /38/. Sie enthalten Festlegungen über die Umweltverträglichkeit der eingesetzten Materialien und ihre Recyclierbarkeit bzw. die Verpflichtung der Firmen, ihre Produkte zurückzunehmen und zu recyclieren, ebenso Anforderungen an die Qualität nach DIN 4757-3 sowie an die Mindestwerte des jährlichen Kollektorertrags. Dieser ist mit 525 kWh/m^2a bei einer Deckungsrate von 40% für die Brauchwasserbereitung sehr hoch. Es handelt sich dabei um einen gerechneten Ertrag unter idealisierten Bedingungen, der in der Praxis kaum erreicht wird. Er kann daher lediglich als Vergleich zweier Kollektoren unter gleichen Bedingungen dienen.

2.53
SKS 2.0 Sonnenkollektoren werden auf der vollautomatischen Produktionsstraße von Buderus gefertigt. Der Rahmen besteht aus Glasfiber-Recycling-Kunststoff und trägt zur positiven Ökobilanz des Systems bei: Die zur Herstellung des Kollektors erforderliche Energie ist bereits nach 150 Tagen Solarenergienutzung wieder erwirtschaftet.
Bild: Buderus, Wettringen

2.54 (rechts)
Auf dieser Ultraschall-Schweißanlage können Vollflächenabsorber bis zu 5 Metern Länge produziert werden.
Quelle: Fa. GreenOneTec, Österreich

2.6 Neue Entwicklungen

Auch wenn Sonnenkollektoren heute in sehr guter Qualität gefertigt werden können, ist die technische Entwicklung auf diesem Gebiet längst nicht abgeschlossen. Auf der Wunschliste ganz oben stehen einfachere, rationellere und damit preisgünstigere Fertigungstechniken im großindustriellen Maßstab. Solche höchst automatisierten Produktionslinien lohnen erst ab Verkaufszahlen von 100.000 m^2 und mehr pro Jahr. Die Kollektorindustrie ist gerade dabei, diese Schwelle zu überschreiten.
Gemeinsam mit der Industrie arbeiten Forschungsinstitute an der Erhöhung des Kollektorwirkungsgrades durch verbesserte selektive Absorberbeschichtungen mit hoher Langzeitstabilität ebenso wie an transparenten Abdeckungen mit noch besserer Lichtdurchlässigkeit. Dabei ist durch die Einführung der gesputterten selektiven Schichten bereits ein großer Sprung nach vorne erfolgt. Diese Schichten werden weiter optimiert, insbesondere der Produktionsprozeß, und werden bei Bestätigung der erwarteten Langzeitstabilität die galvanischen Schichten möglicherweise dauerhaft vom Markt verdrängen.
Die Tendenz weist eindeutig in Richtung großflächige Module bis hin zu ganzen Kollektordächern, die sehr einfach und rationell vor Ort installiert werden können. Darüber hinaus werden verstärkt umweltfreundliche Materialien eingesetzt; und auch bei Transport, Verpackung usw. wird noch mehr als bisher auf eine günstige Ökobilanz Wert gelegt werden.
In den kommenden Jahren sind sicherlich keine Quantensprünge zu erwarten. Trotzdem werden Sonnenkollektoranlagen – wie bereits zu Beginn der 90er Jahre zu beobachten – sicherlich noch preiswerter und leistungsfähiger werden.

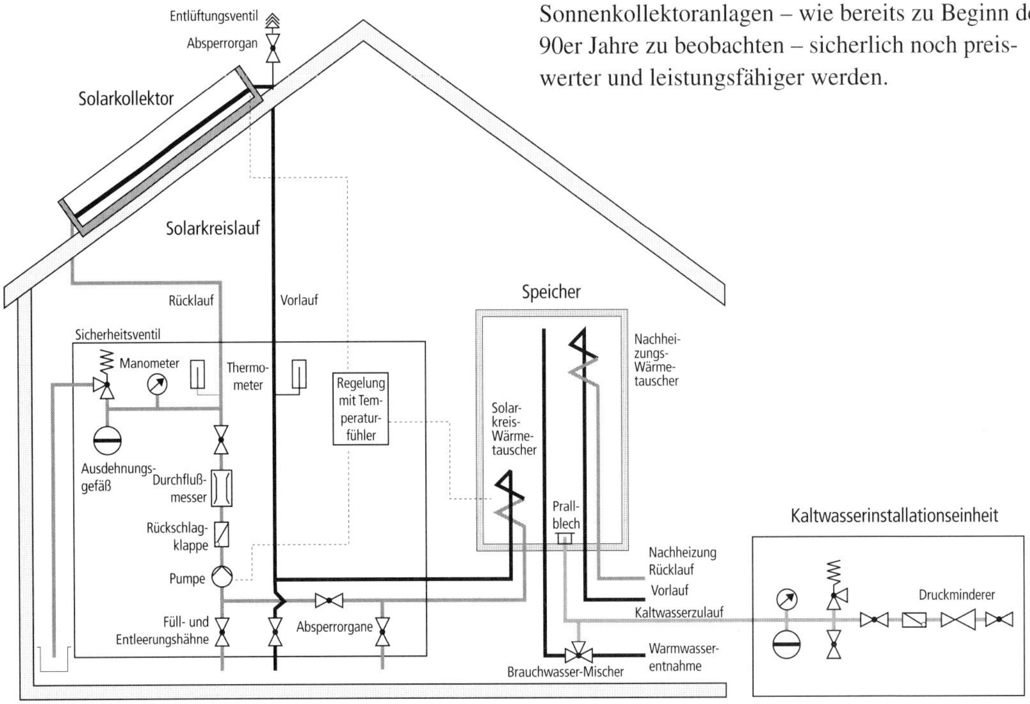

3.1
Standardsolaranlage mit allen im Solarkreislauf zu installierenden Bauteilen.

3 Bestandteile von Solaranlagen

Zwischen Dach und Keller

Ein guter Sonnenkollektor allein macht noch keine gute Solaranlage. Es sind eine Reihe von weiteren Bauteilen und Komponenten notwendig, die zum überwiegenden Teil aus der konventionellen Heizungstechnik bekannt sind und vernünftig aufeinander abgestimmt sein müssen. Sie wurden bereits in Kapitel 1.3 und 1.4 kurz angesprochen und sollen in diesem Kapitel ausführlich behandelt werden. Alle notwendigen Bestandteile einer „Standard-Solaranlage" sind in Abb. 3.1 noch einmal dargestellt.

3.1 Wärmespeicher

Das Angebot an Solarenergie stimmt in der Regel nicht mit dem Bedarf überein, so daß dem Wärmespeicher (im folgenden auch kurz Speicher genannt) die überaus wichtige Aufgabe zukommt, Überangebote vom Kollektor aufzunehmen und für strahlungsarme Perioden zu speichern. Ideal wäre ein Speicher, der sämtliche Wärme vom Kollektor aufnimmt, diese über beliebig lange Zeiträume speichert – und zwar ohne Wärmeverluste – und der außerdem noch sehr klein ist und wenig kostet. Die Verfügbarkeit eines solchen Speichers würde einer Revolution nicht nur in der Solartechnik, sondern in der gesamten Energietechnik gleichkommen. Auch wenn wir uns hier im Reich der Illusionen bewegen, macht der Blick auf das Ideal die immense Bedeutung des Speichers deutlich. In der Praxis geht es darum, die vier Aspekte Wärmeaufnahmevermögen (Speicherkapazität), Wärmeverluste, Größe und Preis möglichst optimal „unter einen Hut zu bringen".

3.1.1 Grundlagen von Warmwasserspeichern

Speicherkapazität

Die Speicherkapazität ist in erster Linie eine Frage des Speichermediums und der Art der Speicherung. Abb. 3.2 verdeutlicht die Zusammenhänge. Es wird grob zwischen chemischen und thermischen Speichern unterschieden. Chemische Speicher sind jedem von uns aus dem täglichen Leben in Form von Öl, Gas oder Benzin geläufig. In diesen Brennstoffen ist die Energie als chemische Bindungsenergie

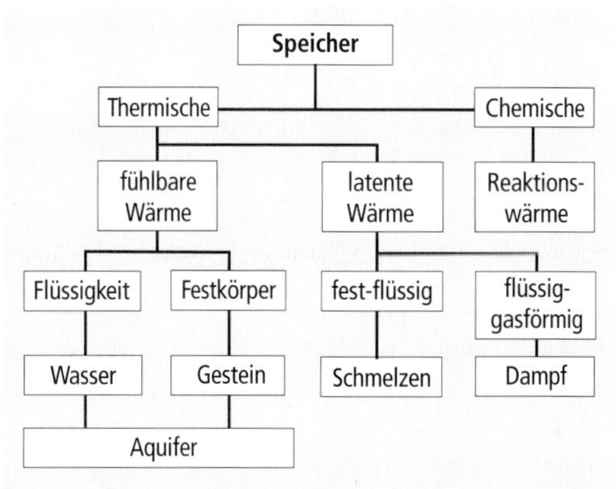

3.2
Einteilung der Wärmespeicher /45/.

enthalten und wird durch Verbrennen freigesetzt. Ein Liter Benzin zum Beispiel enthält eine Energie von etwa 10 kWh. Leider ist es bisher noch nicht gelungen, den Prozeß der chemischen Energiefreisetzung durch Techniken mit akzeptablen Randbedingungen und Wirkungsgraden umzukehren. Daher sind zur Speicherung von Wärme nur thermische Speicher in Gebrauch. Diese werden noch unterteilt in Speicher für latente (s. separate Erläuterung) und fühlbare Wärme. Fühlbare oder sensible Wärme bedeutet: Bei Wärmezufuhr wird die Temperatur des Speichermediums erhöht, bei Entnahme sinkt sie. Die Zusammenhänge werden durch eine einfache physikalische Gleichung beschrieben, die bereits aus Kapitel 2.2 bekannt ist.

$$Q_{Sp} = m \cdot c \cdot (\vartheta_2 - \vartheta_1)$$

Die gespeicherte bzw. entnommene Wärmemenge Q_{Sp} hängt ab von der Masse m und der spezifischen Wärmekapazität c des Wärmespeichermediums sowie von der Temperaturerhöhung (bzw. bei Entnahme der Temperaturverringerung) von ϑ_1 auf ϑ_2. Die spezifische Wärmekapazität gibt an, welche Wärme benötigt wird, um die Temperatur von 1 kg eines Stoffes um 1°C zu erhöhen. In Tabelle 3.1 werden Kennwerte für einige Stoffe, die als Speichermedium in Frage kommen, angegeben. Einfaches Wasser hat die mit Abstand größte spezifische Wärme. Da es außerdem ungiftig, überall verfügbar und (noch) billig ist sowie für viele Anwendungen unmittelbar benutzt werden kann, ist Wasser das Speichermedium schlechthin und wird in der Solartechnik nahezu ausnahmslos genutzt. Für die praktische Anwendung hat Wasser zudem noch den Vorteil, daß Handwerker große Erfahrungen im Umgang mit Wasserinstallationen haben und auch für den Selbstbauer alle notwendigen Komponenten leicht verfügbar sind.

Ein kleines Rechenbeispiel soll die Kapazität von Wasserspeichern deutlich machen. Nimmt man einen 300 Liter Speicher und erwärmt das Wasser um 60°C (von 10°C Kaltwassertemperatur auf 70°C Speichertemperatur), so wird dafür eine Wärmeenergie von

$$Q_{Sp} = 300 \cdot 1{,}16 \cdot 60 = 20.880 \text{ Wh}$$

also etwa 20 kWh benötigt; anders ausgedrückt: Der Speicher enthält eine Energiemenge von ca. 20 kWh.

Die maximale Kapazität dieses Speichers wird von den möglichen Betriebstemperaturen, die realistischerweise zwischen 10°C und maximal 100°C ($\Delta\vartheta = 90$°C) liegen, begrenzt. So ergibt sich für

Tabelle 3.1: Spezifische und volumetrische Wärmekapazität von Wärmespeichermaterialien bei 20°C /46/.

Wärmekapazität von Wärmespeichermaterialien bei 20°C.

Medium	Temperaturbereich °C	spezifische Wärmekapazität Wh/kg K	volumetrische Wärmekapazität Wh/m^3 K	Dichte kg/m^3
Wasser	0 - 100	1,16	1160	998
Luft	-273 - > 1000	0,28	0,31	1,1
Öl	0 - 400	0,44 - 0,5	350 - 450	800 - 900
Kies, Sand	0 - 800	0,2	360 - 390	1800 - 2000
Granit	0 - 800	0,21	570	2750
Beton	0 - 500	0,24	460 - 560	1900 - 2300
Ziegelstein	0 - 1000	0,23	330 - 440	1400 - 1900
Eisen	0 - 800	0,13	1000	7860
Kies-Wasser-Schüttung (37% Wasser)	0 - 100	0,37	810	2200
Salzschmelze (53 KNO_3 +4 $NaNO_2$ + 7 $NaNO_3$)	150 - 450	0,36	480 - 550	2561 - 2243

Richtwerte für die Auslegung solarer Wärmespeicher

	Energiebedarf kWh/d	Speichermedium	Speicherdauer Tage	Temperaturniveau der Nutzung
Brauchwassererwärmung	2 - 3 kWh/d pro Person	Trinkwasser	2 - 3	45 - 60°C
Raumheizung Niedertemperatur	0,5 - 1 kWh/d pro m² Wohnfläche	Wasser, Stein	2 - 20	30 - 60°C
Raumheizung Solarhaus	0,2 - 0,4 kWh/d pro m² Wohnfläche	Wasser, Stein	60 - 120	25 - 40°C

Tabelle 3.2: Richtwerte für die Auslegung solarer Wärmespeicher.

den 300 kg Wasserspeicher ein maximaler Energieinhalt von etwa 30 kWh. Zum Vergleich: Das entspricht dem Energiegehalt von ungefähr 3 l Benzin oder Öl oder 3 m^3 Gas.

Speichergröße

Als nächstes geht es um die Fragen:

- Wieviel Wärme muß gespeichert werden? und
- Wie groß muß der Speicher dafür sein?

Die Speicherkapazität bzw. das erforderliche Speichervolumen richtet sich nach dem täglichen Warmwasserverbrauch bzw. –bedarf, wobei auch Besonderheiten in der Verbrauchsstruktur (z.B. morgendliche und abendliche Verbrauchsspitzen in Übernachtungsbetrieben) eine Rolle spielen können. In Tabelle 3.2 sind Richtwerte für den notwendigen Energiebedarf bei verschiedenen Anwendungsfällen angegeben. Eine 4-köpfige Familie beispielsweise benötigt für den Warmwasserbedarf eine Energiemenge von etwa 10 kWh pro Tag.
Das Volumen des Speichers ist damit hauptsächlich von der Art des Speichermediums abhängig. Für die Bemessung ist nun nicht die spezifische Wärmekapazität bezogen auf die Masse von Bedeutung (von der eben die Rede war), sondern die volumetrische Wärmekapazität, also die volumenbezogene Speicherkapazität eines Stoffes. Auch dabei ist Wasser als Speichermedium „Spitzenreiter“, wie Tabelle 3.1 zeigt, allerdings nicht so deutlich wie bei der spezifischen Wärmekapazität.

Unser Beispielspeicher mit 300 kg Masse hat ein Volumen von 300 l (ein Zylinder von etwa 50 cm Durchmesser und 1,50 m Höhe) und eine maximale Speicherkapazität von 30 kWh (95/10°C). Damit kann der Warmwasserbedarf der 4-köpfigen Familie theoretisch für drei Tage gespeichert werden – wären da nicht die Wärmeverluste des Speichers!
Übliche Größen für Solarspeicher liegen in der Haustechnik zwischen 150 bis 1000 l Volumen. Als Faustregel gilt, daß etwa der 1,5 bis 2 fache Tagesbedarf an Warmwasser bevorratet werden sollte. Damit sind Solarspeicher erheblich größer als die Warmwasserspeicher in konventionellen Heizungsanlagen, die gerade mal den 1-fachen Tagesbedarf oder weniger beinhalten. Bei Letzteren ist das geringe Volumen ausreichend, weil jederzeit genügend Leistung und Brennstoff zur Nachheizung zur Verfügung steht. Auch die Wärmeverluste spielen dort nur eine untergeordnete Rolle bzw. werden in der Regel überhaupt nicht wahrgenommen.

Wärmeverluste

Wärmeverluste sind eine ungewollte Begleiterscheinung beim Umgang mit fühlbarer Wärme. Sie treten auf, sobald das Speichermedium eine höhere Temperatur hat als die Umgebung, und sind um so größer, je höher diese Temperaturdifferenz ist.

Latentwärmespeicher

Seit langem ist bekannt, daß bei der Änderung des Aggregatzustandes (z.B. beim Übergang von fest nach flüssig oder von flüssig nach gasförmig) relativ große Wärmemengen benötigt (gespeichert) bzw. freigesetzt werden. Für den Übergang von Eis nach Wasser bei 0°C wird z.B. ebensoviel Energie benötigt wie beim Aufheizen des Wassers um 80°C. Diese Wärmeenergie wird „latente“ Wärme genannt, da sie nicht fühlbar ist, d.h. zu keiner Temperaturveränderung führt. Leider läßt sich die Wärmeenergie, die beim Gefrieren des Wassers bei 0°C entsteht, wegen der niedrigen Temperatur nicht unmittelbar für die Hausheizung oder Warmwasserbereitung nutzen.
Nun wurden Materialien entdeckt und untersucht, bei denen die Änderung des Aggregatzustandes bei höheren, besser nutzbaren Temperaturen erfolgt, z.B. Paraffin bei 20 bis 90°C sowie diverse Salzhydrate bei Temperaturen zwischen 25 und 70°C. Ein Vorteil solcher Latentwärmespeicher ist die im Vergleich zu Wasser deutlich höhere Speicherkapazität sowie die Tatsache, daß sich das Temperaturniveau beim Be- und Entladen (durch Zustandsänderung) nur geringfügig ändert.
Leider ist der Umgang mit diesen Stoffen in der Praxis nicht unproblematisch. Manche Stoffe verändern bei häufigem Be- und Entladen ihre Eigenschaften und verlieren Speicherkapazität, bei anderen bereitet das am Wärmetauscher erstarrende Material Probleme. Obwohl seit Jahren an der Entwicklung von Latentwärmespeichern gearbeitet wird, ist bis heute kein serienreifes, zuverlässig arbeitendes Produkt am Markt verfügbar, das für die Brauchwasserbereitung oder Heizung geeignet wäre.

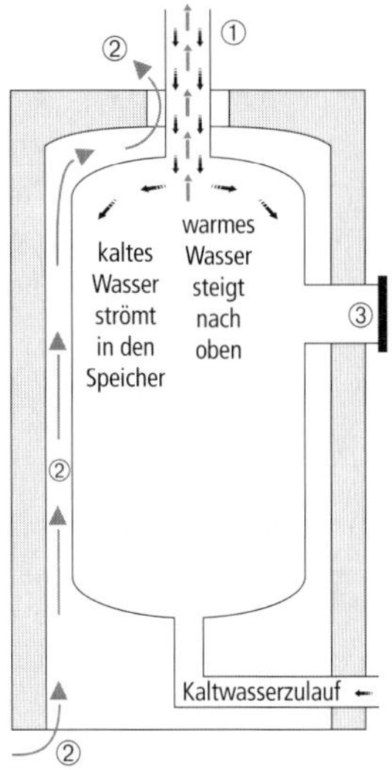

3.3
Speicherauskühlung durch konstruktive Mängel. In heutigen Solarspeichern sind diese Mängel weitestgehend behoben. Die Weiterentwicklungen durch die Solartechnik haben mittlerweile z.T. auch Rückwirkungen auf Speicher in konventionellen Anlagen.

1 Erfolgt die Warmwasserentnahme über ein direkt nach oben führendes Rohr, kann im Rohr eine Schwerkraftzirkulation entstehen, durch die Wärme aus dem Speicher abgezogen wird.

2 Durch einen Luftstrom zwischen Isolierung und Speicher wegen nicht dicht anliegender Isolierung kann der Speicher auskühlen.

3 Offene, nicht vollständig isolierte Flansche sind recht häufig anzutreffen. Ihre Wärmeabgabe an die Umgebung wird oft unterschätzt.

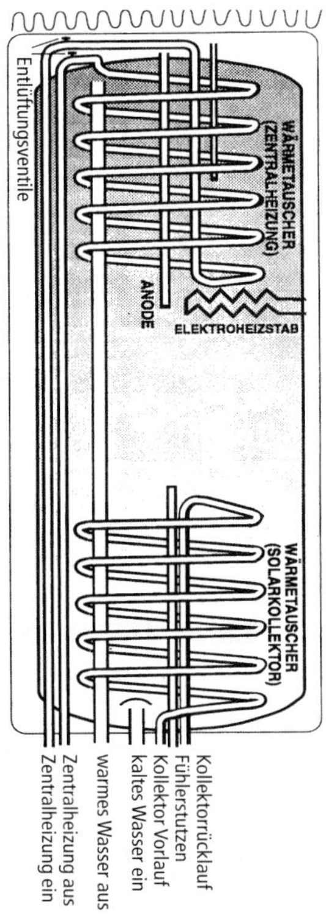

3.4
„Klassischer“ Solarspeicher. Alle Anschlüsse sind nach unten herausgeführt, keine seitlichen Anschlüsse oder Flansche, geschlossene, eng anliegende Wärmedämmung.
Trinkwasser-Druckspeicher als emaillierter Stahlspeicher mit festeingebauten Glattrohrwärmetauschern für Solarkreis (unten) und Nachheizung (oben), indirekte Be- und direkte Entladung, Fa. Ar-Con, Dänemark /40/.

Zur Reduzierung der Wärmeverluste muß die gesamte Oberfläche des Speichers lückenlos und wärmebrückenfrei gedämmt werden. Dämmstärken von mindestens 10 cm, besser jedoch mehr (bei saisonalen Speichern sogar 50 cm und mehr), sind unbedingt sinnvoll, wobei hochwertiger Dämmstoff mit einer Wärmeleitfähigkeit von 0,040 W/mK oder weniger zum Einsatz kommt, z.B. Kokosfaser- bzw. Mineralfaserdämmstoff oder PU-Weichschaum (FCKW-frei!).
Das Dämmaterial sollte satt an der Speicherwand anliegen und keine Fugen aufweisen, um Verluste durch Konvektion zu vermeiden. Alle Leitungen, insbesondere die Warmwasser-Entnahme, sind zur Vermeidung von Wärmebrücken sowie von konvektiven Verlusten über Schwerkraftzirkulation möglichst nach unten, auf jeden Fall aber mit Gefälle aus dem Speicher herauszuführen und ebenfalls gut zu dämmen.
So banal diese Hinweise erscheinen mögen, so schwierig ist oft die praktische Umsetzung, denn immer wieder sind Mängel zu beobachten. Besonders ungünstig ist ein nach oben abgehender Anschluß für die Warmwasserentnahme, da in diesem Fall in der Leitung abkühlendes Wasser per Schwerkraft in den Speicher zurückströmt (Abb. 3.3). Dieser in älteren Anlagen häufig anzutreffende Konstruktionsfehler kommt bei Solarspeichern neuer Bauart kaum noch vor. Heute ist die Warmwasserentnahme-Leitung bei nahezu allen Solarspeichern nach unten oder seitlich (mit Gefälle nach unten) aus dem Speicher herausgeführt (Abb. 3.4). Auch das Problem mit nicht eng anliegender Wärmedämmung ist im Grunde gelöst, wenn vorkonfektionierte und damit genau passende Wärmedämmhüllen verwendet werden. Allerdings sind seitlich aus dem Speicher herausragende nicht unter der Dämmung liegende Flansche und Anschlüsse durchaus noch gängige Praxis. Je nach Anzahl und Größe (Oberfläche) dieser Wärmebrücken können sich die Speicherverluste leicht auf das Doppelte erhöhen!
Selbst wenn alle Hinweise und Regeln sorgfältig be-

folgt werden, läßt sich nicht vermeiden, daß ein Teil der gespeicherten Wärme über die Oberfläche verloren geht, so daß der Speicher auch ohne Wärmeentnahme nach einer bestimmten Zeit mehr oder weniger entladen ist. Diese Verluste sind proportional zur Oberfläche (Größe und Form) der Speichers sowie dem Temperaturunterschied zwischen Speicher und Umgebung und werden durch die einfache Beziehung:

$$W_{VSp} = k_{Sp} \cdot A_{Sp} \cdot (\vartheta_{Sp} - \vartheta_L)$$

beschrieben. Dabei ist k_{Sp} der Wärmeverlustkoeffizient des Speichers, analog zum k-Wert des Kollektors (s. Kap. 2.2). Üblicherweise wird für Speicher der k·A-Wert in W/K angegeben; er quantifiziert den Wärmestrom, den der Speicher pro °C Temperaturunterschied an seine Umgebung abgibt.

Übliche Solarspeicher mit 250 bis 500 l Inhalt erreichen k·A-Werte zwischen 1,5 und 3,5 W/K.

Für den 300 l-Speicher in unserem Beispiel sei k·A = 2 W/K angenommen, die mittlere Speichertemperatur betrage 50°C und die Umgebungstemperatur (im Keller) 15°C: der Temperaturunterschied beträgt also 35°C. Damit ergibt sich ein Wärmeverluststrom von 2 W/K · 35 K = 70 W, vergleichbar mit einer 70 W-Glühbirne. Im Unterschied zur Glühbirne (und zum Sonnenkollektor) ist der Wärmespeicher sozusagen immer „angeschaltet", d.h. der Speicher verliert jeden Tag 70 W · 24 Stunden = 1.680 Wh. Über die 365 Tage eines Jahres ergibt sich ein Wärmeverlust von über 600 kWh. Bei konventionellen Heizungsanlagen werden diese Verluste durch Brennstoffeinsatz ausgeglichen und dadurch kaum wahrgenommen; bei einer Solaranlage müssen im Beispiel allein etwa 1,5 m² Kollektorfläche installiert werden, um die Speicherwärmeverluste zu kompensieren.

Da in ungünstigen Fällen die Speicherverluste durch schlecht gedämmte Flansche und Anschlüsse auch doppelt so hoch wie oben angenommen ausfallen können, wird die Bedeutung eines optimal konstruierten und wärmegedämmten Speichers – gerade für Solaranlagen – deutlich.

Die Zeitspanne, die verstreicht, bis der Energieinhalt des Speichers ohne Entnahme auf 37% des ursprünglichen Inhaltes abgesunken ist, wird als Zeitkonstante des Speichers bezeichnet. Diese Zeitkonstante ist bei gegebener Wärmedämmung und gleichem Speichermedium im wesentlichen abhängig vom Volumen-Oberflächen-Verhältnis des Speicherbehälters (vgl. Tab. 3.3).

Unser Beispielspeicher hat, wie wir oben gesehen haben, eine maximale Speicherkapazität von 30 kWh. Bei einer für seine Größe typischen Speicherzeitkonstanten von etwa 10 Tagen enthält er nach 3 Tagen noch 74% entsprechend 22 kWh, also etwa den 2fachen Tagesbedarf einer 4-köpfigen Familie (der in Tabelle 3.3 und Abb. 3.5 zugrunde gelegte k·A-Wert von 1,3 W/K ist besser als der oben angenommene). Nach Tabelle 3.2 ist der 300 l-Speicher für die Brauchwassererwärmung einer 4-köpfigen Familie ausreichend groß dimensioniert.

Tabelle 3.3: Zusammenhang zwischen Speichergröße und Speicherzeitkonstante /47/.

Zusammenhang zwischen Speichergröße und Speicherzeitkonstante

Speicher	Volumen m³	Oberfläche m²	V / O m	Speicher-zeitkonstante
250 l zylindr. Stahltank, 0,5 m ø, 1,3 m hoch	0,25	2,4	0,104	241 h ≈ 10 d
500 l zylindr. Stahltank 0,6 m ø, 1,6 m hoch	0,50	4,4	0,113	262 h ≈ 11 d
1000 l zyl. Stahltank 0,8 m ø, 2 m hoch	1,00	6,1	0,164	380 h ≈ 16 d
5 m³ kubischer Stahltank 1,7 x 1,7 x 1,7 m	5,0	17,6	0,284	659 h ≈ 27 d
20 m³ kubischer Tank 2 x 2,5 x 4 m	20	46	0,435	1009 h ≈ 42 d
1000 m³ zylindrischer Tank 11 m ø, 10 m hoch	1.000	554	1,8	4176 h ≈ 174 d

Die Speicherzeitkonstante ist diejenige Zeit, in der der Energieinhalt des Speichers ohne Wärmeentnahme auf 37% seines ursprünglichen Wertes gefallen ist. Die genannten Werte ergeben sich aus einer theoretischen Betrachtung, die Praxiswerte liegen in der Regel ungünstiger.

Speicherzeitkonstante = Volumen · spez. Wärme / Oberfläche · k-Wert
spez. Wärme (Wasser) = 1,16 kWh/m³ K, k (Isolation) = 0,5 W/m² K

3.5
Auskühlung eines hydraulisch abgekoppelten Wasserspeichers. Der relative Wärmeinhalt ist als Funktion der Verweilzeit dargestellt, wobei die Zeitkonstante als Zeiteinheit gewählt wurde /47/.

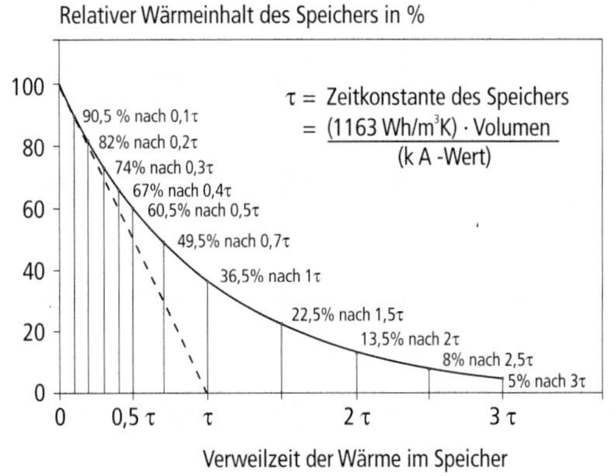

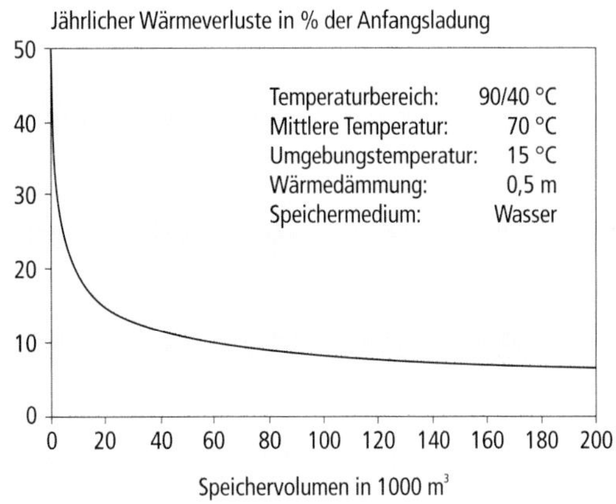

3.6
Anteil der Wärmeverluste an der gespeicherten Wärmemenge über ein Jahr als Funktion des Speichervolumens /45/.

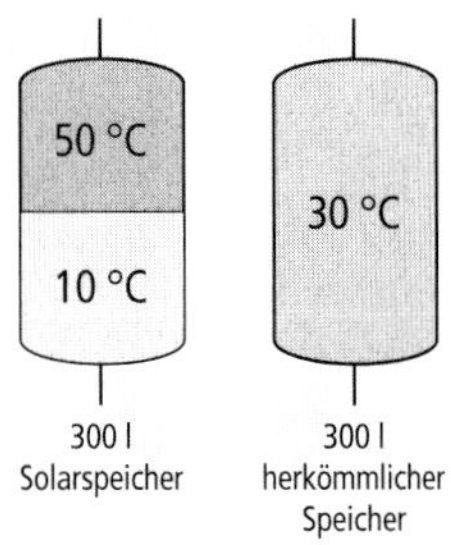

3.7
Bedeutung der Temperaturschichtung im Speicher /9/. Bei gleichem Wärmeinhalt ist der linke Speicher für den Verbraucher von größerem Nutzen.

Da große Behälter ein günstigeres Volumen-Oberflächen-Verhältnis aufweisen als kleine, sind längere Speicherzeiten grundsätzlich eine Domäne großer Speicher (Abb. 3.6).

Wärmeschichtung

Von einer solaren Brauchwasseranlage wünscht der Benutzer in der Regel warmes bzw. heißes Wasser mit Temperaturen zwischen 45 und 55°C. Nun kann ein zur Hälfte geladener 300 l-Brauchwasserspeicher durchaus unterschiedliche Wärme-Qualitäten bieten: ein Speicher mit 150 l Wasser von 50°C und 150 l Wasser von 10°C hat den gleichen Energieinhalt wie ein Speicher mit 300 l Wasser von 30°C (Abb. 3.7). Im ersteren Fall wird der Nutzer zufrieden sein und die erwärmten 150 l nutzen, während er im anderen Fall mit Fremdenergie nachheizen muß und die niedrige Wassertemperatur unter Umständen einer schlechten Funktion der Solaranlage zuschreibt.
Der Unterschied bei diesem Beispiel liegt darin, daß im Solarspeicher eine Temperaturschichtung besteht. Kaltes Wasser ist spezifisch schwerer als warmes. Die Wärmeschichtung im Speicher stellt sich daher sozusagen von selbst ein. Außerdem besitzt Wasser eine relativ geringe Wärmeleitfähigkeit, durch die ein Wärmeaustausch zwischen Schichten unterschiedlicher Temperatur im Speicher erschwert wird. Eine Wärmeschichtung kann daher recht lange erhalten bleiben, solange keine Durchmischung stattfindet. Bei konventionellen Speichern ist der gesamte Speicherinhalt infolge ungünstiger Anordnung des Wärmezuflusses und der Wärmeentnahme sowie durch ungünstige Speicherform etc. in der Regel durchmischt. Bei Solarspeichern wird durch geschickte Speicherkonstruktionen eine ausgeprägte und recht beständige Wärmeschichtung erreicht, wie sie für den guten Ertrag einer Solaranlage unerläßlich ist.

Be- und Entladung

Entscheidenden Einfluß auf die Wärmeschichtung

im Speicher haben die Vorgänge beim Be- und Entladen. Be- und Entladung, also Wärmeeintrag und -entnahme, erfolgen bei Wasserspeichern entweder indirekt mittels Wärmetauscher bzw. -übertrager oder direkt, d.h durch einströmendes und abfließendes Wasser.

Speicher mit direkter Be- und Entladung
Den einfachsten Fall stellen *Speicher mit direkter Be- und Entladung* dar (Abb. 3.8). Die Wärme wird von oben als heißes Wasser in den Speicher eingebracht, kaltes Wasser wird unten entnommen und der Wärmequelle, zum Beispiel dem Solarkollektor zugeführt. Wie ein Kolben wird das heiße Wasser beim Beladen des Speichers von oben nach unten geschoben. Bei der Entladung erfolgt der Prozeß genau umgekehrt. Damit eine gute Schichtung erhalten bleibt, muß das einströmende kalte bzw. heiße Wasser durch konstruktive Maßnahmen wie z.B. Prallbleche in eine horizontale Richtung umgelenkt werden. Vorteilhaft ist, daß solche Systeme einfach und preiswert sind; dem Sonnenkollektor wird immer kaltes Wasser zugeführt und es gibt keine Wärmeverluste durch zwischengeschaltete Wärmeübertrager. Großer Nachteil der direkten Beladung ist jedoch, daß Solarkreis und Speicher nicht voneinander getrennt sind. Daher kann im Solarkreis kein Frostschutzmittel eingesetzt werden. Das System muß im Winter entleert werden bzw. ist nur für Klimazonen geeignet, in denen keine Frostgefahr besteht. Es findet daher in einfachen Thermosiphonanlagen im Mittelmeerraum gelegentlich Verwendung (s. Kap. 4), in Mitteleuropa ist es hingegen so gut wie gar nicht anzutreffen.

Speicher mit direkter Be- und indirekter Entladung
Das zuletzt gesagte trifft auch auf die in Abb. 3.9 dargestellten *Speicher mit direkter Be- und indirekter Entladung* zu. Hier erfolgt die Entnahme über einen Wärmeaustauscher im oberen, heißen Teil des Speichers. Durch Abkühlung bei der Entladung bildet sich eine im Speicher nach unten gerichtete Konvektionsströmung aus (kaltes Wasser „fällt“ nach unten), was zu einer Durchmischung des Speichers führt. Vorteile einer derartigen Anordnung sind:

- Der Speicher muß nicht für den relativ hohen Druck des Kaltwassernetzes (4 bis 6 bar) ausgelegt werden und

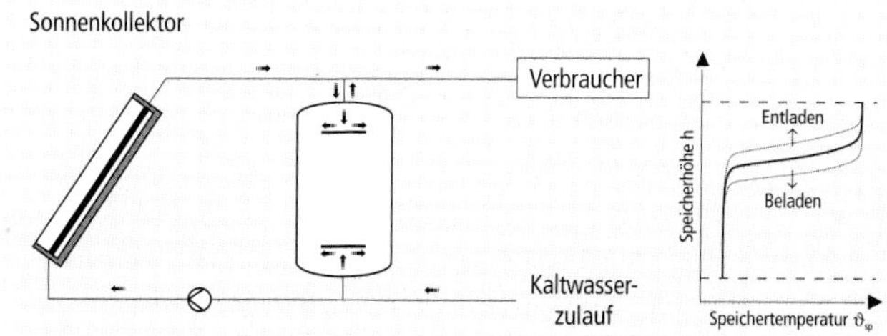

3.8: Warmwasserspeicher mit direkter Be- und Entladung /45/.

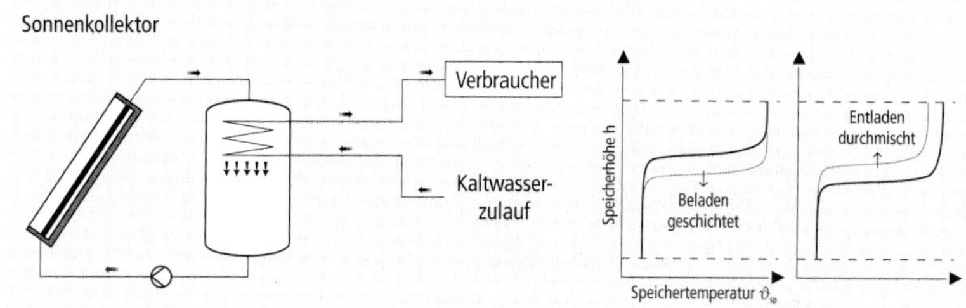

3.9: Warmwasserspeicher mit direkter Be- und indirekter Entladung.

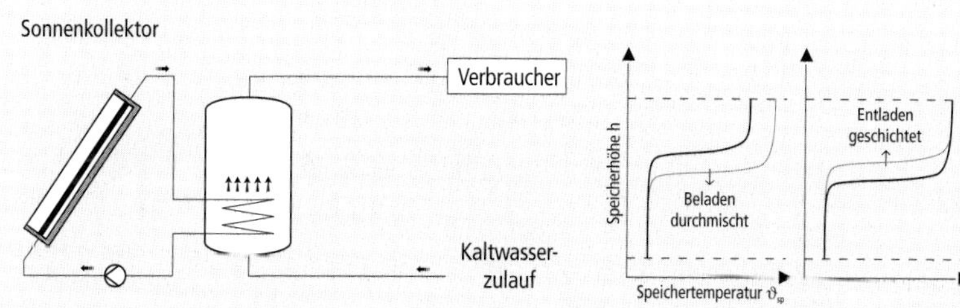

3.10: Warmwasserspeicher mit indirekter Be- und direkter Entladung.

- das eigentliche Speichervolumen für Trinkwasser ist auf die geringe Wassermenge im Entnahme-Wärmetauscher beschränkt, so daß wenig Probleme mit Keimbildung, insbesondere durch Legionellen (s. Kap. 3.6) auftreten.

Der Nachteil einer indirekten Entladung: An jedem Tauscher treten verlustbringende Temperaturdifferenzen auf. Während die maximal zu übertragende Leistung im Solarkreislauf vergleichsweise niedrig ist (ca. 700 W/m² Kollektorfläche), werden auf der Entnahmeseite vom Verbraucher hohe Spitzenleistungen gefordert. Um einen Durchfluß von 10 l/min (Badewannenfüllung in 15 min.) zu gewährleisten, muß der Wärmetauscher eine Leistung von rund 20 kW übertragen. Dafür sind nicht nur sehr effiziente Wärmetauscher (große Tauscherfläche) erforderlich, das den Wärmetauscher umgebende Speicherwasser muß auch mindestens 5 bis 10°C wärmer sein als die gewünschte Entnahmetemperatur.
Hauptsächlich wegen der bereits erwähnten Nachteile der direkten Beladung sind solche Speicher hierzulande wenig verbreitet.

Speicher mit indirekter Be- und direkter Entladung
Speicher mit indirekter Be- und direkter Entladung sind für die solare Brauchwassererwärmung in Mitteleuropa mit Abstand am gebräuchlichsten. Durch die Trennung vom Verbraucherkreis kann der Solarkreis mit einem Wasser-Frostschutzmittel-Gemisch betrieben werden, um einen ganzjährigen Betrieb auch bei Frostgefahr zu ermöglichen. Oberhalb des (internen) Wärmetauschers entsteht bei Wärmeeintrag im Speicher eine nach oben gerichtete Konvektionsströmung, die zu einer gewissen Durchmischung bei der Beladung führt (Abb. 3.10). Die Entladung dagegen erfolgt geschichtet. Ein Sonderfall stellt die in Abb. 3.11 gezeigte Anordnung dar. Der Speicher weist die vorteilhafte Charakteristik einer direkten Be- und Entladung auf, obschon Solar- und Speicherkreis über einen externen Wärmeübertrager voneinander getrennt sind. Es müssen allerdings die zusätzlichen Wärmeverluste des Wärmetauschers sowie ein erhöhter Aufwand für Verrohrung und eine zweite Pumpe in Kauf genommen werden. Speicher mit externem Wärmetauscher werden daher hauptsächlich in größeren Anlagen eingesetzt.

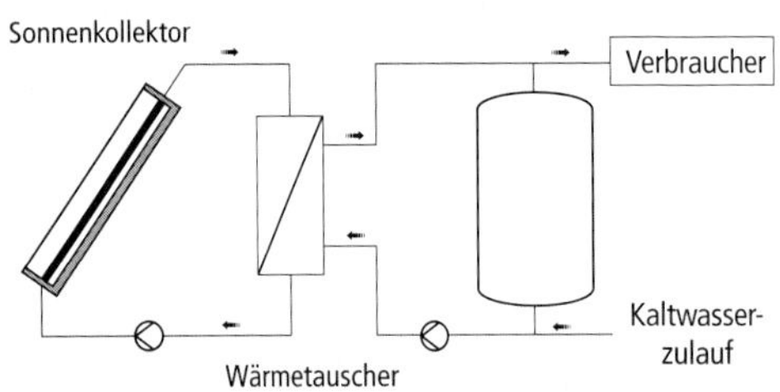

3.11
Warmwasserspeicher mit Beladung über externen Wärmetauscher.

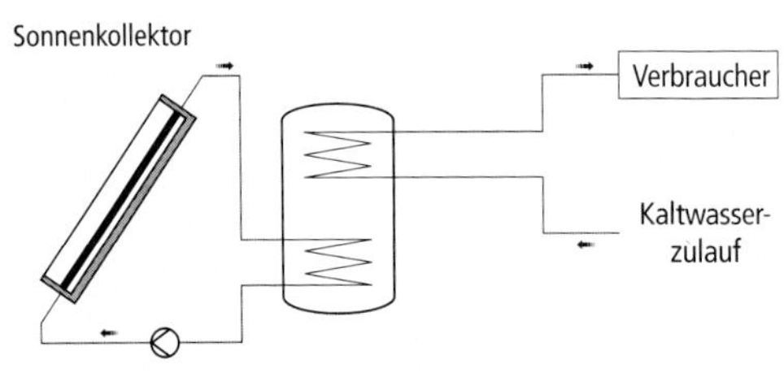

3.12
Warmwasserspeicher mit indirekter Be- und Entladung.

Speicher mit indirekter Be- und Entladung
Bei Speichern mit indirekter Be- und Entladung erfolgt sowohl der Wärmeeintrag als auch die Wärmeentnahme über einen Wärmetauscher, was zu den bereits genannten charakteristischen Eigenschaften beim Be- und Entladen führt. Das Speicherwasser ist sowohl vom Solarkreis als auch vom Verbraucherkreis vollkommen getrennt, so daß es problemlos für einen weiteren Kreislauf, z.B. den Heizungskreis, eingesetzt werden kann.
Diese Schaltung wird neuerdings bei Solaranlagen mit Heizungsunterstützung eingesetzt, seltener hingegen für die reine solare Brauchwassererwärmung.

Konstruktionsdetails

Neben der Art der Be- und Entladung wird eine gute Schichtung noch durch folgende Konstruktionsdetails beeinflußt:

- *Schlanke, aufrecht stehende Behälterformen* begünstigen den thermischen Auftrieb von warmem Wasser im Speicher. In konventionellen Heizungsanlagen werden die Wasserspeicher zwecks guter Durchmischung üblicherweise liegend montiert; bei der Sanierung alter Heizungsanlagen sollte daher – sofern die Nachrüstung einer Solaranlage nicht ganz ausgeschlossen ist – für die Warmwasserbereitung unbedingt ein etwas größerer und teurerer Standspeicher (mit Einbaumöglichkeit für einen Solar-Wärmetauscher) bzw. besser noch ein richtiger Solarspeicher eingebaut werden. Moderne Solarspeicher bieten weit mehr als umgebaute herkömmliche Speicher mit zusätzlichem Wärmetauscher.
- *Einströmen des kalten Wassers am Boden*: durch die Form des Ausflusses bzw. durch geschickt angeordnete Prallbleche (Abb. 3.1) werden stärkere Wasserumwälzungen im Speicher verhindert.
- *Entnahme des warmen Wassers oben:* ähnlich wie beim Einströmen können durch Strömungslenkung Verwirbelungen im Speicher weitgehend vermieden werden (Abb. 3.13).
- *Einspeisen der Solarenergie im unteren Drittel des Speichers,* meist über einen internen Wärmetauscher. Diese „klassische" Anordnung ist sehr einfach zu realisieren und daher am häufigsten anzutreffen, hat aber den Nachteil, daß durch die Strömung im Speicher immer auch eine Durchmischung stattfindet. In den letzten Jahren haben einige Hersteller daher Konstruktionen entwickelt, um das erwärmte Wasser direkt in die Schicht mit der zugehörigen Temperatur einzuspeisen, ohne Durchmischungen hervorzurufen. Ergebnis dieser Entwicklungen sind sogenannte *Schichtenbeladeeinrichtungen* oder kurz Schichtenlader. Es handelt sich dabei um rohrförmige Einbauten in den Speicher, durch die das warme Wasser wie in einem Kamin so lange nach oben steigt, bis es eine Schicht mit gleicher Temperatur erreicht (vgl. Abb. 3.14 und 3.15).
- Bei Beladung über einen externen Wärmetauscher werden zur besseren Schichtung von einigen Herstellern Speicher mit Einlässen in verschiedenen Höhen angeboten (vgl. Abb. 3.19).
- Alle Anordnungen müssen so konstruiert sein, daß möglichst kalte Wärmetransportflüssigkeit (aus dem untersten Bereich des Speichers) zum Kollektor zurückfließt, um günstige Arbeitsbedingungen für die Solaranlage zu gewährleisten.

In Tabelle 3.4 ist das Ergebnis eines Tests des Solar Energy Research Centers (SERC), Schweden für 10 unterschiedliche Speicher dargestellt. Es zeigen sich allein aufgrund der verschiedenen Bauformen große Diskrepanzen zwischen ca. 37% und 93% solarer Deckungsanteil an der im Test entnommenen Energie. Der Speicher mit der besten Schichtung schneidet dabei am besten ab.

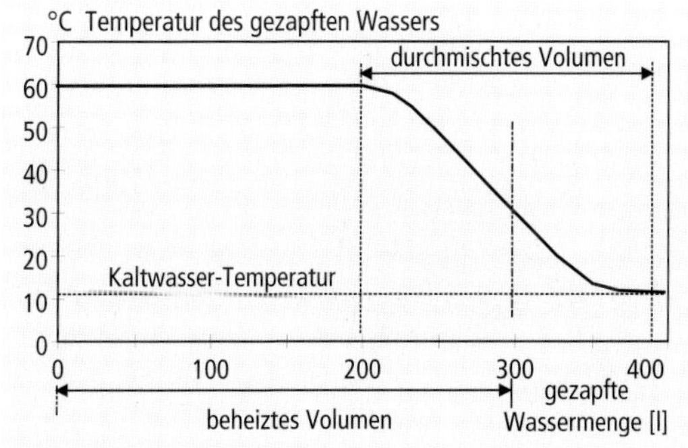

3.13
Beispiel eines Temperatur-Entnahmeprofils von Wärmespeichern; bei Speichern mit guter Schichtung liegt die Mischzone unter 20% des beheizten Volumens.

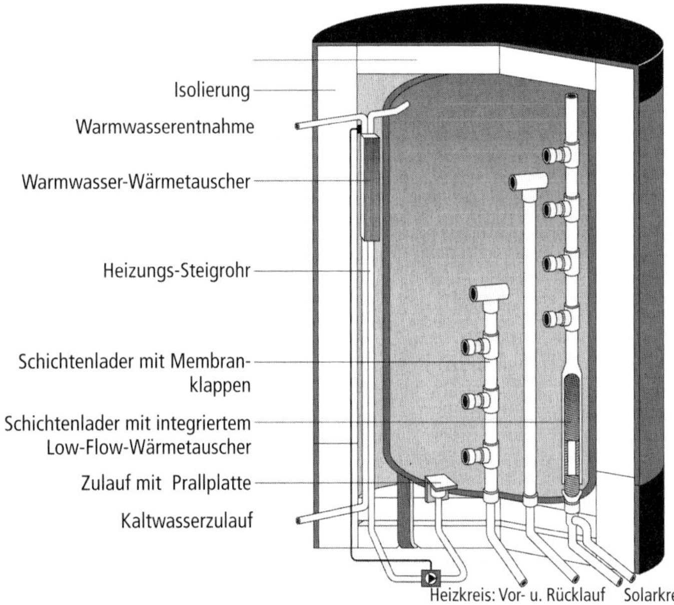

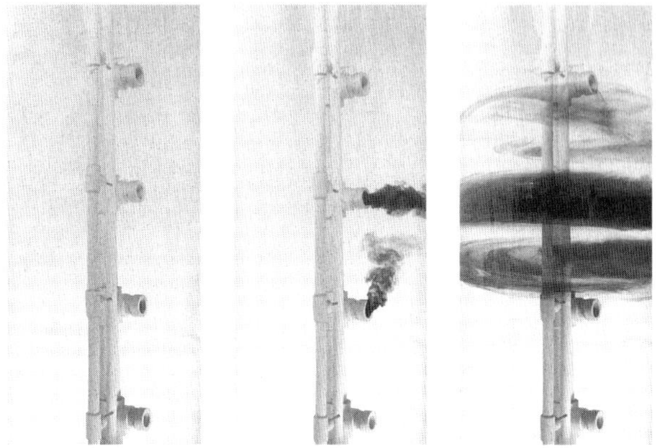

Das dunkel eingefärbte Wasser im transparenten Forschungsspeicher macht die Funktion der Schichtenladeeinrichtung deutlich,

3.14 (oben)
Moderner Schichtenladespeicher als Pufferspeicher.
Quelle: Fa. Solvis, Braunschweig

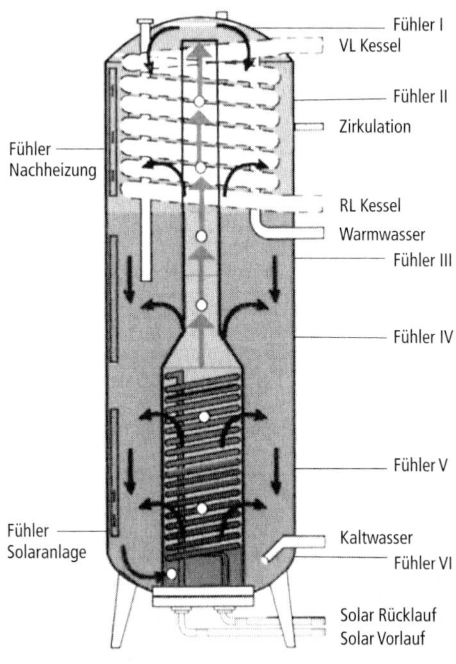

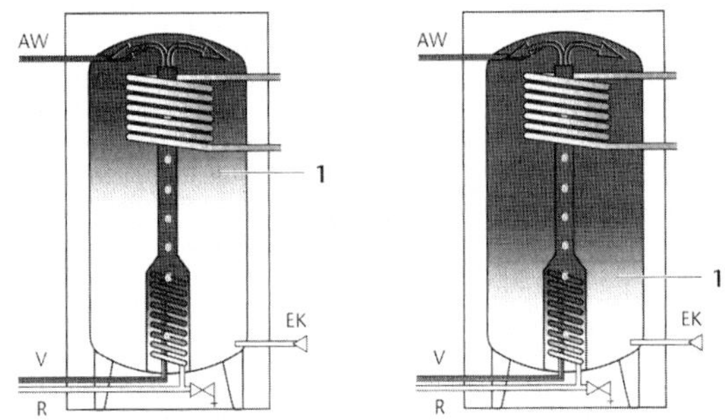

Ladevorgang bei voller Sonneneinstrahlung

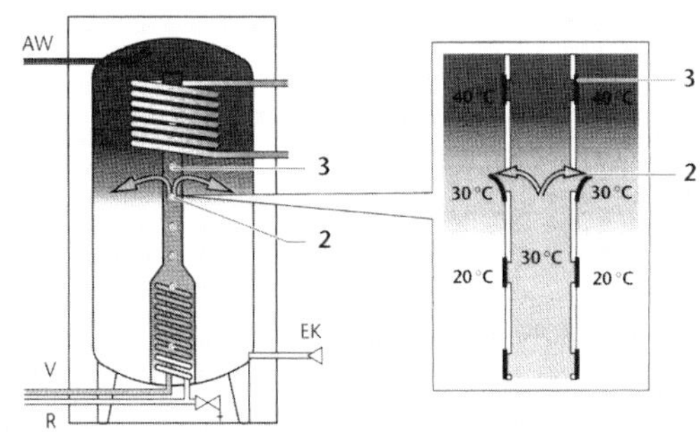

Warmwasseraustritt aus dem Wärmeleitrohr bei geringer Sonneneinstrahlung

3.15
„Thermosiphonspeicher“ (Schichtenlader) Typ THS der Firma Buderus, Speicher mit indirekter Be- und direkter Entladung aus Stahl emailliert als Trinkwasser-Druckspeicher.
Quelle: Buderus Planungsunterlagen

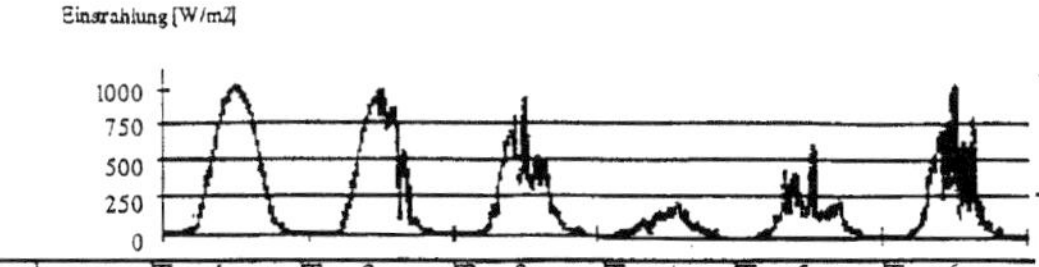

		Tag 1	Tag 2	Tag 3	Tag 4	Tag 5	Tag 6	SF [%]
System 1	SOL	31,4	17,5	6,1	0	2,2	10,7	36,5
	EL	12,9	1,9	7,5	13,2	14,3	11,3	
System 2	SOL	32,5	19,6	8,1	0,3	5,8	14,4	59,8
	EL	10,1	0	1,2	7,6	9,6	8,0	
System 3	SOL	34,1	20,5	8,6	0,3	6,1	15.2	62,6
	EL	8,9	0	1,2	7,2	9,6	7,2	
System 4	SOL	32,9	20.4	8.6	0,4	6,2	14,7	70,3
	EL	5,0	0	0	6,7	9,9	3,4	
System 5	SOL	34,5	21.1	7,9	0	3,4	13,5	64,3
	EL	5,5	0	0	9.0	12,2	4,4	
System 6	SOL	32,7	20.9	8,3	0	3,1	13,6	60,2
	EL	8,1	0	0	9,5	12,9	4,8	
System 7	SOL	34,2	21.2	8,8	0	3,3	13,4	64,1
	EL	4,4	0	0	9,9	12,4	4,9	
System 8	SOL	33,4	20.8	9,2	0	3,3	13,3	62,3
	EL	4,4	0	0	11,3	12,4	4,4	
System 9	SOL	31,5	20,3	9,6	0,4	5,9	13,7	68,5
	EL	3,9	0	0	7,8	10,5	4,1	
System 10	SOL	35,4	22,3	10,2	0,9	7,9	16.7	92,7
	EL	3,6	0	0	0	1,7	1,3	

Tabelle 3.4:
Ergebnisse eines Speichertests des „Solar Energy Research Centers (SERC)" in Schweden. 10 verschiedene Speicher wurden unter gleichen Bedingungen (Wetter, Zapfzeitpunkte, -raten, -temperatur und –mengen) über 6 Tage getestet. Es wurde jedem Speicher die Energie jeweils über einen 10 m²-Kollektor gleichen Fabrikats zugeführt (Säulen SOL) und jeweils gleiche Energiemengen entnommen. Die notwendige Zusatzenergie wurde elektrisch bereitgestellt (Säulen EL). Ergebnis ist der „Solare Deckungsgrad" (SF, solar fraction), der angibt, welcher Anteil in % der entnommenen Energie von der Solaranlage stammt /83/.

Speichersicherheit

Bei hohen Einstrahlungen und fehlendem Warmwasserverbrauch (z.B. während der Ferien) kann die Speichertemperatur auf unerwünscht hohe, unter Umständen sogar gefährliche Werte ansteigen. Wie die Beispielrechnung im Kasten zeigt, können durchaus Temperaturen von über 100°C im System und damit auch im Speicher entstehen. Dies bringt nicht nur extreme Verbrühungsgefahr und oberhalb von 60°C verstärkte Kalkausscheidungen, sondern birgt auch das Risiko der Dampfbildung im Speicher, was zum Ansprechen des Sicherheitsventiles führen würde. Daher sind unbedingt Maßnahmen vorzusehen, um die Speichertemperatur auf unter 95°C zu begrenzen.

Zwar könnte schon das Entfernen des Deckels der Speicherisolierung zur Speichertemperaturbegrenzung (z.B. in der Urlaubszeit) ausreichen, aber wer will schon für alle Zeiten auf diesen unsicheren Handbetrieb vertrauen. Es gibt eine Reihe von wirkungsvollen und erprobten Maßnahmen, um eine automatische Temperaturbegrenzung zu gewährleisten (vgl. Kapitel 3.2.2).

Beispiel einer Abschätzung der Anlagen-Stillstandstemperatur

1. Wärmeverluste der Anlage:

Verlust am Kollektor:	
8 m² Kollektorfläche, k = 3,5 W/m²K	28 W/K
Leitungsverluste	20 W/K
Speicherverluste 6 m² · 1 W/m²K =	6 W/K
Gesamt	54 W/K

2. Kollektorgewinne zu Spitzenzeiten bei 75% optischem Wirkungsgrad

8 m² · 800 W/m² · 0,75 = 4.800 W

Anlagenstillstandstemperatur =

4.800 W / 54 W/K = 88 K

Die Anlagenstillstandstemperatur liegt im Beispiel also um 88 K über der Umgebungstemperatur. Bei 20°C Umgebungstemperatur wird im Stillstand eine Temperatur von 108°C erreicht.

3.1.2 Bauformen von Wasserspeichern

Tab. 3.5 gibt eine Übersicht über die vielfältigen Merkmale von Wasserspeichern.

- *Material des Speichers:*
  - Stahlspeicher,
  - Edelstahlspeicher oder
  - Kunststoffspeicher.
- *Bauformen nach Verwendungszweck*:
  - Trinkwasserspeicher,
  - Kombispeicher oder Tank-in-Tank-Speicher
  - Pufferspeicher.
- *Druckverhältnisse im Speicher:*
  - Druckspeicher und
  - drucklose Speicher.

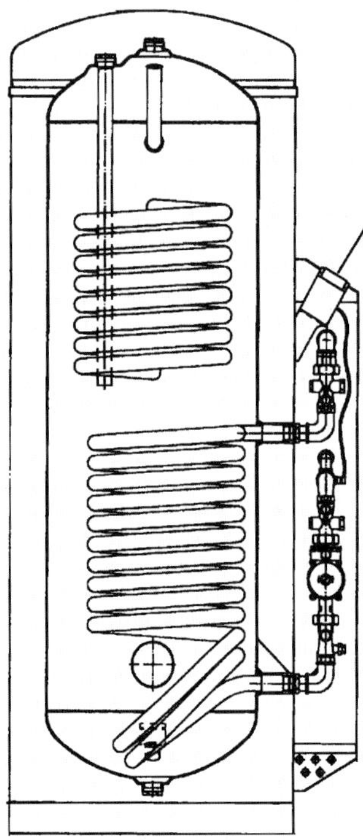

3.16
Emaillierter Stahlspeicher als Trinkwasser-Druckspeicher mit indirekter Be- und direkter Entladung, direkt angekoppelte Kompakt-Baugruppe (vgl. Kap. 3.2.7), Typ Sunbag der Fa. Austria Email / Havel Therm /40/.

Stahlspeicher

Für die solare Brauchwassererwärmung kommen überwiegend Stahlspeicher zum Einsatz. Trinkwasserspeicher sind, um sie vor Korrosion zu schützen, innen emailliert (meist sogar zweifach) oder auch kunststoffbeschichtet. Diese Speicherbauart ist preisgünstig, haltbar und seit Jahrzehnten bewährt, vorausgesetzt, beim Transport sind durch Stoß oder Schlag keine Schäden an der Emaillierung entstanden. Außerdem müssen die üblichen *Korrosionsschutzmaßnahmen* getroffen werden.

Zum Schutz gegen innere Korrosion wird bei emaillierten Speichern, besonders in Verbindung mit Wärmetauschern aus Kupfer, ein Magnesiumstab, die sogenannte „Opferanode", in den Behälter eingeschraubt. Ohne diese Anode, die sich mit der Zeit verbraucht, bestünde die Gefahr, daß Kupferionen aus dem Leitungssystem oder vom Wärmetauscher sich an Fehlstellen in der Emaillierung (z.B. an Schweißnähten) absetzen, wo dann durch Kontaktkorrosion Löcher in der Behälterwand entstehen können. Der Magnesiumstab, der elektrisch leitend mit dem Behälter verbunden sein muß, verhindert dies, indem er leichter lösliche Magnesiumionen freisetzt und damit diese Fehlstellen verschließt. Da das Anodenmetall im Laufe der Zeit verbraucht wird, sollte es nach 3 bis 5 Jahren (bei Einbau großflächiger Kupferwärmetauscher evtl. auch schon früher) kontrolliert und ggf. ersetzt werden.

Das Auswechseln einer von oben eingeschraubten Anode in niedrigen Kellerräumen kann problematisch sein und ein Entleeren und Kippen des Speichers erfordern (Abhilfe: beim Austausch Kettenanode verwenden).

Empfehlenswert ist in vielen Fällen der Einbau der teureren „Fremdstromanode" anstelle der Magnesiumanode. Die Fremdstromanode erzeugt über ein kleines Steuergerät, den „Potentiostaten", im Behälter einen (ungefährlichen) Schutzstrom, der die Ablagerung von Kupferionen an der Behälterwand verhindert. Die Kosten für den Stromverbrauch dieses Gerätes (Netzanschluß) sind mit ca. 1 DM/Jahr ge-

ring, dafür gewährleistet es ohne weitere Wartung einen zuverlässigen Korrosionsschutz über viele Jahre hinweg.
Für den Anschluß des Kollektorkreises an den Wärmetauscher im Speicher sind – ebenfalls zwecks Korrosionsschutz – Kunststoff-Übergangsstücke einzusetzen, welche die Leitungen des Kollektorkreises elektrisch vom Speicher isolieren. Speicher und Wärmetransportleitungen sind mit getrennten Leitungen an einem gemeinsamen Massepunkt zu erden.

Edelstahlspeicher

Edelstahlspeicher zeichnen sich besonders durch ihre Korrosionsbeständigkeit und entsprechende Langlebigkeit aus, ohne daß besondere Korrosionsschutzmaßnahmen erforderlich wären. Allerdings sind sie deutlich teurer als emaillierte Stahlspeicher und sind aus diesem Grund weniger verbreitet.
Bei Kombispeichern wird der innere Trinkwassertank oftmals in Edelstahl ausgeführt (vgl. Abb. 3.17 und 3.18).

Kunststoffspeicher

Wärmespeicher aus Kunststoff sind bisher weniger verbreitet. Kunststoffbehälter sind kaum druckbeständig, so daß sie nur als drucklose Speicher eingesetzt werden können, außerdem läßt die Langzeitbeständigkeit der meisten Kunststoffe bei Temperaturen oberhalb von 80°C nach. Andererseits ist Kunststoff ein vergleichsweise preiswertes Material, welches keinerlei Korrosionsschutzmaßnahmen erfordert. Nach vielfältigen Versuchen und Entwicklungsarbeiten werden heute drucklose Kunststoffspeicher für solare Brauchwassererwärmungsanlagen mit integrierten Be- und Entladeeinrichtungen am Markt angeboten (vgl. Abb. 3.20).

Trinkwasserspeicher

Wenn Speicher direkt an das Kaltwassernetz angeschlossen, also mit Leitungs- bzw. Trinkwasser gefüllt sind, werden sie als Trinkwasserspeicher be-

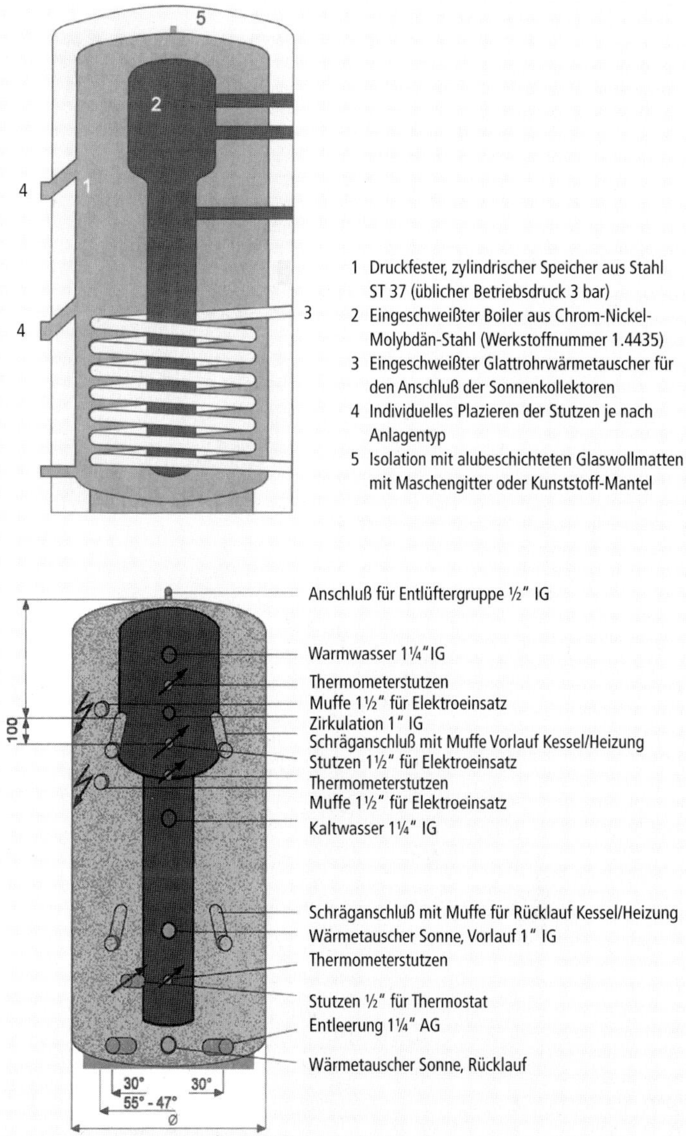

3.17
Tank-in-Tank-Speicher, Hauptspeicher aus Stahl als Druckspeicher (bis 3 bar) für Pufferwasser mit indirekter Be- und Entladung, innenliegender Trinkwasserspeicher aus Edelstahl als Druckspeicher (Druck des Trinkwassernetzes) mit direkter Be- und Entladung, Swiss-Solartank der Fa. Jenni, Schweiz /40/.

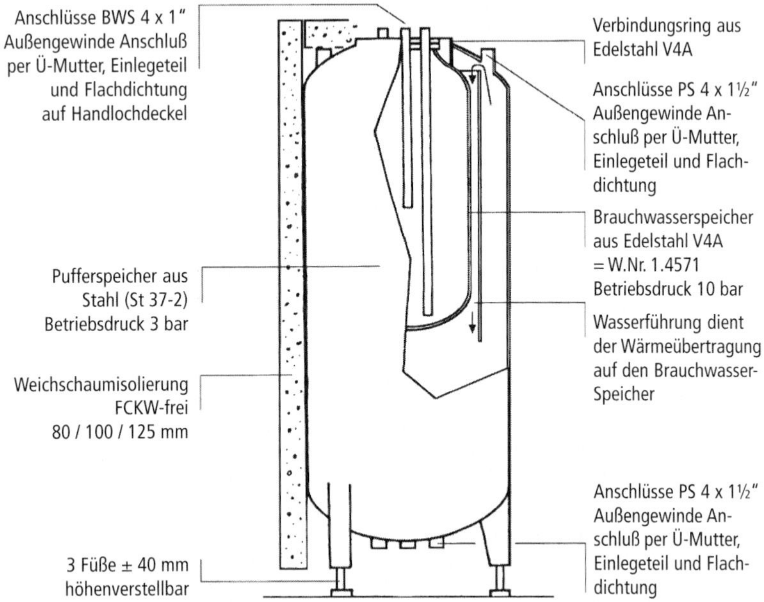

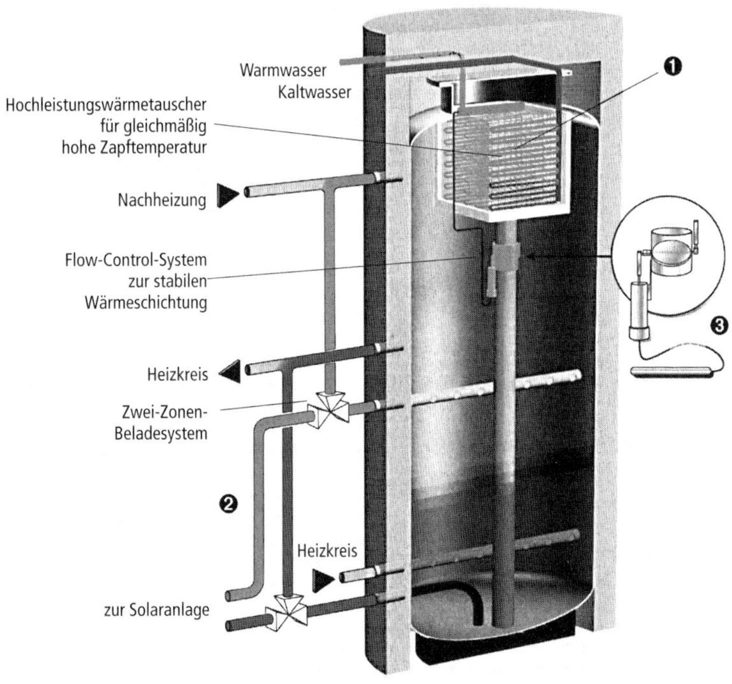

zeichnet. Diese finden für die solare Brauchwasser- bzw. Trinkwassererwärmung am häufigsten Verwendung. Die typische Anordnung zeigen die Abb. 3.10, 3.15 und 3.16.

Beim Umgang mit Trinkwasser sind eine Fülle von Verordnungen und Vorschriften, insbesondere die Hygiene betreffend, zu beachten (vgl. Kap. 3.6). Außerdem besteht – im Vergleich zu Heizungsanlagen –aufgrund des Sauerstoffeintrages durch das Trinkwasser erhöhte Korrosionsgefahr.

Trinkwasserspeicher sind aus der konventionellen Heiztechnik bekannt. Nicht nur in Zentralheizungsanlagen befindet sich fast überall ein kleiner Trinkwasserspeicher, auch für die dezentrale Wassererwärmung werden Trinkwasserspeicher, z.B. Untertischspeicher o.ä., eingesetzt. Insofern ist die Installation von Trinkwasserspeichern gängige Praxis, mit der jeder Sanitärhandwerker bestens vertraut ist. Anschlüsse und Verbindungsmittel sind weitgehend standardisiert und überall verfügbar. Der Trinkwasserspeicher wird in Solaranlagen wie eine konventionelle Standardkomponente gehandhabt.

3.18 (oben)
Kombispeicher aus Stahl für einen Betriebsdruck von 3 bar, innenliegender Trinkwasserspeicher aus Edelstahl (bis 10 bar) mit direkter Be- und Entladung,
Typ Duo-Speicher mit 300, 500 und 800 l Inhalt der Fa. R+R /40/.

3.19 (unten)
Pufferspeicher aus Stahl mit Heizungswasser (Druck der Heizungsanlage), indirekte Beladung über externen Wärmetauscher mit Einspeisungsmöglichkeiten in verschiedenen Höhen zur Schichtenbeladung, Entladung direkt über innenliegenden Wärmetauscher im Direktdurchlauf. Das Abströmrohr unterhalb des Entladewärmetauschers führt das bei Entladung abgekühlte Wasser gezielt nach unten und ein zusätzliches Ventil („Flow-Control-System“) reguliert die Strömung, damit die Wärmeschichtung nicht zerstört wird.
Typ Centro mit 850 l oder 1200 l-Inhalt, Fa. Wagner /40/.

Pufferspeicher

Neben den mit erhöhten Korrosionsschutzmaßnahmen ausgerüsteteten Trinkwasserspeichern sind einfache, nicht emaillierte Stahlspeicher im Handel, die größere Speichervolumina zu einem günstigen Preis bieten, aber nicht direkt zur Trinkwasserspeicherung eingesetzt werden können. Sie werden als Pufferspeicher für kombinierte Brauchwasser- und Heizungsanlagen eingesetzt und sind üblicherweise mit dem Wasser des Heizungskreislaufes gefüllt. Dadurch steht die gespeicherte Energie für die Heizung direkt zur Verfügung, die Warmwasserentnahme erfolgt indirekt über einen weiteren Wärmetauscher (vgl. Abb. 3.19 und 3.12).
Auch Pufferspeicher sind in konventionellen Heizungsanlagen seit langem gebräuchlich. Durch den Wärmepuffer kann das allzu häufige Ein- und Ausschalten des Heizungsbrenners oder einer Wärmepumpe vermieden werden. Durch die längeren Laufzeitintervalle des Wärmeerzeugers werden eine längere Lebensdauer, ein höherer Nutzungsgrad sowie geringere Schadstoffemissionen der Heizungsanlage erreicht, insbesondere bei Wärmepumpen und Festbrennstoffkesseln. Die schlichten, druckbeständigen Stahlbehälter gibt es in Größen von wenigen 100 l bis zu mehreren 1.000 m³ für Fernwärmenetze. In Solaranlagen zur Trinkwassererwärmung und Heizungsunterstützung finden solche Pufferspeicher zunehmend Verwendung (vgl. Abb. 3.14, 3.19, 3.20). Als Sonderausführung – z.B. für die Beheizung von „Solarhäusern“ – werden Pufferspeicher mit 5 bis 50 m³ Inhalt eingesetzt, die entweder von Spezialfirmen vor Ort erstellt („kellergeschweißt“) oder beim Neubau im Zuge der Errichtung des Gebäudes eingebaut werden.

Kombispeicher

Wie der Name andeutet, sind Kombispeicher eine Mischung aus Trinkwasser- und Pufferspeicher. Ein kleinerer Behälter, gefüllt mit Trinkwasser, ist im oberen „heißen“ Bereich eines größeren Pufferspeichers fest eingebaut. Dadurch wird eine einfache Trennung von Trinkwasser und Wasser im Puffer (z.B. Heizungswasser) erreicht, gleichzeitig kann die Wärme innerhalb des Speichers vom Pufferwasser auf das Trinkwasser übertragen werden. Lediglich die „Trinkwasserblase“ ist an das Kaltwassernetz angeschlossen. Speicher dieser Bauart sind in Abb. 3.17 und 3.18 dargestellt. Sie werden auch als „Tank-In-Tank-Speicher“ bezeichnet.

Druckspeicher

Für die solare Warmwasserbereitung werden hauptsächlich Trinkwasserspeicher mit direktem Anschluß an das Kaltwassernetz eingesetzt. Diese Trinkwasser-Druckspeicher müssen für den Druck des Kaltwassernetzes ausgelegt sein, der in

Tabelle 3.5: Eigenschaften verschiedener Speicherbehälter /59/.

Eigenschaften verschiedener Speicherbehälter

Eigenschaften	Edelstahl V2A = 1.4541 V4A = 1.4571	Stahl kunststoff-beschichtet	Stahl emailliert	Kunststoff (PE, PP)
Speicher-medium	Trinkwasser	Trinkwasser	Trinkwasser	Trinkwasser
Temperatur-bereich	bis 200°C	max. 90°C	bis 200°C	PE max. 70°C PP max. 90°C
Druckbereich	bis 6 bar	bis 6 bar	bis 6 bar	drucklos
Korrosions-verhalten / -schutz	abhängig vom Cl-Gehalt des Wassers	unproblematisch	Schutzanode oder Fremdstromanode erforderlich	unproblematisch
Lebensdauer in Jahren	über 20 Jahre	15 bis 20 Jahre	15 bis 20 Jahre	PE (70°C): 1 PE (50°C): 5 PP (90°C): 15 bis 20
Preis	sehr teuer	günstig	teuer	sehr günstig
Hinweise	Cl-Gehalt (wegen Lochfraß) max. 50 mg/l (V2A),bzw. 125 mg/l (V4A) bei Wasserwerk informieren Verarbeitung kontrollieren (Schweißnähte), Werkstoffpaarung beachten	auf gute Verarbeitung achten	Vorsichtig behandeln auf Beschädigung überprüfen Schutzanode überwachen, Einbauvorschriften beachten (elektrische Isolierung)	Bevorzugt als drucklose Speicher einzusetzen, d.h. stilles Wasser (Wärmetauscher für Solar- und Brauchwasserkreis im Speicher)

Deutschland ca. 4 bis 6 bar beträgt; meist sind sie für einen Druck von maximal 8 bis 10 bar zugelassen. Als Behältermaterial kommen nur Stahl oder Edelstahl in Betracht. Da sich das Wasser im Behälter bei Erwärmung ausdehnt (Druckanstieg), muß der Druck in solchen Speichern durch ein Sicherheitsventil zuverlässig begrenzt werden. Es öffnet bei Überschreiten des Sicherheitsdruckes und läßt solange Wasser aus dem Speicher ab, bis der Druck abgebaut ist.
Für die solare Brauchwassererwärmung hat sich der emaillierte Stahlspeicher als Trinkwasser-Druckspeicher mit indirekter Be- und direkter Entladung weitgehend durchgesetzt.

Drucklose Speicher

Drucklose Wasserspeicher haben gegenüber Druckspeichern den Vorteil, daß sie erheblich einfacher und preiswerter zu fertigen sind, was vor allem bei größeren Speichervolumina ein wichtiger Gesichtspunkt sein kann. Oftmals können auch Behälter eingesetzt werden, die normalerweise in anderen Bereichen eingesetzt werden und als preiswertes Massenprodukt zur Verfügung stehen, z.B. Heizöltanks, Behälter aus der Getränkeindustrie, Wasser- und Gülletanks aus der Landwirtschaft usw.
In südlichen Ländern (z.B. Spanien, Griechenland, Israel, usw.), wo so gut wie kein Frost auftritt, sind drucklose Speicher sehr verbreitet, und zwar nicht nur in Verbindung mit Sonnenkollektoren, sondern auch als Trinkwasser-Vorrats- und Hochbehälter (Kaltwasser) auf den Dächern der Häuser. Der Wasserdruck im häuslichen Leitungssystem ist dort nur so hoch wie die Höhe der Wassersäule über der Zapfstelle, was zwar zu gewissen Komforteinbußen, dafür aber eben auch zu preiswerten, leicht zu wartenden Anlagen führt.
Soll ein druckloser Speicher in ein Wärmeverteilsystem mit 2 bar Systemdruck (Heizung, geschlossener Solarkreislauf) oder gar mit 4 bis 6 bar Überdruck (Trinkwasserversorgung) integriert werden, muß die Be- und Entladung indirekt, also über Wärmetauscher erfolgen (Abb. 3.12). Diese Speicher können aus preiswertem Kunststoff gebaut werden (Abb. 3.20).
Auch wenn es Beispiele gibt, die das Gegenteil zeigen, sind drucklose Speicher für die Warmwasserbereitung oder als Heizungspuffer unter 3 bis 5 m³ bisher wenig verbreitet, weil der technische und finanzielle Aufwand für den oder die zusätzlichen Wärmeübertrager beträchtlich sind. Besonders sinnvoll sind drucklose Speicher hingegen dort, wo sehr große Energiemengen, z.B. für die Hausheizung oder in Großanlagen, und entsprechend große Speichervolumina gebraucht werden.

3.20
Druckloser Pufferspeicher aus Kunststoff (PP) mit indirekter Be- und Entladung sowie Schichtenbeladeeinrichtung, Typ Conus 500 (500l-Inhalt) der Fa. ConSolar /40/

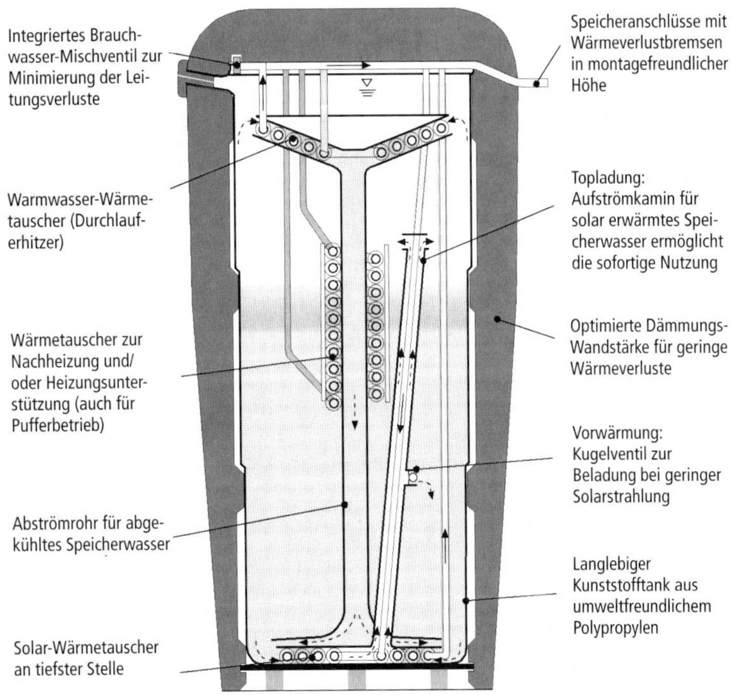

Einbauten und Anschlüsse

Zum Anschluß von Rohrleitungen sind die Speicher mit einer Reihe von Gewindeöffnungen und gegebenenfalls auch mit Flanschen für variable Einbauten ausgerüstet.

Wärmetauscher

Wärmetauscher zur indirekten Be- und Entladung werden vorzugsweise innerhalb des Behälters angeordnet, entweder als fest eingebaute Rohrwendel aus glattem Rohr oder als Rippenrohr-Wärmetauscher.

Speicher mit Flanschöffnungen sind vornehmlich für den Einsatz von Rippenrohr-Wärmetauschern konzipiert. Hier kann die Tauscherfläche dem Einsatzzweck und der Anlagengröße angepaßt werden, außerdem läßt sich der Wärmetauscher zwecks Entkalkung bei Bedarf aus dem Speicher herausnehmen. Bei großen Speichern mit mehreren Flanschöffnungen besteht außerdem die Möglichkeit, zusätzliche Tauscherflächen in den Behälter einzubringen. Speicher ohne Einbauten und ohne Flanschdeckel können nur mit einem außen liegenden Wärmetauscher als Solarspeicher betrieben werden.

Zur Nachheizung des Brauchwassers durch die Heizungsanlage wird häufig im oberen Teil des Speichers ein zweiter Wärmetauscher angebracht, der an den Heizungskreislauf angeschlossen ist. Das Nachheizvolumen, d.h. die Lage des 2. Tauschers im Speicher, und die Heizleistung des Wärmetauschers sind auf die zu erwartenden Verbrauchsspitzen abzustimmen. Für die Nachheizung mittels elektrischem Strom – wovon allerdings abgeraten wird – haben viele Solarspeicher eine 1½" Gewindeöffnung, in die eine elektrische Heizpatrone eingeschraubt werden kann. Auch hier bestimmt die Einbauhöhe das Nachheizvolumen.

Weitere Anschlüsse

Neben diesen Öffnungen sind in der Regel noch eine Reihe von Gewindeöffnungen vorhanden, um z.B. Tauchhülsen für Thermometer, Thermostatfühler etc. anbringen, oder auch, um eine Zirkulationsleitung anschließen zu können. Alle Gewindeanschlüsse sowie Blindstopfen sind mit Hanf und Dichtungsfett einzusetzen. Die Rohranschlüsse am Speicher sind mit Verschraubungen zu versehen, um Wartungs- und Reparaturarbeiten zu erleichtern.

Kosten

Für gebräuchliche Speichertypen kann je nach Größe mit folgenden Kosten gerechnet werden:

- *Trinkwasser-Druckspeicher*:
  400 bis über 1000 DM pro 100 l Volumen,
- *Pufferspeicher*:
  200 bis 1000 DM pro 100 l Volumen,
- *Kombispeicher*:
  250 bis 1000 DM pro 100 l Volumen.

Mit zunehmender Größe werden die Speicher kostengünstiger.

Insgesamt haben die Speicherkosten bei Solaranlagen zur Trinkwassererwärmung einen Anteil von 20 bis 33% an den Anlagenkosten, für eine „Standardsolaranlage" liegen sie bei ca. 25%, sind also ein nicht unerheblicher Kostenfaktor.

3.21
Korrosionsschutzmaßnahmen für emaillierte Stahlspeicher.

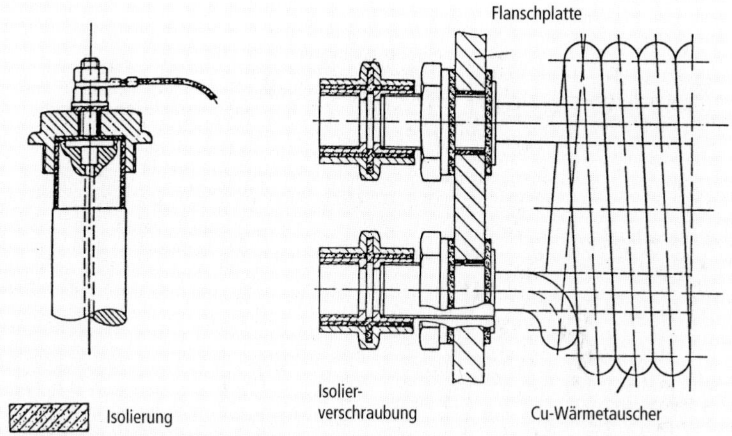

Durch den elektrisch isolierten Einbau der Opferanode läßt sich mit einem Milliamperemeter kontrollieren, ob die Anode verbraucht ist. Der Schutzstrom zwischen Anode und Behälter, dessen Höhe von der Größe der Fehlstellen in der Emaillierung und der Wärmetauscherflache abhängt, geht bei verbrauchter Anode zurück. Im Betrieb ist das Anschlußkabel der Anode elektrisch gut leitend mit dem Behälter zu verbinden.

Kupfer-Wärmetauscher sollten ebenfalls elektrisch isoliert eingebaut werden, um einen optimalen Korrosionsschutz zu gewährleisten. Die Hersteller von Wärmetauschern liefern hierfür wärmebeständige Kunststoff-Buchsen für die Flanschplatte und Kunststoff-Isolierverschraubungen für die Rohranschlüsse.

3.1.3 Großspeicher

Mit steigendem Speichervolumen wird das Verhältnis von Volumen zu Oberfläche immer günstiger, wodurch die Wärmeverluste im Vergleich zum Energieinhalt merklich zurückgehen. Daher fehlt es nicht an Projekten, bei denen versucht wird, durch sehr große Speichervolumina (über 1.000 m^3) die Sommer-Winter-Speicherung (saisonale Speicherung) zu realisieren und damit die Sonnenenergie auch für die Heizung unserer Häuser nutzbar zu machen. Im Rahmen von Forschungs- und Demonstrationsvorhaben sind eine Reihe von Bauformen für solche Großwärmespeicher entwickelt worden (Abb. 3.22):

- Drucklose, oberirdische, mit Wasser gefüllte Stahltanks.
- Künstlich angelegte Speicherseen mit schwimmender, wärmegedämmter Abdeckung (Erdbecken, Abb. 3.23).
- Fels-Kavernenspeicher als große, künstlich im Fels (Granit) angelegte Hohlräume, die ohne weitere Wärmedämmung mit Wasser gefüllt sind.
- Aquifer-Speicher, natürliche oder künstlich angelegte Grundwasserbecken ohne weitere Wärmedämmung, die auch das umgebende Erdreich noch mit als Speicher nutzen.
- Erd- und Felsspeicher, bei denen der Erde über Wärmetauscherbohrungen (Erdsonden) Wärme zugeführt und entnommen wird.

Die Eigenschaften dieser Speicherkonzepte sind in Tabelle 3.6 zusammengestellt, Auskunft über die voraussichtliche Kostenentwicklung gibt Abb. 3.24. Die bisher ausgeführten Pilotprojekte in verschiedenen Ländern – vor allem in Skandinavien und in Deutschland – zeigen, daß eine Nutzung der Sonnenenergie für die Hausheizung im großen Maßstab möglich und mit vertretbaren Kosten realisierbar ist. Mehr über den Stand der Arbeiten auf diesem Gebiet findet sich in Kapitel 7.4.

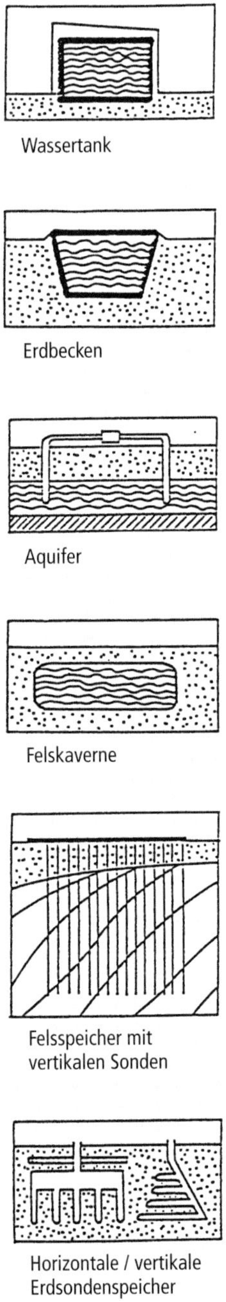

3.22 (links)
Bauformen für saisonale Speicher /48/.

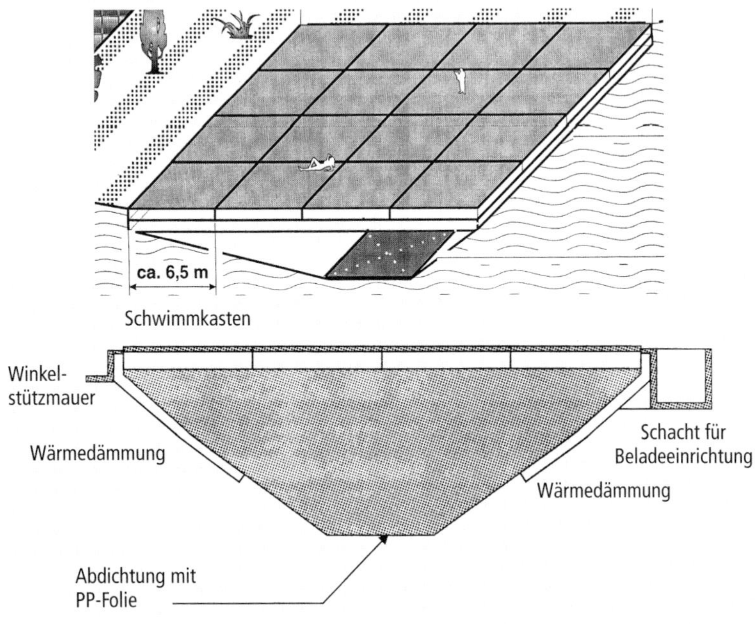

3.23 (rechtss)
Beispiel für einen saisonalen Erdbeckenspeicher mit schwimmender Abdekkung /49/.

Eigenschaften verschiedener Großwärmespeicher

Speichertyp	Volumen in 1.000 m³	Energiedichte kWh/m³	Speicherwirkungsgrad %	maximale Speichertemper.
Stahltank (Wasser)	bis 10	bis 60	bis 90	bis 95°C
Erdbecken (Wasser)	bis 100	bis 60	bis 90	bis 90°C
Fels-Kaverne (Wasser)	100-1000	bis 60	bis 90	bis 90°C
Aquifer	100-1000	10 - 20	60 - 90	bis 80°C
Erdspeicher	10 - 100	15 - 30	40 - 60	bis 70°C
Felsspeicher	10 - 1000	15 - 25	60 - 80	bis 140°C

Tabelle 3.6: Eigenschaften von Großwärmespeichern.

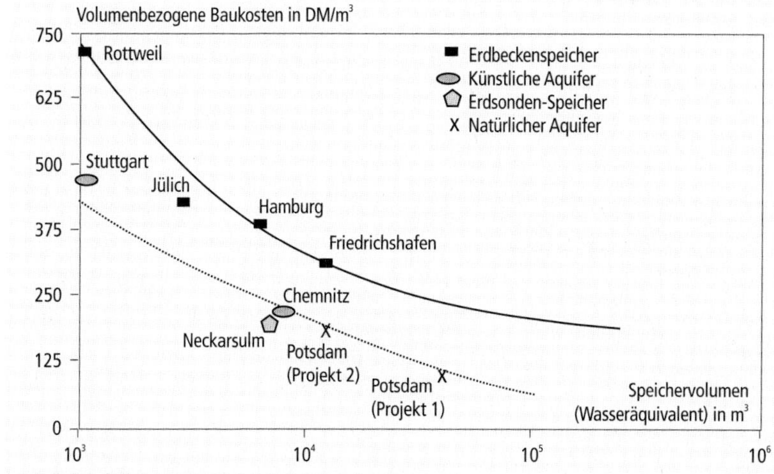

3.24: Baukosten verschiedener Großwärmespeicher /49/.

3.2 Der Solarkreislauf

Neben den beiden „wichtigsten“ Bauteilen – Solarkollektor und Speicher – gibt es eine Reihe weiterer Komponenten im Solarkreislauf (vgl. Abb. 3.1), die im folgenden beschrieben werden:

- Wärmetauscher,
- Regelung und Steuerung,
- Wärmeträger,
- Rohrleitungen,
- Pumpe sowie
- weitere Armaturen und Sicherheitseinrichtungen

3.2.1 Wärmetauscher

Wärmetauscher oder -übertrager wurden bereits bei der Beschreibung der Solarspeicher erwähnt, denn sie dienen der Wärmeübertragung von einem Medium auf ein anderes, bei gleichzeitiger Trennung der beiden Kreisläufe (z.B. indirekte Be- und Entladung von Speichern). So wie beispielsweise der Heizkörper der Zentralheizung Wärme vom Heizungswasser an die Raumluft überträgt, so sorgt der Wärmetauscher im Solarkreislauf für die Übertragung der Wärme vom Wärmeträger an das Trink- oder Heizungswasser im Speicher. Damit eine Wärmeübertragung stattfinden kann, ist stets eine Temperaturdifferenz zwischen dem heizenden Medium auf der einen Seite und dem zu erwärmenden Medium auf der anderen Seite erforderlich. Der Wärmestrom fließt durch die Trennwand vom warmen zum kalten Medium.

Die Wärmemenge, die ein Wärmetauscher übertragen kann, genauer gesagt die Heizleistung, steigt

- mit zunehmender Oberfläche A_{WT} des Tauschers (Heizfläche),
- mit zunehmender Temperaturdifferenz zwischen der warmen und der kalten Seite und
- mit zunehmenden Strömungsgeschwindigkeiten an den beiden Oberflächen, wobei die Art der Strömung (laminar oder turbulent) einen großen Einfluß hat.

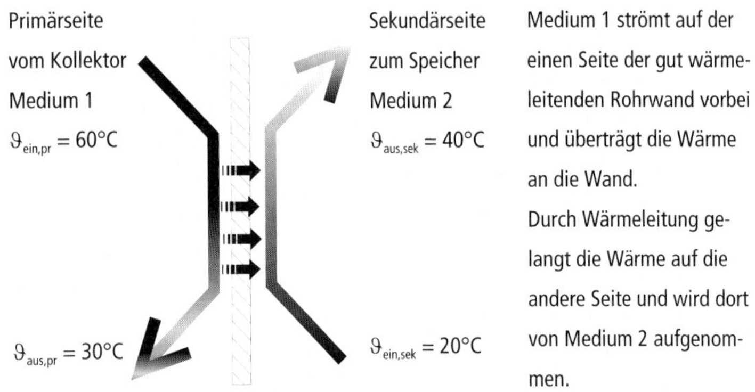

3.25: Funktion eines Wärmetauschers.

Tabelle 3.7: Eigenschaften von Wärmetauschern /59/.

Eigenschaften von Wärmetauschern

Wärmetauscher	**Intern** Glattrohr	Rippenrohr	**Extern** Rohrbündel	Platten	**Doppelmantel**
Einbauort	im Speicher	im Speicher	außerhalb Speicher	außerhalb Speicher	um Speicher (Doppelwand)
Platzbedarf / Baugröße	keiner / groß	keiner / groß	groß / groß	klein / klein	klein / groß
zusätzlicher Aufwand	keiner	keiner	Pumpe, Isolation, Rohrleitung, Regelung, Energie	Pumpe, Isolation, Rohrleitung, Regelung, Energie	keiner
Energieverlust	gering	gering	relativ groß	relativ groß	relativ groß
k-Wert (bei Wasser)	200 bis 500 $W/m^2 \cdot K$	200 bis 500 $W/m^2 \cdot K$	500 bis 1500 $W/m^2 \cdot K$	1000 bis 9000 $W/m^2 \cdot K$	50 bis 200 $W/m^2 \cdot K$
Reinigungsmöglichkeit	gut	schlecht	schlecht	gut	keine
Kosten	sehr niedrig	niedrig	hoch	hoch	niedrig
Anwendung	Kleinanlage	Kleinanlage	Großanlage	Großanlage	Kleinanlage / Thermosiphon
A_{WT} / A_K	0,2	0,35			
A_K / A_{WT}	5 : 1	3,5 : 1			

Die mittlere Temperaturdifferenz am Wärmetauscher ist folgendermaßen definiert:

$$\Delta\vartheta_{m,WT} = 0{,}5 \cdot ((\vartheta_{ein,pr} - \vartheta_{aus,sek}) + (\vartheta_{aus,pr} - \vartheta_{ein,sek}))$$

In dem Beispiel von Abb. 3.25 ergibt sich folglich:

$$\Delta\vartheta_{m,WT} = 0{,}5 \cdot ((60 - 40) + (30 - 20)) = 15°C.$$

Damit der Sonnenkollektor mit hohem Wirkungsgrad arbeitet, ist der Wärmetauscher so zu dimensionieren, daß die primärseitige Austrittstemperatur, die in etwa der Kollektoreintrittstemperatur entspricht, möglichst niedrig ist.
Die Leistung eines Wärmeübertragers wird nach folgender Gleichung berechnet:

Leistung = Tauscherfläche · k-Wert · Temperaturdifferenz

$$W_{WT} = A_{WT} \cdot k_{WT} \cdot \Delta\vartheta_{m,WT}$$

Der „k-Wert" eines Wärmetauschers wird im wesentlichen durch seine Bauform bestimmt und in den Herstellerunterlagen angegeben. Abb. 3.26 zeigt Bauformen gebräuchlicher Wärmetauscher und gibt Anhaltswerte für die spezifische Übertragungsleistung (k-Wert).
Sofern die effektiv benötigte Tauscherfläche im Rahmen der Anlagendimensionierung berechnet werden muß, sind für den k-Wert die Lieferantenangaben einzusetzen.
Beachtung verdient der Strömungswiderstand des Wärmetauschers. Größere Rippenrohr-Wärmetauscher verursachen ebenso wie die externen Plattenwärmetauscher vielfach beträchtliche Druckverluste. In gepumpten Anlagen lassen sich hohe Strömungswiderstände durch Erhöhung der Pumpenleistung zwar relativ leicht kompensieren, doch sollten Wärmetauscher grundsätzlich durch ihre Konstruktion oder ggf. durch Parallelschaltung mehrerer kleiner Wärmetauscher einen möglichst geringen Strömungswiderstand aufweisen, damit die Gesamtenergiebilanz der Solaranlage nicht durch erhöhten elektrischen Energieeinsatz negativ beeinflußt wird.

Bauformen

In kleinen Solaranlagen zur Trinkwassererwärmung werden interne Wärmetauscher in Form von Glattrohr- oder Rippenrohr-Wärmetauschern sehr häufig eingesetzt, denn sie sind kostengünstig und nehmen – im Speicher untergebracht – keinen zusätzlichen Platz in Anspruch. Außerdem werden die zusätzlichen Wärmeverluste außenliegender Wärmetauscher vermieden. Während Glattrohr-Wärmetauscher zumeist werkseitig fest im Speicher eingebaut sind (um die erforderliche Rohrlänge bzw. -oberfläche unterzubringen), können Rippenrohr-Wärmetauscher durch die vergrößerte Rippenoberfläche kompakter gebaut und mittels spezieller Flansche in den Speicher eingesetzt werden.
Das an der Rohr- bzw. Rippenoberfläche erwärmte Wasser im Speicher (Sekundärseite) steigt durch natürliche Konvektion langsam auf (vgl. Kap. 3.1).

Durch das quasi ruhende Medium auf der Sekundärseite ist die spezifische Übertragungsleistung dieser Wärmetauscher relativ niedrig und kann im Laufe der Zeit durch Verkalkung (bei den Rippenrohr-Wendeln auch durch Verschlammung) weiter zurückgehen. Bei sehr kalkhaltigem Trinkwasser sind die Glattrohr-Wärmetauscher vorteilhaft und daher empfehlenswert, da sich ihre Leistungsfähigkeit bei Kalkablagerungen nur wenig verschlechtert, während sich bei Rippenrohr-Wärmetauschern der Raum zwischen den Rippen zusetzt und die wirksame Übertragungsfläche drastisch vermindert. Letztere können bei Bedarf zwar durch Öffnen des Flansches herausgenommen und gereinigt (entkalkt) werden, was in der Praxis jedoch mit erheblichem Aufwand (Entleeren von Speicher und Solarkreislauf) verbunden ist und daher selten geschieht, zumal eine Verkalkung schleichend voranschreitet und die Folgen daher lange Zeit unbemerkt bleiben.

Interne Wärmetauscher für den Solarkreislauf sollten möglichst weit unten im Speicher angeordnet sein, damit das ganze Behältervolumen des Speichers zur Aufnahme von Solarenergie zur Verfügung steht und der Vorlauf zum Kollektor auf niedrigstem Temperaturniveau gehalten wird.

Wärmetauscherfläche: Für *Rippenrohr-Wärmetauscher* in solaren Brauchwasseranlagen wird eine wärmetauschende Oberfläche (Heizfläche) von etwa 35% der (Flach-) Kollektorfläche empfohlen, also etwa 0,35 m² Tauscherfläche pro m² Kollektorfläche. Der Ausführung mit stehender Wendel sollte, wo möglich, der Vorzug gegeben werden, da sie leichter zu entlüften ist und obendrein die Konvektion im Speicher günstig beeinflusst.
Bei *Glattrohr-Wärmetauschern* reicht eine etwas geringere Heizfläche von ca. 0,2 m² pro m² Kollektorfläche aus. Da sie fest im Speicher eingebaut sind, ist eine nachträgliche Anpassung z.B. an eine größere Kollektorfläche nicht möglich bzw. an einen Austausch des Speichers gebunden.

Anschluß: Der Kollektorkreislauf sollte auf jeden Fall so angeschlossen werden, daß das aufgeheizte Wärmeträgermedium den Tauscher von oben nach unten durchströmt.

Spezielle Solar-Wärmetauscher zeichnen sich durch hohe Übertragungsleistungen und geringe Baugrößen aus. Bei ihnen wird eine Vergrößerung der wirksamen Wärmetauscherfläche durch Aufteilung des Wärmeträger-Stromes auf viele dünne Röhrchen erreicht. Gleichzeitig wird durch Parallelschaltung der Wärmetauscherröhrchen ein erhöhter Druckverlust vermieden, um die Pumpenleistung gering zu halten. Diese Wärmetauscher sind vornehmlich für Anlagen mit einem sehr geringen Durchfluß konzipiert worden („Low-Flow-Konzept“, s. Kap. 4), denn aufgrund des niedrigen Durchflusses erreicht der Vorlauf von Kollektor zu Wärmetauscher sehr hohe Temperaturen. Um den Kollektorwirkungsgrad trotzdem hoch zu halten, muß der Wärmeträger im Wärmetauscher so weit wie möglich herunter gekühlt werden, viel mehr als in den Standardanlagen mit höherem Durchfluß („High-Flow“). Vor der Entwicklung dieser speziel-

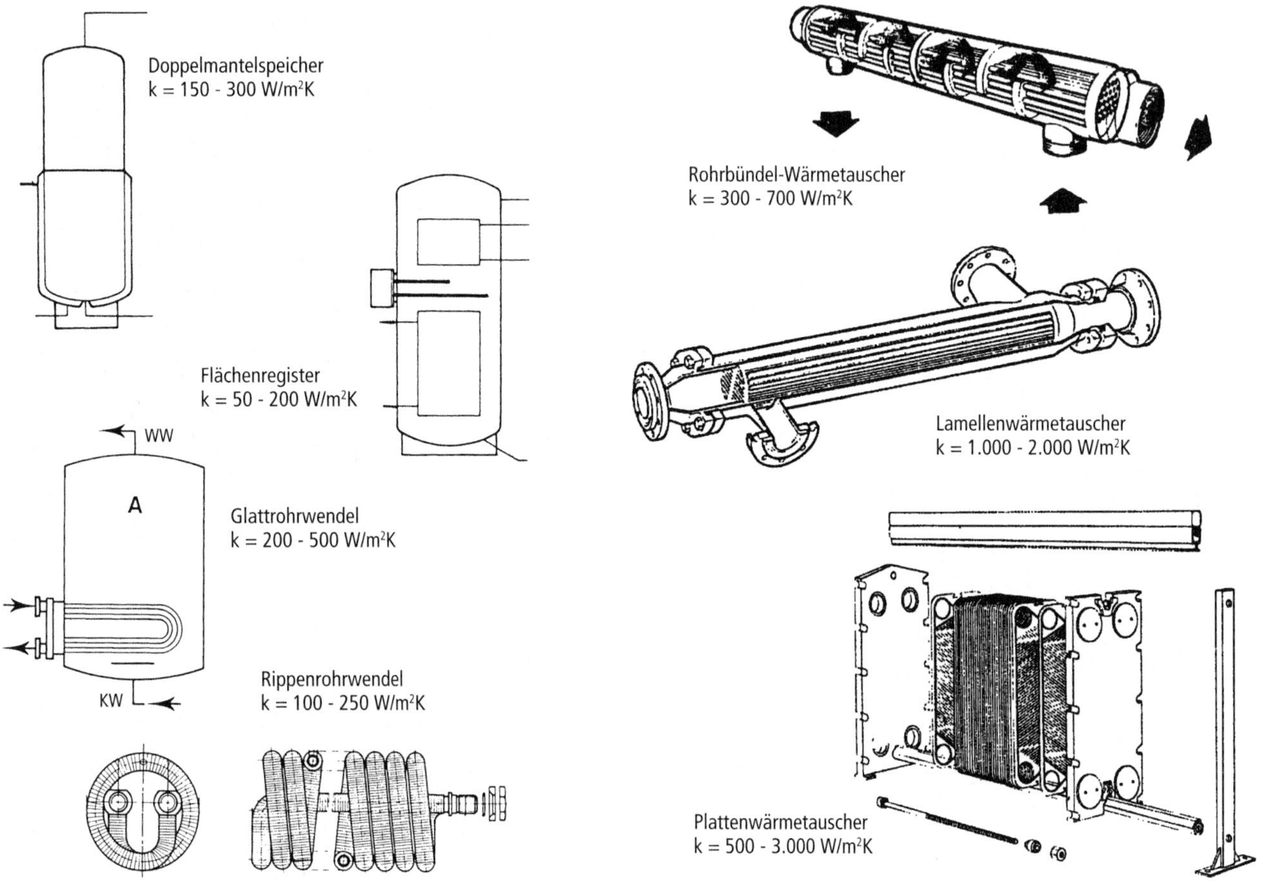

Interne Wärmetauscher

Vorteile:
- kostengünstig
- geringer Platzbedarf

Nachteile:
- geringe Wärmeübertragungsleistung
- Leistungsabfall durch Verkalkung
- große Temperaturdifferenz (10 - 15 K)
- beschränkte Größe, je nach Speicher
- jeder Speicher benötigt eigenen Wärmetauscher

Externe Wärmetauscher

Vorteile
- hohe Übertragungsleistung durch beidseitige Anströmung
- Leistungsbemessung frei wählbar
- kleine Temperaturdifferenzen
- kein Leistungsabfall durch Verkalkung
- ein Wärmetauscher für mehrere Speicher nutzbar
- wartungsfreundlich

Nachteile
- höhere Kosten für Wärmetauscher, Pumpen, Verrohrung
- höhere Wärmeverluste
- größerer Platzbedarf

3.26: Bauformen verschiedener Wärmetauscher /50/.

len internen Wärmeübertrager konnte dies nur mit externen Wärmetauschern erreicht werden.

Externe Wärmetauscher werden in Solaranlagen stets als Gegenstrom-Wärmetauscher ausgeführt. Durch die Strömung auf beiden Seiten der Wärmetauscherfläche ist die spezifische Übertragungsleistung sehr viel höher als bei internen Tauschern, was ab einer gewissen Anlagengröße zu weniger materialintensiven und damit preiswerteren Lösungen führt, auch wenn eine zweite zusätzliche Umwälzpumpe benötigt wird. Die Vor- und Nachteile externer Wärmetauscher im einzelnen:

+ Hohe Übertragungsleistung, die beliebig gewählt und bei Plattenwärmetauschern auch nachträglich noch geändert werden kann, bei kleiner Temperaturdifferenz.
+ Ein externer Wärmetauscher reicht aus, um mehrere Speicher stufenweise zu laden.
+ Bei sorgfältig abgestimmter hydraulischer Anbindung an den Wärmespeicher können eine gute Temperaturschichtung und Speicherausnutzung erreicht werden.
– Höhere Kosten für Wärmetauscher, Verrohrung und zusätzliche Pumpe.
– Größere Wärmeverluste und höherer Platzbedarf.

Gebräuchliche Ausführungen sind der Rohrbündel-Wärmetauscher und der Plattenwärmetauscher. Sie kommen vor allem in mittleren und großen Solaranlagen mit mehreren oder großen Speichern zum Einsatz; in kleinen Solaranlagen mit weniger als 10 bis 12 m² Kollektorfläche bringen sie gegenüber internen Wärmetauschern keine finanziellen Vorteile.

Doppelmantel-Wärmetauscher sind Bestandteil spezieller Warmwasser-Druckspeicher, bei denen um den eigentlichen Speicher im unteren Bereich ein zweiter Mantel aufgeschweißt ist. Vorteilhaft ist der niedrige Durchflußwiderstand dieser Bauart, so daß diese Konstruktion in erster Linie für Schwerkraftanlagen in Frage kommt (s. Kap. 4). Gegenüber internen Wärmetauschern haben sie etliche Nachteile, weshalb sie in Solaranlagen in Mitteleuropa kaum noch eingesetzt werden:

– Die Temperaturschichtung im Bereich des Doppelmantels ist gestört.
– Die Wärme vom Kollektor kann nicht ausschließlich an das kalte Wasser im unteren Teil des Speichers abgegeben werden.
– Temperaturmessung und richtige Fühlerplazierung (bei gepumpten Anlagen) bereiten Schwierigkeiten, so daß der Speicher nicht optimal geladen wird.
– Durch die geringen Strömungsgeschwindigkeiten im Doppelmantel ist die spezifische Heizleistung gering.

3.2.2 Regelung und Steuerung

Die Regelung, das zentrale Koordinationsorgan einer Sonnenkollektoranlage, hat folgende Aufgaben zu erfüllen:

- Steuerung der Umwälzpumpe(n) im Solarkreislauf zwecks Optimierung des Energieeintrages von den Kollektoren in den Speicher,
- Einhaltung von Temperaturgrenzwerten im Speicher.

Neben diesen beiden Hauptaufgaben können moderne elektronische Steuergeräte viele zusätzliche Funktionen übernehmen: z.B. die Analyse des Anlageverhaltens, die Funktionskontrolle und Ertragsüberwachung sowie die Fehlererkennung und Sicherheit der Anlage.
Das Regelungskonzept hat entscheidenden Einfluß auf die Funktion, den Wirkungsgrad und auch auf die Wirtschaftlichkeit einer Solaranlage. Grundsätzlich gilt: Je komplizierter die Regelung und je größer der Aufwand, um so schwieriger bzw. unübersichtlicher wird die korrekte Einstellung und um so größer ist die Störanfälligkeit der Regelung.

Widerstandswerte eines Temperaturfühlers

Temperatur °C	Widerstand Ω
-10	960
0	1000
10	1039
20	1078
30	1117
40	1155
50	1194
60	1232
70	1271
80	1309
90	1347
100	1385
110	1423

Tabelle 3.8: Widerstandswerte eines Pt-1000-Fühlers der Fa. Resol /40/.

Durch die Fortschritte der Elektronik in den letzten Jahren sind jedoch auch aufwendige Regelungskonzepte mit vielen hilfreichen Zusatzfunktionen möglich geworden, die einfach umzusetzen, robust und zudem preiswert sind, z.B. mikroprozessorgesteuerte, intelligente oder selbstlernende Regelungen.

Temperatur-Differenz-Regelung

Zur Steuerung der Umwälzpumpe(n) in Sonnenkollektoranlagen werden sogenannte Temperatur-Differenz-Regelungen eingesetzt. Temperaturfühler am Kollektor und am Speicher messen die Temperatur und setzen sie in elektrische Signale (Spannung, Widerstandsänderung) um, die von einer Elektronik verglichen werden. Temperaturfühler und Elektronik sind dabei aufeinander abgestimmt, so daß die Fühler verschiedener Firmen meist nicht miteinander ausgetauscht werden können. Überschreitet die Kollektortemperatur die Temperatur im Speicher um einige Grad (einstellbar), wird ein Umschaltkontakt (Relais) betätigt. Der Umschaltkontakt kann in der Regel mit Netzspannung (230 V) belastet werden und dient zum Ein- und Ausschalten der Umwälzpumpe oder auch anderer Steuerungseinrichtungen (elektrische Ventile o.ä.). Die Steuerung der Pumpe entsprechend der Temperaturdifferenz zwischen Kollektor und Speicher, die sogenannte 2-Punkt-Regelung, ist das einfachste Regelungskonzept. Auch in modernen mikroprozessorgesteuerten Reglern findet grundsätzlich dieses einfache Prinzip Anwendung. Solche Geräte bieten lediglich über die unabdingbare Grundfunktion hinaus ergänzende und komfortable Steuerungsmöglichkeiten.

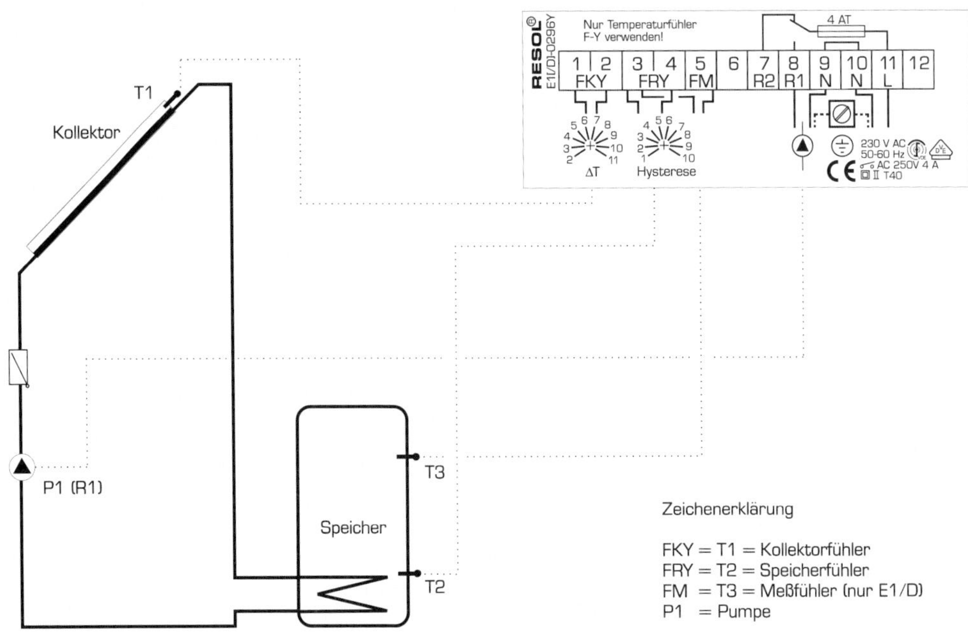

3.27
Kollektorsteuerung mit Temperatur-Differenz-Regler. Die elektronische Steuerung mißt mittels Temperaturfühler (PTC, o.ä.) elektrisch die Temperaturen im Kollektor und unten im Speicher.
Die Umwälzpumpe wird eingeschaltet, wenn die Kollektortemperatur um 5 bis 10°C höher ist als die Speichertemperatur. Damit kommt der Umlauf nur in Gang, wenn wirklich Nutzenergie mit ausreichender Temperatur erzeugt wird. Der Meßfühler FMY dient zur Speichertemperaturbegrenzung.
Bild: Fa. Resol, Hattingen

Solarsteuerungen – Technik und Installationshinweise

• Anforderungen an die Fühler

Die Temperaturbeständigkeit der Fühler muß bis zur maximalen Stillstandstemperatur (160 bis über 200°C) gewährleistet sein.
Die Genauigkeit der Fühler bei Betriebstemperaturen (20 bis 80°C) sollte so groß sein, daß der Meßfehler von Fühler und Regelgerät zusammen 2 bis 3 K nicht überschreitet. Es werden nahezu ausnahmslos Fühler aus Materialien verwendet, die proportional zur Temperaturänderung ihren elektrischen Widerstand ändern, der dann gemessen wird.
Beispiel: Pt 1000 ist ein Fühler aus Platin (Pt) mit einem Widerstand von 1.000 Ω bei 0°C (s. Tab. 3.8), übrigens ein Fühler mit hoher Genauigkeit.

• Fühlermontage

Die *Montage der Fühler* ist so auszuführen, daß tatsächlich die relevanten Temperaturen gemessen werden (siehe Datenblatt).
Der Speicherfühler soll die Temperatur des Wassers in der Umgebung des Solar-Wärmetauschers messen. Je nach Bauform und Einbau des Wärmetauschers im Speicher (liegend oder aufrecht stehend) sollte der Temperaturfühler in der Höhe zwischen Oberkante und Mitte des Solarkreiswärmetauschers angebracht werden. Dafür sind in den meisten Solarspeichern entsprechende Öffnungen (mit ½“ Innengewinde) vorgesehen, in die eine Tauchhülse aus Messing oder Edelstahl geschraubt wird (mit Hanf abdichten). Der Temperaturfühler sollte gerade eben in die Tauchhülse passen und unter Zugabe von Wärmeleitpaste eingesetzt werden, so daß ein guter Wärmeübergang gewährleistet ist. Er wird soweit wie möglich eingeschoben und mit einer Klemmschraube gegen Herausrutschen gesichert. Manche Hersteller rüsten ihre Speicher auch mit einer Klemmleiste auf der Mantelfläche aus, so daß der oder die Speicherfühler einfach eingeklemmt werden können (weniger Montageaufwand!).

Dabei müssen die Fühler unter der Dämmung liegen.
Die Anschlußkabel können in der Regel mit 2-adrigem Elektrokabel nach Bedarf verlängert werden (Hersteller-Hinweise beachten!).

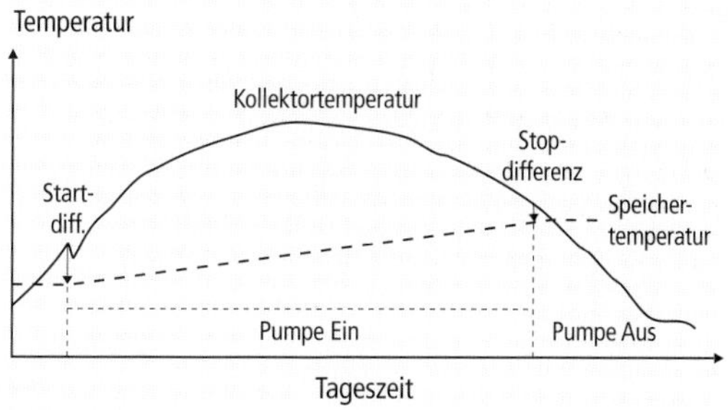

3.28
Funktion der Temperatur-Differenz-Steuerung dargestellt am täglichen Verlauf von Kollektor- und Speichertemperatur (schematisch).

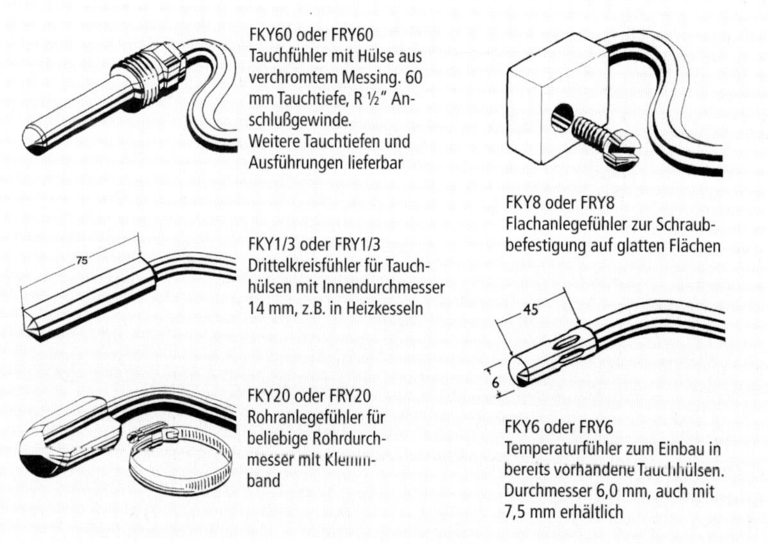

3.29: Beispiele einiger Kollektor- und Speicher-Temperaturfühler. Bild: Fa. Resol /40/

Der Kollektorfühler sollte die Temperatur des heißesten Kollektors in der Nähe des Ausganges zum Speicher (Vorlauf) messen. Günstig sind Fühler, die in den Kollektor hineinragen (an der Vorlaufleitung), wobei zu beachten ist, daß die Strömung des Wärmeträgers nicht gestört wird (Abb. 3.30). Besser sind Fühler, die im Kollektorgehäuse auf dem Absorber montiert sind (Flachanlegefühler auf dem Absorberblech möglichst weit außen). Letztere sprechen schneller an und messen eine höhere Temperatur.

Rohranlegefühler stellen immer eine schlechte Notlösung dar, werden aber verwendet, wenn die Montage im Kollektor oder im Sammelrohr nicht möglich ist. Sie werden möglichst nahe am heißesten Kollektor mittels Schlauchschelle montiert, dort, wo sich die Erwärmung am schnellsten bemerkbar macht; sie müssen mit einer ausreichend dicken Wärmedämmung ummantelt werden, damit sie die tatsächliche Temperatur des Rohres übermitteln und nicht einen Mittelwert zwischen Rohr- und Lufttemperatur. Bei fertigen Kollektoren und Speichern sind die Fühler in der Regel vormontiert, so daß lediglich noch die elektrischen Verbindungen zum Regler hergestellt werden müssen.

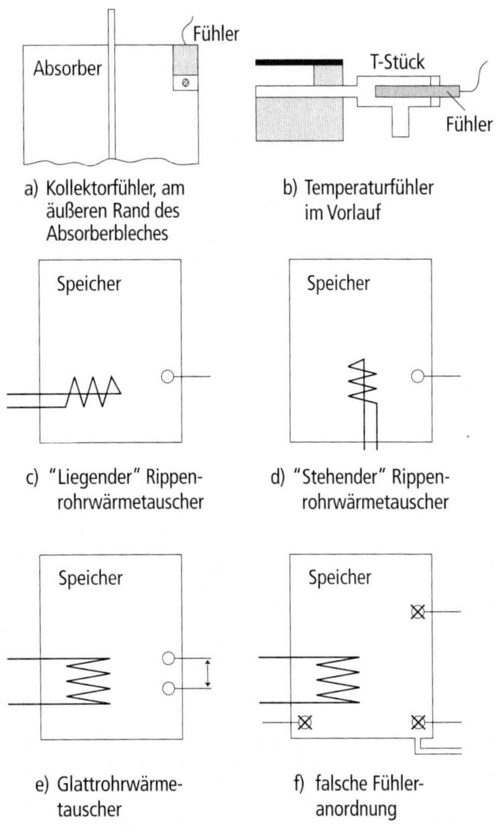

3.30
Montage der Temperaturfühler.

• Regler-Einstellungen

Die *Einschalt-Temperaturdifferenz* muß im Bereich 0 bis 12 K einstellbar sein, meist liegt sie zwischen 5 bis 10 K. Bei der Einstellung der Einschaltschwelle gilt es eine Reihe von Einflüssen zu berücksichtigen:

- Auf dem Weg zum Speicher kühlt der Wärmeträger in den Rohrleitungen ab. Die Wärmeverluste bei 40°C Temperaturdifferenz liegen je nach Durchmesser und Isolation der Leitung bei 5 bis 10 W pro m Rohrlänge (vgl. Tab. 3.13), die Schwachstellen wie Ventile, Verschraubungen etc. noch nicht mit eingerechnet. In der Praxis ist mit einer Abkühlung zwischen 0,5 und 3 K zu rechnen.
- Die Toleranz der Fühler untereinander kann 1 bis 2 K betragen.
- Der Wärmetauscher im Speicher benötigt zur Wärmeübertragung eine Temperaturdifferenz von mindestens 2 bis 3 K, außerdem sollte wenigstens soviel Nutzenergie erzeugt werden, wie an Pumpenenergie aufgewendet werden muß.

Nach dem Einschalten der Pumpe strömt zunächst kaltes Wasser aus der Verbindungsleitung in den Kollektor, wodurch die Kollektortemperatur kurzfristig sinkt. Durch eine genügend große Einschaltdifferenz sowie durch eine *Differenz zwischen Ein- und Ausschaltschwelle (Hysterese)* kann ein „Takten“ (wiederholtes Ein- und Ausschalten) der Pumpe verhindert werden. Heute existieren fast aus-

nahmslos solche Steuerungen, bei denen die *Ausschalt-Temperaturdifferenz* getrennt von der Einschaltschwelle eingestellt werden kann.
Die Ausschalt-Temperaturdifferenz beeinflußt nachhaltig auch die Betriebsdauer der Anlage, wie sich in Abb. 3.28 an der Pumpenlaufzeit am Nachmittag zeigt. Die Hysterese sollte 1,5 bis 6 K betragen, je nach Toleranz der verwendeten Fühler.

• Kontrollfunktionen

Unverzichtbar ist eine einfache Anzeige des Betriebszustands mittels Kontrolleuchte. Insbesondere Fehler in der Anlagenfunktion müssen deutlich angezeigt werden. Für die Einstellung und Wartung hat sich ein Pumpenschalter zum manuellen Ein- und Ausschalten der Pumpe als sehr sinnvoll erwiesen.

• Speichertemperaturbegrenzung

Eine sinnvolle und heute grundsätzlich in jeder Regelung integrierte Funktion ist die *Speicher-Temperaturbegrenzung*, sowohl zur Verhinderung von starken Kalkablagerungen am Wärmetauscher bei Temperaturen über 70°C, als auch zur Sicherung des Speichers vor Überladung. Wenn keine Wärmeenergie verbraucht wird, z.B. während der Urlaubszeit, können ohne Temperaturbegrenzung im Speicher durchaus Temperaturen von über 100°C entstehen (vgl. Kap. 3.1.1).
Überschreitet die Temperatur im Speicher nun eine eingestellte Maximaltemperatur (z.B. 70 bis 75°C wegen Kalkbildung oder maximal 95°C aus Sicherheitsgründen), betätigt die Steuerung einen Umschaltkontakt, über den Maßnahmen zur Temperaturbegrenzung (z.B. Abschalten der Umwälzpumpe) veranlaßt werden. Diese Funktion kann grundsätzlich auch von einem einfachen, zusätzlich installierten Speicherthermostaten ausgeführt werden. Folgende Maßnahmen sind gebräuchlich:

Lösung 1.
Abschalten der Umwälzpumpe
Bei Überschreiten der eingestellten Grenztemperatur wird die Umwälzpumpe im Solarkreislauf abgeschaltet. Da der Kollektor dadurch „in den Leerlauf" geht, kommt es zu sehr hohen Temperaturen im Solarkreis, die entsprechende Sicherheitsmaßnahmen erforderlich machen (s. Kap. 3.5).

Lösung 2.
Kühlung des Speichers durch Pumpenbetrieb in der Nacht
Anstatt die Pumpe wie oben abzuschalten, kann sie auch unabhängig vom Schaltzustand der Solarsteuerung in strahlungsarmen Zeiten, insbesondere nachts eingeschaltet werden. Durch die Wärmeverluste des Kreislaufes und des Kollektors wird der Speicher dann entladen und kühlt ab. Diese Lösung bietet keine 100%ige Sicherheit gegen Überhitzen des Speichers und sollte daher mit Maßnahme 1 gekoppelt werden.

Lösung 3.
Kühlung des Speichers über den Heizkessel
Sofern im Speicher ein zweiter Wärmetauscher für die Nachheizung aus der Heizungsanlage eingebaut ist, kann alternativ zu Lösung 2 die Brauchwasser-Ladepumpe im Heizungskreis (ggf. auch die Heizungsumwälzpumpe) eingeschaltet werden. Die Wärme aus dem Solarspeicher wird dadurch über das Heizsystem bzw. den Schornstein abgeführt, und zwar solange, bis die Solltemperatur des Speicherthermostaten wieder unterschritten wird. Es gibt auch Möglichkeiten, die Überschußwärme über einen zusätzlichen Verbraucher wie z.B.WW-Zirkulation, einzelne Heizkörper, Schwimmbad o.ä. abzuführen.

Lösung 2 in Verbindung mit 1 ist bei Kleinanlagen am gebräuchlichsten.

Weitere Funktionen

Betriebsstundenzähler: Sehr sinnvoll ist der Einbau eines Betriebsstundenzählers in die Regelung. Die Messung und Protokollierung der Pumpenlaufzeit erlaubt bei der jährlichen Wartung eine einfache Funktionskontrolle der Anlage. Die zusätzliche Ausrüstung der Steuerung mit einem *Display*, an dem (wahlweise) zumindest die Kollektor- und Speichertemperatur angezeigt werden, ist ebenfalls sehr sinnvoll und erleichtert die Einstellung und Funktionskontrolle im Detail.

Fehlermeldungen: Zum schnellen Auffinden von Funktionsstörungen, wie z.B. Ausfall eines Temperaturfühlers (Kabelbruch), Pumpenausfall o.ä., sind Regler hilfreich, die Fehlermeldungen ausgeben.

Kollektorschutzfunktion: Weil der Kollektor im Stillstand (Speichertemperaturbegrenzung, Lösung 1) enormen Belastungen ausgesetzt ist, bieten Regler neuester Generation eine Kollektorschutzfunktion. Dabei wird die Pumpe, obwohl die Ausschaltbedingung bereits erfüllt ist (Maximaltemperatur im Speicher erreicht), weiter betrieben, und zwar mit reduzierter Drehzahl bei drehzahlgeregelten Pumpen bzw. im „Stotterbetrieb" bei nicht drehzahlgeregelten. Dadurch erreicht der Kollektor zwar hohe Temperaturen (z.B. 100 bis 130°C), bleibt allerdings deutlich unter der Stillstandstemperatur; durch den relativ geringen Wirkungsgrad bei diesen Temperaturen geht die gewonnene Wärme nahezu vollständig über das Leitungsnetz verloren, so daß es zu keiner weiteren Erhöhung der Speichertemperatur kommt.

Wärmemengenzählung: Regler neuester Bauart bieten außerdem noch Funktionen wie *Fernanzeige* oder Wärmemengenzählung. Mit der Fernanzeige wird es möglich, sich die Anzeigen sozusagen „ins Wohnzimmer" zu holen. Ähnlich wie bei Raumheizungsthermostaten können Funktion und Betriebszustand der Anlage überwacht werden, um ggf. Veränderungen der Einstellung vorzunehmen. Im Vordergrund steht jedoch das „gute Gefühl", das beim Wahrnehmen der täglichen Energieproduktion aufkommt. Um feststellen zu können, welchen Energieertrag die Anlage liefert, wird neuerdings, maßgeblich angeregt durch Richtlinien in einem Förderprogramm des Bundeswirtschaftsministeriums, die zusätzliche Ausstattung mit Wärmemengenzählern oder Wärmemengenschätzern angeboten. Für eine Wärmemengenzählung ($Q = m \cdot c \cdot (\vartheta_2 - \vartheta_1)$) sind die Messung des Volumenstroms (Masse m) sowie der Ein- und Austrittstemperatur am Wärmetauscher (ϑ_2 und ϑ_1) notwendig, so daß zusätzlich ein Warmwasserzähler und zwei Temperaturfühler in den Kollektorkreis eingebaut werden müssen (Abb. 3.31).

Die Temperaturfühler sind recht preiswert, der Durchflußmesser hingegen kann, je nach Genauigkeit sehr teuer sein. Daher wird zum Teil auf ein einfaches Verfahren der Wärmemengenschätzung zurückgegriffen, bei dem der Volumenstrom nach Inbetriebnahme der Anlage als fester Wert in die Regelungseinheit eingegeben wird. In jedem Fall müssen Art und Konzentration des Frostschutzmit-

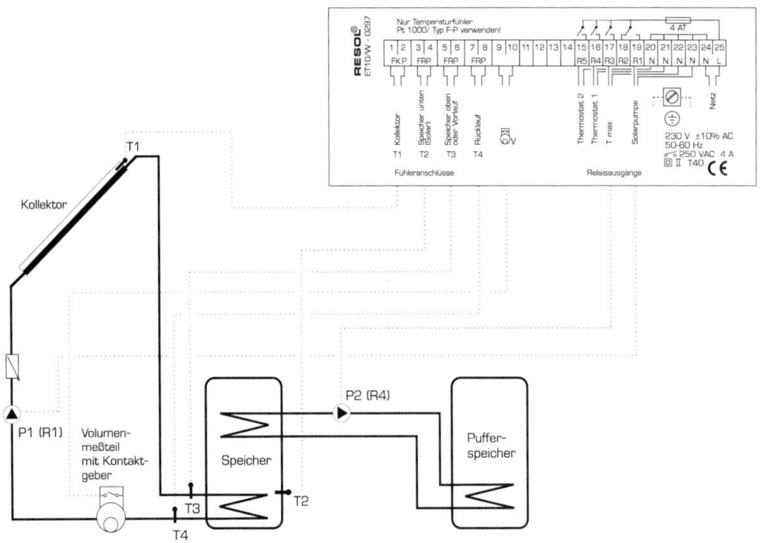

3.31
Solaranlage mit zusätzlicher Wärmemengenmessung.
Bild: Fa. Resol /40/

tels in die Regelung eingegeben werden, da zur Berechnung der Wärmemenge die spezifische Wärmekapazität (c) bekannt sein muß.
So nützlich und wertvoll die Anzeige und damit die Überprüfung von Energieertrag und Leistung der Solaranlage sind, so umstritten ist das Bestreben, den Einbau allgemein zur Auflage zu machen. Im Vordergrund der Kritik steht der zusätzliche Kostenaufwand, der insbesondere bei Kleinanlagen unvertretbar sein kann. Darüber hinaus reicht die alleinige Wärmemengenbestimmung im Solarkreis für eine objektive Bewertung des Systems nicht aus, denn eine Vielzahl weiterer Einflußfaktoren bestimmen den solaren Energieertrag mit, z.B. Nutzerverhalten, Speichervolumen, Art und Regelung der Nachheizung usw. Diese im einzelnen zu bestimmen bzw. zu messen ist für kleine Anlagen (< 20 m^2) finanziell nicht vertretbar.
Während die Wärmemengenmessung bei Großanlagen nicht nur im Solarkreis, sondern auch auf der Verbraucherseite sich mehr und mehr durchsetzt, bleibt für Kleinanlagen zu wünschen, daß dieser „Luxus" in Zukunft preiswerter und vielleicht dadurch zum Standard wird.

Steuerung der Nachheizung: Um die Nachheizung des Speichers bei fehlender Sonneneinstrahlung (s. Kap. 3.4) optimal auf den Solarertrag der Anlage abzustimmen, bieten manche moderne Solarregler die Funktion der Nachheizungssteuerung, obwohl diese, zumindest in neueren Zentralheizungsanlagen, häufig bereits in der konventionellen Nachheizung integriert ist. Das gleiche gilt – sofern vorhanden – für die *Steuerung der Zirkulation* (s. Kap. 3.3).

Timer-Funktion im Solarkreis: Für große Anlagen mit langen Rohrleitungen und entsprechend großem Leitungsquerschnitt im Solarkreis – besonders wenn diese auch noch im Freien geführt werden – kann die Ausrüstung der Steuerung mit einer Timer-Funktion sinnvoll sein. Um das bereits erwähnte „Takten" der Solarkreispumpe beim Einschalten und bei schnell wechselnder Einstrahlung zu verhindern, sorgt der Timer dafür, daß die Pumpe nach dem Einschalten für eine einstellbare Mindestzeit (1 bis 5 min.) läuft, solange bis der ganze Wärmeträgerkreis einmal umgewälzt ist.

Solaranlage mit Bypass

Wenn eine Solaranlage nach längerem Stillstand, also z.B. nach einer Nacht, zum ersten Mal wieder in Betrieb geht, ist der Wärmeträger im Kollektorkreis abgekühlt und oftmals kälter als das Speicherwasser. Dann kommt es zu einem – kurzzeitigen – Wärmeaustrag aus dem Speicher, und zwar um so mehr, je größer der Temperaturunterschied ist und je mehr Flüssigkeit der Solarkreislauf enthält. Bei Anlagen mit langen Rohrleitungen ist dieser Effekt keinesfalls zu vernachlässigen. In solchen Fällen empfiehlt sich der Einbau eines Bypasses zur Umgehung des Wärmetauschers: Über ein motorbetriebenes 3-Wege-Ventil wird der Weg zum Wärmetauscher des Speichers erst dann freigegeben, wenn das Fluid im Solarkreis eine höhere Temperatur (z.B. 5 K) als das Speicherwasser hat. Zusätzlich wird häufig auch ein Strahlungsfühler eingesetzt, um die Solarkreispumpe strahlungsabhängig zu schalten (Abb. 3.32).
Durch den Mehraufwand bei der Regelung und Verrohrung sowie durch zusätzliche Stellglieder entste-

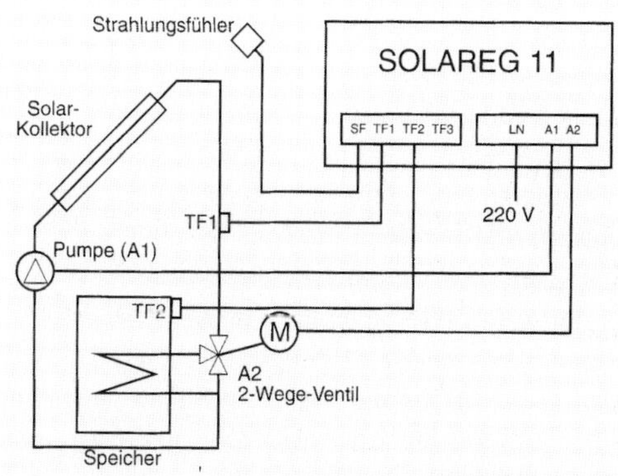

3.32
Solaranlage mit Bypass und Strahlungsfühler.
Bild: Fa. Prozeda /40/

hen bei Bypass-Systemen zusätzliche Kosten, so daß sie für Kleinanlagen wenig attraktiv und daher wenig gebräuchlich sind, insbesondere dann, wenn die Wärmeträgermenge im Solarkreis relativ klein ist.

Regelungen mit Steuerung der Pumpendrehzahl

Neben den einfachen Temperaturdifferenzregelungen, von denen bisher die Rede war und die lediglich die zwei Schaltzustände „Ein" und „Aus" für die Pumpe vorsehen (2-Punkt-Regelung), gibt es Steuerungen mit stufenloser Drehzahlregelung der Pumpe (stetige Regelung). Damit kann der Volumenstrom im Solarkreis verändert werden, meist zwischen 30% und 100% der maximalen Pumpenleistung (unter 30% der Leistung geht der Wirkungsgrad der Pumpe stark zurück). In der Fachsprache wird dies als „Matched-Flow-Konzept" (Konzept mit variablem Durchfluß) bezeichnet. Vorteil einer derartigen Regelstrategie ist eine „Anpassung" des Volumenstroms an den solaren Wärmeertrag, wodurch sich eine optimale Kollektoraustrittstemperatur erzielen läßt, die z.B. immer 5 bis 10 K über der Speichertemperatur am Wärmetauscher gehalten wird. Damit ist es zudem möglich, bei kaltem Speicher den Durchfluß so weit zu verringern, daß der Vorlauf vom Kollektor gleich eine Temperatur von ca. 50°C erreicht und das Wasser im Speicher damit sehr schnell auf ein nutzbares Temperaturniveau erwärmt wird. Allerdings sind für diese Betriebsweise Schichtenladespeicher unerläßlich.
Matched-Flow-Systeme sind erst in jüngster Zeit entwickelt worden und auf den Markt gekommen, nicht zuletzt, weil kleine drehzahlgeregelte Heizungsumwälzpumpen für solche Systeme noch nicht lange zu akzeptablen Preisen verfügbar sind. Mit dieser Regelstrategie kann der Anlagenertrag durchaus um einige Prozent gesteigert werden, vorausgesetzt, alle Komponenten der Solaranlage sind optimal aufeinander abgestimmt. Insbesondere bei geringen Durchflüssen muß darauf geachtet werden, daß die Temperaturen im Kollektor nicht unnötig hohe Werte erreichen, was nachteilig für den Wirkungsgrad wäre. Wichtig sind nicht zuletzt leistungsfähige Wärmetauscher, die das Wärmeträgermedium möglichst weit herunter kühlen, so daß es auf niedrigem Temperaturniveau in den Kollektor eintritt.
Bisher werden Anlagen nach diesen Konzept erst von einigen wenigen Herstellern angeboten, zumal die aufwendigere Regelung und die drehzahlgeregelte Pumpe zu höheren Anlagenkosten führen (vgl. Kap. 4).

Energiedifferenzregelung

Durch die Mikroelektronik lassen sich auch aufwendigere Regelungskonzepte mit vertretbarem Aufwand realisieren, die über einen reinen Temperaturvergleich hinausgehen. So wird inzwischen ein Solarregler angeboten, der an Stelle von Temperaturdifferenzen die Energieflüsse am Kollektor, am Speicher und an den Rohrleitungen erfaßt und daraus ein Signal für die Pumpensteuerung ableitet. Gemessen werden die Temperaturen an Kollektor, Rohrleitungen und Speicher und daraus unter Einbeziehung von Kenndaten der Anlage (Füllvolumen, Leitungslänge und –durchmesser im Solarkreis, die bei der Inbetriebnahme einzugeben sind) die Wärmeströme am Kollektor, am Speicherwärmetauscher und an den Rohrleitungen bilanziert. Als Beispiel betrachten wir den Einschaltvorgang am Morgen: der Kollektorfühler zeigt eine Temperatur von 10 K über der Speichertemperatur, bei einer Temperatur-Differenz-Regelung wäre die Einschaltschwelle erreicht. Da sich jedoch sehr kaltes Fluid in den Rohrleitungen befindet, würde der Speicher beim Einschalten der Pumpe zunächst entladen. Die Energiedifferenzregelung wartet in diesem Fall, bis die Kollektortemperatur ausreichend hoch ist, so daß der vom Kollektor kommende Wärmestrom größer ist als der Wärmeverlust des Speichers (beim Anlaufen). Ist das Fluid in den Leitungen im laufenden Betrieb, z.B. bei wechselnder Einstrahlung, bereits aufgeheizt, so wird eine niedrigere Temperaturdifferenz zwischen Kollektor und Speicher als Einschaltbedingung ausreichend sein. Eine solche Regelstrategie erscheint besonders für Anlagen mit außenliegenden Rohrleitungen vorteilhaft, in denen der Wärmeträger relativ schnell und stark abkühlt. Neben der komplexeren Elektronik ist mindestens ein zusätzlicher Temperaturfühler notwendig.

Komplexere Steuerungskonzepte

Bei größeren und großen Anlagen mit mehreren Wärmequellen und/oder Speichern, die von Fachingenieuren geplant und in Betrieb genommen werden, sind aufwendige Steuerungen notwendig, wobei viele der erwähnten Zusatzfunktionen bei großen Anlagen schon lange Stand der Technik sind. Als weitere Funktion kommt hier in der Regel noch eine Schnittstelle hinzu, an die ein Computer angeschlossen werden kann, sowohl zur Auswertung der aufgenommenen Daten als auch zur Eingabe von Daten. Die Logik solcher Steuerungen kann schnell recht kompliziert werden, wie schon das vergleichsweise einfache Beispiel der Zwei-Speicher-Anlage mit Bypass-System zeigt (Abb. 3.33): Die Solaranlage heizt zwei Speicher mit unterschiedlichem Temperaturniveau, wobei Speicher 1 deutlich wärmer als Speicher 2 sei und, nach Aufheizung des Solarkreises über den Bypass, vorrangig geladen werden soll (z.B. Warmwasserbereitung).

Fazit

Motiv für den Einsatz aufwendigerer Solarsteuerungen bis hin zum intelligenten, selbstlernenden „Solar-Computer" auch bei kleineren Anlagen ist der Wunsch, die mit teuren Kollektoren gewonnene Energie möglichst vollständig zu ernten und zu nutzen. So können ausgefuchste Steuerungen den Wirkungsgrad von Solaranlagen durchaus verbessern, zumal sie durch Weiterentwicklungen, Serienfertigung und Preisverfall in der Elektronik auch erschwinglich werden. Es darf jedoch nicht übersehen werden, daß kompliziertere Steuerungen auch schwieriger zu durchschauen, einzustellen und bei Störungen zu warten sind; da hat das Nutzerverhalten am Ende oft einen sehr viel nachhaltigeren Einfluß auf den Anlagenertrag als die Feinheiten einer komplizierten Pumpensteuerung.

Kosten

Einfache Temperaturdifferenz-Regler ohne Einstellmöglichkeiten sind bereits ab 130 DM erhältlich. Gängige Regler mit einstellbarer Einschalttemperaturdifferenz, Hysterese, Speichertemperaturbegrenzung sowie verschiedenen Kontrollämpchen sind für etwa 250 DM in sehr guter Qualität verfügbar. Hinzu kommen mindestens zwei Temperaturfühler, die je nach Qualität und Art des Fühlers 30 DM und mehr kosten. Regeleinheiten für kleinere und mittlere Anlagen mit Wärmemengenmessung als Zusatzfunktion kosten etwa 600 DM, zuzüglich der zwei zusätzlich notwendigen Temperaturfühler sowie ggf. eines Volumenstrommessers, der gut 130 DM und mehr kostet.

3.33
Die Zwei-Speicher-Steuerung.
Bild: Fa. Sorel /40/

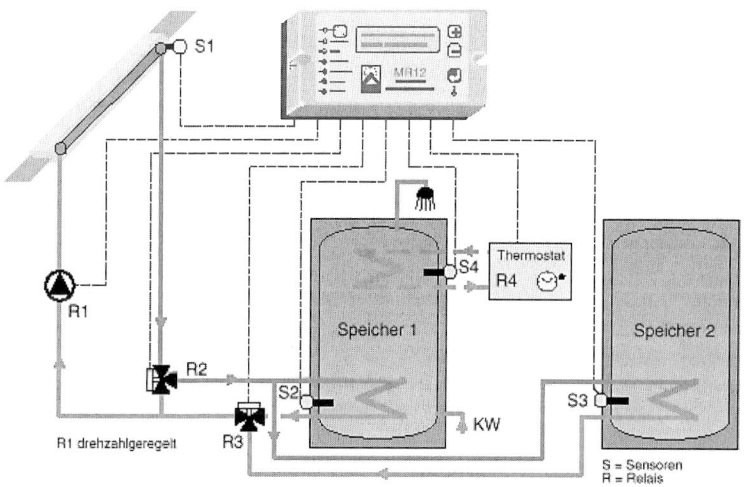

Je nach Ausstattung sind die Preise nach oben offen bis hin zu mehreren 1.000 DM für „Solar-Computer", die per Telefon angerufen werden können, um den Betriebszustand der Anlage abzufragen oder von außen regelnd eingreifen zu können (Fernüberwachung). Solche technisch sehr anspruchsvollen Konzepte sind, wenn überhaupt, nur für Großanlagen sinnvoll.

3.2.3 Wärmeträger

Der Wärmeträger hat die Aufgabe, die Wärme vom Kollektor zum Speicher bzw. zum Verbraucher zu transportieren. An Wärmeträgerflüssigkeiten müssen daher folgende Anforderungen gestellt werden:

- hohes Wärmeaufnahmevermögen, d.h. große spezifische Wärmekapazität,
- niedrige Viskosität, d.h. gute Fließ- und Strömungseigenschaften,
- Frostschutz bis 10 K unter den für die Heizungsplanung geltenden mittleren Tiefsttemperaturen, je nach Standort bis zu -28°C,
- kein Sieden im Bereich der Betriebstemperaturen,
- keine Begünstigung von Korrosion im Leitungssystem.

Außerdem sollten Wärmeträgerflüssigkeiten nicht brennbar, nicht giftig, nicht ätzend oder reizend und biologisch abbaubar sein. Normales Wasser erfüllt die meisten der genannten Anforderungen in nahezu idealer Weise. Da es jedoch bei Temperaturen unter 0°C gefriert, kann es ohne weiteres nur in südlichen Ländern bzw. hierzulande nur im Sommerbetrieb eingesetzt werden (Anlagen ohne Wär-

Eigenschaften gebräuchlicher Wärmeträger für Solaranlagen

Wärmeträger	bei °C	Erstarr. temp. °C	Siede-temp. (3,5 bar) °C	Dichte kg/l	spez. Wärme kJ/kg·K	Viskosität b. 20°C mm²/s	kub. Ausdehnungskoeff. [10^{-5}/K]
Wasser	20	0	138	0,998	4,18	1,0	
	50			0,988	4,18	0,55	
Tyfocor	20	-25	142	1,029	3,60	3,4	50
40% +Wasser	50			1,015	3,70	1,55	57
Tyfocor	20	-45	150	1,078	3,32	5,4	54
55% +Wasser	50			1,060	3,45	2,2	61
Tyfocor L	20	-21	142	1,037	3,68	4,2	
40% +Wasser	50			1,019	3,80	1,7	45
Tyfocor L	20	-48	147	1,053	3,28	9,0	b. 100%
60% + Waser	50			1,032	3,40	3,1	Tyfocor L
Antifrogen N	20	-22	145	1,058	3,63	2,8	44
34% +Wasser	50			1,043	3,72	1,2	56
Antifrogen N	20		188	1,132	2,58	17	58
90% +Wasser	50			1,114	2,70	6	67
Antifrogen L	20	-22	142	1,036	3,77	4	50
38% +Wasser	50			1,018	3,86	1,6	62
Antifrogen L	20	-45	147	1,045	3,39	8	67
57% +Wasser	50			1,025	3,50	2,8	74
Glythermin NF	20	-25	143	1,060	3,60	3,4	47
40% +Wasser	50			1,043	3,70	1,6	57
GlytherminNF	20	-45	147	1,079	3,32	5,5	54
55% +Wasser	50			1,060	3,45	2,2	62
Glythermin P44		-21	143	1,038	3,68	4,3	
40% + Wasser	50			1,020	3,80	1,7	45
P 44	20		170	1,058	2,68	36	bei 100%
90% +Wasser	50			1,035	2,83	9	P44
Glytherm. GP42		-38	143	1,060	3,44	5,1	
50% +Wasser	50			1,040	3,58	2,1	66
GP 42	20	-60	180	1,088	2,60	28	bei 100%
90% +Wasser	50			1,065	2,81	7,5	GP42
Gilotherm	20	-80	260	0,857	1,92	5,6	
ADX 10				0,834	2,00	2,6	

Tyfocor und Tyfocor L sind Produkte der Tyfo-Chemie, Hamburg. Antifrogen N und Antifrogen L sind Produkte der Höchst Chemie, Frankfurt.

Glythermin NF, Glythermin GP42 und Glythermin P44 sind Produkte der Tensid Chemie, Düren (BASF-Gruppe)

Tyfocor, Antifrogen N und Glythermin NF sind Frostschutzmittel auf der Basis von Ethylenglykol, und daher für den Einsatz im Lebensmittelbereich nicht zugelassen.

Tyfocor L, Antifrogen L und Glythermin P44 sind Frostschutzmittel auf der Basis des nicht toxischen 1,2 Polyethylenglykols und daher auch für die Anwendung inm Lebens- und Genußmittelbereich zugelassen.

Glythermin GP 42 auf der Basis von Ethylenglykol/Propylenglykol ist mit einem besonders wirksamen Aluminium-Korrosionsschutz ausgestattet.

Tabelle 3.9:
Eigenschaften gebräuchlicher Wärmeträger für Solaranlagen /40/.

metauscher). Außerdem zeigt Trinkwasser vielerorts wegen der enthaltenen Ionen (Chloride, Carbonate, u.ä.) sowie bei erhöhtem Sauerstoffgehalt korrosive Wirkung, so daß in Anlagen ohne Wärmetauscher nur ausreichend korrosionsbeständige Materialien (Kupfer, Edelstahl, Kunststoff) verwendet werden dürfen.

Gebräuchliche Wärmeträgermedien

Für Solaranlagen im mitteleuropäischen Klima werden überwiegend Mischungen aus Wasser und Frostschutzmittel (Glykole) mit einem Zusatz von Korrosionsschutzmitteln eingesetzt, die unter verschiedenen Markennamen im Handel sind. Auf die antikorrosiven Zusätze darf nicht verzichtet werden, da einfache Wasser-Glykol-Mischungen korrosiver wirken als Wasser selbst. Da die Korrosionsinhibitoren durch Luftsauerstoff rasch aufgezehrt werden, eignen sich die mit Korrosionschutzmitteln versehenen fertigen Mischungen nach Herstellerangaben nicht für offene Systeme, wo ein Luftzutritt kaum ausgeschlossen werden kann. In Tabelle 3.9 sind die Daten der gebräuchlichsten Mittel zusammengestellt.

Den Vorteilen wie Frostsicherheit und geringeres Korrosionsrisiko stehen auch einige grundsätzliche Nachteile von Wasser-Frostschutz-Mischungen gegenüber, die es bei der Auslegung von Solaranlagen zu berücksichtigen gilt:

- So ist die spezifische Wärmekapazität der Glykole deutlich kleiner als die von Wasser (ca. 25% von Wasser). Entsprechend geht die spezifische Wärmekapazität von Glykol-Wasser-Gemischen mit steigendem Glykol-Gehalt zurück. Daher muß der spezifische Wärmeträger-Durchfluß im Kollektorkreislauf gegenüber reinem Wasser je nach Mischung um 5 bis 40% erhöht werden.
- Die mit zunehmendem Glykolgehalt steigende Viskosität (Zähigkeit) hat schlechtere Wärmeübergänge im Wärmetauscher und höhere Rohrreibungsverluste zur Folge, was größere Pumpleistungen erfordert.
- Außerdem wird die Oberflächenspannung des Wassers herabgesetzt, so daß die Mischung durch Poren dringt, die bei Verwendung von reinem Wasser „dicht" sind.

Aus den eben genannten Gründen ist es in den meisten Fällen nicht sinnvoll, dem Wasser mehr Frostschutzmittel zuzusetzen als zur Sicherung gegen Einfrieren eben nötig ist. Trotzdem werden, um einen hohen Siedepunkt zu erreichen, gelegentlich Mischungen aus 90% Glykol und 10% Wasser eingesetzt. Solche Mischungen verschieben den Siedepunkt der Flüssigkeit bei 2 bar Überdruck auf 170 bis 180°C, so daß bei Kollektoren mit niedrigerer Leerlauftemperatur ein „Kochen" der Anlage sicher vermieden werden kann. Dies wird allerdings mit deutlich schlechteren Eigenschaften des Wärmeträgers erkauft.

Ethylenglykol

Ethylenglykol ist ein sehr häufig verwendetes Frostschutzmittel (z.B. im Auto) mit recht günstigen Eigenschaften. Es wird mit Zusätzen von Korrosionschutzmitteln unter Handelsnamen wie Glythermin NF (BASF) bzw. Tyfocor (Tyforop Chemie), Antifrogen N (Höchst) u.ä. angeboten und wäre auch für Solaranlagen geeignet. Eine Mischung aus 34 Vol% Ethylenglykol und Wasser gewährleistet Frostschutz bis -20°C, bei tieferen Temperaturen entsteht ab dieser Konzentration ein Eisbrei, der keine Sprengwirkung mehr hat. Um mit der Mischung auf der sicheren Seite zu liegen und guten Korrosionsschutz zu erreichen, kann für Solaranlagen eine Mischung aus etwa 40 Vol% Ethylenglykol und 60 Vol% Wasser empfohlen werden. Höhere Glykolkonzentrationen sind nicht günstig, da sich – wie gesagt – die thermischen (Wärmekapazität und -übergang) und hydraulischen (Viskosität, Druckverlust) Qualitäten der Mischung nur verschlechtern und die Mischung teurer wird.

3.34
Frostsicherheit von Ethylenglykol-Wasser-Mischungen, hier dargestellt für Antifrogen N der Fa. Hoechst/Clariant. Die entsprechenden Produkte der anderen Hersteller zeigen ganz ähnliche Eigenschaften /40/.

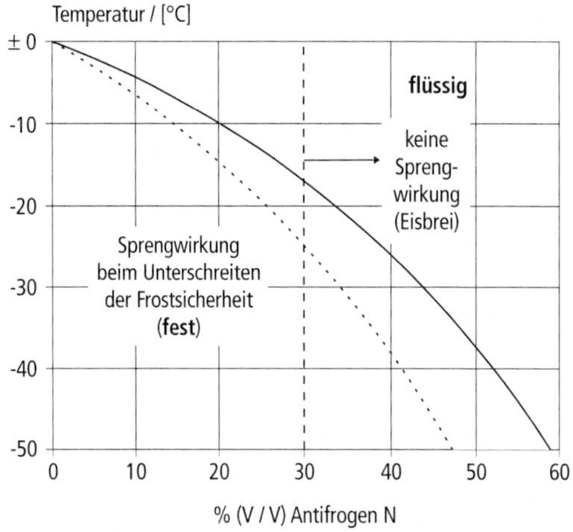

Ethylenglykol ist jedoch giftig (Nierengift), ebenso wie die meisten Korrosionsschutzmittel. Die kritische Dosis liegt bei 100 g Mono-Ethylenglykol pro 75 kg Körpergewicht. Aus diesem Grund ist Ethylenglykol hierzulande (nach DIN 4757-1) in Brauchwasser-Solaranlagen nicht zugelassen, auch wenn ein Übertritt ins Trinkwasser (infolge eines defekten Wärmetauschers) durch den höheren Druck auf der Trinkwasserseite wenig wahrscheinlich ist. Für Solaranlagen, die nicht der Trinkwassererwärmung dienen (z.B. Raumheizung, Industrieanwendungen) ist der Einsatz von Frostschutzmitteln auf Ethylenglykol-Basis vorteilhaft.

Propylenglykol

Teurer, aber dafür toxikologisch unbedenklich und für Warmwasser-Anlagen das Mittel der Wahl sind Wärmeträger auf Propylenglykol-Basis, ebenfalls mit Zusätzen von (ungiftigen) Korrosionsschutzmitteln (Handelsnamen: Tyfocor L, Glythermin P44, Antifrogen L, u.ä.). Die Viskosität der Propylenglykole ist höher (ungünstiger) als die von Ethylenglykol, die spezifische Wärmekapazität etwas kleiner (d.h. ebenfalls ungünstiger). Eine Mischung von 38 Vol% Propylenglykol mit 62% Wasser gewährleistet Frostschutz bis -22°C, bei tieferen Temperaturen entsteht auch hier ein Eisbrei ohne Sprengwirkung. Ein Zusatz von mehr als 45 Vol% Propylenglykol ist aus den oben genannten Gründen nicht sinnvoll.
Für Solaranlagen, bei denen Aluminiumabsorber in Verbindung mit anderen Leitungsmaterialien eingesetzt werden, wird von den Herstellern eine höhere Glykolkonzentration von 50 bis 90 Vol% empfohlen.

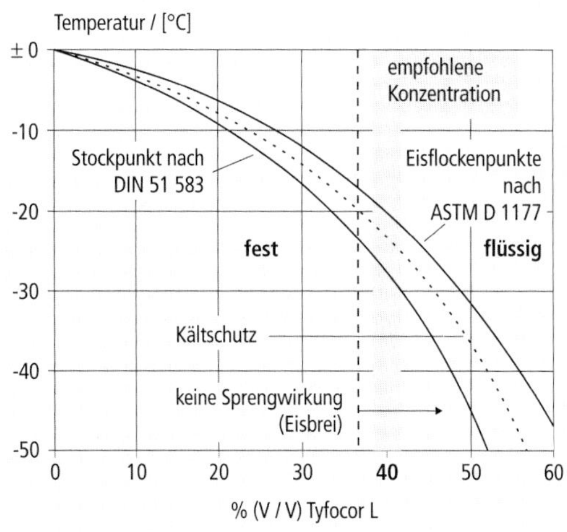

3.35
Frostsicherheit von Propylenglykol-Wasser-Mischungen, hier dargestellt für Glythermin P44/Tyfocor L der Fa. BASF/Tyforop. Die entsprechenden Produkte der anderen Hersteller zeigen ganz ähnliche Eigenschaften /40/.

Der Umgang mit Wärmeträgern

Die Kontrolle des Gehaltes an Frostschutzmittel, z.B. nach dem Spülen und Füllen der Anlage, erfolgt am einfachsten über die spezifische Dichte, die relativ leicht mittels Aräometer (Dichteheber) gemessen werden kann. Damit läßt sich aus den

Datenblättern der aktuelle Gehalt an Frostschutzmittel bzw. der Erstarrungspunkt ermitteln. Ethylen- und Propylenglykole sind i.a. als „nicht wassergefährdend“ eingestuft und biologisch abbaubar, gelten jedoch als besonders überwachungsbedürftige Abfälle. Unverdünnte Reste dieser Flüssigkeiten müssen als Sondermüll entsorgt und dürfen nicht in die Kanalisation geschüttet werden. Die Einleitung von verdünnten Glykol-Wasser-Mischungen in biologische Kläranlagen bedarf teilweise einer wasserrechtlichen Sondergenehmigung, nach Herstellerangaben sind bei sachgemäßer Einleitung keine Störungen zu erwarten.

Neben den oben genannten wässerigen Wärmeträgern sind organische Wärmeträgeröle im Handel, die kein Wasser enthalten und z.B. bei Alu-Absorbern optimalen Korrosionsschutz gewährleisten (Handelsnamen: Gilotherm, Marlotherm, Silikonöl). Sie sind nicht nur wesentlich teurer als die Glykole, sondern auch zähflüssiger (erhöhte Pumpenleistung). Außerdem greifen sie die gängigen Dichtungs- und Verbindungsmaterialien in Pumpen und Armaturen an, so daß teure Sonderausführungen erforderlich werden. Ihr Einsatz bleibt daher speziellen Anwendungen z.B. im Hochtemperaturbereich (über 200°C) vorbehalten.

Siedetemperaturen

Da moderne Sonnenkollektoren Stillstandstemperaturen von bis zu 200°C und mehr erreichen, verdient die Siedetemperatur des Wärmeträgers besondere Beachtung. Während die synthetischen Wärmeträgeröle durchweg Siedetemperaturen von über 200°C aufweisen und somit in dieser Beziehung keine Probleme aufwerfen, liegt die Siedetemperatur der wässerigen Wärmeträger unter Normaldruck (1066 mbar) je nach Wasseranteil zwischen 100 und 110°C. Bei einem Überdruck von 2,5 bar, wie er für Standardanlagen sehr gebräuchlich ist, steigt die Siedetemperatur auf 130 bis 150°C. Da die Kollektoren in den letzten Jahren immer leistungsfähiger geworden sind und damit auch höhere Stillstandstemperaturen erreichen, werden mittlerweile auch Frostschutzmittel auf Glykolbasis mit höheren Siedetemperaturen angeboten. Dennoch: Sollte der Kollektor z.B. durch Ausfall der Umwälzpumpe nicht mehr gekühlt werden und in den „Leerlauf“ gehen, kann ein Sieden der Kollektorflüssigkeit nicht ausgeschlossen werden. Zur Gewährleistung der Anlagensicherheit müssen daher besondere Maßnahmen ergriffen werden, auf die in Kapitel 3.5 näher eingegangen wird.

3.36
Siedetemperatur als Funktion des Drucks verschiedener Wasser-Glykol-Mischungen.

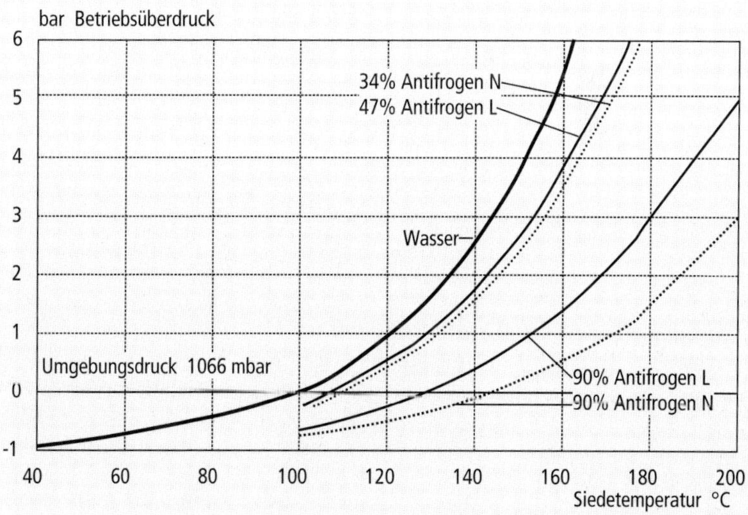

3.37
Vorkonfektionierte Einheit zur Schnell-Montage von Kollektorkreisvor- und -rücklauf sowie Verbindungskabel zum Kollektorfühler.
Bild: Fa. Solvis /40/

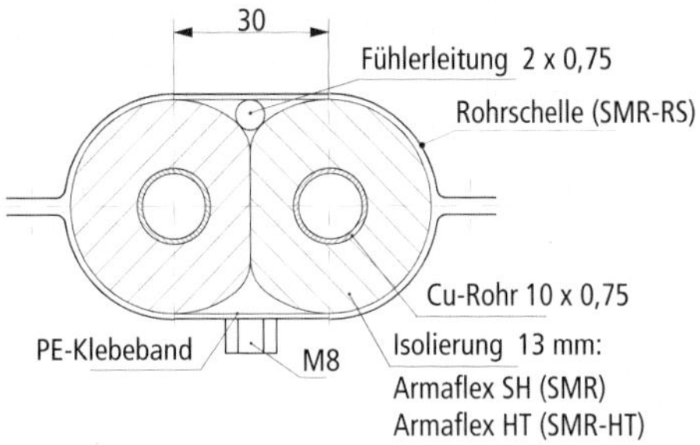

3.2.4 Wärmetransportleitungen

Für den Wärmetransport zwischen Kollektor und Speicher sind Rohrleitungen erforderlich, die in Material und Größe auf die Anwendung abgestimmt sein müssen.
Die *Auswahl des Rohrmaterials* hängt zu einem guten Teil von der Anlagengröße und vom Absorbermaterial ab. So ist beispielsweise von Kupferrohr-Installationen in Verbindung mit Aluminium-Absorbern abzuraten. Grundsätzlich kommen folgende Materialien in Frage:

- Kupferrohre (hart und weich),
- Stahlrohre (schwarz) und Weichstahlrohre,
- vernetzte Polyethylenrohre (aus der WW-Installationstechnik).

Kunststoffrohre haben sich für Solaranlagen nicht bewährt, zumal sie den extremen Belastungen im Leerlauffall (Temperaturen über 140°C bei 2,5 bar) nicht gewachsen sind. *Verzinkte Stahlrohre* (Gewinderohre) sind ebenfalls zu vermeiden, da Zink mit Glykol nicht verträglich ist und zur Schlammbildung neigt.
Stahlrohre kommen vorzugsweise bei großen Anlagen zum Einsatz. Sie können durch Schweißen, durch Gewindeverbindungen mittels Fittings oder durch Preßfittings (bei Weichstahlrohren) miteinander verbunden werden. Als Dichtungsmaterial für Gewindeverbindungen hat sich Hanf in Verbindung mit einer Dichtungspaste bewährt.
Kupferrohr: Da die Arbeit mit Stahlrohren mühsam (= zeitaufwendig) ist und besonderes Werkzeug (Schweißgerät, Gewindeschneidvorrichtung bzw. Preßwerkzeug) erfordert, ist Kupfer heute der am häufigsten eingesetzte Rohrwerkstoff. Kupferrohre sind in 5 m-Stangen (hart) und als weiches Rohr bis 22 mm Ø in Ringen zu 25 oder 50 m erhältlich. Obwohl sich das weiche Rohr von Hand gut biegen und ohne Fittings in größeren Abschnitten verlegen läßt, kommt das harte Rohr bevorzugt zum Einsatz, da es sich angesichts der unvermeidlichen Ecken und Mauerdurchbrüche in der Hausinstallation sau-

Eigenschaften von Kupfer- und Stahlrohren

Bezeichnung	Außen ø mm	Innen ø mm	Gewicht kg/m	Inhalt l / m	Durchfluß l/h bei 1m/s
Kupferrohre nach DIN 1786					
6 x 1	6	4	0,14	0,013	50
8 x 1	8	6	0,20	0,028	100
10 x 1	10	8	0,25	0,050	180
12 x 1	12	10	0,31	0,079	280
15 x 1	15	13	0,39	0,133	480
18 x 1	18	16	0,51	0,201	720
22 x 1	22	20	0,59	0,314	1130
28 x 1,5	28	25	1,12	0,491	1770
35 x 1,5	35	32	1,41	0,804	2900
42x 1,5	42	39	1,71	1,195	4300
54 x 2	54	50	2,92	1,963	7070
Stahlrohre (mittelschwere Gewinderohre nach DIN 2440)					
1/4"	13,5	9,9	0,52	0,077	280
3/8"	17,2	12,5	0,85	0,12	430
1/2"	21,3	16,0	1,22	0,20	720
3/4"	26,9	21,6	1,58	0,36	1300
1"	33,7	27,2	2,44	0,58	2100
1 1/4"	42,4	35,9	3,14	1,01	3600
1 1/2"	48,3	41,8	3,61	1,37	4900
2"	60,3	53	5,10	2,20	7900

Tabelle 3.10: Eigenschaften handelsüblicher Kupfer- und Stahlrohre.

berer, leichter und beinahe genauso schnell verlegen läßt. Für die Verbindungen untereinander und die Übergänge zu anderen Anlagenbauteilen mit Gewindeanschluß steht eine Vielzahl von Fittings aus Kupfer, Rotguß oder Messing zur Verfügung, welche die Installation zum Baukastenspiel machen. Um die Montage zu vereinfachen, bieten mittlerweile immer mehr Hersteller vorkonfektionierte Einheiten an, bestehend aus Vor- und Rücklaufleitung jeweils inklusive Isolierung sowie dem Elektrokabel für den Kollektorfühler (vgl. Abb. 3.37). Durch die Verwendung von weichem Kupferrohr sind solche Schnellmontageeinheiten flexibel und lassen sich bis hinunter zu Krümmungsradien von 70 mm auch um „Ecken" verlegen. Außerdem benötigen sie weniger Montageplatzbedarf. Dies gilt allerdings nur für Rohrdurchmesser kleiner gleich 15 mm.

Ermittlung des Rohrdurchmessers

Um die Druckverluste infolge Rohrreibung (und damit auch die Pumpenleistung) im Solarkreislauf klein zu halten, ist ein großer Rohrdurchmesser sinnvoll. Zur Begrenzung der Wärmeverluste und um die für das Aufheizen erforderlichen Energiemenge klein zu halten (geringe Trägheit), sind gut gedämmte Rohrleitungen mit möglichst kleinem Durchmesser (und geringem Flüssigkeitsinhalt) günstig, die obendrein auch noch preiswerter sind. Hier gilt es einen Kompromiß zu finden.

Bestimmung der Durchflußmenge

Der zur guten „Kühlung" der Kollektoren erforderliche Wärmeträger-Durchfluß wurde in Kapitel 2.2 ansatzweise berechnet: Um die Temperaturdifferenz zwischen Vor- und Rücklauf bei voller Einstrahlung auf 10 bis 12 K zu beschränken, werden 50 l Wasser pro m² Kollektorfläche und Stunde gebraucht. Für solare Brauchwasseranlagen wird im allgemeinen ein Durchfluß von 30 bis 50 l/m²h Wasser-Frostschutz-Gemisch im Kollektorkreis empfohlen, wobei der kleinere Durchfluß zu entsprechend höheren Temperaturdifferenzen führt. In *„Low-Flow-Systemen"* (vgl. Kap. 4) und in *Schwerkraftanlagen* wird mit sehr viel kleineren Durchflußmengen von 10 bis 15 l/m²h gearbeitet; dies bringt höhere Kollektoraustritts- und Wärmeträgertemperaturen und erfordert größere Wärmetauscherflächen am oder im Speicher, damit die Vorteile dieser Systeme nicht durch einen schlechteren Kollektorwirkungsgrad erkauft werden. *Schwimmbad-Kollektoren* sollten mit einer deutlich niedrigeren Temperaturerhöhung von maximal 5 K betrieben werden, so daß die empfohlenen Durchflußmengen bei 70 bis 100 l/m²h liegen. Mischungen aus Wasser und Frostschutzmittel haben im Vergleich zu reinem Wasser eine um 15 bis 40% geringere spezifische Wärmekapazität (je nach Mittel und Mischung); um dieselben Tempe-

Oberfläche bzw. Rohrlänge von Kupferrohr

Rohrdurchmesser	12 mm	15 mm	18 mm
Oberfläche pro m Rohr	0,038 m²	0,047 m²	0,057 m²
Rohrlänge pro m² Oberfläche	26,5 m	21,2 m	17,7 m

Tabelle 3.11(links): Oberflächen und Rohrlängen von Kupferrohr.

Tabelle 3.12 (unten): Empfehlenswerter Kupferrohr-Durchmesser für Anlagen mit Wasser-Frostschutz-Mischungen.

Richtwerte für Rohrdurchmesser im Solarkreislauf

Rohrdurchmesser in gepumpten Anlagen	**Leitungslänge**				
Kollektorfläche	10 m	20 m	30 m	40 m	50 m
bis 8 m²	15 x 1	15 x 1	15 x 1	18 x 1	18 x 1
bis 15 m²	15 x 1	18 x 1	22 x 1	22 x 1	28 x 1,5
bis 25 m²	22 x 1	22 x 1	28 x 1,5	28 x 1,5	28 x 1,5
Rohrdurchmesser in Schwerkraftanlagen	**Höhenunterschied zwischen Kollektor und Speicher**				
Kollektorfläche	0,5 m	1 m	2 m	4 m	6 m
bis 4 m²	22 x 1	22 x 1	18 x 1	18 x 1	15 x 1
bis 10 m²	28 x 1,5	28 x 1,5	22 x 1	22 x 1	18 x 1
bis 20 m²	42 x 2	35 x 1,5	28 x 1,5	28 x 1,5	22 x 1

3.38
Bei der Verlegung von Rohrleitungen müssen die festen und gleitenden Befestigungspunkte so gewählt werden, daß Längenänderungen der Rohre ohne Schaden möglich sind /51/, /52/.

a)
Zwischen Fixpunkten müssen Möglichkeiten zur Ausdehnung gegeben sein, z.B. durch Winkel, Bögen, Kompensatoren, etc.

b)
Dehnungsmöglichkeiten durch Glaswollepolster bei Unterputzleitungen

c)
Dehnungsmöglichkeit durch Kompensatoren

d)
Dehnungsmöglichkeit durch Dehnungsbogen

e)
Bei Durchführungen durch Decken und Wände muß sich das Rohr gleitend bewegen können.

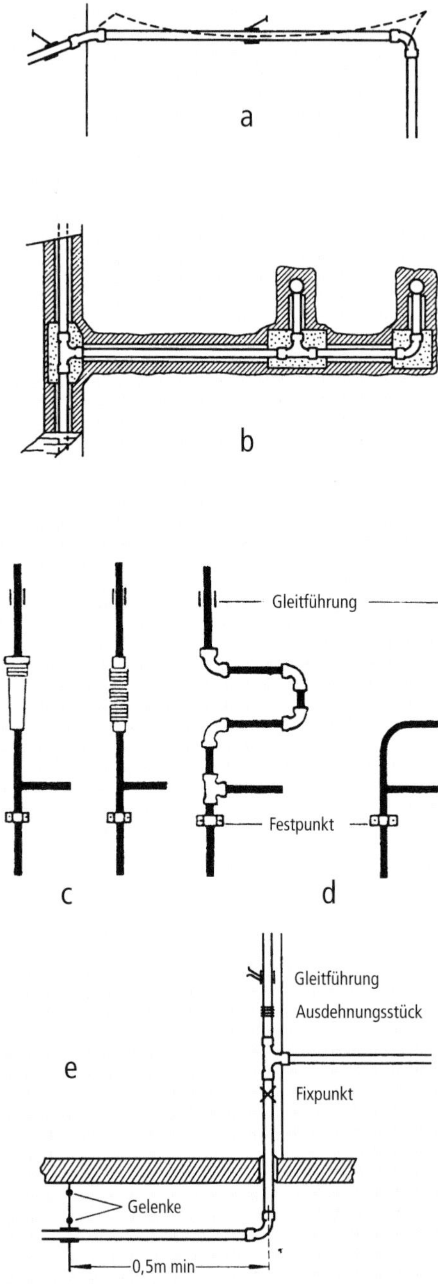

raturdifferenzen wie beim Wärmeträger Wasser zu erreichen, müssen die Durchflußmengen um den entsprechenden Prozentsatz erhöht werden.

Der Rohrdurchmesser

Der Rohrdurchmesser wird nun so gewählt, daß zum einen der Druckverlust aller Rohre (einschließlich Fittings, Ventile, Rückschlagklappe etc.) nicht größer wird als 100 mbar (= 1 m Wassersäule) und daß zum anderen die Strömungsgeschwindigkeit im Rohr wegen der möglichen Geräuschbelastung die Obergrenze von 1 m/s nicht überschreitet. Als Untergrenze sollte 0,5 m/s nicht unterschritten werden, weil sonst die Wärmeverluste zu groß werden. In Tabelle 3.12 sind für kleinere Anlagen mit nicht zu langen Verbindungsleitungen zwischen Kollektor und Speicher Richtwerte für den Rohrdurchmesser gegeben (vgl. auch Abb. 5.23).
In größeren Anlagen mit ausgedehntem Rohrnetz oder bei Verwendung von hohen Frostschutzmittel-Konzentrationen kann es vorteilhaft sein, einen größeren Rohrdurchmesser zu wählen, damit der Druckverlust nicht zu groß wird. Anhand der Diagramme in Anhang A3 können die erforderlichen Rohrdurchmesser in Abhängigkeit von Kollektorfläche und Kollektorkreislänge ermittelt werden. Für die Verbindungsleitungen zwischen Kollektor, Ausdehnungsgefäß und Sicherheitsventil ist nach DIN 4757-1 ein Innendurchmesser von mindestens 15 mm vorgeschrieben (DN 15 entspricht Cu-Rohr 18x1). Rohrbögen in diesem Teil des Solarkreises müssen einen Krümmungsradius von mindestens dem dreifachen Rohrdurchmesser aufweisen.

Schwerkraftanlagen

In Schwerkraftanlagen wirkt als Antriebskraft für die Umwälzung des Wärmeträgers nur der thermische Auftrieb, d.h. der Dichteunterschied zwischen dem heißen Wasser im Kollektorvor- und dem kälteren Wasser im Kollektorrücklauf (vgl. Kap. 4). Je nach Sonneneinstrahlung und Höhenunterschied zwischen Kollektor und Speicher stellen sich dadurch sehr unterschiedliche Strömungsgeschwindigkeiten und Durchflüsse ein. Sie zu berechnen ist sehr aufwendig, weshalb an dieser Stelle auf die Richtwerte in Tabelle 3.12 verwiesen wird, die für kleinere Anlagen hinreichend sind.

Leitungsführung

Die Verlegung der Rohre sollte so geplant werden, daß

- sich möglichst kurze Wege zwischen Kollektor, Speicher und Verbraucher ergeben,
- Rohrleitungen weitgehend im Trockenen geführt werden, wo sie mit geringerem Aufwand isoliert werden können,
- genügend Raum für die Isolation vorhanden ist (Dämmstärke 30 bis 50 mm),
- alle Luftsäcke an zugänglichen Stellen entlüftet werden können und
- sich das ganze System vollständig entleeren läßt.

Bei der Verlegung gilt es zu berücksichtigen, daß sich alle Rohrmaterialien bei Temperaturerhöhung ausdehnen, Kupfer z.B. um 1,7 mm je m Rohrlänge bei 100 K Temperaturänderung. In lange, gerade Leitungen sind daher alle 6 bis 8 m Rohrbögen zur Kompensation einzubauen. Die Rohre müssen sich in Rohrschellen (mit Gummieinlage) und in Durchführungen (durch Decken oder Wände) gleitend bewegen können. Bei Winkeln und Abzweigungen sollte die erste Rohrschelle im Mindestabstand von 0,5 m gesetzt werden (vgl. Abb. 3.38).

Isolation

Nicht oder schlecht wärmegedämmte Rohrleitungen und Armaturen geben erhebliche Wärmemengen an die Umgebung ab, die den mit hohem Investitionsaufwand gewonnenen Ertrag der Sonnenkollektoren schmälern. Tabelle 3.13 gibt einen Über-

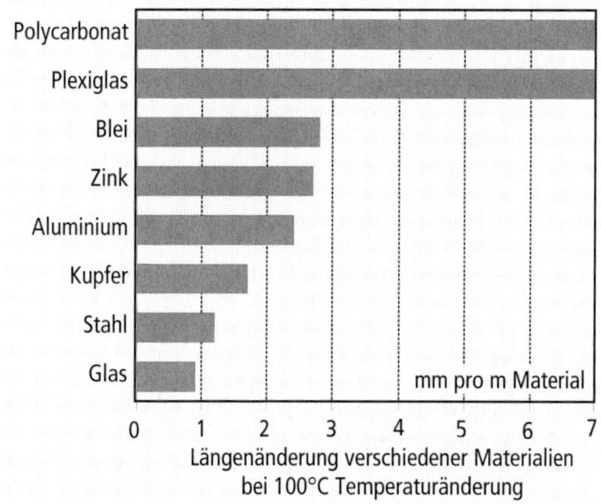

3.39
Längenänderung verschiedener Materialien pro m Länge bei einem Temperaturunterschied von 100°C.

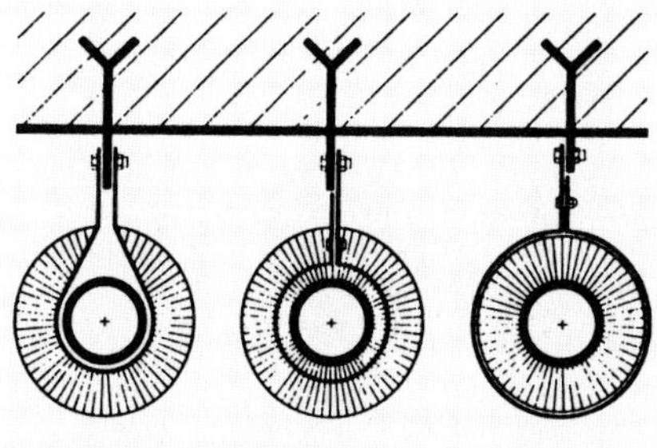

3.40
Durch Schellen mit Wärmedämmung lassen sich Wärme- und Schallbrükken vermeiden.

Tabelle 3.13:
Wärmeverlust isolierter und nicht isolierter Rohrleitungen.

Wärmeabgabe von wasserdurchflossenen Rohren an Luft

		Wärmeabgabe in Watt pro Meter				
bei Rohrgröße		3/8"	1/2"	3/4"	1"	1 1/4"
bzw. Außendurchmesser		17 mm	21 mm	27 mm	33 mm	42 mm
nicht	bei $\Delta\vartheta = 20°C$	11	13	17	21	26
isoliert	bei $\Delta\vartheta = 40°C$	22	29	36	45	57
20 mm	pro °C	0,177	0,202	0,231	0,267	0,312
Dämm-	bei $\Delta\vartheta = 20°C$	3,5	4,0	4,6	5,3	6,2
dicke	bei $\Delta\vartheta = 40°C$	7,1	8,1	9,2	10,7	12,5
30 mm	pro °C	0,150	0,170	0,192	0,219	0,252
Dämm-	bei $\Delta\vartheta = 20°C$	3,0	3,4	3,8	4,4	5,0
dicke	bei $\Delta\vartheta = 40°C$	6,0	6,8	7,7	8,8	10,1
40 mm	pro °C	0,134	0,150	0,169	0,190	0,217
Dämm-	bei $\Delta\vartheta = 20°C$	2,7	3,0	3,4	3,8	4,3
dicke	bei $\Delta\vartheta = 40°C$	5,4	6,0	6,8	7,6	8,7

* Bei Verwendung eines Wärmedämmstoffes mit $\lambda = 0{,}040$ W/mK

3.41
Umwälzpumpe (im Schnitt) sowie Pumpenkennlinie und elektronische Daten der Pumpe UPS 25-40 der Fa. Grundfos /40/.

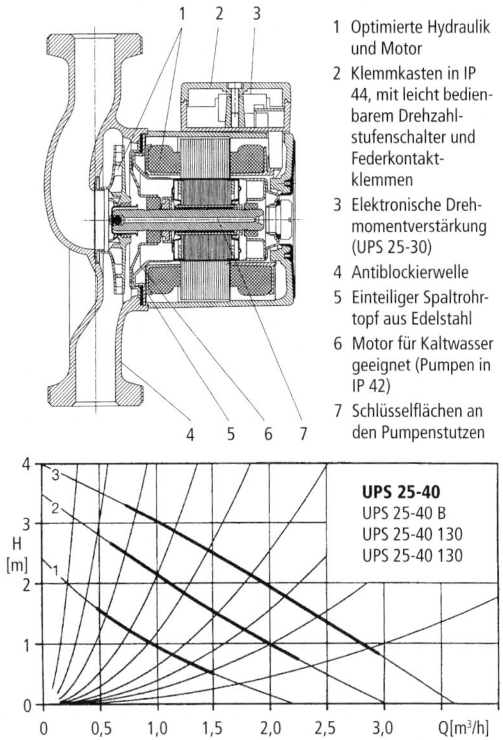

3.42 (unten)
Kennfeld und Leistungskurve einer elektronisch geregelten Pumpe, Typ Riomatic C 22/20, Fa. KSB /40/.

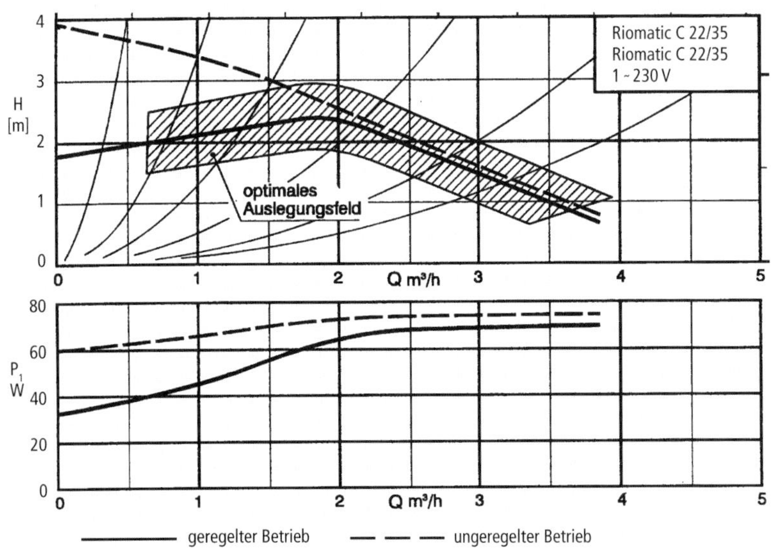

blick über die Wärmeverluste von ungedämmten und gedämmten Rohrleitungen.
Alle Leitungen sollten daher sorgfältig und lückenlos mit einer guten Wärmedämmung versehen werden. Nach Heizungsanlagen-Verordnung ist bei Nennweiten bis DN 20 (etwa 20 mm Innendurchmesser) eine Mindestdämmstärke von 20 mm, ab DN 22 bis DN 55 von 30 mm und darüber von einer Dicke gleich der Nennweite vorgeschrieben. In Solaranlagen sollten diese Werte möglichst überschritten werden, also

- *mindestens 30 mm Dämmstärke* und für Nennweiten größer DN 22 (etwa 1") mindestens 40 mm.

Als Materialien kommen Mineralwolle, Polyurethan-Rohrschalen (PUR) und Schaumgummi (Armaflex) in Frage, während Polyethylenschaum-Isolierungen wegen mangelnder Temperaturbeständigkeit ungeeignet sind.
Bei den im Außenbereich geführten Leitungen muß die Wärmedämmung obendrein absolut witterungs- und UV-beständig ausgeführt werden. Geeignet sind Armaflex-Isolierungen mit wetterfester Schutzhülle (Schutzanstrich ist nicht sehr dauerhaft!) oder besser noch Mineralwollisolierung mit Aluminiumblech-Ummantelung, die mit Silikon abgedichtet ist (vgl. Kap. 2.4).

3.2.5 Pumpen

In Kollektoranlagen mit Zwangsumlauf (gepumpte Anlagen) werden im allgemeinen konventionelle Heizungs-Umwälzpumpen eingesetzt, die

- sich in der Heizungstechnik seit Jahrzehnten bewährt haben,
- ausreichendes Fördervolumen bereitstellen,
- preiswert sind,
- eine Temperaturbeständigkeit bis zu 110°C aufweisen (ausreichend bei Einbau in den Kollektorrücklauf) und

- in der Regel auch für Wasser-Frostschutz-Mischungen geeignet sind.

Einzelne Hersteller bieten für Wärmeträger mit hohem Glykolanteil (> 80%) modifizierte Modelle an. Es handelt sich dabei um Kreiselpumpen mit Spaltmotor für den Anschluß an das 230 V-Hausnetz.
Für kleinere Standard-Brauchwasser-Solaranlagen bis 15 m² Kollektorfläche sind leistungsumschaltbare Pumpen weit verbreitet. Durch die drei oder vier, mittels Schalter wählbaren Leistungsstufen kann bei Inbetriebnahme der Anlage die Leistung der Pumpe so eingestellt werden, daß sich bei voller Sonneneinstrahlung eine Temperaturdifferenz von etwa 8 bis 12 K (max. 20 K) zwischen Kollektorvor- und -rücklauf ergibt. Einige Firmen bauen in ihre Anlagen zusätzlich Durchflußmesser und -geber ein, die eine sehr genaue Einstellung der Durchflußrate erlauben (s. Kap. 3.2.6).

Alle Pumpenhersteller liefern heute auch drehzahlgeregelte Pumpen, bei denen die Leistung der Pumpe elektronisch in einem gewissen Bereich variiert werden kann. Es ergibt sich keine Kennlinie, sondern ein Kennfeld wie in Abb. 3.42 dargestellt. Derartige Pumpen werden in Matched-Flow-Systemen, also Anlagen mit variablem Durchfluß, eingesetzt (vgl.3.2.2).
Bei kleinen Standard-Solaranlagen bis etwa 6 m² kann auf eine genaue Berechnung des Druckverlustes im Rohrnetz verzichtet werden, zumal selbst die kleinsten verfügbaren Umwälzpumpen ausreichend Leistung zur Verfügung stellen.
Dagegen kann bei größeren Kollektorflächen sowie bei Verwendung von Bauteilen mit hohem Durchflußwiderstand (z.B. elektrisch betätigte Ventile, lange Verbindungsleitungen mit vielen Bögen u.ä.) auf eine – zumindest überschlägige – Berechnung der Druckverluste im Rohrnetz nicht verzichtet werden, um eine Pumpe im richtigen Leistungsbereich auswählen zu können (s. Kap. 5).
Die in Kollektoranlagen üblichen Umwälzpumpen erzielen eine maximale Förderhöhe zwischen 2 und 6 m entsprechend einem Druck (-verlust) von 200 -

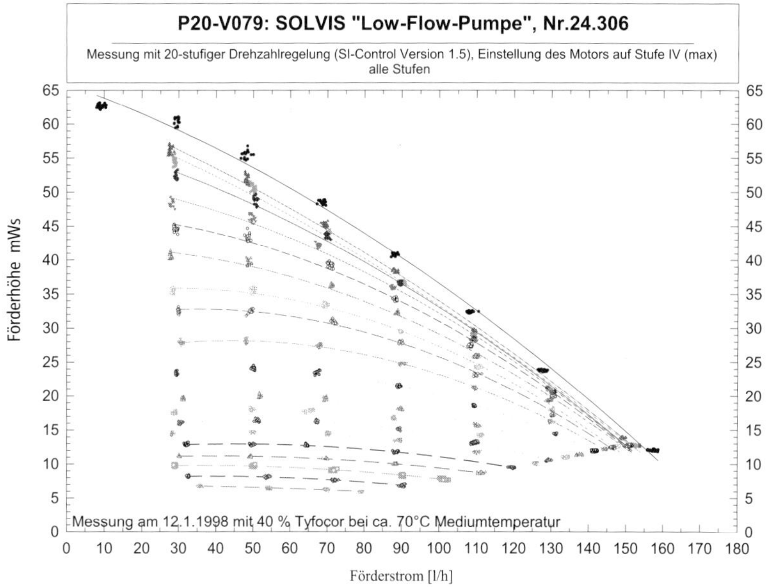

3.43
Kennlinienfeld der Solvis „Low-Flow-Pumpe“ bei 20 verschiedenen Drehzahlen /53/.

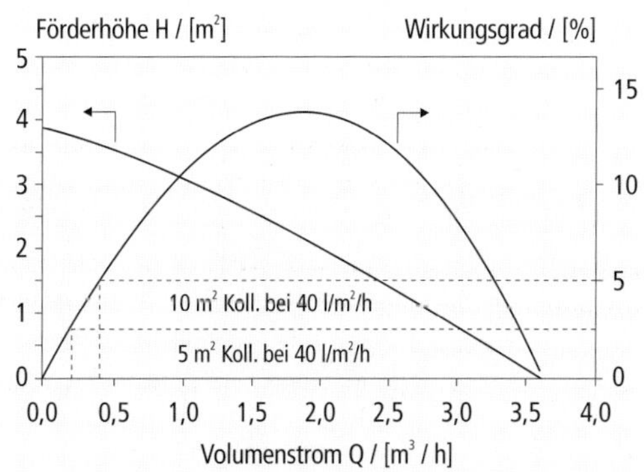

3.44
Förderhöhe und Volumenstrom einer typischen Solarkreispumpe (80 W bei Stufe 3) mit eingezeichneten Wirkungsgraden für eine 5 m² und eine 10m²-Solaranlage /54/.

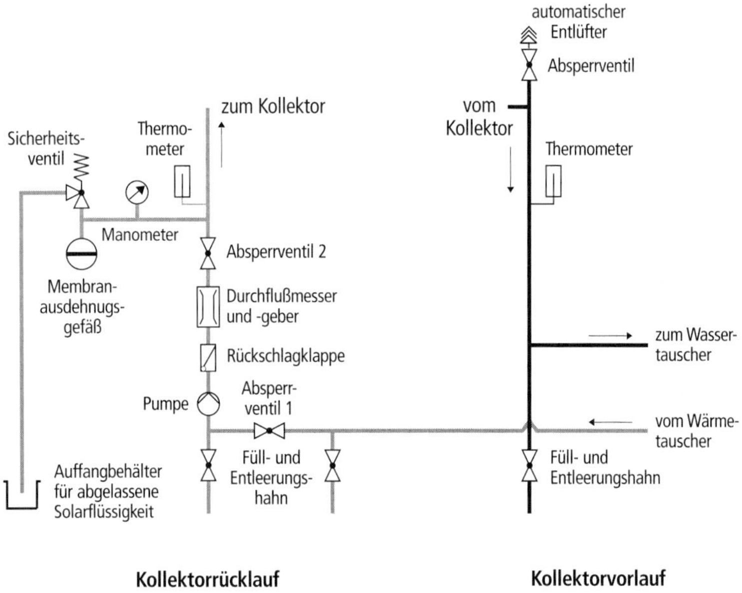

3.45
Armaturen und Sicherheitseinrichtungen im Kollektorkreislauf. Durch Schließen der Absperrventile 1 und 2 können Pumpe, Durchflußmesser und Rückschlagklappe problemlos ausgebaut werden, ohne den gesamten Kreislauf zu entleeren.

3.46
Schnellentlüfter, Handentlüfter und sinnvolle Arten des Einbaus /47/.

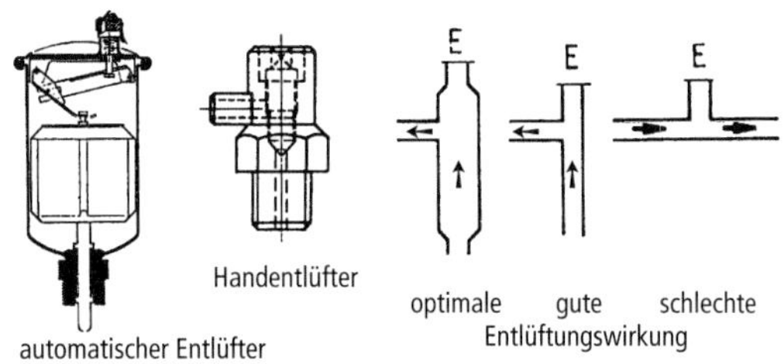

3.47
Rückschlagklappe und Rückschlagventile /47/.

a) freischwingende Rückschlagklappe
b) Rückschlagventil, Ventilteller federbetätigt
c) Rückschlagventil, Einbau zwischen Flanschen

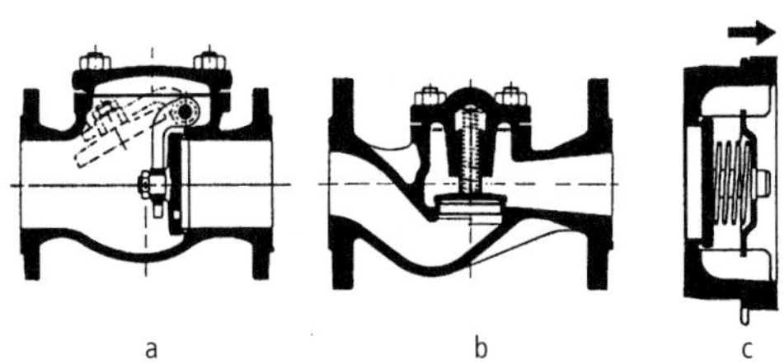

600 mbar. Für die Auslegung des Kollektorkreises gilt die Empfehlung, daß 1/3 des gesamten Fließwiderstandes auf das Kollektorfeld, 1/3 auf den Wärmetauscher und 1/3 auf die Rohrleitungen entfallen sollte.
Zur Ermittlung der Druckverluste in Rohrleitungen stehen in der Fachliteratur /56/ entsprechende Diagramme zur Verfügung, die für das Medium Wasser berechnet wurden. Da die Zähigkeit der Wasser-Frostschutzmittel-Mischungen (d.h. deren innere Reibung) durchweg erheblich größer ist als die von Wasser, hat dies auch einen höheren Druckverlust im Leitungssystem zur Folge, insbesondere wenn eine hohe Frostschutzmittel-Konzentration gewählt wird. Für die Bemessung der Pumpe ist daher zu berücksichtigen, daß auf die ermittelte manometrische Förderhöhe je nach Mischungsverhältnis ein Aufschlag von bis zu 50% gemacht werden muß.
In Anlagen nach dem Low-Flow-Prinzip und in sogenannten „Drain-back"-Anlagen, bei denen sich der Wärmeträger nur während der Pumpenlaufzeiten im Kollektor befindet, werden große Förderhöhen bei sehr kleinen Förderströmen benötigt. Hier sind herkömmliche Umwälzpumpen ungeeignet bzw. nicht ausreichend. Das hat einige Hersteller dazu veranlaßt, speziell auf diese Anforderungen zugeschnittene Pumpen zu entwickeln. Abb. 3.43 zeigt das Kennlinienfeld der von der Fa. Solvis für Low-Flow-Systeme entwickelten Zahnradpumpe. Damit sind zum ersten Mal eigens auf Solaranlagen zugeschnittene „Solarkreispumpen" verfügbar. Daß dabei noch ein großes Entwicklungspotential vorhanden ist, macht Abb. 3.44 deutlich. Herkömmliche Pumpen arbeiten mit Wirkungsgraden von 5% und weniger (auch in Heizungsanlagen!) – offensichtlich ein Feld für beträchtliche Stromeinsparmöglichkeiten.

In Anlagen mit außenliegendem Gegenstromwärmetauscher wird zusätzlich zur Pumpe im Solarkreislauf eine Speicherladepumpe benötigt. Da sie Brauchwasser (Trinkwasser) fördern muß, sind hierfür Spezialausführungen der Heizungspumpen, sogenannte Brauchwasserpumpen, mit Messinggehäuse oder Edelstahlauskleidung erforderlich.

3.2.6 Armaturen, Überwachungs- und Sicherheitseinrichtungen

Armaturen

Neben den bisher behandelten Komponenten Wärmetauscher, Steuerung, Wärmeträger und Pumpen gehören zur Grundausstattung des Kollektorkreises folgende aus der konventionellen Heizungstechnik geläufige Armaturen, die durchweg den Druck- und Temperaturbelastungen im Solarkreis standhalten und glykolbeständig sein müssen (vgl. Abb. 3.1):

- Wenigstens ein automatisches *Entlüftungsventil* mit absperrbarem Handventil (Abb. 3.46) oder alternativ ein Handentlüfter; es bzw. er wird an der höchsten Stelle der Anlage in der Nähe des Kollektorausganges montiert. Daher muß insbesondere diese Komponente Temperaturen bis zur Leerlauftemperatur aushalten. Der Entlüfter sollte absperrbar sein, damit im Falle des Siedens im Kollektor kein Dampf am Entlüfter entweicht. Außerdem sollten überall dort, wo sich aufgrund der Leitungsführung Gasblasen sammeln können, z.B. an den Armaturen im Keller, Handentlüfter vorgesehen werden.
- Ein federbelastetes *Rückschlagventil* oder eine *Rückschlagklappe* (Abb. 3.47) soll verhindern, daß bei mangelnder Einstrahlung oder in der Nacht der Kreislauf per Schwerkraft rückwärts in Gang kommt und Wärme aus dem Speicher abgezogen wird. Das Rückschlagventil wird gelegentlich auch als Schwerkraftbremse oder -sperre bezeichnet. Zum Spülen, Befüllen und Entleeren der Anlage sollte sich das Rückschlagventil per Hand auf Daueröffnung stellen lassen.

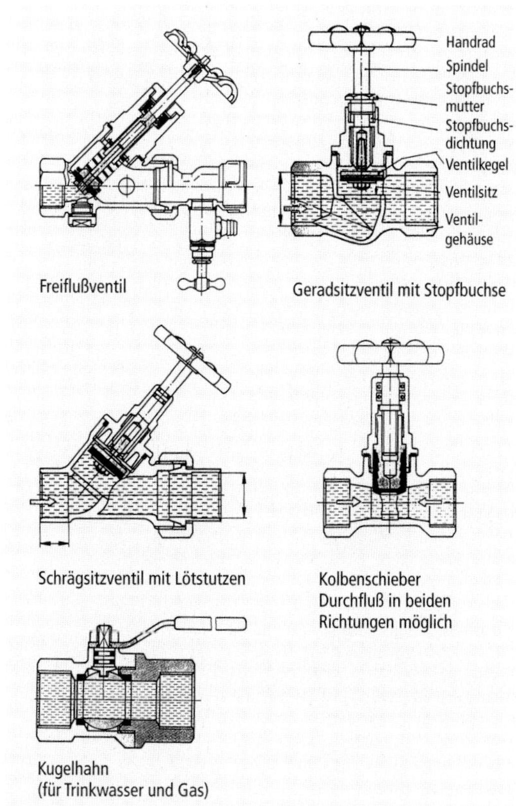

3.48
Verschiedene Ausführungen von Absperrarmaturen. Der Durchflußwiderstand ist bei Freiflußventilen und Kugelhähnen am niedrigsten. Beim Einbau von Freifluß-, Geradsitz- und Schrägsitzventilen ist die richtige Strömungsrichtung unbedingt zu beachten. /55/

3.49
Thermometer zum Einbau in eine Leitung oder auch in den Speicher. Bild: Fa. Wika /40/

3.50
Manometer.
Bild: Fa. Wika /40/

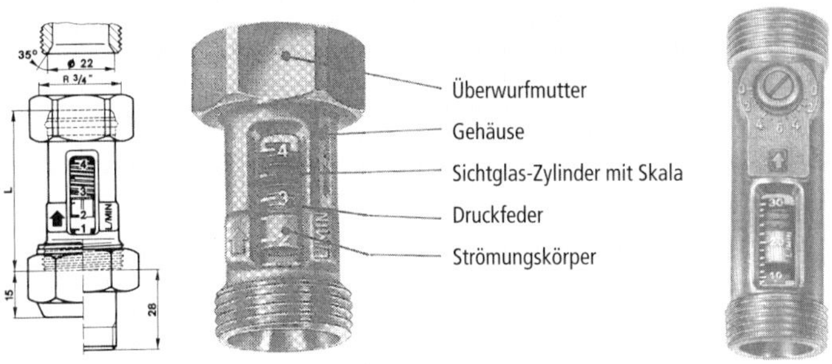

3.51
Reiner Durchflußmesser (links) und einstellbarer Durchflußmesser (rechts) Typ Taco-Setter der Fa. Taco, Schweiz /40/.

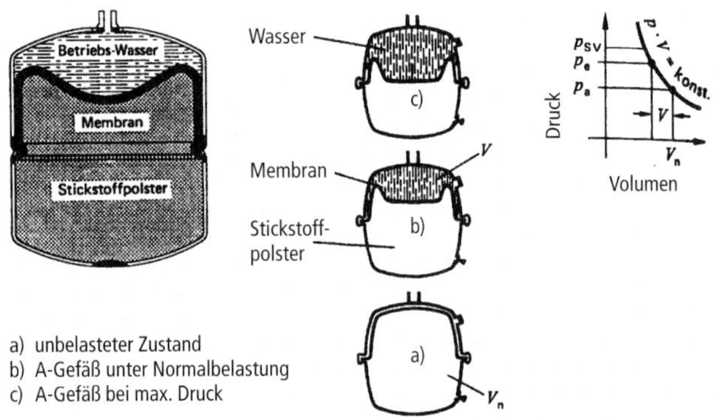

3.52: Membran-Ausdehnungsgefäß /56/.

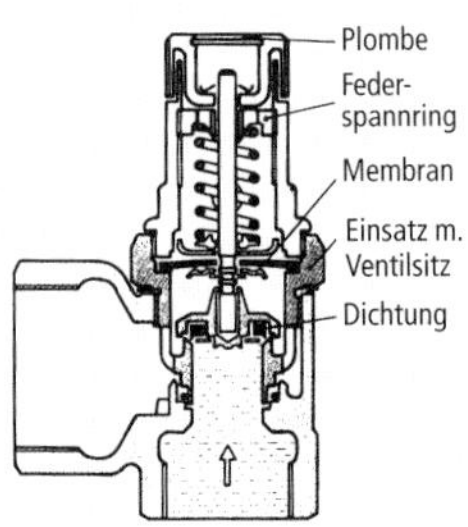

3.53
Das Überdruckventil, auch Sicherheitsventil genannt, öffnet, wenn der Leitungsdruck einen bestimmten Grenzdruck überschreitet. Der Druck, bei dem das Ventil anspricht, ist auf dem Ventil angegeben /55/

- Je eine *Befüll- und Entleerungsarmatur* (Schlauchanschluß mit Absperrhahn) sollen so angebracht sein – jeweils am tiefsten Punkt der Vor- und Rücklaufleitung –, daß das Spülen, das Befüllen und das vollständige Entleeren der Anlage leicht möglich ist.
- Weitere *Absperrventile* (Abb. 3.48) sollten so positioniert sein, daß wichtige Bauteile wie Pumpe oder Wärmetauscher zu Wartungszwecken oder zwecks Austausch leicht entfernt werden können, ohne den gesamten Kreislauf zu entleeren.

Auch die Armaturen sollten unbedingt isoliert werden, was häufig recht mühsam ist und daher gern unterlassen wird. Die Verluste über diese „Wärmebrücken“ werden oftmals unterschätzt.

Überwachungseinrichtungen

Überwachungseinrichtungen dienen nicht nur zur Einstellung der Anlagen-Regelung bei der Inbetriebnahme und bei Wartungsarbeiten, sondern auch der laufenden Funktionskontrolle. Moderne Regel- und Steuereinheiten übernehmen zwar mittlerweile immer mehr von diesen Funktionen, dennoch sollten folgende Meßinstrumente mit analoger Anzeige in keiner Anlage fehlen:

- *Thermometer* in der Vor- und Rücklaufleitung an leicht zugänglicher Stelle ermöglichen eine qualitative Leistungskontrolle bzw. geben Hinweise auf Betriebsstörungen. Die im Heizungsbau üblichen Thermometer (Abb. 3.49) werden in passenden Tauchhülsen montiert, die in den Wasserstrom hineinragen (Achtung: zusätzliche Strömungswiderstände vermeiden).
- Ein *Manometer,* ebenfalls aus dem Heizungsbau bekannt (Abb. 3.50), dient der Überwachung des für die Anlagensicherheit wichtigen Systemdrucks. Die Anzeige sollte den Druckbereich von 0 bis mindestens 6 bar umfassen.

- *Durchflußmesser* zur Kontrolle des Anlagen-Volumenstroms (Abb. 3.51) sind zwar nicht unbedingt notwendig, können jedoch sehr hilfreich sein. Bei manchen Durchflußmessern läßt sich sogar mittels Drosselventil der Volumenstrom innerhalb gewisser Grenzen einstellen. Ergänzend zur Leistungsumschaltung an der Pumpe kann damit der Durchfluß im Solarkreis quasi „feinjustiert" werden, um die Temperaturdifferenz zwischen Vor- und Rücklauf optimal einzustellen.

Sicherheitseinrichtungen

In Anlagen mit geschlossenem Kreislauf sind weitere Bauteile erforderlich, die der Sicherheit dienen und den Anlagendruck regulieren und begrenzen:

- Ein *Membranausdehnungsgefäß* (MAG) gleicht die temperaturbedingten Volumenänderungen von Kollektorkreis und Wärmeträger-Flüssigkeit aus und hält dadurch den Druck im Kollektorkreis innerhalb gewisser Toleranzen konstant. Die Membran muß glykolbeständig sein. Der Vordruck ist auf den Gefäßen angegeben und kann teilweise von außen verändert werden.
- Ein *Sicherheits- oder Überdruckventil* öffnet bei einem bestimmten Leitungsdruck und läßt Flüssigkeit aus dem Leitungssystem entweichen, um Schäden am Leitungssystem oder gar ein Bersten zu verhindern. Das Überdruckventil ist stets so anzuordnen, daß die Verbindung zum Wärmeerzeuger (Kollektor) nicht abgesperrt werden kann. Vom Ausgang des Überdruckventils sollte eine Ausblasleitung in einen Auffangbehälter (z.B. Blechkanister, nicht verzinkt) führen, um ggf. austretende Flüssigkeit aufzufangen und wieder verwenden zu können.

Die Auslegung von Ausdehnungsgefäß (s. Kap. 5) und Überdruckventil ist abhängig vom Sicherheitskonzept (s. Kap. 3.5).

3.2.7 Kompakt-Baugruppen

Die meisten Hersteller von Sonnenkollektoranlagen bieten auch fertig vorinstallierte „Solarstationen" an, die im allgemeinen folgende Komponenten enthalten:

- Umwälzpumpe mit Rückschlagventil und Absperrorganen,
- Überdruckventil mit Membranausdehnungsgefäß bzw. Anschluß dafür,
- Thermometer und Manometer,
- Regelung und Steuerung.

Natürlich müssen diese Solarstationen auf die Anlagengröße sowie auf die anderen Anlagen-Bauteile (Kollektor, Wärmetauscher) abgestimmt sein. Ab-

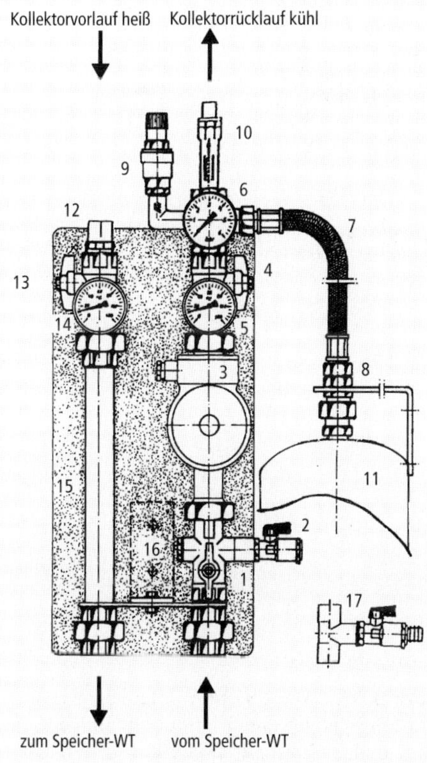

Vorlaufstrang (warm)

12 Klemmringverschraubung
13 Multihahn
14 Zeigerthermometer (rot)
15 Vorlaufrohr mit Halterung zum Rücklauf
16 Wandbügel mit Schrauben

Rücklaufstrang (kalt)

1 Multihahn
2 KFE-Füllhahn
3 Umwälzpumpe
4 Schwerkraftbremse mit automatischem Luftdurchlaß
5 Zeigerthermometer (blau)
6 Konterkreuzstück mit Manometer (0 bis 6 bar), Absperrventil
7 Panzerschlauch (50 cm)
8 Gefäßanschlußkupplung und Wandmontagebügel
9 Konterwinkel mit Sicherheitsventil (6 bar)
10 Durchflußmesser
11 Membranausdehnungsgefäß
17 separates T-Stück mit KFE-Kugelhahn für Entleerung; Montage an tiefstem Punkt zwischen Boiler und Solarstation

3.54
Beispiel einer Kompakt-Baugruppe mit Pumpe, Steuerung und Sicherheitseinrichtungen.
Bild: Fa. Pro Solar /40/

gesehen von der deutlich verkürzten Montagezeit besteht der Vorteil fertiger Baugruppen darin, daß der Hersteller eine Gewähr dafür übernimmt, daß die Komponenten zum Gesamtsystem passen und die Materialien vom verwendeten Wärmeträger nicht angegriffen werden. Außerdem werden in der Regel vorkonfektionierte Dämmschalen mit angeboten, die eine lückenlose Isolierung auch bei den schwer zu dämmenden Armaturen ermöglichen. Um den Montageaufwand noch weiter zu reduzieren, bieten einige Hersteller die Kompakt-Baugruppe und den Speicher als eine fertig vormontierte Einheit an (vgl. z.B. Abb. 3.16).

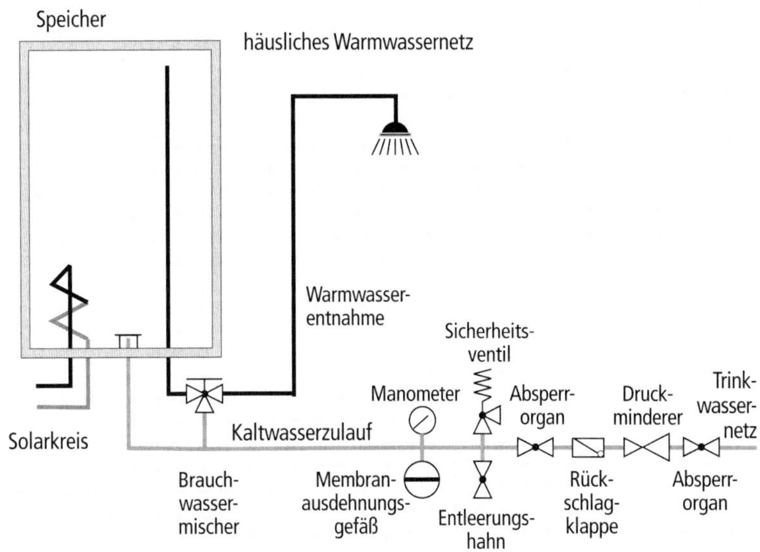

3.55
Anschluß der Kalt- und Warmwasserleitung an den Solarspeicher. Sofern die Speichertemperatur nicht durch andere Maßnahmen auf 60°C begrenzt wird, kann dies warmwasserseitig durch einen thermostatischen Mischer am Speicherausgang sichergestellt werden.

3.3 Verbraucherkreislauf

Beim Anschluß eines solaren Brauchwasser-Druckspeichers an das Trinkwassernetz müssen die gleichen Vorschriften (z.B. DIN 1988 „Technische Regeln für Trinkwasserinstallationen") beachtet und die gleichen Armaturen eingebaut werden wie bei einem konventionell beheizten Druckspeicher (Abb. 3.55, vgl. auch Abb. 3.1):

- Ein *Rückschlagventil* in der Zuleitung zum Speicher soll das Eintreten von warmem, eventuell verkeimtem Wasser in das Kaltwassernetz zuverlässig verhindern.
- Zusätzlich zum Rückschlagventil empfiehlt es sich, ein *Absperr-* und ein *Entleerungsventil* (ggf. kombiniert) vorzusehen, um bei Reparaturen den Speicher entleeren zu können.
- Ein *Überdruckventil* mit Auslauf (Ansprechdruck 6 bar) sorgt dafür, daß der Speicher nicht über den zulässigen Betriebsdruck hinaus belastet wird, wenn sich das Wasser infolge Erwärmung ausdehnt. Zwischen Überdruckventil und Speicher darf kein Absperrorgan montiert werden. Der Auslauf ist mit der Abwasserleitung zu verbinden.
- Durch ein *Membranausdehnungsgefäß* läßt sich das häufige Ansprechen des Überdruckventils durch Ausdehnung des Wassers beim Aufheizen des Speichers verhindern.
- Liegt der Systemdruck im Kaltwassernetz über 5 bar, muß vor der Rückschlagklappe oder besser noch zentral für das ganze Haus hinter dem Wasserzähler ein *Druckminderer* eingebaut werden, der den Druck auf ca. 4 bar begrenzt (Abb. 3.56). Anderenfalls würde das Überdruckventil laufend ansprechen.
- Darüber hinaus empfiehlt sich der Einbau eines *Schmutzfilters.*

Zur Vermeidung von kondensierender Feuchtigkeit am Kaltwasserrohr ist eine Dämmung des Trinkwasserzulaufs sinnvoll.
Warmwasserseitig kann der Ausgang des Speichers – vorbehaltlich besonderer Maßnahmen zur Nachheizung – direkt mit dem Warmwasser-Leitungsnetz verbunden werden, sofern die Speichertemperatur z.B. durch eine Temperaturbegrenzung in der Solarsteuerung nicht über 60°C ansteigen kann. Aus verschiedenen Gründen (größere Speicherkapazität, Legionellendesinfektion, Anlagensicherheit, vgl. Kap. 3.5 und 3.6) wird die maximale Speichertemperatur in der Praxis meist etwas höher gewählt und auf 70 bis 90°C eingestellt. In diesem Fall ist zum Schutz vor Verbrühungen am Speicherausgang ein *thermostatisches 3-Wege-Mischventil* (Abb. 3.57) einzubauen und so einzustellen, daß die Wassertemperatur an den Zapfstellen auf etwa 50°C begrenzt wird. Nach der Heizungsanlagenverordnung darf sie 60°C auf keinen Fall überschreiten.
Geeignete Mischer mit einstellbarer Temperatur (40 bis 60°C) werden von verschiedenen Herstellern angeboten. Sie sollten in unmittelbarer Nähe des Speichers eingebaut werden, wobei darauf zu achten ist, daß der Wasserdruck (Fließdruck) an den beiden Eingängen des Mischers etwa gleich groß ist.

Anschluß einer Zirkulation

Um in ausgedehnten Leitungsnetzen an den Zapfstellen genügend schnell warmes Wasser bereitzustellen, wird das Wasser in den Haupt-Verteilleitungen häufig durch eine Zirkulation warm gehalten. Ob eine Zirkulation installiert wird, ist nicht nur eine Frage des Komforts, sondern wird auch durch Vorschriften geregelt; denn laut Arbeitsblatt W551 des DVGW (Deutscher Verein des Gas- und Wasserfaches) (vgl. Kap. 3.6) sind Zirkulations- oder Begleitheizsysteme vorgeschrieben, wenn der Inhalt der Warmwasserleitungen zwischen Speicherausgang und Entnahmestelle mehr als 3 l beträgt.

Bei Begleitheizungen handelt es sich um elektrische Heizbänder für Rohre, die allerdings wegen der schlechten Primärenergiebilanz von elektrischen Heizungen allgemein unbedingt zu vermeiden sind.
Bei Zirkulationssystemen pumpt eine kleine Brauchwasserpumpe das Wasser aus dem Speicher durch die Verteilung und von deren Ende durch die parallelgeführte Zirkulationsleitung zurück in den Speicher. Leitung und Pumpe sind so auszulegen, daß die Temperatur des zirkulierenden Wassers um nicht mehr als 5 K absinkt. Die Zirkulationspumpe ist in den Rücklauf einzubauen.
Da die Zirkulation einen Teil des Speicherinhaltes umwälzt, die Schichtung stört, zusätzliche Wärmeverluste mit sich bringt (in manchen Anlagen 20 bis 50% des Energieverbrauchs!) und elektrische Energie für die Pumpe benötigt, sollte – wo immer möglich – auf sie verzichtet werden. In Ein- und Zweifamililenhäusern ist das in der Regel möglich, aber auch in Mehrfamilienhäusern oder größeren Anla-

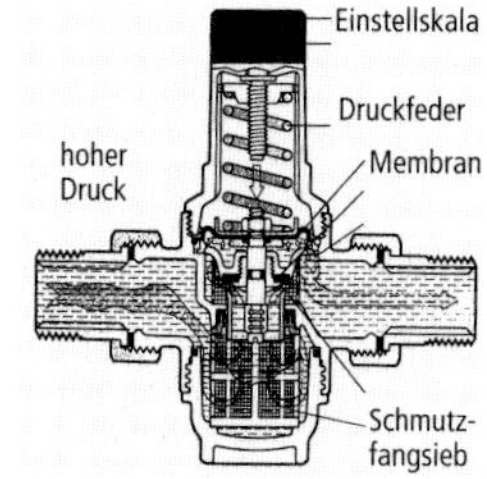

3.56
Druckminderer mit Einstellskala und eingebautem Schmutzfilter /55/.

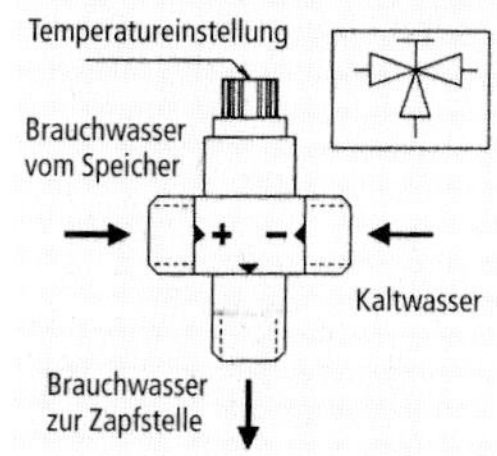

3.57
Brauchwassermischer /57/.

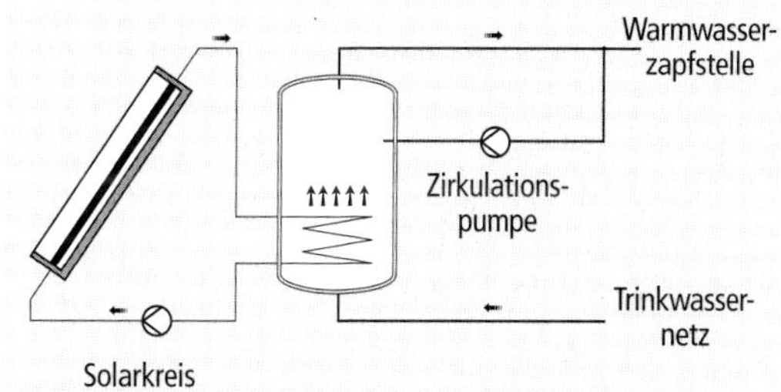

3.58
Anschluß einer Zirkulationsleitung an einen Warmwasserspeicher.

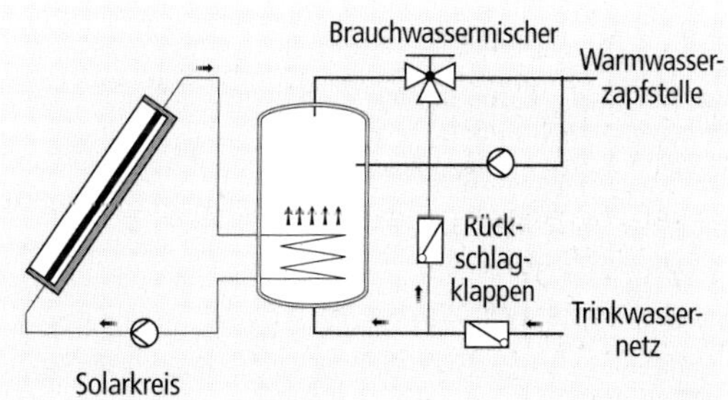

3.59
Montage eines Brauchwassermischers in ein Zirkulationssystem: Die Rückschlagventile müssen denselben Öffnungsdruck haben; der Mischer wird so eingestellt, daß die Solltemperatur auch bei fehlender Entnahme nicht überschritten wird.

gen können Zirkulationen überflüssig gemacht werden. Die wichtigsten Maßnahmen sind die Wahl kurzer Leitungswege und die Installation kleiner Rohrdurchmesser: beispielsweise enthalten 12,5 m Rohr 12·1 oder 7,5 m Rohr 15·1 oder 5 m Rohr 18·1 jeweils 1 Liter Wasser (vgl. Tab. 3.10). Um unter der 3-l-Grenze zu bleiben, können also immerhin fast 38 m Rohr 12·1 (DN 10) verlegt werden. Diese Rohrdimensionen werden zwar vielfach als zu gering angesehen, es lassen sich aber durchaus akzeptable Entnahmevolumenströme von etwa 10 l/min bei lediglich 2 m/s Fließgeschwindigkeit erzielen. Ein weiterer Vorteil kleiner Leitungsquerschnitte ist der geringe Energiegehalt und damit die Reduzierung der Wärmeverluste: In 12,5 m Rohrleitung DN 10 (1 l Inhalt) sind bei Erwärmung von 10°C auf 60°C lediglich 0,06 kWh gespeichert.
Falls eine Zirkulation unvermeidbar ist, sollte die Laufzeit der Zirkulationspumpe auf jeden Fall mittels Zeitschaltuhr auf die Hauptnutzungszeiten (z.B. 7 bis 8, 13 bis 14, 18 bis 20 Uhr) begrenzt werden. In welcher Höhe der Zirkulationsrücklauf in den Speicher zu führen ist, muß mit ein wenig Fingerspitzengefühl entschieden werden. Gemäß Abb. 3.58 sollte der Rücklauf etwa bei 2/3 der Speicherhöhe angeschlossen werden. Er kann ggf. auch mittels Tauchrohr von unten in diese Höhe geführt sein. Bei vielen Speichern ist die Anschlußhöhe durch die Lage der Gewindeöffnung fest vorgegeben. Wird gleichzeitig eine Mischbatterie vorgesehen, funktioniert die Zirkulation mit der Schaltung nach Abb. 3.59.

Gerade bei Zirkulationsleitungen ist wegen der hohen Temperaturen unbedingt auf eine sehr gute, sorgfältig ausgeführte Wärmedämmung zu achten.

Leitungsmaterial

Bei der Wahl des Leitungsmaterials ist eine Grundregel des Installationshandwerks unbedingt zu beachten:

- Auf eine Installation in verzinktem Stahlrohr darf – in Fließrichtung gesehen – eine Kupferrohr-Installation folgen, aber niemals umgekehrt, auch wenn der Speicher zwischengeschaltet ist!

Anderenfalls würde das verzinkte Stahlrohr durch die Kupferionen im Wasser angegriffen und durch Korrosion in kurzer Zeit zerstört.

3.4 Nachheizung

Da in strahlungsärmeren Zeiten der Nutzenergiebedarf nur zum Teil solar gedeckt werden kann, unsere heutigen Komfortansprüche aber Warmwasserverfügbarkeit jederzeit verlangen, werden Solaranlagen in der Regel mit einer Zusatzheizung ausgerüstet. Bei Brauchwasseranlagen muß diese Zusatzheizung dafür sorgen, daß das Wasser an den Zapfstellen stets mit einer Mindesttemperatur von 45 bis 50°C zur Verfügung steht. Sie sollte sich nur bei Bedarf selbsttätig einschalten und außerdem so konzipiert sein, daß möglichst viel Sonnenenergie genutzt werden kann.
Als Energiequellen kommen die Zentral- bzw. Etagenheizung (Gas, Öl, Holz, Kohle), eine elektrische Heizpatrone im Speicher oder ein nachgeschalteter Durchlauferhitzer (Strom oder Gas) in Frage. Die Anbindung dieser mit fossilen Energien betriebenen Wärmequellen an die Solaranlage und die hydraulische Anpassung haben beträchtlichen Einfluß auf den solaren Energieertrag. Abb. 3.60 und 3.61 zeigen Möglichkeiten, wie der Solarspeicher in bestehende Systeme (bei verschiedenen örtlichen Bedingungen) eingebunden werden kann. Es werden an dieser Stelle nur Nachheizungen für reine Brauchwassererwärmungsanlagen beschrieben, die Einbindung in Heizungssysteme dagegen wird in Kapitel 4 behandelt.

Variante 1

Nachheizung durch bestehenden Heizkessel über einen Heizungswärmetauscher im Solarspeicher: Bei dieser wohl gebräuchlichsten Lösung ist im oberen Drittel des Solarspeichers ein zusätzlicher Heizungswärmetauscher (Heizfläche 1 bis 1,8 m^2 bei Speichern bis 500 l) eingebaut und direkt an den Kesselvor- und -rücklauf, also vor dem Heizungsmischer, angeschlossen. Über einen einstellbaren Thermostaten (50 bis 60°C), der in Höhe des Wärmetauschers die Speichertemperatur mißt, wird die Ladepumpe (kleine Heizungspumpe) nur dann eingeschaltet, wenn die Wassertemperatur den eingestellten Sollwert unterschreitet.
Diese Variante ist weitgehend unabhängig von der Art des Heizkessels (Gas, Öl, Holz mit Pufferspeicher o.ä.) und kann auch an Altanlagen realisiert werden. Ein zusätzlicher Brauchwasserspeicher im Heizkessel ist nicht erforderlich; sofern doch vorhanden, kann er stillgelegt werden. Moderne Heizungsanlagen (z.B. Niedertemperatur- oder Brennwertkessel) arbeiten auch im Intervallbetrieb mit sehr gutem Wirkungsgrad, so daß auch im Sommer eine gute Energieausnutzung erreicht wird.

Variante 2

Falls aus irgendwelchen Gründen (aufwendige Installation, kein zweiter Wärmetauscher im Speicher usw.) eine Stillegung des vorhandenen, meist recht kleinen Brauchwasserspeichers im Heizungskessel (z.B. 150 l) nicht möglich ist, kann ein Anschluß gemäß Abb. 3.61 gewählt werden. Es muß dann lediglich die Kaltwasserzuleitung in den vorhandenen Speicher durch die Warmwasserentnahmeleitung aus dem Solarspeicher ersetzt werden.
Diese Lösung ist nur dann wirklich sinnvoll, wenn ein moderner Heizungskessel mit einem gut gedämmten Heizungsspeicher vorhanden ist; außerdem muß die Verbindung zwischen Solar- und Heizungsspeicher sehr kurz sein. Anderenfalls werden die Wärmeverluste im System schnell so groß, daß der Nutzer von den Vorzügen der Solaranlage kaum etwas merkt.

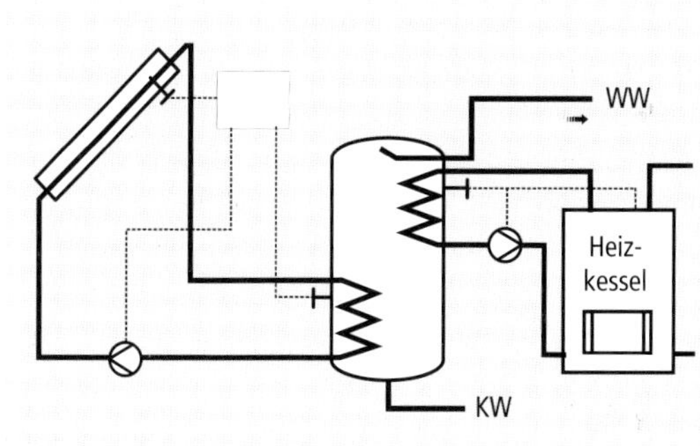

3.60
Solaranlage zur Brauchwassererwärmung mit Nachheizung über einen zweiten internen Wärmetauscher im Speicher, der an die Heizungsanlage angeschlossen ist. Steuerung der Brauchwasserladepumpe im Heizungskreis über einen Speicherthermostaten im oberen Drittel des Speichers bzw. über die Regel- und Steuereinheit des Heizkessels oder der Solaranlage.

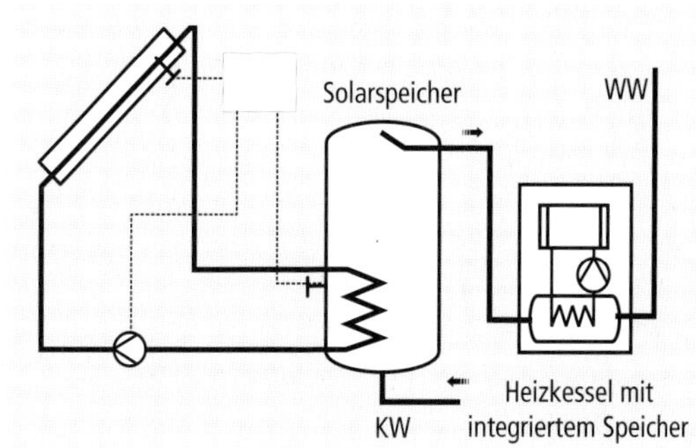

3.61
Einfache Anbindung einer Solaranlage an bestehenden Heizkessel mit eingebautem Brauchwasserspeicher

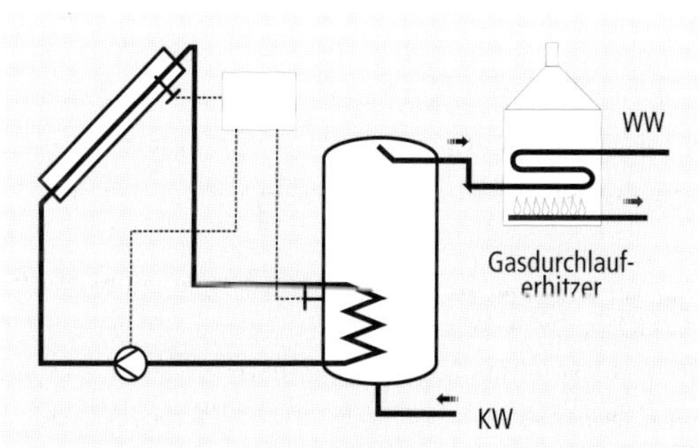

3.62
Die Nachheizung über einen - möglichst thermostatisch gesteuerten - Gas-Durchlauferhitzer ist energetisch betrachtet die beste Lösung.

Leider empfehlen viele Installateure bei einer fälligen Heizungssanierung ihren Kunden immer noch die kleinen, zum Kessel passenden Hoch- oder Tiefspeicher. Diese mögen zwar leicht zu installieren und etwas preiswerter sein als ein größerer Standspeicher, dafür vereinfacht der Standspeicher die Nachrüstung einer Solaranlage erheblich, was sich letztendlich auch bei den Kosten bemerkbar macht.

Variante 3

Nachheizung durch ein Elektro-Heizregister: Alternativ oder parallel zu Lösung 1 kann die Nachheizung auch über ein Elektro-Heizregister (als Zubehör zum Speicher lieferbar, Leistung z.B. 2 kW) erfolgen, das etwa im oberen Drittel bzw. in halber Höhe in den Speicher eingebaut wird. Da Strom jedoch erheblich teurer und zudem primärenergetisch viel ungünstiger ist als die Wärme aus Gas oder Öl, kann dies nur eine Übergangslösung für den Sommer sein, wenn eine alte Heizungsanlage mit schlechtem Wirkungsgrad arbeitet (Heizungsanlage umgehend modernisieren und Elektronachheizung wieder abklemmen!). Außerdem ist Strom zum Verheizen zu schade!

Variante 4

Nachheizung über einen nachgeschalteten Gas-Durchlauferhitzer: Energetisch gesehen ist diese Lösung die beste, da der Durchlauferhitzer, direkt vor dem Verbraucher montiert, gerade nur soviel Energie liefert, wie zum Erreichen der Solltemperatur gebraucht wird. Verteilungsverluste und die Speicherverluste aus Fremdenergie entfallen. Das gilt allerdings nur, wenn ein modernes, thermostatisch geregeltes Gerät eingebaut wird, bei dem die Heizleistung in Abhängigkeit von der Wassertemperatur so geregelt wird, daß an den Zapfstellen Wasser mit konstanter Temperatur (45 bis 50°C) fließt. Leider sind entsprechende Gas-Durchlauferhitzer bisher wenig verbreitet. Grundsätzlich erfordert diese Variante die Installation einer entsprechenden Gas-Therme einschließlich Kaminanschluß und Gasanschluß.
Primärenegetisch sehr viel ungünstiger ist dagegen der elektronisch geregelte elektrische Durchlauferhitzer, der seit einiger Zeit am Markt angeboten wird.

Variante 5

Schließlich ist es in manchen Fällen auch möglich, Solaranlagen ohne Nachheizung zu installieren, z.B. auf Campingplätzen, in Schwimmbädern und überall dort, wo warmes Wasser hilfreich, aber nicht unbedingt notwendig ist!

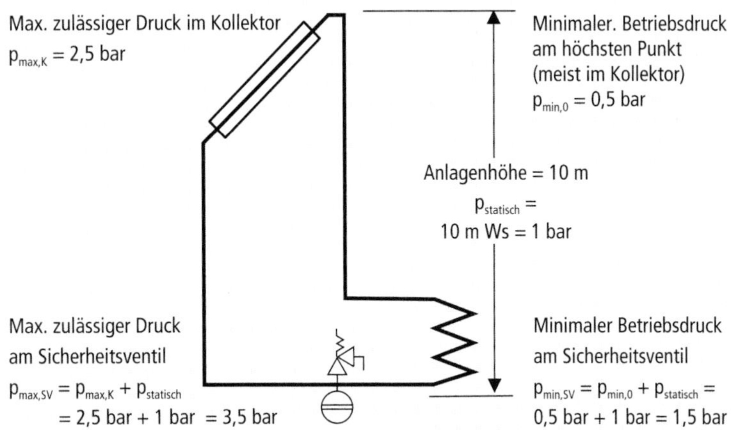

3.63
Minimaler und maximaler Druck im Solarkreislauf. Falls das Sicherheitsventil nicht am tiefsten Punkt der Anlage installiert wird, reduziert sich der für die Berechnung verwendete statische Druck entsprechend. Beispiel: Wenn das Sicherheitsventil in halber Anlagenhöhe montiert ist, so beträgt der statische Druck bei der oben skizzierten Anlage nur noch 0,5 bar, der minimale Betriebsdruck am Sicherheitsventil dann 1 bar und der maximale 3 bar.

3.5 Anlagensicherheit

Wie jede technische Anlage birgt auch eine Solaranlage bestimmte Unfallrisiken. Durch geeignete Sicherheitsmaßnahmen sind diese Risiken zu minimieren und insbesondere Gefahren für Menschen auszuschließen. Bei einer Solaranlage betrifft das den Solarkreis, den Speicher und den Verbraucherkreis; die Ausführung im einzelnen wird durch eine Reihe von Vorschriften und Richtlinien geregelt.

Sicherheitsvorkehrungen im Solarkreislauf

Im Solarkreislauf kann der Fall eintreten, daß aufgrund von sehr hohen Temperaturen im Kollektor der Wärmeträger verdampft. Der Extremfall ist der Stillstand des Solarkreislaufs bei höchster Sonneneinstrahlung, sei es durch Pumpen-Defekt oder durch Stromausfall, oder wenn die Pumpe von der Regelung abgeschaltet wird, weil der Speicher seine höchste Temperatur erreicht hat. In diesen Fällen steigt der Druck im System beträchtlich an. Nach DIN 4757-1 ist daher ein Sicherheitsventil vorgeschrieben, das bei Überschreiten des maximal zulässigen Betriebsdrucks öffnet. Dieser wird durch die Druckbeständigkeit des schwächsten Anlagenbauteils, zumeist des Kollektors begrenzt. Gebräuchliche Werte für den Ansprechdruck des Sicherheitsventils sind 2,5 bzw. 3,5 bar, manchmal auch 4 oder sogar 6 bar.

Das Sicherheitsventil sollte im kalten Schenkel des Solarkreises eingebaut werden, um beim Ansprechen einen Phasenübergang des Wärmeträgers (Verdampfen) im Dichtungsbereich des Ventils zu vermeiden. Andernfalls könnte das Sicherheitsventil in seiner Funktion beeinträchtigt werden, da sich Ablagerungen (Versteinerung) bilden. Außerdem muß darauf geachtet werden, daß beim Abblasen am Sicherheitsventil Verbrühungsgefahr besteht. Daher muß ein entsprechend gesicherter und weitestgehend geschlossener Auffangbehälter aus Metall vorgesehen werden.

Solaranlagen sind nach DIN 4757-1 „eigensicher" auszuführen. Das bedeutet: Auch extreme Belastungen dürfen nicht zu Störungen führen, deren Behebung über den üblichen Bedienungsaufwand hinausgeht. Bei Abblasen des Sicherheitsventil ist eine erneute Inbetriebnahme erst nach Wiederauffüllung des Solarkreises möglich – ein Aufwand, der den üblichen Bedienungsaufwand sicherlich überschreitet. Zur Gewährleistung der „Eigensicherheit" haben sich besonders für kleine Standard-Anlagen folgende Konzepte bewährt:

- Das Ausdehnungsgefäß wird so groß bemessen, daß es nicht nur die temperaturabhängige Ausdehnung des Wärmeträgers, sondern auch den Flüssigkeitsinhalt des gesamten Kollektors aufnehmen kann. Im Leerlauffall drückt der verdampfende Wärmeträger die Flüssigkeit aus dem Kollektor, ohne daß das Sicherheitsventil anspricht. Bei zurückgehender Temperatur wird die Flüssigkeit vom Membranausdehnungsgefäß wieder in den Kollektor zurück gedrückt.
- Bei den sogenannten „Drain-Back-Systemen" (vgl. Kap. 4) läuft der Kollektor bei Pumpenstillstand leer. Dadurch kann der oben beschriebene Kreislaufstillstand mit Dampfbildung im Kollektor nicht eintreten. Darüber hinaus entfällt das Sicherheitsventil ersatzlos und das Ausdehnungsgefäß wird durch den ohnehin vorhandenen Auffangbehälter, der den Kollektorinhalt aufnimmt, ersetzt. Es handelt sich um ein ebenso wirksames wie einfaches Sicherheitskonzept, vorausgesetzt die Verhältnisse im System (Gefälle und Höhendifferenzen) können so gewählt werden, daß der Kollektor beim Abschalten der Pumpe auf jeden Fall vollständig leer läuft.
- Dampfbildung im Kollektor kann auch durch Verwendung von Wärmeträgern mit sehr hoher Glykol-Konzentration in Verbindung mit höheren Anlagendrücken (vgl. Abb. 3.36) oder durch

Verwendung von Thermoölen, deren Siedepunkt deutlich über der Leerlauftemperatur des Kollektors liegt, wirkungsvoll unterbunden werden. Dieses Konzept ist wegen der Nachteile, die solche Wärmeträger bringen, wenig verbreitet.

Sicherheitsmaßnahmen für den Speicher

Damit es nicht zur Dampfbildung im Speicher kommt, muß die Speichertemperatur auf einen Maximalwert begrenzt werden; er sollte auf keinen Fall über 95°C liegen. Geeignete Maßnahmen, die bereits in Kapitel 3.2.2 ausführlich behandelt wurden, werden in der Regel durch die Steuer- und Regeleinrichtung der Solaranlage veranlaßt.
Weiterhin wird zur Druckbegrenzung ein Überdruckventil in den Trinkwasserzulauf zum Speicher eingebaut. Da der Druck im Speicher höher liegen sollte als der Druck im Solarkreis (um Verschmutzungen des Speicherwassers durch Frostschutzmittel auszuschließen), ist der Ansprechdruck für das Speicher-Überdruckventil höher zu wählen als der des Sicherheitsventils im Solarkreis. Er beträgt in der Regel 6 bar, manchmal aber auch bis zu 10 bar.

Sicherheitsmaßnahmen im Verbraucherkreis

Als Verbrühungsschutz für den Nutzer muß entweder die Speichertemperatur auf maximal 60°C begrenzt oder ein Brauchwassermischer, wie in Kapitel 3.3 beschrieben, eingesetzt werden.

Alle genannten Maßnahmen zur Sicherheit haben sich seit vielen Jahren bewährt und gewähren einen ausreichenden Schutz, sowohl für den Nutzer als auch für die Solaranlage selbst.

3.6 Hygiene

Die hygienischen Anforderungen an Trinkwasser sind sehr hoch, denn es handelt sich um ein Lebensmittel des täglichen Gebrauchs. Eine Fülle von Vorschriften und Richtlinien sowie deren kontinuierliche Überwachung durch Probenentnahme und Messungen garantieren eine gleichbleibende Qualität. Wenn Solarspeicher direkt an das Trinkwassernetz angeschlossen sind, so gelten folgerichtig alle diese Vorschriften auch für die Solaranlage, allen voran die Bestimmung, daß Trinkwasser keinesfalls verschmutzt werden darf.
Sofern im Solarkreis Frostschutzmittel verwendet wird, ist daher sicherzustellen, daß dieses nicht in den Speicher und damit in das Trinkwasser gelangen kann. Dies gilt insbesondere für das toxische Ethylenglykol. Neben einer Trennung der Kreisläufe mittels eines Wärmetauschers muß zusätzlich der Systemdruck auf der Trinkwasserseite größer sein, damit auch bei einer möglichen Leckage des Wärmetauschers kein Glykol in das Trinkwasser gelangen kann. Ferner muß durch eine Rückschlagklappe in der Trinkwasserzuleitung gewährleistet werden, daß kein Wasser aus dem Speicher in das öffentliche Trinkwassernetz zurückfließen kann.
Besondere Beachtung verdient die Keimbildung in Trinkwasseranlagen. Warmes Wasser mit Temperatur zwischen 35 und 45°C, wie sie in Warmwasserspeichern häufig vorkommen, bietet ideale Bedingungen für die Vermehrung aller Arten von Keimen. Besonders gefährlich sind die sogenannten Legionellen, die erst in den 70er Jahren als eigenständige Spezies unterschieden wurden. Erste Untersuchungen wiesen seinerzeit vor allem in Klimaanlagen mit Luftbefeuchtung, aber auch in großen, zentralen Warmwasserspeichern hohe Legionellen-Keimzahlen nach. Als eine Art Überreaktionen auf das Legionellen-Problem wurden daraufhin zunächst alle Warmwasserspeicher als gefährliche Brutstätten angesehen. Neuere Untersuchungen ergaben, daß in kleineren Brauchwasser-Speichern

für Ein- und Zweifamilienhäuser Keime nur in niedrigen, ungefährlichen Konzentrationen auftreten, wobei vermutlich der Korrosionsschutz durch eine Fremdstrom- oder Magnesiumanode das Absterben der Legionellen begünstigt. Seit 1993 existieren mit den Arbeitsblättern W 551/W 552 des DVGW (Deutscher Verein des Gas- und Wasserfaches) konkrete Empfehlungen zur Verminderung des Legionellenwachstums /58/. Danach werden Trinkwassererwärmungsanlagen eingeteilt in:

- Kleinanlagen für Ein- und Zweifamilienhäuser bzw. Anlagen mit einem Speichervolumen kleiner 400 l und einem Rohrleitungsinhalt in allen Leitungen zwischen Speicherabgang und Entnahmestelle kleiner als 3 l und
- Großanlagen mit Speichervolumina größer 400 l oder Rohrleitungsinhalten über 3 l.

Nach den DVGW-Arbeitsblättern wird für Großanlagen eine Temperatur am Warmwasseraustritt des Speichers von 60°C gefordert. Darüber hinaus muß eine gleichmäßige Wassererwärmung an allen Stellen innerhalb des Speichers gewährleistet werden. Diese Vorschriften für Großanlagen haben für Kleinanlagen den Charakter von Empfehlungen. Eine Anwendung dieser Empfehlungen in Solaranlagen würde den solaren Energieertrag deutlich beeinträchtigen und darüber hinaus die in Solarspeichern sinnvolle und nützliche Wärmeschichtung unmöglich machen. Daher werden Solarspeicher über 400 l Volumen häufig als Kombispeicher ausgeführt oder als Pufferspeicher betrieben und über einen externen Wärmetauscher mit geringem Eigenvolumen entladen.
Neben der thermischen Desinfektion ist prinzipiell auch eine UV-(Ultraviolett)-Entkeimung möglich. Aufgrund der hohen Kosten solcher Einheiten werden UV-Entkeimungsanlagen allerdings lediglich in großen Warmwassernetzen wie z.B. in Krankenhäusern eingesetzt.
Weitergehende als die hier genannten Maßnahmen zur hygienischen Vorsorge sind für Solaranlagen nicht erforderlich.

Legionellen

Legionellen sind Bakterien, die überall in Süßwasser nachgewiesen werden können. Sie wurden erst entdeckt, nachdem 1976 bei einem Legionärstreffen in den USA eine rätselhafte Krankheit (das Legionärsfieber) ausbrach, an der 34 Menschen starben. Daraufhin angestellte, intensive wissenschaftliche Untersuchungen kamen zu etwa folgendem Ergebnis:
Legionellen – wissenschaftliche Bezeichnung: *Legionella pneumophilia* – sind im Wasser weit verbreitet, sie werden sowohl im Oberflächenwasser als auch im Grundwasser, im Trinkwasser ebenso wie im Brauchwasser gefunden.
Ihre Konzentration ist in kaltem Wasser sehr gering (1 Zelle/l), in warmem Wasser, bei 35 bis 42°C, vermehren sie sich etwa um einen Faktor 10 pro Tag bis zu Konzentrationen von 10^8 /l. Allerdings muß eine genügende Anzahl Wirtszellen (Amöben, Algen, etc.) vorhanden sein, deren Stoffwechselprodukte als Nährsubstanz dienen. Im Temperaturbereich von 50 bis 55°C überleben sie viele Stunden und gehen erst bei Temperaturen über 70°C innerhalb von Sekunden zugrunde.
Die Erreger werden vorwiegend über feinste Wassertröpfchen, sogenannte Aerosole, in der Atemluft auf Menschen übertragen, vor allem durch Inhalationsgeräte, Mundduschen, Raumluftbefeuchter, Warmsprudelbecken und vermutlich auch über Duschen und Trinkwasserarmaturen.
Werden sie in hohen Konzentrationen (> 1000 /l) eingeatmet, können sie bei älteren und /oder geschwächten Menschen wie seinerzeit bei den Legionären die sogenannte Legionärskrankheit (atypische Lungenentzündung, die ohne Behandlung oft tödlich verläuft) oder das harmlosere Pontiac-Fieber (grippeähnliche Symptome) auslösen.

4 Anlagenkonzepte
Für jeden Anwendungsfall das Richtige

Einige grundsätzliche Gedanken über Solaranlagen hat der schweizerische Solarpionier Josef Jenni so treffend formuliert, daß wir sie - sinngemäß - an den Anfang dieses Kapitels stellen möchten. Er sieht Sonnenkollektor-Anlagen grundsätzlich aus drei Teilen aufgebaut und leitet daraus praktische Grundsätze für deren Konzeption ab:

- Der *Produzent* ist der Sonnenkollektor. Er produziert Wärmeenergie, wenn die Sonne scheint, und zwar um so mehr, je größer er ist und um so besser sein Wirkungsgrad (Kap. 2).
- Zur *Verwaltung* gehören der Speicher und das Wärmetransportsystem mit Pumpe, Steuerung, etc. Diese Komponenten transportieren und „lagern" die Energie (Kap. 3).
- Der *Verbraucher* wünscht sich letztendlich nichts weiter, als genügend Energie für Warmwasser, Raumheizung oder Schwimmbaderwärmung immer dann, wenn gerade Bedarf besteht.

Produktion und Verwaltung sind so aufeinander abzustimmen, daß der Verbraucher für seine Anwendung und seine spezifischen Rahmenbedingungen (Standort, Nutzerprofil, usw.) möglichst wirtschaftlich mit Energie versorgt wird. Es entspricht der allgemeinen Erfahrung aus der Praxis des Solaranlagenbaues, wenn Jenni weiter schreibt,

- daß gut geplante, einfache Anlagen in der Regel besser und wirtschaftlicher arbeiten als komplexe Anlagen und
- daß auf jedes unnötige Teil, das in einer Sonnenkollektoranlage *nicht* montiert wird, unbegrenzte Garantie gewährt werden kann.

Nachdem in den vorangegangenen Kapiteln alle wichtigen Bauteile anhand einer „Standard-Solaranlage" für die Trinkwassererwärmung vorgestellt und beschrieben wurden, wird im folgenden – unter Berücksichtigung der oben genannten Grundsätze – aufgezeigt, welche Anlagenkonzepte existieren und wie die einzelnen Bauteile zu einem sinnvollen Ganzen zusammengefügt werden können.

4.1 Systematik

Um den Überblick über die Vielfalt zu erleichtern, ist eine Systematisierung der gängigen Varianten sinnvoll:

- Wichtigstes Kriterium ist die vorgesehene *Nutzung*. Solaranlagen werden hauptsächlich eingesetzt für
  - die Schwimmbadbeheizung,
  - die Trinkwassererwärmung und
  - die Trinkwassererwärmung mit Heizung.
- Bei der Art des *Wärmeträgerumlaufes* wird unterschieden zwischen
  - Anlagen *mit Schwerkraftumlauf* (Kap. 4.3.1) und
  - Anlagen *mit Umwälzpumpe und Steuerung*, d.h. mit Zwangsumlauf (Kap. 4.3.2).
- Je nachdem ob eine *Zusatzheizung* eingebunden ist, gibt es
  - Solaranlagen *ohne Nachheizung*, also autonome Systeme und

- Solaranlagen *mit Nachheizung*.
  Die Ausführungsvarianten der Nachheizung wurden bereits in Kapitel 3.4 behandelt.
- Die *Ausbildung des Solarkreislaufes* ist sowohl möglich
  - als *offenes*, also druckloses System oder
  - als *geschlossenes* System, das unter Druck steht.

  Beim offenen System wird ein offenes Ausdehnungsgefäß am höchsten Punkt des Kreislaufes vorgesehen, das Änderungen des Flüssigkeitsvolumens infolge Temperaturänderungen, minimalen Leckagen usw. ausgleicht. Der Leitungsdruck in offenen Systemen ist relativ gering und allein durch die Höhe der Wassersäule bestimmt. Beim geschlossenen System ist der Kollektorkreis hermetisch dicht und steht unter Überdruck. Ein Membranausdehnungsgefäß gleicht Änderungen des Flüssigkeitsvolumens aus, ein Überdruckventil begrenzt den Systemdruck auf ungefährliche Werte.
  Der Verbraucherkreis wird sehr selten als offener Kreis ausgebildet.
- Die *Wärmeübertragung* sowohl aus dem Solarkreislauf an den Speicher als auch vom Speicher an den Verbraucherkreis kann erfolgen
  - *ohne Wärmetauscher* (1-Kreis-System),
  - mit *einem Wärmetauscher* (intern oder extern) zur Trennung des Solar- vom Verbraucherkreis (2-Kreis-System) oder
  - mit *zwei Wärmetauschern* (intern oder extern) zur Trennung sowohl des Solar- als auch des Verbraucherkreises (3-Kreis-System).

  Bei der Wärmeübertragung ohne Wärmetauscher stehen Kollektor und Verbraucher miteinander in Verbindung; der Wärmeträger im Verbraucherkreis (Trinkwasser, Heizungswasser, Schwimmbadwasser, usw.) strömt auch durch den Kollektorkreis. Durch die Einführung von einem oder zwei Wärmetauschern in das System wird die stoffliche Trennung zwischen Wärmeträger im Kollektorkreis und dem im Verbraucherkreis und/oder dem im Speicher möglich, so daß z.B. im Kollektorkreis eine frostgeschützte Flüssigkeit eingesetzt werden kann oder sich im Speicher Heizungswasser befinden kann. Ob der oder die Wärmetauscher dabei im Speicher eingebaut (intern) oder außerhalb (extern) des Speichers angeordnet werden, ist von untergeordneter Bedeutung. Wo große Wärmeleistungen zu übertragen sind, bietet sich aus technischen und ökonomischen Gründen der außenliegende Wärmetauscher an.
- Bei der Konzeption und Auslegung des Kollektorkreislaufs (Kap. 4.5) wird unterschieden zwischen
  - *High-Flow*-Systemen (Durchfluß im Solarkreis 30 bis 70 l/h und m² Kollektorfläche)
  - *Low-Flow*-Systemen (Solarkreislaufdurchfluß 8 – 15 l/h und m² Kollektorfläche)
  - *Matched-Flow*-Systemen (Solarkreislaufdurchfluß variabel geregelt) oder/und
  - *Drain-Back*-Systemen, bei denen der Kollektor nach Abschalten der Umwälzpumpe selbständig leerläuft.

Theoretisch wären alle Kombinationen dieser Merkmale denkbar, in der Praxis haben sich jedoch einige der Kombinationen als untauglich erwiesen. Daher werden im folgenden – ausgehend von den Nutzungsarten – nur die sinnvollen und praxistauglichen Anlagenkonzepte mit Vor- und Nachteilen dargestellt.

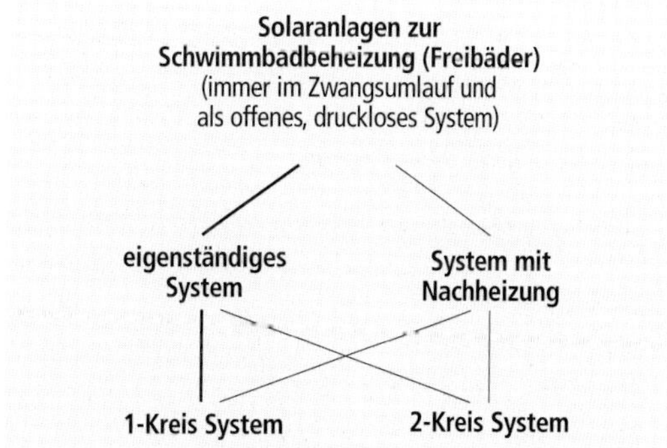

4.1
Anlagenkonzepte für Solaranlagen zur Beheizung von Freibädern. Die am häufigsten vorkommende Anlage ist durch den fett markierten Strang hervorgehoben.

4.2 Solaranlagen zur Schwimmbadbeheizung

Einen Überblick über die möglichen Anlagenkonzepte gibt Abb. 4.1. Solaranlagen zur Schwimmbadwassererwärmung werden grundsätzlich im Zwangsumlauf betrieben, also mit Pumpe und mit der dafür notwendigen Steuer- und Regeleinheit. Außerdem handelt es sich immer um drucklose bzw. mit geringem Druck (statischer Druck) betriebene Systeme, da das Schwimmbecken ein offener Behälter ist. Selbst bei Trennung des Solarkreises vom Schwimmbecken durch einen Wärmetauscher wird der Solarkreis nur mit geringem Druck beaufschlagt, da die eingesetzten Kunststoffkollektoren nur geringen Druckbelastungen standhalten.

Funktion

Das Schaltbild des gebräuchlichsten Anlagentyps wurde bereits in Abb. 1.19 gezeigt. Es handelt sich um ein autonomes Ein-Kreis-System. Dieses System besteht – abgesehen von den Schwimmbadkollektoren – aus dem Schwimmbecken als Speicher, dem Solarkeisvor- und –rücklauf aus chlorwasserbeständigen Kunststoffrohren, der Pumpe mit Steuerung sowie den üblichen Armaturen (Füll- und Entleerungshähne, Entlüftungsventile sowie verschiedene Absperrorgane und Meßeinrichtungen zur Kontrolle und Einstellung der Anlage).

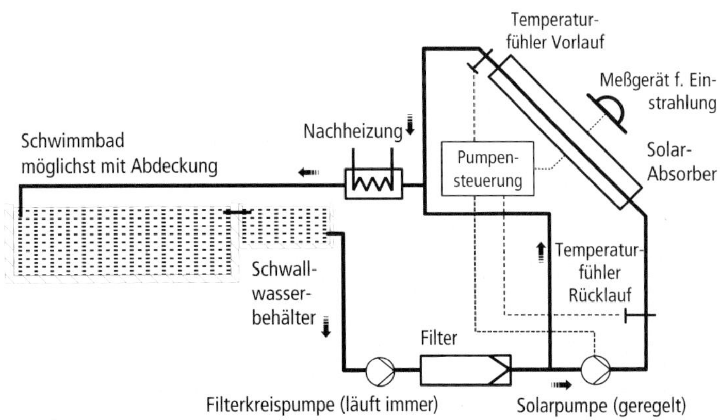

4.2
Solaranlage zur Schwimmbadwassererwärmung als 1-Kreis-System mit Nachheizung.

Da die Siedetemperatur des Wärmeträgermediums (gechlortes Wasser) nicht überschritten wird und das System drucklos ist, werden im Gegensatz zur Standard-Anlage (Kap. 3) einige Bauteile *nicht* gebraucht, nämlich Wärmetauscher und Sicherheitseinrichtungen wie Überdruckventil und Ausdehnungsgefäß. Dafür kommen einige schwimmbadspezifische Bauteile hinzu wie z.B. Schwallwasserbecken, Filterkreispumpe, Filter, Wasserreinigung und –aufbereitung etc.. Diese konventionellen Komponenten finden sich – unabhängig von der Art der Beheizung – in jedem Schwimmbad und werden daher hier nicht näher ausgeführt. Die wichtigsten sind der Vollständigkeit halber in Abb. 4.2 eingezeichnet. Die eingezeichnete Nachheizung ist in den weitaus meisten Fällen nicht notwendig; schon aus ökonomischen wie aus ökologischen Gründen sollte auf sie verzichtet werden.

Solaranlagen für Schwimmbäder zeichnen sich durch große Kollektorflächen aus, die bei öffentlichen Bädern etliche 100 m² umfassen können. Für die einwandfreie Funktion und einen möglichst hohen Energieertrag ist die gleichmäßige Durchströmung aller Kollektoren von entscheidender Bedeutung; dies erfordert eine sorgfältige Abstimmung der Strömungs- und Druckverhältnisse. Um die Durchströmung übersichtlich zu gestalten, wird die Gesamtfläche meistens in mehrere Teilflächen aufgeteilt, deren Absorber jeweils zu Strängen zusammengeschaltet sind. Die Aufteilung ist bei großen Anlagen häufig schon deshalb notwendig, weil die Kollektorfläche auf mehrere Gebäudedächer verteilt werden muß. Weitere Einzelheiten zum Aufbau solarer Schwimmbadheizungen werden in Kapitel 7.3 beschrieben. Insgesamt ist die Planung von Solaranlagen für öffentliche Schwimmbäder so komplex, daß sie einem einschlägigen Ingenieurbüro übertragen werden sollte.

Hinweise zu speziellen Konzepten

Für Besitzer *kleiner, privater Schwimmbäder* kann es sinnvoll sein, eine vorrangig für die Warmwasserbereitung geplante Solaranlage großzügiger auszulegen und die sommerlichen Wärmeüberschüsse in das Schwimmbecken zu leiten. Eine Schaltung, die dies ermöglicht, zeigt Abb. 4.3. Das Schwimmbecken als zweiter Speicher wird immer dann geladen, wenn der Brauchwasserspeicher genügend aufgeheizt ist oder wenn die Einstrahlung zum Erreichen der Brauchwassertemperatur nicht ausreicht. Als externer Wärmetauscher wird in der Regel ein Gegenstrom-Wärmetauscher aus Edelstahl eingesetzt, dessen Heizfläche für die Übertragung der gesamten Kollektorleistung bemessen sein sollte. Solche Kombi-Anlagen sind nicht allzu sehr verbreitet, da für die Schwimmbadbeheizung die einfacheren, preiswerteren Absorber ausreichen und getrennte Solarsysteme für Schwimmbad- und Trinkwassererwärmung oft kostengünstiger sind.
In *Hallenschwimmbädern* ist es mit der Heizung des Beckenwassers durch eine Sonnenkollektoranlage nicht getan. Die starke Verdunstung des Bekkenwassers macht in der Regel aktive Maßnahmen zur Luftentfeuchtung unumgänglich. Da der Energieeinsatz hierfür erheblich zu Buche schlägt, sind bei der Planung der Wärmeversorgung für Wasser und Raumluft die Beiträge der Wärmerückgewinnung aus der Abluft (z.B. Entfeuchtung mittels Abluftwärmepumpe) vorrangig zu berücksichtigen.
Die Größe der Solaranlage wird in diesem Fall so gewählt, daß der Energie-Restbedarf möglichst solar gedeckt werden kann. Da Hallenbäder gerade in der Übergangszeit und im Winter genutzt werden, kommen Schwimmbad-Absorber hier nicht in Frage. Selbst mit guten Flachkollektoren ist eine Nachheizung unumgänglich, da Sonnenenergieangebot und Wärmenachfrage nicht gut übereinstimmen.

Energie sparen bei der Schwimmbadheizung

Am meisten Energie spart, wer kein Schwimmbad hat,
am zweitmeisten, wer es nicht beheizt,
am drittmeisten, wer es nur solar beheizt,
am viertmeisten, wer ...

4.3
Kombinierte Solaranlage zur Trinkwasser- und Schwimmbadwassererwärmung. Der Brauchwasserspeicher wird vorrangig geladen, für die Schwimmbadbeheizung ist ein außenliegender Edelstahl-Wärmetauscher (wg. Aggressivität des Schwimmbadwassers) erforderlich.

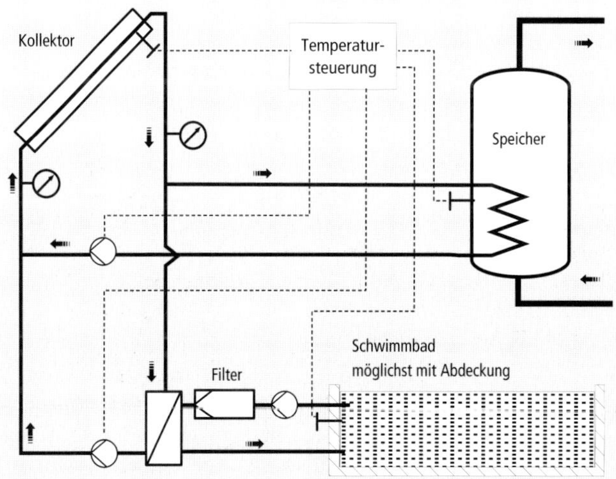

4.3 Solaranlagen zur Trinkwassererwärmung

Die Trinkwassererwärmung ist die mit Abstand häufigste Anwendung von Solaranlagen. In Abb. 4.4 wird die Vielfalt unterschiedlicher Anlagenkonzepte in diesem Bereich geordnet dargestellt.

4.3.1 Systeme mit Schwerkraftumlauf

Das Prinzip des Schwerkraftumlaufes wird vielen von alten Heizungsanlagen bekannt sein: Da warmes Wasser ein geringeres spezifisches Gewicht hat als kaltes, steigt es bei Erwärmung im Kollektor und im Leitungssystem auf und fließt zum höhergelegenen Speicher, während auf der anderen Seite das abgekühlte Wasser vom Speicher zum Kollektor zurückfließt. Der Umlauf kommt in Gang, wenn das Wasser im Kollektor wärmer ist als im Speicher, und er wird um so stärker, je höher die Sonneneinstrahlung und damit je größer die Temperaturdifferenz zwischen Kollektor und Speicher ist.

Vorteile

Der Umlauf steuert sich in nahezu idealer Weise selbsttätig, der Solarkreis kommt obendrein ohne Pumpe, ohne Fremdenergie und ohne Steuerungselemente aus. Aus diesem Grund wird das Prinzip gern überall dort angewendet, wo kleine, einfach aufgebaute Anlagen gewünscht werden oder wo eine Netzstromversorgung nicht zur Verfügung steht. Im Vergleich zur „Standard-Solaranlage“ entfallen im wesentlichen die Komponenten Pumpe und Regelung, was die Anlage deutlich preiswerter macht. Weiterhin können Thermosiphon-Systeme relativ problemlos mit offenem Solarkreis betrieben werden (in gepumptem Umlauf erfordert die Pumpe einen gewissen Min-

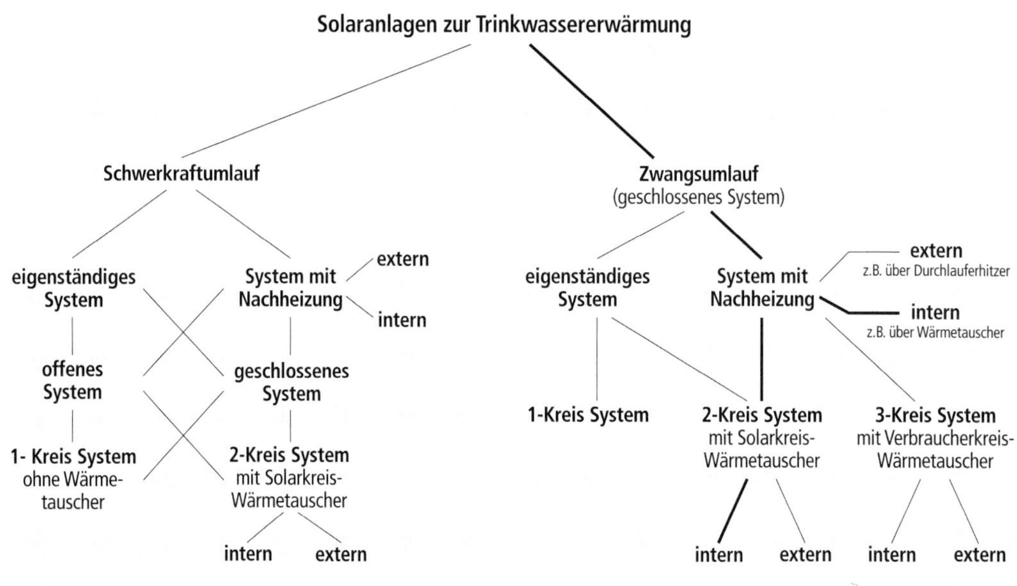

4.4
Anlagenkonfigurationen für Solaranlagen zur Trinkwassererwärmung. Die in Kapitel 3 (Abb. 3.1) ausgeführte „Standard-Solaranlage“ – die mit Abstand am weitesten verbreitete Anlagenkonfiguration – ist durch den fett markierten Strang hervorgehoben.

destdruck). Dadurch läßt sich die Installation weiter vereinfachen, weil sie nicht mehr druckbeständig ausgeführt sein muß und Bauteile wie Manometer, Überdruckventil, Entlüftungsventil entfallen.

Nachteile
Nachteilig ist die im Vergleich zum gepumpten Umlauf größere Trägheit, vor allem bei schnell wechselnder Einstrahlung, und die höhere Temperaturdifferenz zwischen Kollektor und Speicher. Dadurch ergibt sich gegenüber (richtig eingestellten) Anlagen mit Umwälzpumpe ein reduzierter Kollektorwirkungsgrad und ein geringerer Energieertrag, der durch eine etwas größere Kollektorfläche jedoch weitgehend ausgeglichen werden kann. Außerdem sind Größe und Realisierbarkeit solcher Systeme durch Randbedingungen eingeschränkt: Der Speicher muß auf jeden Fall oberhalb der Kollektoren angeordnet sein, damit der Vorlauf mit stetiger Steigung zum Speicher verlegt werden kann; größere horizontale Leitungsstrecken oder gar „Säcke" sind zu vermeiden, da der Systemumlauf sonst nicht richtig in Gang kommt. Der Strömungswiderstand in den Leitungen muß sehr klein sein, was große Rohrquerschnitte und kurze Leitungswege zwischen Kollektor und Speicher erzwingt. Andererseits muß der Speicher mindestens 0,6 - 1,0 m über dem Kollektor liegen, damit der Umlauf schnell und zuverlässig in Gang kommt. Um in der Nacht, wenn der Speicher deutlich wärmer ist als der Kollektor, eine unerwünschte Umkehr der Umlaufs zu vermeiden, ist eine leichtgängige Rückschlagklappe unbedingt vorzusehen.
Neben den Einschränkungen im Hinblick auf Installation und Platz (bei Kollektoren im Dach kann die Speicherplazierung schwierig sein) können auch die Statik (Dachbelastung), die Optik (außen liegende Speicher werden i.a. nicht als schön empfunden) sowie die gängige Installationspraxis bzw. Anbindung an die Hausinstallation gegen ein Schwerkraftsystem sprechen.

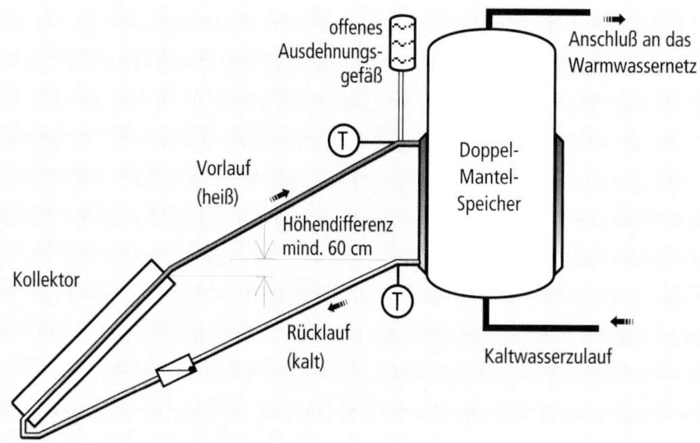

4.5
Systeme mit Schwerkraftumlauf (auch Thermosiphon-Anlagen genannt) erfordern die Anordnung des Speichers oberhalb der Kollektors und sind aus diesem Grund nicht überall einsetzbar. Abgebildet ist ein Inselsystem mit drucklosem (offenem) Solarkreis und Wärmetauscher (2-Kreis-System).

4.6
Einfache Thermosiphon-Anlagen wie diese finden sich in mediterranen Ländern auf vielen Hausdächern.

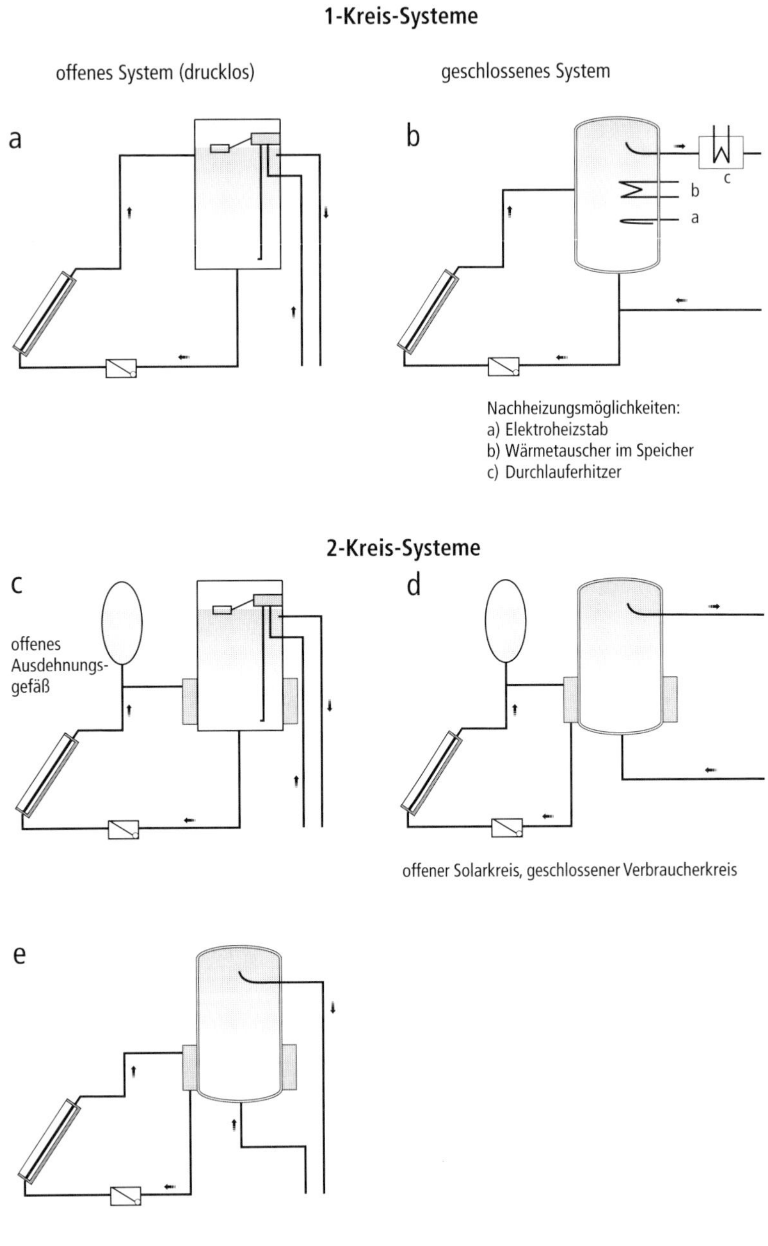

4.7
Thermosiphon-Anlagen können als 1-Kreis- und 2-Kreis-Anlagen ausgeführt werden.

Einsatzgebiete

In Mitteleuropa haben Schwerkraftanlagen nur begrenzt Verbreitung gefunden: der Solarspeicher wird hier bevorzugt im Keller in der Nähe der Heizungsanlage installiert, außen liegende Speicher haben im rauhen mitteleuropäischen Klima zu hohe Wärmeverluste. Anders sieht es in Südeuropa bzw. Mittelmeerraum aus: Dort ist das Klima milder (aber noch nicht so heiß, daß kein Warmwasser mehr benötigt wird), so daß außen liegende Speicher weniger Verluste haben; Zentralheizungsanlagen sind dort ebenso wenig verbreitet wie Kellerräume und die Ansprüche an Komfort und Optik sind (noch) nicht so hoch. Aus diesen Gründen sind Thermosiphonanlagen vor allem im mediterranen Raum anzutreffen und stehen dort zu Tausenden auf den (Flach-)Dächern, wegen der Gewichtsbelastung für das Dach hauptsächlich als Kleinanlagen mit bis zu 10 m^2 Kollektorfläche.

Vor- und Nachteile verschiedener Anlagenkonfigurationen

Aus der Vielzahl der Varianten (Abb. 4.4) sind in Abb. 4.7 die gebräuchlichen Systeme zusammengestellt. Dabei zeigt Abb. 4.7 b stellvertretend für alle Konfigurationen die 3 üblichen Nachheizungsvarianten.

- *Offenes 1-Kreis-Thermosiphon-System* (Abb. 4.7a)

Vorteile: Im Vergleich zum System gemäß Abb. 4.5 entfällt der Wärmetauscher und, da auch der Solarkreis offen ausgeführt ist, das Ausdehnungsgefäß. Hinzu kommt allerdings ein Schwimmer, der den Kaltwasserzulauf bei einem bestimmten Wasserstand im Speicher schließt. Es können einschließlich Speicher sehr einfache Bauteile verwendet werden, die nicht druckbeständig sein müssen. Ein weiterer prinzipieller Vorteil von 1-Kreis-Systemen ist die gute Wärmeübertragung, da keine Verluste durch Wärmetauscher auftreten.

Nachteile: Bei offenen Systemen besteht grundsätzlich erhöhte Korrosionsgefahr durch Sauerstoffeintrag. Außerdem kann Schmutz in den Speicher gelangen, so daß eine Verunreinigung des Brauchwassers nicht auszuschließen ist. Daher ist dieses System in Deutschland zur Trinkwassererwärmung nicht zulässig. Als 1-Kreis-System kann es außerdem nicht mit Frostschutzmittel betrieben werden.

Einsatzbereiche: Dieses einfachste und preiswerteste aller Thermosiphon-Systeme findet Anwendung in Gegenden mit geringem Druck im Trinkwassernetz oder häufigem Ausfall der zentralen Wasserversorgung. Der Speicher ist hier gleichzeitig Vorratsbehälter, der häusliche Wasserdruck wird nur durch die Höhendifferenz zwischen Speicher (in der Regel auf dem Dach) und Zapfstelle bestimmt (statischer Druck). Sofern Frostgefahr besteht, muß das System entleert werden. Man findet diese Systemkonfiguration z.B. in ländlichen Gebieten Nordafrikas.

- *Geschlossenes 1-Kreis-Thermosiphon-System* (Abb. 4.7b)

Vorteile: Auch hier handelt es sich um ein sehr einfaches, preiswertes Anlagenkonzept. Aufgrund des geschlossenen Systems ist im Gegensatz zum vorher beschriebenen die Verschmutzungsgefahr gebannt, wobei der Vorteil der guten Wärmeübertragung vom Kollektor zur Verbraucherseite erhalten bleibt. Durch den direkten Anschluß an das Wasserleitungsnetz besteht auch hier Korrosionsgefahr infolge Sauerstoffeintrag über das Frischwasser.

Nachteile: Im Vergleich zum vorgenannten System sind weitere Bauteile für die Anlagensicherheit notwendig, insbesondere ein Membranausdehnungsgefäß und ein Sicherheitsventil. Im Kreislauf herrscht der Druck des Wasserleitungsnetzes, was bei den in Mitteleuropa üblichen Leitungsdrücken von ca. 4 bar problematisch sein kann. Besonders die Absorber sind selten gegen solch hohe Drücke beständig.

Einsatzbereiche: Dieser Anlagentyp wird vornehmlich in frostfreien Gegenden, in denen ein geringer Wasserleitungsdruck (z.B. 2 bar) vorherrscht, eingesetzt.

- *Offenes 2-Kreis-Thermosiphonsystem* (Abb.4.7c)

Vorteile: Aufgrund der Trennung von Solar- und Verbraucherkreis kann der Solarkreis mit einem Wasser-Frostschutz-Gemisch betrieben werden. Darüber hinaus kann ein preiswerter, nicht druckbeständiger Behälter eingesetzt werden.

Nachteile: Wie bei jedem offenen System besteht auch hier Korrosionsgefahr durch Sauerstoffeintrag sowie Verschmutzungsgefahr insbesondere für das Trinkwasser im Behälter.

Einsatzbereiche: Die Einsatzgebiete sind ähnlich wie die oben aufgeführten. Diese Anlagenkonfiguration ist jedoch eher seltener anzutreffen, da in den Haupteinsatzgebieten kaum Frostgefahr besteht, so daß eine Trennung der Kreisläufe nur Mehrkosten verursacht, aber keine wesentlichen Vorteile bringt.

- *2-Kreis-Thermosiphonsystem mit offenem Solar- und geschlossenem Verbraucherkreis* (Abb. 4.7d)

Vorteile: Der Solarkreis kann als offener Kreis aus einfachen Bauteilen, die nicht druckbeständig sein müssen, kostengünstig aufgebaut und mit einem Wasser-Frostschutz-Gemisch gefüllt werden. Durch den geschlossenen Verbraucherkreis besteht keine Verschmutzungsgefahr des Trinkwassers.

Nachteile: Im offenen Solarkreis besteht erhöhte Korrosionsgefahr durch Sauerstoffeintrag. Als Speicher muß ein druckbeständiger Behälter eingesetzt werden.

Einsatzbereiche: Haupteinsatzgebiet für dieses System sind im wesentlichen die Mittelmeer-Länder. Das System kann auch in Gegenden mit Frostgefahr ganzjährig betrieben werden.

Denkbar ist auch ein 2-Kreis-Thermosiphonsystem mit geschlossenem Solarkreis und offenen Verbraucherkreis. Eine solche Systemkonfiguration macht allerdings wenig Sinn und wird kaum eingesetzt.

- *Geschlossenes 2-Kreis-Thermosiphonsystem* (Abb. 4.7e)

Vorteile gegenüber den anderen Systemen sind geringe Korrosionsgefahr, geringe Verschmutzungsgefahr für das Trinkwasser und die Möglichkeit, den Solarkreis mit Frostschutzmittel zu betreiben.

Nachteile: Von den genannten Systemen ist dieses sicherlich das teuerste, da überall druckbeständige Bauteile eingesetzt werden müssen und, aufgrund des geschlossenen Solarkreises, zusätzliche Bauteile wie Membranausdehnungsgefäß und Sicherheitsventil unverzichtbar sind.

Einsatzbereiche: Solche System sind häufig im mediterranen Raum anzutreffen, hier insbesondere in Städten, wo in der Regel mehr Geld für die Investition in ein Solarsystem vorhanden ist und wo der Leitungswasserdruck so stabil ist, daß ein solches System eingesetzt werden kann.

4.8
Beim geschlossenen Solarkreis sind etliche Schaltungsvarianten möglich.

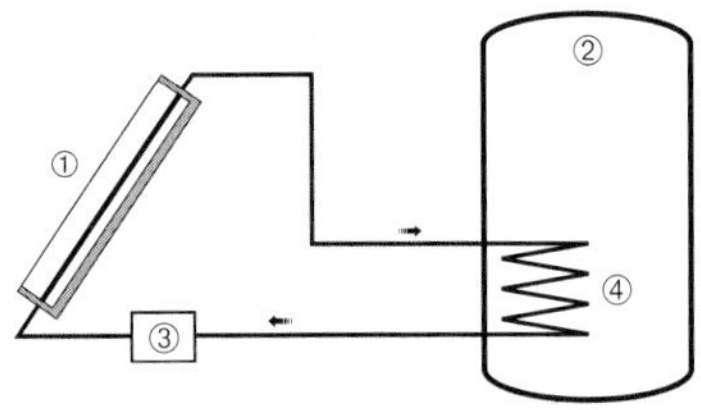

„Standardausführung" (s. auch Abb. 3.1) interner Wärmetauscher

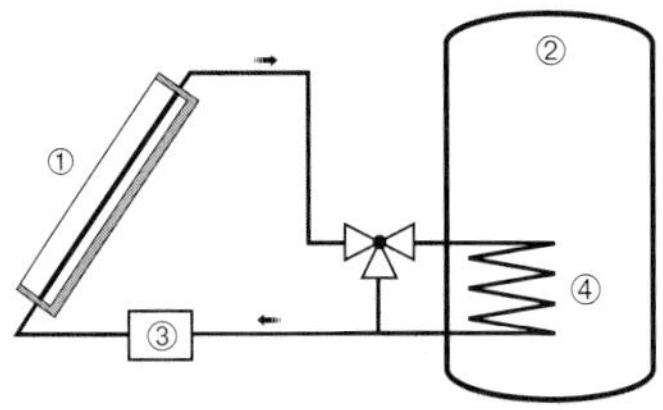

„Standardausführung" mit Bypass zur Vorwärmung des Solarkreises für größere Anlagen

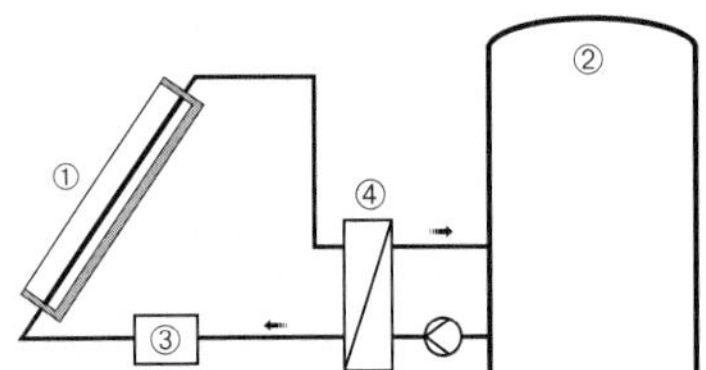

externer Wärmetauscher, für größere Anlagen

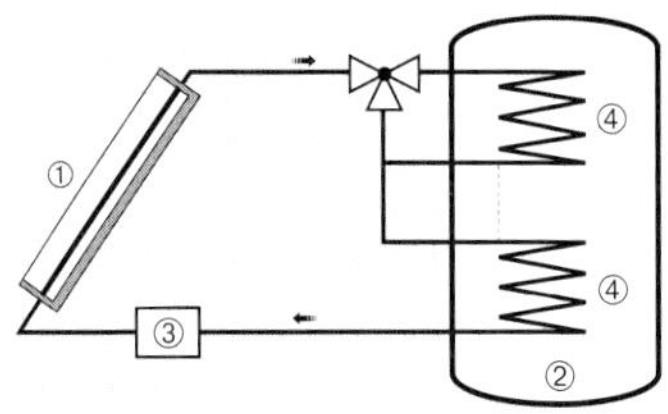

Schichtenbeladung durch interne Wärmetauscher in verschiedenen Höhen

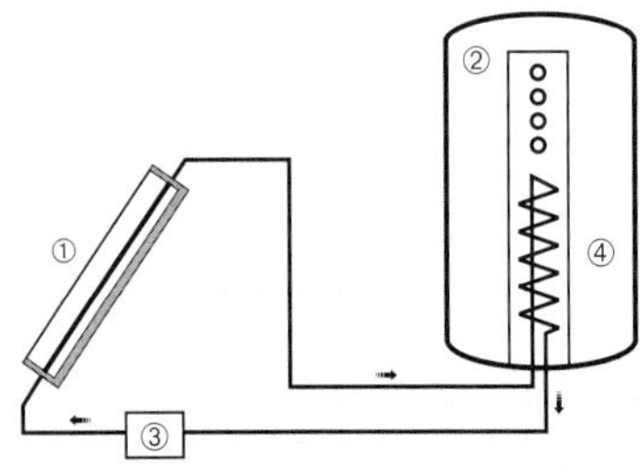

Schichtenbeladung über internen Wärmetauscher mit Thermosiphon-Effekt

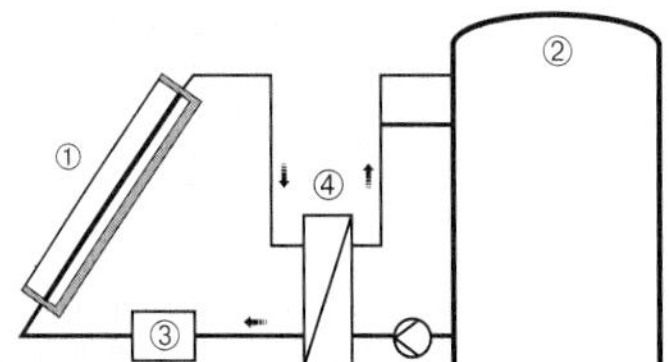

Schichtenbeladung über externen Wärmetauscher

1 Kollektor
2 Speicher
3 Kompaktgruppe mit allen notwendigen Bauteilen (Kap. 3)
4 Wärmetauscher

4.3.2 Systeme mit Zwangsumlauf

Im Unterschied zu Thermosiphon-Systemen wird bei Solaranlagen mit Zwangsumlauf eine Pumpe eingesetzt, die den Wärmeträger im Solarkreis umwälzt. Zur Steuerung der Pumpe ist ein Regler erforderlich. Wesentliches Kennzeichen der Anlagen mit Zwangsumlauf ist also die Pumpe in Verbindung mit der Steuer- und Regeleinheit.

Vorteile

Der Einsatz einer Umwälzpumpe mit Steuerung befreit von den Einschränkungen und Zwängen des Schwerkraft-Systems. Die Aufstellungsorte für Kollektoren und Speicher sowie deren Entfernung voneinander können relativ frei gewählt und den örtlichen Platzverhältnissen angepaßt werden. Außerdem kann durch entsprechende Bemessung aller Anlagenbauteile das System so betrieben werden, daß der Kollektor mit größtmöglichem Wirkungsgrad arbeitet. Insgesamt ist eine viel größere Flexibilität gegeben.

Nachteile

Nachteilig ist lediglich der zusätzliche Aufwand für Pumpe, Steuerung sowie für deren Installation und Einstellung. Die Kosten liegen je nach Anlagengröße und -typ zwischen 300 und 3.000 DM über den Kosten vergleichbarer Schwerkraftanlagen.

Einsatzbereiche

Da die Vorteile in der Praxis von großer Bedeutung sind, gelten Solaranlagen mit Zwangsumlauf in

Mittel- und Nordeuropa auch für Kleinanlagen als Standard. Größere Anlagen sind kaum anders zu realisieren. Selbst dort, wo kein Strom aus dem öffentlichen Netz zur Verfügung steht, kann mit Hilfe von Solarzellen genügend Strom erzeugt werden, um eine Gleichstrom-Umwälzpumpe nebst Steuerung zu betreiben.

Vor- und Nachteile verschiedener Anlagenkonfigurationen

Abb. 4.4 gibt einen Überblick über mögliche und gebräuchliche Anlagenkonfigurationen. Für Brauchwasser-Solaranlagen im mitteleuropäischen Klima hat sich *das geschlossene System mit Wärmetauscher* (im Solarkreis) trotz des vergleichsweise hohen Aufwandes allgemein durchgesetzt, da es frostsicher ist und den Normen der hiesigen Installationstechnik gerecht wird.
Systeme ohne Wärmetauscher sind bei ganzjähriger Nutzung nur in südlichen Ländern sinnvoll, also dort, wo keine Fröste auftreten und wo die Anlagen daher nicht entleert werden müssen. Wegen ihrer Vorzüge (guter Wirkungsgrad, geringer Aufwand) sind sie dort weit verbreitet, insbesondere als Thermosiphon-System (s.o.). Hierzulande kommt dieses Konzept nur für Schwimmbadanlagen infrage, allenfalls noch für Einfachst-Brauchwasser-Anlagen, die im Winter entleert werden müssen.
Offene Systeme werden hierzulande kaum noch installiert, da entweder die Integration in die bei uns übliche Druckwasser-Hausversorgung schwerfällt (bei Systemen ohne Wärmetauschern) oder weil am offenen Ausdehnungsgefäß ein Teil des Wärmeträgers verdampft (bei Systemen mit Wärmetauschern), was größeren Wartungsaufwand mit sich bringt. Außerdem sind offene Systeme korrosionsgefährdet infolge Sauerstoffeintrag über das offene Ausdehnungsgefäß.
In mediterranen bzw. subtropischen Ländern haben offene Systeme, insbesondere als kleine Thermosiphon-Systeme (s.o.), erheblich größere Bedeutung,

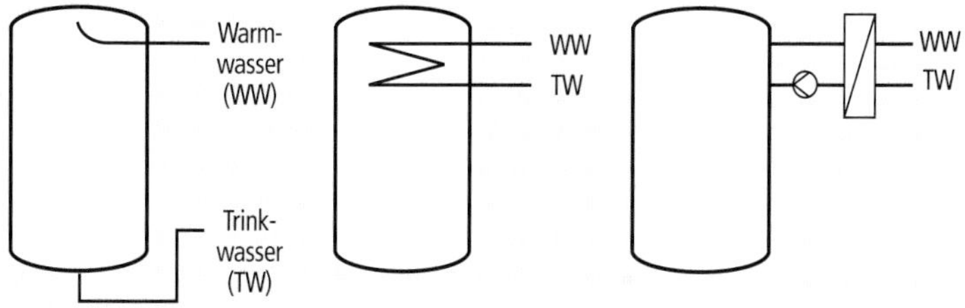

a) Standardausführung: direkter Anschluß an das Trinkwassernetz, im Speicher ist TW.

b) Warmwasserentnahme über internen Wärmetauscher, im Speicher ist Pufferwasser.

c) Warmwasserentnahme über externen Wärmetauscher, im Speicher ist Pufferwasser.

4.9: Anschlußvarianten beim Verbraucherkreis.

4.10: Möglichkeiten der Nachheizung:

a) Standardausführung: Nachheizung über internen Wärmetauscher oben im Speicher, Anschluß an jede Kesselanlage möglich, z.B. Gas- oder Ölheizung.
b) Nachheizung über Elektroheizstab, möglichst zu vermeiden.
c) Nachheizung über Durchlauferhitzer, selten.
d) 2-Speicher-Anlage: Nachheizung nur des 2. Speichers über internen Wärmetauscher unten im Speicher, für größere Anlagen oder Einbindung in bestehendes System.
e) Nachheizung über externen Wärmetauscher, für größere Anlagen.

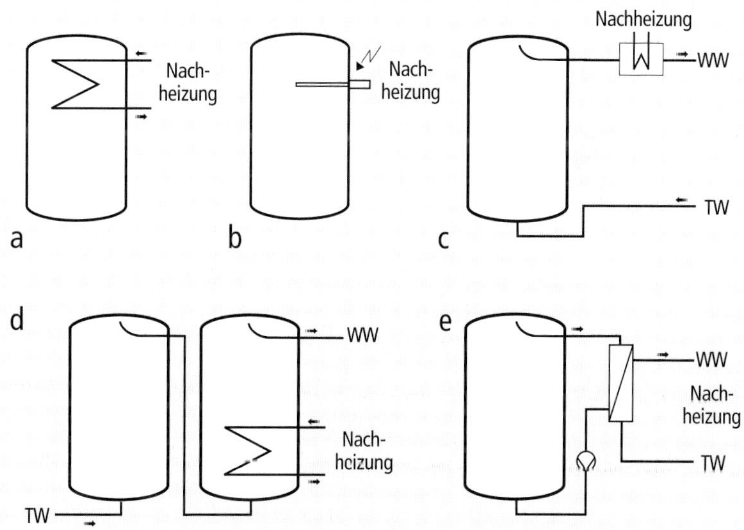

da die drucklose Bauweise zu der häufig praktizierten, einfachen Hauswasserversorgung (Wasserspeicher auf dem Dach) paßt und den oftmals beschränkten Möglichkeiten des ländlichen Handwerks entgegenkommt.

In Abb. 4.8 bis 4.11 sind daher 1-Kreis- und offene Systeme nicht dargestellt, sondern nur die hierzulande üblichen geschlossenen Systeme mit Wärmetauscher. Trotz dieser Abgrenzung bleibt eine Fülle von Systemvarianten. Deshalb ist es sinnvoll, die gängigen Ausführungsformen der drei Kreise einer Solaranlage –Solarkreis, Verbraucherkreis und Nachheiz-Kreis – zunächst separat zu betrachten (Abb. 4.8 bis 4.10). Denkbar ist die Kombination aller in diesen Abbildungen aufgezeigten Varianten. Eine Auswahl der gebräuchlichsten Systemschaltungen ist in Abbildung 4.11 dargestellt.

- *2-Kreis-System mit Zwangsumlauf und internem (Solarkreis-) Wärmetauscher* (Abb. 4.11a)

Dies ist hierzulande das Standard-System für Kleinanlagen (< 10 m²), das für die Trinkwassererwärmung mit Abstand am häufigsten gebaut wird. Abb. 3.1 zeigt eine solche Anlage mit allen notwendigen Bauteilen.

Vorteile: Für dieses einfache und sehr flexible Anlagenkonzept gibt es inzwischen eine Vielzahl vorgefertigter Standardbauteile, so daß solche Anlagen relativ preiswert „von der Stange" geliefert werden können.

Nachteile: Im Vergleich zu den in Kapitel 4.3.1 beschriebenen Thermosiphon-Systemen ist dieser Anlagentyp deutlich aufwendiger und teurer.
Einsatzbereiche: Häusliche Trinkwassererwärmung für maximal 6 bis 8 Personen (Kollektor < 10 m²).

- *2-Kreis-Anlage mit Zwangsumlauf und externem (Solarkreis-) Wärmetauscher als 2-Speicher-Anlage* (Abb. 4.11b)

Vorteile: Über einen externen Wärmetauscher kann die Wärme besser übertragen werden. Der erste Speicher kann als einfacher Speicher ohne Einbauten ausgeführt werden.

Nachteile: Der externe Wärmetauscher erfordert zusätzlichen Aufwand für die 2. Pumpe und die Verrohrung. Die beiden Speicher erfordern relativ viel Stellfläche, außerdem sind die Wärmeverluste von 2 Speichern höher als bei einem Speicher mit gleichem Volumen. Beide Speicher müssen als Trinkwasser-Druckspeicher ausgeführt werden.

Einsatzbereiche: Dieses System bietet sich für größere Anlagen (> 10m²) an sowie für die Einbindung in ein bestehendes System, in dem der zweite Speicher bereits mit der Nachheizung vorhanden ist.

- *3-Kreis-System mit Zwangsumlauf und internem (Solarkreis-) Wärmetauscher* (Abb. 4.11c)

Vorteile: Durch die Trennung des Verbraucherkreises vom Speicherkreis über einen weiteren Wärmetauscher kann ein preiswerter, ggf. auch druckloser Pufferspeicher eingesetzt werden. Im Speicher kann sich dann z.B. Heizungswasser befinden (s. Kap. 4.4).

Nachteile: Durch die zusätzlichen Bauteile (externer Wärmetauscher, Pumpe plus Regelung, Verrohrung) wird das System aufwendiger und teurer.

Einsatzbereiche: Das System bietet sich an, wenn das Wasser im Speicher für einen anderen Kreislauf (z.B. Heizung) zur Verfügung stehen soll. Darüber hinaus ist es angebracht, wenn das Speichervolumen 400 Liter übersteigt und deshalb besondere Maßnahmen zum Schutz gegen Legionellen notwendig sind.

- *3-Kreis-System mit Zwangsumlauf und externen Wärmetauschern* (Abb. 4.11d)

Vorteile: Durch die externen Wärmetauscher sind alle Kreise klar voneinander getrennt. Als Solarspeicher können einfache Pufferspeicher zum Einsatz kommen, so daß der eigentliche Trinkwasser- oder Bereitschaftsspeicher auch in großen Anlagen sehr klein ausfallen kann.

Nachteile: Die Anlage ist durch die vielen zusätzlichen Bauteile und den erheblichen Mehraufwand bei der Verrohrung sehr aufwendig. Entsprechend der Anzahl der Speicher steigen außerdem die Wärmeverluste.

Einsatzbereiche: Die dargestellte Systemkonfiguration ist eine der möglichen Schaltungen für Großanlagen (>50 m² Kollektorfläche). Die Hintereinanderschaltung (Kaskadierung) mehrerer Speicher (2-, 3- oder Mehr-Speicher-Anlagen) ist oftmals durch die örtlichen Gegebenheiten (zur Verfügung stehender Platz etc.) sinnvoll bzw. notwendig. Durch den zweiten externen Wärmetauscher im Trinkwasser-Kreis können die Solarspeicher als einfache, preiswerte Pufferspeicher ausgeführt werden, lediglich ein kleiner Bereitschaftsspeicher muß als Trinkwasser-Druckspeicher ausgebildet sein. Dieses Beispiel macht deutlich, daß Großanlagen nicht einfach große Kleinanlagen sind, sondern zum Teil eine andere Konzeption mit erheblichem zusätzlichem Aufwand erfordern.

4.11
Einige Ausführungsmöglichkeiten von Solaranlagen zur Trinkwassererwärmung mit Zwangsumlauf.

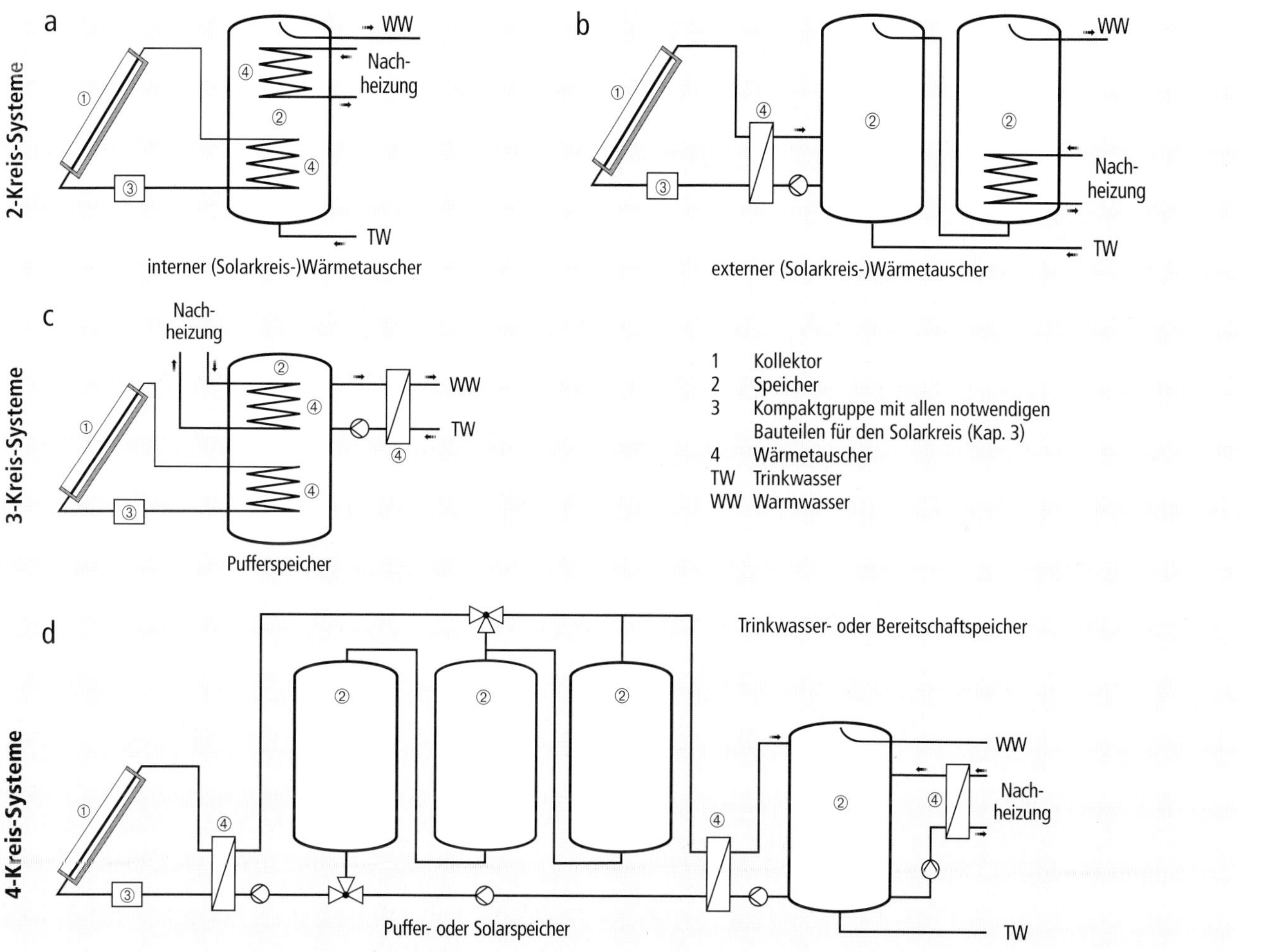

4.4 Solaranlagen zur Trinkwassererwärmung und Heizung

Kombinierte Solaranlagen, die neben der Trinkwassererwärmung auch der Gebäudeheizung dienen, finden in den letzten Jahren zunehmend Anwendung. Dafür gibt es im wesentlichen zwei Ursachen: Zum einen werden verstärkt Niedrigenergie- und Passivhäuser gebaut, also Gebäude, die nur noch wenig Heizenergie benötigen; hier können Niedrigsttemperatur-Heizsysteme wie Fußboden- oder Wandflächenheizungen eingesetzt werden, die für den Betrieb mit Solaranlagen besonders geeignet sind. Denn bei Heizsystemen, deren Vor- und Rücklauftemperaturen wie früher üblich auf 90/70°C ausgelegt sind, ist eine wirksame solare Heizungsunterstützung nicht möglich. Sie macht erst Sinn bei „Niedrigtemperaturheizungen“ mit Vorlauf-/Rücklauf-Temperaturen von 60/40°C oder weniger (gleitend geregelt). Zum anderen haben die Fortschritte in der Solartechnik zu dieser Entwicklung beigetragen, in erster Linie die verbesserte Speichertechnik und dabei vor allem die Entwicklung von Schichtenladespeichern.

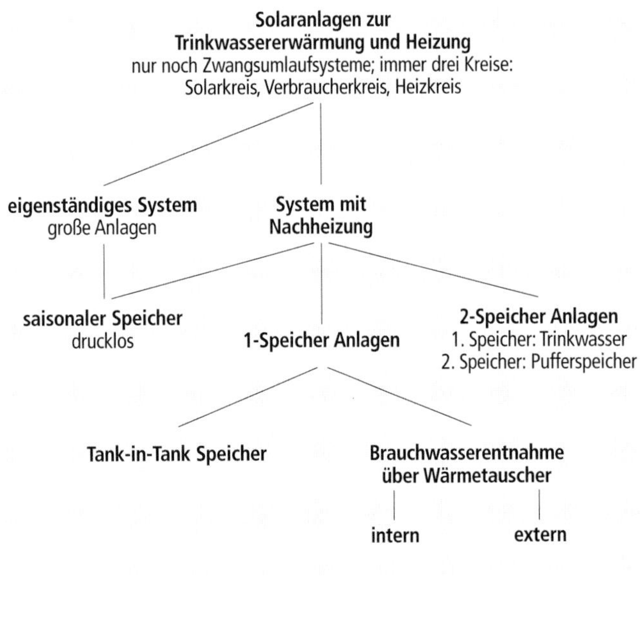

4.12
Anlagenkonfigurationen von Solaranlagen zur Trinkwassererwärmung und Heizung von Gebäuden.

Bei den Kombianlagen gibt es, bedingt durch die Heizung als zweiter Wärmeverbraucher, verglichen mit Anlagen zur Trinkwassererwärmung eine noch größere Vielfalt möglicher Anlagenkonfigurationen. Einen Überblick über die Systeme gibt Abb. 4.12. Obwohl nur Systeme mit Zwangsumlauf und drei geschlossenen Kreisen (Solarkreis, Verbraucherkreis und Heizkreis) betrachtet werden, bleibt eine Fülle von Varianten, die sich insbesondere durch die verschiedenartige hydraulische Einbindung in das Heizsystem ergibt. Es handelt sich auch hier um Kombinationen der in den Abb. 4.8 bis 4.10 dargestellten Einzelkreise. Fast immer werden die Anlagen mit Nachheizung ausgeführt, da eine 100%ige solare Deckungsrate in Mitteleuropa nur mit sehr hohem Aufwand zu erreichen ist.

Bei der Wahl der Systemschaltung ist zu unterscheiden zwischen leistungsgeregelten, sogenannten modulierenden Heizkesseln und den ungeregelten Heizkesseln, die eine relativ konstante Leistung abgeben (s. Tab. 4.1). Mit modulierenden Kesseln kann die Heizleistung in einem weiten Bereich dem Wärmebedarf angepaßt werden, während mit ungeregelten Kesseln immer ein Speicher benötigt wird, aus dem die Wärme für die Heizkreise entnommen wird. Heizkreise und Kesselkreis sind in diesem Fall hydraulisch voneinander entkoppelt; im Falle einer zu geringen Kesselleistung kann der Speicher Spitzenleistung bereitstellen, während bei geringem Wärmebedarf der Speicher überschüssige Kesselleistung aufnimmt und ein zu häufiges Takten des Brenners vermeidet /61/. Abb. 4.13 zeigt zwei Lösungen für *2-Speicher-Systeme*.

- *2-Speicher-System und Heizkessel mit fester Leistung* (Abb. 4.13a)

Funktion: Im Solarkreis ist ein 3-Wege-Ventil eingebaut, so daß entweder der Trinkwasserspeicher oder der Heizungspufferspeicher beladen werden kann. Dabei sind folgende Regelstrategien möglich:

Strategie 1 (Vorrangsteuerung): Der Trinkwasserspeicher wird vorrangig beladen, der Heizungspufferspeicher erst dann, wenn überschüssige Energie zur Verfügung steht.

Strategie 2 (Gleichrangsteuerung): Es wird immer der kälteste Speicher vorrangig geladen. Dadurch wird der Kollektor stets mit bestem Wirkungsgrad betrieben, so daß im Vergleich zu Strategie 1 der solare Ertrag maximiert wird.

Strategie 3 (Vorrang-/Nachrangsteuerung): Der Heizungspufferspeicher wird vorrangig beladen.
Es kann durchaus sinnvoll sein, die Strategien im Laufe eines Jahres zu wechseln. Im Sommer ist allein Strategie 1 vernünftig, im Winter neben 1 auch die Strategie 2 und in der Übergangszeit können 2 und 3 sinnvoll sein /62/.

Wenn nicht genügend Sonnenenergie zur Verfügung steht, belädt der Heizkessel (mit fester Leistung) beide Speicher. Es gibt darüber hinaus bei 2-Speicher-Systemen auch Schaltungen, bei denen der Trinkwasserspeicher aus dem Heizungsspeicher geladen wird. In diesem Fall wird der Heizkessel nur den Heizungsspeicher versorgen.

Vorteile: Brauchwasserbereitung und Heizungsunterstützung sind hydraulisch komplett voneinander getrennt. Bestehende Anlagen mit Heizungsspeicher lassen sich leicht mit einer Solaranlage nachrüsten, sofern ein zusätzlicher Wärmetauscher für den Solarkreis eingebaut werden kann. Wird der Trinkwasserspeicher aus dem Heizungsspeicher geladen, so kann das Volumen des Trinkwasserspeichers sehr klein (ca. ein Tagesbedarf) gehalten werden.

Nachteile: Generell nehmen bei 2- oder Mehr-Speicher-Systemen die Wärmeverluste mit jedem zusätzlichen Speicher zu, da sie zumindest im Winter alle auf Nutztemperatur gehalten werden müssen; außerdem steigt der Platzbedarf, der Installationsaufwand und damit auch die Kosten.

- *2-Speicher-System und modulierender Heizkessel* (Abb. 4.13b)

Funktion: Eine Ladung des Heizungspufferspeichers durch den Heizkessel ist bei leistungsgeregelten Kesseln nicht günstig, da die Verluste beim Anfahren und Abschalten des Kessels im Vergleich zu den Wärmeverlusten eines durchgehend beheizten Speichers meist gering sind /60/. Daher werden die Heizkreise direkt durch den Heizkessel versorgt, sofern die Solarenergie im Heizungsspeicher nicht ausreicht. Als Regelungsstrategien für den Solarkreis sind auch hier die unter Abb. 4.13a beschriebenen sinnvoll. Eine Beladung des Trinkwasserspeichers aus dem Heizungsspeicher ist bei dieser Systemkonfiguration nicht möglich.

Vorteile: Wie bei Anlagenvariante nach Abb. 4.13a, mit dem Unterschied, daß als Volumen des Trinkwasserspeichers ein Tagesbedarf nicht ausreicht, da

Einbindung in Heizung und Warmwasserbereitung

Wärmequelle	Beispiel für Wärmequelle	Zwei Speicher	Ein Speicher
leistungsgeregelte Wärmequelle	modulierender Gaskessel Gastherme Fernwärme drehzahlgeregelte Wärmepumpe leistungsgeregelter Hackschnitzelkessel	✓	✓
Wärmequelle mit fixer oder ungeregelter Leistung	Holzkessel Kohlekessel Schwerer Ölkessel Wärmepumpe ohne Drehzahlregelung	✓	keine Unterscheidung notwendig

Tabelle 4.1: Möglichkeiten der hydraulischen Einbindung von Solaranlagen in die Heizung und Warmwasserbereitung /60/.

eine Beladung aus dem Heizungspufferspeicher nicht infrage kommt.

Nachteile: Wie bei Anlagenkonfiguration 4.13a.

Für die solare Heizungsunterstützung im Ein- und Zweifamilienhausbereich haben in den letzten Jahren die 1-Speicher-Systeme stark an Bedeutung gewonnen. Ihre Vorteile liegen auf der Hand: Geringerer Platzbedarf (Kostenersparnis, da weniger umbauter Raum benötigt wird), geringere Wärmeverluste, einfachere Installation vor Ort bei höherem Vorfertigungsgrad und – meistens – geringere Kosten.

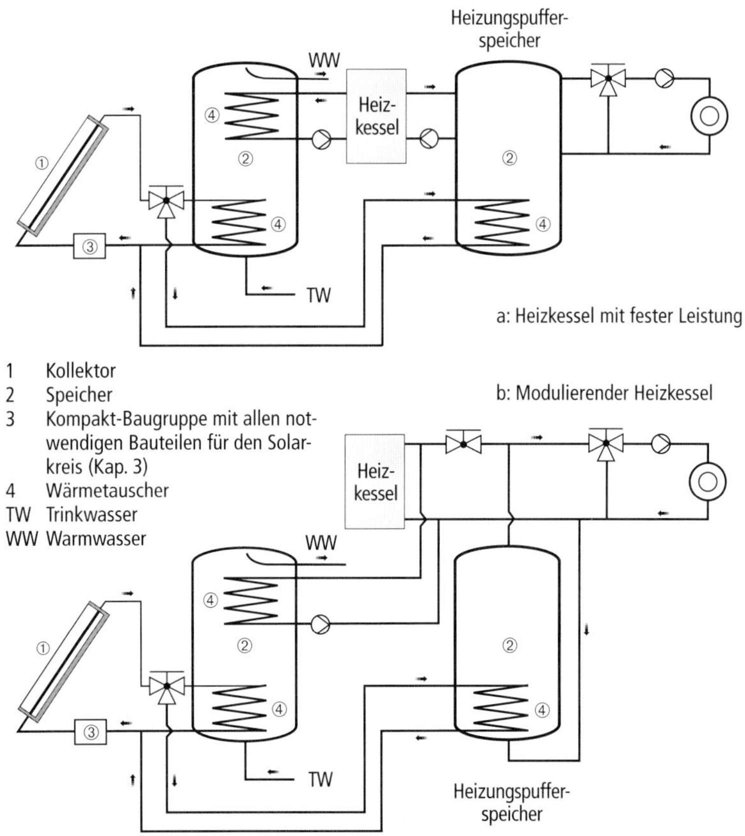

4.13
Hydraulische Einbindung einer Solaranlage beim 2-Speicher-System.

Da in einem Solarsystem mit Heizungsunterstützung 3 Temperaturniveaus – Kaltwasser, Heizung und Brauchwasser – nebeneinander existieren, ist bei 1-Speicher-Systemen die Temperaturschichtung im Speicher von besonderer Bedeutung. Die obere Speicherzone (Bereitschaftsteil) wird auf Brauchwassertemperatur gehalten (mindestens 45 bis 60°C); sie muß so groß sein, daß jederzeit warmes Wasser in ausreichender Menge zur Verfügung steht. In der mittleren Zone befindet sich das Wasser auf einemTemperaturniveau, das zum Betrieb der Heizung ausreicht (30 bis 60°C). Die unterste Zone hat in der Regel die Temperatur des Frischwassers. Auf dieses Niveau sollte der Rücklauf des Kollektors gekühlt werden.

Der Speicher muß so konstruiert sein, daß diese Schichtung über längere Zeit erhalten bleibt; auch bei Be- und Entladung darf es nicht oder nur geringfügig zu Durchmischung kommen. Deshalb ist die Höhe der Anschlüsse am Speicher von entscheidender Bedeutung.

Im Speicher befindet sich in der Regel Heizungswasser, so daß der Speicher als relativ preiswerter Pufferspeicher ausgeführt werden kann. Dabei gibt es verschiedene Möglichkeiten der Trinkwassererwärmung, wobei allerdings immer 2 Wärmeübertrager zwischen Kollektor und Warmwasserentnahme liegen, so daß die Kollektortemperatur um 6 bis 10 K über der Brauchwassertemperatur liegen muß. Einige der heute gängigen Ausführungsmöglichkeiten von 1-Speicher-Systemen zeigt Abb. 4.14.

- *1-Speicher-System mit Tank-in-Tank-Speicher und Rücklaufanhebung* (Abb. 4.14a)

Funktion: Bei dieser Anlagenschaltung handelt es sich im Prinzip um ein 2-Speicher-System, bei dem der Trinkwasserspeicher fest in den Heizungspufferspeicher eingebaut ist. Der obere Solarkreis-Wärmetauscher ist optional und ermöglicht, je nach Temperaturniveau des Kollektors, eine geschichtete Beladung des Speichers. Der Heizkessel lädt direkt in den Speicher, die Heizkreise werden aus dem

Speicher versorgt. Diese Anlagenschaltung ist vor allem in der Schweiz recht verbreitet.
Das 3-Wege-Ventil im Kesselkreis ermöglicht einen Kurzschluß, um die Rücklauftemperatur zum Heizkessel anzuheben. Erst bei einer bestimmten, meist einstellbaren Temperatur öffnet das Ventil und der Speicher wird geladen. Damit kann der Heizkessel schnell auf Betriebstemperatur gebracht und eine schädliche Kondensation im Kessel aufgrund zu niedriger Rücklauftemperatur vermieden werden.

Vorteile: Die Vorteile des Systems wurden bereits beim System nach Abb. 4.13a genannt.

Nachteile: Die Warmwasserentnahme führt in gewissem Umfang zu einer Durchmischung des Speichers. Diese kann relativ klein gehalten werden, wenn sich der Trinkwasserbehälter über die gesamte Höhe des Speichers erstreckt (wie in Abb. 4.14a dargestellt) und der Kaltwasserzulauf von unten erfolgt. Es gibt auch Ausführungen, bei denen der Trinkwasserbehälter nur im oberen Bereich des Speichers liegt. Bei diesen Anlagen tritt eine stärkere Durchmischung auf, so daß der solare Energieertrag reduziert wird.

- *1-Speicher-System mit externem Solarkreis-Wärmetauscher, internem Verbraucherkreis-Wärmetauscher und Rücklaufanhebung* (Abb. 4.14b)

Funktion: Der Speicher wird solarseitig über einen externen Wärmetauscher geladen, wobei über ein 3-Wegeventil die Beladung in unterschiedliche Höhen (Schichtenbeladung) gelenkt werden kann. Das Warmwasser wird über einen oben im Speicher befindlichen Wärmetauscher im Durchlauf entnommen. Das dabei abgekühlte Speicherwasser sollte über ein Fallrohr im Speicher gezielt nach unten geführt werden, damit die Durchmischung im Speicher nicht zu groß wird.
Der Heizkessel-Kreislauf ist wieder mit einer Rücklaufanhebung ausgestattet. Im Gegensatz zu der in Abb. 4.14a dargestellten Anlage erfolgt die Entnahme für den Heizkreis aus einer festen Höhe im Speicher; der Heizungsrücklauf ist bei Betrieb des Heizkessels auch gleichzeitig der Rücklauf für den Kesselkreis. Heiz- und Kesselkreis können selbstverständlich auch gemäß Abb. 4.14a ausgeführt werden.

Vorteile: Durch den externen Solar-Wärmetauscher ist eine bessere Wärmeübertragung möglich. Durch den internen Durchlauferhitzer im Verbraucherkreis kann das Speichervolumen im Vergleich zur Anlage nach Abb. 4.14a kleiner gehalten werden; Legionellen stellen im Verbraucherkreis kein Problem dar.

Nachteile: Durch den internen Entnahme-Wärmetauscher kommt es zu Durchmischungen im Speicher, auch wenn Maßnahmen zur Strömungslenkung (Fallrohre, Klappensysteme etc.) getroffen werden. Der Wärmeübertrager im Verbraucherkreis muß sorgfältig und großzügig ausgelegt sein, damit es nicht zu Komforteinbußen bei der Warmwasserbereitstellung (Brauchwassertemperatur zu niedrig oder mit schwankender Temperatur) kommt.

- *1-Speicher-System mit Schichtenladespeicher, externem Verbraucherkreis-Wärmetauscher und integriertem Heizkessel* (Abb. 4.14c)

Funktion: Die solarseitige Beladung des Speichers erfolgt hier über einen internen Wärmetauscher und eine Schichtenbeladeeinrichtung nach dem Schwerkraftprinzip. Die Warmwasserentnahme erfolgt wie bei der Anlage nach Abb. 4.14b nach dem Prinzip „Durchlauferhitzer“, hier jedoch mit einem externen Wärmeübertrager.
Der Heizkessel ist kein separates Gerät, sondern bildet zusammen mit dem Speicher eine Baueinheit. Die Wärme für den Heizkreis (Heizungsvorlauf) wird von oben entnommen, wobei das Entnahmerohr nach unten aus dem Speicher heraus geführt ist. Die erforderliche Vorlauftemperatur wird über ein 3-Wege-Ventil durch Mischung mit dem Rücklauf aus dem Heizkreis erzeugt. Dieser wird ebenfalls über ein Schichtenbeladerohr gezielt in die entsprechende Speicherschicht eingebracht.

a: 1-Speicher-System mit Kombispeicher und Rücklaufanhebung

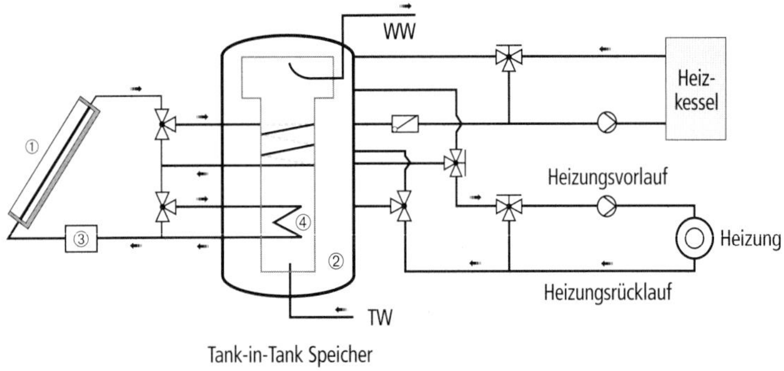

b: 1-Speicher-System mit externem Solarkreis-Wärmetauscher und internem Verbraucherkreis-Wärmetauscher

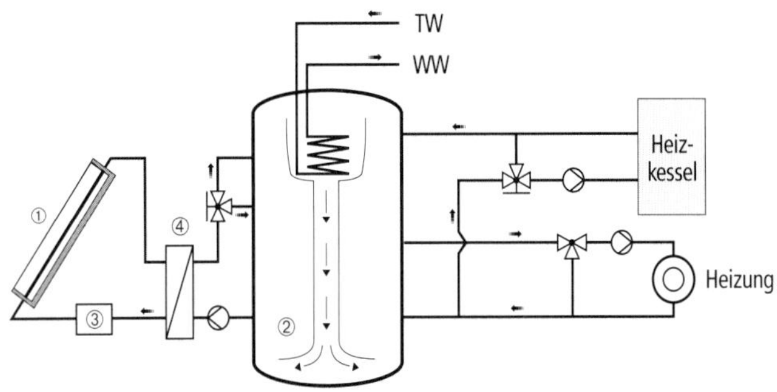

c: 1-Speicher-System mit Schichtenladespeicher, externem Verbraucherkreis-Wärmetauscher und integriertem Heizkessel

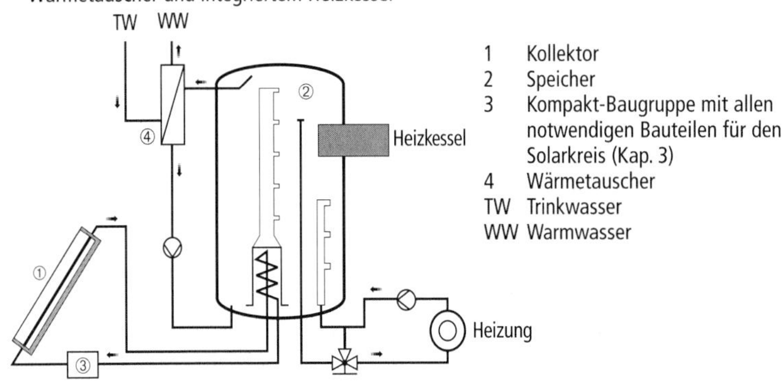

4.14: Schaltungen von Solaranlagen zur Trinkwassererwärmung und Heizungsunterstützung als 1-Speicher-System.

Vorteile: Gegenüber den Systemen nach Abb. 4.14 a und b kommt diese Anlage mit noch weniger Platz aus, da Speicher und Heizkessel eine Baueinheit sind. Gleichzeitig ist der Installationsaufwand vor Ort geringer. Die Schichtenbe- und -entladeeinrichtungen sind selbstregulierend und erfordern keine elektronisch-mechanischen Steuerungen (Ventile). Die Durchmischung des Speichers bei der Warmwasserentnahme wird vermieden, Probleme mit Legionellen im Verbraucherkreis treten nicht auf.

Nachteile: Vor allem der Verbraucherkreis-Wärmeübertrager muß sehr sorgfältig und großzügig ausgelegt sein , damit es nicht zu Komforteinbußen bei der Warmwasserbereitstellung (Brauchwassertemperatur zu niedrig oder mit schwankender Temperatur) kommt.

In den Abb. 4.13 und 4.14 ist nur eine kleine, aber repräsentative Auswahl möglicher Anlagenkonfigurationen dargestellt, die vor allem zur Heizungsunterstützung für Ein- und Zweifamilienhäuser mit Speichervolumina zwischen 500 und 2.000 Liter eingesetzt werden. Je nach Heizenergiebedarf, Nutzerverhalten, Wetterbedingungen usw. können 10 bis 40% der benötigten Heizenergie solar erzeugt werden.

Möchte man eine größere solare Deckungsrate für die Heizung erreichen, beispielsweise 70 bis 90% oder gar eine 100%ige Vollversorgung (vgl. Abb. 4.12, Inselsystem) /63/, sind die bisher beschriebenen 1- bzw. Mehr-Tagesspeicher nicht ausreichend. In diesem Fall muß mit saisonalen Speichern bzw. Jahreszeitenspeichern überschüssige Energie vom Sommer bis in den Winter hinein gespeichert werden. Für größere Wohnkomplexe bzw. Siedlungen kann dafür ein großer zentraler Speicher in Verbindung mit einem Wärmeverteilsystem (Nahwärmenetz) durchaus sinnvoll sein (vgl. Kap. 7.xx). Die Größenordnung solcher Speicher zeigt folgendes einfache Zahlenbeispiel:

- Für die Heizung eines gut gedämmten Hauses werden hierzulande etwa 4 bis 6 l Heizöl (-äquivalent) pro m^2 Wohnfläche und Jahr benötigt, entsprechend 40 bis 60 $kWh/m^2 \cdot a$, und zwar fast ausschließlich in der Zeit von Oktober bis Ende März. Für ein Haus mit 120 m^2 Wohnfläche bedeutet das einen Gesamtverbrauch von 5.000 bis 7.000 kWh/a an Heizenergie. Alternativ zu diesem Niedrigenergiehaus (NEH) soll hier ein sogenanntes Passivhaus (PH) /64/ betrachtet werden, das nur noch 10 bis 20 $kWh/m^2 \cdot a$ benötigt, bei 120 m^2 Größe also lediglich 1.200 bis 2.400 kWh/a.

- Soll die Hälfte des Bedarfs des NEH (3.000 kWh/a) oder der gesamte Bedarf des PH (1.500 kWh/a) aus einem Wasserspeicher gedeckt werden, der im Sommer mit Hochleistungskollektoren auf 95°C aufgeladen wurde und über eine Niedertemperaturheizung bis auf 25°C abgekühlt werden kann, so wäre – die Speicherwärmeverluste nicht berücksichtigt - ein Speichervolumen von ca. 37 m^3 für das NEH und ca. 19 m^3 für das Passivhaus (81 kWh/m^3 Speicherkapazität bei $\Delta T = 70°C$) erforderlich. Bei sehr guter Wärmedämmung des Speichers (Dämmstärke 30 bis 50 cm) und einem (k·A)-Wert von 1W/K verliert der Speicher bei einer mittleren Temperaturdifferenz von 50-60°C zwischen innen und außen im Jahr rund 500 kWh; um diesen Speicherverlust auszugleichen müßte das Volumen um etwa 6 m^3 vergrößert werden. Für eine 50%ige Deckung beim NEH werden also ca. 43 m^3 und für eine Vollversorgung des PH ca. 25 m^3 Speicher benötigt, wohlgemerkt ohne Warmwasserbereitung.
- Die erforderliche Kollektorfläche für diese Anwendung müßte noch nicht einmal sonderlich groß sein, etwa 25 - 45 m^2 Hochleistungskollektoren wären ausreichend.

Das Zahlenbeispiel zeigt deutlich, daß die Wärmespeicherung und der Heizenergiebedarf die eigentlichen Engpässe bei der solaren Raumheizung sind. Mit welchen Techniken sie trotzdem gelingen kann und wie solche Lösungen energetisch und ökologisch zu bewerten sind, wird in Kapitel 7.xx an 2 Beispielen dargestellt.

Auf den normalen Gebäudebestand (Altbauten und Neubauten mit Dämmstärken nach der geltenden Wärmeschutzverordnung) lassen sich solche Ansätze einer solaren Heizung nicht übertragen. Der Heizenergiebedarf dieser Gebäude in den strahlungsarmen Monaten ist so groß, daß das Geld für eine Kollektoranlage inkl. Speicher auf jeden Fall sinnvoller für die konsequente Verbesserung der Wärmedämmung angelegt ist.

4.5. Betriebsweise von Solaranlagen

Auch im Hinblick auf den Wärmeträgerumlauf einer Solaranlage gibt es verschiedene Konzepte, das High-Flow-, Low-Flow-, Matched-Flow- oder/und das Drain-Back-System. Die Bezeichnungen deuten darauf hin, daß der spezifische Wärmeträgerdurchfluß pro Quadratmeter Kollektorfläche wesentliches Unterscheidungsmerkmal ist (s. Tab. 4.2).

4.5.1 High-Flow

Bis vor wenigen Jahren wurden Solaranlagen üblicherweise als sogenannte „High-Flow"-Anlage – ein neuer, erst kürzlich notwendig gewordener Begriff – ausgelegt (high flow = hoher Durchfluß). Untersuchungen über den optimalen Wärmeträgerumlauf, die in den 70er Jahren angestellt wurden, ergaben eine optimale Wärmeausbeute bei Durchflüssen zwischen 30 und 70 Liter pro Stunde und Quadratmeter Kollektorfläche. Damit wird die Temperatur pro Durchlauf im Kollektor um weniger als 15°C angehoben, in der Regel um 8 bis 12°C bei voller Sonneneinstrahlung. Sie ist abhängig von der Einstellung der Regelung sowie von der Pumpe.

Eine geringe Temperaturerhöhung hat den Vorteil, daß der Kollektor mit gutem Wirkungsgrad betrieben wird (vgl. Kapitel 2.2). Allerdings muß der Wärmeträger häufig umgewälzt werden muß, um höhere Temperaturen zu erzielen, d.h. der Speicher wird nur langsam aufgeheizt, so daß es unter Umständen länger dauert, bis ein nutzbares Temperaturniveau erreicht wird.

Heute werden die kleineren Solaranlagen für die private Nutzung zum weitaus überwiegenden Teil mit „High-Flow" betrieben. Diese Betriebsweise ist langjährig erprobt und hat sich bewährt, die Systemtechnik ist darauf angepaßt und die Komponenten sind überall verfügbar.

Tabelle 4.2: High-Flow-, Low-Flow- und Matched-Flow-Betriebsweise.

Vor- und Nachteile verschiedener Durchflußraten im Solarkreislauf

Konzept / spez. Durchsatz	Vorteile	Nachteile
High-Flow (klassisches oder Standard-Konzept) 30 bis 70 l/m²·h	+ Kollektor wird bei höchstmöglichem Wirkungsgrad betrieben + einfache, langjährig bewährte Systemtechnik mit konventionellen Komponenten	- langsame Aufheizung des Speichers bis zum gewünschten Temperaturniveau
Low-Flow 8 bis 15 l/m²·h	+ schnellere Aufheizung des Bereitschaftsteils des Speichers auf Brauchwassertemperatur, dadurch geringerer Nachheizbedarf + höherer Solarertrag (Wirkungsgrad) + durch Verwendung dünner Rohre geringere Rohrleitungs-Wärmeverluste und Materialeinsparungen + kleinere Pumpenleistung erforderlich + großes Zukunftspotential	- die Vorteile gelten nur, wenn alle Komponenten im System aufeinander angepaßt sind: Pumpe, Rohrleitungsquerschnitte, Wärmeübertrager, Regelung und Speicher - bei nicht optimaler Anpassung kann der Kollektor durch hohe Temperaturen einen geringen Wirkungsgrad haben - relativ junge Systemtechnik, einige spezifische Low-Flow-Komponenten sind z.T. Spezialentwicklungen einiger weniger Hersteller
Matched-Flow 8 bis 40 l/m²·h	+ vereint die Vorteile von High- und Low-Flow, allerdings noch nicht langjährig erprobt	- es ist schwierig, die gleichen Komponenten für Low- und High-Flow zu verwenden, daher immer Kompromiß - sehr junge Systemtechnik

4.5.2 Low-Flow

Mit dem Attribut „Low-Flow" (= niedriger Durchfluß) werden Sonnenkollektoranlagen versehen, die im Vergleich zur konventionellen Auslegung mit stark verringertem Durchfluß im Solarkreislauf arbeiten. Am Aufbau des Solarkreislaufes, wie er in Kapitel 3 beschrieben wurde, ändert sich grundsätzlich nichts. Es ist jedoch nicht damit getan, einfach die Pumpenleistung zu drosseln, sondern allein aufgrund des deutlich verringerten Durchflusses ergeben sich eine Reihe von Unterschieden, die zu Vorteilen werden können, vorausgesetzt, alle Komponenten sind optimal an die veränderten Bedingungen angepaßt:

- Bei geringerem Durchfluß erhöht sich die Temperatur des Wärmeträgers bei jedem Durchlauf durch den Kollektor sehr stark, und zwar um bis zu 50°C. Wenn es gelingt, diese Temperatur direkt in den oberen Teil des Speichers, den Bereitschaftsteil einzubringen, dann steht für den Verbraucher sehr schnell Warmwasser auf Nutztemperaturniveau zur Verfügung, was zu einer verringerten Laufzeit für die Nachheizung führt (Abb. 4.15). Um diesen Vorteil voll auszuschöpfen, gehört zum Low-Flow-Konzept sinnvollerweise ein Schichtenladespeicher.
- Bei Low-Flow-Systemen können Rohrleitungen mit einem geringeren Querschnitt verwendet werden. Dies führt nicht nur zu etwas geringeren Wärmeverlusten der Leitungen, sondern auch zu Material- und Kosteneinsparungen. Außerdem ist bei geringeren Rohrquerschnitten der Einsatz von Schnellmontagerohren, (vgl. Kapitel 3.2.4 und Abb. 3.37) möglich und sinnvoll. Die Vorteile zeigt Abb. 4.16.
- Ein wichtiger Unterschied zur High-Flow-Betriebsweise ergibt sich bei der Hydraulik und der Kollektorverschaltung, insbesondere bei mittleren bis großen Anlagen. Während bei High-Flow die Kollektoren überwiegend parallel geschaltet werden und nur wenige in Serie (also

hintereinander), ist dies bei der Low-Flow-Betriebsweise genau andersherum: Damit wird nicht nur die größere Temperaturerhöhung im Kollektor bewirkt, es steigt auch der Druckverlust im Kollektor, der von der Pumpe überwunden werden muß. Durch den deutlich geringeren Massenstrom wird selbst bei größeren Kollektorfeldern insgesamt dennoch weniger Pumpenleistung benötigt. Bei den anders gearteten Anforderungen, nämlich große Förderhöhe (Druckverlust) bei sehr geringem Massenstrom, sind gängige Heizungsumwälzpumpen nicht geeignet bzw. würden bei einem sehr ungünstigen Wirkungsgrad betrieben (vgl. Kapitel 3.2.5). Daher sind von einigen Herstellern spezielle Pumpen entwickelt worden.

Bei der Diskussion um das Für und Wider des Low-Flow-Konzeptes wird immer wieder davon gesprochen, daß der Kollektor aufgrund der höheren Temperaturen mit schlechterem Wirkungsgrad arbeitet als beim klassischen High-Flow-Konzept. Damit dies nicht eintritt, sind Maßnahmen zu treffen, um die Kollektorvorlauftemperatur so niedrig wie möglich zu halten. Die Zusammenhänge verdeutlicht Abb. 4.17. An die Leistungsfähigkeit des Solarkreis-Wärmetauschers werden hohe Anforderungen gestellt, weshalb dafür hauptsächlich externe Gegenstrom-Plattenwärmetauscher zum Einsatz kommen. Für Großanlagen, bei denen ohnehin nur externe Wärmetauscher in Frage kommen, stellt dies kein Problem dar, so daß Großanlagen heute fast ausnahmslos für Low-Flow-Betrieb ausgelegt werden.

Bei Kleinanlagen sprechen die hohen Kosten externer Wärmetauscher gegen deren Einsatz und gegen das Low-Flow-Konzept. Daher haben einige Hersteller (insbesondere die Fa. Solvis) nun innenliegende Wärmetauscher entwickelt, die ebenfalls die Anforderungen erfüllen und ausreichend niedrige Temperaturen für den Kollektorvorlauf bereitstellen. Bei optimal aufeinander abgestimmten Komponenten und insbesondere einer guten Einschichtung der Wärme in den Speicher sind Mehrerträge gegenüber dem High-Flow-Konzept von 5 bis 20% möglich.

Insgesamt handelt es sich beim Low-Flow-Konzept um eine relativ neue Technik, über die noch keine Langzeit-Erfahrungen vorliegen. Es ist jedoch absehbar, daß dieses sehr vielversprechende Konzept in den nächsten Jahren an Bedeutung und Verbreitung gewinnen wird und daß dann auch eine breitere Palette an speziellen „Low-Flow“-Bauteilen (Pumpe, interne Hochleistungswärmetauscher etc.)

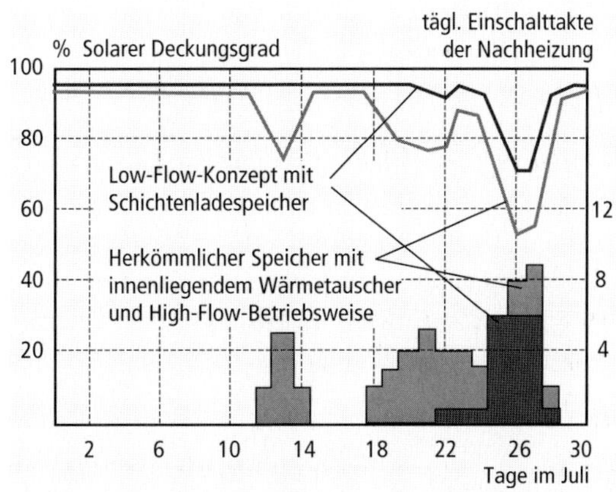

4.15
Solarer Deckungsgrad und Nachheizungsbedarf bei Low-Flow- und High-Flow-Anlagen /65/.

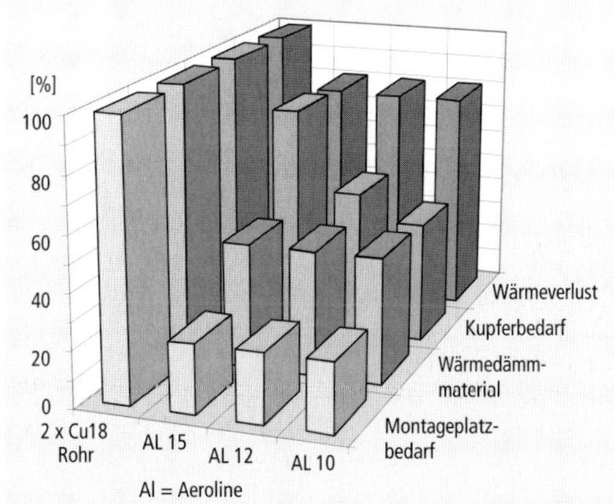

4.16
Das Diagramm zeigt die
- Montageplatzreduzierung (ca. 80 %)
- Wärmedämm-Materialreduzierung (ca. 60 %)
- den reduzierten Materialbedarf (ca. 20 bis 60 % weniger Kupfer je nach Rohrdurchmesser)
- den reduzierten Wärmeverlust (ca. 20 %)

durch ein Schnellmontagerohr System Aeroline (AL) der Fa. Aeroflex gegenüber einer Verrohrung mit zwei Kupferrohren (18 x 1) mit Wärmedämmung 100% nach Heizungsanlagen-Verordnung /40/. Quelle: Fa. Aeroflex Süd Baumann, Ulm

verfügbar sein wird. Alle in Kapitel 4.3 und 4.4 vorgestellten Anlagenkonfigurationen lassen sich sowohl mit High-Flow als auch mit Low-Flow betreiben.

4.5.3 Matched-Flow

Dem Matched-Flow-Konzept (matched flow = angepaßter Durchfluß) liegt die Idee zugrunde, die Vorteile der beiden eben genannten Konzepte zu vereinen, also mit Low-Flow ausreichend hohe Temperaturen zu erzeugen und mit High-Flow den Energieertrag zu optimieren. Da jedoch für Low-Flow und High-Flow unterschiedliche Anlagenkomponenten und -bauteile benötigt werden, ist der Matched-Flow-Ansatz sehr schwierig und erfordert eine relativ aufwendige System- und Regelungstechnik. Der spezifische Durchfluß liegt bei den bisher realisierten Systemen zwischen 10 und 30 bis 40 l/m^2·h. Es gibt derzeit nur wenige Hersteller, die Anlagen nach diesem Konzept anbieten. Über den Dauerbetrieb in Kundenanlagen liegen bisher noch weniger gesicherte Erfahrungen vor als mit der Low-Flow-Technik.

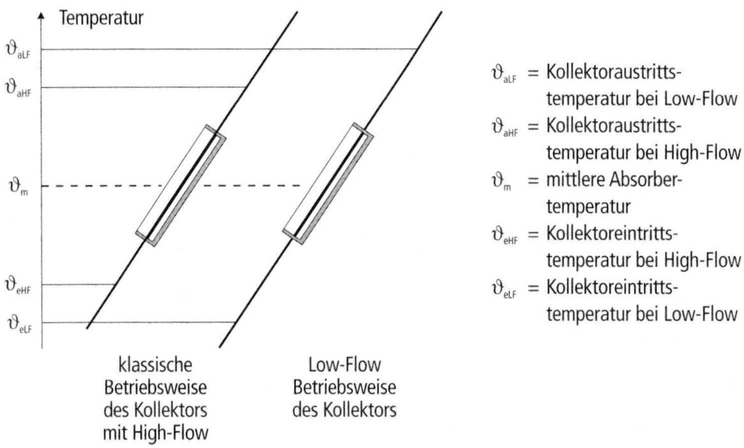

4.17
Temperaturverhältnisse am Kollektor bei High-Flow- und Low-Flow- Betriebsweise (in Anlehnung an /66/).

4.5.4 Drain-Back

Eine interessante Variante im Hinblick auf die Auslegung des Solarkreislaufs ist das Drain-Back-System (= Rückfluß-System). Bei Stillstand der Pumpe, also wenn die Solarstrahlung nicht mehr ausreicht, um genügend Wärme zu erzeugen oder auch bei Stromausfall sowie bei Frostgefahr und Anlagenstillstand, laufen die Kollektoren selbsttätig leer (Abb. 4.18). Der Wärmeträger fließt aus dem Kollektor in einen entsprechend großen Rücklaufbehälter, aus dem er beim nächsten Anlaufen der Pumpe erneut zum Kollektor hoch gepumpt werden muß. Es handelt sich also um einen geschlossenen Kreislauf, in dem sich neben dem Wärmeträger auch eine bestimmte Menge Luft befindet. Ein solches System hat folgende Merkmale:

- Als Wärmeträger kann reines Wasser verwendet werden, d.h. es ist kein Frostschutzmittel notwendig.
- Da die Luft im Kollektorkreislauf eine wichtige Rolle spielt, entfallen Entlüftungsventile im System.
- Das System ist sehr sicher; denn ein Sieden der Flüssigkeit kann durch Abschalten der Pumpe verhindert werden. Anstelle eines Membranausdehnungsgefäßes wird ein Auffangbehälter benötigt.
- Nachteilig ist die mit der Luft im Kreislauf verbundene erhöhte Korrosionsgefahr; da es sich um ein geschlossenes System handelt, ist diese Gefahr jedoch beherrschbar.
- Da der Wärmeträger beim Anlaufen um etliche Meter hoch gefördert werden muß, kann ein Drain-Back-System nicht mit einer herkömmlichen Umwälzpumpe aus der Heizungstechnik betrieben werden. Der einzige Hersteller, der dieses System in Deutschland anbietet, die Fa. Buderus, hat daher eine neuartige Pumpe entwikkelt. Sie ist im Leistungsbereich von 30 bis 100% regelbar, so daß der Massenstrom durch

den Kollektor in einem weiten Bereich variiert werden kann (Matched-Flow-Konzept mit Wärmeträgerdurchsatz zwischen ca. 13 bis 90 l/m²·h bei 4,5 bis 9 m² Kollektorfläche). Liegt die Temperatur im Bereitschaftsteil des Speichers unterhalb 45°C, so wird es im Low-Flow, andernfalls im High-Flow gefahren.

Drain-Back-Systeme haben sich in den Niederlanden seit vielen Jahren bestens bewährt. Ob sie sich in Deutschland bzw. Mitteleuropa durchsetzen können, entscheidet letztendlich der Preis.

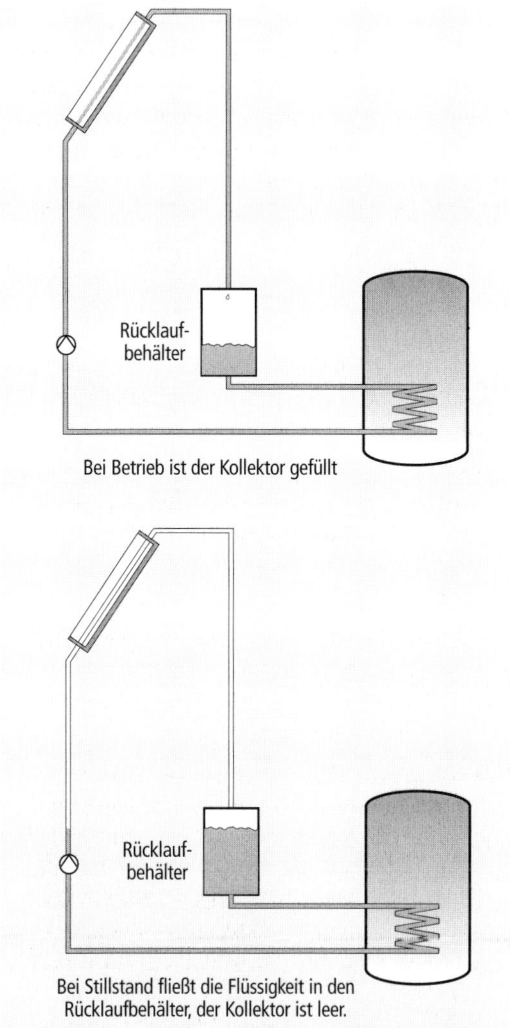

4.18 (links): Funktionsprinzips des Drain-Back-Systems /19/.

4.19
Damit der Kollektor beim Drain-Back-System störungsfrei gefüllt werden und leerlaufen kann, muß die Verrohrung oberhalb des Rücklaufbehälters mit stetigem Gefälle verlegt werden.
Quelle: Buderus Planungsunterlagen

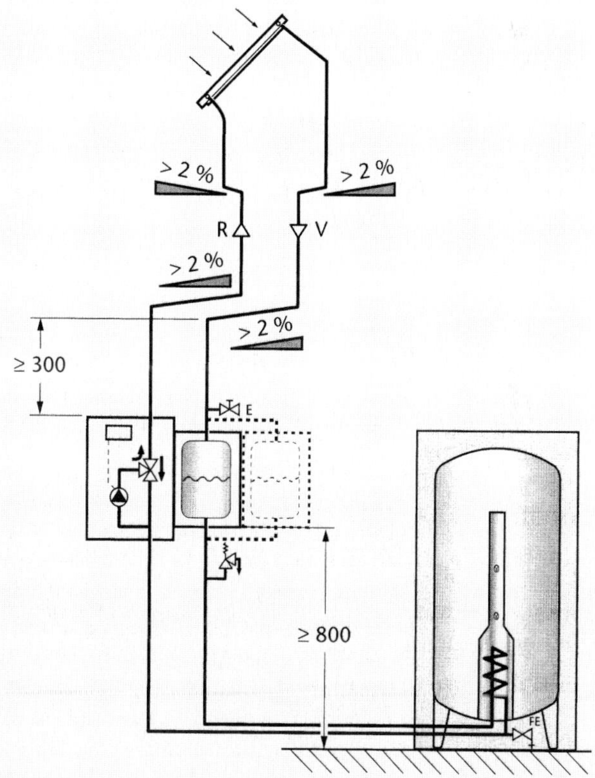

5 Planung und Dimensionierung

Das rechte Maß finden

Die sorgfältige Planung einer Solaranlage ist notwendig, um zu einer dem Bedarf angemessenen und dem Gebäude angepaßten Anlage zu kommen. Nur so lassen sich kostspielige Fehler und spätere Enttäuschungen vermeiden.
Natürlich sind im Laufe der mehr als 20jährigen Entwicklung der Solartechnik Standard-Lösungen entwickelt worden: viele Hersteller bieten heute Kompaktanlagen in verschiedenen Größen für zwei bis acht Personen sozusagen von der Stange an. Wenn es um solche Anlagen geht, sind die folgenden Ausführungen zum besseren Verständnis der Hintergründe gedacht; sie geben dem interessierten Nutzer Informationen für eigene Kontrollen bzw. dienen dem Selbstbauer in gewissen Grenzen als Planungs- und Dimensionierungsleitfaden. Bei größeren, vom Standard abweichenden Anlagen können die folgenden Kapitel nützliche Hinweise für das Vorgehen bei der Planung geben. Wegen der Komplexität der Zusammenhänge sollte der Bauherr auf die Hilfe eines erfahrenen Planers (Fachingenieur, Handwerker oder auch Hersteller/Lieferant) nicht verzichten: Eine Stunde Beratung bei einem Solartechnik-Ingenieur kommt durchweg billiger als die spätere Nachbesserung schwerwiegender Anlagenfehler.

5.1 Vorgehen bei der Planung

Konzepterstellung

Für das Interesse an einer Sonnenkollektoranlage gibt es vielfältige Motive, wobei die Vorstellungen bzw. Erwartungen der Nutzer nicht immer realistisch sind. Im ersten Gespräch zwischen dem Kunden (Bauherr, Nutzer) und Planer ist daher zu klären, welche Anwendung(en) gewünscht und welche Leistungen erwartet werden. Die Möglichkeiten und Grenzen der Sonnenenergienutzung für die Trinkwassererwärmung, Schwimmbad- oder Raumheizung sind realistisch auszuloten und überzogene Erwartungen gegebenenfalls zu korrigieren. Ein versierter Planer kann, wenn die Wünsche nicht zu ausgefallen sind, bereits beim ersten Beratungsgespräch ein Konzept entwerfen, d.h. Art und Größe der Anlage sowie die entstehenden Kosten grob abschätzen.

Datenerhebung

Ist der Rahmen (Anlagenkonzept, Leistung, Kosten) abgesteckt, sind eine Reihe von Daten zu ermitteln, die für die weitere Planung und Anlagendimensionierung gebraucht werden. In Abb. 5.4 ist ein sehr umfangreicher Datenerhebungsbogen dargestellt, der für nahezu alle Anwendungsfälle eingesetzt werden kann. Im Einzelfall werden sicherlich verschiedene Positionen entfallen. In jedem Fall werden folgende Angaben benötigt:

- Die Wünsche der Nutzer, Kunden oder Bauherren sind möglichst umfassend zu ermitteln. Das gilt insbesondere für die *Art der gewünschten Nutzung* und für die angestrebte *solare Dekkungsrate*, da diese beiden Faktoren die Anlagengröße und den Bedarf an Zusatzenergie

(Nachheizung) ganz erheblich beeinflussen.

- Der *Wärmebedarf* (gegeben durch den Verbrauch an warmem Wasser oder durch den Heizenergiebedarf /-verbrauch) ist eine Schlüsselgröße für die Anlagenbemessung. Sofern keine Meßergebnisse (durch Warmwasserzähler etc.) vorliegen, muß der Wärmebedarf so gut wie möglich geschätzt werden. Richtwerte werden in Kapitel 5.4 genannt.
  Bei Anlagen zur Trinkwassererwärmung sollte die Wassertemperatur an den Zapfstellen je nach Anwendung zwischen 40 und 60°C liegen. Für die Körperpflege sind 25 bis 45°C im allgemeinen ausreichend, für Geschirrspülen u.ä. werden höhere Temperaturen benötigt. Bei anderen Anwendungen wie Schwimmbaderwärmung und Heizung sind niedrigere Temperaturen ausreichend. Da die Wassertemperatur – zusammen mit dem Verbrauch – den Energiebedarf bestimmt, sollte die Auslegungstemperatur nicht unnötig hoch gewählt werden.
  Weiter ist das zeitliche Verbrauchsprofil für die Bemessung von Speicher und Nachheizung von Bedeutung. Bei Anlagen in größeren Gebäuden und bei speziellen Anwendungen (z.B. Hotels, Schulen, gewerbliche Nutzung) sind der Tages- und Wochengang des Verbrauchs sowie die Bedarfsspitzen zu ermitteln.
- Für die Installation der Solaranlage sind die *baulichen Verhältnisse* von Bedeutung. Werden die Kollektoren z.B. auf dem Dach installiert, so müssen alle das Dach betreffenden Daten aufgenommen werden. Das Dach bietet sich in den meisten Fällen an, weil es in der Regel genügend hoch liegt, um Verschattungen durch Bäume oder andere Gebäude zu vermeiden.
- Wo *Verschattungen* auftreten oder vermutet werden, kann es angebracht sein, den Grad der Verschattung genauer auszumessen, z.B. mit einem Sonnenbahn-Analysator (Abb. 5.14). Ist der Grad der Verschattung z.B. in der Übergangszeit oder in den Wintermonaten zu hoch, empfiehlt es sich, einen sonnigeren Standort zu suchen. Ähnliches gilt bei einer ungünstigen Dachorientierung (vgl. Kap. 5.4). Bei der Planung von Neubauten sollte Wert darauf gelegt werden, daß ausreichend große, südorientierte Flächen für den (ggf. späteren) Einbau von Sonnenkollektoren und eventuell auch von Solargeneratoren zur Stromerzeugung zur Verfügung stehen.
- Bei der Erhebung der baulichen Verhältnisse ist auch der *Aufstellungsort für den Warmwasserspeicher* und die Installationseinheit zu klären. Bei der Standortwahl sind möglichst kurze Wege zu den Zapfstellen anzustreben. Ist der Platz für den Speicher festgelegt, ergibt sich daraus mehr oder weniger zwangsläufig auch die Leitungsführung zwischen Kollektoren und Speicher (Länge und Weg durch das Haus).
- Nicht vorhandene oder unvollständige Pläne von dem Gebäude müssen ggf. durch vor Ort erstellte, bemaßte Handskizzen ersetzt oder ergänzt werden.
- Bei der Aufnahme der baulichen Verhältnisse ist auch der *Zustand der konventionellen Haustechnik* zu klären, insbesondere wenn die Solaranlage an das konventionelle Warmwasser- und/oder Heizungssystem angebunden werden soll. Der Einbau einer Solaranlage macht wenig Sinn, wenn ein sanierungsbedürftiges konventionelles System nicht ebenfalls erneuert wird.

5.1
Sonnenkollektoranlagen sollten so geplant und gebaut werden, daß sie störungsfrei arbeiten und viele Jahre halten. Dann machen sie den Nutzern Freude, erreichen eine gute Wirtschaftlichkeit und tragen wirklich zur Verringerung der Umweltbelastung bei.

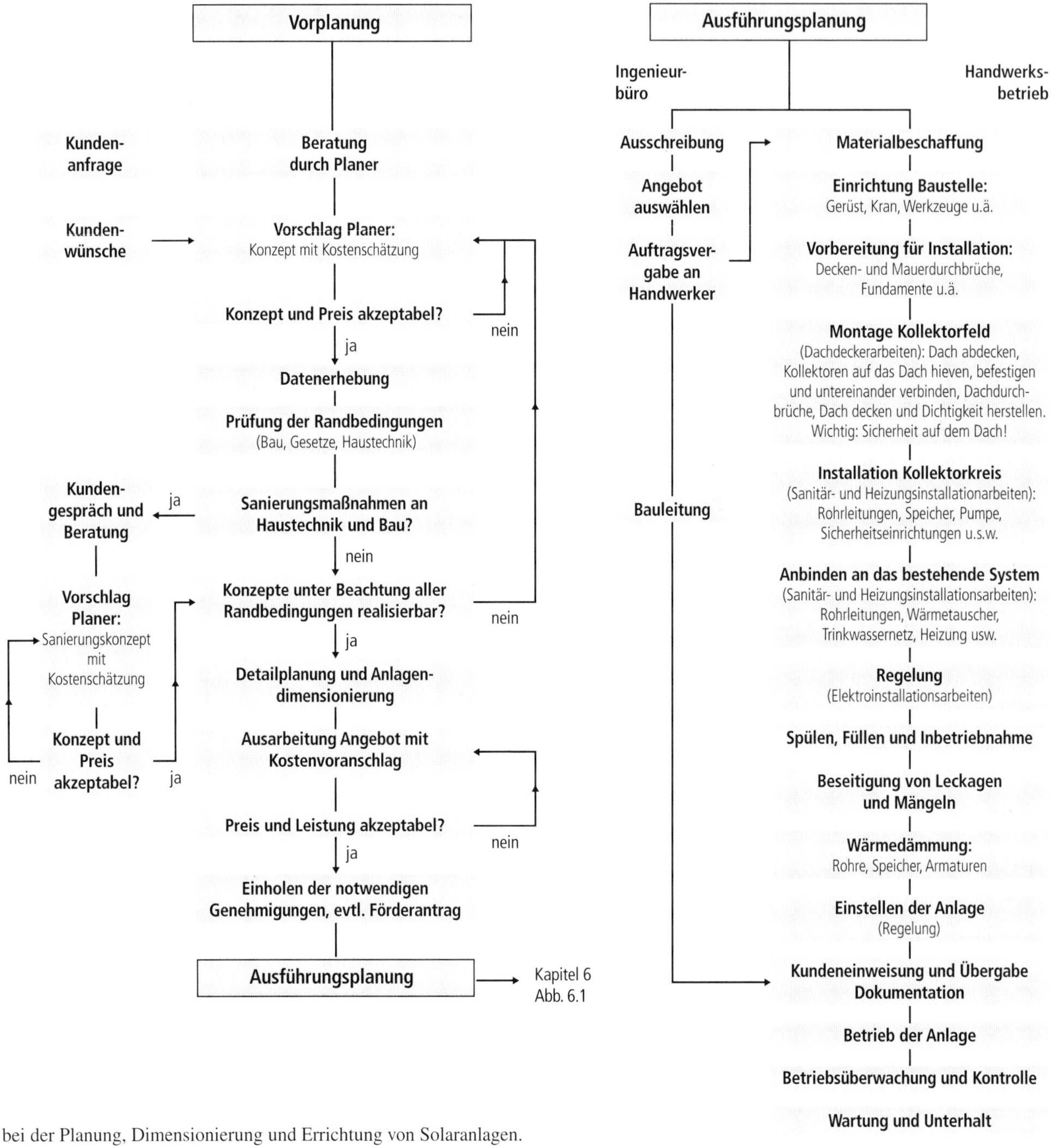

5.2
Vorgehen bei der Planung, Dimensionierung und Errichtung von Solaranlagen.

Prüfung der Randbedingungen

Auf Basis der erhobenen Daten können nun die Bedingungen für die Installation einer Solaranlage geprüft werden. Dazu sind in erster Linie folgende Fragen zu beantworten:

- Ist eine Baugenehmigung erforderlich und/oder sind gesetzliche Auflagen zu beachten?
- Befinden sich das Gebäude und die konventionelle Haustechnik in einem Zustand, der die Errichtung einer Solaranlage erlaubt?

Genehmigungen

Die Errichtung einer Solaranlage erfordert in Deutschland ebenso wie in den meisten Ländern Europas in der Regel *keine Baugenehmigung* mehr. Selbst eine *Bauanzeige* ist in den meisten Fällen nicht notwendig. Im Einzelfall verschafft eine Anfrage bei der zuständigen Baurechtsbehörde (Bauamt) Klarheit.

Eine Ausnahme bilden Kollektoren auf denkmalgeschützten Gebäuden und innerhalb geschützter historischer Ortsbilder; hier muß die Behörde für Denkmalschutz ihre Zustimmung geben.

In jedem Fall werden die Kollektoren Bestandteil des Gebäudes und prägen somit dessen Erscheinungsbild. Insofern sollte darauf geachtet werden, daß die Anordnung der Kollektoren sich harmonisch in das Gesamtbild des Gebäudes einfügt.

Zustand des Gebäudes

Der Zustand des Gebäudes sowie der konventionellen Haustechnik ist für den Einbau einer Solaranlage mitunter von entscheidender Bedeutung. Hier sollte der Planer ein Stück weit auch die Rolle eines Energieberaters übernehmen und gegebenenfalls Maßnahmen zur Sanierung bzw. Energieeinsparung vorschlagen. Denn es macht keinen Sinn, mit einer Solaranlage saubere, wertvolle Energie zu produzieren, wenn an anderer Stelle Energie verschleudert wird. Die Palette der Maßnahmen reicht dabei von einfachen Arbeiten (z.B. bessere oder zusätzliche Isolierung der Rohrleitungen für Heizung und Warmwasser) bis hin zu aufwendigen Umbauten (z.B. Erneuerung des Heizungssystems, Dachsanierung o.ä.). Die Energieberatung kann mitunter dazu führen, daß die Errichtung der Solaranlage – meist aus finanziellen Gründen – ausgesetzt wird, um zunächst andere, sinnvollere und wirksamere (Energiespar-)Maßnahmen auszuführen.

Weitere Planungsschritte

Nachdem der Anlagenzweck, das Konzept, der Kostenrahmen, die notwendigen Daten, Randbedingungen und eventuelle Sanierungsmaßnahmen geklärt sind, kann überprüft werden, ob sich das vorgeschlagene Konzept unter Beachtung aller Randbedingungen realisieren läßt. Ist dies der Fall, so kann der Aufbau der Anlage im einzelnen festgelegt werden (Planungsschritt: Detailplanung und Anlagendimensionierung in Abb. 5.2). Zumindest bei vom Standard abweichenden oder größeren Anlagen sollte von dieser Stelle an ein Fachingenieur mitwirken.

Im folgenden werden die in Abb. 5.2 dargestellten Planungsschritte näher beschrieben und Hinweise für das praktische Vorgehen bei der Bemessung von Solaranlagen gegeben, und zwar für:

- Anlagen zur Schwimmbadwassererwärmung (Kapitel 5.3),
- Anlagen zur Trinkwassererwärmung (Kapitel 5.4),
- Anlagen zur Trinkwassererwärmung und Raumheizung (Kapitel 5.5).

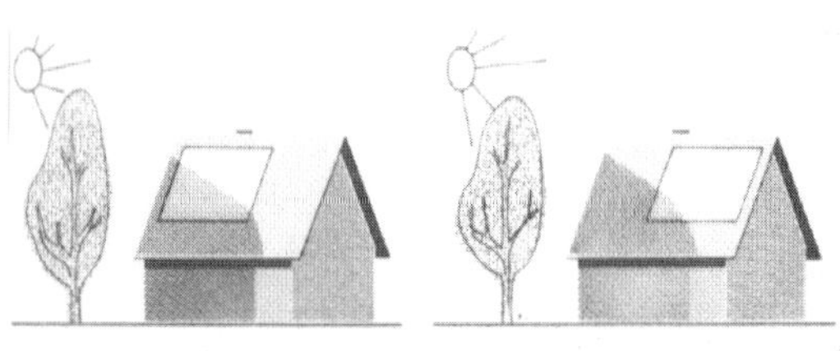

5.3
Bei der Standortwahl ist darauf zu achten, daß keine Verschattung durch Bepflanzung oder Bebauung auftritt oder daß diese zumindest möglichst gering ausfällt

Fragebogen zur Datenerhebung 1

Adressen/Telefonnummern

Objekt

Name: ______________________________
____
Strasse: ______________________________
PLZ/Ort: ______________________________

Eigentümer/Bauherrschaft

Name: ______________________________
Firma: ______________________________
Strasse: ______________________________
PLZ/Ort: ______________________________
Tel.: ______________ Fax: ______________

Sachbearbeiter

Name: ______________________________
Firma: ______________________________
Strasse: ______________________________
PLZ/Ort: ______________________________
Tel.: ______________ Fax: ______________

Wünsche der Bauherrschaft

Plazierungsort der Kollektoren: ______________________________
Montageart: ❑ Einbau ❑ Aufbau
Maximale Investition: ______________ DM / EURO
gewünschte Nutzung: ❑ Warmwasser ❑ Heizungsunterstützung
❑ Schwimmbad ❑ Prozesswärme
❑ solarer Deckungsgrad: ______
❑ anderes: ______________________________
Art der Zusatzenergie: ______________________________
weitere Wünsche: ______________________________
____
____
____

Vorhandene Pläne und Skizzen

Katasterplan

❑ Katasterplan, Kataster Nr.: ______________________________

Baupläne

❑ Gebäudeansicht von Süden ❑ 1:100 ❑ 1:50
❑ Schnitt mit Dachneigung ❑ 1:100 ❑ 1:50
❑ Grundriss mit Nord-Pfeil ❑ 1:100 ❑ 1:50
❑ Grundriss Speicherraum ❑ 1:100 ❑ 1:50
❑ Details der Dachkonstruktion M 1: ______
❑ andere: ______________________________
____

Haustechnikpläne

❑ hydraulisches Prinzipschema der Anlage ohne Sonnenenergienutzung

Fotos

❑ Fotos: ______ Stück
❑ anderes: ______________________________
____

5.4
Datenerhebungs-Fragebogen /62/.

Fragebogen zur Datenerhebung 2

Gebäudesituation

Standort/Zone

Ort: ____________________ Höhe: ______________ m ü.M.
Bauzone: Dorfkern Denkmalschutz ______________

Gebäudeart/Nutzung

Neubau bestehender Bau
EFH MFH Anz.Wohnungen: ________________
Anz. Geschosse: ________________
anderes: ______________________________

Kollektorplazierung/ Unterkonstruktion

Flächen für Kollektoren: Dach Böschung Fassade
andere: ______________________________

Art der Dachbedeckung: Ziegel Kies
Eternitschindeln Welleternit
Blechfalzdach Trapezblech

Neigung

Neigung: ___ Grad (0 Grad = horizontal)

Orientierung

Orientierung der Flächen

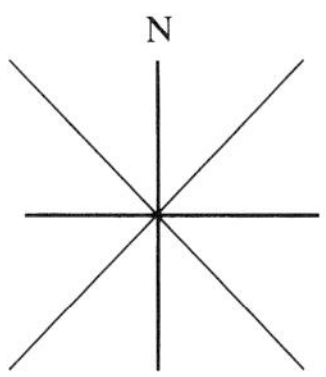

Horizont

nicht relevant
Aufnahme nach Methode: ______________________

Kollektorflächen

nutzbare Flächen für Kollektoren (Breite x Höhe in «m x m»):
Dach: ___ x ___ Dach: ___ x ___
Fassade: ___ x ___ Fassade: ___ x ___
andere: ______________________________
____

Speicherplazierung (Platzangebot)

Raumhöhe: ________ m
Grundfläche (Länge x Breite): ___ m x ___ m
Türmasse (Breite x Höhe): ___ m x ___ m
Einbringsituation: ______________________
____

Leitungsführung Kollektorkreis

gewünschte/mögliche Orte in Plänen eingezeichnet
andere: ______________________________
____

Wärmebedarf/Verbraucherprofil

Warmwasser

Warmwasserverbrauch:
Anzahl Personen = _______ Personen
Wasser-Tagesbedarf = _______ l/d bei ϑ_{ww} = _____ °C
Jahresbedarf Q_{WW} = _______ MJ/a

Fragebogen zur Datenerhebung 3

Bedarfsprofile Warmwasser

Tagesprofil

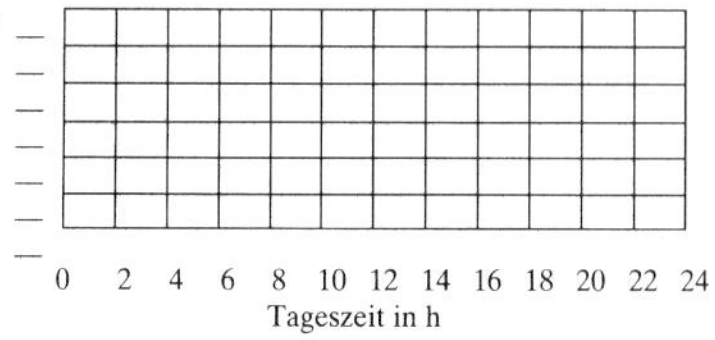

Wochenprofil

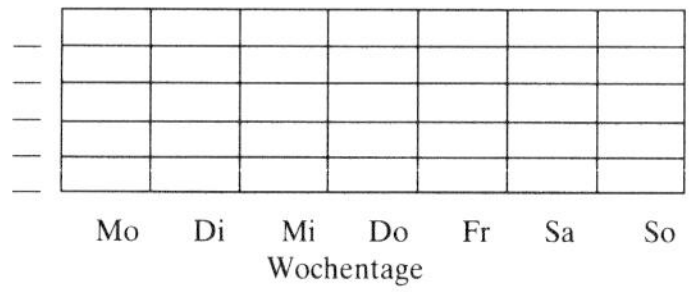

Jahresprofil

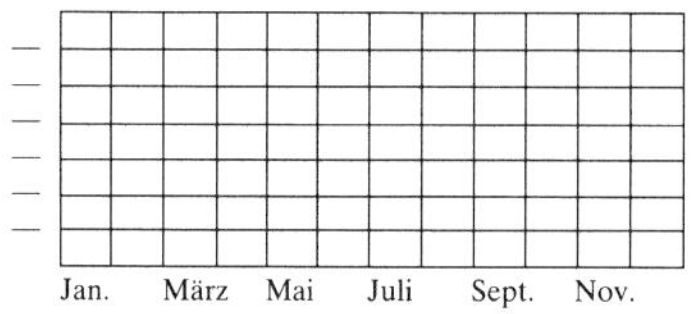

Heizung, Verbrauch/Bedarf

Verbrauchswerte (Erfahrungswerte bei bestehenden Bauten oder berechnete Werte bei Neubauten):

Mittelwert der Jahre __________ = __________ l Oel
= __________ kWh

Heizenergiebedarf gerechnet nach: ❑ WSVO '95
❑ sonst: __________
Wärmeleistungsbedarf nach DIN 4108 = __________ kW
bei Auslegungstemperatur ϑ_L = __________ °C
Heizgradtage HGT _ / _ = __________ K d/a

Energiekennzahlen

Energiebezugsfläche EBF = __________ m²
Energiekennzahl Heizung E_h = __________ MJ/m²a
Energiekennzahl Warmwasser E_{ww} = __________ MJ/m²a
Energiekennzahl total Wärme E_w = __________ MJ/m²a
Interpretation der Energiekennzahl: __________
____

Angaben zum Schwimmbad

❑ im Freien ❑ mit Abdeckung ❑ ohne Abdeckung
Wassertemperatur(en): __________ °C
Wasserinhalt = __________ l
Wasseroberfläche = __________ m²
Benutzungsdauer/Zeiten: __________
anderes: __________

Angaben zur Nutzung von Prozesswärme

____
____
____
____
____

5.4
Datenerhebungs-Fragebogen /62/.

Fragebogen zur Datenerhebung 4

Angaben zur konventionellen Haustechnik

Wärmeerzeugung Heizung

❑ zentral ❑ dezentral
❑ Oel ❑ Gas ❑ Elektrizität ❑ WP ❑ Holz
❑ anderes: ______________________________
Fabrikat: ______________ Typ: ______________
Leistung: ____________ kW Alter: ____________ Jahre
Dimensionen: ______________________________

Wärmespeicher

Anzahl: ________ Volumen: ____ l Höhe: _______ m
❑ Wärmetauscher: Typ ______________________
❑ Oberfläche = _________ m^2 Einbauhöhe = _____ m
Elektroeinsatz: P_{el} = _________ kW Einbauhöhe = _____ m
andere Heizeinsätze: ______________________
Wärmedämmung: Material __________ d = _____ mm
❑ anderes: ______________________________

Wärmeverteilung

Systemtemperaturen: ϑ_{VL}: _______ °C ϑ_{RL}: _______ °C
❑ Bodenheizung ❑ Heizkörper ❑ Lüftungsanlage
❑ anderes: ______________________________
Expansion: ❑ geschlossen ❑ offen

Warmwasserspeicher

❑ zentral ❑ dezentral
❑ Oel ❑ Gas ❑ Elektrizität ❑ WP ❑ Holz
❑ anderes: ______________________________
Fabrikat: ______________ Typ: ______________
Leistung: ____________ kW Alter: ____________ Jahre
Dimensionen: ______________________________

Wassererwärmer

Anzahl: ________ Volumen: ____ l Höhe: _______ m
❑ Wärmetauscher: Typ ______________________
❑ Oberfläche = _________ m^2 Einbauhöhe = _____ m
Elektroeinsatz: P_{el} = _________ kW Einbauhöhe = _____ m
andere Heizeinsätze: ______________________
Wärmedämmung: Material __________ d = _____ mm
❑ anderes: ______________________________

Warmwasserverteilanlage

❑ Brauchwassermischer vorhanden ❑ nicht vorhanden
❑ Zirkulation ❑ mit Schaltuhr ❑ ohne Schaltuhr
❑ Nacheizung ❑ mit Schaltuhr ❑ ohne Schaltuhr

Ort: ____________________ Datum: ____________

Unterschrift: ______________________________

5.4
Datenerhebungs-Fragebogen /62/.

Leistung und Energie – Wirkungsgrad und Nutzungsgrad

Leistung und Energie, Wirkungsgrad und Nutzungsgrad sind Begriffe, die immer wieder verwechselt werden. Da sie nicht nur in diesem Buch, sondern auch im täglichen Leben häufig auftreten, werden sie an dieser Stelle – durchweg anhand von Beispielen – näher erläutert.

Energie

Energie wird im alltäglichen Gebrauch mit Tatkraft oder Schwung gleichgesetzt. Physikalisch bedeutet Energie ganz allgemein das Vermögen, Arbeit zu verrichten. Anders ausgedrückt: Energie ist gespeicherte Arbeit.

Dabei sind die Erscheinungsformen von Energie durchaus vielfältig: Es gibt z.B. mechanische, elektrische, magnetische, thermische (Wärme) und chemische Energie (z.B. in Benzin) oder auch die Kernenergie („Atomkraft"). Jede Energieform läßt sich in eine andere umwandeln, wobei dies – auch theoretisch – nicht immer zu 100% möglich ist. Beispielsweise ist der Umwandlungswirkungsgrad von thermischer Energie in eine andere Energieform begrenzt durch den 2. Hauptsatz der Thermodynamik. Bereits in Kapitel 1 war von der Sonnenenergie die Rede (Lichtenergie, entstanden aus Kernenergie in der Sonne) und von den Möglichkeiten, sie in für unser tägliches Leben wichtige Energieformen wie Wärme, Strom und Brennstoffe umzuwandeln (vgl. Abb. 1.1).

In einem abgeschlossenen System bleibt die Gesamtenergie konstant, d.h. es kann weder Energie entstehen noch verloren gehen. Dabei können die Systemgrenzen beliebig gezogen werden, z.B. eine Pflanze, ein Mensch, eine Solaranlage, die Erde oder gar das gesamte Sonnensystem. Eine Änderung des Energieinhaltes wird nur erreicht, wenn dem betrachteten System von außen Energie zugeführt wird oder wenn das System nach außen Energie abgibt. Ansonsten kommt es innerhalb eines Systems lediglich zu Energieumwandlungen.

Dazu ein Beispiel: Das „System Mensch" gibt Energie hauptsächlich in Form von Wärme nach außen ab (die Körpertemperatur von 37°C ist in der Regel höher als die Umgebungstemperatur). Damit er am Leben bleibt, muß dieser „Energieverlust", der ja streng genommen eine Energieabgabe an ein anderes System ist, ausgeglichen werden. Da der Mensch nicht in der Lage ist, von außen zugeführte Sonnenenergie direkt zu verwerten und als „Lebensenergie" zu nutzen, führt er sich die in den Pflanzen gespeicherte (Sonnen-)Energie in Form von Nahrungsmitteln zu. Die chemische Verbrennung dieser Nahrungsmittel im Körper gleicht die thermischen „Energieverluste" aus.

Die Maßeinheit für Energie ist das Joule (J). Neben dem Joule ist heute die Einheit Kilowattstunde (kWh) am geläufigsten, wobei folgende Umrechnung gilt: 1 kWh = 3,6 MJ (Mega-Joule) = $3{,}6 \cdot 10^6$J = 3,6 Mio. Joule.

Was mit einer kWh Energie bewirkt werden kann, zeigt Abb. 5.5. In Ergänzung dazu sind in Tabelle 5.1 beispielhaft Energiemengen angegeben, denen wir im täglichen Leben begegnen.

Tabelle 5.1: Beispiele für Energiemengen.

Beispiele für Energiemengen	
Energiemenge, um 1 l Wasser um 10 cm hoch zu heben	1 J
Energiemenge, um 1 l Wasser um 0,2°C zu erwärmen	1 kJ
Energiemenge, um 1 l Wasser zum Kochen zu bringen	0,5 MJ = 0,1 kWh
Um 1000 m Höhenunterschied zu überwinden, braucht ein Bergsteiger	0,8 MJ
Zur Aufrechterhaltung der Körperfunktionen (hauptsächlich Körpertemperatur) für 2 Stunden braucht ein Mensch	1 MJ = 0,28 kWh
Für 100 km Autobahnfahrt braucht ein PKW	150 MJ = 40 kWh
Sonnenenergie auf 1 m^2 Fläche in Deutschland pro Jahr	3600 MJ = 1000 kWh
Für 100 km Bahnstrecke braucht ein D-Zug	7000 MJ
Jährlicher Energieverbrauch der Bürger in Deutschland	$11 \cdot 10^{18}$ J = $3{,}6 \cdot 10^{12}$ kWh
Energieverbrauch in Deutschland Pro Kopf und Jahr	144.000 MJ = 40.000 kWh
Energieverbrauch in Deutschland Pro Kopf und Tag	400 MJ = 110 kWh

1 kWh = 3.600.000 J = 3,6 MJ

Leistung

Leistung ist die in einer bestimmten Zeit verrichtete Arbeit bzw. die aufgenommene oder abgegebene Energie. Wird ein Gerät mit einer bestimmten Leistung eine gewisse Zeit betrieben, so ergibt das Produkt aus Zeit und Leistung die „verbrauchte" Energie.
Beispiel: Leuchtet eine 100W-Glühbirne 10 Stunden, so wird dafür eine Energie von 100 · 10 = 1.000 Wh = 1 kWh benötigt bzw. „verbraucht".
Beispiele für Leistungen, mit denen man häufig – mehr oder weniger bewußt – konfrontiert wird, zeigt Tabelle 5.2.

5.5
Was steckt in einer Kilowattstunde (kWh)?
Beispiele aus dem täglichen Leben.

1 Kilowattstunde
Energie entspricht

85 Stunden
elektrisch rasieren

72 Stunden den
Kühlschrank in Betrieb halten

50 Stunden den
Fernseher im Stand-by-Modus

10 Stunden Licht
mit einer 100 W-Lampe oder
100 Stunden Licht
mit einer 10 W Sparlampe

1 Stunde Haare fönen

3 Minuten duschen
(25 l Warmwasser)

1 Stunde Sonneneinstrahlung
auf 1 m^2 Fläche an einem
Sommertag

3 Mittelklasse-PKW auf die
Turmspitze der Münchener
Frauenkirche heben

1600 volle Bierkästen vom
Keller in den 3. Stock tragen

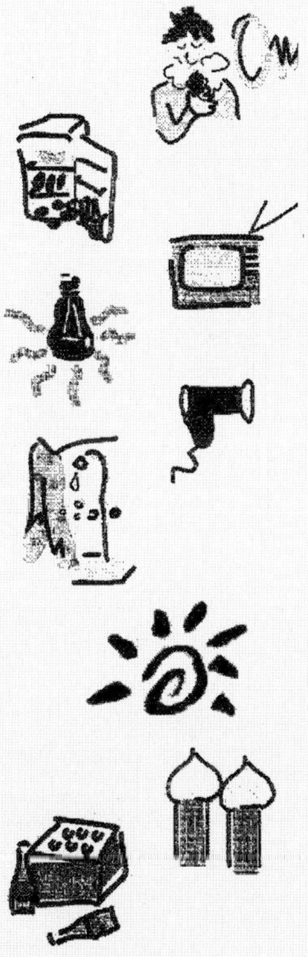

Wirkungsgrad

Wie bereits erwähnt, treten bei jeder (technischen) Energieumwandlung durch ein Gerät oder in einer Maschine „Verluste" auf, die meist in Form von Wärme an die Umgebung abgegeben werden. Das Verhältnis der abgegebenen Leistung (Nutzleistung) zur zugeführten (aufgenommenen) Leistung ist als *Wirkungsgrad* definiert. Er ist stets kleiner als 1!
Beispiele für Wirkungsgrade technischer Geräte sind in Abb. 5.6 gegeben. Der Wirkungsgrad als Verhältnis von Leistungen ist dabei auf einen bestimmten Zeitpunkt bezogen. Meistens schwankt der Wirkungsgrad in Abhängigkeit vom Betriebszustand und von den Randbedingungen. Beim Sonnenkollektor zum Beispiel ist er stark abhängig von den Temperatur- und Einstrahlungsverhältnissen (vgl. Kap. 2.2, Wirkungsgradkennlinie).

Beispiele für Leistungen

Anwendung	Leistung
Armbanduhr	0,02 mW
Fahrradbeleuchtung	3 W
Mensch (bei Dauerleistung)	etwa 100 W
Mensch bei sportlicher Höchstleistung	etwa 400 W
Mittlere Leistung eines Pferdes (1 PS)	etwa 700 W
Mofa	etwa 1000 W
Sonne (auf 1 m^2 Fläche)	0 bis 1000 W
PKW	20 bis 100 kW
LKW	200 bis 400 kW
Windkraftanlage	bis 1500 kW
Diesellokomotive	3000 kW
Wasserkraftwerke	120 MW
Kernkraftwerke, Braunkohlekraftwerke	600 bis 2200 MW
Rakete (Ariane)	75.000 MW
Sonne (auf 100 km^2 an einem wolkenlosen Sonnentag)	100.000 MW

Tabelle 5.2:
Beispiele für Leistungen.

5.6
Beispiele für Wirkungsgrade verschiedener Arten der Energieumwandlung von technischen Geräten und Anlagen.

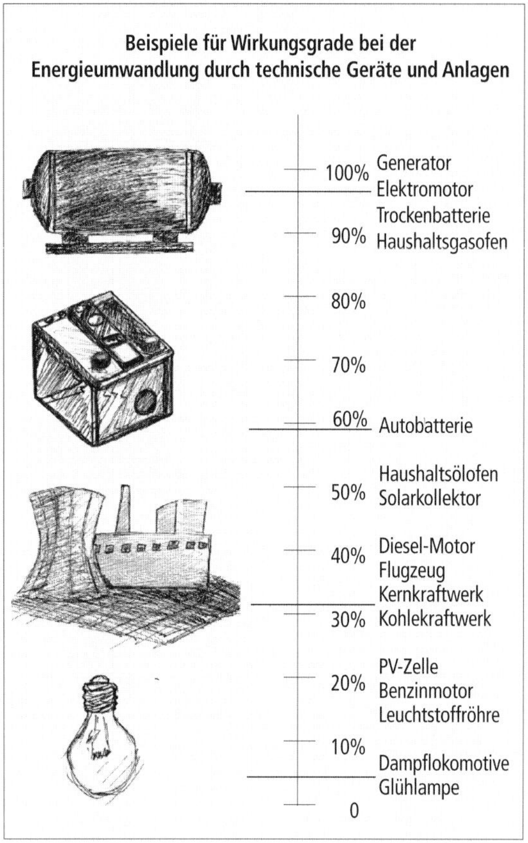

Nutzungsgrad

Der Nutzungsgrad hingegen ist das Verhältnis von abgegebener Energie (Nutzenergie) zur aufgenommenen (zugeführten) Energie. Er ist sozusagen der über einen längeren Zeitraum gemittelte Wirkungsgrad. Beträgt dieser Zeitraum ein Jahr, so spricht man vom *Jahresnutzungsgrad*. Der Nutzungsgrad kann je nach Auslastung und Randbedingungen zwischen Null und dem maximal möglichen Wirkungsgrad schwanken. Beispiel: Bei einer konventionellen Heizungsanlage (Öl oder Gas) beträgt der maximale Wirkungsgrad rund 90%. Der Nutzungsgrad dagegen dürfte in den meisten Fällen nur zwischen 60 und 80% liegen. Die Differenz ergibt sich im wesentlichen durch die sogenannten Stillstandsverluste, also die Energie, die nach einem längeren Stillstand zum Aufheizen der Anlage auf Betriebstemperatur benötigt wird (ist gleich der Energie, die beim Abkühlen des Systems während einer Stillstandszeit an die Umgebung „verloren" geht). Ein anderes Beispiel: Ein Sonnenkollektor, der an einem Standort aus 1000 kWh/m² Einstrahlung im Jahr 400kWh/m² nutzbare Wärme erzeugt, weist einen Jahresnutzungsgrad von 40% auf.

Einige Begriffsdefinitionen

In Abb. 5.7 ist am Beispiel eines 4-Personen-Haushaltes (vgl. Kap. 5.4) die Energiebilanz einer solaren Warmwasserbereitung dargestellt. Anhand dieser Bilanz sollen einige wichtige Begriffe definiert werden, die für die Dimensionierung von Solaranlagen von Bedeutung sind.

Der *Bruttowärmeertrag des Kollektors bzw. Kollektorfelds* Q_{SK} ist die Wärme, die vom Kollektor während eines Jahres zur Verfügung gestellt wird, also der Teil der gesamten solaren Einstrahlung G_s auf den Kollektor, der in nutzbare Wärme, gemessen direkt am Kollektorausgang, umgewandelt wird (vgl. Kap. 2.2, Abb. 2.14). Dieser Bruttowärmeertrag ergibt sich durch Abzug der *Kollektorverluste* Q_{VK} von der auftreffenden Strahlung, also

$$Q_{SK} = G_S - Q_{VK}.$$

Das Verhältnis aus Bruttowärmeertrag des Kollektors zu auftreffender Strahlung wird als *Kollektornutzungsgrad* η_K bezeichnet:

$$\eta_K = Q_{SK} / G_S.$$

In unserem Beispiel beträgt

$$\eta_K = 2250 / 5000 = 0{,}45 = 45\%.$$

Der Jahresnutzungsgrad des Kollektors ist der in Kapitel 2.2 erläuterte Wirkungsgrad, ermittelt für ein ganzes Jahr. Ist der Kollektornutzungsgrad bekannt, so läßt sich durch Multiplikation mit der Einstrahlung sehr einfach der Bruttowärmeertrag des Kollektors bzw. Kollektorfeldes ermitteln.

Durch die *Wärmeverluste des Solarkreises* Q_{VKK} geht auf dem Weg zum Speicher weitere Energie verloren. Die Energie, die den Speicher erreicht, wird als *Bruttoertrag der Solaranlage* Q_{SB} bezeichnet:

$$Q_{SB} = Q_{SK} - Q_{VKK}.$$

Analog zur Solaranlage ist der *Nutzungsgrad der konventionellen Zusatzheizung* η_Z definiert als das Verhältnis von *Bruttozusatzenergie* Q_{ZB} zur *insgesamt eingesetzten Zusatzenergie* Q_Z:

$$\eta_Z = Q_{ZB} / Q_Z.$$

In unserem Beispiel beträgt der konventionelle Nutzungsgrad

$$\eta_Z = 2000 / 2500 = 0{,}8 = 80\%.$$

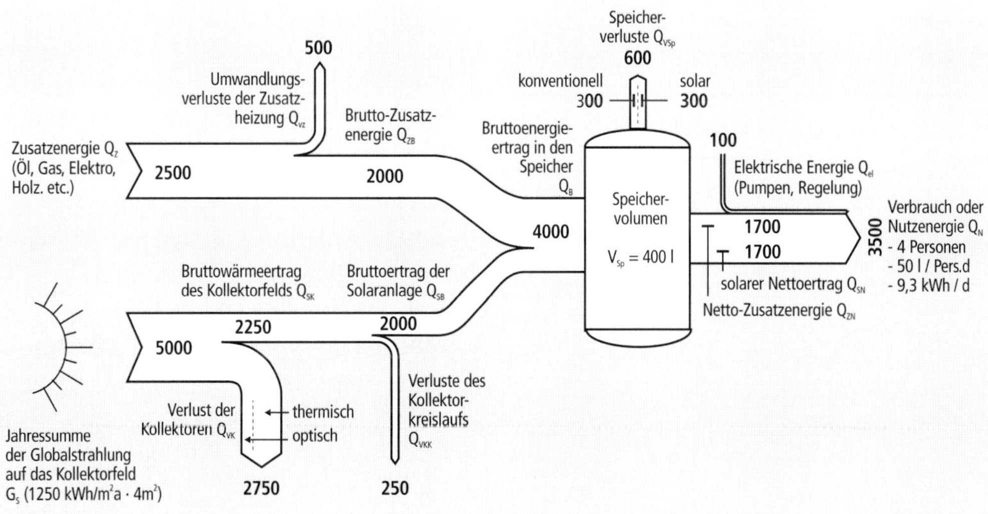

5.7
Jahresenergiebilanz einer Sonnenkollektoranlage (Prinzipschema). Die Zahlenwerte (in kWh) entsprechend dem Beispiel eines 4-Personen-Haushaltes mit einem Verbrauch/Bedarf von 50 Liter Warmwasser (50°C) pro Person und Tag (Kaltwassertemperatur 10°C), d.h. insgesamt 200 Liter pro Tag.
angelehnt an /47/.

Dies entspricht einer modernen Gas- oder Ölheizung. Die *Umwandlungsverluste der Zusatzheizung* Q_{VZ} ergeben sich aus der Differenz von $Q_Z - Q_{ZB}$.

Die Summe aus Bruttozusatzenergie Q_{ZB} und Bruttoertrag der Solaranlage Q_{SB} ist dann der gesamte *Brutto-Energieeintrag in den Speicher* Q_B:

$$Q_B = Q_{ZB} + Q_{SB}.$$

Der *Nutzungsgrad des Speichers* η_{Sp} ist definiert als Verhältnis von *Nutzenergie* Q_N zum Energieeintrag in den Speicher Q_B:

$$\eta_{Sp} = Q_N / Q_B.$$

In unserem Beispiel beträgt er 85% (η_{Sp} = 3400 / 4000). Andersherum kann die vom Speicher zur Verfügung gestellte Nutzenergie Q_N entweder durch Multiplikation des Bruttoenergieeintrags in den Speicher Q_B mit dem Speichernutzungsgrad η_{Sp} ($Q_N = Q_B \cdot \eta_{Sp}$) oder durch Subtraktion der Speicherverluste Q_{VSp} vom Energieeintrag ($Q_N = Q_B - Q_{VSp}$) errechnet werden. Ungenutzte solare Überschüsse bei großzügiger Kollektordimensionierung erhöhen die Speicherverluste und verringern den Speichernutzungsgrad.

Die Nutzenergie Q_N setzt sich zusammen aus dem *solaren Nettoertrag* Q_{SN} und der *Nettozusatzenergie* Q_{ZN}, also

$$Q_N = Q_{ZN} + Q_{SN}.$$

Dabei ist der solare Nettoertrag die von der Solaranlage gelieferte, für den Verbraucher tatsächlich nutzbare Energie. Das Verhältnis dieser Energie zur gesamten solaren Einstrahlung auf den Kollektor Q_S wird als *Nutzungsgrad der Solaranlage* η_{SYS} definiert, also

$$\eta_{Sys} = Q_{SN} / G_S.$$

In unserem Zahlenbeispiel beträgt dieser Systemnutzungsgrad 34% (1700 / 5000).

Analog ist der *Nutzungsgrad der konventionellen Zusatzheizung* η_Z definiert als das Verhältnis aus Nettozusatzenergie Q_{ZN} zur gesamten eingesetzten Zusatzenergie Q_Z:

$$\eta_Z = Q_{ZN} / Q_Z.$$

In unserem Beispiel beträgt η_Z = 68% (1700 / 2500).

Der *solare Deckungsgrad* D_S, auch *solare Dekkungsrate* genannt, ist definiert als Verhältnis aus solarem Nettoertrag Q_{SN} zur verbrauchten Nutzenergie Q_N, also

$$D_S = Q_{SN} / Q_N.$$

In unserem Beispiel beträgt er 50% (3400 / 1700), d.h. 50% des Energieverbrauchs werden von der Solaranlage bereitgestellt (gedeckt). Der verbleibende Rest (hier ebenfalls 50%) muß von der Zusatzheizung geliefert werden:

$$Q_{ZN} = Q_N - Q_{SN}.$$

Abschließend noch eine letzte Definition: Die *Arbeitszahl* AZ ist das Verhältnis von solarem Nettoertrag Q_{SN} zum *elektrischen Energieverbrauch* Q_{el} der Pumpe und der Regelung:

$$AZ = Q_{SN} / Q_{el}.$$

Die Arbeitszahl AZ sollte möglichst hoch sein, der Bedarf an elektrischer Hilfsenergie also möglichst gering. Liegt die Arbeitszahl in der Nähe von 1 oder ist gar kleiner, so sollte die Solaranlage unbedingt abgestellt und ggf. repariert werden. Bei Thermosiphonanlagen ist AZ unendlich groß, da für den Betrieb keine elektrische Energie benötigt wird. In unserem Beispiel (Abb. 5.7) ist ein elektrischer Energiebedarf von 100 kWh/a angenommen (eine 25 W-Pumpe mit ca. 4000 Betriebsstunden pro Jahr). Das ergibt eine Arbeitszahl von 1700/100 = 17.

Bei Berücksichtigung des Primärenergieeinsatzes muß der elektrische Energieverbrauch jedoch mit dem Faktor 3 bewertet werden; dann ergibt sich eine Arbeitszahl von nur noch 1700/300 = 5,7!

5.2 Grundsätzliche Überlegungen zur Dimensionierung

Wärmetechnisch gesehen sind Sonnenkollektoranlagen recht komplexe Systeme. Denn die Umsetzung der Sonnenenergie in nutzbaren Wärmeertrag wird durch eine ganze Reihe von Einflüssen bestimmt, die vielfältig miteinander verwoben, d.h. voneinander abhängig sind. Entsprechend zahlreich sind die Fragestellungen, die bei der Konzeption und Auslegung von Solaranlagen eine Rolle spielen.
Bei der praktischen Dimensionierung geht es vorrangig um folgende Kernfragen:

- Wieviel Kollektorfläche und wieviel Speichervolumen sind vorzusehen?
- Welche Bauteile und welche Betriebsweise sollen eingesetzt werden, um eine gute, wirtschaftlich arbeitende Anlage zu bekommen, die auf den Energiebedarf des Nutzers zugeschnitten ist und mit der dieser zufrieden ist?

Ziel der Dimensionierung ist es also, den Energiebedarf für die gewünschten Anwendungen zu ermitteln und die Energieproduktion darauf abzustimmen.

Einflußfaktoren

Der Energiebedarf wird hauptsächlich durch das Verhalten des Nutzers bzw. durch seine Komfortansprüche bestimmt. Die Parameter, die den Ertrag der Solaranlage beeinflussen, sind nachfolgend zusammengestellt.
Zunächst einmal ist der mögliche *Wärmeertrag des Kollektors*, der *Brutto-Wärmeertrag,* abhängig von:

- der Größe des Kollektorfeldes, d.h. von der *Kollektorfläche*,
- der *Bauart des Kollektors* bzw. von seinen Kennwerten (selektiver Kollektor, Vakuum-Kollektor usw.),
- der *Art der Anwendung* bzw. von den Betriebsbedingungen, hauptsächlich von der mittleren Kollektortemperatur,
- der *Witterung* am Anlagenstandort, insbesondere Sonneneinstrahlung und Außentemperatur, und
- den baulichen Gegebenheiten am Standort, d.h. von der *Orientierung und Neigung* des Kollektors und vom Grad der *Verschattung* durch Bäume, andere Gebäude etc.

Dieser Brutto-Wärmeertrag, der auf verschiedene Weise ermittelt werden kann (siehe Kap. 5.4), ist stets größer als der *nutzbare Energieertrag* (Netto-Ertrag), der dem Verbraucher zur Verfügung steht. Denn durch ein saisonales Überangebot im Sommer sowie durch die zeitlichen Verschiebungen zwischen Angebot und Nachfrage und die unvermeidlichen Wärmeverluste kann ein Teil der gewonnenen Energie nicht genutzt werden.
Großen Einfluß auf den Ertrag und damit auf den Zusatzenergiebedarf hat die Betriebsweise des Systems („high-flow“, „low-flow“, „matched-flow“, „drain-back“, vgl. Kap. 4.5). Sie hat direkte Auswirkungen auf die Bemessung der übrigen Bauteile der Solaranlage:

- Das *Speichervolumen* muß groß genug sein, um die Schwankungen von Angebot und Nachfrage einigermaßen auszugleichen; es sollte aber nicht zu groß sein, um die Wärmeverluste des Speichers zu begrenzen.
- Die Güte der *Wärmeschichtung* im Speicher ist entscheidend dafür, wieweit auf eine Nachheizung mit Fremdenergie verzichtet werden kann.
- Der *Wärmeträgerdurchfluß* bestimmt – bei gegebener Einstrahlung – die Temperaturerhöhung im Kollektor und damit in gewissem Maße die Kollektortemperatur.
- Die *Wärmetauscherfläche* im Solarkreislauf nimmt Einfluß auf das Temperaturgefälle zwischen Kollektorkreislauf und Speichermedium und damit auch auf die mittlere Kollektortemperatur.

Fall 1: Strategie des optimierten Kollektorertrags: Wird der Bruttoertrag im Juli (höchster Ertrag) auf den Wärmebedarf ausgelegt, ergeben sich zwar so gut wie keine ungenutzten Überschüsse, dafür muß auch in den Sommermonaten ständig Zusatzenergie zugeführt werden.

Fall 2: Strategie maximaler Verbrauchsdeckung: Die überdimensionierte Anlage bringt zwar eine weitgehende Bedarfsdeckung, produziert dafür aber auch hohe nicht nutzbare Überschüsse. Trotz Verdopplung des solaren Bruttoertrags steigt die solare Deckungsrate nur um das 1,5fache. Eine Verdopplung des Bruttoertrags bedeutet jedoch eine Verdopplung der Kollektorfläche und somit in etwa auch der Kollektorkosten.

Fall 3: Die bedarfs-/kostenoptimierte Anlage: Diese Auslegung bringt in den Sommermonaten eine fast 100%ige solare Deckungsrate, so daß in dieser Zeit keine Zusatzenergie benötigt wird. Die nicht nutzbaren Überschüsse halten sich in Grenzen.

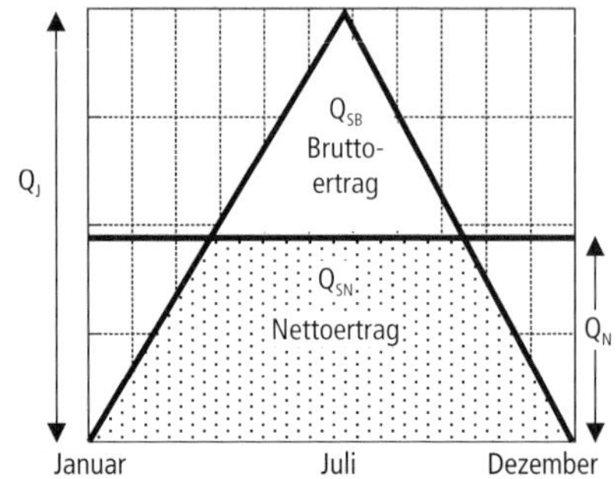

Q_N = Wärmebedarf
Q_J = Juliertrag (höchster Ertrag des Kollektors)
Faktor J = Q_J / Q_N
Q_{SB} = solarer Bruttoertrag
Q_{SN} = solarer Nettoertrag

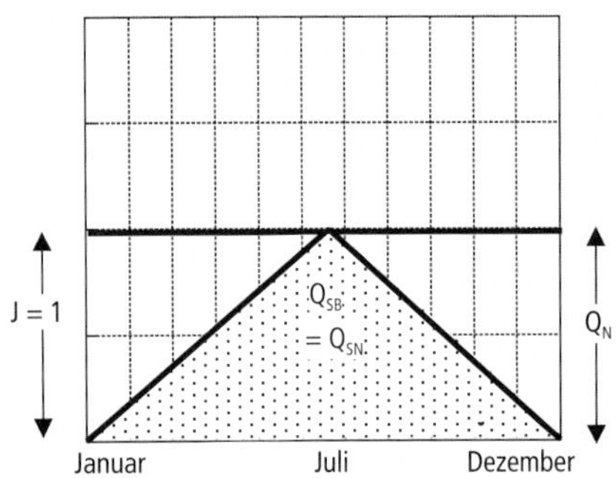

Fall 1: Faktor J = 1
Wärmebedarf Q_N = 1 = 100%
Bruttoertrag Q_{SB} = 0,5 · 1 · 1 = 0,5 = 50%
Nettoertrag Q_{SN} = 0,5 · 1 · 1 = 0,5 = 50%
Energieausnutzung Q_{SN} / Q_{SB} = 1 =100%
Solare Deckungsrate Q_{SN}/Q_N = D_S = 0,5/1 = 50%
Kollektorkosten Faktor J = 1 = 100%

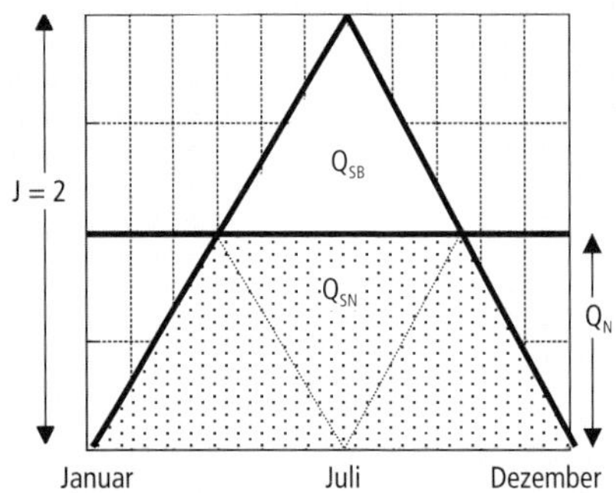

Fall 2: Faktor J = 2
Wärmebedarf Q_N = 1 = 100%
Bruttoertrag Q_{SB} = 0,5 · 1 · 2 = 1 = 100%
Nettoertrag Q_{SN} = 0,5 · 1 · 3/4 = 0,75 = 75%
Energieausnutzung Q_{SN} / Q_{SB} = 0,75 = 75%
Solare Deckungsrate Q_{SN}/Q_N = D_S = 0,75/1= 75%
Kollektorkosten Faktor J = 2 = 200%

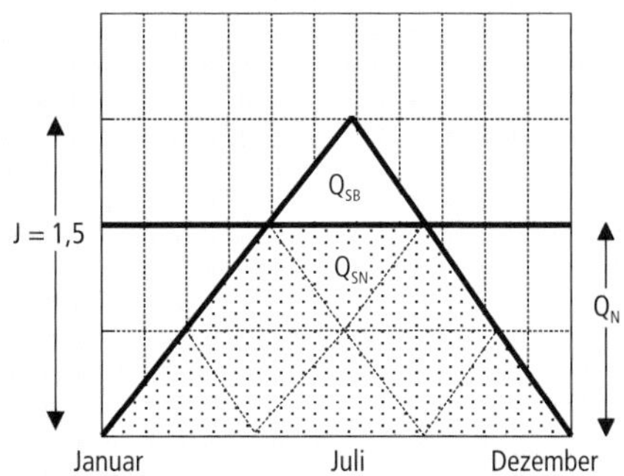

Fall 3: Faktor J = 1,5
Wärmebedarf Q_N = 1 = 100%
Bruttoertrag Q_{SB} = 0,5 · 1,5 · 1 = 0,75 = 75%
Nettoertrag Q_{SN} = 0,5 · 1,5· 8/9 = 0,67 = 67%
Energieausnutzung Q_{SN} / Q_{SB} = 0,9 = 90%
Solare Deckungsrate Q_{SN}/Q_N = D_S = 0,67/1= 67%
Kollektorkosten Faktor J = 1,5 = 150%

5.8
Schematische Ermittlung der Kollektorfläche bei den verschiedenen Strategien und bei konstantem Wärmebedarf im Jahresverlauf (z.B. für eine Brauchwasser-Solaranlage).

- *Leitungsdurchmesser, -länge und -isolierung* haben Einfluß auf die Wärmeverluste im Kreislauf und bestimmen dessen Ansprechgeschwindigkeit. Anzustreben sind daher kleine, aber ausreichend bemessene Rohrdurchmesser (abhängig von Wärmeträgerdurchfluß und -strömungsgeschwindigkeit), kurze Wege und gute Dämmung aller Leitungsteile im Kreislauf.
- Die *Regelungsstrategie* und die eingestellte Differenz zwischen Einschalt- und Ausschalttemperatur für die Umwälzpumpe sind so zu wählen, daß ein bestmöglicher Energiefluß vom Kollektor zum Speicher gewährleistet ist.
- Die *Pumpe* ist auf die Druck- und Strömungsverhältnisse im Solarkreis (Hydraulik) abzustimmen, so daß möglichst wenig elektrische Energie für ihren Betrieb benötigt wird. Dabei hängt der Druckverlust im Kreislauf vom Wärmeträgerdurchfluß, von der Art und Größe der Wärmetauscher, von Leitungsdurchmesser und -länge, von der Regelungsstrategie sowie von der Art und Anzahl der *weiteren Armaturen* ab.
- Die Größe des *Ausdehnungsgefäßes* wird durch das Volumen der Anlage bestimmt.

Dimensionierungsstrategien

Neben den energietechnischen Gesichtspunkten verdient natürlich auch der ökonomische Aspekt Beachtung. So können bei der Auslegung von Sonnenkollektoranlagen verschiedene Ziele verfolgt bzw. Optimierungen versucht werden. Um die Übersichtlichkeit zu bewahren, wird die folgende Betrachtung auf den Anwendungsfall „konstanter Energiebedarf im Jahresverlauf" (gilt z.B. für die häusliche Warmwasserbereitung, vgl. Abb. 1.21) beschränkt. In Abb. 5.8 sind die verschiedenen Möglichkeiten schematisch dargestellt, und zwar als Gegenüberstellung der Verläufe von Angebot und Nachfrage im Jahresverlauf. Abb. 5.9 zeigt den qualitativen Zusammenhang zwischen solarer Deckungsrate und Systemnutzungsgrad.

- *Strategie maximaler Verbrauchsdeckung*

Eine Möglichkeit ist die Bemessung des Kollektors und der übrigen Anlagenteile mit dem Ziel einer maximalen Verbrauchsdeckung (solare Deckungsrate $D_S > 70\%$). Dazu muß der solare Wärmeertrag auch in den Zeiten mit niedriger Einstrahlung den Nutzenergiebedarf decken, was bei Brauchwasseranlagen (und erst recht bei der solaren Heizung) zu sehr großen Kollektorflächen mit entsprechend großen Speichervolumina führt und hohe Energieüberschüsse (d.h. Verluste) in den Sommermonaten zur Folge hat. Solche Anlagen erzeugen natürlich viel Wärme, sie sind jedoch aufwendig und teuer, wegen der ungenutzten Überschüsse verschwenderisch und damit nicht wirtschaftlich. Sie sind in gewisser Weise vergleichbar mit einem 120 PS-PKW, der auf dem täglichen Weg zur Arbeit vorwiegend im Stau gefahren wird.

- *Strategie des optimierten Kollektorertrages*

Eine andere Philosophie der Anlagenplanung verfolgt umgekehrt das Ziel der Optimierung des spezifischen Kollektorertrages, um die geerntete Solarenergie so preiswert wie möglich zu halten und so

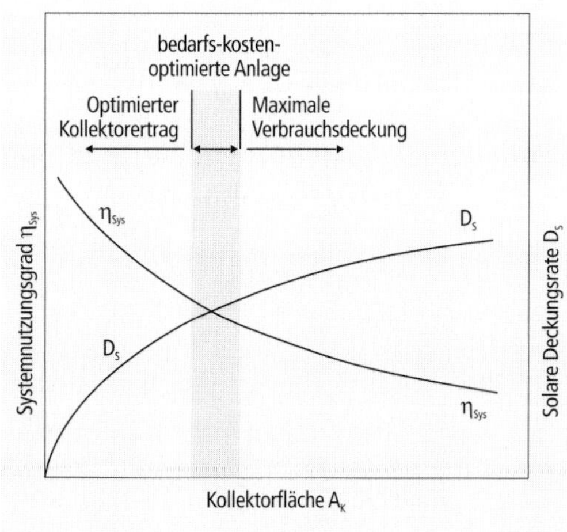

5.9
Qualitativer Verlauf von solarer Deckungsrate D_S und Systemnutzungsgrad η_{Sys} in Abhängigkeit von der Kollektorfläche A_K.

ggf. mit anderen Energieträgern kostenmäßig zu konkurrieren (solare Deckungsrate $D_S < 40\%$). Dies gelingt dann am besten, wenn stets die gesamte vom Kollektor erzeugte Energie genutzt wird, also keine Überschüsse entstehen. Defizite im Angebot müssen durch Fremdenergie ausgeglichen werden. In der Tendenz führt dies zu relativ kleinen Kollektorflächen und Speichervolumina, also preiswerten Anlagen. Die Temperaturen im Kollektorkreis bleiben dabei relativ niedrig, die Folge ist ein hoher Kollektorwirkungsgrad und damit ein sehr wirtschaftlicher Betrieb. Dieses Konzept ist interessant und wird angewendet bei großen Solaranlagen, die z.B. bei der Brauchwasserbereitung in Mehrfamilienhäusern (Mietwohnungsbau) oder in solaren Nahwärmesystemen eine gewisse Grundlast decken sollen (sog. Vorwärmanlagen).

• *Die bedarfs-kostenoptimierte Anlage*

Die (bedarfs-kosten-)optimierte Anlage ist ein Kompromiß aus diesen beiden Philosophien: die Größe der Kollektorfläche und der übrigen Anlagenteile wird so gewählt, daß ein möglichst großer solarer Energiegewinn bzw. ein optimaler energetischer Nutzen einerseits bei möglichst niedrigen Kosten andererseits erzielt wird (solare Deckungsrate $40\% < D_S < 60\%$). Das wirtschaftliche Optimum ist erreicht, wenn die gesamten jährlichen Kosten (Kapital- und Betriebskosten) zur Bereitstellung der Nutzwärme minimal sind. In die Optimierungsrechnung gehen folgende Faktoren ein:

- der Wärmebedarf und das Strahlungsangebot,
- der Kollektorertrag (klima- und bauartabhängig),
- die Kollektorkosten (bauart- und herstellerabhängig),
- die Systemkosten für Speicher, Steuerung usw.,
- die jährlichen Kosten für Unterhalt und Betrieb und
- die ökonomischen Eckdaten wie Kapitalzins, Amortisationszeit, Lebensdauer usw.

In der Praxis kommt für häusliche Brauchwasseranlagen zumeist das Prinzip der bedarfs-kostenoptimierten Auslegung zur Anwendung. Da das Optimum bei kleineren Anlagen nicht sehr scharf ausgeprägt ist, kann in diesen Fällen auf eine genauere Rechnung verzichtet werden.

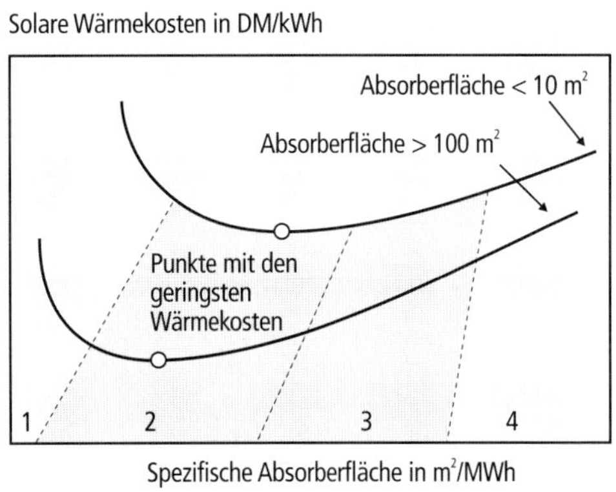

5.10
Folgen unterschiedlicher Dimensionierungsstrategien auf die solaren Wärmekosten. Das Optimum stellt die bedarfs-/kostenoptimierte Anlage dar /74/.

Gebiet 1: Hoher spezifischer Ertrag bei geringem Dekkungsgrad führt zu hohen Wärmekosten.

Gebiet 2: Mittlerer spezifischer Ertrag bei mittlerem Deckungsgrad führt zu optimal niedrigen Wärmekosten.

Gebiet 3: Sinkender spezifischer Ertrag und steigender Deckungsgrad bringen steigende Wärmekosten.

Gebiet 4: Niedriger spezifischer Ertrag bei hohem Dekkungsgrad bringt hohe Wärmekosten.

5.3 Dimensionierung von Anlagen zur Schwimmbadbeheizung

Unter Schwimmbädern werden im folgenden Freibäder – sowohl öffentliche als auch private – verstanden. Bei dieser Anwendung stimmen Solarenergie-Angebot und Wärme-Nachfrage in geradezu idealer Weise überein, so daß für die Wärmeproduktion einfache Absorber wie in Kapitel 2.3.1 beschrieben ausreichen.

Bedarf

Der Wärmebedarf zur Beheizung eines Freibades hängt ganz entscheidend von der gewünschten Wassertemperatur und der Umgebungstemperatur ab. Je größer die Temperaturdifferenz zwischen Wasser und Luft, desto größer der Wärmebedarf. Nehmen wir an, das Wasser hat die gewünschte Temperatur von 23°C. Um diese Temperatur zu halten, müssen folgende Wärmeverluste ausgeglichen werden:

- Die *Verdunstung an der Oberfläche* trägt mit weit über 50% zu den Gesamtwärmeverlusten bei; sie ist stark abhängig von der Windgeschwindigkeit.
- Die *Wärmeabstrahlung der Oberfläche* hängt ab von der sogenannten Himmelstemperatur, die an klaren Tagen und besonders in klaren Nächten niedrig ist; entsprechend hoch sind die Verluste durch Abstrahlung unter solchen Bedingungen.
- Die *Konvektion an der Wasseroberfläche* ist ebenfalls stark von den Windverhältnissen beeinflußt; die Wärmeverluste liegen in der gleichen Größenordnung wie die Strahlungsverluste (ca. 17% der Gesamtverluste).
- *Wärmeleitung an der Oberfläche* findet statt, wenn das Beckenwasser wärmer ist als die Umgebungsluft.
- Die *Wärmeleitung an das umgebende Erdreich* ist meist vernachlässigbar gering, da die Temperaturen im Becken nicht sehr stark schwanken und das umgebende Erdreich daher in etwa die gleiche Temperatur annimmt.

Daneben muß kontinuierlich Frischwasser zugeführt werden, um die Wasserverluste durch Filterrückspülung und Schwallwasser zu ersetzen. Der Wärmebedarf für dessen Erwärmung auf Beckenwassertemperatur ist zu den Wärmeverlusten hinzuzurechnen.
Grundsätzlich sollte jeder Schwimmbad-Betreiber bestrebt sein, die genannten Verluste zu minimieren. Neben der Optimierung der technischen Anlagen (möglichst geringer Frischwasserbedarf) leistet eine Beckenabdeckung bei Nichtgebrauch wertvolle Dienste, denn sie reduziert ganz erheblich sowohl die Verdunstungsverluste als auch die Strahlungs- und Konvektionsverluste an der Beckenoberfläche. Insgesamt können die Wärmeverluste gegenüber offenen Becken halbiert werden, so daß der Heizenergiebedarf je nach Beckenwassertemperatur zum Teil um mehr als die Hälfte verringert werden kann (je geringer die Wassertemperatur desto größer die Einsparungen) /8/.
Tabelle 5.3 verdeutlicht die Verhältnisse: Der Wärmebedarf steigt mit zunehmender Beckenwassertemperatur überproportional an. Untersuchungen in

Wärmebedarf eines Freibades

Beckenwasser-temperatur in °C	Wärmebedarf in kWh pro m² Beckenoberfläche
23°C konstant	350 - 500 kWh/m²
28°C konstant	1.000 - 1.400 kWh/m²
schwankend	150 - 450 kWh/m²

Tabelle 5.3: Wärmebedarf eines Freibades während einer Badesaison (15. Mai – 15. September, ca. 130 Tage) am Standort Hannover /22/.
Die unteren Werte sind mit Beckenabdeckung, die oberen ohne und an windigen Standorten. Wenn die Werte darüber liegen, so sollte das Bad unbedingt überprüft werden (z.B. auf Leckagen).

verschiedenen Forschungsprojekten in den 80er Jahren haben ergeben, daß witterungsbedingt schwankende Beckenwassertemperaturen so gut wie keinen Einfluß auf die Besucherzahl und die Benutzung eines Freibads haben.
Neben den Wärmeverlusten gibt es auch Wärmegewinne:

- Die *Sonneneinstrahlung* in das Schwimmbecken trägt am meisten zur Wasserwärmung bei.
- Die *Abwärme der Pumpen*: Für die DIN-gerechte Umwälzung des Beckenwassers zur Filterung (Reinigung) werden pro Badesaison und m²-Beckenoberfläche ca. 50 bis 100 kWh elektrische Antriebsenergie für die Pumpen benötigt; ein Teil davon wird in Wärme umgewandelt und an das Beckenwasser abgegeben. Diese Energie muß auf jedem Fall in der Energiebilanz Berücksichtigung finden.
- Die *Wärmeabgabe der Schwimmer* trägt je nach Aktivität mit 100 bis 400 W Wärmeleistung pro Schwimmer bei.
- *Wärmeleitung* aus der Umgebungsluft trägt nur dann bei, wenn die Luft wärmer ist als das Beckenwasser. Sie spielt in der Energiebilanz eine untergeordnete Rolle.

Die Differenz zwischen den Wärmeverlusten und -gewinnen muß durch die Wärmeerzeugungsanlage zur Verfügung gestellt werden. Die Größenordnungen für diesen Wärmebedarf können Tabelle 5.3 entnommen werden.

Bemessung der Absorberfläche

Als Bezugsgröße für die Dimensionierung der Kollektorfläche dient die Beckenoberfläche. Langjährige Erfahrung mit der Beheizung von Freibädern durch Solaranlagen haben zu folgender Empfehlung geführt.

- *Ein Freibad läßt sich ausreichend temperieren, wenn die Absorberfläche das 0,5- bis 0,8-fache der Wasseroberfläche beträgt.*

Der untere Wert gilt für geschützte Lagen (wenig Wind) bei geringem Frischwasserbedarf, schwankenden Beckenwassertemperaturen und/oder Beckenabdeckung. Wenn eine relativ hohe Mindesttemperatur gefordert wird (dauernd mehr als 23°C), ist eine größere Fläche erforderlich. Werden Mindesttemperaturen von deutlich über 25°C im Dauerbetrieb gefordert, ist zu prüfen, ob einfache Absorber noch einen ausreichenden Wirkungsgrad bringen. Denn mit zunehmender Temperatur sinkt der Wirkungsgrad eines Absorbers drastisch: Für den Standort Hannover und 28°C Wassertemperatur beispielsweise wurde ein mittlerer Wirkungsgrad (über eine Badesaison) von 27% ermittelt, bei 23°C werden dagegen rund 45% erreicht /22/.
Die optimale Neigung für den Nutzungszeitraum Mai bis September und Südausrichtung liegt bei 20 bis 35°. Allerdings ist der Energieertrag bei horizontaler „Aufstellung" nur unwesentlich geringer, so daß keine Vergrößerung der Kollektorfläche notwendig wird. Oft ist das waagerechte Auslegen z.B. auf Flachdächern oder auch ebenerdig am einfachsten zu realisieren.
Der Energieertrag eines Absorbers während einer Badesaison (ca. 130 Tage zwischen Mitte Mai und Mitte September) liegt bei 200 bis 300 kWh/m², sofern keine außergewöhnlichen Anforderungen zu erfüllen sind.

Die genannten Richtwerte können bei größeren Bädern eine detaillierte Auslegungsberechnung nicht ersetzen, die heute in der Regel mit Computer-Programmen durchgeführt wird (vgl. Kap. 5.6).

Bemessung weiterer Komponenten

Neben der Kollektorfläche muß bei Solaranlagen zur Schwimmbadwassererwärmung noch die Umwälzpumpe dimensioniert werden. Ihre Größe richtet sich nach den hydraulischen Verhältnissen im System, insbesondere im Absorber. Sie kann um so kleiner bemessen werden, je größer die Strömungsquerschnitte sind. Optimale Strömungsverhältnisse werden eher mit schmalen, langen Absorberstreifen erreicht als mit kurzen, breiten Absorbern. Der Durchfluß sollte im Bereich 60 bis 100 l/m²·h (bezogen auf die Absorberfläche) liegen.

Weitere Details der hydraulischen Berechnung würden den Rahmen dieses Buches sprengen; die Auslegung sollte ohnehin einem Fachingenieur übertragen werden.

5.4 Dimensionierung von Anlagen zur Trinkwassererwärmung

Ermittlung des Energiebedarfs für Warmwasser

Um die Energieerzeugung am Bedarf orientieren zu können, gilt es zunächst, den Warmwasserverbrauch für die Anwendung und den dafür notwendigen Energieeinsatz zu ermitteln. Dies geschieht im Idealfall durch eine Verbrauchsmessung über einen längeren Zeitraum, was für kleinere Anwendungen (Einfamilienhäuser) oft zu aufwendig ist. Tabelle 5.4 gibt daher Richtwerte für Wasserverbrauch und -temperaturen sowie für den Energiebedarf der häufigsten Anwendungen im Haushalt.

Wie die Zahlenwerte zeigen, ist der Verbrauch sehr stark von individuellen Gewohnheiten abhängig. Wer viel warmes Wasser verbraucht, häufig Besuch hat oder aus anderen Gründen bei der Verbrauchsbemessung unsicher ist, wird eher die Obergrenzen als Zahlenwerte einsetzen. Kann umgekehrt ein flexibles, am Solarangebot orientiertes Verbraucherverhalten unterstellt werden, sollten die in Tabelle 5.5 genannten unteren Wasser- bzw. Energieverbräuche für die weitere Rechnung verwendet werden.

Werte für den tatsächlichen Energiebedarf Q_N der Warmwasserbereitung in Wohnhäusern sind ebenfalls Tabelle 5.5 zu entnehmen. Hier sind neben den individuellen Gewohnheiten die sehr unterschiedlichen Standards häuslicher Warmwasser-Verteilungssysteme berücksichtigt. Besonders in älteren Häusern erscheinen die bestehenden Rohrsysteme heute in sehr vielen Fällen als verbesserungsbedürftig: überdimensionierte Leitungsquerschnitte, ungenügende Wärmedämmstärken und eine Zirkulation im Dauerbetrieb können - wie die Zahlen in Tabelle 5.5 zeigen - den Energiebedarf für die Warmwasserbereitung auf ein Vielfaches des Nutzwärmeverbrauches treiben.

Oft lohnt es sich daher, beim Einbau einer Sonnenkollektoranlage auch das Warmwasser-Verteilungssystem wärmetechnisch zu verbessern bzw. zu erneuern. Auf die energiezehrende Zirkulation kann in Ein- und Zweifamilienhäusern – nicht zu lange

Tabelle 5.4: Anhaltswerte für den Warmwasserverbrauch im Haushalt.

Warmwasserverbrauch im Haushalt

Bedarfsfall	Verbrauch in Liter	Temperatur in °C	Energiebedarf in kWh bei ca. 10°C Kaltwassertemp.
Körperpflege			
1 x Hände (Gesicht) waschen	2 - 5	37	0,06 - 0,16
1 x Zähne putzen	1 - 2	37	0,03 - 0,06
1 x Haare waschen	10 - 20	37	0,3 - 0,6
1 x Fußbad	25	40	0,9
1 x Duschen	30 - 50	37	0,9 - 1,5
1 x Vollbad	100 - 200	40	3,5 - 7
1 x Kinderbad	30 - 50	37	0,9 - 1,5
Haushalt			
1 x Geschirr spülen (Hand)	10 - 15	45	0,4 - 0,6
1 x Geschirrspüler	20 - 25	50 - 65	0,9 - 1,6
1 x Waschmaschine	20 - 40	30 - 60	0,5 - 2,3
1 x Hausputz (3 Eimer)	30	35	0,9

Wege zwischen Speicher und Verbraucher sowie sehr gut gedämmte Rohrleitungen vorausgesetzt – ganz verzichtet werden; wenn nicht, sollte die Zirkulation mittels Schaltuhr zumindest auf wenige Betriebsstunden am Tag beschränkt werden.
Im gewerblichen Bereich oder bei anderen Nutzungen sollte zur Bedarfsermittlung der Warmwasserverbrauch z.B. mit Warmwasserzählern gemessen werden. Außerdem verdient die zeitliche Verbrauchsstruktur hier besondere Beachtung (z.B. hohe Verbrauchsspitze am Morgen in Beherbergungsbetrieben). Inzwischen gibt es zur Planung von Objekten mit außergewöhnlicher Nutzungsstruktur für Fachingenieure sehr brauchbare Unterlagen /62/, /68/.

Tabelle 5.5
Bei der Ermittlung des Energiebedarfes für die Warmwasserbereitung ist neben dem Warmwasserverbrauch auch der Zustand des Warmwasserverteilungssystems zu berücksichtigen.

Warmwasser- und Energiebedarf (pro Person) bei Trinkwassererwärmungsanlagen

Verbrauch / Bedarf		**niedrig**	**mittel**	**hoch**
Warmwasserverbrauch bei 45°C /67/		35 - 50 l/d	50 – 70 l/d	70 – 115 l/d
Nutzwärmebedarf bei 12°C Kaltwassertemperatur		1,3 - 1,9 kWh/d	1,9 - 2,7 kWh/d	2,7 – 4,4 kWh/d
Objekt	**Technik**	**Wärmebedarf für Warmwasserbereitung**		
Einfamilienhaus	gut	1,3 - 1,8 kWh/d	1,8 - 2,5 kWh/d	2,5 - 6,2 kWh/d
mit Einzelentn.	schlecht	1,7 - 3,0 kWh/d	3,0 - 4,5 kWh/d	4,5 - 7,5 kWh/d
Einfamilienhaus	gut	1,7 - 3,0 kWh/d	3,0 - 4,5 kWh/d	4,5 - 7,5 kWh/d
mit Zirkulation	schlecht	2,3 - 4,2 kWh/d	4,2 - 7,0 kWh/d	7,0 - 10,0 kWh/d
Mehrfamilienhaus	gut	1,3 - 1,7 kWh/d	1,7 - 3,0 kWh/d	3,0 - 5,8 kWh/d
8-16 Wohnungen	schlecht	1,7 - 2,2 kWh/d	2,2 - 3,6 kWh/d	3,6 - 6,5 kWh/d

Gute Technik heißt:
kurze Leitungen, gute Isolierung, ohne Zirkulation oder mit Zirkulationsunterbrechung, Warmwassertemperatur unter 60°C.

Schlechte Technik heißt:
lange Leitungen, schlechte Isolierung, zu große Rohre, keine Zirkulationsunterbrechung.

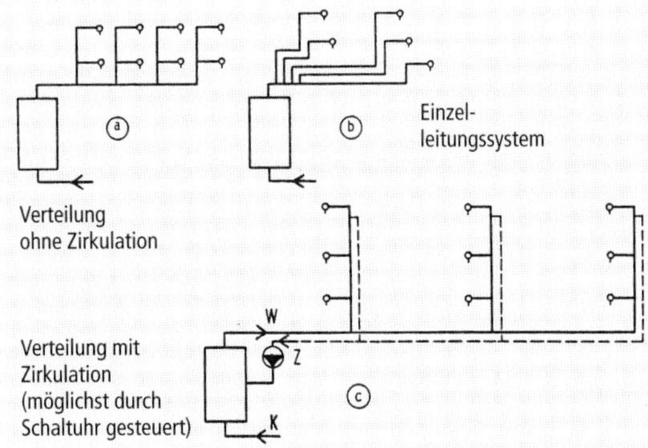

Im Zuge der Bedarfsermittlung sollte auch geprüft werden, ob die Möglichkeiten, Trinkwasser einzusparen, bereits konsequent genutzt werden. So kann der Einbau guter Mischbatterien an Waschbecken und Badewanne und durchflußbegrenzender Ventile an den Zapfstellen dafür sorgen, daß beim Aufdrehen des Wasserhahns nicht mehr Wasser fließt als nötig. Ebenso gibt es wassersparende Brauseköpfe für die Dusche, die durch feine Verteilung des Wassers bei gleichem Komfort weniger Wasser verbrauchen. Solche Maßnahmen wirken auf mehreren Ebenen: ein geringerer Trinkwasserverbrauch bringt nicht nur niedrigeren Energiebedarf, sondern auch eine kleinere Solaranlage und niedrigere Kosten.

Wärmebedarf der „Familie Sonne“
Für die folgenden Beispielrechnungen wird angenommen, daß eine 4-köpfige Familie – wir nennen sie im folgenden „Familie Sonne“ – für die Wassererwärmung 9,3 kWh pro Tag an Nutzenergie verbraucht. Das entspricht einem Warmwasser-Verbrauch von 50 l pro Tag und Person bei 50°C Zapfstellentemperatur und 10°C Kaltwassertemperatur. Pro Jahr braucht Familie Sonne also ca. 3.400 kWh Nutzenergie für die Erwärmung von rund 73.000 l Trinkwasser – in Deutschland ein eher geringer Verbrauch!

Ermittlung des Kollektor-Bruttowärmeertrages

Nachdem der Warmwasserbedarf bzw. die an den Verbraucher zu liefernde Nutzenergie Q_N ermittelt ist, ist es für die Dimensionierung des Kollektorfelds sinnvoll zu wissen, welchen Wärmeertrag der Kollektor bzw. das Kollektorfeld liefern muß. Die vom Kollektor zu liefernde Energie hängt neben dem Nutzenergiebedarf auch von folgenden Faktoren ab:

- *Solare Deckungsrate*: Die Überlegungen in Kapitel 5.2 haben gezeigt, daß eine mehr oder weniger vollständige Bedarfsdeckung durch die

Solaranlage nicht sinnvoll ist. Ein optimales Kosten-Nutzen-Verhältnis wird bei solaren Dekkungsraten zwischen 40 und 60% erreicht, wie sich in der Praxis gezeigt hat.
Für unsere 4-köpfige Familie Sonne mit einem Jahresverbrauch von 3.400 kWh muß die Solaranlage 1.700 kWh zu diesem Bedarf beitragen (bei 50% solarer Deckungsrate).

- *Wärmeverluste im System*: Das Kollektorfeld selbst muß mehr als diese 1.700 kWh liefern, da zwischen Kollektor und Entnahmestellen (Verbrauchern) Wärmeverluste auftreten.
- Die *Kollektorkreisverluste* hängen im wesentlichen von der Länge der Rohrleitungen sowie von der Qualität der Rohrdämmung ab. Günstig sind kurze Leitungswege und große Dämmstärken (vgl. Tabelle 3.11 und 3.12). In Abhängigkeit von der Rohrlänge sowie der täglichen Betriebszeit können die Kollektorkreisverluste mit Abb. 5.11 abgeschätzt werden. Sie liegen bei 10 bis 20% des Kollektor-Bruttowärmeertrags. Verluste von über 20% deuten auf ungünstige Rohrführung und vor allem auf unzureichende Dämmung der Rohrleitungen hin.
In unserem Beispiel betragen die Kollektorkreisverluste 250 kWh pro Jahr, das sind 11% des Kollektorertrags von 2.250 kWh pro Jahr (vgl. Abb. 5.7).
- Auf die *Speicherwärmeverluste* wurde in Kapitel 3.1.1 eingegangen. Sie können in Abhängigkeit vom k·A-Wert des Speichers, der den Herstellerunterlagen zu entnehmen ist, mit Hilfe von Abb. 5.12 bestimmt werden. In unserem Beispiel betragen sie insgesamt 600 kWh pro Jahr. Da die Solaranlage 50% des Energieeintrags in den Speicher liefert, werden von den Gesamtwärmeverlusten nur 50% der Solaranlage zugeschlagen, in unserem Beispiel also 300 kWh entsprechend 13% vom Kollektorertrag.
- Weitere Verluste kommen hinzu bei Verwendung einer *Brauchwasserzirkulation* (vgl. Kap. 3.3). Da im Einfamilienhausbereich eine Brauchwasserzirkulation in der Regel nicht eingesetzt wird und aus ökonomischen wie ökologischen Gründen von ihrem Einsatz abzuraten ist, wird davon ausgegangen, daß keine Brauchwasserzirkulation existiert und somit auch keine zusätzlichen Wärmeverluste entstehen.

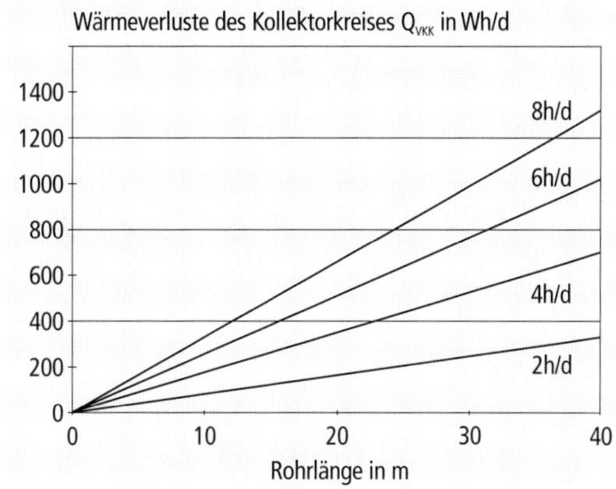

5.11 (oben)
Wärmeverluste des Kollektorkreislaufs Q_{VKK} in Abhängigkeit von der Gesamtlänge der Kollektorkreisrohrleitung und der täglichen Betriebszeit der Kollektorkreispumpe. Angenommen ist dabei eine typische Rohrleitung für eine kleine Solaranlage im Einfamilienhausbereich mit einem Durchmesser DN 15 bis 18 und einer etwas besseren Dämmung als nach Heizungsanlagenverordnung (λ-Wert = 0,17 W/mK, vgl. Tab. 3.13). Die mittlere Temperaturdifferenz zwischen der Solarflüssigkeit in den Rohrleitungen und der Umgebung (Raumtemperatur) beträgt 25°C. Bei allen anderen Armaturen und Bauteilen im Kollektorkreis wird zur Vereinfachung der gleiche k-Wert angenommen.

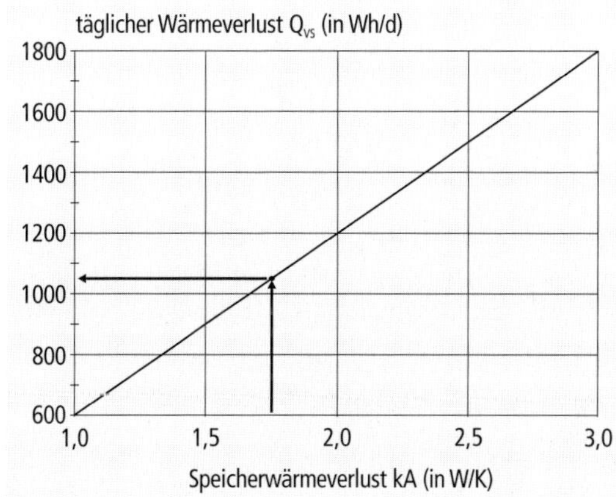

5.12
Tägliche Wärmeverluste des Speichers Q_{VSp} in Abhängigkeit vom k·A-Wert. Die mittlere Temperaturdifferenz zwischen Speicherinnentemperatur und –außentemperatur ist mit 25°C angenommen /57/.

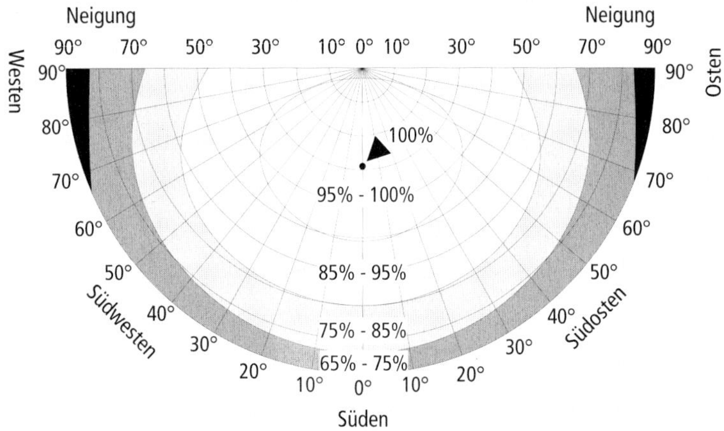

5.13
Einfluß des Neigungs- und Azimutwinkels auf die relative Einstrahlung bzw. den Kollektorertrag /34/.

Tabelle 5.6:
Korrekturfaktoren f_{na} zur Berücksichtigung verschiedener Neigungswinkel und Ausrichtungen einer Empfangsfläche für solare Einstrahlung, z.B. eines Kollektors. Die Faktoren dienen zur Umrechnung von der Globalstrahlung auf die entsprechend ausgerichtete Fläche /69/.

Korrekturfaktoren für Neigung und Orientierung

		Kollektorneigungswinkel n				
Winkelabweichung aus Süd	**a**	0° horizontal	30°	45°	60°	90° vertikal
Süd	0°	1	1,16	1,14	1,08	0,82
	22,5°	1	1,14	1,14	1,09	0,84
Südost/Südwest	45°	1	1,10	1,09	1,05	0,85
	67,5°	1	1,04	1,03	0,99	0,82
Ost/West	90°	1	0,90	0,96	0,93	0,78

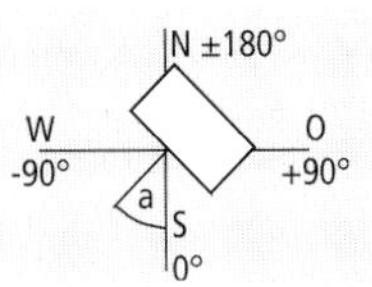

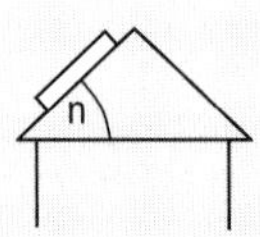

Im Beispiel wird der Bruttowärmeertrag des Kollektorfelds folgendermaßen berechnet:

Bedarf an Warmwasser pro Jahr Q_N	3400 kWh/a
· solarer Deckungsgrad D_S	0,5 (50 %)
= solarer Nettoertrag Q_{SN}	1700 kWh/a
+ Wärmeverluste der Speichers Q_{VSp}	300 kWh/a
+ Kollektorkreisverluste Q_{VKK}	250 kWh/a
= Bruttoertrag d. Kollektorfelds Q_{SK}	**2250 kWh/a**

Um 50% des Bedarfs der Familie Sonne bereitzustellen, muß das Kollektorfeld einen Jahresertrag von 2.250 kWh liefern (vgl. Abb. 5.7).

Ermittlung des solaren Strahlungsangebotes am Kollektor

Grundlegende Informationen zum Strahlungsangebot der Sonne finden sich bereits in Kapitel 1. Nun gilt es, das Solarstrahlungsangebot auf eben den Kollektor am Standort umzurechnen. Dabei spielen eine Rolle:

- der Ort der Aufstellung (klimatische Verhältnisse),
- der Neigungswinkel und die Ausrichtung des Kollektors (bauliche Verhältnisse),
- eventuelle Verschattungen durch umliegende Häuser, Bäume usw.

Daten zur *solaren Einstrahlung* liegen für viele Orte Europas in sehr guter Auflösung vor /12/. Für Deutschland gibt es solche Daten für verschiedene Klimazonen sogar mit einer zeitlichen Auflösung von bis zu einer Stunde, die sogenannten Testreferenzjahre (vgl. Kap. 1). Eine Übersicht über die Einstrahlung auf horizontale Flächen gibt Abb. 1.10. Für einige Orte Deutschlands und Europas sind genauere Zahlenwerte in Anhang 1 angegeben. Der Einfluß von *Neigung und Orientierung* auf den Ertrag wird meist überschätzt. In einem relativ großen Bereich sind die Einbußen durch Abweichungen von der Idealposition relativ klein (s. Abb. 5.13 sowie 1.12 bis 1.14). Die *Korrekturfaktoren* für

Neigung und Orientierung gemäß Tabelle 5.6 werden dazu verwendet, um die für waagerechte Flächen gemessene bzw. angegebene Einstrahlung auf die tatsächlich empfangene Einstrahlung in Kollektorebene umzurechnen. Die Korrekturfaktoren gelten mit hinreichender Genauigkeit für Deutschland, so daß die Einstrahlung auf eine geneigte Fläche aus der Globalstrahlung in der Deutschlandkarte (Abb. 1.10) leicht errechnet werden kann.
Beispiel: Auf ein um 45° geneigtes Dach, das nach Südosten zeigt, trifft am Standort Köln (950 kWh/m²·a) eine jährliche Einstrahlung von 950 · 1,09 = 1035 kWh/m²·a.

Ist eine *Verschattung* durch Gebäude, Bäume etc. zu erwarten, empfiehlt sich eine genauere Standortanalyse. Die Ermittlung der Schattenlänge ist in Abb. 1.15 erläutert. Mit Hilfe eines Sonnenbahn-Analysators und eines Sonnenstandsdiagramms können die Auswirkungen des Schattenwurfs von Objekten im Jahresverlauf ermittelt werden (Abb. 5.14). Sofern größere Schattenflächen im Sonnenstandsdiagramm auftreten, muß eine Korrektur der Einstrahlung erfolgen oder – in ungünstigen Fällen – ein neuer Standort gesucht werden.

Beispielrechnung
Für Familie Sonne (9,3 kWh/d Nutzwärmebedarf) soll am Standort Würzburg (Einstrahlung ca. 1100 kWh/m²·a auf die Horizontale) die für 50% solare Deckungsrate notwendige Kollektorfläche ermittelt werden. Der Kollektor bzw. die Kollektoren sollen in ein verschattungsfreies Hausdach mit Südorientierung und 45° Neigung eingebaut werden.
Die solare Einstrahlung auf diese Empfangsfläche beträgt nach Anhang 1 ca. 1.250 kWh/m²a (vgl. Tab. 5.7). Wird diese spezifische Einstrahlung G_a multipliziert mit der Kollektorfläche A_K, so ergibt sich die Jahressumme der Einstrahlung auf den Kollektor G_S:

$$G_S = G_a \cdot A_K \quad \text{und daraus} \quad A_K = G_S / G_A$$

Bemessung der Kollektorfläche

In der Praxis kommen verschiedene Methoden der Auslegung zur Anwendung. Sie sind im folgenden nach ihrem Detaillierungsgrad gegliedert.

1. *Auslegung mit Hilfe einer Faustformel*

Aufgrund jahrzehntelanger Erfahrung mit Solaranlagen zur Brauchwassererwärmung hat sich für

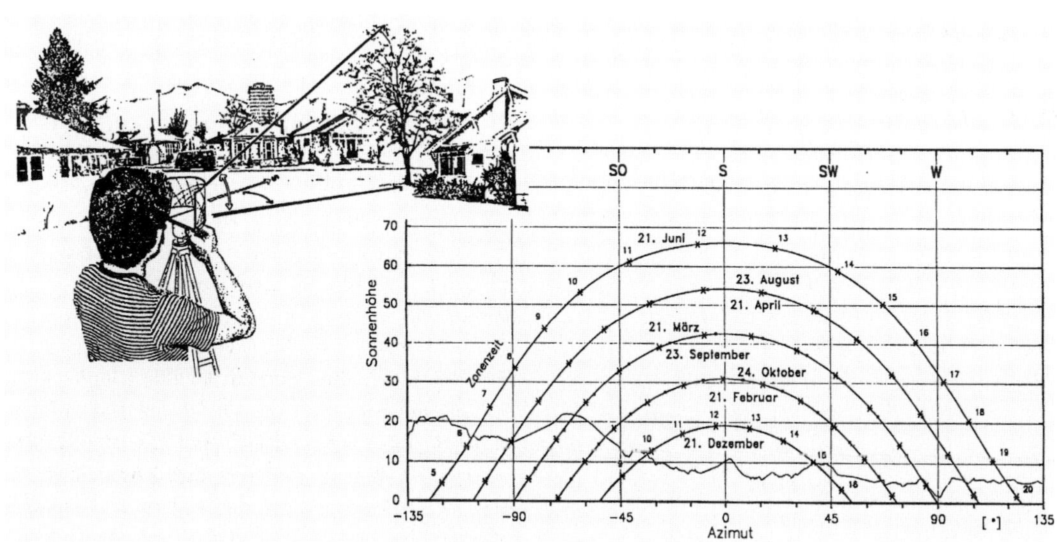

5.14
Zur Ermittlung der Verschattungen durch umliegende Häuser, Bäume, Berge, usw. dient das Sonnenstandsdiagramm, das z.B. mittels Sonnenbahn-Analysator gezeichnet oder aufgenommen werden kann. Die Aufnahme sollte möglichst am geplanten Standort des Kollektors, insbesondere in dessen Höhe gemacht werden. Die Sonnenbahnen im Diagramm gelten dabei immer nur für einen bestimmten Breitengrad (für einen anderen Breitengrad muß eine andere Maske mit geänderten Sonnenbahnen eingesetzt werden). Die eingetragenen Uhrzeiten sind Sonnenzeit.

Kleinanlagen (Einfamilienhausbereich) folgende Faustregel bewährt:

- 1 - 1,5 m² Flach-Kollektorfläche pro Person bzw.
- 0,8 - 1,2 m² Vakuumröhren-Kollektorfläche pro Person.

Diese Faustformel trifft zu bei mittlerem Warmwasserverbrauch und führt zu einer Solaranlage mit 40 bis 60% solare Deckungsrate. Die unteren Werte liefern kleinere solare Deckungsraten bzw. gelten für Kollektoren mit höherem Wirkungsgrad, während die höheren Werte zu größeren solaren Deckungsraten führen.
Selbstverständlich kann eine solche Faustformel nur grobe Richtwerte liefern, bei denen die Qualität des Kollektors, klimatische Unterschiede sowie Abweichungen von der Idealaufstellung des Kollektors weitgehend unberücksichtigt bleiben. Dennoch ist diese Faustregel für eine überschlägige Abschätzung der Kollektorgröße sehr wertvoll.

Angewendet auf die Verhältnisse von Familie Sonne heißt das bei Montage eines Flachkollektors:

A_K = 4 Personen · (1 bis 1,5 m²/Pers.) =
= 4 bis 6 m² Kollektorfläche

2. *Auslegung mit Hilfe eines Nomogramms*

Vielfach stellen Hersteller von Solaranlagen Auslegungsdiagramme, sogenannte Nomogramme, zur Verfügung, die speziell auf den jeweiligen Kollektor bezogen sind. Damit lassen sich schnell und einfach die Kollektorfläche und häufig auch das Speichervolumen bestimmen. In Abb. 5.15 ist ein Beispiel für ein solches Firmen-Nomogramm dargestellt.
Danach ergibt sich für unsere Beispielfamilie (Klimazone II):

A_K = 4,2 m² für einen Kollektor der Fa. Solvis.

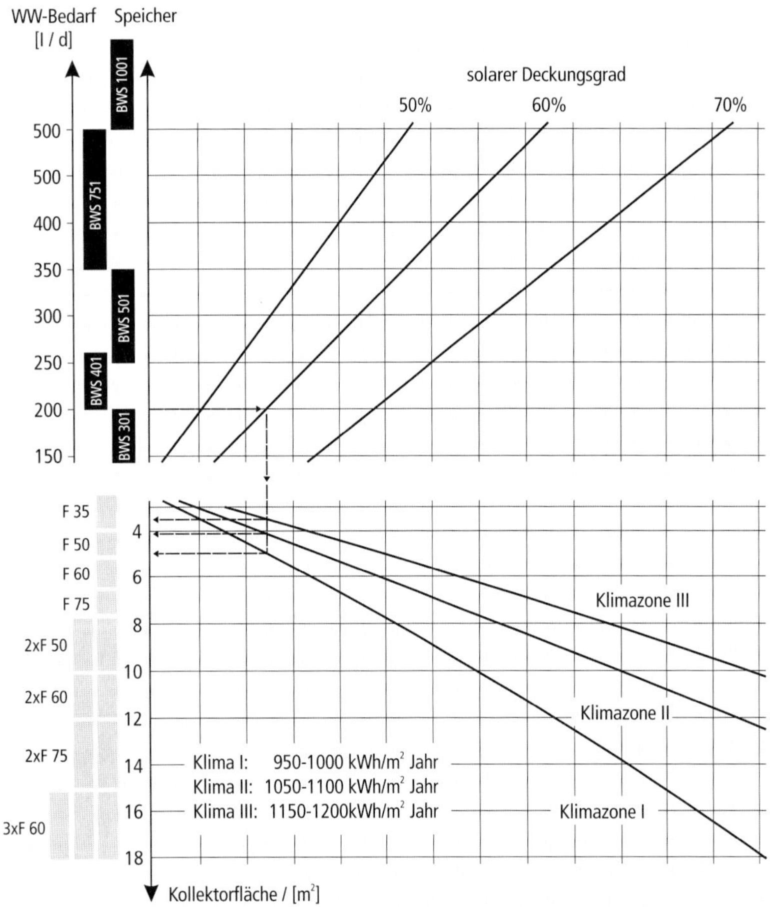

5.15
Beispiel für ein Firmen-Nomogramm zur Bemessung von Kollektor und Speicher für eine Solaranlage zur Trinkwassererwärmung. Ausgehend vom Warmwasserbedarf (45°C) können für verschiedene solare Deckungsraten und verschiedene Klimata (vgl. Abb. 1.10) die Kollektorfläche und das Speichervolumen bestimmt werden. Verschiedene Neigungen und Ausrichtungen werden hier nicht unterschieden, der Idealfall wird angenommen. Die ermittelten Größen gelten nur für die Firmenprodukte (hier: Fa. Solvis) oder für Produkte anderer Firmen mit vergleichbaren Kenndaten /40/.

3. *Auslegung mit Hilfe des Kollektornutzungsgrades*

Nachdem im vorigen Kapitel der Bruttowärmeertrag des Kollektors Q_{SK} ermittelt wurde, kann mit Hilfe der Gleichung für den Kollektornutzungsgrad (s. Kasten Begriffsdefinitionen) die notwendige Kollektorfläche A_K bestimmt werden, sofern die Einstrahlung G_a bekannt ist:

$$\eta_K = Q_{SK} / G_S = Q_{SK} / (G_a \cdot A_K) \quad \text{oder}$$

$$A_K = Q_{SK} / (G_a \cdot \eta_K).$$

Für unser Beispiel wählen wir einen Kollektor mit selektiver Beschichtung und einfacher Abdeckung. Bei 40°C Kollektortemperatur erreichen Kollektoren dieser Art einen Nutzungsgrad von etwa 45% im Jahresmittel bzw. 55% im Sommer (vgl. Abb. 5.5 und Kasten Begriffsdefinitionen). Damit läßt sich die Kollektorfläche folgendermaßen ermitteln:

Bruttowärmeertrag des Kollektors Q_{SK} (siehe Bedarfsermittlung)	2250 kWh/a
/ jährliche spez. Einstrahlung am Standort G_a	1250 kWh/m²a
/ Kollektornutzungsgrad η_K	0,45
= Kollektorfläche A_K	4 m²

4. *Auslegung mit Hilfe des Systemnutzungsgrades für einen Auslegungstag*

Als Auslegungstag für Deutschland wird ein guter Sommertag mit einer Einstrahlung von 5,5 kWh/m²d auf die Waagerechte gewählt. Das entspricht in etwa 7 bis 8 Sonnenscheinstunden mit einer Bestrahlungsstärke von 600 W/m² und 4 bis 5 Stunden mit einer Bestrahlungsstärke von weniger als 200 W/m², die von einem Flachkollektor in der Regel nicht genutzt werden können /70/. An den „besten" Tagen kann die solare Einstrahlung in Deutschland Werte von 7 bis 8 kWh/m²·d erreichen, also etwa den 1,5-fachen Wert des gewählten Auslegungstages (vgl. Abb. 5.6, Fall 3).

Die Kollektorfläche wird nun so bemessen, daß der Energiebedarf am Auslegungstag $Q_{N,d}$ (in unserem Beispiel 9,3 kWh/d) zu 100% durch den solaren Nettoertrag Q_{SN} der Solaranlage gedeckt wird. Die Ermittlung der Kollektorfläche erfolgt über den Systemnutzungsgrad der Solaranlage η_{Sys} (s. Begriffsdefinitionen):

$$\eta_{Sys} = Q_{SN} / G_S.$$

Die solare Einstrahlung G_S auf das gesamte Kollektorfeld ist gleich der spezifischen Einstrahlung des Auslegungstages G_d = 5,5 kWh/m²·d, multipliziert mit der Kollektorfläche A_K. Um eben diese Kollektorfläche mit Hilfe der oben genannten Gleichung zu berechnen, muß der Systemnutzungsgrad η_{Sys} bekannt sein. Er wird von vielen Variablen beeinflußt, z.B. von der Einstrahlung, der Art der Kollektoren (Flach- oder Vakuumröhrenkollektoren), von den Windverhältnissen, von der Länge der Rohrleitungen, von der Qualität der Wärmedämmung, der Größe des Speichers und vor allem von

Tabelle: 5.7:
Ermittlung der erforderlichen Kollektorfläche zur 100%igen Deckung des Warmwasserbedarfs der 4-köpfigen Beispielfamilie in Würzburg mit Hilfe von Monatswerten nach der Gleichung

$$A_K = Q_{N,mon} / (G_{mon} \cdot \eta_{Sys}).$$

Der Systemnutzungsgrad η_{Sys} wird mit 34% als konstant angenommen. Der Warmwasserbedarf wird ebenfalls als konstant über das ganze Jahr angesetzt.

Ermittlung der Kollektorfläche durch Vergleich von Angebot und Bedarf

	spezifische solare Einstrahlung auf eine 30° geneigte süd-orientierte Empfangsfläche am Standort Würzburg in kWh/m²		Warmwasserbedarf $Q_{N,mon}$ der 4-köpfigen Familie in kWh/mon (9,3 kWh/d)	erforderliche Kollektorfläche zur 100%igen Deckung des Bedarfs in m²
	pro Tag (G_d)	pro Monat (G_{mon})		
Januar	1,17	36	288	23,5
Februar	2,19	61	260	12,5
März	3,25	100	288	8,5
April	4,44	133	279	6,2
Mai	5,11	158	288	5,4
Juni	5,44	163	279	5
Juli	5,37	166	288	5,1
August	4,8	149	288	5,7
September	4,21	126	279	6,5
Oktober	2,59	80	288	10,5
November	1,29	39	279	21
Dezember	0,98	30	288	28
Summe		**1241**	**3392**	
gewählte Kollektorfläche				**6 m²**

den Temperaturen (Kollektortemperatur, Speichertemperatur, Umgebungstemperaturen). Daher kann der Systemnutzungsgrad einer Solaranlage nur ungefähr angegeben werden, er liegt erfahrungsgemäß zwischen 25 und 40%. Die unteren Werte gelten eher für ungünstige Bedingungen, z.B. hohe Temperaturen und Flachkollektoren, die oberen Werte eher für günstige Betriebsverhältnisse und Vakuumröhrenkollektoren. Als mittlerer Nutzungsgrad wird in die Berechnung ein Wert von 34% eingesetzt (vgl. Abb. 5.5 und Kasten Begriffsdefinitionen). Damit kann die Kollektorfläche für Familie Sonne folgendermaßen ermittelt werden:

Warmwasserbedarf am Auslegungstag $Q_{N,d}$	9,3kWh/d
/ Systemnutzungsgrad η_{Sys}	0,34
/ Einstrahlung am Auslegungstag G_d	5,5 kWh/m²·d
= Kollektorfläche	5 m²

5. Auslegung mit Hilfe des Systemnutzungsgrades und Monatsmittelwerten

Im Unterschied zu der zuvor beschriebenen Methode werden hier nicht Tagesbedarf und Einstrahlung an einem Auslegungstag, sondern der monatliche Warmwasserbedarf (Tagesbedarf · Anzahl der Tage eines Monats) sowie die monatliche Einstrahlung (Tagesmittel der Einstrahlung nach Anhang 1 · Anzahl der Tage eines Monats) in die gleiche Berechnungsformel eingesetzt. Damit läßt sich für jeden Monat eines Jahres diejenige Kollektorfläche ermitteln, mit der eine 100%ige solare Deckung erzielt wird. Gemäß der in Kapitel 5.2 erläuterten Dimensionierungsstrategien kann dann eine sinnvolle Kollektorfläche ausgewählt werden. Diese Methode ist zwar nicht exakter als die zuvor beschriebenen, dafür jedoch sehr anschaulich.
Tabelle 5.7 und Abb. 5.16 zeigen die Ergebnisse der Kollektorflächenermittlung für unser Beispiel anhand von Monatswerten der Einstrahlung. Mit einer Kollektorfläche von 6 m² kann der Warmwasserbedarf der Familie im gesamten Sommerhalbjahr von April bis September nahezu vollständig von der Solaranlage bereitgestellt werden. Rein theoretisch könnte man mit einer Kollektorfläche von 28 m² (Dezemberfläche) den Warmwasserbedarf sogar ganzjährig solar decken!

An dieser Stelle empfiehlt es sich zu prüfen, wie viele Kollektormodule zum Erreichen der errechneten wirksamen Kollektorfläche benötigt werden und ob diese am Aufstellungsort auch Platz finden!

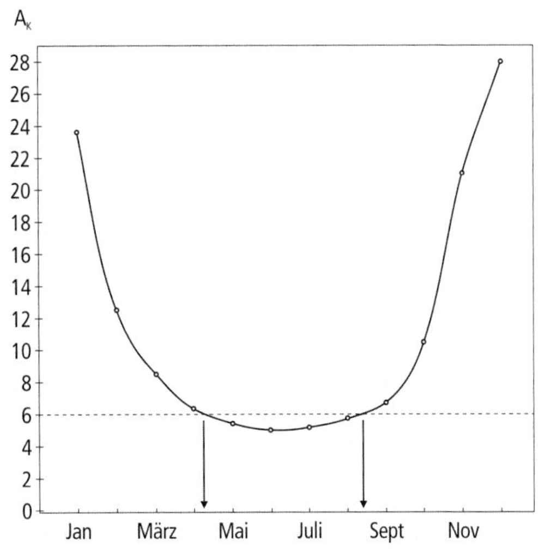

5.16
Die monatlich erforderliche Kollektorfläche zur 100%igen Deckung des Warmwasserbedarfs unserer Beispielfamilie in Würzburg. Mit 6 m² Fläche kann der Bedarf von April bis September nahezu vollständig gedeckt werden.

Bemessung des Speichervolumens

Bereits in Kapitel 3.1 „Wärmespeicher“ wurde gezeigt, daß das sinnvolle Speichervolumen bei dem *1,5 bis 2 fachen des Tagesverbrauchs oder 70 bis 100 Liter pro Person* liegt (vgl. auch Tab. 3.2). Der obere Wert sollte genommen werden, wenn eine höhere solare Deckungsrate von z.B. 60% gewünscht wird, bei geringen Deckungsraten von z.B. 40% der untere Wert. Mit Hilfe folgender Empfehlungen kann das Speichervolumen detaillierter bestimmt werden:

1. Speichervolumen = täglicher Bedarf (in l)
   + 20 bis 50% Zuschlag für Spitzen
   + 20 l pro m² Kollektorfläche

wobei der Zuschlag für Verbrauchsspitzen folgendermaßen von der Anlagengröße abhängt:

5 bis 10 kWh/d	+ 50%
10 bis 15 kWh/d	+ 40%
15 bis 20 kWh/d	+ 30%
20 bis 25 kWh/d	+ 20%

Bezogen auf unser Beispiel heißt das:

täglicher Verbrauch		200 l
+ Zuschlag für Spitzen	$0{,}5 \cdot 200$ l	+ 100 l
+ Kollektorzuschlag		
(4 bis 6 m^2) · 20 l		+ 80 bis 120 l
Speichervolumen gesamt		= 380 bis 420 l

2. Wenn die erforderliche Kollektorfläche A_K bekannt ist, kann das Speichervolumen auch nach folgender Beziehung bestimmt werden (s. Abb. 5.17):
   $V_{Sp} \geq (70 \text{ bis } 100)\ \text{l/m}^2 \cdot A_K$

Die Bandbreite erlaubt es, zu einer handelsüblichen Speichergröße zu kommen. Für Familie Sonne wird ein 400 l-Speicher gewählt.

Zusatzheizung

Welches Volumen durch eine Zusatzheizung (Heizung, Strom) auf dem erforderlichen Temperaturniveau gehalten werden soll und in welcher Höhe im Speicher folglich die Nachheizung angebracht wird, hängt von der Verfügbarkeit der Zusatzenergie ab:

- Bei der *Nachheizung durch den Heizkessel* (8 bis 20 kW Leistung) sollte der Heizungs-Wärmetauscher oben im Speicher so angebracht sein, daß etwa 25 bis 50% des Tagesverbrauches im Speicher auf Temperatur gehalten werden.
- Bei einer *elektrischen Nachheizung* durch einen Heizstab (2 kW Leistung) muß etwa ein ganzer Tagesverbrauch als Bereitschaftsvolumen aufgeheizt werden, so daß der Heizstab im allgemeinen etwa in Speichermitte anzuordnen ist. Die elektrische Nachheizung sollte aus ökologischen und ökonomischen Gründen möglichst vermieden werden.

Energetisch am günstigsten ist die Nachheizung mittels Durchflußwassererwärmer (Gastherme), da in diesem Fall das gesamte Speichervolumen zur Aufnahme von Solarenergie zur Verfügung steht.

Bemessung des Wärmetauschers

Hinweise zur Bemessung des Wärmetauschers wurden bereits in Kap. 3.2.1 gegeben. Seine Größe richtet sich

- in erster Linie nach der zu übertragenden Leistung, die wiederum von der Kollektorfläche abhängt.
- nach der mittleren Temperaturdifferenz zwischen Wärmetauscherein- und –ausgang, die von der Betriebsweise des Systems abhängt. Bei High-Flow-Anlagen sollte sie kleiner als 10 K, bei voller Einstrahlung auf jeden Fall kleiner als 20 K sein. Bei Low-Flow-Anlagen beträgt die mittlere Temperaturdifferenz etwa 20 bis 40 K.

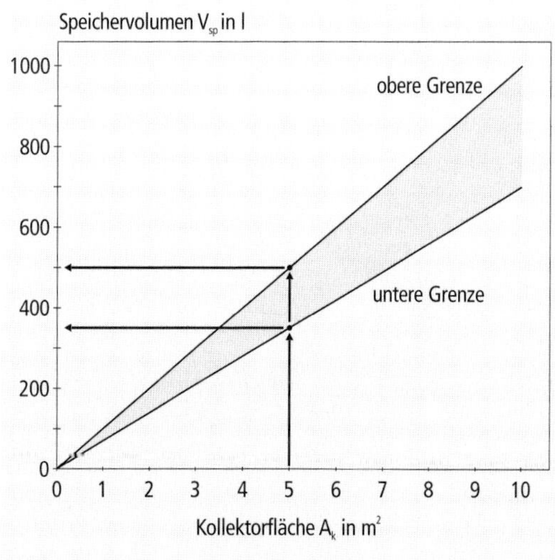

5.17
Bestimmung des Speichervolumens bei bekannter Kollektorfläche. Für das hier eingezeichnete Beispiel eines 5 m^2 großen Kollektors ergibt sich ein Speicher mit einem Volumen zwischen 350 und 500 l.

5.18
Bestimmung der erforderlichen Fläche eines internen Wärmetauschers. Für das hier eingezeichnete Beispiel eines 5 m^2 großen Kollektors ergeben sich Tauscherflächen von 1 m^2 für einen Glattrohr- sowie 1,75 m^2 für einen Rippenrohr-Wärmetauscher.

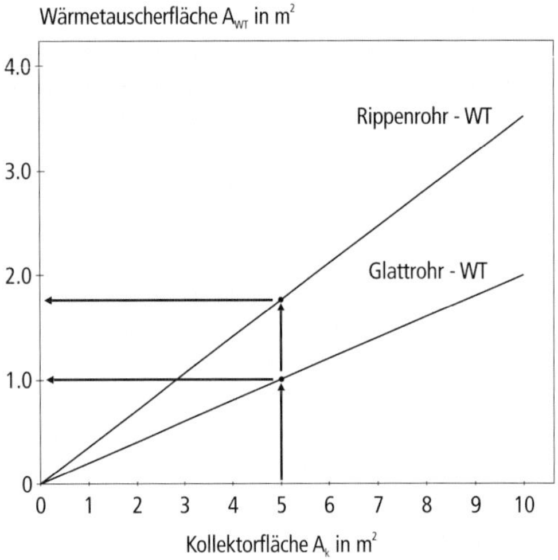

5.19
Qualitativer Zusammenhang zwischen Druckverlust- und Pumpenkennlinie zur Bestimmung der Arbeitspunkte der Pumpe.

Der Druckverlust wird dabei in Pa (Pascal), mbar/bar oder häufig auch in mWS (Meter Wassersäule) angegeben, wobei 1 mWs = 100 mbar = 10 hPa entspricht.
Die meisten Hersteller geben auf den Pumpenkennlinien die Punkte des optimalen Pumpenwirkungsgrades an. Die Druckverlust–Kurve sollte die Pumpenkennlinie möglichst in der Nähe dieser Punkte schneiden.

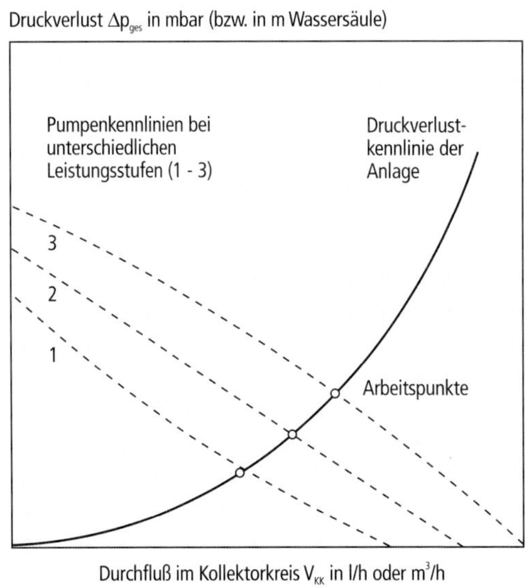

- nach der Glykolkonzentration im Solarkreislauf. Die unten angegebenen Richtwerte beziehen sich auf gebräuchliche Glykolkonzentrationen von etwa 40%.
- nach den Stömungsverhältnissen.
- nach der Bauart des Wärmetauschers.

Der Druckverlust im Wärmetauscher soll klein sein, da er Einfluß auf die erforderliche Pumpenleistung nimmt. Er beträgt in der Regel zwischen 70 und 200 mbar bei einer Strömungsgeschwindigkeit von 0,5 bis 1,5 m/s (Herstellerangaben, Druckverlustdiagramm). In Thermosiphon-Anlagen ist dieser Richtwert viel zu groß; hier sind Werte von 10 mbar Druckverlust bei einem Durchfluß von 10 l/h pro m^2 Kollektorfläche anzustreben.

Externe Wärmetauscher sind nach den Gleichungen aus Kapitel 3.2.1 in Verbindung mit Herstellerangaben zu berechnen.

Interne (eingetauchte) *Wärmetauscher* für Anlagen im „High-Flow"-Betrieb werden nach folgender praxiserprobter Faustregel dimensioniert:

- *Glattrohr-Wärmetauscher:* 0,2 m^2 Tauscherfläche pro m^2 Kollektorfläche
- *Rippenrohr-Wärmetauscher:* 0,35 m^2 Tauscherfläche pro m^2 Kollektorfläche.

In Abb. 5.16 können die Flächen direkt abgelesen werden. Für den Low-Flow-Betrieb können mangels ausreichender Langzeiterfahrung noch keine so einfachen Richtwerte genannt werden.

Bemessung der Rohrleitungen

Da die Rohrleitungen im Kollektorkreis und deren Flüssigkeitsinhalt eine „tote" Speicherkapazität darstellen und obendrein mit Wärmeverlusten behaftet sind, sollte der Rohrdurchmesser nicht unnötig groß gewählt werden. Andererseits sind im Hinblick auf eine niedrige Pumpenleistung gewisse Mindestquerschnitte erforderlich.

Der erforderliche Rohrdurchmesser ist einerseits abhängig von der installierten Kollektorfläche (Begrenzung der Strömungsgeschwindigkeit im Rohr auf 0,5 bis 1 m/s) und von der Gesamtlänge (hin und zurück) der Rohrleitung (Druckverlust in den Leitungen möglichst unter 200 mbar). Die richtige Rohrweite kann Tabelle 3.11 entnommen werden. Die Zusammenhänge zwischen Wärmeverlust, Druckverlust, Strömungsgeschwindigkeit und Rohrdurchmesser sind in Kapitel 3.2.4 erläutert.

Bemessung der Umwälzpumpe

Bei kleinen Anlagen bis etwa 10 m² Kollektorfläche und 50 m Leitungslänge kann eine detaillierte Auslegung der Umwälzpumpe in der Regel entfallen, sofern keine außergewöhnlichen Bauteile mit besonders hohem Strömungswiderstand eingebaut werden. Die gebräuchlichen, drei- oder vierstufigen Heizungsumwälzpumpen (kleinste Leistungsgröße) decken diesen Leistungsbereich gut ab.
Bei größeren Anlagen oder Spezialausführungen ist eine Berechnung des Durchflußwiderstandes im Kreislauf und die Auswahl einer darauf abgestimmten Pumpe unumgänglich. Der Durchflußwiderstand oder Druckverlust ist dabei stark abhängig vom Durchfluß, d.h. vom Gesamtvolumenstrom im Kollektorkreislauf V_{KK}: Je größer der Durchfluß, desto höher die Druckverluste. Abb. 5.19 verdeutlicht die Zusammenhänge qualitativ.

Für Standard-Solaranlagen wird ein Durchfluß von 30 bis 50 l pro h und m² Kollektorfläche, für Low-Flow-Anlagen von 8 bis 15 l/m²·h empfohlen. Durch Multiplikation mit der wirksamen Kollektorfläche ergibt sich der Gesamtdurchfluß: Er beträgt bei 5 m² Kollektorfläche beispielsweise 150 bis 250 l/h bzw. 40 bis 75 l/h bei Low-Flow-Anlagen. Um eine Umwälzpumpe auswählen zu können bzw. um ihren Arbeitspunkt zu ermitteln, muß der Druckverlust im Kollektorkreislauf für diesen Volumenstrom bestimmt werden.

In Abb. 5.20 ist dargestellt, wie sich der Druckverlust Δp_{ges} im Kollektorkreis zusammensetzt:

- $\Delta p_{Kollektor}$
Je nach Verschaltung der Kollektoren miteinander (Serien-, Parallel- oder Serien-Parallel-Schaltung) wird zunächst der Durchfluß durch den einzelnen Kollektor bestimmt. Für den einzelnen Kollektor liefern die Hersteller in der Regel ein Diagramm, aus dem der Strömungswiderstand als Funktion der Durchströmung direkt abgelesen werden kann (Abb. 5.21). Bei der Parallelschaltung entspricht der Druckverlust des Kollektorfelds dem eines Kollektors, bei der Serienschaltung addieren sich die Widerstände. Der gesamte Druckverlust sollte auch in größeren Anlagen (bis 30 m²) einen Maximalwert von 0,1 bis 0,2 bar nicht überschreiten. Dies kann durch eine geschickte Kombination von Serien- und Parallelschaltung sichergestellt werden.

- $\Delta p_{Wärmetauscher}$
Um eine gute Wärmeübertragung von der Flüssigkeit an die Tauscherwand zu gewährleisten (turbulente Strömung), ist eine Strömungsgeschwindigkeit von ca. 1 m/s im Tauscher anzustreben. Der Druckverlust wird wie beim Kollektor aus einem entsprechenden Diagramm des Wärmetauscher-Herstellers ermittelt (Abb. 5.22). Bei großen Kollektorflächen und entsprechend großen Durchflußmengen kann es nötig sein, zwei oder mehrere Wärmetauscher parallel zu schalten.

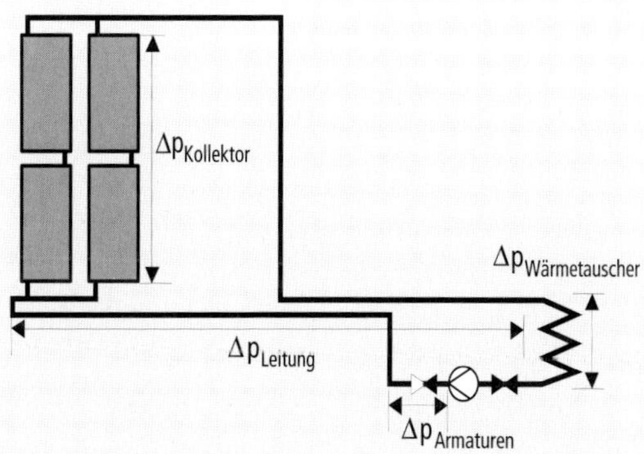

5.20
Schema des Kollektorkreises zur Ermittlung des Gesamtdruckverlustes Δp_{ges} aus dem Druckverlust im Kollektor Δp_K, dem Druckverlust in den Leitungen inkl. aller Armaturen Δp_L und dem Druckverlust im Wärmetauscher Δp_W.

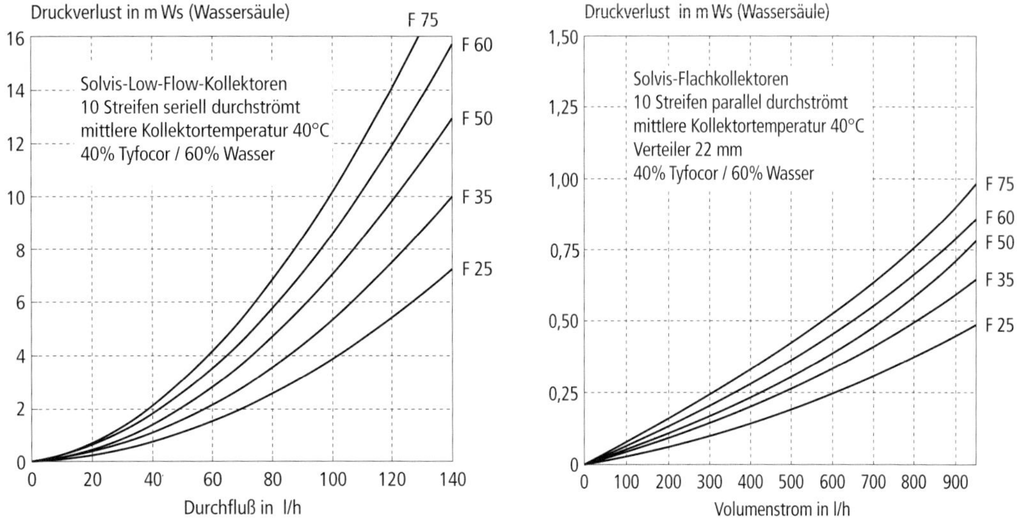

5.21 (oben)
Druckverlust-Diagramme von Flachkollektoren der Firma Solvis mit den Typenbezeichnungen F25 (2,5 m²) bis F75 (7,5 m²).
Im rechten Bild handelt es sich um einen Parallelrohrkollektor („Harfe"), im linken um einen Mäanderkollektor. Letzterer hat einen deutlich höheren Strömungswiderstand und damit bei gleichem Durchfluß einen viel größeren Druckverlust. Daher eignet sich dieser Kollektortyp nur für geringe Durchflüsse, also für „Low-flow" /40/.

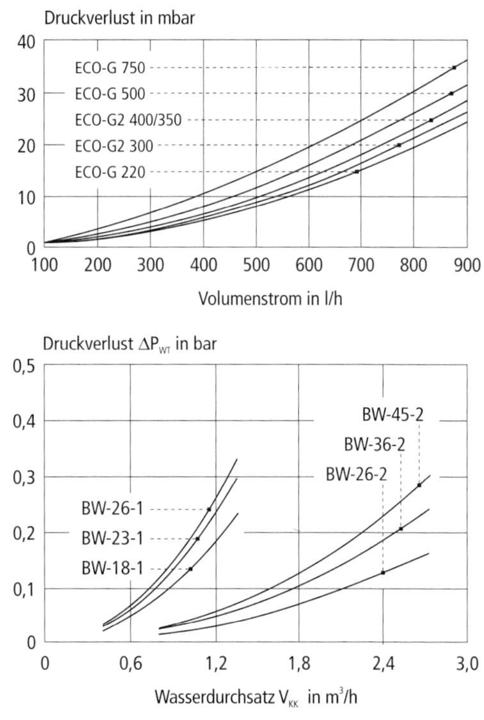

5.22 (rechts)
Druckverlust von Glattrohr- (oben) und Rippenrohrwärmetauscher (unten) für Produkte der Fa. Schmöle /40, 29/.

• $\Delta p_{Leitung}$

Der spezifische Druckverlust von Rohrleitungen kann z.B. aus dem Diagramm in Abb. 5.23 in Abhängigkeit von der Strömungsgeschwindigkeit ermittelt werden. Die Gesamtleitungsverluste ergeben sich durch Multiplikation des spezifischen Wertes mit der Länge des Rohrleitungen (Vor- und Rücklauf). Für Bögen, T-Stücke, Verschraubungen, Ventile und andere Armaturen werden – sofern sie nicht wegen Geringfügigkeit vernachlässigt werden können – entweder die einzelnen Druckverluste mit Hilfe von Widerstandsbeiwerten in Abhängigkeit von der Strömungsgeschwindigkeit /56/, /57/ oder/ und jeweils eine äquivalente Leitungslänge ermittelt und hinzugezählt. Anhand des Diagramms Abb. 5.24 kann für den gewählten Rohrdurchmesser und den erforderlichen Durchfluß der spezifische Strömungswiderstand bezogen auf 1 m Rohrlänge abgelesen werden, der, multipliziert mit der Leitungslänge, den Gesamtwiderstand ergibt.

Der Gesamt-Druckverlust im Kreislauf ist die Summe der genannten Beiträge:

$$\Delta p_{ges} = \Delta p_{Kollektor} + \Delta p_{Wärmetauscher} + \Delta p_{Leitung}.$$

Um die in Abb. 5.19 dargestellte Druckverlust-Kennlinie der Anlage zu erhalten, muß der Druckverlust für verschiedene (mindestens 2) Durchflüsse berechnet werden, am zweckmäßigsten für den geringsten sowie den größten Durchfluß für die Anlage.

In den Katalogen der Pumpenhersteller werden Pumpenkennlinien angegeben, wie sie in Abb. 5.19 für eine kleine 3-stufige Heizungspumpe dargestellt sind. In dieses Diagramm wird die Druckverlustkennlinie eingetragen. Die Pumpe ist für die Anlage dann geeignet, wenn die Druckverlustkurve die Pumpenkennlinien schneidet. Die Schnittpunkte zeigen die sich tatsächlich einstellenden Durchflüsse und die zugehörigen Druckverluste. Sie sollten möglichst in der Mitte der Pumpenkennlinie und nicht zu nahe an der x- oder y-Achse liegen, weil

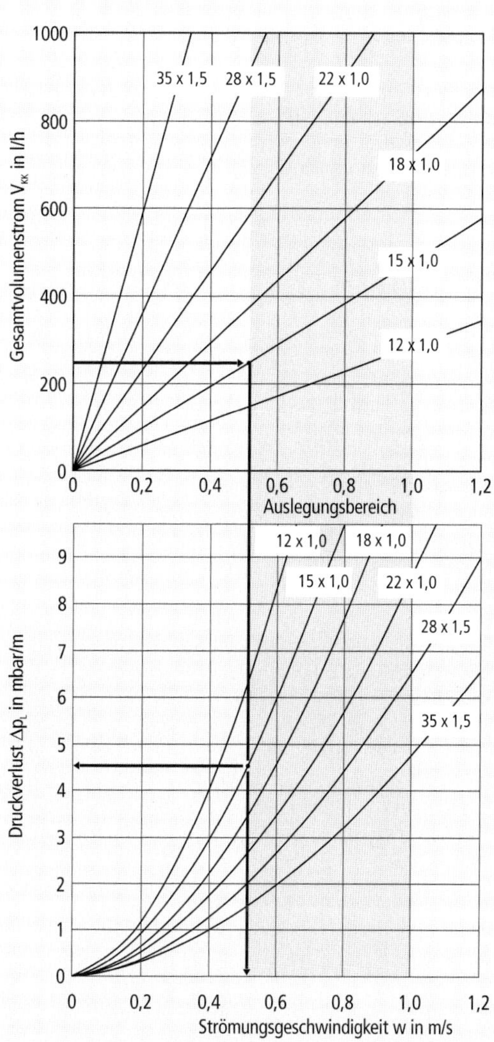

5.23
Dimensionierung der Rohrweite und des spezifischen Druckverlustes Δp_L je Meter Rohrleitung für Wasser mit 40% Propylenglykol bei 40°C (Annahme: turbulente Strömung) /57/.

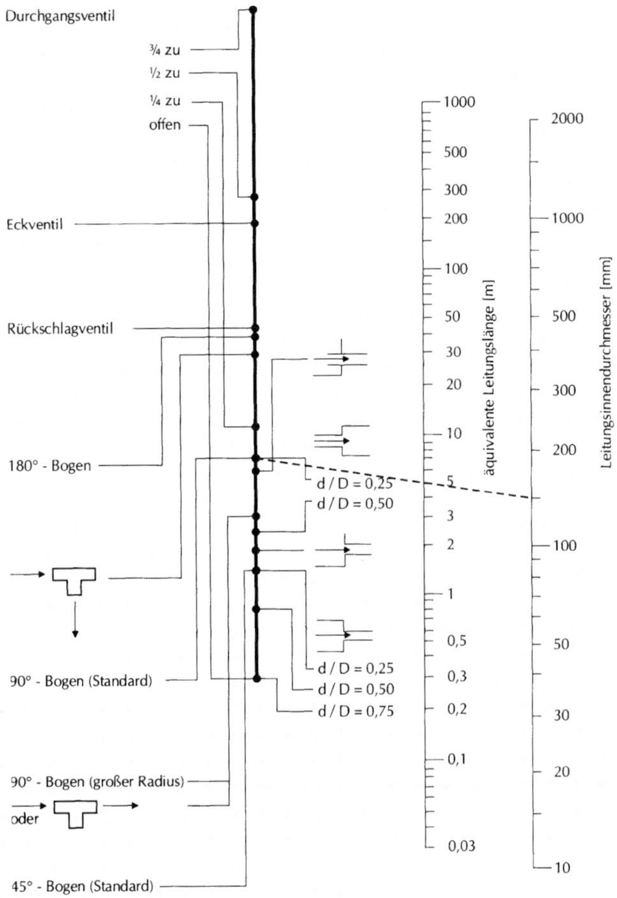

5.24
Äquivalente Leitunglänge für den Druckverlust verschiedener Kreislaufkomponenten. Das ist die Länge eines geraden Rohrstückes, das den gleichen Druckverlust verursacht, wie die betrachteten Kreislaufkomponenten /47/.

die Pumpe in diesem Bereich mit einem schlechten Wirkungsgrad arbeitet.

Bemessung von Ausdehnungsgefäß und Sicherheitsventil

Zur Bemessung des Membranausdehnungsgefäßes (MAG) – und auch zwecks Beschaffung der Wärmeträgerflüssigkeit – ist zunächst das Flüssigkeitsvolumen V_A des Anlagenkreislaufes zu bestimmen:

$$V_A = V_K + V_{WT} + V_L$$

Anlagenvolumen = Kollektorvolumen + Wärmetauschervolumen + Rohrleitungsvolumen.

Das spezifische Kollektor- und das Wärmetauschervolumen müssen den Herstellerunterlagen entnommen werden, für die Rohrleitungen liefert Tabelle 3.9 entsprechende Zahlenwerte. Tabelle 5.8 enthält Anhaltswerte für verschiedene Anlagengrößen.

Das *Ausdehnungsvolumen* V_D richtet sich nach dem Anlagen- bzw. Sicherheitskonzept (vgl. Kapitel 3.5):

1. Im einfachsten Fall muß mindestens die Ausdehnung der Flüssigkeit aufgrund einer Temperaturerhöhung bis zur Stillstandstemperatur aufgenommen werden. Die Volumenausdehnung hängt ab vom sogenannten Ausdehnungskoeffizienten, der bei ca. 5% für Wasser und bei 10% für ein Propylenglykol-/Wasser-Gemisch von 40/60 (inkl. einem Sicherheitszuschlag von 30%) liegt. Damit ergibt sich das Mindestausdehnungsvolumen V_{D1} zu:

   $V_{D1} = 0{,}05 \cdot V_A$ für Wasser als Wärmeträger
   und
   $V_{D1} = 0{,}10 \cdot V_A$ für Glykol-Wasser-Mischungen.

2. Eigensichere Anlagen müssen zusätzlich zur Ausdehnung der Flüssigkeit noch das gesamte Kollektorvolumen V_K aufnehmen können:

   $$V_{D2} = V_K + V_{D1} = V_K + 0{,}1 \cdot V_A$$

Das *Gefäßvolumen* V_G ist mit dem Ausdehnungsvolumen V_D nicht identisch. Da der Druck im Kollektorkreis nur zwischen dem minimalen und maximalen Betriebsdruck schwankt, steht nicht das ganze Behältervolumen des Ausdehnungsgefäßes zur Verfügung, sondern nur der Bruchteil, um den sich das Gaspolster bei diesem Druckunterschied verändert. Entsprechend kann die minimale Gefäßgröße $V_{G\,min}$ nach folgender Gleichung berechnet werden:

$$V_{G\,min} = V_D \cdot (p_{B\,max} + 1) / (p_{B\,max} - p_{vor}) \quad \text{mit}$$

p_{Vor} Vordruck, mit dem die Anlage gefüllt wird,
$p_{B\,max}$ maximaler Betriebsdruck.

Der Ausdruck $(p_{B\,max} - p_{vor}) / (p_{B\,max} + 1)$ gibt den Volumenteil des MAG an, der real zur Verfügung steht. Dieser sollte maximal 0,5 entsprechend 50% des Gefäßvolumens betragen, da es sonst zur Überdehnung der Gefäßmembran kommen kann.

- Der *Vordruck* p_{vor} soll so groß sein, daß auch im Winter bei tiefen Außentemperaturen keine Luft (z.B. über den automatischen Schnellentlüfter) in die Anlage gelangt. Bei kalter Anlage sollte er am höchsten Punkt des Systems 0,5 bis 1 bar betragen, um den Eintritt von Luft in den Kreislauf sicher zu vermeiden. Wird der Betriebsdruck an einem anderen als dem höchsten Punkt der Anlage gemessen (in der Regel im Keller in der Nähe des Speichers), so muß zu diesem Minimaldruck noch der Druck der Wassersäule $p_{statisch,G}$ hinzugerechnet werden, wobei 10 m Wassersäule 1 bar entsprechen (vgl. Abb. 5.25):

  $$p_{vor} = 0{,}5\text{ bar} + p_{statisch,G}$$

  Dieser Druck sollte beim Befüllen der Anlage mindestens eingestellt werden.

- Der *maximal zulässige Betriebsdruck* p_{Bmax} sollte etwa 0,3 bar unter dem Ansprechdruck bzw. dem Nenndruck des Sicherheitsventils $p_{max,SV}$ liegen. Dieser richtet sich nach der Höhe des Sicherheitsventils im System $p_{statisch,SV}$ sowie nach dem maximal zulässigen Druck des schwächsten Gliedes im System $p_{max,K}$ (meist der Kollektor, vgl. auch Abb. 3.63):

  $$p_{Bmax} = p_{max,SV} - 0{,}3\text{ bar}$$
  $$= p_{statisch,G} + p_{max,K} - 0{,}3\text{ bar}$$

Tabelle 5.8:
Flüssigkeitsvolumina und Richtwerte für die Bemessung des Ausdehnungsgefäßes bei verschiedenen Anlagengrößen.

Flüssigkeitsvolumen und Ausdehnungsgefäß-Größe im Solarkreislauf

Kollektorfläche	4 m²	8 m²	15 m²	25 m²
Kollektorinhalt (1 l/m²)	4 l	8 l	15 l	25 l
Wärmetauscher-Fläche	1,2 m²	2,3 m²	2 x 2,3 m²	2 x 2,5 m²
Wärmetauscher-Inhalt	1 l	1,8 l	3,6 l	4,0 l
10 m Rohrlänge	15 x 1	15 x 1	15 x 1	22 x 1
Rohrvolumen	1,4 l	1,4 l	1,4 l	3,2 l
Anlagenvolumen	6,4 l	11,2 l	20,0 l	32,2 l
Gefäßgröße [1)]	10 l / 25 l	10 l / 25 l	10 l / 50 l	10 l / --
20 m Rohrlänge	15 x 1	15 x 1	18 x 1	22 x 1
Rohrvolumen	2,7 l	2,7 l	4,0 l	6,3 l
Anlagenvolumen	7,7 l	12,5 l	22,6 l	35,3 l
Gefäßgröße [1)]	10 l / 25 l	10 l / 25 l	10 l / 50 l	12 l / --
30 m Rohrlänge	15 x 1	15 x 1	22 x 1	28 x 1,5
Rohrvolumen	4,0 l	4,0 l	9,5 l	14,7 l
Anlagenvolumen	9,0 l	13,8 l	28,1 l	43,7 l
Gefäßgröße [1)]	10 l / 25 l	10 l / 25 l	10 l / 50 l	12 l / --
40 m Rohrlänge	18 x 1	18 x 1	22 x 1	28 x 1,5
Rohrvolumen	8,0 l	8,0 l	12,6 l	19,6 l
Anlagenvolumen	13,0 l	17,8 l	31,2 l	48,6 l
Gefäßgröße [1)]	10 l / 25 l	10 l / 25 l	10 l / 50 l	18 l / --

1) Die erste Zahl gibt die gewählte Gefäßgröße für das Standard-Anlagenkonzept (nur Volumenausdehnung der Flüssigkeit) an, die zweite Zahl nennt die Gefäßgröße, wenn zusätzlich das gesamte Kollektorvolumen vom Gefäß aufgenommen werden soll.

Vordruck: 1,5 bar, maximal zulässiger Betriebsdruck: 2,3 bar

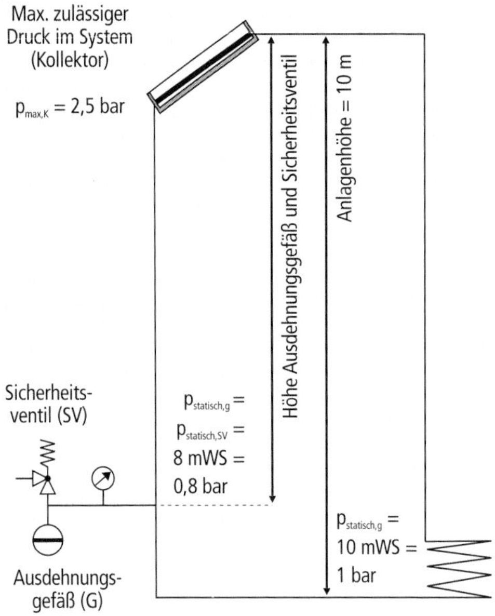

5.25
Anlagenverhältnisse zur Bestimmung des Vordrucks für das Ausdehnungsgefäß p_{Vor} sowie des Ansprechdrucks für das Sicherheitsventil $p_{max,SV}$ und des maximal zulässigen Betriebsdrucks p_{Bmax}.

Zahlenbeispiel (vgl. Abb. 5.25):

Anlagenvolumen: V_A = 15 l

Kollektorvolumen: V_K = 5m² · 1 l/m² = 5 l

Vordruck: p_{vor} = 0,8 + 0,5 bar = 1,3 bar

Maximal zulässiger Betriebsdruck:

p_{Bmax} = 3,3 bar – 0,3 bar = 3 bar

Das Ausdehnungsgefäß soll auch die Flüssigkeit des Kollektors aufnehmen:

V_D = 5 l + 0,1 · 15 l = 6,5 l
= Volumenausdehnung

V_{Gmin} = 6,5 l · (3 + 1) / (3 – 1,3) = 15,3 l
= minimale Gefäßgröße

Zur Kontrolle: $(P_{Bmax} - p_{vor}) / (p_{Bmax} + 1)$
= (3 – 1,3) / (3 + 1) = 0,42 < 0,5 !

Aus der Reihe der Standard-Größen (10, 12, 18, 25, 35 und 50 l) wird in diesem Fall das 18 l-Gefäß gewählt. Aus Tabelle 5.8 kann das erforderliche Gefäßvolumen für verschiedene Anlagengrößen entnommen werden.

Damit sind die Auslegungsgrößen für alle wichtigen Anlagenbauteile ermittelt und stehen für die weitere Planung (Ausschreibung, Kostenermittlung, Materialbeschaffung, etc.) zur Verfügung.

5.5 Dimensionierung von Anlagen zur Trinkwassererwärmung und Heizung

Obwohl das Energieangebot der Sonne und die Energienachfrage nach Heizung zeitlich nicht übereinstimmen, finden Solaranlagen mit Heizungsunterstützung, auch Kombi-Anlagen genannt, in den letzten Jahren zunehmend Verbreitung – ihr Marktanteil ist mittlerweile auf über 30% angestiegen. Wesentlich dazu beigetragen haben einerseits die rasante Entwicklung von Niedrigenergiehäusern bis hin zu Passivhäusern, andererseits aber auch technische Weiterentwicklungen insbesondere bei der Speichertechnik. Denn die Wärmespeicherung ist der eigentliche Engpaß bei der solaren Raumheizung. Signifikantes Merkmal von Kombi-Anlagen sind Mehrtages- bis Langzeitspeicher im Gegensatz zu den Eintagesspeichern bei der Warmwasserbereitung.
Folgende Voraussetzungen sind notwendig, um Solaranlagen zur Heizungsunterstützung sinnvoll einsetzen zu können:

- *Niedriger Energiebedarf des Gebäudes*

Je geringer der Wärmeenergiebedarf eines Gebäudes ist, desto mehr kann eine kombinierte Solaranlage zur Bedarfsdeckung beitragen (vgl. Abb. 5.26). Bei steigendem Dämmstandard des Gebäudes liegt der Heizenergiebedarf in vergleichbarer Größenordnung wie der Energiebedarf für die Wassererwärmung, bei Passivhäusern ist dessen Anteil sogar größer als der eigentliche Heizenergiebedarf. Am wirkungsvollsten ist die solare Heizungsunterstützung bei sogenannten Niedrigenergiehäusern mit einem Heizenergiebedarf von 30 bis 80 kWh/m²·a, die nach der für das Jahr 2001 geplanten Novellierung der Wärmeschutzverordnung den bautechnischen Standard repräsentieren werden (Energie-Einspar-Verordnung EnEV). Hier kann eine Kombi-Anlage in den Übergangsmonaten im Frühjahr und Herbst, in denen trotz guter Sonnentage noch geheizt werden muß, und an klaren, meist sehr kalten Wintertagen zur Raumheizung beitragen. Da in Passivhäusern die Heizperiode auf die wenigen, sehr einstrahlungsschwachen Wintermonate reduziert ist, sind für diese Häuser die Möglichkeiten der solaren Heizungsunterstützung eher eingeschränkt bzw. erfordern deutlich größere sogenannte Langzeit- oder saisonale Speicher.

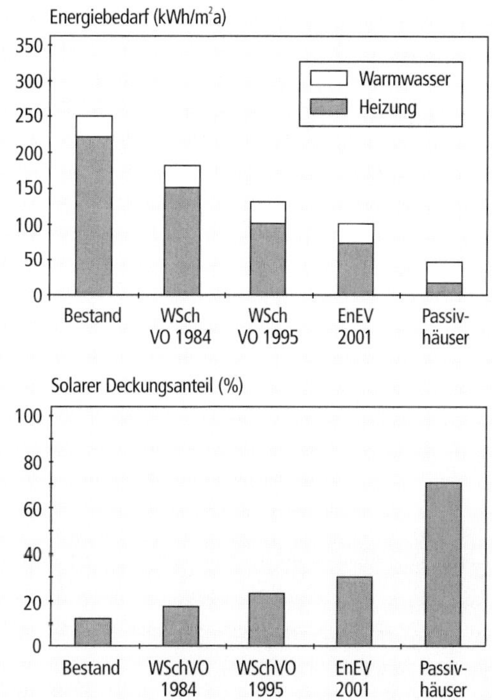

5.26
Energiebedarf von Wohngebäuden (oben) und Dekkungsanteil einer 10 m²-Solaranlage mit Heizungsunterstützung (unten). Der Warmwasserbedarf wurde auf 120 m²-Wohnfläche umgerechnet /71/.

5.27
Solarer Deckungsgrad als Funktion der spezifischen Kollektorgröße und des spezifischen Speichervolumens, die jeweils auf die Heizlast des Gebäudes bezogen sind.
Die Angaben gelten unter den Klimabedingungen von Graz/Österreich bei durchschnittlichem Nutzerverhalten, einer Speicherdämmung von 15 cm Dicke sowie Heizkreistemperaturen von 40/30°C.
Der Warmwasserbedarf beträgt 200 l/d (bei 45°C) konstant über das Jahr.
Das Speichervolumen bezieht sich nur auf den Heizungspufferspeicher, d.h. es kommt zusätzlich das Speichervolumen für Warmwasser hinzu:
für 2-Speicher- und Tank-in-Tank-Systeme das komplette Volumen wie in Kap. 5.4 ausgelegt,
für 1-Speicher-Systeme ca. 50 l/Person
/60/, /61/.

- *Integration der Solaranlage in die Haustechnik*

Wichtig sind die sinnvolle Einbindung in die Haustechnik sowie die Optimierung der hydraulischen Verhältnisse. In diesem Bereich sind durch technische Innovationen in den letzten Jahren deutliche Fortschritte erzielt worden (vgl. Kap. 7.2 und 7.3). Die Solaranlage wird dabei zum festen Bestandteil des Heizungssystems, das für sehr niedrige Vor- und Rücklauftemperaturen ausgelegt ist.
Bei einer *teilsolaren Heizung* mit Back-up-System sollten die Heizflächen für eine große Temperaturspreizung ausgelegt sein, damit die Rücklauftemperaturen möglichst nicht über 30°C ansteigen. Optimal für eine solare Heizungsunterstützung ist eine Spreizung von 50/30°C oder 60/30°C im Auslegungsfall.
Bei einer *vollsolaren Heizung* sollte die Vorlauftemperatur deutlich niedriger gewählt werden und möglichst unter 30°C liegen, damit der für eine derartige Heizung notwendige Langzeitspeicher möglichst tief entladen werden kann (Tab. 5.9). Hier kommen im wesentlichen Flächenheizungen zum Einsatz. Wie extrem wichtig niedrige Heizkreistemperaturen sind, veranschaulicht ein Rechenbeispiel: Ein Speicher sei auf 90°C aufgeladen. Falls die niedrigste Heiztemperatur 50°C beträgt – ein üblicher Wert bei konventionellen Heizungen –, so kann dem Speicher eine Energie von 46 kWh/m³ entnommen werden, bei 30°C Vorlauftemperatur sind es dagegen 70 kWh/m³.

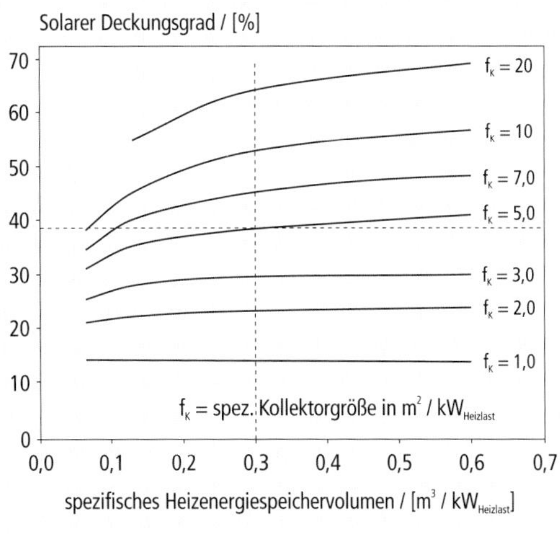

- *Nutzerverhalten*

Neben der Bauweise und der Haustechnik bestimmt das Nutzerverhalten maßgeblich den Wärmebedarf eines Gebäudes und damit letztendlich auch den solaren Deckungsgrad. Bei allen folgenden Angaben zur Dimensionierung ist ein durchschnittliches Nutzerverhalten vorausgesetzt.

- *Neigung der Kollektoren*

Für die Heizungsunterstützung ist eine größere Neigung der Kollektoren von z.B. 60° günstig.

Grundsätzlich können Solaranlagen zur Heizungsunterstützung für einen solaren Deckungsgrad zwischen 0 und 100% ausgelegt werden. Für die Dimensionierung ist es sinnvoll, zwischen der teilsolaren und der vollsolaren Heizung zu unterscheiden.

Teilsolare Heizung

Unter einer teilsolaren Heizung versteht man Solaranlagen, die weniger als 35% des Gesamtwärmebedarfs zur Gebäudeheizung beitragen. Derartige Anlagen eignen sich im wesentlichen für die o.g. Niedrigenergiehäuser. Nach den bisherigen Erfahrungen wird folgende Dimensionierung empfohlen:

1. *Faustregeln*
   Kollektorfläche:
   - 0,8 bis 1,1 m² Flachkollektor pro 10 m² Wohnfläche oder
     2 bis 3 m² Flachkollektor pro Person;
   - 0,5 bis 0,8 m² Vakuumröhrenkollektor pro 10 m² Wohnfläche oder
     1,5 bis 2,5 m² pro Person

   Speichervolumen:
   - Mindestens 50 l pro m² Kollektorfläche plus 50 l pro Person oder

- 50 bis 85 l pro m² Kollektorfläche oder
- 100 bis 200 l pro kW Heizlast.

2. *Auslegungsdiagramme*
Verschiedene Hersteller von Solaranlagen mit Heizungsunterstützung bieten mittlerweile produktspezifische Auslegungsdiagramme an. Ein relativ allgemeingültiges, allerdings für die Einstrahlungs- und Klimabedingungen am Standort Graz in Österreich, zeigt Abb. 5.27. Hier wurde der solare Dekkungsgrad berechnet in Anhängigkeit von der spezifischen Kollektorgröße und vom spezifischen Speichervolumen, beide jeweils auf die Heizlast des Gebäudes bezogen, die bei Niedrigenergiehäusern zwischen 30 und 50 W pro m² Wohnfläche liegt.
Für ein Haus bekannter Größe (m² beheizte Fläche) kann damit die Heizlast berechnet und aus dem Diagramm dann je nach Kollektor- und Speichergröße der solare Deckungsgrad abgelesen werden. Das Verhältnis von Speichervolumen zu Kollektorfläche sollte keinesfalls unter 50 l/m² liegen, da es sonst zu einem deutlichen Wärmeüberangebot im Sommer kommt, mit einer entsprechend hohen Belastung für die Solaranlage und schlechten spezifischen Kollektorerträgen. Die o.g. Speichergröße von 50 bis 85 l/m² Kollektorfläche ist so bemessen, daß Schwankungen des Solarenergieangebots für einen Zeitraum von einigen Tagen ausgeglichen werden.

Beispiel:
Als Beispiel nehmen wir wieder die 4-köpfige Familie Sonne mit ihrem Haus in Würzburg (Dachfläche 45° nach Süden geneigt, ca. 1250 kWh/m²·a Einstrahlung auf diese Fläche); der Energiebedarf für die Wassererwärmung betrage 3.400 kWh/a (200 Liter pro Tag bei 50°C Warmwasser- und 10°C Kaltwassertemperatur). Das freistehende Einfamilienhaus dieser Familie hat eine Nutzfläche von 128 m². In Tabelle 5.9 sind der Wärmebedarf für Raumheizung, für Warmwasser sowie der Gesamtbedarf zusammengestellt.

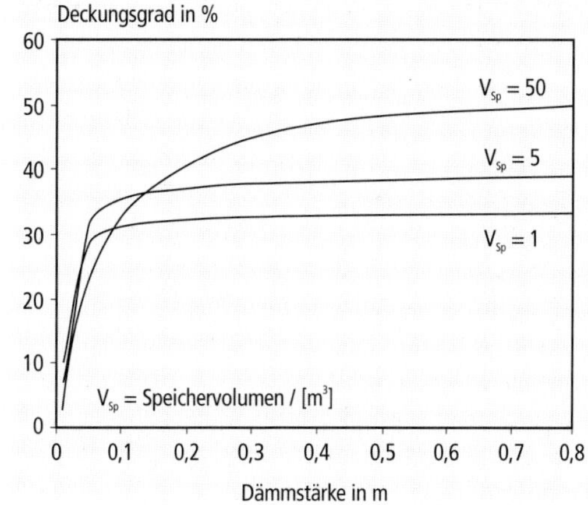

5.28
Abhängigkeit des solaren Jahresdeckungsgrades von der Dämmstärke eines Speichers für einen bestimmten Anwendungsfall /60/, /61/.

Tabelle 5.9:
Energiebedarf bei verschiedenen Wärmestandards (WSVO ’95 = Wärmeschutzverordnung 1995) und verschiedenen Heizkreistemperaturen (Vorlauf-/Rücklauftemperatur in °C). Die Werte gelten für das Haus unserer Beispielsfamilie in Würzburg mit einer Nutzfläche von 128 m² /angelehnt an 73/.

Wärmebedarf von Wohngebäuden bei verschiedenen Baustandards

	Haus nach WSVO '95		Niedrigenergiehaus NEH (20% besser als WSVO		Passivhaus
Heizungsauslegung	70/40°C	50/30°C	70/40°C	50/30°C	30/25°C
Netto-Heizwärmebedarf	12090 kWh/a	11880 kWh/a	9267 kWh/a	9089 kWh/a	1920 kWh/a
Spezifischer Heizwärmebedarf	94 kWh/m²a	93 kWh/m²a	72 kWh/m²a	70 kWh/m²a	15 kWh/m²a
Heizlast bzw. -leistung	9 – 10 kW	9 – 10 kW	7 kW	6,4 kW	2 kW
Energiebedarf für Raumheizung bei 85% Jahresnutzungsgrad des Heizungssystems	14.224 kWh/a	13.976 kWh/a	10.902 kWh/a	10.693 kWh/a	2.259 kWh/a
Energiebedarf für Warmwasser	3400 kWh/a	3400 kWh/a	3400 kWh/a	3400 kWh/a	3400 kWh/a
Energiebedarf gesamt	**17.624 kWh/a**	**17.376 kWh/a**	**14.302 kWh/a**	**14.093 kWh/a**	**5.659 kWh/a**

Soll der Gesamtwärmebedarf von ca. 14.000 kWh/a (NEH 50/30) zu 20 bis 25% solar gedeckt werden, ergibt sich nach der obigen *Faustregel*:

- *Kollektorfläche* (Flachkollektor): 10 bis 14 m² bezogen auf die Nutzfläche
  oder 8 bis 12 m² bezogen auf die Personenzahl im Haus
- *Speichervolumen*: 500 bis 1.000 Liter

Gewählt werden 12 m² Kollektorfläche und ein Speichervolumen von 800 l.

Bei Anwendung des *Auslegungsdiagramms* (Abb. 5.27) ergibt sich folgendes:
Für das NEH beträgt die Heizlast 50 W/m² · 128 m² = 6,4 kW. Bei der oben dimensionierten Anlage von 12 m² Kollektorfläche (12 m²/6,4 kW = 1,9 m²/$kW_{Heizlast}$) sowie 800 l Speichervolumen (0,8 m³/6,4 kW = 0,13 m³/$kW_{Heizlast}$) beträgt der solare Deckungsgrad etwa 22% (vgl. auch Kap. 5.8).
Die Solaranlage liefert also ca. 3100 kWh/a, was einem spezifischem Kollektorertrag von ca. 260 kWh/m²·a entspricht – im Gegensatz zu ca. 350 kWh/m²·a Solarertrag bei der reinen Wassererwärmung.
Es ist offensichtlich, daß mit einer größeren Kollektorfläche und mehr Speichervolumen deutlich höhere Deckungsgrade erzielt werden können, was allerdings eine weitere Verringerung des spezifischen Kollektorertrages nach sich zieht.

Vollsolare Heizung

Von einer vollsolaren Heizung spricht man, wenn die Solaranlage deutlich mehr als 70% vom Gesamtwärmebedarf des Gebäudes liefert. Derart hohe Deckungsbeiträge sind nicht utopisch und die Anlagenkonzepte dafür nicht komplizierter als die bisher erläuterten Systeme. Der wesentliche Unterschied besteht in der Größe des Speichers, denn es wird ein Langzeit- oder saisonaler Speicher benötigt, der Sonnenenergie vom Sommer bis in den Winter hinein speichert. Saisonale Speicher unterscheiden sich von den herkömmlichen zum einen durch ihre Größe und zum anderen durch ihre deutlich bessere Wärmedämmung (vgl. Abb. 5.28). Es werden Dämmstärken von mindestens 50 cm empfohlen. Selbstverständlich für solche Systeme ist außerdem ein sehr guter Dämmstandard des Gebäudes, der mindestens die für Niedrigenergiehäuser geltenden Anforderungen erfüllen muß, am besten jedoch Passivhaus-Standard erreichen sollte /64/.
Das erste vollständig mit Solarenergie versorgte Haus wurde 1989 von dem Schweizer Solarpionier Jenni verwirklicht. Für sein Haus mit einer beheizten Wohnfläche von 130 m² und einer Heizlast von 3 kW errichtete er eine Solaranlage mit 84 m² Kollektorfläche und 118 m³ Speichervolumen. Schon nach kurzer Zeit stellte sich heraus, daß dieses System völlig überdimensioniert war. Nach derzeitigem Kenntnisstand würde bereits eine Solaranlage mit 40 m² Kollektorfläche (Flachkollektoren) und 30 m³ Speichervolumen ausreichen (vgl. Kap. 7.3).

Faustregel zur Anlagenbemessung:

- *Kollektorfläche:* 1,5 bis 3 m² Flachkollektor pro 10 m² beheizte Wohnfläche
- *Speichervolumen:* 250 bis 1.000 l pro m² Kollektorfläche.

Wie die große Bandbreite zeigt, lassen sich hohe Deckungsraten mit sehr unterschiedlichen Verhältnissen von Kollektorfläche zu Speichervolumen erzielen, wobei der Bedarf (Heizenergie + Warmwasserverbrauch) die entscheidende Größe ist. In Tabelle 5.10 sind verschiedene Anlagendimensionierungen für Gebäude mit unterschiedlichem Wärmeenergiebedarf am Standort Kloten/Schweizer Mittelland durchgerechnet. In den dazugehörigen Diagrammen Abb. 5.29 und 5.30 ist der erreichbare solare Deckungsgrad anschaulich dargestellt.
Bei kleinen Speichervolumina relativ zur Kollektorfläche sinkt der spezifische Jahresenergieertrag eines Kollektors, da die sommerliche Energieausbeute nicht in ausreichendem Maße gespeichert werden kann und als Überschuß an die Umgebung verloren geht.

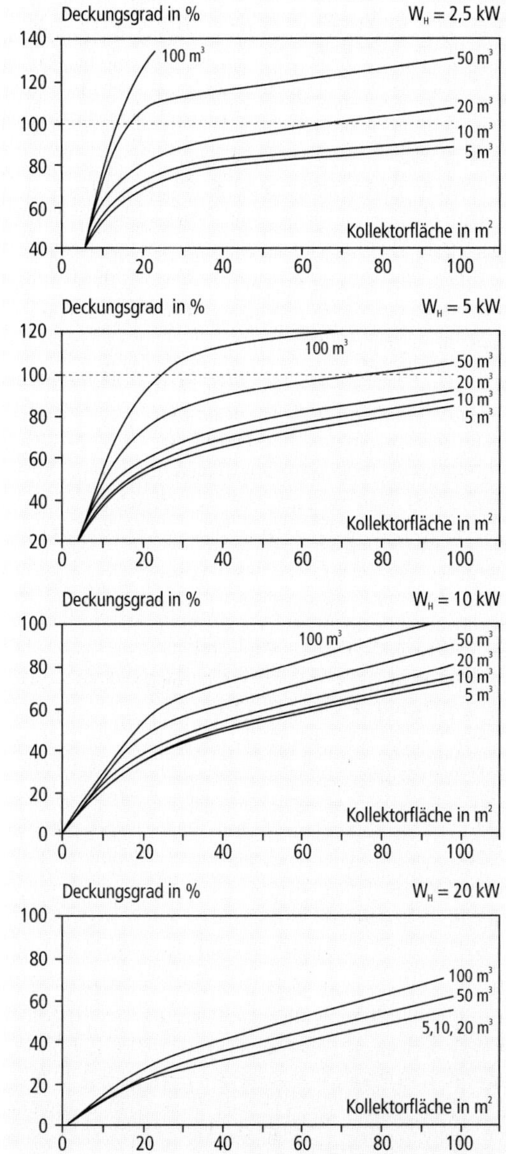

5.29
Solarer Deckungsgrad in Abhängigkeit von der Kollektorfläche und dem Speichervolumen bei verschiedenen Gebäude-Heizlasten W_H, Standort Kloten, Schweiz /63/.

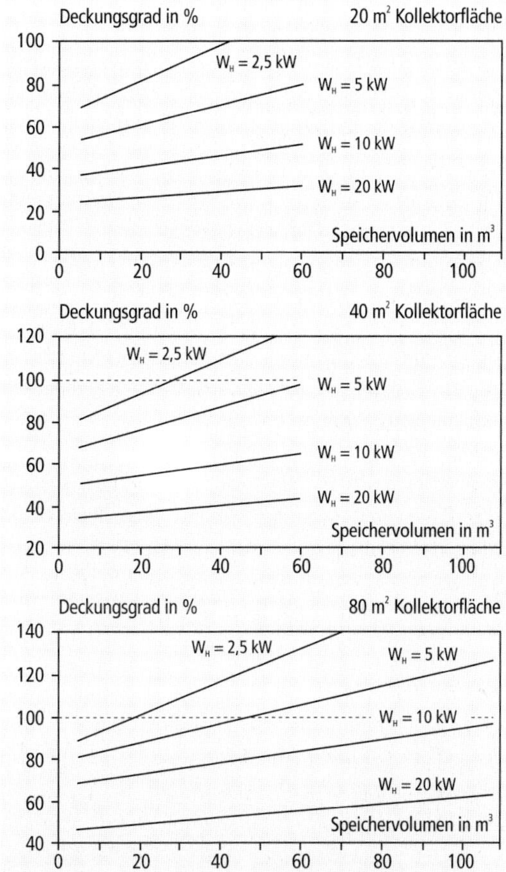

5.30
Solarer Deckungsgrad in Abhängigkeit von der Speichergröße und der Heizlast des Gebäudes bei verschiedenen Kollektorflächen, Standort Kloten, Schweiz /63/.

Beispiel:
Nehmen wir an, unsere Familie Sonne bewohnt anstelle des oben betrachteten Niedrigenergiehauses ein Passivhaus gleicher Größe. Die spezifische Heizleistung beträgt 15 W/m² respektive ca. 2 kW insgesamt. Bei einem spezifischen Energiebedarf von 15 kWh/m²a ergibt sich somit ein Heizenergiebedarf von ca. 2.000 kWh pro Jahr. Hinzu kommen 3.400 kWh/a für die Trinkwassererwärmung (Tab. 5.9).
Eine vollständige solare Deckung könnte erzielt werden mit einer Solaranlage von 35 m² Kollektorfläche (2.7 m² pro 10 m² Wohnfläche) und einem Speichervolumen von 30 m³ (ca. 850 l Speichervolumen pro m² Kollektorfläche). Bezieht man den Jahresenergieverbrauch auf die Kollektorfläche, so ergibt sich ein spezifischer Jahresenergieertrag von nur noch 150 kWh/m² Kollektorfläche!

Teilsolare Heizungsanlagen haben heute einen gewissen Marktanteil und damit auch eine gute technische Reife erreicht. Vollsolare Anlagen wurden bisher in einigen dutzend Projekten verwirklicht und erprobt, während Anlagen zwischen 35 und 70% Deckungsgrad kaum realisiert werden, da für sie das Preis-Leistungs-Verhältnis am ungünstigsten ist. Denn trotz relativ hoher solarer Deckungsrate kann das konventionelle Heizsystem dabei nicht kleiner und preiswerter gebaut werden.
Diese Angaben ebenso wie die genannten Dimensionierungshilfen gelten lediglich für Ein- bis Zweifamilienhäuser, nicht aber für größere Wohngebäude, Siedlungen oder anders genutzte Gebäude. Mehr noch als bei der reinen Trinkwassererwärmung empfiehlt es sich – insbesondere für Solaranlagen mit hohem Deckungsbeitrag – einen erfahrenen Planer zu Rate zu ziehen, der in der Lage ist, eine Anlage mit günstigem Preis-Leistungs-Verhältnis zu konzipieren und zu dimensionieren.
Denn letztendlich ist der erreichbare solare Beitrag zur Heizung in erster Linie eine Frage der Kosten, die der Anwender zu zahlen bereit ist.

Tabelle 5.10:
Solare Deckungsraten und Jahreserträge verschieden dimensionierter Solaranlagen (Kollektorfläche und Speichervolumen) für die Wetterbedingungen am Standort Kloten/ Schweizer Mittelland bei verschiedenen Heizlasten des Gebäudes (von 2,5 bis 20 kW) und einem Warmwasserbedarf von 200 l pro Tag und $\Delta\vartheta = 40°C$ /63/.

Solare Deckungsraten und Jahreserträge von Solaranlagen zur Trinkwassererwärmung und Raumheizung
Standort Kloten (Schweizer Mittelland)

	20 m²				**40 m²**				**80 m²**				**Kollektorfläche**
W_H in kW $Q_H + Q_N$ in kWh/a	5 m³	10 m³	20 m³	50 m³	5 m³	10 m³	20 m³	50 m³	10 m³	20 m³	50 m³	100 m³	Speichervolumen
2,5 kW	66,7	70,4	80,4	105,4	79,1	81,7	92,6	114,8	87,6	101,9	122,4	162,7	Deckungsgrad %
8053	5.370	5.672	6.475	8.486	6.373	6.581	7.454	9.245	7.052	8.209	9.858	13.099	Koll. Ertrag kWh
5 kW	52,0	54,0	58,3	74,0	65,5	68,9	75,1	90,2	81,7	86,3	100,0	122,4	Deckungsgrad %
12.713	6.610	6.863	7.416	9.409	8.321	8.754	9.548	11.472	10.391	10.968	12.709	15.558	Koll. Ertrag kWh
10 kW	34,9	36,2	38,7	47,2	49,2	50,3	52,7	61,0	66,2	72,2	80,5	92,6	Deckungsgrad %
22.035	7.689	7.968	8.535	10.405	10.848	11.089	11.606	13.439	14.581	15.902	17.731	20.410	Koll. Ertrag kWh
20 kW	22,2	24,4	24,4	29,1	33,2	34,1	35,5	41,0	46,3	47,7	53,4	61,6	Deckungsgrad %
40.679	9.040	9,946	9.946	11.831	13524	13.873	14.430	16.663	18.824	19.413	21.722	25.068	Koll. Ertrag kWh

Koll.-Ertrag = nutzbarer Jahresertrag der Kollektoren ; W_H = notwendige Heizleistung bei –10°C

Q_H = konventioneller Jahresenergiebedarf der Heizung, Q_N = Jahresenergiebedarf für Warmwasser 200 l/d, $\Delta\vartheta = 40°C$

5.6 Kosten und Wirtschaftlichkeit

Es fällt im Rahmen eines Buches naturgemäß schwer, zuverlässige und allgemeingültige Aussagen über die Kosten von Solaranlagen zu treffen. Zum einen „veralten" Preisangaben recht schnell und zum anderen hängen die Kosten fertiger Anlagen nicht unerheblich von der individuellen Ausstattung und den örtlichen Montagebedingungen ab.

Obendrein fallen die Angebote der Anlagenhersteller je nach Konstruktion und Auslegung, d.h. solarem Deckungsgrad, recht unterschiedlich aus. Für den Verbraucher ist erfreulich, daß die Anlagenpreise in den letzten Jahren kontinuierlich gesunken sind. Dies ist sicherlich auf den Absatz höherer Stückzahlen dank des wachsenden Marktes, aber auch auf Selbsthilfe-Initiativen wie z.B. das „Phönix"-Projekt in Deutschland, zurückzuführen.

Die Frage nach der Wirtschaftlichkeit von Solaranlagen wird verständlicherweise von den Interessenvertretern anderer Energieträger besonders hochgespielt und vielfach zum alleinigen Entscheidungskriterium für oder gegen den Kauf einer Solaranlage gemacht. Dabei werden – selbst in der „mit dem spitzen Bleistift rechnenden" Wirtschaft - viele Dinge getan, die total unwirtschaftlich sind; hinterfragenswerte Statussymbole wie Autos oder Repräsentationsbauten gehören zu den augenfälligsten. Im Vergleich dazu haben Investitionen in die Gewinnung natürlicher Energie eine ganz andere Qualität. Denn die Solarenergienutzung hilft, die Energieressourcen der Erde zu schonen, sie bewirkt unmittelbar eine Verringerung der Umweltbelastung und hilft langfristig unsere zukünftige Energieversorgung zu sichern. Der Sinn einer Wirtschaftlichkeitsrechnung liegt somit hauptsächlich darin, die Kostenstrukturen überschaubar zu machen und dadurch Entscheidungshilfen zu bekommen, welche Energiesparinvestitionen vorrangig zu tätigen sind.

Kosten von Solaranlagen und deren Bauteilen

Sonnenkollektoren	
Kunststoffabsorber	40 – 150 DM/m²
Flachkollektoren	400 – 900 DM/m²
Vakuum-Röhrenkollektoren	750 - 1.500 DM/m²

Trinkwasserspeicher	
300 l inkl. Wärmetauscher	1.600-3.600 DM
400 l inkl. Wärmetauscher	1.900-4.000 DM
500 l inkl. Wärmetauscher	2.200-6.400 DM

Pufferspeicher	
500 – 1.000 l ohne Wärmetauscher	1.500-3.600 DM
500 – 1.000 l mit Wärmetauscher	1.500-8.400 DM

Kombispeicher	
700 – 1.000 l	2.700 – 5.600 DM

Regelung und Sonstiges	
einfache Ausführung	ab 130 DM
mit Speichertemperaturbegrenzung, einstellbarer Einschalttemperaturdifferenz u. Hysterese, verschied. Anzeigen	ab 250 DM
zusätzl. m. Wärmemengenmessung	ab 600 DM
„Solar-Computer", Steuerung von komplexen Anlagen mit Fernanzeige	ab 1.000 DM
Temperaturfühler, Paar	ab 30 DM
Volumenstromzähler f. Wärmemengenmessung	ab 130 DM
Solar-Regelstation mit Pumpe, Füll-, Absperr- und Sicherheitsventilen, Ausdehnungsgefäß	500-800 DM
Umwälzpumpe 230 V (3 oder 4 Leistungsstufen)	160-250 DM
Frostschutzmittel-Konzentrat (Propylenglykol)	9-10 DM/l

Systemkosten	
Schwimmbadbeheizung (inkl. Installation)	100-250 DM/m²
Trinkwassererwärmung mit Flachkollektoren	1.000-2.500 DM/m²
Trinkwassererwärmung mit Vakuumkollektoren	2.500-3.900 DM/m²
Teilsolare Heizung mit Flachkollektoren	800-2.200 DM/m²
Teilsolare Heizung mit Vakuumkollektoren	2.200-3.300 DM/m²

Installation	
Trinkwassererwärmungsanlagen	2.000-4.000 DM
Das ergibt für Anlagen zw. 4 bis 10 m²	200-1.000 DM/m²
Solaranlagen zur Trinkwassererwärmung mit Heizungsunterstützung	3.000-6.000 DM
Das ergibt für Anlagen zw. 8 bis 20 m²	150-750 DM/m²

Tabelle 5.11:
Kosten von Solaranlagen und einzelnen Komponenten.
Die Angaben gelten für Kleinanlagen bis 20 m² (für Ein-bzw. Zweifamilienhäuser).

Mit der immer wieder interessanten Frage nach dem Kosten-Nutzen-Verhältnis einer Investition beschäftigt sich u.a. eine Studie des Bremer Energie-Institutes. Dort wird das Kosten-Nutzen-Verhältnis eines zusätzlichen Wärmeschutzes mit dem von Solaranlagen verglichen /75/. Die Antwort fällt nicht eindeutig für oder gegen eine der Alternativen aus, sie hängt sehr stark von den örtlichen Gegebenheiten ab.

Die folgenden Zahlen zu den Kosten und zur Wirtschaftlichkeit von Solaranlagen geben den Stand von 1999 wieder.

Schwimmbadanlagen

Reine Schwimmbadkollektoren kosten je nach Bauart, Material und Hersteller 40 bis 150 DM/m². Das führt zu Systemkosten (mit allen benötigten Bauteilen einschließlich Installation) von 100 bis 250 DM/m². Bei einer Nutzungsdauer von 20 Jahren und gängigen Zinssätzen ergeben sich Wärmepreise von 5 bis 8 Pf/kWh. Vergleicht man dies mit den konventionellen Energiekosten von 7 bis 10 Pf/kWh, so ist bei der solaren Schwimmbadbeheizung eine Wirtschaftlichkeit gegenüber fossilen Varianten auch ohne Subventionen gegeben. Die Amortisationszeiten liegen in der Größenordnung 5 bis 7 Jahre.

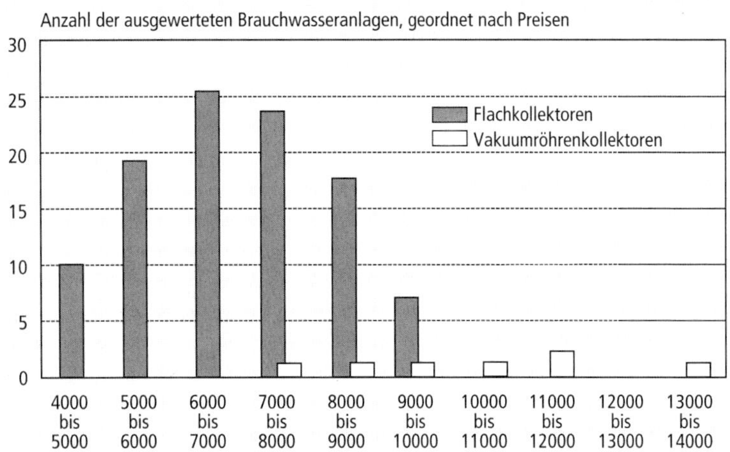

5.31
Die Kosten für eine Solaranlage zur Trinkwassererwärmung können erheblich schwanken. Dargestellt ist die Auswertung einer Reihe von Firmenangeboten für einen 4-Personen-Haushalt (Standort Freiburg) mit einem Warmwasserverbrauch von 200 l pro Tag (45°C), die 1997 vom Öko-Institut, Freiburg eingeholt und ausgewertet wurden /19/.

Trinkwassererwärmungsanlagen

In einer Marktuntersuchung des Öko-Instituts in Freiburg (Preisstand 1997) wurden über 80 Firmenangebote für eine Anlage mit ähnlichen Anforderungen wie für unsere Beispielfamilie (Solaranlage für 4-Personen-Haushalt mit 200 l Warmwasserverbrauch pro Tag, mindestens 55% Deckungsrate) eingeholt und ausgewertet /19/. Die angebotenen Komplettpreise lagen zwischen 4.400 und 13.200 DM, die Mehrzahl der Angebote wies Kosten zwischen 6.000 und 7.000 DM aus (Abb. 5.31). Zum Vergleich: Bei der vorletzten Markterhebung 1992 lagen die Kosten der meisten Anlagen noch zwischen 10.000 und 12.000 DM! Angesichts der einheitlich ausgeschriebenen Energiedienstleistung drängt sich die Frage nach den Ursachen der großen Kostenunterschiede (Faktor 3) seitens der Anbieter auf, die hier jedoch unbeantwortet bleiben muß. Fazit: Ein Vergleich lohnt sich in jedem Fall. Die ermittelten Kosten führen zu spezifischen Systempreisen von 1.000 bis 2.500 DM/m² für Flachkollektor- und von 2.500 bis 3.900 DM/m² für Vakuumkollektoranlagen. Dabei handelt es sich um Endkundenpreise inkl. MwSt., allerdings ohne Montagekosten. In der Praxis sind dafür zwischen 2.000 und 4.000 DM pro Anlage zu rechnen, die zu den in Tabelle 5.11 bzw. 5.12 angegebenen Kosten hinzu addiert werden müssen. Abb. 5.32 zeigt die Kostenanteile einzelner Komponenten des Systems. Der größte Anteil entfällt dabei auf den Kollektor, gefolgt vom Speicher, die zusammen über 60% der Kosten ausmachen. Der Montage-Anteil beträgt aber immerhin gut 20%, ein Posten, der sich durch Eigenleistung reduzieren läßt.

Um die Energiekosten verschiedener Solaranlagen miteinander zu vergleichen, wurden diese mit Hilfe des Simulationsprogramms T*SOL (vgl. Kap. 5.8) ermittelt; die Ergebnisse sind in Tabelle 5.12 zusammengestellt.

- Für Brauchwasser-Solaranlagen und teilsolare Heizungsanlagen wurden als Kosten die niedrigsten und die höchsten quadratmeterbezogenen Systemkosten eingesetzt, und zwar sowohl für Flachkollektor- als auch für Vakuumröhrenkollektoranlagen.
- Der Energiebedarf für die Warmwasserbereitung beträgt 3.400 kWh/a, entspricht also dem Verbrauch unserer 4-köpfigen Familie Sonne: 200 l/d mit 50°C (Kaltwasser 10°C).
- Die Solaranlage mit 5 m² Flachkollektoren bzw. 3,5 m² Vakuumröhrenkollektoren und einem 350 l-Speicher (High-Flow) liefert am Standort Würzburg einen solaren Deckungsbeitrag von 55%, also 1.870 kWh/a. Bezogen auf die Kollektorfläche bedeutet dies einen spezifischen Ertrag von 370 kWh/m²·a für die Flachkollektoren bzw. 530 kWh/m²·a für die Vakuumröhren.
- Für die dynamische Wirtschaftlichkeitsberechnung (nach VDI-Richtlinie 2067 /67/) wurden folgende Annahmen getroffen:
  20 Jahre Nutzungsdauer, 6%/a Zinssatz, 5%/a Energiepreissteigerung, 1% Wartungskosten mit einer Preissteigerungsrate von 2%/a.
- Da der Fördersatz je nach Ort und Zeit stark differiert, wurde einmal ohne Förderung und einmal mit 25% Förderung der Investitionskosten gerechnet.

Mit diesen Vorgaben wurden die spezifischen Kosten der Solarenergie bezogen auf die erzeugte kWh (Wärmepreis) berechnet.
Ein Vergleich der solaren Energiekosten untereinander zeigt, daß die Vakuumkollektor-Anlage die Wärme zu einem deutlich höheren Preis produziert als eine Flachkollektoranlage.
Der Vergleich der solaren Energiekosten mit den Preisen für fossile Energie (Strom 0,30 DM/kWh, Wärme aus Gas- oder Ölheizung ca. 0,10 DM/kWh) zeigt, daß die solare Warmwasserbereitung mit der Warmwasserbereitung durch elektrischen Strom heute preislich konkurrieren kann. Die Kosten für die fossilen Energieträger Öl und Gas sind derzeit – noch – so günstig, daß sich keine der in Tabelle 5.12 berechneten Anlagen innerhalb ihrer (angenommenen) Nutzungsdauer von 20 Jahren amortisiert.

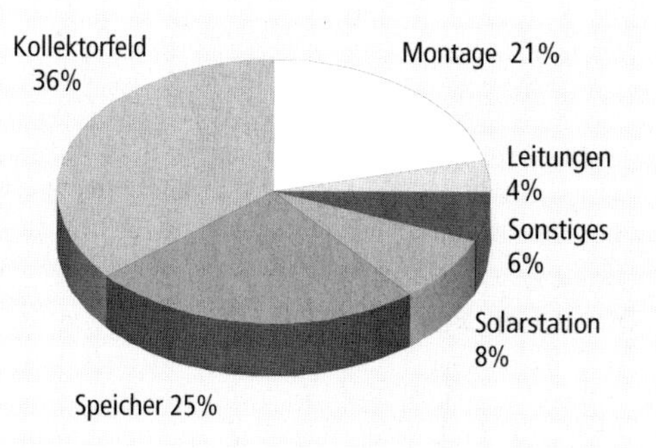

5.32
Aufteilung der Kosten von Solaranlagen zur Trinkwassererwärmung auf die Systemkomponenten /19/.

Tabelle 5.12:
Kosten und Wirtschaftlichkeit (Wärmepreise) von Solaranlagen. Berechnungen mit dem Auslegungsprogramm T*SOL.

Kosten und Wirtschaftlichkeit von Solaranlagen

	Solaranlage zur Trinkwassererwärmung				Teilsolare Heizung			
	Flachkollektor		Vakuumröhre		Flachkollektor		Vakuumröhre	
Energiebedarf [kWh]	3.400	3.400	3.400	3.400	14.000	14.000	14.000	14.000
Kollektorfläche [m²]	5	5	3,5	3,5	12	12	10	10
Solarer Deckungsgrad	55%	55%	55%	55%	22%	22%	22%	22%
spez. Energieertrag [kWh/m²a]	370	370	530	530	260	260	310	310
Kosten [DM/m²]	1.000	2.500	2.500	3.900	800	2.200	2.200	3.300
Wärmepreis [DM/kWh]								
- ohne Förderung	0,24	0,59	0,42	0,66	0,31	0,84	0,71	1,06
- mit 25% Förderung	0,19	0,46	0,33	0,51	0,24	0,66	0,56	0,83
vermiedene CO_2-Emissionen [kg/a]	640	640	640	640	860	860	860	860

Für den schnellen Vergleich zwischen unterschiedlichen Angeboten sind dynamische Wirtschaftlichkeitsberechnungen zu aufwendig und vom Kunden häufig nicht durchführbar. Eine *sehr einfache überschlägige Abschätzung* liefert folgende Rechnung:

- Der Komplettpreis für eine Anlage wird geteilt durch den kalkulierten Jahres-Energieertrag. Liegt dieser nicht vor, so können die Werte aus den Tabellen 5.13, 1.25 oder aus Kapitel 5.9 entnommen werden. Nach den neuesten Veröffentlichungen ergeben sich Kennzahlen von 2 bis 4 DM/kWh für Flachkollektoren und 3,20 bis 6 DM/kWh für Vakuumröhren /19/, /41/.

Diese Angaben beziehen sich auf Kleinanlagen bis 20 m² (Ein- und 2-Familien-Wohnhäuser). Bei Großanlagen zur Warmwasserbereitung mit 100 m² und mehr wurden bereits Wärmepreise von ca. 10 Pf/kWh erzielt (vgl. Kap. 7.4 und 7.5).

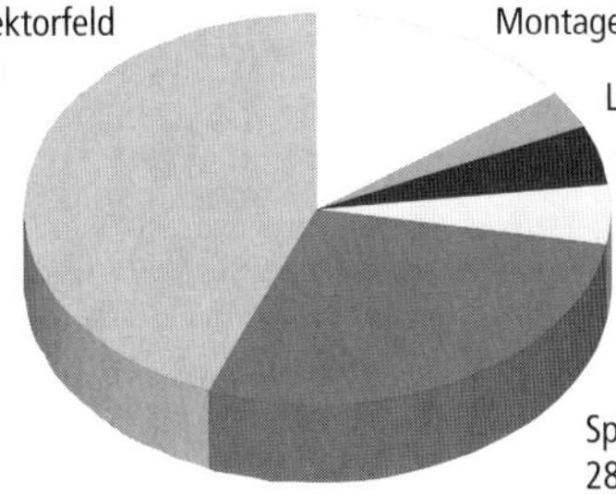

5.33
Aufteilung der Kosten von Solaranlagen mit Heizungsunterstützung auf die Systemkomponenten /19/.

Teilsolare Heizungsanlagen

In der o.g. Marktübersicht des Öko-Instituts Freiburg wurden auch Angebote für eine Solaranlage mit Raumheizungsunterstützung eingeholt und ausgewertet. Zusätzlich zum Warmwasserbedarf sollte das System die Raumheizung des Gebäudes (Bedarf: 10.000 kWh/a) unterstützen und dabei mindestens 20% des Gesamtwärmebedarfs von 13.600 kWh/a (vergleichbar mit Familie Sonne in Würzburg, Kap. 5.5) decken.
Die Preise der angebotenen Anlagen differierten hier zwischen 7.600 und 25.900 DM (Faktor 3!), das Gros lag zwischen 10.000 und 16.000 DM (Abb. 5.34). Abb. 5.33 zeigt, daß die Kostenaufteilung anders ist als bei den Brauchwasseranlagen. Aufgrund der Größe ist der Anteil des Kollektorfeldes und auch des Speichers noch größer, sie tragen zusammen mit über 70% zu den Gesamtkosten bei. Die Montagekosten fallen mit 15% verhältnismäßig gering aus, müssen aber immerhin mit 3.000 bis 6.000 DM veranschlagt werden.
Bei einer Wirtschaftlichkeitsberechnung werden Wärmepreise zwischen 0,24 bis 1 DM/kWh ermittelt, je nachdem ob Flachkollektoren oder Vakuumröhren eingesetzt wurden und ob mit oder ohne Förderung kalkuliert wird (Tab. 5.12). Den Berechnungen liegen im übrigen die gleichen Annahmen zugrunde wie bei den Warmwasseranlagen. Die Größe der Solaranlage beträgt 12 m² Flachkollektor- bzw. 10 m² Vakuumröhrenkollektorfläche je-

Tabelle 5.13:
Jahresenergieerträge von Solaranlagen für verschiedene Nutzungen
(in kWh/m²·a) /68/.

Jahresenergieerträge von Solaranlagen für verschiedene Nutzungen in kWh/m²·a

Anlagentyp Kollektortyp	Beckenwasser-erwärmung von Freibädern	Warmwasser-Vorwärmung i. Wohnbauten; Deckungsgrad < 35%	Warmwasserbereitung in Wohnbauten; Deckungsgrad 35 – 50%	Warmwasserbereitung in Wohnbauten; Deckungsgrad 50 – 60%	Warmwasser + Raumheizung in Wohnbauten; Deckungsgrad < 30%	Warmwasser + Raumheizung in Wohnbauten; Deckungsgr. > 30%
Kunststoff-Absorber	250 – 350					
unverglas. Absorber, selektiv	250 – 350	350 – 450				
Flachkollektor einfachvergl.	300 – 400	400 – 500	300 – 450	200 – 300	200 – 300	150 – 250
Flachkoll. selektiv u. einfach- oderzweifach verglast	330 – 400	450 – 600	350 – 500	250 – 400	250 – 400	200 – 350
Vakuumröhren-Kollektor	300 – 400	450 – 650	400 – 600	350 – 550	300 – 500	250 – 450

weils mit einem 700 l-Schichtenspeicher und einem 150 l-Trinkwasserspeicher, der vorrangig beladen wird. Weitere detaillierte Angaben finden sich in Kapitel 5.5 und 5.8.
Die Kennzahlen für einen schnellen, überschlägigen Vergleich, wie sie oben schon für Brauchwasseranlagen ermittelt wurden, liegen bei Anlagen mit Heizungsunterstützung zwischen 2,40 und und 11 DM/kWh.

Diese Abschätzungen, ebenso wie die meisten anderen Wirtschaftlichkeitsrechnungen, berücksichtigen nicht die versteckten Kosten, die durch die Nutzung konventioneller Energie entstehen und von der Gesellschaft getragen werden: CO_2-Belastung der Atmosphäre, Umweltverschmutzung, Gesundheitsschäden, Ausbeutung der Natur, Atommüllentsorgung, Importabhängigkeit usw. Solange diese sogenannten „externen Kosten" nicht gerechter auf die Energieträger bzw. die erzeugte Energie verteilt werden, können Wirtschaftlichkeitsrechnungen wie die obige wirklich nur dazu dienen, Tendenzen sichtbar zu machen.
Es gibt mittlerweile Versuche, die CO_2-Emissionen finanziell zu bewerten und bei volkswirtschaftlicher Betrachtungsweise entweder den konventionellen Energien zuzuschlagen oder von den Erneuerbaren abzuziehen. Eine Analyse aus der Schweiz kommt zum Beispiel zu Preiszuschlägen bzw. -abzügen von ca. 4 Pf/kWh für Gas-, ca. 5,5 Pf/kWh für Ölfeuerung und 6 Pf/kWh für Strom /76/. Die Weltbank nennt Kosten von 34 DM/t CO_2.

Förderprogramme

Um die umweltfreundliche Energieerzeugung mittels Sonnenenergie und insbesondere die breitere Markteinführung der Sonnenkollektortechnik zu fördern, gewähren Bund, Länder und Gemeinden finanzielle Zuschüsse. Da die Förderungen von Ort zu Ort und von Zeit zu Zeit extrem schwanken, macht es im Rahmen eines Buches wenig Sinn, eine aktuelle Gesamtübersicht zu geben, die wahr-

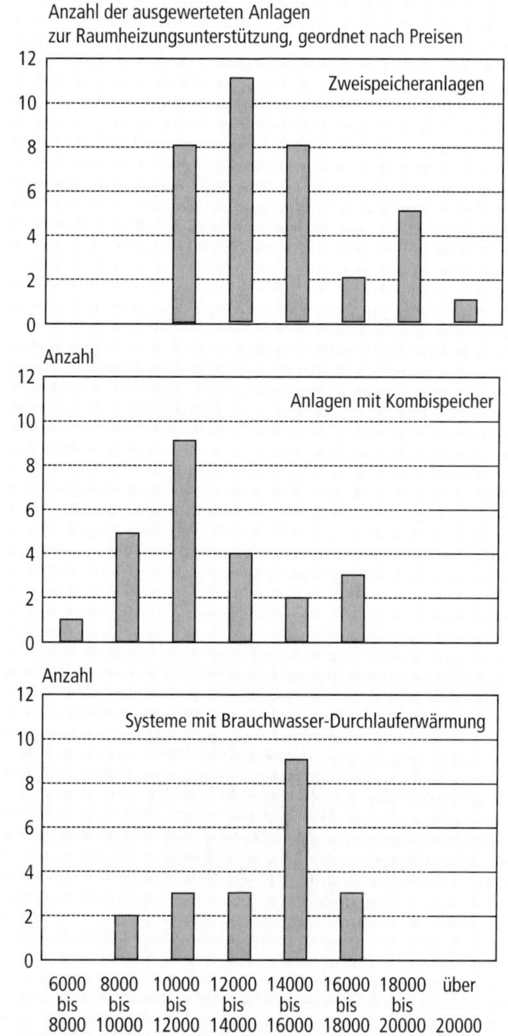

5.34
Kosten der Solaranlagen mit Heizungsunterstützung nach einer Markterhebung des Öko-Instituts, Freiburg /19/. Für das Haus am Standort Freiburg mit einem Gesamtwärmebedarf von 13.600 kWh/a wurden die drei aufgeführten Systemkonfigurationen angeboten (vgl. Kap.4).

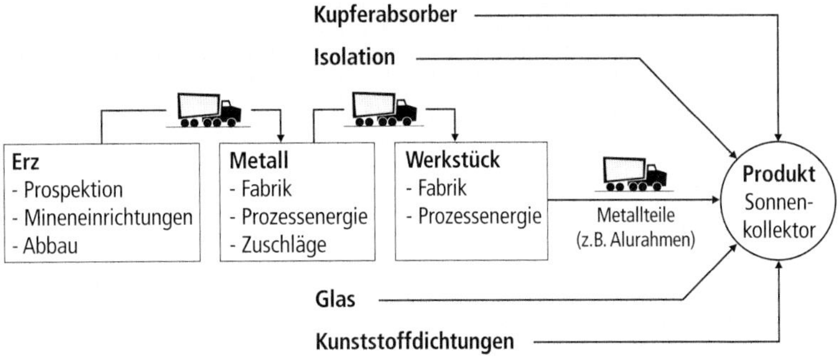

5.35: Prozeßkette zur Bestimmung der „Grauen Energie" eines Sonnenkollektors /77/.

scheinlich schon während der Drucklegung veraltet ist. Die Adressen der Förderstellen des Bundes und der Länder finden sich in Kapitel 9.7. Aktuelle Informationen können eingeholt werden z.B. bei der zuständigen Kommunalverwaltung, den Stadtwerken, der Verbraucherzentrale oder von Verbänden wie dem „Deutschen Fachverband Solarenergie" (DFS) oder der „Deutschen Gesellschaft für Sonnenenergie" DGS (Adressen siehe Kapitel 9).
Der Antrag auf Förderung muß in jedem Fall *vor* Auftragsvergabe bzw. Arbeitsbeginn gestellt und bewilligt sein. Die Höhe der Zuschüsse bezieht sich – sofern nicht mit einem Pauschalbetrag gefördert wird – in der Regel auf sämtliche Planungs- und Investitionskosten für die Solaranlage. Wieweit die Förderung des Bundes und des betreffenden Landes zusammen mit anderen Zuschüssen der Kommune, der Energieversorger oder des Landkreises in Anspruch genommen werden können, ist den jeweiligen Richtlinien zu entnehmen. Manchmal ist eine kombinierte Förderung bis zu 50% der Anlagenkosten möglich.
Darüber hinaus bieten einige Banken wie z.B. die Öko-Bank, die Umweltbank oder die Deutsche Ausgleichsbank zinsgünstige Darlehen für Solaranlagen.

5.7 Ökologische Aspekte

Nachdem in Kapitel 1 von den ökologischen Auswirkungen unseres Verbrauchs an fossilen Energieträgern (Kohle, Öl, Gas etc.) die Rede war, sollen hier einige umweltrelevante Aspekte von Solaranlagen näher quantifiziert werden.

Energetische Amortisation

Gelegentlich hört man die Behauptung, daß Solaranlagen während ihrer Nutzungszeit nicht einmal die Energie produzieren, die zur Herstellung der Anlage benötigt wird. Diese Aussage ist falsch!
Im Gegenteil, durch eine Reihe von Untersuchungen ist nachgeweisen worden, daß die sogenannte energetische Amortisationszeit oder Energierücklaufzeit sehr gering ist. Um sie zu ermitteln, wird der Energieaufwand für die Herstellung aller Anlagenteile bestimmt und zusammengerechnet, und zwar jeweils für die gesamte Produktionskette von der Gewinnung der Rohstoffe über die Herstellung des Grundmaterials (z.B. Aluminium) bis zur Bearbeitung des eingesetzten Werkstückes (z.B. profilierter Aluminiumrahmen) einschließlich der notwendigen Transporte (Abb. 5.35). Zur Herstellungsenergie – auch „Graue Energie" genannt – muß noch der Energieaufwand für die Wartung (z.B. für Ersatz einer zerstörten Glasscheibe o.a.) hinzugerechnet werden, außerdem der Betriebsaufwand (z.B. Strom für die Pumpe) sowie der Aufwand für die Entsorgung der kompletten Anlage nach Ablauf der Nutzungszeit.
Der Herstellungsenergieaufwand für die Materialien in Flachkollektoren und Vakuumröhrenkollektoren, deren energetische Amortisationszeit sowie der resultierende Erntefaktor wurden bereits in Kapitel 2.5 berechnet. In Tabelle 5.14 ist der Materialeinsatz für eine komplette Solaranlage mit 400 l Speicher zusammengestellt, die in der gleichen Studie untersucht wurde /36/. Der Primärenergieaufwand

für die ganze Solaranlage ist in Abb. 5.36 dargestellt, und zwar für zwei verschiedene Flachkollektoren und alternativ für einen Vakuumröhrenkollektor. Danach müssen für die Herstellung von Flachkollektoranlagen etwa 3.000 kWh und für die Herstellung der Vakuumröhrenkollektor-Anlage ca. 2.000 kWh an Primärenergie aufgewendet werden. Das führt zu einer energetischen Amortisationszeit für Solaranlagen von 0,6 bis 2,8 Jahren.
Für Anlagen zur Schwimmbaderwärmung beträgt die energetische Amortisationszeit nur 0,4 bis 1 Jahr /36/. Eine Nutzungsdauer von 20 Jahren unterstellt, ergibt sich daraus ein Erntefaktor (Energieproduktion dividiert durch Primärenergieaufwand) von 13 bis 23 für Flachkollektor-, von 18 bis 32 für Vakuumkollektor- und von 20 bis 50 für Absorber-Anlagen. Diese Zahlen belegen die energetische Sinnhaftigkeit von Solaranlagen eindrucksvoll.
Die energetischen Amortisationszeiten bzw. Erntefaktoren, die zum Vergleich für konventionelle Energiesysteme angegeben werden, beziehen sich lediglich auf die Anlage (z.B. das Kraftwerk) selbst. Es muß jedoch nicht nur für die Erstellung der Anlage selbst, sondern auch für den Betrieb ständig fossile Energie aufgewendet werden, so daß diese Zahlen streng genommen keinen Sinn ergeben.

Vermeidung von Schadstoffemissionen

Um die vermiedenen Schadstoffemissionen durch den Einsatz einer Solaranlage zu bestimmen, müssen die Emissionen infolge Bau und Betrieb der Solaranlage mit Alternativen aus dem Bereich der konventionellen Energieerzeugung verglichen werden. In Tabelle 5.15 sind die Emissionen für die relevanten Schadstoffe von konventionellen Haus-Heizungssystemen angegeben, und zwar für die Energieträger Strom (BRD-Mix), Gas und Öl, be-

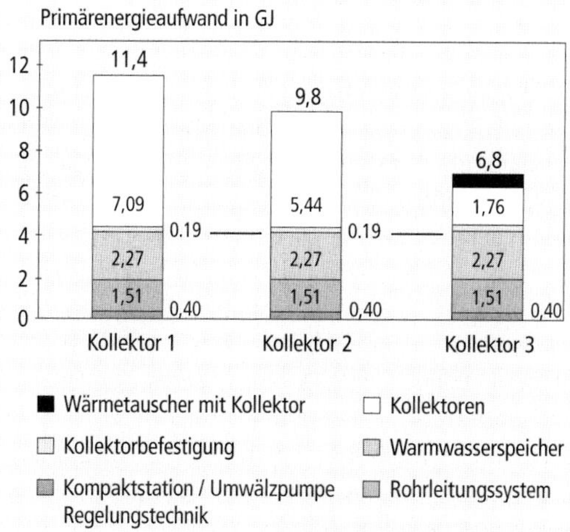

5.36 (oben)
Primärenergieaufwand für 3 unterschiedliche Solaranlagen (vgl. Tab. 2.9):
Kollektor 1:
Flachkollektor 6 m² mit Alu-Rahmen
Kollektor 2:
Flachkollektor 6 m² mit Kunststoff-Gehäuse
Kollektor 3:
5 m² Vakuumröhrenkollek. System: 400 l Speicher (Tab. 5.14).

Tabelle 5.14:
Benötigte Materialmengen und Primärenergie für das untersuchte System /36/. Die Gutschrift ergibt sich aus der Tatsache, daß bei einem konventionellen System auch ein Speicher, allerdings mit 130 l etwas kleiner, eingesetzt werden müßte. Ohne diese Gutschrift ergibt sich insgesamt ein Primärenergieaufwand von 1965 kWh, mit Gutschrift von 1144 kWh (PU: Polyurethan; PVC: Polyvinylchlorid).

Material- und Primärenergieaufwand für ein Solarsystem (ohne Kollektor)

Material	Herstell.- Energie-aufwand	Warmwasserspeicher 400 l		Kompaktstation		Rohrleitungssystem		Pumpe/Regelung		Gutschr. 130-l-Speicher	
		Material-menge	Energieauf-wand	Material-menge	Energieauf-wand	Material-menge	Energieauf-wand	Material-menge	Energieauf-wand	Material-menge	Energieauf-wand
	kWh/kg	kg/m²	kWh/m²	kg/m²	kWh/m²	kg/m²	kWh/m²	kg/m²	kWh/m²	kg/m²	kWh/m²
Stahl	7	121,3	849,1	6,25	43,75	0,13	0,91	3,6	25,2	-94,5	-661,5
Kupfer	12,5	15	184,5			14,4	180	0,78	9,75		
PU	29,1	14,04	407,16			1,04	30,26			-5,5	-160,05
Propyl.-glykol	25,3					6,8	172,04				
Messing	18,8			1,20	22,56	1,6	30,08				
PVC	19,7							0,3	5,91		
Aluminium	41,3							0,1	4,13		
Summe		150,34	**1440,76**	7,45	**66,31**	23,97	**413,29**	4,78	**44,99**	-100	**-821,55**

5.37
Vergleich der Kohlendioxid-Emissionen unserer Beispielfamilie (Warmwasserbedarf 200 l/d, ca. 3.400 kWh/a) bei verschiedenen Heizsystemen /19/.

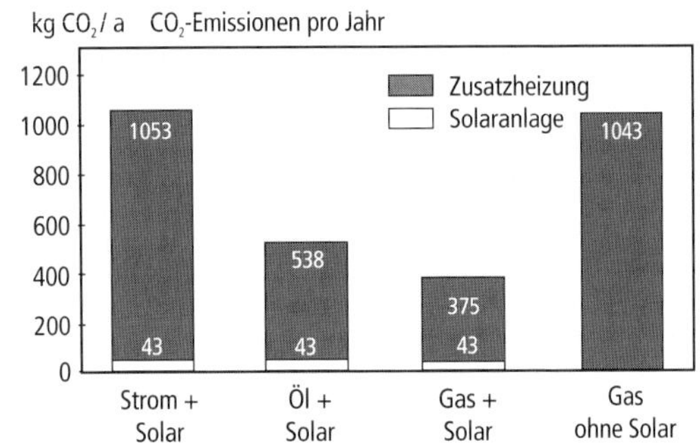

Emissionen bei Bereitstellung und Verfeuerung von verschiedenen Energieträgern

	Emissionen / Schadstoffe in g/kWh							
Energieträger	CO_2	CO	Staub	NO_x	SO_2	CH_4	NMVOC	N_2O
Strom	603	0,4	0,06	0,56	0,43	1,4	0,03	0,02
Erdgas	219	0,16	0,004	0,18	0,007	1,1	0,04	0,004
Heizöl EL	295	0,15	0,02	0,21	0,45	0,08	0,09	0,04

CO_2 = Kohlendioxid, CO = Kohlenmonoxid, NO_x = Stickoxide, SO_2 = Schwefeldioxid,
CH_4 = Methan, NMVOC = Kohlenwasserstoffe außer Methan, N_2O = Distickstoffoxid

Tabelle 5.15
Emissionen für die Bereitstellung und Verfeuerung von verschiedenen Energieträgern in konventionellen Haushalts-Heizungssystemen. Angaben in g/kWh, wobei der Nutzungsgrad der Heizsysteme mit 85% berücksichtigt ist /36/.

Tabelle 5.16
Vermeidbare CO_2-Emissionen durch den Einsatz verschiedener Kollektoranlagen in kg CO_2 pro m² Kollektorfläche und Jahr.

Vermeidbare CO_2-Emissionen durch Kollektoranlagen in kg CO_2 pro m^2 Kollektor

	Schwimmbad-Heizung	Solaranlage zur Trinkwassererwärmung		Teilsolare Heizung	
Energieträger	Kunststoff-Absorber	Flachkollektor	Vakuumröhre	Flachkollektor	Vakuumröhre
Strom	120 - 180	150 - 270	180 - 360	90 - 240	120 – 300
Gas	44 - 66	55 - 100	66 - 132	33 - 88	44 – 110
Öl	60 - 90	75 - 135	90 - 180	45 - 120	60 - 150
Mittelwert aus Öl + Gas	70	90	120	70	90

zogen jeweils auf die kWh Endenergie. Neben den Emissionen vor Ort (bei 85% Nutzungsgrad des Heizsystems) sind darin auch die vorgelagerten Emissionen enthalten, die bei der Gewinnung, Aufbereitung und dem Transport entstehen. Beispiel: Bei der Verbrennung von 1 Liter Öl (10 kWh) werden etwa 3 kg CO_2 „erzeugt".
Mit den Werten aus Tabelle 5.15 unter Berücksichtigung der spezifischen Energieerträge von Kollektoranlagen (Tabelle 5.13) lassen sich die jährlich vermiedenen CO_2-Emissionen bezogen auf die Energieträger Strom, Gas und Öl berechnen (Tabelle 5.16). Eindeutig schneiden die elektrischen Heizsysteme am schlechtesten ab. Strom sollte also zur Wärmeerzeugung möglichst nicht eingesetzt werden. Streng genommen sind die Werte in Tabelle 5.16 nicht ganz richtig, da durch die Herstellung, den Betrieb (Pumpe) und die Entsorgung von Solaranlagen auch Luftschadstoffe entstehen. Sie sind in Abb. 5.3 mit 43 kg CO_2 pro Jahr für die Solaranlage unserer Beispielfamilie berücksichtigt.

Verwendete Materialien

Die für den Bau von Solaranlagen verwendeten Materialien sind bis auf die Absorberbeschichtung aus der konventionellen Heizungstechnik bekannt. In jüngster Zeit legen die Hersteller mehr Wert darauf, möglichst umweltfreundlich zu produzieren: Das bedeutet zum Beispiel Minimierung des verwendeten Aluminiums (wegen hoher Energieintensität, vgl. Tabellen 2.8 und 5.14), Einsatz von nicht toxischen Frostschutzmitteln, Vermeidung von PVC (Polyvinylchlorid) und FCKW (Fluor-Chlor-Kohlenwasserstoffe). Auch für die Herstellung der Absorberschichten gibt es inzwischen umweltfreundliche Verfahren (vgl. Kap. 2.3.2).
Seit einigen Jahren wird vom Umweltbundesamt das Qualitätssiegel „Blauer Engel" auch für Kollektoren vergeben, wobei an die Vergabe sehr hohe Anforderungen geknüpft sind (s. Kap. 2.5). Für komplette Solaranlagen existieren solche Anforderungen derzeit nicht.

5.8 Computer-Berechnungsverfahren

Mit Hilfe von Simulationsprogrammen können Solaranlagen meist recht einfach und schnell am Computer dimensioniert werden, wobei die Programme heute zunehmend eine sehr benutzerfreundliche Oberfläche bieten. Die Bandbreite reicht von sehr einfachen Programmen bis hin zu äußerst komplexen Simulationssystemen. Zur besseren Übersicht ist die Einteilung in 3 Kategorien sinnvoll:

- *Einfache Programme, z.B. f-Chart oder Sw-Simu*
Mit den ganz einfachen Programmen, wie z.B.f-Chart und Sw-Simu, lassen sich vorgegebene Standard-Anlagenkonfigurationen unter normalen Betriebsbedingungen sehr schnell dimensionieren. Die Benutzeroberfläche ist sehr einfach, so daß die Benutzung der Programme keine lange Einarbeitungszeit erfordert. Rechenaufwand und Preis für diese Programme sind gering. Der Anwender stößt damit allerdings schnell an Grenzen, wenn von den vorgegebenen Konfigurationen abgewichen werden soll.

- *Ingenieur-Programme*
Zu dieser Programmgruppe zählen zum Beispiel T*Sol oder Polysun. Mit solchen Programmen können fast alle in der Praxis vorkommenden Anlagenkonfigurationen sehr detailliert und mit hoher zeitlicher Auflösung simuliert werden, wobei eine Fülle von Parametern eingestellt werden kann. Selbst Jahressimulationen mit hoher zeitlicher Auflösung benötigen auf einem leistungsfähigen PC nur wenige Minuten Rechenzeit. Die Einarbeitungszeit ist in der Regel recht kurz, jedoch sind für die Bedienung Fachkenntnisse sehr hilfreich bzw. Voraussetzung.

- *Wissenschaftliche Programme*
Zu dieser Gruppe von Programmen zählen zum Beispiel Trnsys oder Matlab/Simulink (Toolbox Carnot). Mit solchen Programmen lassen sich alle Solaranlagen modellieren. Sie dienen im Forschungsbereich zur Validierung, wissenschaftlichen Untersuchung und Entwicklung neuer Komponenten sowie von Systemkonfigurationen; sie eignen sich aber auch zur Abbildung sehr komplexer Energieversorgungsstrukturen zum Beispiel von ganzen Siedlungen mit mehreren Energiequellen. Einarbeitungszeit und Bedienungsaufwand für diese Programme sind erheblich. Für die Simulation von kleineren Anlagen, wie sie in diesem Buch im Vordergrund stehen, sind sie ungeeignet.

Aufgrund der heute verfügbaren leistungsfähigen Rechner laufen selbst sehr komplexe Simulationsprogramme auf einem normalen PC. Neben der rein technischen Dimensionierung bieten die meisten Programme zusätzlich die Möglichkeit, Berechnungen zur Wirtschaftlichkeit und zur Emission von Schadstoffen durchzuführen.
In Kapitel 9.1 sind die Bezugsadressen für die genannten Programme angegeben. Im folgenden werden einige der gebräuchlichsten Programme kurz vorgestellt.

Sw-Simu

SW-SIMU ist ein recht einfach zu bedienendes Simulationsprogramm für Energieanlagen in Freibädern. Die Berechnungen können wahlweise mit Solaranlage, konventioneller Heizungsanlage und Beckenabdeckung durchgeführt werden und dies für bis zu drei Schwimmbecken gleichzeitig. Als Ergebnis liefert das Programm eine komplette Energiebilanz mit allen wichtigen Gewinn- und Verlustanteilen sowie zeit- und temperaturgewichteten Mittelwerten der Beckentemperaturen. Die Berechnungen werden in Stundenschritten durchgeführt. Das Programm enthält Wetterdatensätze für 90 verschiedene Standorte in Deutschland. Die Ergebnis-

se können graphisch oder/und tabellarisch dargestellt werden.
Es ist das einzig verfügbare Programm, das speziell auf die Simulation von Solaranlagen zur Schwimmbadwassererwärmung zugeschnitten ist.

f-Chart

Es handelt sich um ein sehr einfaches Simulationsprogramm zur Berechnung von Solaranlagen zur Trinkwassererwärmung, das eine bereits in den 70er Jahren entwickelte, international anerkannte Rechenmethode benutzt. „f" steht dabei für das englische „(solar) fraction", zu deutsch solarer Deckungsgrad. Für eine Reihe von Standard-Anlagenkonfigurationen wurden mit dem komplexen Programmpaket Trnsys Tabellen (Charts) vor allem der solaren Deckungsgrade erstellt. Das Programm holt sich aus diesen Tabellen sehr schnell die Ergebnisse.
Die Benutzeroberfläche ist sehr übersichtlich und beschränkt sich auf eine Seite. Es können Wetterdaten von etwa 100 verschiedenen Standorten gewählt werden (Monatswerte), wobei auch eigene Wetterdatensätze eingegeben werden können. Der Solarkollektortyp kann aus einer Liste von ca. 60 auf dem Markt verfügbaren Modellen ausgewählt werden, wobei sich auch hier eigene Daten eingeben lassen. Angaben zum Warmwasserbedarf und zur konventionellen Nachheizung ergänzen die Eingaben zu Standort, Kollektor und Speicher (vgl. Abb. 5.38).

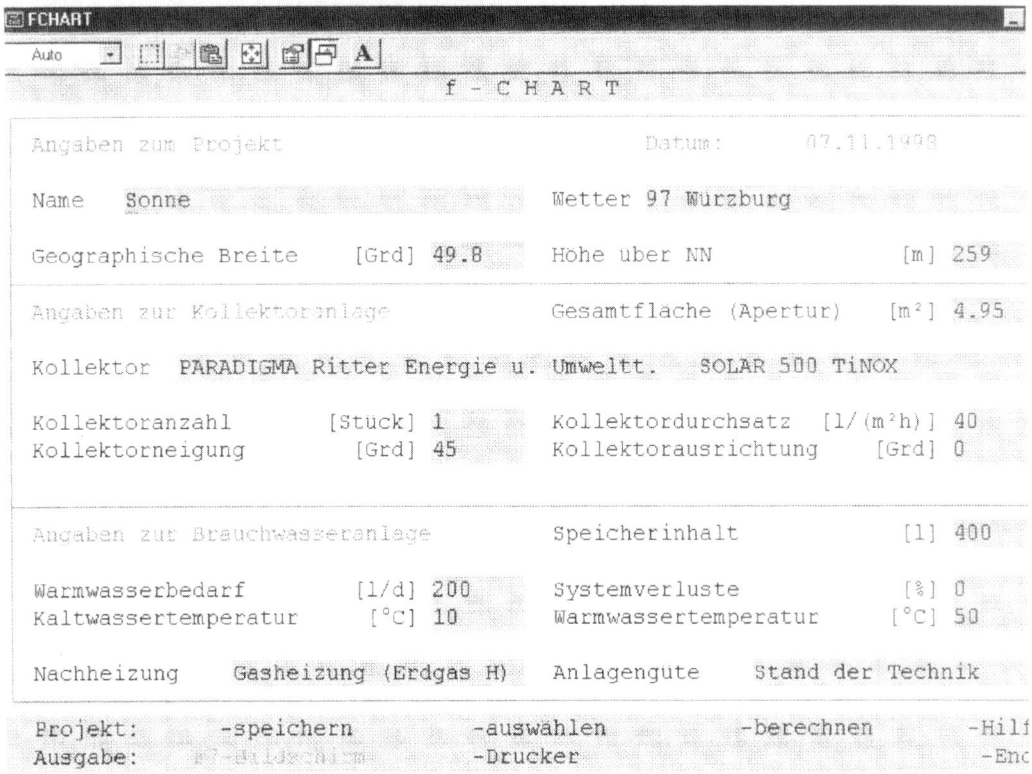

5.38
Eingaben für das Simulationsprogramm f-CHART. Die Werte für den Kollektor ergeben sich automatisch bei Eingabe des Herstellers und Typs /72/.

Als Ergebnisse liefert f-CHART monatliche Werte der Solarstrahlung, des Wärmebedarfs, der Zusatzenergie, des Solarenergieertrags sowie des Nutzungsgrades und der Deckungsrate. Zusätzlich werden die Jahressummen bzw. Jahresmittelwerte ausgegeben. Darüber hinaus werden die durch die Solaranlage vermiedenen Schadstoffemissionen von Kohlendioxid, Schwefeldioxid, Stickoxiden, Kohlenmonoxid und Staub berechnet, u.z. sowohl monatlich als auch über ein Jahr aufsummiert.
In Abb. 5.38 sind die Daten für unsere Familie Sonne in Würzburg eingegeben, Tabelle 5.17 sowie Abb. 5.39 zeigen die Ergebnisse.

T*Sol

Das Programm T*SOL erstellt für eine Anlage, die aus 5 fest vorgegebenen Konfigurationen ausgewählt werden kann, eine sehr detaillierte Berechnung und Auslegung. Neben der reinen Warmwasserbereitung können auch Solaranlagen mit Hei-

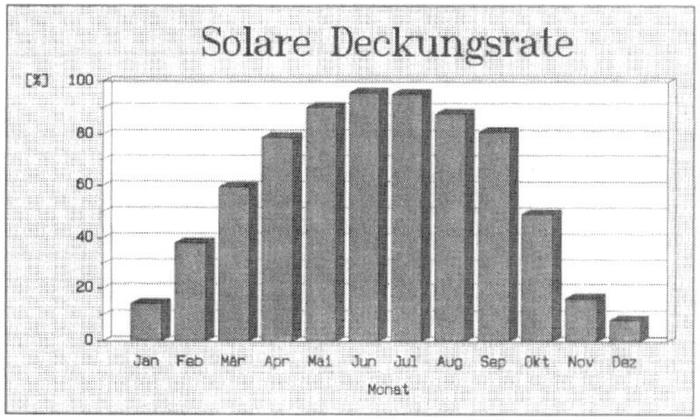

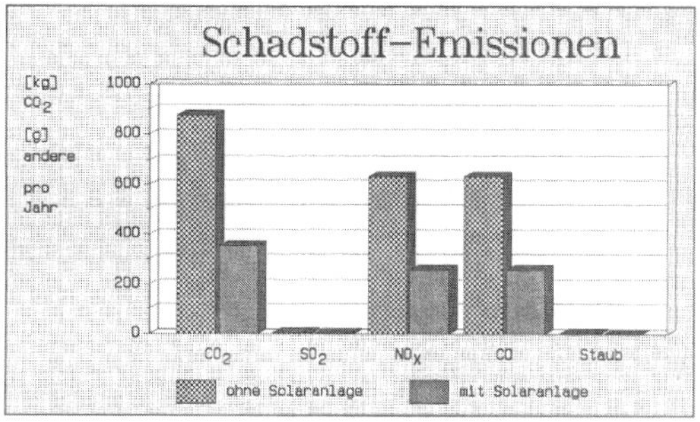

5.39
Ergebnisse der Simulation mit f-CHART für unsere Beispielsfamilie in Würzburg /72/.

Tabelle 5.17 (unten): Ergebnisse der f-Chart-Simulation für unsere Beispielfamilie Sonne in Würzburg. Mit der Solaranlage von 5 m² und einem Speicher von 400 l wird bei dem Verbrauch der 4-köpfigen Familie ein solarer Jahresdeckungsgrad von 60% erzielt bei einem Jahresnutzungsgrad des Systems von 34% /72/.

f-CHART Solare Brauchwasser-Erwärmung Ausgabe des Berechnungsprogramms

Monat	Solarstrahlung kWh	Wärmebedarf kWh	Zusatzenergie kWh	Sonnenenergie kWh	Wirkungsgrad	Deckungsrate	Energie Erdgas H m^3	Kohlendioxid CO_2 kg	Schwefeldioxid SO_2 g	Stickoxide NO_x g	Kohlenmonooxid CO g	Staub g
	Energiedaten						**Energie- und Emissionsreduzierung durch die Solaranlage**					
Januar	203	288	247	41	0,20	0,14	5	10,5	0,1	7,6	7,6	0,0
Februar	311	260	161	99	0,32	0,38	12	25,6	0,1	18,6	18,6	0,1
März	484	288	116	172	0,35	0,60	21	44,3	0,2	32,1	32,1	0,1
April	611	279	59	220	0,36	0,79	27	56,6	0,3	41,1	41,1	0,1
Mai	731	288	28	260	0,36	0,90	32	67,0	0,4	48,6	48,6	0,1
Juni	753	279	12	267	0,35	0,96	33	68,8	0,4	49,9	49,9	0,1
Juli	761	288	13	275	0,36	0,95	34	70,8	0,4	51,4	51,4	0,1
August	676	288	35	253	0,37	0,88	32	65,2	0,4	47,3	47,3	0,1
September	600	279	53	226	0,38	0,81	28	58,2	0,3	42,2	42,2	0,1
Oktober	388	288	146	142	0,37	0,49	18	36,6	0,2	26,6	26,6	0,1
November	198	279	233	46	0,23	0,16	6	11,8	0,1	8,6	8,6	0,0
Dezember	168	288	265	23	0,14	0,08	3	6,1	0,0	4,4	4,4	0,0
Jahr	**5882**	**3392**	**1369**	**2023**	**0,34**	**0,60**	**253**	**521,5**	**2,9**	**378,3**	**378,3**	**1,1**

Diese Werte sind Mittelwerte über einen Zeitraum von mehreren Jahren. Solar-Institut Jülich, Fachhochschule Aachen

Anlage sonne

Typ E; Datei: E:\TSOL\ANLAGE\SONNE.ANL

Kollektor

Paradigma-3 : Solar 600	
Flachkollektor	
Konversionsfaktor :	80 %
Spez. Wärmekapazität :	5.194 J/m²K
Einf. Wärmedurchgangskoeff. :	3,16 W/m²K
Quadr. Wärmedurchgangskoeff. :	0,0153 W/m²K²
Winkelkorrekturfaktor :	86 %
Nettofläche :	12,00 m²
Aufstellwinkel :	45 °
Azimutwinkel :	0 °

Leitungen

Einfache Länge Verrohrung außerhalb:	1 m
Einfache Länge Verrohrung im Haus:	10 m
Durchmesser der Leitungen :	20 mm
Dicke der Wärmedämmung außerhalb:	20 mm
Dicke der Wärmedämmung im Haus:	20 mm
Wärmeleitzahl :	0,035 W/mK
Anzahl ungedämmter Armaturen :	2
Anteil der Armaturen an den Rohrwärmeverlusten :	12 %

Interner Wärmeübertrager

Massenstrom Kollektorkreis :	120 l/h
Wärmeduchgang k*A:	1.440 W/K

Solarspeicher

mit Schichtenladevorrichtung	
Gesamtvolumen :	700 l
Anzahl der Speicher :	1
Dicke der Speicherdämmung :	150 mm
Wärmeleitzahl :	0,050 W/mK
Korrekturfaktor :	1,200
Speicherverluste :	1,895 W/K

Bereitschaftsspeicher

Gesamtvolumen :	150 l
Anzahl der Speicher :	1
Dicke der Speicherdämmung :	150 mm
Wärmeleitzahl :	0,050 W/mK
Korrekturfaktor :	1,200
Speicherverluste :	0,679 W/K

Kaltwasser

Temperatur im August :	14 °C
Temperatur im Februar :	6 °C

Heizung

Die Heizung wird betrieben mit Erdgas.
Nachheizung auch in den Sommermonaten.

Brennerleistung :	15 kW
Ladezeit für Bereitsch.-Speicher:	60 min
Optimaler Nutzungsgrad :	90 %
Nutzungsgrad Sommerbetrieb :	50 %

Warmwasserverbrauch

Durchschn. Tagesverbrauch :	200 l
Verbrauchsprofil aus Datei :	EINFAM.VER

Keine Zirkulation!

Heizwärmebedarf

Auslegungstemperatur :	-12 °C
Wärmebedarf :	5 kW
Vorlauftemperatur :	50 °C
Rücklauftemperatur :	30 °C
Heizgrenztemperatur:	15 °C
Grundlast :	0 kW

Standort

Wetterdateien :	WURZBURG
Geographische Breite :	50 °

Regelparameter

Die Solarpumpe wird über Temperaturdifferenz gesteuert.

Einschalten bei :	6 K
Ausschalten bei :	2 K
Max. Temp. des oberen Solarsp. :	85 °C
Solltemperatur Brauchwasser :	50 °C

Simulation

Starten am :	1. 1.
Beenden am :	31.12.
Rechengenauigkeit :	3 min
Abspeichern im Abstand von :	60 min
Ergebnisdatei :	SONNE.ERG

5.40
Überblick über die Daten und Ergebnisse der Jahressimulation der teilsolaren Heizungsanlage unserer Beispielsfamilie in Würzburg. (Seiten 202 und 203)

Das System ist als 2-Speicher-System mit einem Schichtenspeicher als Solarspeicher und einem kleinen (150 l) Trinkwasserspeicher (insgesamt 850 l Volumen), der vorrangig beladen wird, konzipiert. Die Kollektorfläche beträgt 12 m², das Wohnhaus hat Niedrigenergiehaus-Standard (vgl. Kap. 5.5 und Tab. 5.9).
Die Simulationen wurden mit dem Programm T*SOL durchgeführt /69/. Die Wirtschaftlichkeitsberechnungen damit ergeben einen Energiepreis von 0,58 DM/kWh, wobei sich die Anlage verglichen z.B. mit einer Gasheizung innerhalb der Lebensdauer nicht amortisiert.

sonne

Standort: wurzburg   Breitengrad: 49,8 °
Azimut: 0 °   Verbrauchsdatei: einfam
Kollektor: Paradigma-3 : Solar 600

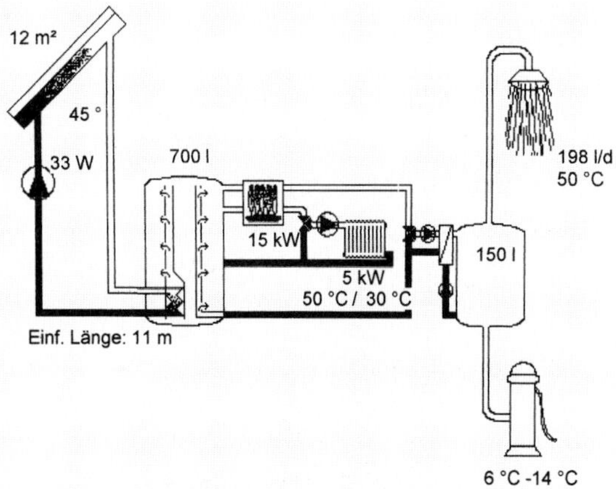

Ergebnis der Jahressimulation:

Einstrahlung auf die Kollektorfläche: 14.532 kWh
Vom Solarsystem erbracht: 3.146 kWh
Laufzeit der Kollektorkreispumpe: 2.017 h

Brauchwasser: 72 m³
Wärmebedarf Warmwasser: 3.404 kWh
Wärmebedarf Heizung: 10.761 kWh
Eingesetzter Brennstoff: 1.395 m³ Erdgas

Systemnutzungsgrad: 22 %
Deckungsanteil Warmwasser: 67 %
Deckungsanteil Heizung: 7 %
Deckungsanteil insgesamt: 22 %
Eingesparter Brennstoff: 453 m³ Erdgas
Vermiedene CO2-Emissionen: 860 kg

Die Berechnungen wurden am 9.11.1998 durchgeführt von
SolarInstitut Jülich
Ginsterweg 1, 52428 Jülich
mit dem Simulationsprogramm für thermische Solaranlagen T * S O L 3.0 .

Die Ergebnisse sind durch eine mathematische Modellrechnung ermittelt worden. Die tatsächlichen Erträge der Solaranlage können aufgrund von Schwankungen des Wetters, des Verbrauchs und anderer Faktoren davon abweichen. Das obige Anlagenschema ersetzt nicht die fachtechnische Planung der Solaranlage.

Wirtschaftlichkeitsberechnung

sonne

Ergebnis der Jahressimulation

Vom Solarsystem erbrachte Wärme: 3.146 kWh
Eingesparter Brennstoff: 453 m³ Erdgas

Parameter der Wirtschaftlichkeitsberechnung

Lebensdauer der Anlage: 20 Jahre
Kapitalzins: 6,0 %
Preissteigerungsrate für Energiekosten: 5,0 %
Preissteigerungsrate für Wartungskosten: 2,0 %
Kosten für Heizenergie: 0,40 DM/m³ Erdgas
Stromkosten für Betrieb der Pumpe: 0,30 DM/kWh
spez. Systemkosten : 1.500 DM/m²
Wartungsanteil: 1,0 %
Förderungsbetrag: 0 DM

Finanzierung

Investitionskosten: 18.000 DM
- Förderung: 0 DM
= zu finanzierender Betrag: 18.000 DM

Bilanz des ersten Jahres

Einsparung Erdgaskosten: 181 DM
- Betriebskosten: 20 DM
- Wartungskosten: 180 DM
= Ertrag: -19 DM

Ergebnis

Wärmepreis: 0,58 DM/kWh
Barwert der Investition: -17.632 DM
Amortisationszeit: 10.000,0 Jahre

Die Berechnungen wurden am 9.11.1998 durchgeführt von
SolarInstitut Jülich
Ginsterweg 1, 52428 Jülich
mit dem Simulationsprogramm für thermische Solaranlagen T * S O L 3.0 .

zungsunterstützung ausgelegt werden. Eine Fülle von Parametern kann verändert werden. Dazu gehören zum Beispiel

- Wetterdatensätze von 40 Standorten in Deutschland mit einer halbstündlichen Auflösung, wahlweise auch eigene Wetterdateien.
- Auswahl aus über 60 auf dem deutschen Markt erhältlichen Kollektoren, wahlweise Eingabe eigener Kollektorkenndaten.
- Eingabe sehr detaillierter Verbrauchsprofile und -lasten mit hoher zeitlicher Auflösung, insbesondere beim Warmwasserbedarf.
- Eingabe detaillierter Angaben zu den Rohrleitungen (z.B. Durchmesser, Länge, Wärmedämmung, Verluste der Armaturen).
- Eingabe detaillierter Daten zu den verwendeten Wärmetauschern; das Programm führt dazu entsprechend den Vorgaben auch eigene Berechnungen durch.
- Große Variationsmöglichkeiten bei den Speichern, der Nachheizung und bei den Parametern der Regelung.
- Eingabe der für eine dynamische Wirtschaftlichkeitsberechnung notwendigen Parameter.

Alle eingegebenen Parameter können auf einer Seite übersichtlich dargestellt werden. Abb. 5.40 zeigt den Anlagenüberblick für unsere Familie Sonne (mit Niedrigenergiehaus), die Zusammenfassung der Ergebnisse der energetischen Simulation und der Ergebnisse der Wirtschaftlichkeitsberechnung. Die Ergebnisse aller Temperaturen, Leistungen, Energien, Nutzungs- und Deckungsgrade können bis zu einer Auflösung von Tagesverläufen ausgegeben werden.
Mit dem Programm T*SOL steht ein recht einfach zu bedienendes Programm zur Verfügung, mit dem nach kurzer Einarbeitungszeit die in der Praxis gebräuchlichen Fälle mit hohem Detaillierungsgrad bearbeitet werden können. Die Rechenzeit für eine Jahressimulation beträgt bei den heute gängigen PCs nur wenige Minuten.

Polysun

Das Programm Polysun ist im Leistungsumfang vergleichbar mit T*Sol. Neben den Wetterdaten von verschiedenen Standorten in Deutschland enthält es auch Wetterdatensätze von Österreich und der Schweiz. Darüber hinaus enthält es alle Daten der umfangreichen Kollektortests des Schweizerischen Instituts SPF (Solartechnik Prüfung Forschung) in Rapperswil, an dem dieses Programm entstanden ist. Durch Kopplung mit dem Gebäudesimulationsprogramm Helios können relativ exakte Simulationen von Solaranlagen zur Heizungsunterstützung durchgeführt werden.
Die Ergebnisse können in drei Stufen abgerufen werden: Der Detail-Report liefert sehr detaillierte Angaben, der Ingenieur-Report die für die Planung wichtigen Angaben und der kunden-orientierte Präsentations-Report eine anschauliche Darstellung für das Verkaufsgespräch. Auch bei diesem Programm sind sowohl die Einarbeitungs- als auch die Berechnungszeiten sehr kurz.

5.9 Zusammenfassung der Anlagenmerkmale

	Typische Merkmale von Solaranlagen zur			
	Schwimmbadbeheizung 1)	**Trinkwassererwärmung** 2)	**teilsolare Raumheizung** 2)	**vollsolare Raumheizung** 2)
Bemessung d. Absorberfläche bzw. Kollektorfläche	(0,5 bis 0,8) · Wasseroberfläche, Kunststoffabsorber	Fk.: 1 - 1,5 m^2 / Person Vk.: 0,8 - 1,2 m^2 / Person	Fk.: 0,8 - 1,1 m^2 pro 10 m^2 WF oder 2 - 3 m^2 pro Person Vk.: 0,5 - 0,8 m^2 pro 10 m^2 WF oder 1,5 - 2,5 m^2 pro Person	1,5 - 3 m^2 pro 10 m^2 beheizte Fläche
Speicher	Schwimmbecken	70 – 100 l /Person	> 50 l pro m^2 Kollektorfläche + 50 l pro Person oder 50 - 85 l pro Person oder 100 – 200 l pro kW Heizlast	250 - 1.000 l pro m^2 Kollektorfläche
Neigung	0 - 45°	25 – 60°	35 - 80°	35 - 80°
Abweichung aus der Südrichtung	bei horiz. Anordnung beliebig bei größeren Neigungsw. ± 45°	± 45°	± 45°	± 45°
Solare Deckungsrate	100% bei schwank. Wasser- temperaturen, max. 23 - 25°C	40 – 60%	< 35%	> 70%
Jahresnutzungsgrad	15 - 30%	Fk.: 20 - 45% Vk.: 25 – 60%	Fk.: 10 – 40% Vk.: 15 - 50%	10 - 40%
spez. Systemertrag	200 – 300 kWh/m^2a	Fk.: 250 - 450 kWh/m^2a Vk.: 300 - 600 kWh/m^2a	Fk.: 150 – 400 kWh/m^2a Vk.: 200 – 500 kWh/m^2a	150 - 400 kWh/m^2a
Systemkosten	100 – 250 DM/m^2 Systemkosten inkl. Installation	Fk.: 1.000 - 2.500 DM/m^2 Vk.: 2.000 - 3.900 DM/m^2 ohne Installation	Fk.: 800 – 2.200 DM/m^2 Vk.: 2.200 – 3.300 DM/m^2 ohne Installation	40.000 - 100.000 DM komplett
Kosten Installation		2.000 - 4.000 DM pro System 200 - 1.000 DM/m^2 für Systeme 4 - 10 m^2	3.000 – 6.000 DM pro System 150 - 750 DM/m^2 für Systeme mit 8 – 20 m^2	
spezifische Energiekosten	5 - 8 Pf/kWh	Fk.: 20 - 60 Pf/kWh Vk.: 30 - 70 Pf/kWh	Fk.: 20 – 80 Pf/kWh Vk.: 50 – 100 Pf/kWh	keine gesicherten Werte
Amortisation: energetisch	5 Monate - 1 Jahr	7 Monate bis 3 Jahre	wenige Jahre	keine gesicherten Werte
wirtschaftlich (ohne Förderung)	5 - 7 Jahre	innerhalb der Nutzungsdauer nicht möglich	nicht innerhalb der Nutzungsdauer	nicht innerhalb der Nutzungsdauer
vermiedene CO_2-Emissionen bezogen auf Öl / Gasheizung	70 kg/m^2a	Fk.: 90 kg/m^2a Vk.: 120 kg/m^2a	Fk.: 70 kg/m^2a Vk.: 90 kg/m^2a	70 kg/m^2a

Fk. = Flachkollektor, Vk. = Vakuumröhrenkollektor, WF = Wohnfläche 1) gültig für private u. öffentliche Freibäder, 2) gültig für 1- bis 2-Familienhäuser

Flachdachmontage von Kollektorelementen, hier noch ohne Verglasung.
Foto: Wagner & Co, Cölbe

Mit Hilfe des Krans ist der Dacheinbau großer Kollektoreinheiten schnell erledigt.
Foto: Arbeitsgemeinschaft Erneuerbare Energie, Gleisdorf

Der Aufbau der Kollektoren am Dach (aus Absorber, Dämmung und Verglasung) ist arbeitsintensiv und heute nur noch beim Selbstbau üblich.
Foto: Arbeitsgemeinschaft Erneuerbare Energie, Gleisdorf

Große Solaranlagen, hier eine Anlage mit 266 m^2 in Frankfurt, werden aus großen Elementen zusammengesetzt und mittels Kran montiert.
Foto: Wagner & Co, Cölbe

Solar-Roof-Elemente können auch für die Fassadenintegration von Kollektoren eingesetzt werden.
Foto: Klaus Lambrecht, Rottenburg-Seebronn

Dachaufbau von Elementkollektoren, hier auf einem Mehrfamilienhaus inMannheim.
Foto: Peter Schalajda, Kandern-Holzen

6 Errichtung und Betrieb
Hinweise für Erwerb und Aufbau

Nach der Planung und Dimensionierung muß die Solaranlage schließlich auch noch erworben, installiert und in Betrieb genommen werden. Um die Langlebigkeit und die Zuverlässigkeit der Anlage zu gewährleisten, sind im Laufe der Betriebsjahre außerdem Wartungs- und Instandsetzungsarbeiten notwendig. Abb. 6.1 zeigt die in diesem Kapitel behandelten Zusammenhänge von Erwerb, Errichtung und Betrieb.

6.1 Erwerb einer Solaranlage

Wie bei allen Produkten gibt es auch bei Solaranlagen große Unterschiede in Qualität und Preis. Bei einer Investition in der Größenordnung von 10.000 DM lohnt sich ein Vergleich allemal. Einen guten Überblick über die Fülle der am Markt verfügbaren Produkte (Kollektor, Speicher und Komplettanlagen) gibt /19/. Die Stiftung Warentest unternimmt in unregelmäßigen Abständen eine Qualitätsbewertung und veröffentlicht sie in der Zeitschrift „Test" /23/, /41/. Außerdem können bei den Verbraucherzentralen oder/und Forschungs- und Testinstituten weitere, aktuelle Informationen eingeholt werden (vgl. Kapitel 9: Adressen).
Für den konkreten Fall wird der Planer bzw. der Bauherr in der Regel Angebote verschiedener Firmen einholen. Um die zu erbringenden Leistungen und auszuführenden Arbeiten möglichst genau zu beschreiben, kann z.B. die Muster-Ausschreibung im Anhang 4 hilfreich sein.
Liegen dann mehrere Angebote vor, fällt es den Kunden / Nutzern oftmals schwer, die verschiedenen Angebote miteinander zu vergleichen, weil der Angebotsumfang, die Preisaufschlüsselung auf die einzelnen Komponenten sowie deren Qualität nicht oder nur „verschlüsselt" erkennbar und damit vergleichbar sind. Außerdem ist möglicherweise der eine Planer oder Handwerker auf das Produkt der Firma xy fixiert, während das nächste Angebot die etwas andersartigen Produkte der Fa. yz bevorzugt. Standardisierte und damit vergleichbare Angaben zur thermischen Leistungsfähigkeit gibt es lediglich zu der Komponente Solarkollektor (vgl. Kap. 2), obwohl auch diese aufgrund der unterschiedlichen Normen in Europa sowie durch verschiedenartige Interpretation der Anbieter mit einer gewissen Vorsicht zu betrachten sind. Über die ebenso wichtigen Merkmale wie Zuverlässigkeit, Handhabbarkeit auf der Baustelle und Haltbarkeit im Betrieb liegen dagegen kaum vergleichbare Informationen vor. Letzteres gilt für alle Komponenten einer Solaranlage, besonders, wenn es sich um in der Installations- bzw. Heizungstechnik weniger gebräuchliche Bauteile handelt.

6.1
Vorgehen bei Erwerb, Installation, Inbetriebnahme und Wartung von Solaranlagen (Fortsetzung von Abb. 5.2).

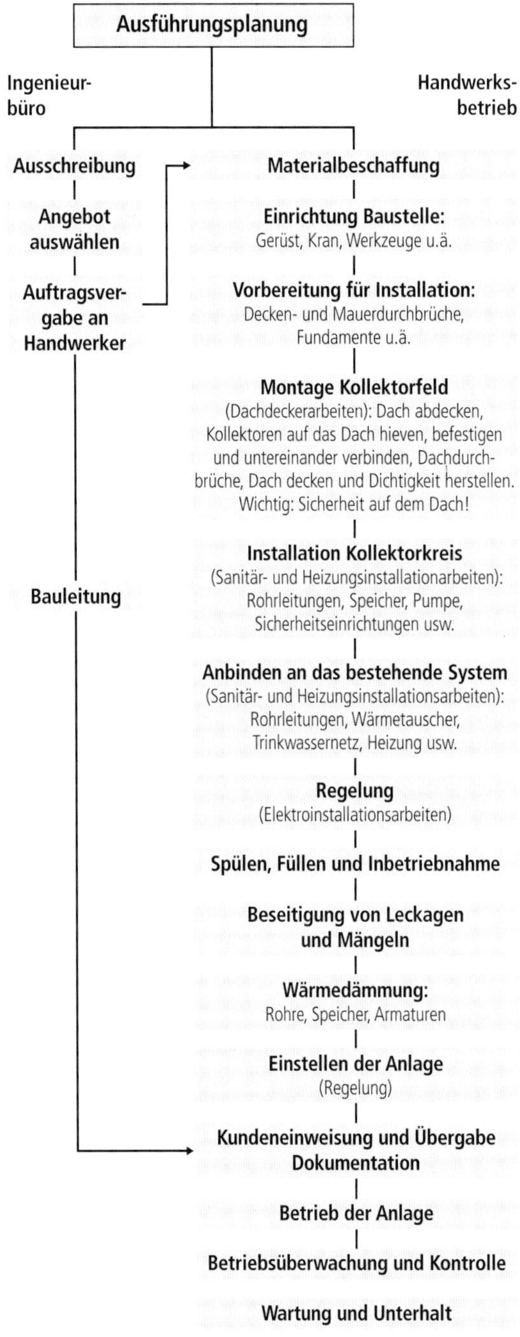

Fazit

Beim Vergleich verschiedener Angebote sollte der Preis nicht das einzig ausschlaggebende Argument sein. Der Preisdruck auf die Anbieter hat in den letzten Jahren enorm zugenommen und zu einer Annäherung der Anlagenpreise geführt: Von 1995 bis 1998 ist der Durchschnittspreis für Solaranlagen zur Trinkwassererwärmung von ca. 12.000 DM auf ca. 8.800 DM, also um rund 25%, gesunken. Dies ist teilweise sicherlich auf verbesserte, d.h. rationellere Produktionsverfahren sowie auf die größeren Stückzahlen zurückzuführen, was jedoch als Grund für den beträchtlichen Preisrückgang allein kaum ausreicht; weitere „Einsparungen" wurden und werden z.B. auch durch den Einsatz billiger Bauteile oder durch knappe Dimensionierung erzielt. Der Preisdruck seitens der Anbieter hat zum Teil auch zu Einschränkungen beim Lieferumfang geführt: Resultat sind überhöhte Aufpreise für zusätzlich benötigte Teile oder für Komfortausstattungen – gut vergleichbar mit den Sonderausstattungen beim PKW-Kauf. Da die thermische Leistungsfähigkeit heute verfügbarer und getesteter Anlagen nah beieinander liegt, sollte besonderes Augenmerk weniger auf die „letzte kWh" als vielmehr auf hohe Zuverlässigkeit und Qualität der Bauteile und der Anlage insgesamt gelegt werden /78/. So gehört zu einer guten Anlage heute auch eine kurze und verständliche Montage- und Bedienungsanleitung, die alle wichtigen Informationen zur Montage, Inbetriebnahme und zum Betrieb enthalten sollte.

6.2 Installation

Die Installation einer Solaranlage beginnt mit der Anlieferung aller Komponenten und Bauteile; es folgen die Einrichtung der Baustelle (Gerüst, Kran, Leiter, Werkzeuge, usw.), die Vorbereitungen für

die Installation (Decken- und Mauerdurchbrüche, Fundamente usw.) und schließlich die Montage der Anlagenkomponenten. Abgeschlossen wird der Einbau mit der Übergabe der funktionsfähigen Anlage an den Kunden und dessen Einweisung.
Am Einbau sind grundsätzlich mehrere Handwerke beteiligt:

- *Dachdeckerarbeiten* sind notwendig, um den Kollektor auf dem Dach zu installieren.
- *Installationsarbeiten* umfassen im wesentlichen die Verlegung des Rohrnetzes einschließlich Herstellung von Löt- und Schraubverbindungen, den Einbau aller erforderlichen Bauteile in das Rohrnetz sowie den Anschluß an die bestehende Haustechnik.
- *Maurerarbeiten* sind notwendig, wenn für die Verlegung der Rohre im Haus Durchbrüche hergestellt und später verputzt werden müssen.
- *Elektroinstallationsarbeiten* bestehen im wesentlichen aus dem Anschluß der Pumpe, der Regelung und Steuerung sowie aus dem Blitzschutz.

Ergänzend zu den Funktionsbeschreibungen und Montagehinweisen der Komponenten in Kapitel 2 und 3 werden im folgenden weiterführende Empfehlungen zur Installation und Inbetriebnahme gegeben.

6.2.1 Kollektormontage

Kollektoren werden überwiegend auf dem Dach montiert. Der Einbau in Fassaden ist noch sehr selten; das einfache Aufständern oder Ausbreiten der Kollektoren auf der Erde kommt fast ausschließlich bei Schwimmbadanlagen zur Anwendung (Installationshinweise vgl. Kap. 2.3.1). Insofern ist die Montage der Kollektoren klassischerweise eine Arbeit für den Dachdecker, bei der u.a. die einschlägigen Unfallverhütungsvorschriften zu beachten sind /79/.

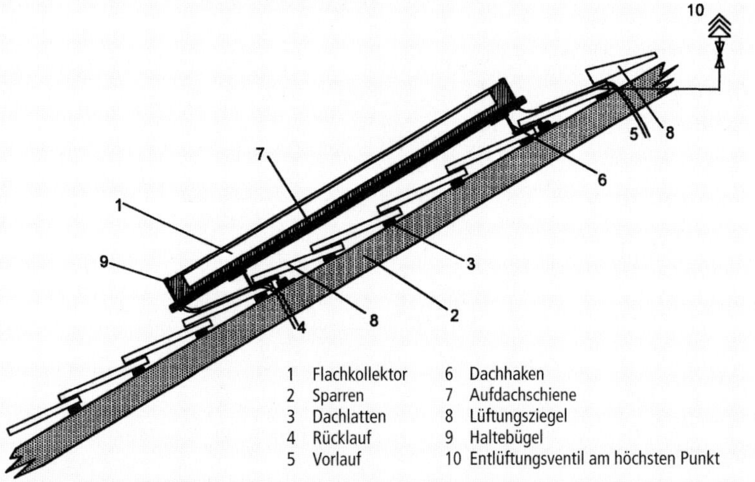

6.2
Beispiel für eine Aufdachmontage. Die Montagesets werden in der Regel vom Anlagenhersteller mitgeliefert und richten sich nach der Form des Daches, der Dacheindeckung usw.

6.3
Beispiel für eine Indachmontage. Zur Abdichtung werden entsprechende Montagesets von den Herstellern geliefert, angepaßt an den Kollektor sowie an die Bedingungen vor Ort wie z.B. Dachform, Dacheindeckung u.ä.

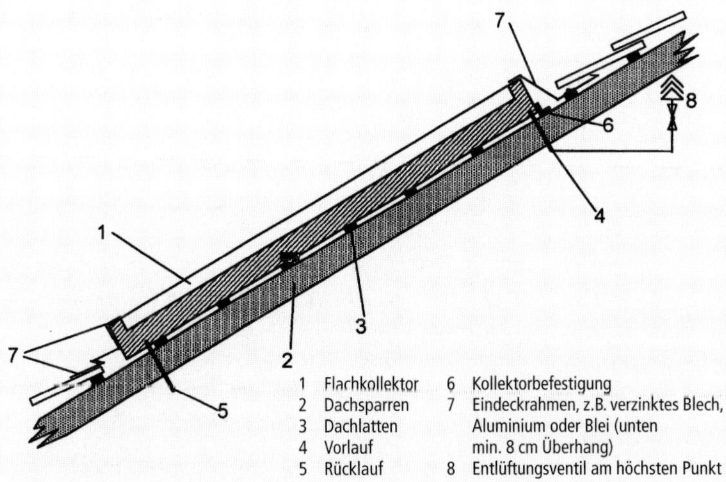

Prinzipiell können die Kollektoren auf Schrägdächern montiert oder auf Flachdächern aufgestellt werden. Auf die in diesem Zusammenhang wichtigen Punkte wie Anordnung, Orientierung und Neigung, Materialauswahl usw. wurde bereits in den Kapiteln 2.3.2 und 5.4 hingewiesen, so daß hier nur noch einige praktische Aspekte zu behandeln sind /80/.

Kollektoren in Schrägdächern

Beim nachträglichen Einbau von Kollektoren hat die *Montage oberhalb der Dachfläche* zwei wichtige Vorteile:

+ Die Dachhaut wird, abgesehen von der Montage der Halteeisen und der Rohrdurchführungen, nicht verletzt. Sollten Undichtigkeiten am Kollektor oder Schäden an der Verglasung (z.B. durch Hagel) auftreten, sind Folgeschäden am Gebäude weitgehend ausgeschlossen.
+ Die Montage geht schnell und ist entsprechend kostengünstig; es entfallen nicht nur teure Eindeckrahmen und Blechanschlüsse zur Dachhaut, sondern auch Arbeiten wie das Abdecken und das anschließende Wiedereindecken des Daches.

Auch wenn ästhetische und thermische Gründe (außen liegende Kollektoren werden durch den Wind gekühlt!) eher für den *Einbau in die Dachfläche* sprechen, wird die Überdach-Montage recht häufig gewählt. Auf folgende Punkte ist zu achten:

- Die Statik des Daches muß die zusätzliche Last von ca. 300 N/m^2 (30 kp/m^2) tragen können.
- Die Verankerung an den Dachsparren mittels Stahlhaken muß so stabil ausgeführt werden, daß die Kollektoren weder abgleiten (bei Schneelast) noch vom Wind weggetragen werden können. Punktlasten auf Ziegel sind zu vermeiden.
- Die Wärmedehnung der Kollektoren und Leitungen darf nicht behindert werden.
- Es muß sichergestellt werden, daß bei einer Schneeschmelze kein Schmelzwasser in den Kollektor eindringt.
- Der Abstand zwischen Dach und Kollektorboden sollte mindestens 6 cm betragen.
- Die Verrohrung ist auf möglichst kurzem Wege unter die Dachhaut zu führen, wo eine bessere Wärmedämmung der Leitungen erzielt werden kann. Die Durchdringung der Dachhaut ist so auszuführen, daß keine Undichtigkeiten entstehen.

Bei der Montage oberhalb der Dachziegel müssen die Anschlußleitungen stets ein Stück über Dach verlegt werden, um sie dann an passender Stelle z.B. durch einen umfunktionierten Lüftungsziegel durch die Dachhaut zu führen (zum Thema „Anschlüsse und Verbindungen im Außenbereich“ vgl. Kapitel 2.4).

Unauffälliger, für das Erscheinungsbild des Hauses schöner und thermisch günstiger, weil geringere Wärmeverluste durch Wind auftreten, ist natürlich der *Dacheinbau*. In schneereichen Gegenden hat diese Lösung – eine ausreichende Dachneigung vorausgesetzt – zudem den Vorteil, daß der Schnee besser abrutscht.
An der statischen Belastung des Daches ändert sich bei dieser Einbauart nichts, da eine Ziegeldeckung im allgemeinen schwerer ist als der entsprechende Kollektor. Beim Neubau werden obendrein die Kosten der Dacheindeckung im Kollektorbereich eingespart.

Kollektoren auf Flachdächern

Sofern vom Kollektorhersteller nicht bereits fertige Stützen oder passende Montagematerialien bezogen werden können, muß ein zu den Kollektoren passendes Gestell gebaut werden.
Bei der Montage auf Flachdächern empfiehlt sich die Befestigung des Traggerüstes an ausreichend schweren Betonsteinen, die nach Entfernen der Kiesschicht zum Schutz der Dachdichtung auf Sand, eine Filzunterlage oder eine PS-Schaumplatte gestellt werden. Der Kollektor sollte so hoch über dem Boden montiert werden, daß abrutschen-

der Schnee keine Haufen bildet, die den Kollektor verschatten.

Größere Kollektorflächen werden im allgemeinen hintereinander in Reihen angeordnet. Um eine Verschattung in den hinteren Reihen zu vermeiden, muß ein bestimmter Mindestabstand zwischen den Reihen eingehalten werden, der von der Höhe der Kollektoren, ihrem Neigungswinkel und dem Sonnenhöhenwinkel h abhängt (vgl. auch Abb. 1.15). Für h wird ein Wert von 20 bis 25° empfohlen. Mit Hilfe des Diagramms in Abb. 6.5 kann der Mindestabstand leicht ermittelt werden.

Weitere Aspekte bei der Kollektormontage

- *Orientierung*

Brauchbar sind Dachneigungen zwischen 0 und 60° für Schwimmbaderwärmung und 25 bis 80° für Trinkwassererwärmung, ebenso Abweichungen der Orientierung von bis zu 45° aus der Südrichtung (vgl. Kap. 5.4). Dabei sollten die Empfangsflächen möglichst verschattungsfrei sein. Während bei Schrägdächern Neigung und Orientierung vorgegeben sind, ermöglicht die Aufstellung auf einem Flachdach oder im Gelände in der Regel eine exakte Südorientierung und die Wahl eines günstigen Neigungswinkels. Eine optimale Ausrichtung ist auch bei direkt durchströmten Vakuumröhrenkollektoren möglich, bei denen der Absorber in einem gewissen Bereich gedreht werden kann (vgl. Kap. 2.3.3).

- *Blitzschutz*

Sofern das Dach mit Blitzableitern ausgestattet ist, sind die Metallrahmen der Kollektoren und die Eindeckrahmen elektrisch leitend mit der Blitzschutzanlage zu verbinden, ebenso alle anderen größeren metallischen Einbauten in der Dachfläche. Dabei sind alle erforderlichen Sicherheitsvorkehrungen nach VDE zu berücksichtigen. Die Installation sollte durch einen Fachmann vorgenommen werden.

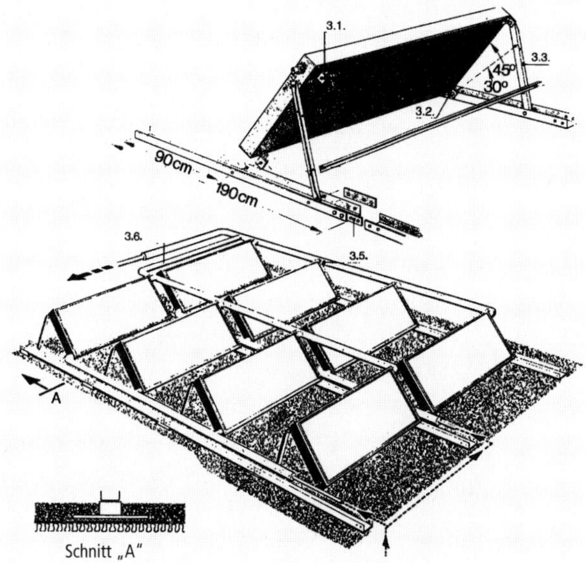

6.4: Aufstellung auf einem Flachdach mittels Stahlrahmen.

6.5
Nomogramm zur Bestimmung des Abstandes b zwischen Kollektorreihen (Länge der Kollektoren = l) bei freier Aufständerung als Funktion der Kollektorneigung n (für Südausrichtung). Parameter ist der Sonnenhöhenwinkel h, d.h. der niedrigste unverschattete Sonnenstand.

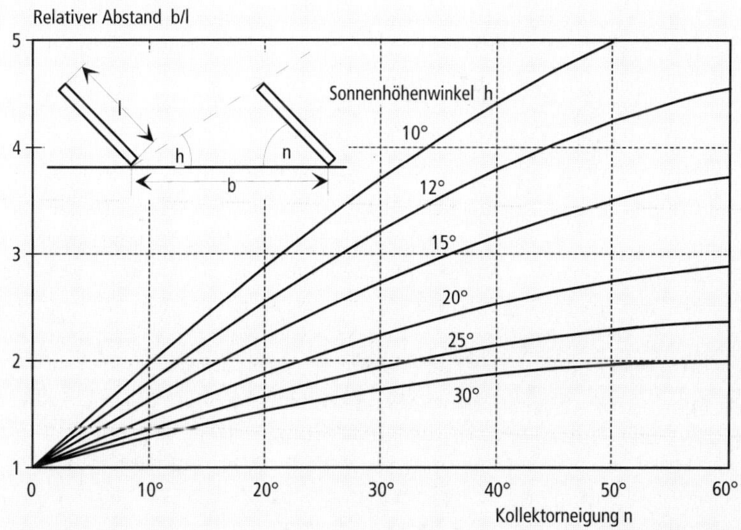

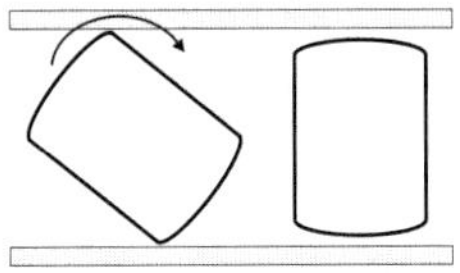

6.7
Bei der Aufstellung des Speichers ist das Kippmaß zu beachten /81/.

- *Verschaltung*

Ein Kollektorfeld besteht meist aus mehreren Kollektoren (gängige Abmessungen ca. 2 x 1 m). Bis zu 6 solcher Einheiten können parallel geschaltet werden; bei noch größeren Flächen ist die Serien-Parallel-Schaltung anzuwenden. Zur Sicherstellung einer gleichmäßigen Durchströmung muß die untere und obere Verteilung im Kollektorfeld nach dem Schema „Tichelmann" (Prinzip der gleich langen Wege durch alle parallel geschalteten Zweige) ausgeführt werden (vgl. Kap. 2.4).

- *Verrohrung*

Verteil- und Sammelleitungen sind außerdem so zu verlegen, daß die temperaturbedingten Längenänderungen (5 mm/m Leitungslänge) keinen Schaden anrichten. Bei großen Anlagen sind ggf. Kompensatoren einzubauen.
Alle Leitungen sollten mindestens mit 30 mm starker Wärmedämmung versehen werden, die im Außenbereich wetterbeständig und gegen UV-Strahlen geschützt sein muß (vgl. Kap. 2.4).

- *Entlüftung*

An der höchsten Stelle oberhalb der Kollektoren und der Rohrleitungen ist ein Lufttopf mit Handentlüfter oder mit einem automatischen Entlüftungsventil (welches temperaturbeständig sein muß) einzubauen. Ergeben sich bei der Reihenschaltung von Kollektoren Luftsäcke, sind auch hier Handentlüfter vorzusehen. Für den Fall, daß die Entlüfter an einer schwer zugänglichen Stelle liegen würden, empfiehlt es sich, vom Lufttopf aus eine dünne Stichleitung an eine besser erreichbare Stelle zu führen und den Entlüfter dort zu montieren.

- *Montageablauf*

Die Kollektoren sollten nach der Montage nicht unnötig lange ungefüllt im Leerlauf „schmoren", da die Materialien durch die hohen Temperaturen stark beansprucht werden. Daher ist es empfehlenswert, die Installation des Kreislaufes gleich anschließend vorzunehmen oder die Kollektoren solange abzudecken.

6.6: Kollektormontage. Quelle: Fa. Wagner & Co, Cölbe

6.2.2 Installation des Speichers

Speicher sind vorsichtig zu transportieren, da es durch Stoß oder Schlag zu Beschädigungen der Anschlußstutzen und/oder des Mantels sowie bei emaillierten Speichern zu Abplatzungen an der inneren Emaillierung kommen kann (Verpackung erst am Aufstellungsort entfernen). Schon bei der Auswahl des Speichers gilt es zu bedenken, ob er aufgrund seiner Abmessungen durch Türen und Engstellen an den Aufstellungsort gebracht werden kann. Außerdem ist das Kippmaß zu beachten (Abb. 6.7).
Der Aufstellungsort sollte so gewählt werden, daß die Leitungswege zu den Warmwasser-Zapfstellen möglichst kurz ausfallen. Am Bestimmungsort wird der Speicher so aufgestellt, daß die Rohrleitungen für Kalt- und Warmwasser sowie die Leitungen des Solarkreislaufes gut an die entsprechenden Speicheranschlüsse herangeführt werden können.

Gleichzeitig sollte das Speicherthermometer gut ablesbar sein und genügend Platz für die Wärmedämmung bleiben.
Sofern der Speicher nicht im Keller steht (z.B. bei Schwerkraftanlagen), ist die Tragfähigkeit der Deckenkonstruktion zu beachten und die Last (befüllter Speicher!) ggf. durch untergelegte Kanthölzer auf eine ausreichend große Fläche oder tragende Innenwände zu verteilen.
Soll der Speicher mit Rippenrohr-Wärmetauschern ausgerüstet werden, sind diese jetzt einzubauen. Um optimalen Korrosionsschutz zu gewährleisten, müssen Rippenrohrwärmetauscher elektrisch isoliert im Flanschdeckel montiert und die Rohre des Solarkreislaufes über spezielle Isolierverschraubungen angeschlossen werden. Auf die richtige Lage (Höhe) des Wärmetauschers im Speicher ist zu achten (vgl. Kap. 3.2.1). Außerdem sollten die Wärmetauscheranschlüsse markiert werden, so daß der heiße, vom Kollektor kommende Wärmeträger den Tauscher von oben nach unten durchströmt.
Bevor wir uns dem Anschluß der Rohrleitungen zuwenden, ist es – wenn nicht bereits herstellerseitig erfolgt – sinnvoll, die Tauchhülsen für Temperaturfühler, Thermostate und Thermometer sowie die Opferanode mit Hanf und Dichtungspaste einzusetzen. Zur Kontrolle der Speichertemperaturen sind 2 Zeigerthermometer vorzusehen, und zwar eines oben im Nachheizvolumen zur Anzeige der Bereitschaftstemperatur und eines in der Höhe des Solarwärmetauschers zur Funktionskontrolle und zur Abschätzung der Speicheraufladung.
Die übrigen, nicht benötigten Speicheröffnungen werden mit Blindstopfen verschlossen. Falls am Speicher keine freien Gewindemuffen für die Thermometer verfügbar sind, bietet die elektrische Temperaturmessung mittels Anlegefühler einen Ausweg. Die Anzeige wenigstens der oberen Speichertemperatur ist für den Nutzer unverzichtbar.
Bei seitlich aus dem Speicher herausgeführten Leitungen entstehen thermische Verluste aufgrund des Thermosiphon-Effektes, wenn die Leitungen vom Flansch aus direkt nach oben geführt werden (vgl. Abb. 3.3). Abhilfe schafft eine siphonartige Leitungsführung vom Anschlußstutzen aus (Abb. 6.8).
Zum Abschluß der Speicherinstallation wird die Wärmedämmung angebracht. Dazu werden vom Hersteller in der Regel vorgefertigte, paßgenaue Dämmschalen mitgeliefert. Leider kommt es immer noch vor, daß hervorstehende Stutzen oder Flansche dabei ungedämmt bleiben (vgl. Abb. 3.3). In solchen Fällen muß auf der Baustelle Abhilfe geschaffen werden.

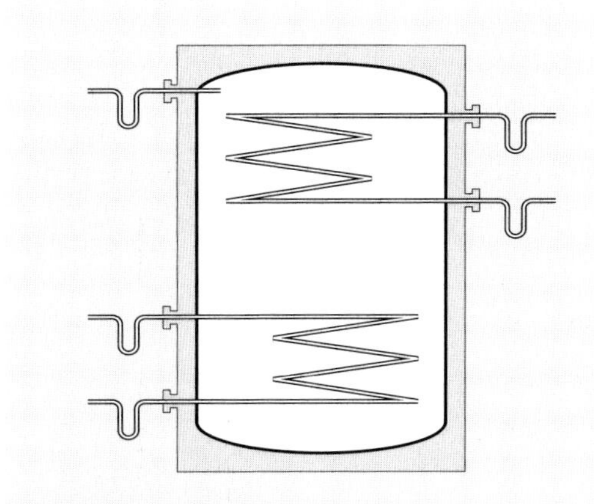

6.8
Leitungsführung bei seitlich aus dem Speicher herausgeführten Anschlüssen.

6.9 (unten)
Convectrol - die wirkungsvolle Konvektionsbremse. Ein Mini-Siphon als Schwerkraftbremse wird inzwischen als Spezialfitting für alle warmen Speicheranschlüsse angeboten. Quelle: Fa. Wagner & Co, Cölbe

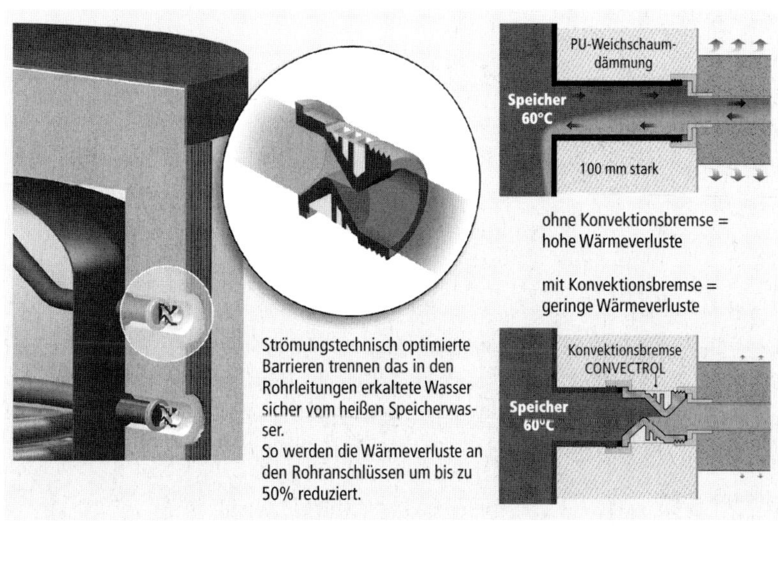

6.2.3 Solarkreislauf

• *Verrohrung des Solarkreislaufs*

Bei der Verrohrung des Solarkreislaufs finden die aus der klassischen Heizungs- und Sanitärtechnik bekannten Werkstoffe und Fügetechniken Verwendung. Da sehr hohe Temperaturen auftreten können und Frostschutzmitteln eingesetzt werden, ergeben sich folgende Besonderheiten:

* Es sollten grundsätzlich Kupferrohre zum Einsatz kommen, denn verzinkte Stahlrohre neigen in Kombination mit Glykol zur Schlammbildung; Kunststoffrohre sind in der Regel nicht ausreichend temperaturbeständig.
* Die gebräuchlichste Verbindungstechnik für Kupferrohr ist das Löten, wobei verschiedene Hart- und Weichlote zur Auswahl stehen. Da Weichlot nur bis 110°C dauerhafte Temperaturbelastung zugelassen ist, wird das Hartlöten empfohlen (z.B. Lot L-Ag2P ohne Flußmittel nur für Cu-Cu-Verbindungen oder L-CuP6 mit Flußmittel für Cu-Rotguß-Verbindungen). Langjährige Erfahrungen aus der Praxis zeigen jedoch, daß bei Ausführung des kompletten Solarkreises mit Weichlotverbindungen keinerlei Probleme wie z.B. Undichtigkeiten auftreten, da Temperaturen über 110°C selbst in der Nähe des Kollektoraustritts nicht sehr häufig auftreten (sollten). Daher sind Weichlötverbindungen (z.B. mit Lot S-Sn97Cu 3 in Verbindung mit dem Flußmittel Typ 3.1.1.C) durchaus akzeptabel und werden von vielen Herstellern und Installateuren bevorzugt, da die Lötung einfacher und schneller ausgeführt werden kann. Darüber hinaus weisen Hersteller auf den Vorteil hin, daß die Materialbelastung beim Weichlöten wesentlich geringer ist und daher die Haltbarkeit besonders von mechanisch stark beanspruchten Anschlüssen besser ist. Selbstverständlich sind Weichlotverbindungen an Stellen, an denen die Temperatur 110°C nicht übersteigen kann, ausreichend und zulässig.
* Grundsätzlich können die Verbindungen auch mit *Schraub- oder Preßfittings* hergestellt werden. *Klemmringverschraubungen* werden neuerdings häufiger verwendet, da sich dadurch der recht erhebliche Aufwand beim Löten vermeiden läßt. Besonders bei Verbindungen mit den vorkonfektionierten Schnellmontagerohren sind sie unerläßlich, da durch die hohen Temperaturen beim Löten die Isolierung beschädigt würde (Brandgefahr!). Außerdem läßt sich die für die Installation benötigte Zeit erheblich reduzieren.
* *Schläuche* bzw. *flexible Verbindungen* können erforderlich sein, um z.B. geringfügige Bewegungen bei frei aufgestellten Kollektoren von der starren Rohrinstallation fernzuhalten (vgl. Kap. 2.4). Bewährt haben sich Silikonschläuche mit Gewebeeinlage, die mittels glatter Schlauchschellen (mit Blechunterlage) oder Federklammern befestigt werden, außerdem Wellrohr aus Edelstahl, das mit Gewindeverschraubungen hart verlötet wird. Gummischläuche sind ebenso wie die meisten Gummidichtungen nicht ausreichend glykolbeständig.
* *Schraubverbindungen* sollten mit Hanf abgedichtet werden, da sich Teflonband wegen der erhöhten Kriecheigenschaften des Frostschutzmittels nicht bewährt hat. Ebenso ungeeignet sind Konusverschraubungen, während Schneid- und Preßringverschraubungen gut geeignet sind.

• *Leitungen zwischen Kollektor und Speicher*

Die Verbindungsleitungen zwischen Kollektor und Speicher sollten kurz sein und soweit wie möglich im Innern des Hauses geführt werden. Decken- und Wanddurchbrüche müssen so groß sein, daß die Rohre mit einer ausreichenden Wärmedämmung (mindestens 30 mm) hindurch passen. Weitere Hinweise zu Materialwahl, Leitungsführung und Wärmedämmung finden sich in Kapitel 3.2.4.

• *Umwälzpumpe und Armaturen*

Es empfiehlt sich, die Umwälzpumpe und die übrigen Armaturen des Solarkreislaufes zu einer Instal-

lationsgruppe zusammenzufassen und in der Nähe des Speichers an einer Wand zu montieren. Pumpe, Rückschlagventil, Sicherheitsventil und Ausdehnungsgefäß mit Manometer werden dabei vorteilhaft in der kälteren Leitung, dem Rücklauf, eingebaut. Mittlerweile liefern die meisten Anlagenhersteller fertige Kompaktbaugruppen für die Wandmontage oder mit dem Speicher verbundene Montageeinheiten, wodurch die Installationsarbeiten wesentlich schneller von der Hand gehen (vgl. Kap. 3.2.7).
Alle Armaturen sollten entsprechend Abb. 3.1 montiert werden. Besonders wichtig ist für die Anlagensicherheit, daß zwischen Kollektor und Sicherheitsventil keine Absperrorgane (auch nicht der Rückflußverhinderer) montiert werden.

- *Membran-Ausdehnungsgefäß*

Bei der Montage des Membran-Ausdehnungsgefäßes (MAG) sind folgende Hinweise zu beachten (vgl. Kap. 3.2.6):

* Da das Ausdehnungsgefäß in der Regel nicht wärmegedämmt ist, sollte es so installiert werden, daß möglichst keine Wärme darüber verloren geht. Außerdem hält die Membran meist keinen höheren thermischen Beanspruchungen stand. Das MAG sollte daher in einen toten Abzweig des Rücklaufes installiert werden, und zwar nach unten hängend (Abb. 6.10).
* MAGs mit mehr als 12 Liter Volumen müssen mit einer eigenen Halterung versehen werden.
* Das Ventil zur Einstellung und Prüfung des Vordrucks (meist an der Unterseite) muß zugänglich bleiben.

- *Entlüfter*

Neben dem Entlüfter am höchsten Punkt der Anlage (s.o.) müssen weitere Entlüfter installiert werden, wenn im Kreislauf Luftsäcke auftreten können. Der oder die Entlüfter sind nur während der Entlüftung der Anlage geöffnet. Im normalen Betrieb werden sie geschlossen, damit dort keine Flüssigkeit austreten kann.

- *Regelung / Steuerung*

Für die Installation der Regelung bzw. Steuerung liefert der Hersteller in der Regel eine detaillierte Montageanweisung, die angesichts der konzeptionellen und schaltungstechnischen Unterschiede bei diesem Bauteil unbedingt zu beachten ist. Ansonsten gelten die Angaben in Kapitel 3.2.2.

6.2.4 Verbraucherkreislauf

Der Anschluß der Warm- und Kaltwasser-Leitung an das häusliche Wassernetz bietet gegenüber dem Anschluß klassischer Warmwasserspeicher keine Besonderheiten. Die erforderlichen Armaturen sind in Kapitel 3.3 beschrieben, ebenso der Anschluß der Zirkulationsleitung, sofern diese erforderlich ist bzw. gewünscht wird.

6.2.5 Nachheizung

Für die Nachheizung wird eine der in Kapitel 3.4 erläuterten Varianten gewählt. Bei der Anbindung ist insbesondere darauf zu achten, daß die Regelungen der beiden Systeme (Solaranlage und Nachheizung) gut aufeinander abgestimmt sind. Moderne Solarregler verfügen meist auch über eine Funktion zur Regelung der Nachheizung. Wegen der sehr unterschiedlichen Gegebenheiten vor Ort und in Anbetracht der Gefahren, die von Heizungs- und Elektroinstallationen ausgehen können, sollten die Anschlußarbeiten von Fachhandwerkern ausgeführt werden.

6.2.6 Anlagensicherheit

Die Anlagensicherheit verdient besondere Beachtung. Die Maßnahmen dazu beinhalten Sicherheitsvorkehrungen im Solarkreislauf (Sicherheit bei Anlagenstillstand), Sicherheitsmaßnahmen für den Speicher (Begrenzung der Speichertemperatur) sowie Sicherheitsmaßnahmen im Verbraucherkreis (Schutz vor Verbrühung). Einzelheiten dazu finden sich in Kapitel 3.5.

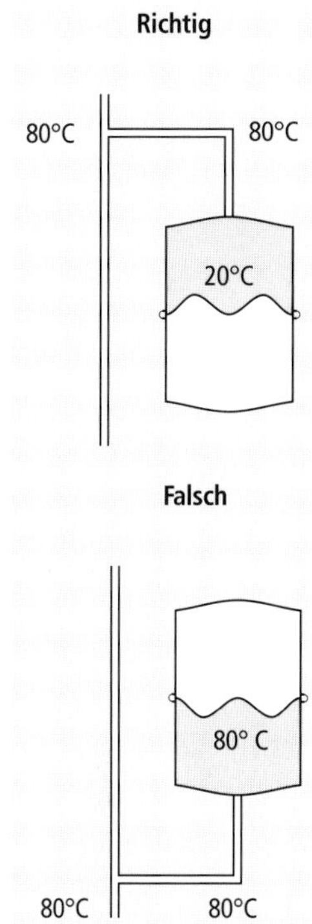

6.10
Montage des Ausdehnungsgefäßes /61/.

6.3 Inbetriebnahme

Vor Inbetriebnahme der Solaranlage müssen alle Installationsarbeiten im Kollektorkreis, bis auf die Isolierung des Speichers und der Rohre, abgeschlossen sein; der Kalt- und Warmwasseranschluß sowie die Elektroarbeiten sollten ausgeführt und der Speicher gefüllt sein. Zum Spülen und Füllen des Solarkreises müssen die Kollektoren bei Sonnenschein abgedeckt werden, um ein Verdampfen zu vermeiden.

Spülen und Abdrücken

Die Inbetriebnahme der Sonnenkollektoranlage beginnt mit einem gründlichen Spülen des Kreislaufes (ca. 10 Minuten), um Schmutz und Flußmittelreste zu entfernen. Dazu wird das Füllventil mittels Schlauch an die Kaltwasserleitung angeschlossen und ein weiterer Schlauch vom Entleerungsventil in den Abfluß geführt. Das Absperrventil dazwischen wird geschlossen (Abb. 6.11).

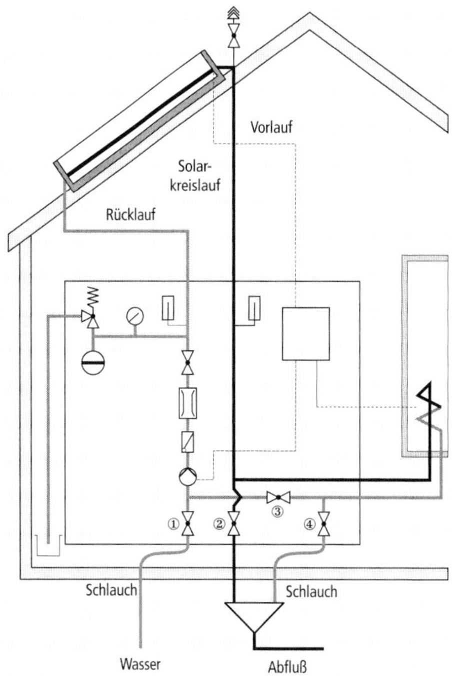

6.11
Spülen des Solarkreislaufes:
Zunächst ist Ventil 3 geschlossen, über Füllventil 1 läuft das Wasser ein, über Entleerungsventil 2 wieder aus.
Der Wärmetauscher wird dabei zunächst nicht mit gespült, damit sich dort in den engen Rohrwindungen kein Schmutz aus dem Solarkreis festsetzen kann.

Erst am Ende des Spülvorgangs wird durch Schließen von Ventil 2 und Öffnen von Ventil 4 auch der Wärmetauscher gespült.

Ist das Spülen beendet, folgt die *Druckprobe*. Bei geschlossenem Entleerungsventil und geöffnetem Füllventil wird der Druck bis kurz unter Nenndruck des Sicherheitsventils erhöht. Bei geschlossenem Füllventil wird nun die Pumpe eingeschaltet und der Kreislauf über den bzw. die Entlüfter sowie über die Entlüftungsschraube an der Pumpe selbst entlüftet. Nach Schließen der Entlüftungsventile wird der Druck wieder erhöht. Wenn keine Luft mehr im System ist, darf der Druck innerhalb von einer Stunde (oder länger) nicht abfallen. Anderenfalls muß nach dem Leck gesucht werden. Dabei müssen alle Löt-, Schweiß- und Gewindeverbindungen mit der Hand auf austretende Feuchtigkeit kontrolliert werden. Durch Erhöhen des Druckes kann zum Schluß auch das Ansprechen des Sicherheitsventils überprüft werden.

Danach wird das System durch Öffnen von Entleerungsventil und Entlüfter vollständig entleert und – um das Anlagenvolumen zu bestimmen – die Menge des auslaufenden Wassers abgemessen. Nun kann die Menge des zuzusetzenden Frostschutzmittels bestimmt werden. Da immer ein wenig Wasser im Kreislauf zurückbleibt (z.B. im Wärmetauscher und im Kollektor), ist hier ein gewisser Sicherheitszuschlag notwendig.

Füllen

Zum Füllen der Anlage wird eine Pumpe benötigt, die in der Lage ist, einen Druck von mindestens 1,5 bis 2 bar zu erzeugen. Der Handwerker wird hierfür eine kleine Kreiselpumpe benutzen, zur Not reicht aber auch eine billige Bohrmaschinen- oder Handpumpe.

Ähnlich wie beim Spülen wird die fertig gemischte Wärmeträgerflüssigkeit über das Füllventil in den Kreislauf gepumpt. Es hat sich als praktisch erwiesen, wenn der Wärmeträger durch das geöffnete Entleerungsventil noch eine Zeit lang in den Mischbehälter zurückfließen kann, um auf diese Art bereits den größten Teil der Luft aus dem System zu entfernen. Anschließend wird durch Schließen des Entleerungsventils wieder Druck im System aufgebaut, bis der Solldruck erreicht ist.
Wenn die Luft bereits weitgehend aus dem System entfernt ist (durch Umwälzen und/oder Betätigen der Entlüfter), kann die Pumpe in Betrieb genommen werden (per Handbetrieb auf höchster Stufe). Dann wird der Solarkreis über die Enlüfterventile sowie über die Pumpe selbst (Herstellerangaben beachten) sorgfältig entlüftet, am besten bei geöffneter Rückschlagklappe und durch mehrfaches An- und Abschalten der Pumpe.
Ist der Anlagendruck durch die entweichende Luft abgesunken, muß mittels Füllpumpe Flüssigkeit nachgefüllt werden, bis der Anlagen-Betriebsdruck wieder erreicht ist.
Wenn keine Luft mehr entweicht und der Betriebsdruck eingestellt ist, folgt der letzte Teil der Druckprobe (nochmalige Kontrolle aller Lötstellen und Verschraubungen). Da sich bei Wasser-Glykol-Mischungen eher Undichtigkeiten zeigen als bei reinem Wasser, ist es möglich, daß Undichtigkeiten sichtbar werden, die vorher unbemerkt blieben.
Zum Abschluß werden die Entlüftungsventile geschlossen, die Rückschlagklappe wieder in den Betriebszustand versetzt und selbstverständlich die Wärmedämmung der Rohrleitungen und des Speichers sorgfältig angebracht. Auch die Abdeckung der Kollektoren wird nun entfernt.

Einstellen der Regelung und Pumpenleistung

An der Regelung wird eine Einschalt-Temperaturdifferenz von 5 bis 10°C eingestellt und, sofern getrennt einstellbar, eine Ausschalt-Temperaturdifferenz von ca. 2°C, es sei denn, in der Bedienungsanleitung sind andere Werte angegeben. Nun kann der Pumpenschalter von Dauerbetrieb auf geregelten Betrieb umgeschaltet werden. Sofern die Sonne scheint, der Kollektor warm genug ist und bei der Elektroinstallation keine Fehler gemacht wurden, muß die Pumpe jetzt laufen. Nach einigen Minuten sollte die Leitung vom Kollektor warm werden und an den beiden Thermometern eine Temperaturdifferenz zwischen Vor- und Rücklauf ablesbar sein.
Ob die Anlage bei der gewählten Reglerstellung wirklich optimal arbeitet, läßt sich erst durch längeres Beobachten des Betriebes, z.B. an einem Tag mit wechselnder Einstrahlung und teilweise geladenem Speicher, herausfinden.
Arbeitet die Anlage wunschgemäß, werden die Reglereinstellungen dauerhaft markiert; die Steuerung kann jetzt im Automatik-Betrieb arbeiten. Bei voller Sonneneinstrahlung, also gegen Mittag, wird

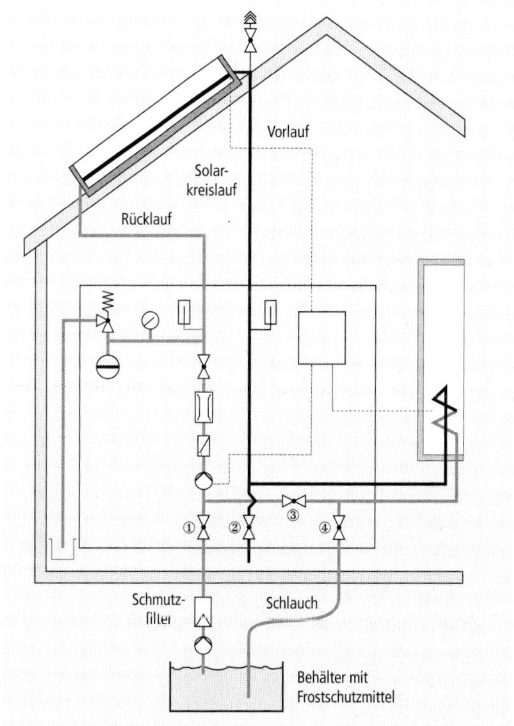

6.12
Zum Füllen des Solarkreislaufes mit Frostschutzlösung sind Ventil 1 und 4 zu öffnen und Ventil 2 und 3 zu schließen.

die Leistung der Umwälzpumpe (sofern mehrstufig) so gewählt, daß sich eine Temperaturdifferenz zwischen Vor- und Rücklauf von etwa 10 bis 15°C ergibt. Die mittlere Kollektorkreistemperatur sollte dann um etwa 5 bis 10°C höher liegen als die Speichertemperatur, gemessen in Höhe des Solar-Wärmetauschers. Diese Angaben gelten für die heute noch überwiegend vorkommende High-Flow-Betriebsweise. Für Low-Flow-Betrieb sind die Herstellerangaben zu beachten.
Die Einstellung der Speichertemperaturbegrenzung oder des Thermostaten für die Nachheizung bereitet im allgemeinen keine Probleme. Die praktische Wirkung der Thermostatfunktion ist zu überprüfen.

Sofern ein *Betriebsstundenzähler* für die Pumpe vorhanden ist, gestattet er bei entsprechender Buchführung, z.B. nach einem Jahr, eine genauere Beurteilung der Anlagenfunktion. Die Pumpe im Solarkreislauf sollte pro Jahr etwa so lange laufen, wie das Jahr Sonnenstunden hat, also ca. 1.400 bis 1.800 Stunden pro Jahr. Werden deutlich längere Laufzeiten gemessen, wird der Speicher möglicherweise über die Kollektoren entladen; in diesem Fall sind die Ein- und Ausschaltschwellen der Regelung heraufzusetzen. Bei zu kleiner Pumpenlaufzeit ist die Einstellung der Schaltschwellen zu überprüfen und ggf. herabzusetzen; eventuell hilft aber auch eine günstigere Anordnung der Temperaturfühler.

Abnahme der Anlage

Bei der Übergabe der fertigen Anlage sollte den Nutzern eine detaillierte Beschreibung der Anlage mit Schaltbild, Datenblatt und schriftlicher Bedienungsanleitung übergeben werden. Noch besser und nach DIN 4757-1 sogar vorgeschrieben ist es, diese Unterlagen gut sichtbar an der Anlage anzubringen, zusammen mit der Adresse und Telefonnummer des Installateurs. Die Funktion der Anlage sowie die Bedeutung der Schalter und Einstellungen sollten ausführlich erklärt sein (siehe Anhang A5).

Die komplette Inbetriebnahme kann anhand der Checkliste in Anhang A6 überprüft werden.

6.4 Wartung und Störungsbeistand

Wartung

Solaranlagen sind ausgesprochen wartungsarm. Jährlich sollten routinemäßig, möglichst an einem sonnigen Tag, die Kollektoren einer Sichtprüfung unterzogen werden, wobei Befestigung, Anschlüsse, Verbindungen, Verschmutzungen und Dichtigkeit einschließlich der Dachhaut besonderes Augenmerk verdienen. Ebenso sind folgende Punkte der Anlage regelmäßig zu kontrollieren:

- *Druck* (Manometer): Der Druck darf nicht unter den Vordruck des MAG absinken.
- *Temperaturen*: Beim „High-Flow“-Betrieb sollte die Temperaturdifferenz zwischen Vor- und Rücklauf auch bei starker Einstrahlung nicht über 20 K liegen, bei „Low-Flow“ entsprechend den Herstellerangaben. Ebenso sollte die Temperatur im Vorlauf in etwa der an der Regelung ablesbaren Kollektorfühler-Temperatur entsprechen.
- *Reglereinstellungen* und *Funktion des Reglers* sind zu prüfen, falls Verdacht auf eine Störung vorliegt.
- *Opferanode*: Alle 2 bis 5 Jahre, je nach Größe und Zahl der Wärmetauscher, ist bei emaillierten Speichern die Magnesium-Opferanode zu kon-

trollieren. Eine falsche Anbringung der Anode oder fehlende elektrische Isolierung der Wärmetauscher beschleunigen die Abnutzung der Anode erheblich. Ist sie verbraucht, muß sie durch eine neue ersetzt werden. Durch Einbau einer Fremdstromanode läßt sich diese Wartungsarbeit dauerhaft vermeiden.

- *Wärmeträger-Flüssigkeit*: Der Frostschutz läßt sich überprüfen, indem mittels Aräometer die Dichte der Flüssigkeit bestimmt und aus dem Konzentrations-Dichte-Diagramm im Datenblatt die Konzentration und der zugehörige Stockpunkt abgelesen wird (vgl. Kap. 3.2.3). Sofern bei einem Flüssigkeitsverlust stets Wasser-Frostschutz-Gemisch in ausreichender Konzentration nachgefüllt wurde, ist kaum mit einem Ansteigen des Stockpunktes zu rechnen. Wurde jedoch zur Ergänzung eines Flüssigkeitsverlustes im Sommer reines Wasser nachgefüllt, muß vor Beginn des Winters der Frostschutz überprüft und ggf. mit gleichartiger, reiner Frostschutzlösung ergänzt werden. Ansonsten reicht eine Routineprüfung in 2-jährigen Intervallen aus.
- Es empfiehlt sich, anfangs nach 3 Jahren, später alle 2 Jahre die Wirksamkeit des *Korrosionsschutzes* zu prüfen. Wenn vom Hersteller kein Verfahren angegeben ist, bietet die Bestimmung des ph-Wertes der Flüssigkeit mittels ph-Indikatorstäbchen (im Chemikalienhandel oder über die Apotheke) einen Ausweg. Nach dem Anfeuchten des Teststäbchens mit der zu untersuchenden Flüssigkeit kann der ph-Wert an einer Farbskala abgelesen werden. Weicht der ph-Wert bei der Kontrollmessung vom ursprünglichen Wert bei der Inbetriebnahme (im Anlagenprotokoll notieren!) merklich ab, deutet das auf eine Verschlechterung des Korrosionsschutzes hin. In diesem Fall, oder falls keine Teststäbchen zur Verfugung stehen, sollten dem Kreislauf etwa 100 ml Flüssigkeit entnommen und in einer sauberen Flasche an den Lieferanten der Anlage zwecks Untersuchung eingeschickt werden.

Störungsbeistand

In der Checkliste in Tabelle 6.1 sind die häufigsten Störungen und ihre Ursachen mit Hinweisen zur Behebung zusammengestellt. Im folgenden werden einige besondere Fälle näher erläutert:

- *Druckverlust*

Ein kontinuierliches (auch langsames) Absinken des Systemdruckes weit unter den eingestellten Betriebsdruck deutet stets auf Undichtigkeiten im Kollektor oder im Leitungssystem hin. Bei neu in Betrieb genommenen Anlagen kann ein Absinken des Druckes auch dadurch verursacht werden, daß im System verbliebene Luft über den Entlüfter abgeschieden wurde.
Tritt der Druckverlust nach heißen Sommertagen auf, an denen die Anlage möglicherweise in den Leerlauf ging, deutet dies auf einen Flüssigkeitsverlust durch Ansprechen des Sicherheitsventils oder durch Ablassen von Dampf über einen nicht geschlossenen automatischen Entlüfter am Kollektor hin.
Sinkt der Systemdruck infolge Flüssigkeitsverlust unter den Druck der Wassersäule (1 m Wassersäule = 0,1 bar), kommt der Umlauf zum Erliegen. Für einen störungsfreien Betrieb ist ein ausreichend hoher Betriebsdruck wichtige Voraussetzung. Daher ist bei Druckverlust umgehend Wasser-Frostschutz-Mischung nachzufüllen, das System erneut zu entlüften und die Ursache des Druckverlustes baldmöglichst zu beheben.

- *Nachlassende Anlagenleistung*

Die Temperaturdifferenz zwischen Kollektorvor- und -rücklauf wird bei der Inbetriebnahme der Anlage durch Wahl der Pumpenleistung im allgemeinen (High-Flow) so eingestellt, daß sie bei voller Sonneneinstrahlung etwa 10 bis 15°C beträgt. Dieser Wert sollte im Anlagendatenblatt notiert werden und im laufenden Betrieb erhalten bleiben.
Ist dies geschehen, lassen sich die Ursachen einer nachlassenden Anlagenleistung später durch Beob-

Störung	Ursache	Abhilfe
Pumpe läuft nicht an oder setzt aus	• Pumpe nicht richtig angeschlossen • Sicherung defekt • Motor defekt • Pumpe durch Ablagerung blockiert • Fühler defekt o. nicht richtig angeschlossen • Regelung defekt • Pumpe verschmutzt • Speicher-Maximaltemperatur erreicht	• Anschluß überprüfen • Sicherung erneuern • Motorwicklung überprüfen, evtl. ersetzen • Ablagerung entfernen • Anschluß kontrollieren, evtl. Fühler ersetzen • Fühleranschlüsse überprüfen, evtl. Regelung ersetzen • Reinigen • Überhitzungsschutz prüfen, evtl. „normal"
Pumpe läuft mit verringerter Leistung	• falsche Drehrichtung • Pumpe schadhaft	• Drehrichtung ändern • Pumpe demontieren, instandsetzen bzw. ersetzen
Pumpe macht laute Geräusche	• Luft in der Pumpe • Lager defekt	• Entlüften • Pumpe demontieren, Lager wechseln
Pumpe läuft erst, wenn die Kollektoren sehr heiß sind	• Einschalttemperaturdifferenz zu groß • Kollektorfühler liegt nicht richtig an • Kollektorfühler mißt nicht die Temperatur an der wärmsten Stelle des Kollektors	• Einschalttemperaturdifferenz reduzieren • Fühler so befestigen, daß Kontakt hergestellt ist • Fühler an der wärmsten Stelle des Kollektors anbringen
Pumpe schaltet zu spät (zu früh) ein und / oder zu früh (zu spät) aus	• Temperaturdifferenzen falsch eingestellt • Fühler liegen nicht richtig an oder messen an der falschen Stelle	• Werte am Regler prüfen u. neu einstellen • Fühler überprüfen und richtig befestigen bzw. an der richtigen Stelle
Pumpe taktet	• Ein- und Ausschalt-Temperturdifferenzen liegen zu nahe zusammen (Hysterese)	• Hysterese vergrößern
Pumpe läuft immer	• Fühler am Speicher falsch montiert • Fühler am Kollektor und/oder Speicher defekt • Regelung arbeitet nicht korrekt	• Füleranschluß prüfen und korrigieren • Fühler erneuern, Fühleranschlüsse, Regelung überprüfen, evtl. ersetzen
Sicherheitsventil bläst ab	• Druck zu hoch	• Speichertemperatur überprüfen • Regelung einstellen • Ventil reinigen
Speicher entlädt sich während der Nacht	• Rückschlagklappe defekt	• Instandsetzen, reinigen
Brauchwassertemperatur im Speicher zu niedrig bzw. Speicher kühlt zu schnell aus	• Speichervolumen zu groß • Wärmetauscher verkalkt • Regelung falsch eingestellt • Wärmedämmung mangelhaft	• kleineren Speicher wählen • Wärmetauscher entkalken • Einstellung korrigieren • Wärmedämmung prüfen und verbessern
starke Druckschwankungen (geringe temperaturbed. Schwankungen sind normal)	• Membran vom MAG defekt • Sicherheitsventil defekt	• MAG austauschen • Instandsetzen und neu befüllen
Druckverlust	• Undichtigkeiten	• Alle Rohrverbindungen und Dichtungen überprüfen, undichte Verbindungen erneuern
Vorlauf bleibt trotz laufender Pumpe kalt	• Luft im Kreislauf und / oder in der Pumpe • Absperrhahn u./o. Rückschlagklappe geschlossen	• Entlüften und ggf. Wärmeträgerflüssigkeit nachfüllen bis Betriebsdruck wieder erreicht • Öffnen, falls erforderlich reinigen oder ersetzen
Nachheizung funktioniert nicht	• Luft im Nachheizkreis • Nachheizregelung falsch eingestellt o. defekt	• Entlüften • Prüfen und korrigieren ggf. ersetzen.

Tabelle 6.1: Checkliste Störungen und ihre Ursachen.

achten der beiden Thermometer im Vor- und Rücklauf des Kollektorkreises zusammen mit dem dritten Thermometer im Speicher recht gut diagnostizieren.

- Steigt die Temperaturdifferenz an, deutet dies auf einen verringerten Wärmeträgerumlauf hin: Verstopfung im Leitungssystem durch Schmutz, Metallspäne o.ä., Luft im Kreislauf (evtl. durch Druckverlust) oder ein Pumpendefekt sind naheliegende Ursachen.
- Sinkt die Temperaturdifferenz bei vergleichbaren Strahlungsbedingungen immer weiter unter den eingestellten Anfangswert, kommen als Ursachen entweder nachlassende Kollektorleistung (z.B. infolge Verschattung durch Bäume, Schäden an der Absorberbeschichtung, Luft im Kollektor) oder nachlassende Wärmetauscherleistung (z.B. durch Verkalkung, Ablagerung von Anodenschlamm) in Betracht. Eine Verschmutzung der Kollektorverglasung ist, außer in Extremfällen, kaum von Bedeutung und ein Putzen der Scheiben nicht notwendig.
- Näheren Aufschluß gibt in diesem Fall die zusätzliche Betrachtung der Speichertemperatur: Betrug die Differenz zwischen der mittleren Kollektorkreistemperatur und der Speichertemperatur (gemessen in der Höhe des Solarwärmetauschers) bei der Inbetriebnahme beispielsweise etwa 10°C (im Datenblatt notiert) und ist sie im Laufe der Zeit merklich angestiegen, deutet dies auf nachlassende Wärmetauscherleistung hin. In diesem Fall ist im Rahmen einer größeren Wartung der Wärmetauscher, sofern zugänglich, zu reinigen bzw. zu entkalken.
- Erreicht dagegen die Speichertemperatur nach einem typischen Sommertag (bei konstantem Wasserverbrauch) im Laufe der Jahre nicht mehr die alten Werte, deutet dies auf ein Nachlassen der Kollektorleistung hin. Mögliche Ursachen wurden oben bereits angedeutet: Verschattung durch Bäume, Verschlechterung der Absorberbeschichtung, ungleichmäßige Durchströmung des Kollektorfeldes, Schäden an der Wärmedämmung im Kreislauf.

Durch regelmäßiges Beobachten der Temperaturanzeigen, z.B. am späten Nachmittag, und des Wetters wird der Nutzer schnell ein Gefühl dafür bekommen, wieviel kostenlose Sonnenenergie die Anlage liefern kann, und so auch Störungen des Normalbetriebs bemerken. Werden Störungen vermutet, ist es für eine erste Diagnose durch den Nutzer hilfreich, im Laufe einiger sonniger Tage die Instrumente mehrmals täglich abzulesen und die Werte zu notieren.

Der Fachhandwerker kommt in einem solchen Fall natürlich schneller zu einer Diagnose, wenn er an einem halbwegs sonnigen Tag mit einem genauen Handthermometer Temperaturmessungen an verschiedenen Punkten der Anlage vornimmt (zum Vergleich aktuelle Einstrahlung mit einem Solarimeter messen) und die Temperaturfühler mit einem Ohmmeter prüfen kann.

6.13
Die Kollektoren sind fertig montiert und angeschlossen; Vor- und Rücklaufeitungen werden über Lüftungsziegel unter Dach geführt und sind mit temperatur- und witterungsbeständigem Isolierschaum wärmegedämmt.
Quelle: Fa. Wagner & Co, Cölbe

7. Anwendungen und Erfahrungen
Über die Vielfalt der Möglichkeiten

7.1 Aufbau- und Montagefehler bei Standard-Solaranlagen zur Trinkwassererwärmung

Peter Herdlitschke

Bei Planung und Bau von Solaranlagen geht es kaum anders zu als im normalen Leben: „Wer handelt, macht auch Fehler". Um alle beim Bau von Solaranlagen möglichen Fehler und ihre Auswirkungen einigermaßen vollständig zu behandeln, wäre es erforderlich, mindestens zwanzig verschiedene Solaranlagen zu beschreiben, was den Rahmen dieses Kapitels sprengen würde. Das folgende Horrorszenario ist daher ein Versuch, auf eine kurzweilige Art die Aufmerksamkeit auf mancherlei gewöhnliche und ungewöhnliche Fehler und deren Auswirkung zu wecken, und das am Beispiel einer einzigen Anlage, die so hoffentlich nie gebaut wurde und wird.

Gebaut werden soll eine Brauchwasser-Solaranlage für ein Einfamilienhaus, das von vier Personen bewohnt wird. Die Auslegung ist nach Stand der Technik erfolgt und die Solarkomponenten sind an die Baustelle geliefert worden: drei Flachkollektoren mit je 2 m² Nettoabsorberfläche, ein Aufdachmontagesatz, ein Solarspeicher mit Regelung, ein Solar-Ausdehnungsgefäß und 10 kg Frostschutzmittel – sozusagen eine Anlage von der Stange!

Damit kann die Installation beginnen! Beim Transport des Speichers in den Keller wäre eine Treppenkarre hilfreich, denn der Speicher hat ein Gesamtgewicht von 200 kg. Da nicht vorhanden, wird der doppelt emaillierte Speicher nun von drei Monteuren die Kellertreppe herunter getragen. Dabei passiert der erste Crash: der Speicher fällt auf eine Treppenstufe [1]. (Die Klammer [ ] weist auf möglich Fehler hin.) Ob die Emaillebeschichtung, die den Korrosionsschutz eines solchen Speichers gewährleistet, beschädigt ist, kann nicht beantwortet werden, da dieser Speicher kein Handloch aufweist [2]. Unten angekommen, geht es erst einmal nicht weiter: die Kellertür hat ein lichtes Maß von 720 mm; der Speicher mit nicht abnehmbarer Isolierung ist jedoch 750 mm breit [3]. Schlau wie die Monteure sind, bauen sie kurzerhand die Türzarge aus. So kann der Speicher doch noch im Heizungskeller aufgestellt werden.

Nun beginnt die Speichermontage. Die Anbindung der Kalt- und Warmwasserleitung ist schnell hergestellt, da eine Kaltwassersicherheitsgruppe mit Druckminderer bauseits bereits installiert ist. Ein Problem kommt auf, als die Magnesiumopferanode in den Speicherdeckel montiert werden soll: Bei einer Kellerhöhe von 1900 mm und einer Speicherhöhe von 1860 mm kann der 600 mm lange Magnesiumstab leider nicht eingeführt werden [4]. Doch das ist kein gravierendes Problem: schnell wird eine Kettenanode besorgt.

Die Kellerarbeiten gehen voran; die Solarstation und ein Solarausdehnungsgefäß (geliefert wurde ein MAG mit 4,5 bar Vordruck) werden montiert und an den oberen Wärmetauscher im Solarspeicher angeschlossen [5]. – Nanu? Richtig, der *untere* Wärmetauscher ist doch für die Solaranlage zuständig! Und außerdem: Der Vordruck des MAG von 4,5 bar ist nicht korrekt [6]! Ob der Solarvorlauf richtig an den Speicher angeschlossen ist, wird sich später noch herausstellen.

Da die vorhandene Warmwasserbereitung bisher über einen separat befeuerten Standspeicher erfolgte, muß eine Brauchwasser-Vorrangschaltung realisiert werden. Heizungsvor- und -rücklauf mit einer Speicherladepumpe mit Rückflußverhinderer werden – nach Korrektur von Fehler [5] – an den jetzt wieder freien *oberen* Wärmetauscher für die Nachheizung angeschlossen.

Schön gedacht, doch später im Nachheizbetrieb dauert es über 1½ Stunden, bis das Bereitschaftsvolumen auf Solltemperatur von 45°C gebracht wird [7]. Ein Regelungsproblem kann nach Überprüfung ausgeschlossen werden. Schließlich der Aha-Effekt: ein hydraulisches Problem. Die Kesselpumpe hat einen (defekten) offen stehenden Rückflußverhinderer. So kann die Speicherladepumpe kaltes Heizungswasser aus dem Vorlauf ziehen. Ein schwarzer Tag für die Monteure.

Die Solarkreis-Verrohrung soll durch einen stillgelegten Kamin verlegt werden. Dies geht auch verhältnismäßig schnell, nur wird leider versäumt, die Isolierung vor dem Einbringen der Rohre zu montieren [8]. Beim nachträglichen Aufschieben der recht steifen Isolierung von oben entsteht das nächste Problem. Da der Kaminschacht etwa 8 m lang ist, kann eine vollständige Isolierung der Verrohrung nicht gewährleistet werden.

Der Kaminschacht hat zwar einen ausreichenden Querschnitt für die Solarverrohrung, jedoch muß nachträglich nun auch noch die Kollektorfühlerleitung im Kaminschacht verlegt werden [9]. Dabei stört die Isolierung im Schacht an mehreren Stellen.

Der elektrische Anschluß der Regelung geht relativ schnell von der Hand, da man einen 230 V Anschluß direkt vom Heizungskessel übernehmen kann. Leider liegt dieser Anschluß hinter dem Heizungsnotschalter [10]. Der Kunde hat die Angewohnheit, im Sommer seinen Heizkessel über den Heizungsnotschalter stillzulegen. Dies hat zur Folge, daß auch die Solarregelung nicht mehr aktiv ist. Resultat: Kein warmes Wasser bei schönstem Sonnenwetter! Aufgepaßt: Auch die Brauchwasservorrangschaltung funktioniert bei ausgeschalteter Heizung natürlich nicht mehr. Andererseits sollte eine gut dimensionierte Solaranlage in den Sommermonaten annähernd eine 100%ige Deckung bringen.

Nun geht es aufs Dach! Aufgrund der örtlichen Gegebenheiten gibt es nur zwei Möglichkeiten, den Kollektor zu montieren: nach Norden oder nach Süden. Da sich die Sonne unter einer grauen Wolke versteckt und kein Kompaß greifbar ist, ahnen Sie schon, was in diesem Horrorszenario geschieht [11].

7.1.1
Schema einer Solaranlage mit Nachheizung und Verbraucher.
Quelle:
Fa. Wagner & Co, Cölbe

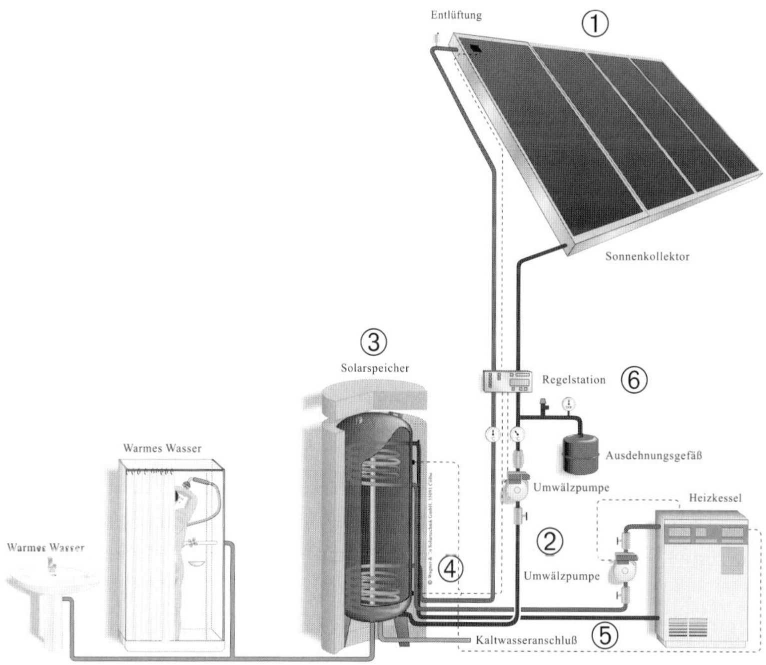

Nachdem auch dieser Fehler gerade noch rechtzeitig erkannt und vermieden werden konnte und die Dachhaken und Halteprofile richtig plaziert sind, geht es mit der Kollektormontage weiter. Die etwa 40 kg schweren Kollektoren werden nacheinander über zwei Leitern nach oben gezogen. Um den Sicherheitsvorschriften zu genügen, sind die Monteure mit Sicherheitsgurten vorbildlich angeschnallt. Die aufgestellten Fanggitter erweisen sich als sehr vorteilhaft, da es doch nicht ausbleibt, daß eine Schraube oder ein Werkzeug die Dachschräge herunterfällt. Sogar die Verlegung der Extrarohrlänge nach Tichelmann wird auf Anhieb korrekt ausgeführt.

Sodann wird ein automatischer Schnellentlüftertopf [12] an der höchsten Stelle im Solarvorlauf montiert. Der Kollektorfühler wird mit Lüsterklemmen an die Fühlerleitung in einer Feuchtraum-Aufputzdose montiert und unter einer Dachpfanne befestigt. Leider wird keine Blitzschutzdose eingesetzt [13], dies macht nach einem kräftigen Gewitter und einem Blitzeinschlag in der Umgebung nicht nur den Austausch des Kollektorfühlers, sondern der kompletten Solarregelung notwendig.

Nach Abschluß der Montagearbeiten wird die Solaranlage mit Wasser gefüllt, abgedrückt und auf Dichtheit überprüft. Die Regelung wird eingeschaltet, so daß die Pumpe das erste solarerwärmte Wasser in den Speicher fördert. Am Durchflußmesser wird der Durchfluß auf 40 l/m²h eingestellt. Seltsamerweise geht die Solarregelung ständig an und aus, obwohl die Sonne scheint [14].

Als aufmerksamer Leser dieses Buches werden Sie die Ursache dieses Problems sicher schon erkannt haben. Richtig: Solarvor- und -rücklauf wurden bei der Montage im Keller vertauscht. Die Absorber erwärmen sich, die Regelung bekommt die Meldung: „Pumpe ein"; kaltes Wasser aus dem Speicher tritt über den eigentlich heißen Solarvorlauf, wo auch der Fühler installiert ist, ein und signalisiert dem Fühler: „keine Wärmeenergie mehr vorhanden – Pumpe aus". Die Solarpumpe schaltet wieder aus. Dieser Vorgang wiederholt sich fortlaufend. Nachdem der Fehler erkannt ist, wird die Verrohrung geändert; die Monteure packen ihre Sachen und verabschieden sich.

7.1.2
Brauchwassersolaranlage auf einem Einfamilienhaus in Herzogenrath.

Der Kunde ist erfreut über sein solarerwärmtes Wasser. Nach mehrtägiger Abwesenheit eilt er in den Keller, um den Effekt von mehreren schönen Sommertagen zu beobachten und die Temperaturen von Kollektor und Speicher zu kontrollieren. Er kommt aus dem Staunen nicht heraus. Als Kollektortemperatur wird 116°C angezeigt, das Speicherthermometer steht bei 94°C. Ein seltsamer Geruch macht sich breit, Wasserpfützen erscheinen gleich an zwei Stellen. Was ist geschehen?

Zum einen wurde zwischen der Kaltwassersicherheitsgruppe und dem Speicher kein Brauchwasser-Ausdehnungsgefäß montiert [15], so daß heißes Trinkwasser ständig ungenutzt über den Kellerabfluß in den Kanal läuft. Bei einem Speichervolumen von 400 l und einer Temperaturerhöhung von 10°C auf 90°C muß mit einer ca. 7%igen Volumenausdehnung des Wassers gerechnet werden.

Zum anderen – wir erinnern uns – wurde der hohe Vordruck des Solarausdehnungsgefässes von 4,5 bar nicht auf den Anlagendruck reduziert [16]. So wird das Sicherheitsventil mit 4 bar beaufschlagt und Wasser tritt aus. Der seltsame Geruch stammt von der nicht hitzebeständigen Isolierung [17]. Die Rohrisolierung des Solarvorlaufs schmilzt dahin, wodurch sogar die Fühlerleitung in Mitleidenschaft gezogen wird. Die Monteure werden erneut gerufen und müssen aus ihren Fehlern lernen!

Selbst die hohe Brauchwassertemperatur von bis zu 95°C, die von hochwertigen Sonnenkollektoren zu erwarten ist, zeigt ihre Tücken. Klar, daß in dieser Inszenierung auch der Brauchwassermischer vergessen wurde [18]: Beim Händewaschen mit so heißen Wasser zieht sich ein ahnungsloser Nutzer unversehens Verbrühungen zu. Ein Brauchwassermischer ist daher bei so hoch eingestellter Speichertemperaturbegrenzung als Verbrühungsschutz

unverzichtbar. Außerdem ist er auch energetisch sinnvoll, weil direkt am Solarspeicher abgemischt wird und nicht an einer entfernten Zapfstelle. An dieser Stelle sei erwähnt, daß konventionelle Brauchwassermischer generell nicht gut mit Zirkulationspumpen zusammenarbeiten.
Sechs Monate später: Der Kanister mit der Aufschrift „Frostschutz", über den der Kunde im Sommer noch so verwundert war, ist lange vergessen [19]. Doch plötzlich ist die Anlage drucklos; nichts funktioniert mehr: die Kollektoren haben den ersten Frost nicht überlebt. Zum Glück läßt sich das Kollektorgehäuse ohne Gewaltanwendung öffnen, so daß die defekten Absorberstreifen leicht erneuert werden können.
Diesmal wird nun das Frostschutzmittel mittels Pumpe eingefüllt. Der Monteur wundert sich noch, daß nicht mehr Frostschutz geliefert wurde, da der 10 kg Kanister zum Füllen der Anlage nicht ausreicht [20]. Ein kurzes Telefonat mit dem Hersteller und das Problem ist gelöst. Die meisten Hersteller liefern kein fertiges Glykol-Wasser-Gemisch. Das heißt, das 40%ige Glykol-Wasser-Gemisch muß vor Ort hergestellt werden; mit einem Frostschutzprüfer ist dann zu kontrollieren, ob Frostsicherheit bis -25°C gewährleistet ist. Vorsicht! Zuviel Frostschutz mindert die Wärmekapazität und erhöht die Viskosität des Wärmeträgers, wodurch der Wirkungsgrad der Anlage sinkt.

Etwas ähnliches passiert im Hochsommer noch einmal: Nach einem einwöchigen Urlaub des Kunden ist kein Druck mehr im System und kein warmes Wasser vorhanden. Diesmal ist der eingebaute automatische Schnellentlüfter schuld [21] (vgl. [12]), der zwischen Luft und heißem Dampf nicht unterscheiden kann. Wenn der Speicher geladen ist und keine Wärme mehr abgeführt wird, steigt die Kollektortemperatur an sonnigen Tagen auf weit über 100°C an. Es bildet sich eine Dampfblase, die zum Schnellentlüfter gelangt und entweicht, wobei durch die hohe Wasserdampftemperatur der Entlüftertopf zerstört wird. Deshalb sollte vor dem automatischen Entlüfter stets ein Absperrhahn installiert werden. In vielen Fällen kann auf den automatischen Entlüfter auch ganz verzichtet werden.
Nach der Nachbesserung all dieser Montagefehler arbeitete die Anlage einige Jahre lang sehr zufriedenstellend. Schleichend, zunächst kaum bemerkbar verringert sich die solare Deckungsrate. Auch hierfür findet sich schließlich eine Erklärung, wieder verursacht durch einen Montagefehler: Oberhalb der Kollektoren ist eine Antenne installiert und in der Nachbarschaft gibt es einen Taubenschlag. Die Tauben sitzen also häufig auf der Antenne zu einem Plausch, wobei sie sich ihres Kotes entledigen – leider direkt auf die transparente Glasabdeckung der Kollektoren, wodurch der Transmissionsgrad auf Dauer erheblich reduziert wird [22]!
Zu den früheren Nachbesserungen gehörte auch die hitzebeständige Isolierung (siehe [17]). Leider wurde damals nicht auf deren UV-Beständigkeit geachtet [23]. Außerhalb der Dachhaut ist die Isolierung der Solarverrohrung daher nach einigen Jahren kaum noch vorhanden.

Damit keine Mißverständnisse entstehen: Dieses Szenario wurde nicht geschrieben, um von der Solartechnik abzuschrecken – im Gegenteil! Die meisten Solarfirmen und Installateure haben ihre Hausaufgaben längst gemacht: Die Technik ist sehr ausgereift und Solaranlagen zu bauen ist kein Geheimnis mehr. Die allermeisten Solaranlagen arbeiten seit vielen Jahren wartungsfrei, die Betreiber von thermischen Solaranlagen bestätigen dies.

Anschrift des Autors:
Dipl.-Ing. Peter Herdlitschke
Remember Solartechnik
Mariabrunnstr. 48
52064 Aachen
Tel.: 0241 403249

7.2 Sonnenkollektoranlagen für größere Objekte

Dr. Michael Mack

Der Markt für Sonnenkollektoranlagen wird bisher von kleineren Anlagen für Ein- und Zweifamilienhäuser dominiert, deren Kollektorfläche bei 4 bis 10 m² (Warmwasserbereitung) bzw. bei 10 bis 30 m² (mit Heizungsunterstützung) liegt. In Abgrenzung zu solchen „Kleinanlagen" werden Anlagen für größere Objekte wie Mehrfamilienhäuser, Sportstätten, Campingplätze, Schwimmbäder (hier Duschwasserversorgung) oder Wohnheime vielfach unter dem Sammelbegriff „Große Kollektoranlagen" zusammengefaßt. In diesem Beitrag geht es darum zu zeigen, was diese Anlagen von den gewohnten Kleinanlagen unterscheidet.

1. Dimensionierung der Kollektorfläche

Große Solaranlagen dienen – abgesehen von Anlagen mit saisonaler Wärmespeicherung – in den meisten Fällen fast ausschließlich der Warmwasserversorgung. Da sie gewöhnlich von gewerblichen Investoren finanziert werden, steht – viel mehr als bei den Kleinanlagen – das Kosten-Nutzen-Verhältnis im Vordergrund. Die Anlage soll – im Rahmen der gegebenen Kosten – einen möglichst hohen Ertrag liefern. Entscheidenden Einfluß auf den Ertrag hat die sogenannte „spezifische Warmwasserlast", das ist der auf die Kollektorfläche bezogene Warmwasserverbrauch, also das Zapfvolumen pro m² Kollektorfläche. Eine spezifische Wärmwasserlast von 50 bis 70 Liter Warmwasser (60°C) pro m² Kollektorfläche und Tag ist ideal und führt auch bei Flachkollektoranlagen zu hohen spezifischen Wärmeerträgen von 450 kWh/m²·a und mehr. Eine niedrigere Warmwasserlast bedingt entsprechend geringere Erträge. Ausgehend vom zu ermittelnden Warmwasserbedarf im Projekt wird man also die Kollektorfläche so dimensionieren, daß der Idealwert der spezifischen Warmwasserlast erreicht wird. Weiter gilt es jedoch zu berücksichtigen, daß die spezifischen Anlagenkosten (pro m² Kollektorfläche) mit zunehmender Kollektorfläche sinken. Aus diesen gegenläufigen Tendenzen läßt sich ein Kosten-Nutzen-Optimum der Kollektorfläche bestimmen. Für kleine Zapfmengen ist es lohnender, die Kollektorfläche etwas größer zu wählen, um die Kostenvorteil der vergrößerten Fläche zu nutzen. Je größer die Kollektorfläche absolut betrachtet wird, desto weniger sinken die spezifischen Kosten als Funktion der Fläche – entsprechend ist eine Kollektorfläche nahe am Idealwert zu wählen. Nach neuen Untersuchungen am ISFH kann die sinnvolle Obergrenze der Kollektorfläche – in Abhängigkeit von der Anlagengröße – durch eine einfache Bemessungsformel beschrieben werden, wobei diese Formel für Anwendungen gilt, die keine ausgeprägte Wochentags- oder Jahreszeitenvariation des Warmwasserverbrauchs aufweisen.

Bezeichnet man den Wärmebedarf für die Zapfmenge Warmwasser mit Q_N und setzt den Zahlenwert in MWh pro Jahr ein, dann errechnet sich die Obergrenze für die Kollektorfläche in m² (A_K) folgendermaßen:

$$A_K = 3 \cdot Q_N^{0.75}.$$

Für den Geschoßwohnungsbau kann man dies auf die Anzahl N der Wohneinheiten umrechnen. Bei normaler Größe der Wohneinheiten und Standardausstattung gilt

$$A_K = 4 \cdot N^{0.75}.$$

Diese Bemessung gilt für Flachkollektoren – beim Einsatz von Vakuumröhren (ohne Reflektoren) sind

75% der so ermittelten Kollektorfläche anzusetzen. Für Anwendungen wie Hotels oder Jugendherbergen, bei denen der Warmwasserverbrauch in den einstrahlungsreichen Sommermonaten sehr viel höher ist als im Jahresdurchschnitt, kann die Kollektorfläche größer gewählt werden. Hier geht man vom durchschnittlichen Gesamtverbrauch in den vier Sommermonaten Mai bis August aus ($Q_N^{Mai/Aug}$ in MWh).
Die Kollektorfläche bestimmt sich dann zu

$$A_K = 3 \cdot (3 \cdot Q_N^{Mai/Aug})^{0.75}$$

Diese Formel liefert auch bei einer Minderung des sommerlichen Verbrauchs – z.B. bei Vereinsferien im Sommer – sinnvolle Anhaltswerte für die Kollektorfläche.
Diese Formeln zur Abschätzung wurden in rechnerischen Vergleichsstudien und bei der Planung realer Objekte vielfach überprüft und haben sich gut bewährt. Für typische Warmwasseranlagen in Geschoßwohnungsbauten werden in Norddeutschland (Standort Hannover) mit einer entsprechend bemessenen Kollektorfläche Brennstoffeinsparungen zwischen 34 und 43% erzielt (abhängig von der Anbindung an die Nachheizung), in Süddeutschland (Standort Freiburg) Brennstoffeinsparungen von 45 bis 54%.
Allgemein gilt, daß eine Überdimensionierung der Kollektorfläche – sei es, weil die Warmwasserlast überschätzt wird oder sei es, weil der Kollektor für die richtig ermittelte Warmwasserlast zu hoch dimensioniert wird – immer einen verringerten spezifischen Ertrag (je m² Kollektorfläche) zur Folge hat. Im Extremfall kann sogar die absolute Brennstoffeinsparung geringer ausfallen als bei einer kleiner dimensionierten Solaranlage. Umgekehrt steigt bei einer unterdimensionierten Anlage der Ertrag pro m² über den prognostizierten Wert. Durch diesen gegenläufigen, sozusagen selbstheilenden Effekt liegt der solare Deckungsanteil vielfach nur geringfügig unter dem angestrebten Wert. Der Planer liegt also mit einer Unterdimensionierung eher auf der sicheren Seite als mit einer Überdimensionierung.

Für Anwendungen, bei denen der Warmwasserverbrauch ausgeprägten Wochentag-Wochenend-Variationen unterliegt – z.B. Campingplätze mit vielen Dauerstellplätzen – liefern die einfachen Formeln keine zuverlässigen Ergebnisse. Hier ist man darauf angewiesen, die optimale Kollektorfläche über Simulationsrechnungen (z.B. mit T*SOL) und mit Hilfe von Angaben zur Entwicklung der Anlagenkosten (Kostenkurve) zu bestimmen. Wenn keine konkreten Angaben zu den Kosten (Angebote) vorliegen, kann man die auf den Quadratmeter bezogenen Systemkosten (ohne Planung und Mehrwertsteuer) vereinfacht folgendermaßen abschätzen:

$$K = (5500 \cdot A_K^{-1/2} + 700)\ \mathrm{DM/m^2}$$

2. Ermittlung des Warmwasserbedarfes

Aus dem vorstehenden wird deutlich, daß die Ermittlung der wirklich zu erwartenden, durchschnittlichen Warmwasserlast für eine korrekte Dimensionierung größerer Anlagen unerläßlich ist.
Je größer die geplante Anlage, umso zwingender ist es, den Warmwasserverbrauch zu messen. Liegen Meßdaten nicht vor, sind Erfahrungswerte aus neueren Veröffentlichungen zu verwenden.

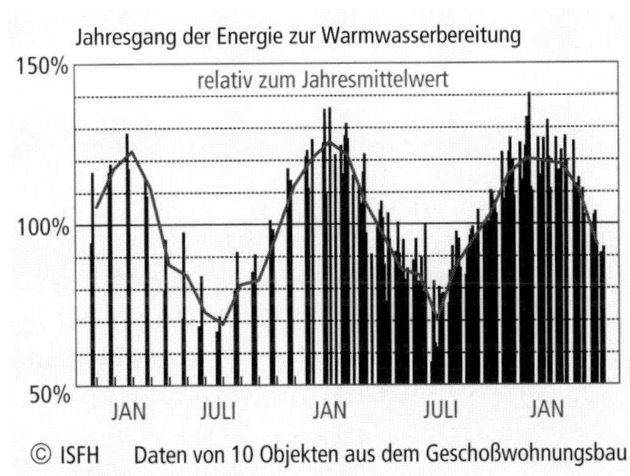

7.2.1
Jahresgang des Energiebedarfes zur Warmwasserbereitung.

Beispiel: Bedarf im Geschoßwohnungsbau:
70 Liter pro Tag (60°C) und Wohneinheit oder
23 Liter pro Tag (60°C) und Bewohner.

Dabei ist aber zu berücksichtigen, daß solche durchschnittlichen Erfahrungswerte regional oder bei bestimmten Nutzergruppen um bis zu 50% unterschritten werden können, aber nur in einzelnen Ausnahmefällen um mehr als 20% überschritten werden. Planungsannahmen müssen also immer an vergleichbaren Objekten abgesichert werden.

Oft liegen nur Verbrauchsdaten für Betriebszeiten vor. Dann ist es entscheidend, die Zeiten, in denen keine Nachfrage nach Warmwasser besteht, realistisch einzuschätzen. Klassisches Beispiel sind Solaranlagen für Schulen oder den Vereinssport. Hier ist fast immer von einer langen Betriebspause in der Sommerferienzeit auszugehen, aber auch von Betriebspausen in anderen Schulferienzeiten. Bei Solaranlagen für die Waschräume in Industrie und Gewerbe gilt entsprechendes für Betriebsferien oder bei verringertem Personalstand in Ferienzeiten.

Bei Anlagen für die Duschwassererwärmung in Schwimmbädern ist es erforderlich, die Verbrauchsannahmen mit der Besucherstatistik der letzten Jahre abzugleichen. Dies gilt insbesondere für Hallenbäder, bei denen der Warmwasserbedarf vielfach ein ausgeprägtes „Sommerloch" aufweist, aber auch für kombinierte Hallen-/Freibäder, die überwiegend vom Schul- und Vereinssport genutzt werden. Messungen während der Schulzeit müssen hier durch Messungen außerhalb der Schulzeit ergänzt werden.

Im Geschoßwohnungsbau gilt, daß der Verbrauch im Laufe des Jahres ungefähr sinusförmig variiert – das Maximum mit typisch 115% des Jahresdurchschnitts liegt im Januar/Februar, das Minimum (85%) in den Ferienmonaten Juli/August. Zusammen mit der üblichen (ebenfalls nahezu sinusförmigen) Sommer-Winter-Variation der Kaltwassertemperatur (mindestens ± 3 K bei einem typischen Mittelwert von 12°C) führt dies zu einem Wärmebedarf für Warmwasser, der im Juli/August um 25% unter dem Jahresdurchschnitt und im Januar/Februar um 25% darüber liegt. Messungen des Wärmebedarfs für die Wintermonate geben also nicht den Jahresdurchschnitt und schon gar nicht den Sommerbedarf wieder.

Tabelle 7.2.1
Größenklassen und Eigenschaften von Solaranlagen für größere Objekte.

Gruppe	Beschreibung	Kollektorfläche m^2	Warmwasser-Zapfung /60°C m^3 / d	Energiebedarf MWh / a	Anzahl WE
A	kleinere Mehrfamilienhäuser (MFH), kleinere Vereinssportstätten, Schulsporteinrichtungen und einfache Campingplätze mit bis zu 100 Stellplätzen	15 ... 30	0.5 ... 1	10 ... 20	6 bis 15
B	größere MFH, Verbundanlagen für mehrere Häuser, kleine und mittlere Hotels, Anlagen zur Duschwassererwärmung für kleine private Hallenbäder, Fitnesseinrichtungen oder Saunazentren	30 ... 75	1 ... 3.5	20 ... 70	15 bis 50
C	neben großen MFH typischerweise Hotels, insbesondere mit ausgeprägter Sommernutzung, Jugendherbergen, Wohnheime, Großküchen und Krankenhäuser	75 ... 150	3.5 ... 9	70 ... 180	50 bis 120
D	Einzelobjekte, vielfach große Wohnheime oder Krankenhäuser, Großküchen wie Mensa-Anlagen für Universitäten, aber auch Anlagen zur Duschwassererwärmung für große Schwimmbäder	> 150	> 9	> 180	> 120

3. Einteilung nach Anlagengrößen

Hinsichtlich Einsatzgebiet und Anlagengröße lassen sich mehrere Gruppen unterscheiden, die jeweils Gemeinsamkeiten bei der Systemtechnik und bei den verwendeten Komponenten aufweisen. Die nebenstehende Tabelle gibt eine grobe Orientierung, wobei die Werte jeder Spalte grob gerundet sind. Die letzte Spalte bezieht sich auf Standard-Wohnungen (WE) im Geschoßwohnungsbau mit durchschnittlicher Ausstattung.

Die Einteilung in Tabelle 7.2.1 ergibt sich aus folgenden Gesichtspunkten:

- Anlagen bis 30 m² Kollektorfläche werden oft noch analog zu Kleinanlagen als Einspeicheranlagen ausgeführt – eine Aufteilung in Puffer-und Bereitschaftsspeicher wird vielfach als zu kompliziert empfunden. Für Anlagen im Geschoßwohnungsbau können im unteren Bedarfsbereich sogenannte Frischwasserstationen (wie im folgenden beschrieben) eingesetzt werden.

- Oberhalb 30 m² verbietet sich die Anwendung von Einspeicheranlagen aus energetischen, finanziellen und wasserhygienischen Gründen. Hier sind also Systeme mit Pufferspeicher zwingend erforderlich, wobei in Gruppe B alle Pufferspeicherkonzepte ohne Einschränkung eingesetzt werden können. Die Montage des Kollektorfeldes aus Standardkollektoren mit rund 2 m² Fläche erweist sich bei dieser Anlagengröße zunehmend als wenig rationell und kostengünstig; deshalb kommen heute vorzugsweise Großmodule mit 5 bis 10 m² Kollektorfläche zum Einsatz, die mit Hilfe eines Autokrans auf das Dach gebracht werden.
- Bei Kollektorflächen von mehr als 75 m² ist der Einsatz von reinen Frischwassersystemen derzeit nicht üblich, da zur Dimensionierung eine vergleichsweise komplexe Abstimmung auf das gesamte Warmwassernetz erforderlich wird. Stattdessen kommen Frischwassersysteme mit Vorwärmspeicher zum Einsatz (siehe unten). Erst ab 80 m² können vorgefertigte Kollektordachelemente („Solar Roof") sinnvoll eingesetzt werden.
- Bei Anlagen > 150 m² sind vorgefertigte Kollektordachelemente die Methode der Wahl und sollten bei der Planung unbedingt berücksichtigt werden. Systemtechnisch dominieren in dieser Gruppe die Frischwassersysteme mit Vorwärmspeicher.

Kurzfristig ist das größte Marktvolumen in Gruppe A und Gruppe B zu erwarten. Daher ist dort für die kommenden Jahre mit einer Standardisierung zu rechnen, während Anlagen der Gruppen C und D auch mittelfristig eher Einzelplanungen bleiben werden.

4. Systemtechnik

Bei der Systemwahl muß sich der Planer zunächst zwischen Pufferspeichersystemen und Einspeichersystemen entscheiden. Das gesamte Speichervolumen eines Einspeichersystems (Abb. 7.2.3) muß entsprechend dem Regelwerk (DVGW W551, sogenannte „Legionellenrichtlinie") einmal am Tag auf 60°C erwärmt werden. Dadurch entstehen zusätzliche Speicherverluste. Beim Ertragsvergleich

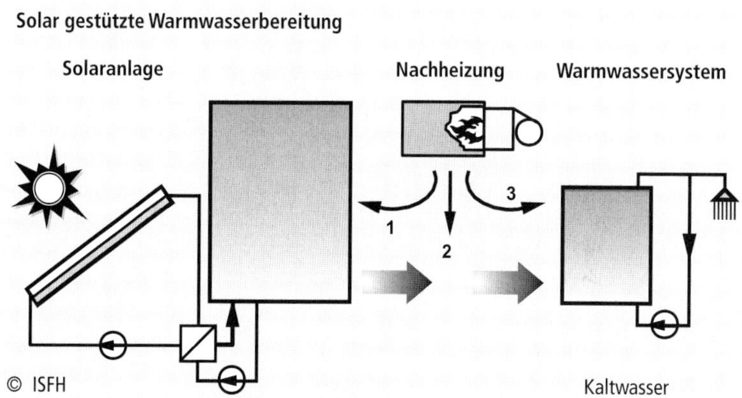

7.2.2: Struktur der solargestützten Warmwasserbereitung mit Nachheizung.

7.2.3: Das Einspeicher-System.

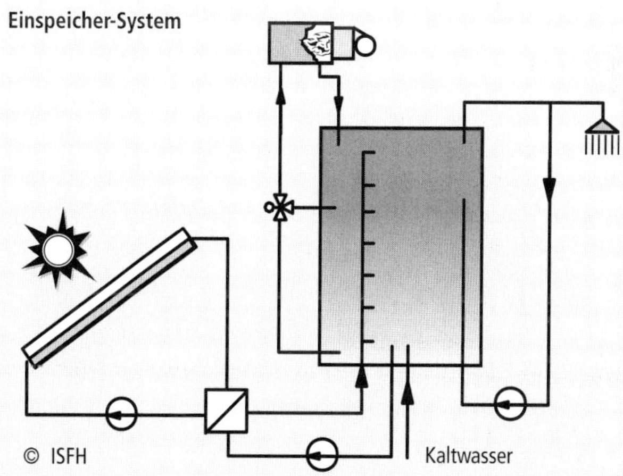

zwischen Pufferspeichersystemen und Einspeichersystemen ist dies zu berücksichtigen – d.h. der Planer darf sich nicht von den guten rechnerischen Kollektorerträgen der Einspeichersysteme blenden lassen. In der Regel sind Einspeichersysteme energetisch und finanziell nur bis rund 30 m² Kollektorfläche wirklich lohnend. Bei wesentlich größeren Kollektoranlagen müssen Einspeichersysteme – auch wenn sie entsprechend dem Regelwerk betrieben werden – als ein unnötiges und vermeidbares hygienisches Risiko angesehen werden.

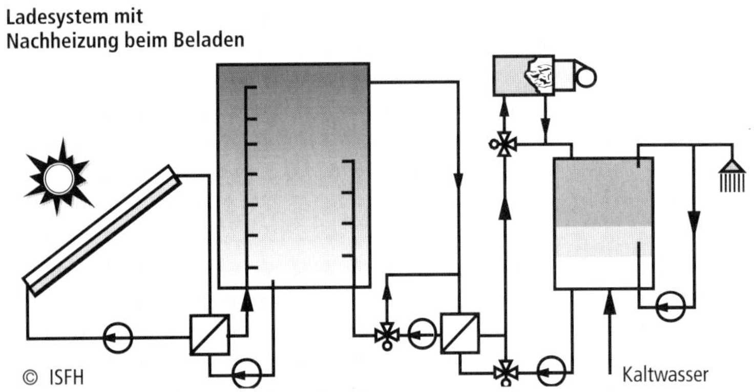

7.2.4: Ladesystem mit Nachheizung beim Beladen.

7.2.5: Frischwassersystem mit Nachheizung im Bereitschaftsspeicher.

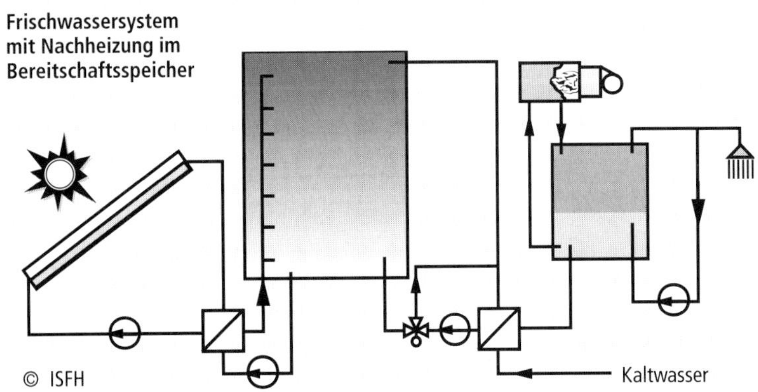

Bei den Systemen mit Pufferspeicher scheint die Bandbreite der angebotenen Schaltungen zunächst verwirrend. Dabei ist die Sache ganz einfach: die Solaranlage als eigenständiges Untersystem (Kollektorkreis, Wärmetauscher, Pufferspeicher) kann an zwei Stellen über einen Wärmetauscher Wärme an den Bereitschaftsspeicher liefern: In den Ladekreis des Bereitschaftsspeichers („Ladesysteme“) oder in den Kaltwasserzulauf („Frischwassersysteme“).

Im ersten Fall (Abb. 7.2.4) wird Wärme auf der Solltemperatur (60°C) bereitgestellt. Der Ladekreis entnimmt Wasser aus dem unteren Teil des Bereitschaftsspeichers, fährt über den Wärmetauscher und lädt das erwärmte Wasser oben in den Bereitschaftsspeicher. Damit diese Systeme gut arbeiten, muß der Bereitschaftsspeicher im unteren Teil ein zusätzliches Volumen – die sogenannte Kaltwasservorlage – enthalten. Der Bereitschaftsspeicher enthält also drei Temperaturzonen: das Bereitschaftsvolumen, das ständig auf der Solltemperatur (60°C) gehalten wird, das Schaltvolumen (ungefähr die Hälfte des Bereitschaftsvolumens), dessen Temperatur je nach Beladezustand zwischen Solltemperatur und Kaltwassertemperatur liegt, sowie die Kaltwasservorlage (Volumen wie Schaltvolumen), deren Temperatur nur einmal am Tag auf 60°C gebracht wird. Für Anlagen mit mehr als 75 m² Kollektorfläche wird die Kaltwasservorlage auf den Umfang eines eigenen Vorwärmspeichers erweitert und die Nachheizung erst im nachfolgenden „echten“ Bereitschaftsspeicher vorgenommen.

Im zweiten Fall (Frischwassersysteme, Abb. 7.2.5) wird Wärme (entweder nur die Solarwärme oder bereits auf Solltemperatur nachgeheizt) über einen Wärmetauscher immer dann in das nachfließende Kaltwasser eingekoppelt, wenn Warmwasser gezapft wird. Dies erfordert eine drehzahlgeregelte Pumpe – der Volumenstrom der Beladung muß dem Volumenstrom der Warmwasserzapfung entsprechen – mit hohen Anforderungen an die Schnelligkeit und Genauigkeit dieser Drehzahlregelung. Die

Kaltwasservorlage im Bereitschaftsspeicher kann dabei entfallen. Solche System werden bis rund 75 m² Kollektorfläche eingesetzt.

Beim Übertrag der Solarwärme wird auf der Seite des Pufferspeichers zusätzlich ein Mischkreis installiert, der die Temperatur trinkwasserseitig auf 60°C begrenzt – auf diese Weise wird einer Verkalkung des Wärmetauschers vorgebeugt. Im Unterschied zu Trinkwasserspeichern ist in Pufferspeichern keine Temperaturbegrenzung auf 60°C erforderlich, da keine Gefahr der Verkalkung besteht. Die Maximaltemperatur – bei der die Kollektorkreispumpe abschaltet – kann also auf 90 bis 95°C eingestellt werden.

Der Wärmetauscher des Solarkreises wird bei den größeren Anlagen fast immer als außenliegender Wärmetauscher ausgeführt – innenliegende Wärmetauscher finden sich nur bei den kleinsten Anlagen der Gruppe A.

Auf Basis dieser Einteilungen lassen sich die unterschiedlichen Anlagenkonzeptionen wie folgt charakterisieren:

- *Ladesystem mit Nachheizung im oberen Teil des Pufferspeichers (Abb. 7.2.6)*: Historisch eines der ersten Systeme und daher weit verbreitet. Empfindlich gegen zu hohe Zirkulationslasten. Häufigste Fehler sind ein zu kleines Pufferspeichervolumen und ein zu kleiner Wärmetauscher zwischen Pufferspeicher und Bereitschaftsspeicher. Hat – aufgrund der zusätzlichen Bereitschaftsverluste im Pufferspeicher – Ertragsnachteile und wird daher immer weniger eingesetzt.

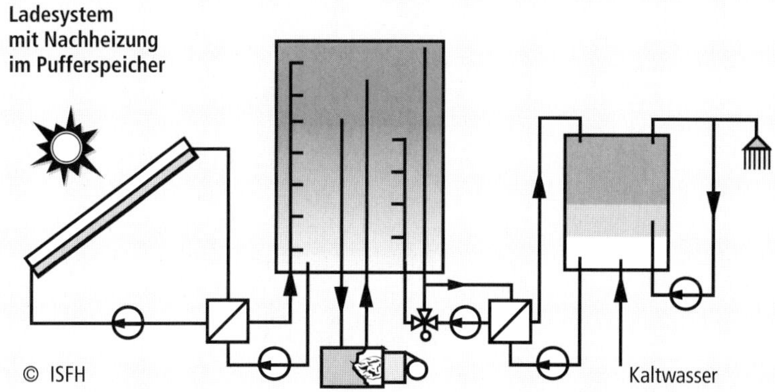

7.2.6 (oben)
Ladesystem mit Nachheizung im Pufferspeicher.

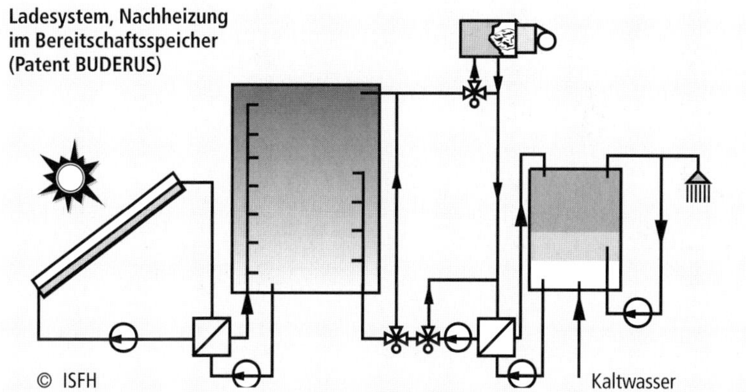

7.2.7 (Mitte)
Ladesystem mit Nachheizung bei der Entnahme (Patent: Buderus).

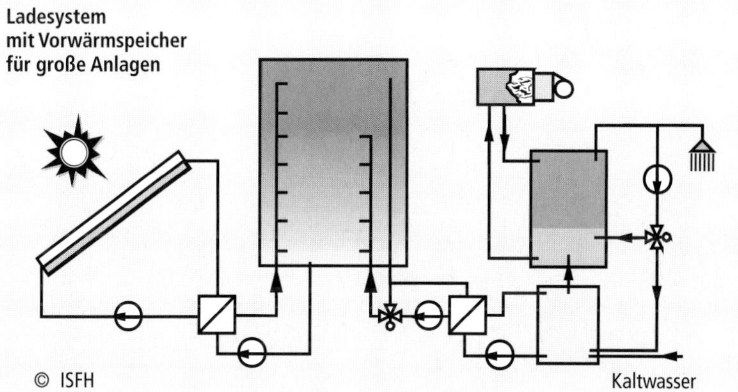

7.2.8 (unten)
Ladesystem mit Vorwärmspeicher für große Anlagen.

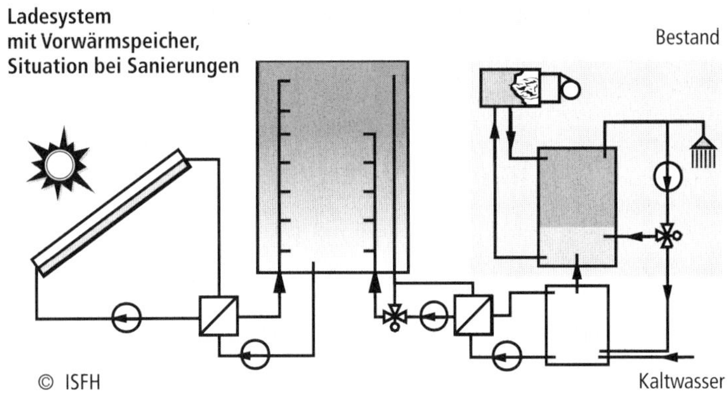

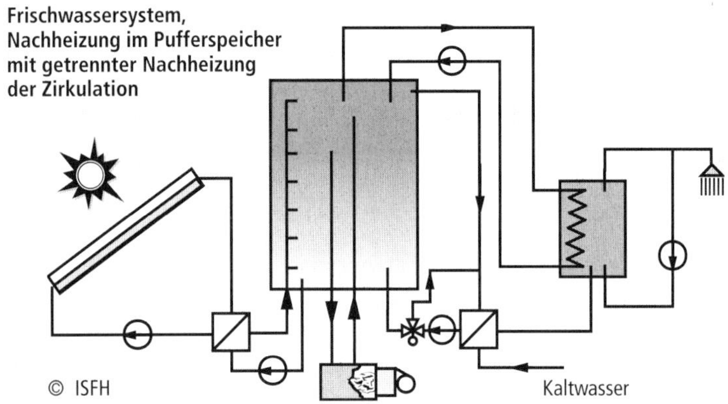

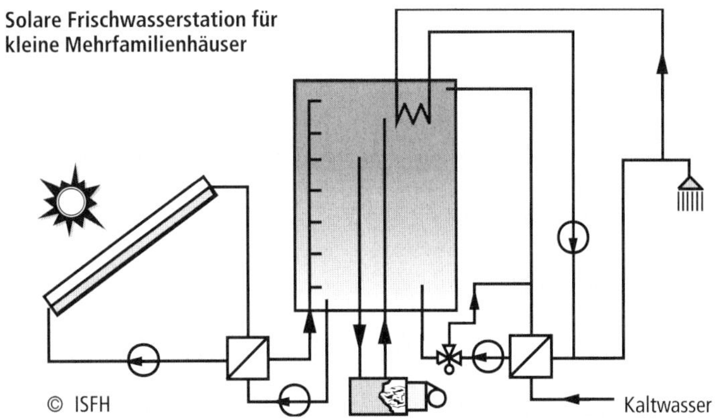

- *Ladesystem mit Nachheizung bei Entnahme aus dem Pufferspeicher bzw. während des Beladevorgangs (Abb. 7.2.7)*: Ebenfalls ein seit langem bewährtes System, in der Standardausführung patentgeschützt (BUDERUS). Erfordert zusätzliche Schaltventile im Rücklauf zum Pufferspeicher mit entsprechender Steuerung. Wird daher vom Patentinhaber seit einigen Jahren mit fertig vormontierter Wärmetauschereinheit einschließlich Regelung und Steuerung vertrieben, seitdem Vermeidung der (früher häufigen) Montage- und Einstellfehler. Ertragsmäßig eine durchschnittliche Anlage, die vielen Anwendungen gut gerecht wird.
- *Ladesystem mit Vorwärmspeicher (Abb. 7.2.8)*: Das System der Wahl für Anlagen größer 75 m², dort problemlos einzusetzen. Besonders interessant in einer schaltungstechnisch unwesentlich veränderten Ausführung (Abb. 7.2.9) für die Sanierung bestehender Warmwasseranlagen, wenn dort komplexe Bedarfssituationen vorliegen (Großküchen, Sportanlagen, Campingplätze u.ä.), da die bestehende Warmwasseranlage nahezu unverändert übernommen werden kann. Es wird lediglich der Kaltwasseranschluß der bestehenden Bereitschaftsspeicher mit dem Ausgang des Vorwärmspeichers verbunden.
- *Frischwassersystem mit Nachheizung im Pufferspeicher (Abb. 7.2.10)*. Bei diesem System kann der Bereitschaftsspeicher von einem erfahrenen Anbieter verhältnismäßig klein dimensioniert werden, da bereits im Pufferspeicher ein Bereitschaftsvolumen vorgehalten wird. In diesem Fall

7.2.9 (oben)
Ladesystem für Anwendung bei Sanierungen: Die Systemschaltung ist gegenüber Abb. 7.2.8 unverändert.

7.2.10 (Mitte)
Frischwassersystem mit Nachheizung im Pufferspeicher.

7.2.11 (unten)
Solare Frischwasserstation für kleine Mehrfamilienhäuser.

ist die Bemessung der Pumpen besonders zu beachten. Seit kurzem wird das System in einer Ausführung mit getrennter Nachheizung der Zirkulation über einen internen Wärmetauscher angeboten.

- *Frischwasserstation für kleine Mehrfamilienhäuser (Abb. 7.2.11)*: Im Kleinanlagenbereich seit längerem erprobt. Besonders interessant für Mehrfamilienhäuser mit bis zu acht Wohneinheiten (Gruppe A), da es ganz ohne Bereitschaftsspeicher auskommt und daher besonders gute Ertragswerte zeigt. Aufgrund der komplexen Regelung für den Wärmetauscher, der die gesamte Versorgung übernimmt, keinesfalls freihand nachzubauen, sondern nur von erfahrenen Anbietern einzusetzen.
- *Frischwassersystem mit Nachheizung im Bereitschaftsspeicher (Abb. 7.2.12):* Dieses System gilt heute als das zukunftsträchtigste System für Gruppe B. Im Unterschied zum Frischwassersystem mit Nachheizung im Pufferspeicher (Abb. 7.2.10) zeigt es etwas bessere Ertragswerte. Die Einkopplung von Solarwärme in die Trinkwasserzirkulation ist allerdings nicht so einfach möglich wie dort – das analoge System erfordert einen zusätzlichen externen Wärmetauscher und ist durch seine Komplexität eigentlich bereits als fehleranfällig einzustufen.

5. Planungsgang

Grundlagenermittlung

Zunächst ist die voraussichtliche Warmwasserlast des zu versorgenden Objektes zu ermitteln. Dabei muß geprüft werden, ob das bestehende Warmwassersystem energetisch saniert ist, insbesondere, ob die Zirkulationsverluste in einem sinnvollen Verhältnis zum Energieinhalt des gezapften warmen Wassers stehen und ob das Zirkulationssystem hydraulisch abgeglichen ist.

Gleichzeitig sind Ausrichtung und Größe der verfügbaren Dachflächen festzustellen. Dabei ist zu berücksichtigen, daß über dem höchsten Punkt des Kollektorfelds ausreichend Platz für Montage und Bedienung des Entlüfters bleiben muß (in der Regel zwei bis drei Ziegelreihen).

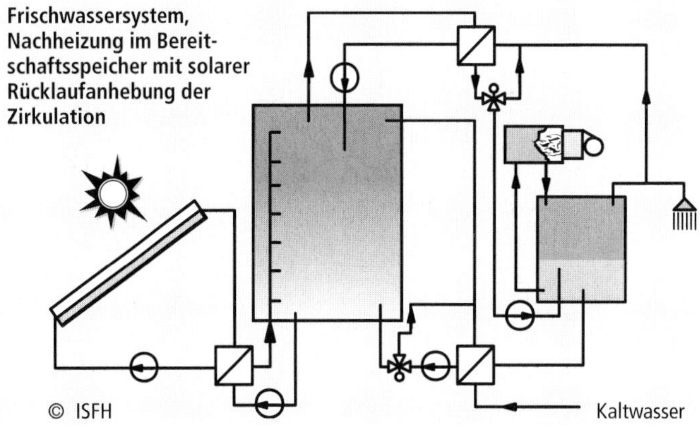

7.2.12
Frischwassersystem mit Nachheizung im Bereitschaftsspeicher und solarer Zirkulationsrücklaufanhebung.

Eine Aufteilung der erforderlichen Kollektorfläche auf unterschiedlich orientierte Teilflächen ist soweit wie möglich zu vermeiden. Ist dies nicht zu umgehen, muß dafür gesorgt werden, daß die Durchströmung der einzelnen Felder unabhängig voneinander eingestellt werden kann.

Anhand der oben angegebenen einfachen Bemessungsformeln kann der Planer eine vorläufige Kollektorfläche festlegen. Die Größe des Pufferspeichers kann zunächst mit 50 l pro m² Kollektorfläche angenommen werden. Die Größe des Bereitschaftsspeichers ergibt sich aus klassischen Dimensionierungsmethoden der Sanitärtechnik. Bei einem Einspeichersystem kann nur der nicht nachgeheizte Teil des Speichers als Solarvolumen gerechnet werden (das mit 50 l/m² anzusetzen ist), der nachgeheizte Teil entspricht dem Bereitschaftsvolumen. Entsprechend der Anlagengröße und der Anwendung wird der Planer zunächst zwischen Einspeicher-System und Pufferspeichersystem entscheiden und mit einem Simulationsprogramms eine einfache Ertragsprognose errechnen. Anhand dieser Ertragsprognose und einer Kostenschätzung kann der Bauherr seine Investentscheidung treffen.

Vorplanung

In der Vorplanung ist das System mit entsprechender Komponentendimensionierung durchzuarbeiten.

Der Planer wird aus den Unterlagen der Hersteller zunächst die Maße der Einzelkollektoren und die Verschaltungsmöglichkeiten der Einzelkollektoren entnehmen, um die vorläufig dimensionierte Kollektorfläche in eine Anzahl von Einzelkollektoren und eine Anzahl von Teilfeldern umzurechnen. Große Anlagen müssen in Teilfelder aufgeteilt werden, die jeweils getrennt mit Sicherheitsventilen abgesichert und abschieberbar sein müssen. Wie groß diese Teilfelder werden können, ergibt sich aus der Zulassung des Kollektors. Entsprechende Angaben sind entweder in den Unterlagen verfügbar oder vom Hersteller zu erfragen. Von den Empfehlungen der Hersteller zur Verschaltung der Kollektoren innerhalb eines Teilfeldes und der Teilfelder untereinander sollte man nicht abweichen.

7.2.13
45 m² Sonnenkollektoren auf dem Dach eines Mehrfamilienhauses mit 25 Wohnungen.
Photo: Peter Schalajda

Im weiteren sind die Aufstellmöglichkeiten für die Speicher zu prüfen, das gilt insbesondere für Türmaße und Kippmaße, die vor Ort festzustellen sind. Oft genug sind die realen Verhältnisse in den Kellerräumen anders als in den Plänen angegeben. Ein Vergleich der entsprechenden Maße mit den vom Hersteller genannten Speicherabmessungen entscheidet oftmals über die maximale Behältergröße, so daß bei gegebenem Gesamt-Speichervolumen Anzahl und Größe der erforderlichen Solarspeicher ermittelt werden können.

Schließlich muß noch ein Platz für die Ausdehnungsgefäße gefunden werden. Die entsprechenden Größen sind ebenfalls in den Herstellerunterlagen zu finden.

Für die verschiedenen Produkte und möglicherweise unterschiedlichen Systemschaltungen, die der Planer berücksichtigen möchte, werden nun genauere Ertragsrechnungen angestellt. Dabei sind die Wirkungsgradparameter der entsprechenden Kollektoren, die Kollektorfläche, Größe und Aufteilung des Solarspeicher-Volumens sowie die Größe des Bereitschaftsspeichers (ggf. vergrößert um die erforderliche Kaltwasservorlage) einzusetzen. Entsprechend den Ergebnissen der Ertragsrechnungen und genaueren Kostenermittlung ergibt sich das „Wunschsystem" des Planers.

Entwurfs- und Ausführungsplanung

In diesen Planungsphasen werden die Details der Verrohrung, der Speicheraufteilung und die Dimensionierung der Wärmetauscher festgelegt. Dabei gibt es zum einen Bereiche, die unbedingt entsprechend den Herstellervorgaben ausgeführt werden sollten, zum anderen Bereiche, in denen der Planer die Verhältnisse vor Ort geeignet berücksichtigen muß, und auch solche, in denen er Herstellervorgaben kritisch überprüfen sollte. Generell gilt, daß die Verschaltung der Komponenten und die Regelung des Systems so einfach und übersichtlich wie möglich ausgeführt werden sollten.

- Hinsichtlich des Kollektorkreises sind die Angaben der Hersteller in der Regel zuverlässig und sollten übernommen werden. Allerdings muß überprüft werden, ob der Kollektorkreis tatsächlich als eigensichere Anlage konzipiert ist – d.h. ob das Ausdehnungsgefäß im Stillstandsfall tatsächlich den gesamten Inhalt des Kollektorfelds einschließlich der Wärmeausdehnung des restlichen Fluids aufnehmen kann. Ausdehnungsgefäße sind auch bei sehr großen Anlagen die Methode der Wahl, um Eigensicherheit zu gewährleisten.
- Bei der Aufständerung einer Kollektoranlage auf einem hochgelegenen Flachdach werden aus Gründen der Windsicherheit für die übliche Kollektorneigung von 30° bzw. 45° oft aufwendige Unterkonstruktionen geplant und errichtet. Hier ist immer zu prüfen, ob bei nahezu liegender Kollektorbefestigung nicht erhebliche Kosteneinsparungen möglich sind. Selbst wenn man eine Ertragsminderung von rund 15% berücksichtigt, ergibt sich fast immer ein deutlich besseres Kosten-Nutzen-Verhältnis für die Solarenergie.
- Gerade bei größeren Anlagen ist ein geringer Volumenstrom im Kollektorkreis („Low-Flow") zu empfehlen, um mit verringerten Rohrleitungsquerschnitten und mit Pumpen geringerer Leistung auszukommen. Dies kann besonders bei sehr großen Anlagen die Kosten deutlich reduzieren.

- Bei der Speicheraufteilung gibt es grundsätzlich die Möglichkeiten, die Speicher in Reihe (seriell) oder parallel zu verschalten. Viele Hersteller bevorzugen die Reihenschaltung. Dabei werden in den Unterlagen manchmal Schaltungen angegeben, die trotz Rückschlagventilen zu Fehlströmungen führen. Hier ist der Planer aufgefordert, die Hydraulik der vorgeschlagenen Schaltung sorgfältig zu prüfen. Einfacher und oft zielführender ist die parallele Verschaltung, wobei die einzelnen Speicher entsprechend dem bekannten Tichelmann-Schema anzuschließen sind – da heißt, jede Speicherverrohrung hat denselben

7.2.14 (oben links)
Kollektoraufständerung auf dem Mansarddach eines Münchener Stadthauses (vor Anbringen der Wärmedämmung für die Kolletorverrohrung).

7.2.15 (oben rechts)
Die 120 m² Flachkollektoren ließen sich auf auf dem Dach des Hallen- und Freibades klar gegliedert anordnen, so daß eine übersichtliche Verrohrung mit kurzen Wegen möglich war.

7.2.16 (unten)
Detail: Zusammenführung der Leitungen in der Mitte der Kollektorfelder.
Photos: Peter Schalajda

Druckabfall. So wird eine gleichmäßige Durchströmung der Speicher sowohl beim Be- wie beim Entladen sichergestellt.

- Das Volumen des Bereitschaftsspeichers ist prinzipiell auf die Bedarfssituation vor Ort abzustimmen und gegebenenfalls um die Kaltwasservorlage zu vergrößern. Ein Vorwärmspeicher sollte entsprechend den Vorgaben des Herstellers bemessen werden – in der Regel ist ein Viertel des Volumens des Bereitschaftsspeichers ausreichend. Auf die Spitzenlastsituation vor Ort muß auch der Beladewärmetauscher eines „echten" Frischwassersystems abgestimmt werden.
- Die meisten Hersteller liefern für ihre Wärmetauscher eine vorgefertigte Wärmedämmung. Diese ist genauso wichtig wie die Dämmung aller Abgänge, Verteiler und Armaturen. Es gibt eine Ausnahme: Um die Membran des Ausdehnungsgefäß vor zu hohen Temperaturen zu schützen, soll die Flüssigkeit auf dem Weg in das Ausdehnungsgefäß abkühlen können. Deshalb wird die Zuleitung zum Ausdehnungsgefäß meist unisoliert ausgeführt – und sollte auch auf Drängen eines sehr energiebewußten Bauherrn nicht nachträglich isoliert werden.
- Bei größeren Anlagen (ab Gruppe B) sind insbesondere im Kollektorkreis Schmutzfänger vor der Pumpe zu empfehlen. Wenn diese installiert werden, ist eine Reinigung der Schmutzfänger ein bis zwei Monate nach Betriebsbeginn in das Leistungsverzeichnis aufzunehmen.
- Die Verrohrung zwischen Pufferspeicher und Warmwasserspeicher sollte so einfach und übersichtlich wie möglich erfolgen. Häufig versäumen Planer, die Stell- und Bedienelemente (z.B. sogenannte „Taco-Setter" zur Einregulierung des Volumenstroms) zugänglich und ablesbar anzuordnen. Komplexe Verrohrungen, die auf dem Papier noch auseinanderzuhalten sind, können in der Realität eines halbdunklen und beengten Heizungskellers dem Handwerker erhebliches Kopfzerbrechen bereiten. Um im Heizungskeller Platz zu gewinnen, kann es sinnvoll sein, die Sicherheitseinrichtungen (Ausdehnungsgefäß, Sicherheitsventil mit Auffangbehälter) direkt unter dem Dach anzuordnen.
- Bei der Kollektorverrohrung, vor allem aber bei der Verrohrung zwischen Pufferspeicher und Warmwasserspeicher, ist darauf zu achten, daß immer eindeutig definierte Strömungszustände vorliegen. T-Stücke und andere Abgänge sind sorgfältig darauf zu prüfen, ob unerwünschte Saug- oder Druckzustände möglich sind. Überall dort, wo mit Teilkreisen gearbeitet wird, ist ein hydraulischer Abgleich zu fordern – und durch geeignete Stellelemente oder entsprechend dimensionierte Verrohrung auch zu ermöglichen. Generell gilt auch hier: je einfacher

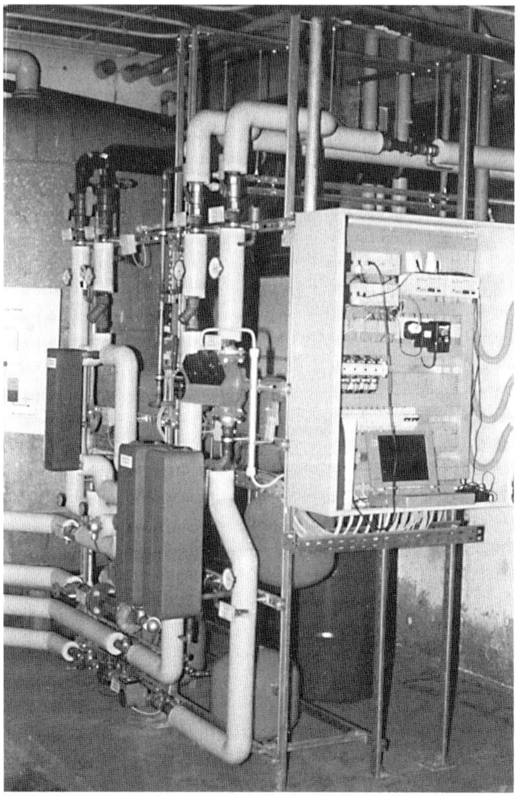

7.2.17
Ausreichend Platz und eine gut geplante Rohrführung sind Voraussetzungen für eine übersichtliche und fehlerfreie Installation, insbesondere im Keller.
Photo: Peter Schalajda

und übersichtlicher die Verrohrung, umso geringer ist die Wahrscheinlichkeit von Fehlmontagen und umso geringer auch die Gefahr unerwünschter hydraulischer Zustände.
- Viele Planer versuchen, durch komplexe Regelungen und Steuerungen eine möglichst effiziente Einspeicherung der Solarwärme und/oder eine ausgeklügelte Entladung der Speicher sicherzustellen. Die Erfahrungen mit solchen Konzepten aus den vergangenen Jahren zeigen, daß dies ein vergeblicher – und vielfach sogar abträglicher – Aufwand ist. Für eine Solaranlage ist völlig ausreichend, die Kollektorkreispumpe entsprechend der Differenz von Speichertemperatur und Kollektortemperatur zu steuern (wobei eine drehzahlgeregelte Pumpe bei Anlagen mit niedrigem Durchsatz, sogenannten „Low-Flow"-Anlagen, sinnvoll sein kann) und bei der Entladung der Speicher eine geeignete Steuerung der Entladepumpe (bei Frischwassersystemen mit Drehzahlregelung) vorzusehen. Dabei sollte ein Mischventil die Temperatur auf der Trinkwasserseite auf 60°C begrenzen, um Verkalkung entgegenzuwirken. Bei mehreren Pufferspeichern ist eine möglichst einfache und übersichtliche Be- und Entladung parallel bzw. in Reihe geschalteter Speichergruppen vorzusehen. Komplexe Stell-und Mischventilsteuerungen, temperaturgeführtes Hin- und Herpumpen von Speicherinhalten und ähnliche „special effects" haben sich als fehleranfällig und praktisch nicht ertragsteigernd erwiesen.

Entgegen landläufiger Ansicht sind aufwendige und komplizierte Solaranlagen selten besser und in den meisten Fällen schlechter als Anlagen, bei denen alle Möglichkeiten zur Vereinfachung genutzt werden. Aufwendige und komplizierte Anlagen sind nicht nur an sich fehleranfälliger, sie bieten auch ein größeres Risiko, falsch montiert oder falsch betrieben zu werden. Eine gute Anlage ist daher auch daran zu erkennen, wie konsequent alle Möglichkeiten zur Vereinfachung genutzt worden sind – schließlich bedeutet Vereinfachung auch meist Kostenersparnis.

Leistungsverzeichnis und Bauaufsicht, Dokumentation

Bevor der Planer ein Leistungsverzeichnis herausgibt, sollte er nachstehende Punkte abgearbeitet haben:

- Je nach gewählter Systemschaltung müssen die Anschlußarbeiten an die Nachheizung genau spezifiziert werden, insbesondere die Anschlüsse an eine bestehende Kesselanlage. Ist die Beschreibung lediglich pauschal, reagieren viele Installateure angesichts des nicht abzuschätzenden Umfangs mit „Angstzuschlägen" im Angebot.
- Für alle Regelungen, die der Planer vom Hersteller übernommen hat, sollten die Reglersequenzen vorliegen und vom Planer verstanden sein. Dasselbe gilt für jede Steuerung oder Regelung, die der Planer hinzugefügt hat. Sind alle Rohrleitungsabschnitte sorgfältig auf definierte Strömungszustände unter allen Regelungsbedingungen geprüft worden?
- Der Planer hat einen Plan des Bauablaufs mit der Abfolge der einzelnen Gewerke erarbeitet und die erforderlichen Abstimmungen im Leistungsverzeichnis vermerkt. Gerade das Baumanagement wird in der Planungsphase vielfach nachlässig behandelt und gibt dann in der Bauphase Anlaß zu allerlei Turbulenzen – die sich immer kostensteigernd auswirken.
- Der Planer hat einen vollständigen Plan für die Abnahmeprüfung, den er dem Leistungsverzeichnis beifügt.

Während der Bauphase muß der Planer ein aktives Baumanagement betreiben; dies gilt spätestens für Anlagen der Gruppe B, für Anlagen der Gruppe C und D ist es absolut unerläßlich.
Eine „Erstinspektion" der Anlage nach 6 bis 10 Wochen Anlagenbetrieb ist sinnvoll (und eigentlich

unerläßlich für Anlagen der Gruppe B und größer). Bei der Abnahme der Anlage wird vielfach versäumt, die korrekte Funktion der Wärmemengenzähler zu überprüfen. Wärmemengenzähler haben Einstell-Elemente wie Mikro-Schalter oder Jumper, mit denen einer bestimmten Impulsanzahl eine bestimmte Energiemenge zugeordnet wird. Dies betrifft sowohl die Einheiten der Zählung (Wh, kWh, MWh) als auch die Energie-Einheit selbst (kWh oder MJ). Vielfach entsprechen die Voreinstellungen bei der Anlieferung nicht dem Einsatzzweck. Wenn vergessen wird, diese Einstellungen zu korrigieren, „paßt" die Ertragsanzeige nicht zur Anlage. Das ist dann besonders irreführend, wenn aufgrund der Fehlkalibration ein zu hoher Ertrag angezeigt wird und gleichzeitig Fehlfunktionen vorliegen. Der Anlagenbetreiber nimmt dann unter Umständen einen scheinbar „richtigen" Ertrag wahr, kann aber keine entsprechende Einsparung an Brennstoff feststellen.

Die Dokumentation einer Anlage einschließlich aller Wartungs-und Einstellhinweise an den Betreiber sollte eine Selbstverständlichkeit sein. Dazu gehört auch eine vollständige Beschriftung aller Komponenten und Leitungen. Dennoch sind viele – gerade größere Anlagen – mehr schlecht als recht dokumentiert. Häufig findet sich nicht mehr als das allgemeine Hydraulikschema des Herstellers – erforderlich sind aber konkrete Angaben zum spezifischen Objekt.

Anschrift des Autors:
Dr. Michael Mack
Institut für Solarenergieforschung GmbH
ISFH,
Am Ohrberg 1
31860 Emmerthal
Tel: 05151-999-0
Fax: 05151-999-400
Email: m.mack@isfh.de

6. Schlußbemerkungen

Eine gute Solaranlage läßt sich realisieren, wenn fünf Punkte beachtet werden:

- Die Kollektorfläche muß zur Warmwasserlast passen.
- Die Anlage muß eigensicher sein, ebenso dürfen nur stillstandstaugliche Materialien und Verbindungstechniken eingesetzt werden.
- Die Einbindung der Nachheizung muß genau spezifiziert werden, u.z. anhand der vom Hersteller vorgegebenen Systemschaltung.
- Verrohrung, Regelung und Steuerung müssen entsprechend der vorgegebenen Systemschaltung so einfach und übersichtlich wie möglich ausgeführt werden.

Ein geordnete Ablaufplanung muß den beteiligten Gewerken ein professionelles Arbeiten ermöglichen.
Es ist zu hoffen, daß eine weitergehende Standardisierung auch für die größeren Anlagen die Anwender immer mehr davon entlastet, diese Punkte im einzelnen bewachen zu müssen.

Weiterführende Literatur

Dieser Beitrag konnte wertvolle Hinweise aus einer Reihe von Veröffentlichungen entnehmen, von denen die folgenden besonders empfohlen werden:

- C. Schwenk, u.a.: Sonne für Hotels – Solaranlagen fachgerecht planen. Arbeitsgemeinschaft Erneuerbare Energie, Gleisdorf 1999
- M. Schnauss: Anlagensicherheit und „Eigensicherheit". Berichtsband Neuntes Symposium Thermische Solaranlagen, p. 126
- K.-H. Remmers: Große Solaranlagen – Einstieg in Planung und Praxis. Verlag Solarpraxis, Berlin 1999
- Solarthermie 2000, Teilprogramm 2. Zwischenbericht der ZfS- Rationelle Energietechnik GmbH, Verbindungsstraße 19, D-40723 Hilden
- Garantierte Resultate von thermischen Solaranlagen. Schlußbericht der ASEW in: http://www.asew.de

7.3 Solare Raumheizung in Niedrigenergiehäusern

Es hat in den letzten Jahrzehnten nicht an Versuchen gefehlt, in unseren Breiten ein Haus vollständig mit Sonnenenergie zu heizen. Dabei zeigte sich sehr schnell, daß dieses Ziel nur dann auf einem vernünftigen Wege erreicht werden kann, wenn durch stark verbesserten Wärmeschutz (Dämmung, kontrollierte Lüftung) der Heizenergiebedarf gegenüber der konventionellen Bauweise drastisch gesenkt wird. Die gut dokumentierten Forschungen am Philips-Versuchshaus in Aachen haben Anfang der 80er Jahre in dieser Richtung wichtige Anstöße gegeben.
In den letzten Jahren sind nun in Deutschland und in der Schweiz etliche sogenannte „Nullenergie-Häuser" entstanden. Von zwei Häusern mit unterschiedlichem Ansatz soll hier berichtet werden, und zwar vom Nullenergie-Haus in Baesweiler bei Aachen und vom Solarhaus Wettringen bei Münster.
Bei beiden Projekten wurde versucht, die solare Vollversorgung hausindividuell zu lösen. Dafür wird ein mehr oder weniger großer Heizungsspeicher eingesetzt, der im Sommer mittels hocheffizienter Flachkollektoren geladen wird und dessen Energieinhalt den winterlichen Heizenergiebedarf decken soll – natürlich mit Unterstützung der Kollektorerträge im Winter. Im Detail zeigen die Lösungen aber einige durchaus interessante Unterschiede, auf die hier näher eingegangen werden soll.

7.3.1 Das Nullheizenergie-Haus in Baesweiler/Aachen

Wolfgang Keip

Das freistehende Einfamilienhaus mit 220 m² Wohnfläche sollte als Nullheizenergiehaus (NHEH) erstellt werden. Wie bei vielen anderen Baugrundstücken war auch hier leider keine optimale Ausrichtung des Gebäudes nach Süden möglich und der Abstand zur Nachbarbebauung reichte nicht aus, um mit sogenannten passiven Gewinnen den Heizwärmebedarf weitestgehend zu decken. Es galt daher, ein Gebäudekonzept zu entwickeln, bei dem auch ohne übermäßig große passive Solargewinne der Heizwärmebedarf durch Nutzung der Sonnenenergie zu 100% gedeckt wird.
Mit dem Werkzeug der thermischen Gebäudesimulation stimmte das Ingenieurbüro IWUP (Ingenieurbüro Wohnen Umwelt Planen) die baulichen und technischen Komponenten so aufeinander ab,

Abb. 7.3.1
Das Haus mit Sonnenkollektoranlage kurz vor der Fertigstellung.

Abb. 7.3.2
Systemschaltung der Solaranlage für Heizung und Warmwasserbereitung.

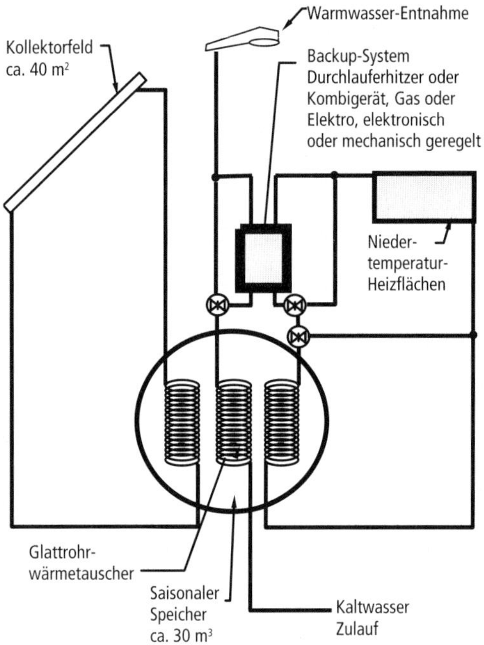

Tabelle 7.3.1
Vergleich der Systemkosten von konventioneller Heizung und Solarheizung (einschließlich Trinkwassererwärmung).

Systemkosten im Vergleich

Solarheizung		**Konventionelle Gasheizung mit Solaranlage für Brauchwassererwärmung**	
Speichertank	15.000 DM	Gasanschluss	3500 DM
Transport	600 DM	Gasleitung bis Gasheizung	500 DM
Kran	400 DM	Gasbrenner	7000 DM
Wärmetauscher	4.000 DM	Warmwasserboiler	3000 DM
Einbau Tank und Anschlüsse	1.500 DM	Schornstein	3000 DM
Wärmedämmung Tank	4.000 DM	Energiekosten (Kapitalwert 400DM/a)	4000 DM
Keller anteilig	10.000 DM	Grundgebühr Gas (Kapitalwert von 300DM/a)	3000 DM
Kollektor Regelung	24.000 DM 1.000 DM	Schornsteinfeger (Kapitalwert von 150DM/a)	1500 DM
elektronisch geregelter Durchlauferhitzer	1.000 DM	Heizungsreinigung (Kapitalwert von 150DM/a)	1500 DM
Leitung Kollektor	1.000 DM	Aufstellungsraum anteilig	3000 DM
Minderkosten Dachdeckung	–2.000 DM	Solaranlage mit Regelung	6000 DM
Summe	**60.500 DM**		**36.000 DM**

daß der Heizwärmebedarf zu 100% und der Warmwasserbedarf zu etwa 90% solar gedeckt werden können. Beim Vergleich der Systemkosten (Tab. 7.3.1) erwies sich die Solarheizung als deutlich teurer als eine konventionelle Gasheizung; allerdings sind die Fördermittel für die Solaranlage darin noch nicht berücksichtigt, außerdem sprachen einige praktische Vorteile für die Solarheizung (Beheizung der Werkstatt im Keller u.ä.), die dann auch realisiert wurde.
Charakteristische Merkmale des Gebäudes sind eine Wärmedämmung von 30 cm in den Außenwänden und im Dach, Warmfenster der Firma eurotec mit einem k_F-Wert von 0,8W/m²K, eine kontrollierte Wohnungslüftung mit Wärmerückgewinnung und vorgeschaltetem Erdreichwärmetauscher zum Vorwärmen der Zuluft im Winter und mit Kühloption im Sommer.
Um den Wärmebedarf zu decken, muß die Solaranlage 2800 kWh/a für Heizung plus 1200 kWh/a für die Trinkwassererwärmung (2 Personen) bereitstellen. Die Verteilung der Heizwärme erfolgt über eine Fußbodenheizung, wobei für die Beheizung bei -12°C Außentemperatur eine extrem niedrige Speichertemperatur von etwa 26°C noch nutzbar ist. Ziel war es, eine möglichst kostengünstige, wartungsarme und langlebige Anlage zu konzipieren.
Auf eine Regelung zur Schichtenladung und zur geschichteten Entnahme wurde verzichtet, da dies für den Jahresenergieertrag der Solaranlage beim vorliegenden Konzept keine Vorteile hat.
Die Solaranlage wurde so ausgelegt, daß ein konventioneller Wärmeerzeuger mit fossilen Brennstoffen nicht notwendig ist. Lediglich für die verbleibenden 10% des Warmwasserbedarfs, etwa 150 kWh/a, die nicht solar erzeugt werden können, wird ein elektronisch geregelter Elektrodurchlauferhitzer eingesetzt, da derzeit kein Gasbrenner verfügbar ist, der ähnlich einem elektronisch geregelten Elektrodurchlauferhitzer über eine stufenlose Leistungregelung zwischen Null und Nennleistung verfügt.

Die Solaranlage besteht aus einem 40 m^2 großen dachintegrierten Kollektor und einem 31,5 m^3 fassenden saisonalem Speicher aus nichtrostendem Edelstahl, der mit einer verschleißfreien Fremdstromanode ausgestattet ist.
Der zylindrische Speicher wurde vollständig im Keller untergebracht, um im oberirdischen Bereich des Hauses keinen Wohnraum zu verlieren. Die Höhe des Tanks wurde auf 4,5 m und sein Durchmesser auf 3 m begrenzt, damit die Kellerräume mit Standardgeräten herzustellen sind und keine Mehrkosten für Sondertransporte entstehen. Der drucklose, etwa 1000 kg schwere Flachbodentank steht vollflächig auf einem Paket aus Wärmedämmung. Die Wärmeverluste nach unten sind dadurch minimiert, gleichzeitig ist die Statik des Tanks einfach. Die seitliche und obere 50 cm dicke Isolation besteht zu 25% aus Mineralwolle und zu 75% aus Polystyrolrecyclat. Alle Wärmetauscher sind als innenliegende Glattrohrwärmetauscher (Kupferrohr) ausgeführt, die an senkrechten Klemmschienen im Tank befestigt sind. Das Warmwasser wird im Durchlauf erhitzt; der Warmwasserwärmetauscher erstreckt sich über die gesamte Tankhöhe, so daß das niedrige Temperaturniveau im unteren Teil des Speichers vom zulaufenden Kaltwasser genutzt wird. Erst im oberen Teil des Wärmetauschers wird das Wasser auf die Endtemperatur gebracht. Der Solarwärmetauscher ist ganz unten im Tank angeordnet, um eine möglichst niedrige Rücklauftemperatur zum Kollektor zu erzielen.
Neben den etwa 4000 kWh/a für die Heizung des Wohnbereichs und die Warmwassererbereitung liefert die Solaranlage im Sommer sogar genug Wärme, um auch noch den Warmwasserbedarf des Nachbarhauses zu 50% zu decken. Darüber hinaus wird sie genutzt, um den Werkraum im Keller, dessen Fußbodenheizung direkt an den Solarkreis angeschlossen ist, dann zu beheizen, wenn die Temperatur im Kollektor nicht ausreicht, um den Speicher zu beladen, wohl aber über etwa 25°C liegt und damit zur Beheizung des Kellers ausreicht.

Abb. 7.3.3
Der Edelstahlspeicher wird vor Errichtung der oberirdischen Gebäudeteile in das Kellergeschoß eingesetzt.

Abb. 7.3.4
Die Wärmetauscher im Speicher bestehen aus weichem Kupferrohr, das an der Tankwandung in Leisten verlegt wurde.

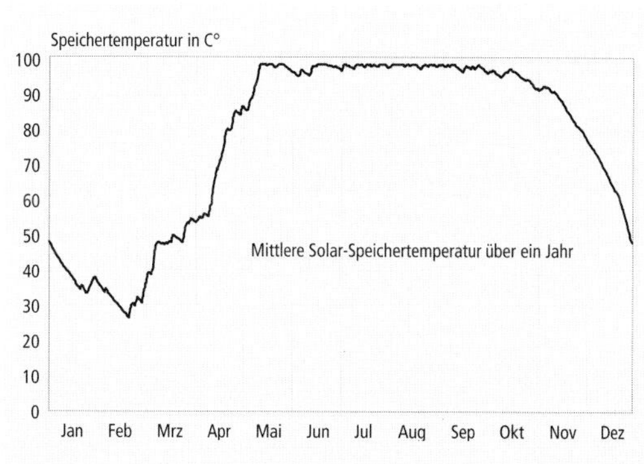

Abb. 7.3.5
Entwicklung der mittleren Speichertemperatur im Jahresverlauf.

Anschrift des Autors:
Dipl.-Ing. Wolfgang Keip,
Ingenieurbüro IWUP
Von Stauffenberg Str. 22
52499 Baesweiler
Tel.: 02401-8314

7.3.2 Das Solarhaus in Wettringen

Ulrich Victor-Ulmke

Das Solarhaus in Wettringen ist ebenfalls ein freistehendes Einfamilienhaus, das jedoch optimal nach Süden ausgerichtet ist. Der gesamte Jahresheizenergiebedarf (3.800 kWh) und der Brauchwasserbedarf (2.700 kWh) werden solar gedeckt. Neben den 13 dachintegrierten Sonnenkollektoren zur aktiven Nutzung der Sonnenenergie (31,5 m² Kollektorfläche) ist das Gebäude mit einer 55 m² großen, zweigeschossig verglasten Fassade zur passiven Solarenergienutzung ausgestattet. Den temporären Sonnenschutz gewährleistet eine innentemperaturgesteuerte Verschattung zwischen der ersten und zweiten Ebene der Glasfassade (Gesamt-k-Wert: 0,7 W/m²K).

Neben konsequenter Wärmedämmung (Dicke der Dämmung aus Hartschaumplatten in der Wand 20 cm, im Dach 30 cm, k-Wert der Holzfenster 0,8 W/m²K) sorgt eine kontrollierte Wohnraumlüftung mit Wärmerückgewinnung für minimale Wärmeverluste. In den Sommermonaten dient eine innentemperaturgesteuerte, freie Nachtlüftung der Erhöhung des Wohnkomforts (freie Kühlung). Ein besonderes Bonbon ist die Photovoltaikanlage mit 2,2 kW_p Nennleistung, die den elektrischen Energiebedarf des Gebäudes über das Jahr betrachtet zu 2/3 deckt. Das Herzstück des Solarhauses Wettringen ist jedoch die aktive Solaranlage mit saisonalem Speicher.

7.3.6
Die Südseite des Gebäudes mit verglaster Fassade sowie Sonnenkollektoren (am First) und Photovoltaikanlage (darunter) auf dem Dach.

Anlagenbeschreibung

Die Solaranlage für das Solarhaus Wettringen und ihre Komponenten wurden so ausgelegt, daß der Energiebedarf des 4-Personen-Haushaltes für Heizung und Warmwasser zu 100% gedeckt werden kann. Bei den Sonnenkollektoren des Typs NEH handelt es sich um speziell für diesen Einsatzzweck entwickelte, selektiv beschichtete Flachkollektoren. Zur Sonnenkollektoranlage gehört einerseits ein Pufferspeicher (saisonaler Langzeitspeicher), der 14.000 Liter Wasser enthält, sowie ein 700-l-Kombispeicher (Heizungsspeicher mit integriertem Trinkwassertank), der als Tagesspeicher dient. Eine Steuer- und Regelungseinheit sorgt dafür, daß die mittels Plattenwärmetauscher übertragene Solarenergie vorrangig dem Tagesspeicher zugeführt wird und diesen bis auf ein bestimmtes einstellbares Temperaturniveau lädt. Ist diese Temperatur erreicht, wird die solare Restenergie in den Jahreszeitenspeicher gespeist.

Der Jahreszeitenspeicher, ein zylindrischer Stahltank mit einer 60 cm starken Wärmedämmung, steht aufrecht im nördlichen Teil des Solarhauses. Die senkrechte Bauweise begünstigt die Wärmeschichtung im Speicher, so daß ein Großteil des solaren Überangebots aus dem Sommer für die darauffolgende Heizperiode gespeichert werden kann. In der Übergangszeit kann der Energiebedarf für

Brauchwasserbereitung und Heizung weitgehend aus dem Tagesspeicher gedeckt werden. Eine gute Wärmeschichtung zusammen mit dem relativ großen Volumen des Kombispeichers gewährleisten einen guten Anlagenwirkungsgrad auch an Tagen mit verminderter Sonneneinstrahlung. Die Wassererwärmung erfolgt über den im Kombispeicher eingebauten Brauchwasserbehälter. Die Wärme für das konventionelle, raumtemperaturgesteuerte Heizungssystem wird aus dem Pufferteil des Kombispeichers entnommen. Bei den wärmeverteilenden Heizflächen ist die Fußbodenheizung den Radiatoren nachgeschaltet, d.h. das Rücklaufwasser aus den Heizflächen wird dem Vorlauf der Fußbodenheizung zugeführt, um niedrige Rücklauftemperaturen in den Speicher zu erzielen.
In strahlungsschwachen Zeiträumen, wenn der solare Eintrag zum Laden des Kurzzeitspeichers nicht ausreicht, wird Energie aus dem Jahreszeitenspeicher in den Tagesspeicher eingebracht und dort zur Brauchwasserbereitung sowie zur Versorgung der Heizflächen zur Verfügung gestellt.
Die Solaranlage deckt bei normalen Verbrauchsgewohnheiten ganzjährig den Wärmebedarf für Heizung und Warmwasser eines 4-Personen-Haushaltes. Sollten kurzfristige solare Deckungslücken entstehen, z.B. durch Mehrverbrauch oder widrige Witterungsverhältnisse, so wird das Brauchwasser ggf. mit Hilfe eines elektronisch geregelten Elektrodurchlauferhitzers nacherwärmt. Auf eine Zirkulation für die Warmwasserversorgung wurde ganz verzichtet.

Kollektorkreislauf

Der Kollektorkreislauf ist als Drain-Back-System aufgebaut (geschlossener Kreislauf mit Lufteinschluß, vgl. Kap. 4.5.4). Bei fehlendem Solarangebot läuft das Kollektorfeld leer, das Wärmeträgermedium fließt in den tieferliegenden Auffangbehälter, so daß die bei konventionellen Anlagen üblichen Probleme durch Überhitzung und Frost ausgeschlossen sind. Erst wenn ausreichend Solarstrah-

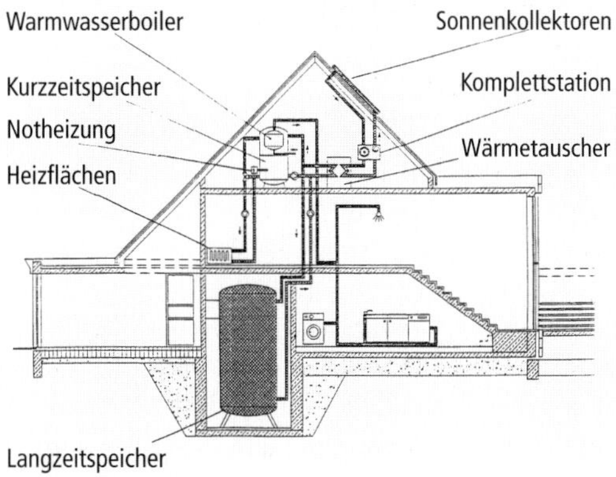

7.3.7
Schnitt durch das Gebäude in Nord-Süd-Richtung mit Schema der Solar-, Heizungs- und Warmwasserinstallation.

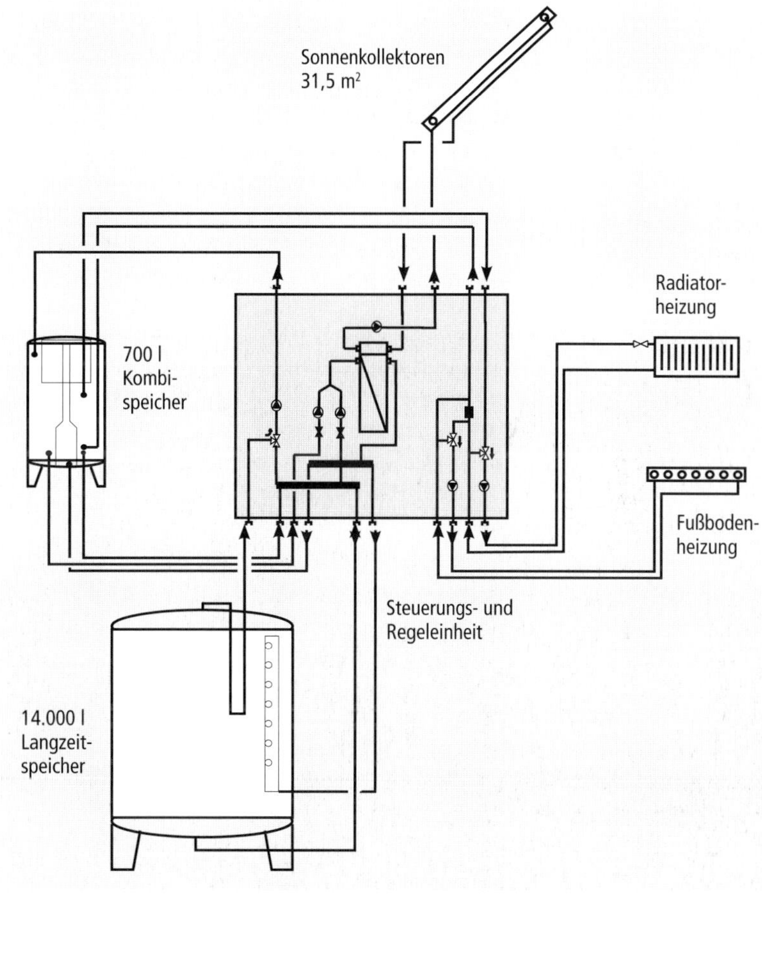

7.3.8
Systemschaltbild des Solarhauses Wettringen.

lung auf das Kollektorfeld trifft, füllt die Solarkreispumpe das Kollektorfeld mit Wärmeträgermedium und setzt den Kreislauf in Gang.
Der Betrieb des Solarkreises und die Beladung der Speicher wird über eine Temperatur-Differenz-Regelung gesteuert. Verglichen werden die Temperaturen am Kollektorfeld mit den Temperaturen in den Speichern. Sobald die eingestellte Temperaturdifferenz erreicht wird, werden zunächst die Pumpen für den Primärkreislauf eingeschaltet und danach zeitverzögert auch die Speicherpumpen zum Beladen des Tages- bzw. Langzeitspeichers. Die Zeitverzögerung verhindert ein unerwünschtes Takten der Solaranlage und gewährleistet, daß zur Speicherbeladung ausreichend erwärmtes Medium zur Verfügung steht.

Regelung Speicherumladung

Reicht das Strahlungsangebot des Kollektorfeldes nicht aus, um den Tagesspeicher ausreichend zu laden, wird dieser aus dem Langzeitspeicher nachgeladen. Dieser Umschichtungsvorgang wird durch eine weitere Temperaturdifferenzregelung gesteuert, welche die Temperaturen in den beiden Speichern miteinander vergleicht: Liegt die Temperatur im Tagesspeicher unterhalb der einstellbaren Solltemperatur, wird bei Erreichen der eingestellten Temperaturdifferenz die Speicherladepumpe in Betrieb genommen und der Tagesspeicher über ein Temperaturmischventil auf maximal 50°C aufgeladen.

Regelung Raumheizung

Die Raumheizung besteht aus Radiator- und Fußbodenheizung. Die Vorlauftemperatur der Heizkörper wird über ein Drei-Wege-Ventil mit Stellmotor dem Wärmebedarf angepaßt, wobei die Solltemperatur im Wohnzimmer eingestellt werden kann. Ausgelegt sind die Heizflächen auf eine Vorlauftemperatur von 35°C und eine Rücklauftemperatur von 30°C.

Die Fußbodenheizung ist mit den Heizkörpern in Serie geschaltet; das heißt, der Rücklauf der Heizkörper wird thermostatisch gesteuert in die Fußbodenheizung gespeist, wobei eine Festwertregelung für eine konstante Rücklauftemperatur von 21°C sorgt. Dadurch können Wärmegewinne aus internen Quellen und durch passive Solarenergienutzung direkt verwertet werden.
Wird keine Wärme angefordert, z.B. wenn die Räume Solltemperatur erreicht haben, fährt der Stellmotor am Dreiwege-Ventil im Heizungskreis in Endstellung. In diesem Fall werden über einen Endschalter die Umwälzpumpen der Heizsysteme außer Betrieb genommen.

Zusammenfassung

Ohne integrierten Planungsansatz, der Architektur und Gebäudetechnik gleichermaßen berücksichtigt, sind effiziente Solarhäuser nicht umsetzbar. Damit die Synthese gelingt, muß auf einfache Technik, gute Qualität bei der Bauausführung und eine sorgfältige Abstimmung der Lüftungsanlage besonderer Wert gelegt werden.

Fazit

Die beiden Beispiele zeigen, daß die dezentrale solare Hausheizung in unseren Breiten durchaus möglich ist, wenn auch mit beträchtlichem Aufwand; sie vermitteln einen Einblick in die Anlagentechnik, ihre Dimensionierung und die entstehenden Kosten. Der Versuch, die letzte Kilowattstunde an Heizenergie durch Sonnenenergie zu decken, ist in den meisten Fällen so kosten- und energieaufwendig, daß es sinnvoller erscheint, an sehr kalten Tagen den Energiehaushalt durch Gas oder elektrische Energie auszugleichen. Die Verbrennung von Holz ist nur bedingt geeignet, da eine kontrollierte und saubere Verbrennung nur mit relativ aufwendigen Feuerungsanlagen möglich ist.

Anschrift des Autors:
Dipl.-Ing. Architekt
Ulrich Victor-Ulmke
Architektur- und
Ing.-Büro S.D. Sonnenhaus GmbH
Dieselweg 4
48493 Wettringen
Tel.: 02557-98522-0
Fax: 02557-98522-8

7.4 Solare Nahwärme

Dr. M. Norbert Fisch

Ziel von integralen Energiekonzepten für Wohngebäude bzw. ganze Siedlungen ist es, den jährlichen Wärme- und Strombedarf mit möglichst niedrigem Primärenergieeinsatz und entsprechend geringen CO_2-Emissionen zu decken. Dabei gilt es, eine kostenoptimale Kombination von Maßnahmen aus folgenden Bereichen zu finden:

- Reduzierung des Wärme- und Strombedarfs,
- rationelle Energieumwandlung und -verteilung sowie
- Nutzung erneuerbarer Energiequellen (Sonnenenergie, Biomasse).

Bei diesem Betrachtungsansatz steht nicht mehr die Frage im Vordergrund: „Sind *die Maßnahmen zur Energieeinsparung oder ist die Nutzung der Sonnenenergie wirtschaftlich?*", sondern es geht um die Lösung der Aufgabe: *„Mit welcher kostenoptimalen Maßnahmenkombination läßt sich eine bestimmte Reduzierung des Verbrauchs oder ein bestimmter Maximalwert an fossilem Brennstoffeinsatz mit entsprechend niedrigen CO_2-Emissionen erzielen?"*
Nahwärmesysteme, bestehend aus Heizzentrale, Wärmeverteilnetz und Hausübergabestationen, zeichnen sich nicht nur durch hohe Flexibilität bei der Brennstoffwahl aus, sondern begünstigen auch den Einsatz von besonders energieeffizienten Techniken (z.B. BHKW) zur Wärmeversorgung von Siedlungen. Sie bieten damit günstige Voraussetzungen zur Integration von großen kostengünstigen Solaranlagen in das Energieerzeugungssystem. Weiterhin ermöglichen derart große Systeme den Einsatz von saisonalen Wärmespeichern, die Solarwärme aus dem Sommer zur teilweisen Deckung des Heizwärmebedarfs im Winter bereitstellen. Nicht zuletzt liefert auch der Kostenvergleich ein starkes Argument dafür, *große* Solaranlagen zu bauen: Bei großen Solaranlagen (>100 m²) mit Kurzzeit-Wärmespeicher, die in der Regel nur etwa 10 bis 20% des Gesamtwärmebedarfs eines Gebäudes oder einer Wohnsiedlung decken können, ist das „Kosten-Nutzen-Verhältnis" etwa drei- bis viermal günstiger als bei Kleinanlagen (<10 m²), wie sie typischerweise zur Trinkwassererwärmung in Einfamilienhäuser eingebaut werden. Abb. 7.4.1 zeigt das Verhältnis der Investitionskosten (Gesamtsystem) zum jährlichen solaren Nutzenergieertrag, und zwar für kleine und große Anlagen mit Kurzzeitspeicher sowie für große Anlagen mit Langzeit-Wärmespeicher.
Ein hoher solarer Beitrag von 50 bis 70% des Gesamtwärmebedarfs kann nur durch den Einsatz von Langzeit-Wärmespeichern erzielt werden. Auch wenn das Verhältnis der Investitionskosten zum jährlichen solaren Energieertrag dadurch merklich ansteigt, weisen Großanlagen mit Langzeit-Wärmespeicher (D_s > 50%) im Vergleich zu den Kleinanlagen (D_s < 15%) immer noch ein günstigeres Kosten-Nutzen-Verhältnis auf.

7.4.1
Kosten-Nutzen-Verhältnis für solarthermische Anlagen (D_s = solarer Dekkungsanteil).

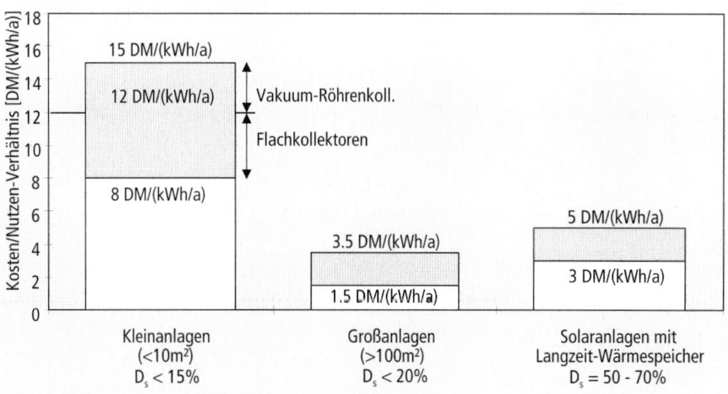

Je nach Art der Wärmespeicherung werden im folgenden zwei Arten von solar unterstützten Nahwärmesystemen unterschieden:

1. Solarsysteme mit Kurzzeit-Wärmespeicher, ausgelegt für 5 bis 20% solaren Deckungsanteil am Gesamtwärmebedarf für Raumheizung und Warmwasser,
2. Solarsysteme mit Langzeit-Wärmespeicher, die 50 bis 70% des Gesamtwärmebedarfes bereitstellen können.

Solarunterstützte Nahwärmesysteme mit Kurzzeitspeicher

Abb. 7.4.2 zeigt das Schema einer solargestützten Nahwärmeversorgung mit Kurzzeitspeicher. Für die Planung solcher Anlagen können folgende Empfehlungen ausgesprochen werden:

- Die Solaranlage sollte auf maximal 50% des Wärmebedarfs zur Trinkwassererwärmung ausgelegt werden. Für die Dimensionierung sind der tägliche Warmwasserbedarf und das Verbrauchsprofil möglichst genau zu ermitteln (Werte zwischen 15 und 40 l pro Person sind die Regel). Die Auslegung sollte anhand von Simulationsrechnungen erfolgen, mit denen eine Über- oder Unterdimensionierung vorab erkannt und vermieden werden kann.
- Die Kollektoren sollten in möglichst großen zusammenhängenden Feldern installiert werden, um den Aufwand für Dacheindeckrahmen und Verrohrung gering zu halten.
- Kollektorfelder sollten immer mit einem geringen Durchfluß von 10 bis 15 $l/(m^2 \cdot h)$ (low-flow) betrieben werden. Dies ermöglicht kleinere Rohrleitungen (weniger Wärmeträgerfluid) und spart elektrische Energie für die Umwälzpumpen und damit Investitions- und Betriebskosten. Darüber hinaus können höhere Systemwirkungsgrade erreicht werden, da eine geschichtete Beladung des Wärmespeichers möglich ist.
- Kollektoren sollten immer mit einer relativ hohen Strömungsgeschwindigkeit durchflossen werden, daher ist eine größere Zahl von Kollektoren in Reihe zu schalten. Dies spart im übrigen Rohrleitungslänge und damit Kosten. Darüber hinaus verringern sich die Wärmeverluste sowie die Probleme mit Luft im Kollektorkreis. Die Kollektoren müssen für diese Hydraulik ausgelegt sein (Absorber mit parallelen Kanälen).
- Eine einfache Anlagenregelung – Einschalten der Kollektorkreispumpe abhängig von der Strahlung, ein bis zwei Temperaturdifferenz-Regelungen, Temperaturbegrenzung im Wärmespeicher mittels Wächter – hat sich bestens bewährt. Wird der konventionelle Teil der Heizung mit einer DDC-Regelung gesteuert, lassen sich die Schaltfunktionen für die Solaranlage häufig in denselben Regler mit aufnehmen.
- Bei großen Trinkwassererwärmungsanlagen ist es kostengünstiger, nicht das gesamte Speichervolumen in teuren Brauchwasserspeichern (Kosten ca. 5000,- DM/m^3) unterzubringen, sondern die Wärme in einem Pufferspeicher (Auslegungsdruck 3 bar, Kosten ca. 1000,- DM/m^3) zwischenzuspeichern und den Brauchwasserspeicher kleinzuhalten. Für dieses Prinzip sprechen auch hygienische Gründe (Legionellen).
- Die Sicherung gegen Überdruck und –temperatur bei Stillstand der Kollektorkreispumpe erfolgt bei Großanlagen durch Abblasen des Wär-

Mindestanzahl Wohneinheiten	ab 30 Wohneinheiten ≈ rund 60 – 75 Personen
Kollektorfläche	0,8 – 1,2 m^2 pro Person (ca. 0,03- 0,04 m^2 pro m^2 Wohnfl.)
Speichervolumen	40 – 60 l pro m^2 Kollektorfläche
Volumenstrom im Kollektorfeld	10 – 15 l/h pro m^2 Kollektorfläche
Solarer Deckungsanteil	10 – 15% von Raumheizung + Warmwasser
Jährlicher Solarertrag	350 – 500 $kWh/(m^2 \cdot a)$

Tabelle 7.4.1
Richtwerte zur Auslegung von großen Solaranlagen mit Kurzzeit-Wärmespeicher.

meträgermediums über ein Sicherheits- oder Überströmventil in einen Auffangbehälter, aus dem bei Druckabfall im Kollektorkreis automatisch wieder nachgespeist wird. Dadurch ist nur ein kleines Ausdehnungsgefäß notwendig. In der Anlage dürfen keine automatischen Schnellentlüfter eingebaut sein, da sonst Luft in die Anlage eindringen kann und die automatische Wiederinbetriebnahme nicht funktioniert. Die Luftabscheidung in diesen Anlagen erfolgt durch Luftabscheider im Rücklauf.

Faustregeln zur Dimensionierung sind in Tabelle 7.4.1 zusammengestellt.

Entwicklungen und Erfahrungen

Zur Erprobung und Weiterentwicklung der Kollektor- und Systemtechnik wurden seit Anfang der 90er Jahre eine Reihe von Siedlungen mit solar unterstützter Nahwärmeversorgung realisiert. Die Betriebserfahrungen lassen sich wie folgt zusammenfassen: die Anlagen arbeiten zuverlässig und der solare Energieertrag liegt bei etwa 350 bis 400 kWh/(m² a). In Tabelle 7.4.2 sind die Daten einiger ausgeführter Anlagen zusammengestellt.
Die ersten Anlagen (Nr. 1 bis 4 in Tabelle 7.4.2) wurden als reine solare Brauchwassererwärmungsanlagen konzipiert. Bei ausgedehnten Gebieten führt ein separates Verteilnetz für das Brauchwasser zu hohen Wärmeverlusten und ist daher ungeeignet. Bei der Anlage in Neckarsulm-Amorbach I speist die Solaranlage zusammen mit dem Kessel in einen zentralen Pufferspeicher ein, von dem die Nahwärmeversorgung ausgeht. Mit zunehmender Kollektorfläche gehen die flächenbezogenen Investitionskosten des Gesamtsystems bis auf etwa 600 DM/m² bei 1000 m² Kollektorfläche (inkl. Planung) zurück. Daraus ergeben sich solare Wärmekosten unter 15 Pf/kWh (ohne Förderung).
Bei den Anlagen in Ravensburg-Hochberg und Holzgerlingen (Abb. 7.4.3) wurde der Solarspeicher in das Heizsystem integriert. Der Kessel ist

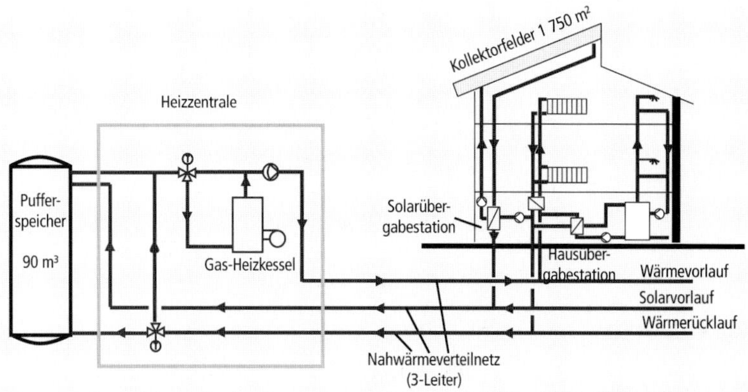

7.4.2
Schema einer solargestützten Nahwärmeversorgung mit Kurzzeit-Wärmespeicher.
Quelle: ITW/Uni Stuttgart

7.4.3
Dachintegriertes Kollektorfeld auf einem Mehrfamilienwohnhaus in Holzgerlingen (Projekt Nr. 7 in Tabelle 7.4.2).

mit einem modulierenden Brenner ausgestattet und dem Solarspeicher in Reihe nachgeschaltet. Detaillierte Simulationsrechnungen haben gezeigt, daß das System mit Heizungseinbindung energetisch etwas günstiger abschneidet als das System mit Anbindung an die Brauchwasserbereitung allein. Dabei ist ein hydraulisch gut abgeglichenes Heizungssystem mit 70/40°C Auslegungstemperaturen ausreichend.

Für die Kostendegression und die deutlich günstigere Wirtschaftlichkeit von Großanlagen sind vor allem folgende Faktoren verantwortlich:

- Bei Großanlagen ist der Anteil der Kosten für Speicher, Pumpen, Rohrleitungen und Armaturen sowie für Meß-, Steuer- und Regelungstechnik deutlich geringer als bei kleinen Anlagen. Er sinkt bei mittlerer Anlagengröße (ca. 100 m^2 Kollektorfläche) auf etwa 300 DM/m^2 und bei sehr großen Anlagen (> 500 m^2) bis auf etwa 100 DM/m^2 bezogen auf die Kollektorfläche, so daß die Anlagenkosten zu 80% durch die Kollektoren und ihre Montage bestimmt werden.
- Große Kollektorfelder lassen sich rationeller montieren und verrohren. Der Aufwand für die Dachintegration (Übergang auf das konventionelle Dach) wird – bezogen auf die Kollektorfläche – stark reduziert. Die Kosten für die Kollektorfelder liegen in den Projekten von Tabelle 7.4.2 zwischen knapp 400 und 600 DM/m^2 für Flachkollektoren und bei etwa 1.200 DM/m^2 für Vakuum-Röhrenkollektoren. Der Anteil der Montagekosten beträgt jeweils etwa 100 DM/m^2 inklusive Verrohrung bis zur Dachkante.
- Großanlagen liefern ca. 25 bis 30% mehr Wärme als kleine Anlagen, da die Wärmeverluste

Nr.	Anlage	Wärmeabnehmer	Baujahr	Kollektorfläche	flächenbezog. Kosten 1)	Solarer Energieertrag	Kosten-Nutzen-Verhältn.	Solare Wärmekosten 2)
				m^2	DM/m^2	kWh/m^2a	DM/kWh·a	Pf/kWh
1	Ravensburg 1	WW, 29 RH	1992	115	941	443 *)	2,12	22
2	Ravensburg 2	WW, 107 WE	1992	190	1063	553 *)	1,92	20
3	Köngen	WW, 12 RH + 60 WE	1993	160	1079	433 **)	2,49	25
4	Neckarsulm-Amorbach I	Hz/WW 325 WE/RH	1993/94	700	599	508 **)	1,18	12
5	Schwäbisch-Gmünd	WW 64 WE	1994/95	100 Röhren	1785	495 **)	3,61	38
6	Ravensburg/Hochberg	Hz / WW 50 WE	1995/96	105	965	428 **)	2,25	23
7	Holzgerlingen	HZ/WW 56 WE	1995/96	120	1102	500 **)	2,20	23
8	Reinbek	WW, 72 WE Hochhaus	1995	150	1240	360 **)	3,44	39
9	Waiblingen/Neustadt	Hallenbad	1995	200	1070	500 **)	2,14	22
10	Suttgart/Burgholzhof	Hz/WW, ca. 1000 WE	1998	1650	767	411 **)	1.87	22

Anmerkungen: 1) Kosten (ohne MWSt) inkl. Planung
2) 6%/a Zins, 20 Jahre Nutzungsdauer u. 1,5%/a Wartung oder 15 Jahre Nutzungsdauer
*) Hochrechnung auf der Basis von Messungen **) Auslegungswerte

Abkürzungen: WW = Warmwasserbereitung, Hz = Raumheizung
WE = Wohneinheiten, RH = Reihenhaus

Tabelle 7.4.2
Solarunterstützte Nahwärme-Projekte mit Kurzzeit-Wärmespeicher (Übersicht).

7.4.4
Montage des Kollektordaches auf der Grundschule Neckarsulm-Amorbach.

durch Leitungen und Speicher deutlich geringer sind. Bei typischen kleinen Brauchwassererwärmungsanlagen werden allein zur Deckung der Speicherverluste 1,5 m² Kollektorfläche benötigt. Bei Großanlagen liegen die Anlagenverluste deutlich unter 10%. Der höhere Wirkungsgrad wirkt sich günstig auf die Wirtschaftlichkeit aus.

- Schließlich führen Marktmechanismen zu günstigen Preisen. Einerseits sind Großanlagen für die Lieferanten Prestigeobjekte, die im Wettbewerb entsprechend kalkuliert werden. Andererseits bieten die Kollektorhersteller bei großen Anlagen häufig selbst an, so daß der Vertriebsweg erheblich abgekürzt wird und Rabatte letztlich dem Bauherrn zugute kommen (Projektgeschäft).

In den letzten fünf Jahren wurden von einigen Herstellern sogenannte Kollektordächer entwickelt, die Kollektor und Dach inklusive Sparren und Wärmedämmung als integriertes Bauteil enthalten. Diese Fertigdachelemente werden im Werk komplett gefertigt und dann mit dem Kran auf das Haus gelegt (Abb. 7.4.4). Mit diesem Konzept lassen sich die Montagezeiten auf der Baustelle drastisch reduzieren und rund 20 bis 30% Kosteneinsparung erzielen. Ein komplettes Dach mit etwa 200 m² kann an einem Tag montiert werden, ein weiterer Tag wird für die Anschlüsse benötigt. Die Kosten für ein fertiges Dachelement betragen ca. 500 bis 600 DM/m². Davon können rund 200 DM/m² für das eingesparte Dach gutgeschrieben werden, so daß die Kosten für den Kollektor noch ca. 300 bis 400 DM/m² betragen, selbst bei den bisher installierten relativ kleinen Flächen.

Das Solardach wird auch in einer „Lightversion" geliefert, d.h. ohne die tragfähigen Dachsparren, und kann dann auf ein bereits vorhandenes Unterdach aufgesetzt werden. In diesem Fall sind jedoch keine Kostenvorteile mehr vorhanden, da der prinzipielle Aufbau nicht einfacher ist und nur die Sparren selbst entfallen bzw. verkleinert werden. Dieses System wurde auf der Grundschule in Neckarsulm-Amorbach installiert (Abb. 7.4.5).

7.4.5
Ansicht der Grundschule Neckarsulm-Amorbach mit 604 m² Kollektorfläche.

Solare Nahwärme mit Langzeit-Wärmespeicher

Für die Anlagentechnik und die Kollektorfelder von Anlagen mit Langzeit-Wärmespeicher gilt sinngemäß das gleiche wie bei Solaranlagen ohne Langzeitwärmespeicher. Auch hier muß besonderes Augenmerk auf eine möglichst rationelle Montage und Verrohrung der Kollektorfelder und eine einfache, aber intelligente Anlagentechnik gelegt werden.

Zentraler Punkt ist der Langzeit-Wärmespeicher, ohne den ein Deckungsanteil von über 50% am Gesamtwärmebedarf eines Gebäudes bzw. einer Siedlung nicht erreicht werden kann. Benötigt werden zwischen 1,5 und 2 m³ Wasser (bzw. Wasseräquivalent bei Kies/Wasser oder Erdboden als Speicherelement) pro m² Kollektorfläche für die Speicherung benötigt. Die Speicher nehmen daher viel Raum in Anspruch und müssen sich kostengünstig herstellen lassen. Grundsätzlich sind geologische Voruntersuchungen (Studium der geologischen Karten, Probebohrungen) am geplanten Speicherstandort erforderlich. Wasserschutzgebiete und große Grundwasserströmungen (> einige hundert m pro Jahr) scheiden für den Bau eines oberflächennahen Langzeit-Wärmespeichers aus. In /1/ ist der aktuelle Stand der vom BMBF bzw. BMWi geförderten Projektew zusammengestellt.

Folgende Kriterien bestimmen die Wahl des Speicherkonzepts:

- Die spezifischen Wärmeverluste nehmen mit zunehmender Größe des Speichers ab. Kleine Speicher können nur mit einer Wärmedämmung gebaut werden, sehr große auch ohne (ab ca. 30.000 m³ bei Wasserspeichern und 100.000 m³ bei Erdsonden- oder Aquifer-Wärmespeichern).
- Die volumenbezogenen Baukosten nehmen mit zunehmender Größe ab (Abb. 3.24). Heißwasserspeicher können ab einem Volumen von 10.000 m³ für weniger als 250 DM/m³ gebaut werden.
- Die Integration in das Wohngebiet muß möglich sein. In der Regel muß der Speicher zum großen Teil unterirdisch angelegt werden. Dazu ist ein geeigneter Untergrund notwendig, in dem sich der Speicher kostengünstig errichten läßt. Bei Erdbecken-Wärmespeichern sollte im Hinblick auf niedrige Baukosten eine Geländeüberhöhung von einigen Metern zugelassen und ein hoher Erdmassenausgleich angestrebt werden.
- Die Anpassung des Speichervolumens an den Bebauungsfortschritt ist wünschenswert. Ein Speicherkonzept, das stufenweise erweiterbar ist, wie z.B. ein Erdsondenspeicher, ist vorteilhaft bei schrittweisem Ausbau des Wohngebietes.

Mindestanzahl Wohneinheiten	ca. 200 – 250 Wohneinheiten mit je 70 m² Wohnfl./WE
Kollektorfläche	1,2 – 2,5 m² pro MWh Gesamt-Wärmebedarf ≈
	0,14 - 0,20 m² pro m² Wohnfl.
Speichervolumen (Wasseräquivalent)	1,5 – 2 m³ pro m² Kollektorfläche
Volumenstrom i. Kollektorfeld	10 – 15 l/h pro m² Kollektorfl.
Solarer Deckungsanteil	50 – 70% Raumheizung + Warmwasser
Jährlicher Solarertrag	270 – 350 kWh/(m²·a)

Tabelle 7.4.3
Richtwerte zur Auslegung von Solaranlagen mit Langzeit-Wärmespeicher.

Bei einem Grundwasserstand von mehr als 10 m unter Geländeoberkante ist ein Betonbehälter mit Wasser als Speichermedium oder ein mit Kunststoff-Folie abgedichtetes Erdbecken mit Kies/Wasser-Füllung denkbar.
Bei geeignetem Untergrund (z.B. wassergesättigte Tone) ist auch eine Wärmespeicherung direkt im Erdreich möglich. Sind wasserführende Sand- bzw. Kiesschichten (Aquifere) ohne nennenswerte Grundwasserströmungen vorhanden, so sollten diese auf eine Eignung als Wärmespeicher untersucht werden. Sowohl oberflächennahe (10 bis 80 m) als auch tiefere Aquifere (200 bis 600 m) in Sandsteinschichten kommen in Betracht. Ebenfalls ist eine Speicherung im Erdreich oder Gestein mittels senkrechter Erdsonden möglich. Diese Speichertypen sind in der Regel kostengünstiger als wassergefüllte Betonspeicher mit Edelstahlauskleidung oder solche aus Hochleistungsbeton HLB.
Die Kosten des Wärmespeichers haben entscheidenden Einfluß auf die Gesamtkosten des Systems. Es ist daher besonderes Augenmerk darauf zu richten, für den jeweiligen Standort einen geeigneten Speichertyp zu finden und schon bei der Planung alle Möglichkeiten einer kostengünstigen Bauweise auszuschöpfen. Richtwerte für die Größe der einzelnen Komponenten finden sich in Tabelle 7.4.3.

Beispiele solarunterstützter Nahwärmeversorgungen mit Langzeit-Wärmespeicher

Nach der erfolgreichen Realisierung kleinerer Projekte ohne Langzeit-Wärmespeicher wurden in den letzten Jahren eine Reihe von solarunterstützten Nahwärmesystemen mit Langzeit-Wärmespeicher gebaut. Die ersten beiden Anlagen mit Heißwasser-Wärmespeichern aus Beton sind in Friedrichshafen-Wiggenhausen und in Hamburg-Bramfeld seit Ende 1996 in Betrieb. Eine dritte Anlage in Neckarsulm-Amorbach mit einem Erdsonden-Wärmespeicher wurde 1997 eingeweiht. In einem vierten Projekt in Chemnitz wurde ein Kies/Wasser-Wärmespeicher gebaut, der Ende 1998 in Betrieb ging.

Pilotprojekte „Friedrichshafen- Wiggenhausen" und „Hamburg-Bramfeld"

Abb. 7.4.6 zeigt das Systemschema der solarunterstützten Nahwärmeversorgung in Friedrichshafen-Wiggenhausen. Die Anlage in Hamburg-Bramfeld ist technisch sehr ähnlich ausgeführt. Die Solarkollektoren auf den Hausdächern werden von der Heizzentrale aus mit einem Wasser-Glykol-Gemisch betrieben. Die Kollektorflächen sind so verschaltet, daß die Anlage mit einem Durchfluß von ca. 14 l/m²·h betrieben wird.

Der Kollektorkreis koppelt über einen Wärmeaustauscher in der Heizzentrale die Solarwärme in den Speicherladekreis ein. Das Speicherwasser bildet ein geschlossenes System und wird von den Sonnenkollektoren auf Temperaturen zwischen 40 und 90°C erwärmt. Die Entladung des Speichers ins Nahwärme-Verteilnetz erfolgt über einen weiteren Wärmeaustauscher, der ebenfalls in der Heizzentrale untergebracht ist. Insgesamt muß die Wärme auf ihrem Weg vom Kollektor bis in das Verteilsystem der Häuser dreimal einen Wärmetauscher passieren, durch den die Rücklauftemperatur jedesmal um 3 bis 8 K angehoben wird. Diese Temperaturerhöhung um insgesamt 10 bis 15 K führt – verglichen mit einem System ohne Wärmetauscher – im Mittel zu einem um 8 bis 10% geringeren jährlichen Energieertrag der Kollektoren. Niedrige Rücklauftemperaturen sind daher sehr wichtig für den Wirkungsgrad der Solaranlage. Bei Anlagen mit Langzeit-Wärmespeicher sind sie noch aus einem weiteren Grund sehr wichtig: Da der Speicher nicht unter die Rücklauftemperatur abgekühlt werden kann, führt eine Erhöhung der Rücklauftemperatur um 5 K im Mittel bereits zu einer Reduzierung der Speicherkapazität um etwa 10%.

Abb. 1.27 zeigt eine Luftaufnahme der Hamburger Siedlung. Das Wohngebiet in Hamburg besteht aus 124 Reihenhäusern mit dachintegrierten Kollektorfeldern (Abb. 7.4.7). Das Gebiet in Friedrichshafen setzt sich aus 8 vierstöckigen Gebäudeblöcken mit ca. 570 Wohneinheiten (Abb. 7.4.8) zusammen.

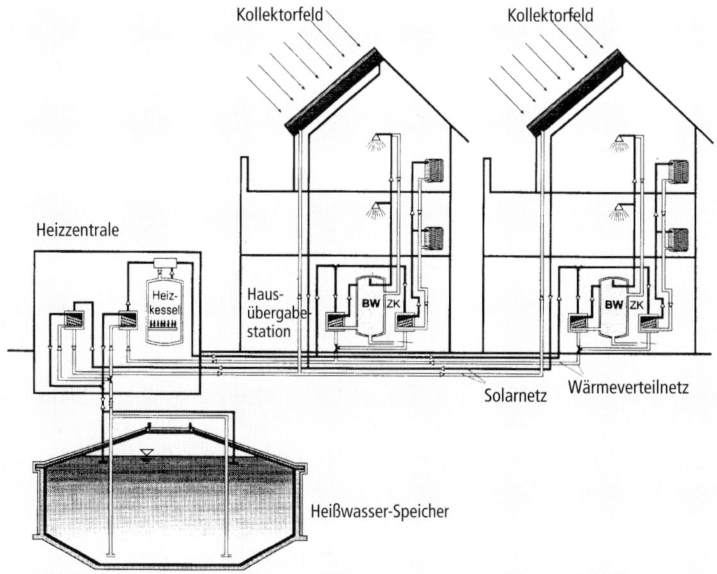

7.4.6
Systemschema der solarunterstützten Nahwärmeversorgung mit Langzeit-Wärmespeicher (Daten gelten für Endausbau). Quelle: ITW/Uni Stuttgart

7.4.7: Kollektorfelder auf dem Block 4 in Friedrichshafen-Wiggenhausen (1996).

7.4.8: Ansicht der Kollektorfelder in Hamburg.

Tabelle 7.4.4: Auslegungsdaten der Wohngebiete und Solaranlagen in Friedrichshafen, Hamburg und Neckarsulm.

Wohngebiet		**Hamburg -Bramfeld**	**Friedrichs-hafen**	**Neckarsulm-Amorbach**
Gebäudetyp		Reihenhäuser (RH)	Mehrgeschoß	Mehrgeschoß u. EFH/DHH/RH
Anzahl der Gebäude / Wohnungen		124 / 124	8 / 586	Ca. 1200 WE
Gesamte Wohnfläche	m^2	14.800	39.500	—
Wärmedämmstandard		Hamburg 1992	20% unter WSVO ´95	25% unter WSVO ´95
Gesamtgasverbrauch (Referenz ohne Solar)	MWh/a	1.686	4.106	—
bezogen auf Wohnfl.	kWh/(m^2a)	114	104	ca. 100
Klima				
Heizgradtage	K·d	3837	3717	—
Globalstrahlung horizontal	kWh/(m^2a)	978	1177	—
Solaranlage				
Kollektorfläche	m^2	3.000	5.600	5.700
Speichervolumen	m^3	4.500	12.000	55.000
Vor-/Rücklauftemperatur	°C/°C	60/30	70/40	70/40
Gasverbrauch (mit Solar)	MWh/a	860	2191	--
bezogen auf Wohnfl.	kWh/(m^2a)	58	55	44
Solarer Deckungsanteil	%	50	47	51

Davon wurden im 1. Bauabschnitt die Hälfte errichtet, der zweite Bauabschnitt wird im Jahr 2000 realisiert. Die Planungsdaten der Wohngebiete, die Klimaverhältnisse am Standort und die Auslegungsparameter der Solaranlagen sind in Tabelle 7.4.4 zusammengestellt.

Abb. 7.4.9 zeigt schematisch den Wärmespeicher in Friedrichshafen, dessen Decke durch die Ausbildung als Kegelstumpf selbsttragend ist und gegenüber dem Speicher in Hamburg (flache Decke) ohne Stützen auskommt. Abb. 7.4.10 zeigt den Speicher (Volumen 12.000 m^3) während der Bauphase. Der Speicher besteht aus einer Tragkonstruktion aus Stahlbeton mit einer außenliegenden Wärmedämmung aus Mineralfaser. Die Dämmung ist nur im Bereich der senkrechten Wände (ca. 30 cm) und im Bereich der Decke (ca. 40 cm) angebracht. Die Innenseite des Betonbehälters ist mit einem 1,2 mm starken Edelstahlblech dampfdiffussionsdicht ausgekleidet. Die volumenbezogenen Baukosten des Speichers liegen bei 240 DM/m^3. Der jährliche Brennstoffverbrauch (zur Wärmeversorgung) pro m^2 Wohnfläche liegt in der Hamburger Siedlung bei 58 kWh/(m^2a) und in Friedrichshafen bei 55 kWh/(m^2a). Die Investitionskosten für das komplette Solarsystem schlagen in Friedrichshafen mit rund 11.000 DM pro Wohneinheit zu Buche (ohne Berücksichtigung von Förderung). Die solaren Wärmepreise liegen bei ca. 30 Pf/kWh in Friedrichshafen und rund 50 Pf/kWh in Hamburg (jeweils ohne Förderung) und damit doppelt so hoch wie bei großen Systemen ohne Langzeit-Wärmespeicher. Dies macht deutlich, daß ein Bedarf an günstigen Speicherkonzepten besteht und hier weitere Forschungs- und Entwicklungsarbeit geleistet werden muß.

Die ersten Betriebserfahrungen und Meßergebnisse der beiden ersten solarunterstützten Nahwärmeversorgungsanlagen mit Langzeit-Wärmespeicher sind in /2/ und /4/ beschrieben.

Pilotprojekt Neckarsulm – Amorbach /3/

Das Schema der solarunterstützten Nahwärmeversorgung mit einem Erdsonden-Wärmespeicher (1. Ausbaustufe) für das Neubau-Wohngebiet in Neckarsulm-Amorbach 2 ist in Abb. 7.4.11 dargestellt /3/. Im Endausbau (ca. 1.200 Wohneinheiten) sind eine Kollektorfläche von 15.000 m² und ein Erdsonden-Wärmespeicher mit einem Volumen von 150.000 bis 175.000 m³ geplant. Im Oktober 1997 wurde der erste Bauabschnitt mit einer Kollektorfläche von 2.700 m² und rund 20.000 m³ Erdsonden-Wärmespeicher (136 Sonden je 30 m tief) eingeweiht. Bis Ende 1999 ist eine Erweiterung auf 5.700 m² Kollektorfläche und 55.000 m³ Speichervolumen geplant.

Bei der Planung der Anlage in Neckarsulm wurde ein neues Wärmeverteil- und -sammelsystem (3-Leiter-System) entwickelt, das den spezifischen Anforderungen dieses Baugebiets besser angepaßt ist:

1. Der Erdsonden-Wärmespeicher erfordert in noch stärkerem Maße niedrige Rücklauftemperaturen als ein Wasserspeicher, daher sollte die Anzahl der Wärmetauscher minimert werden.
2. Das Baugebiet ist ausgedehnt und wird in mehreren Schritten ausgebaut, daher muß das System leicht erweiterbar sein.
3. Die Solarflächen sind im Baugebiet verteilt, aus diesem Grund scheidet eine zentrale Absicherung in der Heizzentrale aus.

Neben dem neuen Speichertyp (Erdsonden) wurde erstmals ein vorgefertigtes Solar-Roof-Solardach in einer größeren Dachfläche – im Rahmen des Neubaus der Grundschule Amorbach – eingesetzt (vgl. Abb. 7.4.5).

Die Kollektorfläche von ca. 2.700 m² der ersten Ausbaustufe des Projektes wurden auf der Grundschule, der Sporthalle, dem Ladenzentrum, auf dem Seniorenwohnheim sowie auf zwei Mehrfamilienhäusern untergebracht. Die Gesamtkosten des Projektes betragen rd. 12.000 DM pro Wohneinheit (ohne Berücksichtigung von Förderung).

Die Kollektorflächen auf den Häusern erhalten analog zur Hausübergabestation für die Fernwärme eine sogenannte Solarübergabestation, über die die Solarwärme in das Netz eingespeist wird. Die Anlage hat denselben Aufbau wie eine Solaranlage mit Kurzzeit-Wärmespeicher, nur daß das Netz den Kurzzeitspeicher ersetzt. Die Regelung der einzelnen Solaranlagen erfolgt analog zur Regelung der Anlage in Friedrichshafen, wobei alle Kollektor-

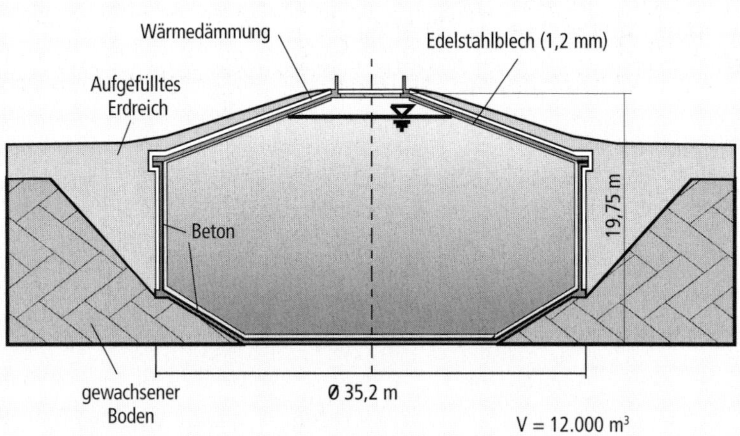

7.4.9: Schnitt durch den Heißwasser-Wärmespeicher in Friedrichshafen.

7.4.10: Langzeit-Wärmespeicher in Wiggenhausen während der Bauphase.

Anschrift des Autors:
Prof. Dr.-Ing.
M. Norbert Fisch,
Steinbeis-Transfer-zentrum,
Energie-, Gebäude- und Solartechnik (EGS)
Heßbrühlstr. 15
70565 Stuttgart
Tel.: 0711-990075
und
TU Braunschweig,
Institut für Gebäude- und Solartechnik (IGS)
Tel.: 0531/3913555

kreispumpen durch ein Signal aus der Heizzentrale gemeinsam eingeschaltet werden. Die Zuschaltung der Sekundärpumpe erfolgt individuell, wenn das Temperaturkriterium erfüllt ist. Aus diesem Grund können auch Kollektorfelder unterschiedlicher Ausrichtung in der Anlage installiert werden, ohne daß über ein nicht besonntes Feld Wärme verloren geht, die ein anderes gerade eingesammelt hat.
Der Pufferspeicher dient der hydraulischen Entkopplung zwischen Fernwärmenetz, Solarvorlauf und Speicherkreis sowie als Kurzzeitspeicher, aus dem die im Netz benötigte Wärme nach kurzer Zeit wieder entnommen wird. Im Sommer wird aus dem Pufferspeicher der Erdsonden-Wärmespeicher beladen, im Winter wird aus dem Erdsondenspeicher die Wärme in den Pufferspeicher gebracht und von dort in das Fernwärmenetz eingespeist. Wenn die Temperatur im Puffer nicht ausreicht, wird über den Kessel zugeheizt.

Das Dreileiternetz läßt sich selbstverständlich auch ohne einen Langzeitspeicher oder in Verbindung mit einem Heißwasser-Wärmespeicher betreiben. Zwei kürzlich in Stuttgart realisierte Anlagen (Burgholzhof mit 1.674 m² Kollektorfläche und Brenzstraße mit 1.000 m² Kollektorfläche) werden beide nach diesem Schema betrieben /5/.

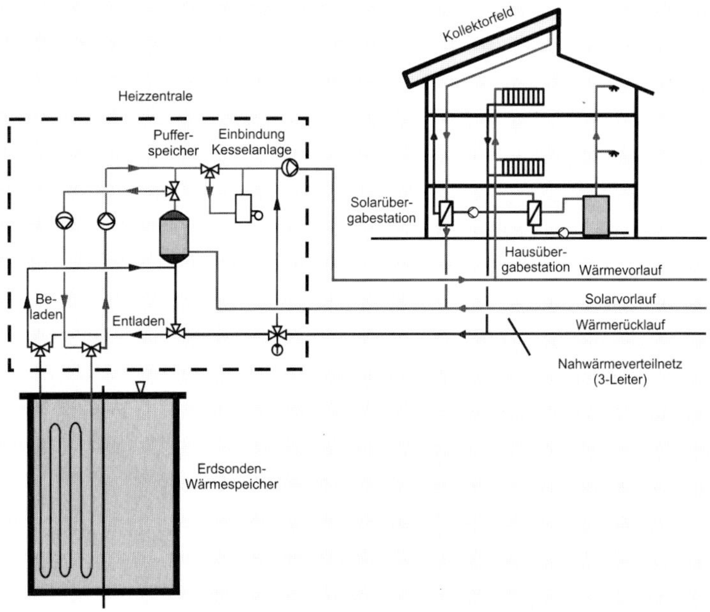

7.4.11
Schema der solargestützten Nahwärmeversorgung mit Erdsonden-Wärmespeicher in Neckarsulm. Quelle: STZ / EGS

Danksagung

Der Autor dankt dem BMBF (Dr. Wagner und Dr. Lawitzka) für die langjährige finanzielle Unterstützung der Solaren Nahwärmeprojekte in Deutschland sowie seinen früheren Mitarbeitern in der Abteilung Rationelle Energienutzung und Solartechnik am ITW, Universität Stuttgart.

Literatur

/1/ Fisch, M. N.; Kübler R.: Solarunterstützte Nahwärmeversorgung - Stand der Technik und Wirtschaftlichkeit. In: Statusbericht'98, Solarunterstützte Nahwärmeversorgung – Saisonale Wärmespeicherung. Neckarsulm, 1998, Seite 11-28, Steinbeis TZ/EGS, 70565 Stuttgart, Heßbrühlstr. 15

/2/ Schulz, M.; Mahler, B., Hahne, E.: Solare Nahwärmeversorgung mit Langzeitwärmespeicher in Friedrichshafen-Wiggenhausen und Hamburg – Bramfeld. ebenda Seite 91-99

/3/ Seiwald, H.; Hahne, E.: Erdsonden-Wärmespeicher für die solarunterstützte Nahwärmeversorgung in Neckarsulm – erste Meßergebnisse. ebenda: Seite 127-133

/4/ Mahler, B.; Hahne, E.: Positive Bilanz in Friedrichshafen. In: Sonnenenergie & Wärmetechnik 3/99, Seite 28-31

/5/ Fisch, M. N.: Ganzheitliche Energiekonzepte für Wohnsiedlungen. In: Tagungsband „Innovative Niedrigenergie-Wohnbauprojekte in Stuttgart". Stuttgart, 1999, Seite 1-24, Steinbeis TZ/EGS, 70565 Stuttgart, Heßbrühlstr. 15

8. Quellenverzeichnis

/1/ M. Kleemann, M. Meliß: Regenerative Energiequellen. 2. Auflage, Springer-Verlag, 1993

/2/ UN Energy Statistics Yearbook 1994. New York, 1996

/3/ Bundesministerium für Wirtschaft nach Bundesanstalt für Geowissenschaften und Rohstoffe, Hannover, 1994

/4/ Jahrbuch 1998: Bergbau, Erdöl, Erdgas, Petrochemie, Elektrizität, Umweltschutz, 105. Jahrgang, Verlag Glückauf, 1998

/5/ Eurosolar, Europäische Sonnenenergievereinigung: Der Weg zum Solarzeitalter - Bildungsmaterialien über Gründe und Möglichkeiten der Einführung von Techniken zur Umwandlung erneuerbarer Energien. Bonn, 1992

/6/ E. U. von Weizsäcker, Amory B. Lovins, L. Hunter Lovins: Faktor 4 - Doppelter Wohlstand, halbierter Naturverbrauch, Der neue Bericht an den Club of Rome. 10. Aufl., Droemer/Knaur-Verlag, 1997

/7/ BUND/Misereor (Hrsg.): Zukunftsfähiges Deutschland, Studie des Wuppertal-Instituts für Klima, Umwelt, Energie. Birkhäuser-Verlag, 1996

/8/ M. Meliß: Grundlagen der Energiewirtschaft und Energieversorgungstechnik. Vorlesungsskript an der Fachhochschule Aachen, Abteilung Jülich, 1996

/9/ Hoppe, Sander, Späte: Sonnenwärme nutzen, Solarthermische Anlagen in der Versorgungstechnik. Reihe Handlungsorientierte Besuchsausbildung, Stam-Verlag, 1996

/10/ Deutscher Wetterdienst (DWD), Meteorologisches Observatorium, Hamburg, 1992

/11/ B. Stoy: Wunschenergie Sonne. 3. Aufl., Energieverlag, Heidelberg, 1980

/12/ W. Palz, J. Greif, Commission of the European Communities (Eds.): European Solar Radiation Atlas, 3rd edition. Springer-Verlag, 1996

/13/ DIN 4757, Teil 1 und 2, Solarthermische Anlagen, Deutsches Institut für Normung e.V., Beuth-Verlag, Berlin, 1980

/14/ DIN V4757 3 und 4, Solarthermische Anlagen, Vornormen, Deutsches Institut für Normung e.V., Beuth Verlag, Berlin, 1995

/15/ H. Ladener: Solare Stromversorgung - Grundlagen, Planung, Anwendung. ökobuch Verlag, Staufen 1996

/16/ O. Humm: Niedrigenergiehäuser - Innovative Bauweisen und neue Standards. ökobuch Verlag, Staufen 1997

/17/ R. Croy, U. Rehrmann, F. Peuser: Erfahrungen mit Solaranlagen zur Schwimmbadwassererwärmung in öffentlichen Bädern. Zentralstelle für Solartechnik (ZfS) in der Gesellschaft zur Förderung der Heizungs- und Klimatechnik mbH, aktualisierte Aufl. 1993

/18/ VDI-Richtlinie 2089: Wärme – Raumlufttechnik - Wasserver- und -entsorgung in Hallen- und Freibädern, Blatt 3: Freibäder, Neufassung in Vorbereitung

/19/ R. Schüle, M. Ufheil, C. Neumann: Thermische Solaranlagen, Marktübersicht. Öko-Institut e.V. (Hrsg.), ökobuch Verlag, Staufen 1997

/20/ F. Peuser, R. Croy, J. Schumacher, R. Weiss: Langzeiterfahrungen mit thermischen Solaranlagen. Zentralstelle für Solartechnik - Rationelle Energietechnik GmbH, Hilden, Eigenveröffentlichung, 1997

/21/ G. Stryi-Hipp: Vision Solarmarkt, Deutscher Fachverband Solarenergie e. V., DFS, Freiburg, Tagungsband 7. Symposium Thermische Solarenergie, OTTI, 1997

/22/ A. Marko, P. Braun (Hrsg.): Thermische Solarenergienutzung an Gebäuden. Fraunhofer Institut für solare Energiesysteme, Springer-Verlag, Berlin-Heidelberg, 1997

/23/ Stiftung Warentest, test spezial: Energie und Umwelt, 1995

/24/ Deutscher Fachverband Solarenergie e. V.: Jährliche Kollektorstatistik. Freiburg, 1996

/25/ G. Stryi-Hipp: Solarmarkt Deutschland. Deutscher Fachverband Solarenergie e.V. DFS, Freiburg, Vortrag veröffentlicht im Tagungsband der Solar '97, 1997

/26/ Commission of the European Communities, European Solar Industry Federation (ESIF): Sun in action - The solar thermal market, strategic plan for action in Europe. final report, 1995

/27/ G. Faninger (Hrsg.): Die Marktentwicklung der thermischen Solartechnik in Österreich. Forschungszentrum Seibersdorf, 1995

/28/ M. Kaltschmitt, A. Wiese (Hrsg.): Erneuerbare Energieträger in Deutschland - Potentiale und Kosten. Springer Verlag, Berlin - Heidelberg 1993

/29/ Wagner & Co. Solartechnik GmbH (Hrsg.): So baue ich eine Solaranlage – Technik, Planung und Montage. Eigenverlag, Cölbe 1996

/30/ ISO 9806-1, Solar Collectors - Performance Test Procedures, International Standard Organisation ISO TC 180 SC 5, 1994

/31/ Solarenergie Prüf- und Forschungsstelle, Technikum Rapperswil, Bundesamt für Energiewirtschaft, Schweiz (Hrsg.): Leistungsdaten thermischer Sonnenkollektoren. Mehrere Ringordner mit Prüfberichten von Sonnenkollektoren, vgl. /42/

/32/ Test- und Entwicklungszentrum für Solaranlagen Stuttgart, Institut für Thermodynamik und Wärmetechnik, Universität Stuttgart, Zentrum für Sonnenenergie- und Wasserstoff-Forschung, Baden-Württemberg: Test '96, Testberichte von Kollektoren. jahresweise zusammengefaßt

/33/ A. Temeßl, W. Weiß: Solaranlagen Selbstbau. Arbeitsgemeinschaft Erneuerbare Energie, Gleisdorf und ökobuch Verlag, Staufen;überarbeitete Neuauflage 1999

/34/ F. Mittermair, W. Sauer, G. Weiße: Solaranlagen – selbst gebaut, Anleitung zum Selbstbau von Systemen zur Warmwasserbereitung. 5. Aufl., C.F. Müller-Verlag, Heidelberg, 1995

/35/ Bo Carlsson, U. Frei, M. Köhl, K. Möller: Accellerated life testing of solar energy materials, Case study of some selective solar absorber coatings. International Energy Agency, Task X „Solar heating and cooling program", 1993

/36/ H. J. Wagner, F.A. Peuser: Emissionen von Luftschadstoffen und CO_2 bei Herstellung und Betrieb von ausgewählten thermischen Solaranlagen. VDI-Fortschrittsbericht Nr. 366, Reihe 6: Energietechnik, VDI-Verlag, Düsseldorf, 1997

/37/ C. Drescher: Der umweltverträgliche Kollektor wird zum Standard. Sonnenenergie und Wärmetechnik, 22. Jhrg., 1/98, S. 18 ff, Bielefelder Verlagsanstalt, 1998

/38/ Sonnenkollektoren RAL-UZ 73: Deutsches Institut für Gütesicherung und Kennzeichnung e.V., Sankt Augustin, Umweltbundesamt Berlin, Bundesumweltministerium Bonn, Solarkollektoren mit dem „Blauen Engel", Fachinformationszentrum Karlsruhe, Umwelt – Produkt – Info – Service, Bonn, 1997 oder http://www.blauer-engel.de/

/39/ Deutscher Fachverband Solarenergie: Empfehlung betreffend den Nachweis eines Kollektormindestertrags. Vereinbarung aller DIN-Testinstitute, hinterlegt beim DFS, Freiburg, 1996

/40/ Abbildungen und Daten aus den jeweiligen Firmenprospekten

/41/ Stiftung Warentest: „Test" Heft März 1998, und „Test Spezial: Energie" 1998

/42/ Solartechnik Prüfung Forschung SPF-Info: Thermische Sonnenenergie 1998. CD-Rom, Rapperswil, 1998, Kurven erstellt mit LTS-Katalog, Flachkollektor F60, Fa. Solvis und Vakuumröhrenkollektor Mazdon TMA 400, Fa. Thermomax

/43/ A. Goetzberger, V. Wittwer: Sonnenergie - Thermische Nutzung. B.G. Teubner Verlag, Stuttgart, 1993

/44/ F. Kreith, J. F. Kreider: Principles of Solar Engineering. Hemisphere Publishing Co., Washington, London, 1978

/45/ R. Kübler, N. Fisch: Wärmespeicher. Fachinformationszentrum Karlsruhe (Hrsg.), BINE-Informationspaket, 3. Aufl., TÜV-Verlag, Köln, 1998

/46/ Verein Deutscher Ingenieure (Hrsg.): VDI-Wärmeatlas. VDI-Verlag, Düsseldorf, 1988

/47/ Bundesamt für Konjunkturfragen (Hrsg.): Solare Wassererwärmungsanlagen. Eidgenössische Drucksachen- und Materialzentrale, Bern, 1988

/48/ M.N. Fisch: Thermische Solarenergie. Vorlesungsskript an der Technischen Universität Braunschweig, Sommersemester 1997

/49/ Steinbeis-Transferzentrum Energie-, Gebäude- und Solartechnik (Hrsg.): Status-Seminar Solarunterstützte Nahwärmeversorgung Saisonale Wärmespeicherung, Tagungsband, Neckarsulm, 1998

/50/ H.R. Schmidli: Solaranlagen. Selbstverlag, CH-8610 Uster/Schweiz, (ohne Jahr)

/51/ C. Ihle, A. Botz: Heizungstechnik, Fachkunde und Fachrechnen für Zentralheizungs- und Lüftungsbauer. Schroedel Schulbuchverlag, Hannover, 1979

/52/ W. Weiss, A. Themessl: Solaranlagen Selbstbau. Arbeitsgemeinschaft Erneuerbare Energie GmbH, Energiewendeverlag, Eschringen /Österreich, 1994, vgl. /33/

/53/ Persönliche Mitteilungen von der Fa. Solvis, Braunschweig, 1998

/54/ P. Schalajda: Eine geeignete Solarkreispumpe muß her! in Zeitschrift Sonnenenergie, S. 20, 23. Jhrg., Heft 1, Solar Promotion GmbH, München, 1998

/55/ A. Gaßner: Der Sanitärinstallateur. 5. überarbeitete Aufl., Verlag Handwerk und Technik, Hamburg, 1996

/56/ Recknagel, Sprenger, Schramek: Taschenbuch für Heizung und Klimatechnik. 68. Aufl., Oldenbourg-Verlag, München, Wien, 1997/98

/57/ W. Körner, W. Kirchhoff, T. Schabbach: Schulung Solarthermie. Handwerkskammer Kassel und Förderverein für Neue Technik Photovoltaik und Regenerative Energien im Handwerk e.V. (Hrsg.), Kassel, 1997

/58/ Deutscher Verein des Gas- und Wasserfaches e.V. (DVGW): Trinkwassererwärmungs- und Leitungsanlagen, Technische Maßnahmen zur Verminderung des Legionellenwachstums / Sanierung und Betrieb, Arbeitsblatt W551 und W 552, 1993

/59/ S. Strauch: Sonnenenergie – Thermische Nutzung. Seminar für Gas- und Wasserinstallateure sowie Zentralheizungs- und Lüftungsbauer, Diplomarbeit an der Handwerkskammer Koblenz sowie Fachhochschule Aachen, Solar-Institut Jülich, Jülich, 1992

/60/ W. Streicher: Teilsolare Raumheizung – Auslegung und hydraulische Integration. Habilitation am Institut für Wärmetechnik der Technischen Universität Graz, Österreich, AG Erneuerbare Energie GmbH, Gleisdorf, 1996

/61/ Arbeitsgemeinschaft Erneuerbare Energie (Hrsg.): Heizen mit der Sonne – Handbuch zur Planung und Ausführung von solaren Heizungssystemen für Einfamilienhäuser. Gleisdorf, Österreich, 1997

/62/ Swiss Solar (Hrsg.): Solar-Ordner – Empfehlungen zur Nutzung von Sonnenenergie. 1997

/63/ J. Jenni: Sonnenenergieanlagen mit hohem solarem Deckungsgrad für Warmwasser und Heizung. 2. Aufl., Eigenverlag Fa. Jenni Energietechnik AG, Oberburg, Schweiz, 1996

/64/ O. Humm: NiedrigEnergie- und PassivHäuser – Konzepte, Planung, Konstruktionen, Beispiele. 1. Aufl., ökobuch Verlag, Staufen/Freiburg, 1998

/65/ Messungen des Instituts für Solarenergieforschung Hannover (ISFH), hier aus Tagungsband Solares Heizen II, Deutsche Gesellschaft für Sonnenenergie-Sektion München/Südbayern, München 1998

/66/ M. Mack, C. Fünfgeld: Moderne Konzepte solarer Brauchwassersysteme, Chancen, Grenzen, Möglichkeiten. Tagungsband 8. Internationales Sonnenforum der deutschen Gesellschaft für Sonnenenergie, Berlin, 1992

/67/ VDI 2067 Blatt 4, 1982

/68/ Impulsprogramm PACER: Projekt Solaranlage – Planungshinweise und Beispielsammlung für thermische Solaranlagen in Objekten unterschiedlicher Nutzung. Bundesamt für Konjunkturfragen, Bern, 1996

/69/ Simulationsprogramm T*SOL, Version 3.01. Innovative Ingenieursoftware, Dr. Valentin, Berlin, 1996

/70/ F.A. Peuser, U. Luboschik: Sonnenenergie zur Warmwasserbereitung und Raumheizung – ein Informationspaket. Bürger-Information Neue Energietechniken nachwachsender Rohstoffe Umwelt (BINE), Fachinformationszentrum Karlsruhe (Hrsg.), Verlag TÜV Rheinland, Köln, 1988

/71/ T. Krause: Solares Heizen – Vom Solar-Pufferspeicher zur solaren Heizzentrale. in sbz 17/1998, Fachzeitschrift des Zentralverbandes der Sanitär-, Heizungs-, Klima- und Klemptnertechnik, GentnerVerlag, Stuttgart 1998

/72/ IST Energietechnik GmbH: f-Chart, Version 6.0, Kandern, 1998

/73/ T. Krause: Konzepte und Auslegung von Solaranlagen zur Heizungsunterstützung – Vom Solar-Pufferspeicher zur solaren Heizzentrale. 1. Solvis Solar-Forum, Tagungsunterlagen, Braunschweig, 1998

/74/ Deutsche Gesellschaft für Sonnenenergie e. V.: Solarthermische Anlagen, Leitfaden für Heizungsbauer, Gas-/ Wasserinstallateure, Elektriker, Dachdecker, Architekten und Bauherren. Berlin, 1997

/75/ K. Traube, K.-D. Clausnitzer, K. Jahn: Energieeinsparung im Wohnungsbau – Aktuelle Kosten-Nutzen-Verhältnisse bei Investitionen in zusätzlichen Wärmeschutz und in thermische Solaranlagen. Studie des Bremer Energie-Instituts im Auftrag der Rudolf-Otto-Meyer-Stiftung, Bremen, 1997

/76/ Bundesamt für Konjunkturfragen (Hrsg.): Jetzt mit externen Kosten rechnen – Hinweise auf erweiterte Wirtschaftlichkeitsrechnungen. Impuls-Programme PACER und RAVEL, Bern, 1996

/77/ M. May: Graue Energie und Umweltbelastungen von Heizungssystemen. Jenni-Energietechnik AG (Hrsg.), Oberburg, Schweiz, 1996

/78/ M. Peter, E. Hahne: Solaranlagen zur Brauchwassererwärmung – Einige Kinderkrankheiten noch nicht auskuriert. Tagungsband 11. Internationales Sonnenforum der Deutschen Gesellschaft für Sonnenenergie e.V., Köln, 1998

/79/ Zentralstelle für Unfallverhütung und Arbeitsmedizin des Hauptverbands der gewerblichen Berufgenossenschaften e.V.: Regeln für den Einsatz von persönlichen Schutzausrüstungen gegen Absturz, Regeln für die Sicherheit von Seitenschutz- und Dachschutzwänden als Absturzsicherung bei Bauarbeiten und Dacharbeiten. Sankt Augustin

/80/ T. Delzer, K.H. Remmers: SolarDach-Fibel. Die Solarpraxis, Berlin, 1998

/81/ K. Lambrecht, et al.: EUPOS-Handbuch Solarthermie. in Vorbereitung, DGS, München, 1999

/82/ K.H. Remmers: Forum Solarpraxis: Selektive Schichten. in: Sonnenenergie & Wärmetechnik Heft 4/98

/83/ K. Lorenz, C. Bales: Speichertest am Solar Energy Research Center (SERC). Villasolwarmegruppen, Dalarna University, Borlange, Schweden 1996

/84/ Impulsprogramm PACER: Solare Warmwassererzeugung – Realisierung, Inbetriebnahme, Wartung. Bundesamt für Konjunkturfragen, Bern, 1993

Ergänzend noch einige Hinweise auf Fachzeitschriften:

Fachzeitschriften

Energiedepesche
Bund der Energieverbraucher e.V.,
Josefstr. 24, 53619 Rheinbreitbach
ISSN 0933-8055

erneuerbare energien –
Zeitschrift für Energiealternativen.
Arbeitsgemeinschaft Erneuerbare Energie,
Feldgasse 19, A-8200 Gleisdorf.

Neue Energie –
Magazin für Erneuerbare Energien.
Bundesverband Windenergie e.V.,
Herrenteichstr. 1, 49074 Osnabrück
ISSN 0949-8656

Solar Energy.
International Solar Energy Society, Elsevier Science Ltd., The Boulevard,
Langford Lane, Kidlington, Oxford, UK
ISSN 0038-092X

Solarthemen – Der unabhängige Infodienst zu regenerativen Energien.
Freies Redaktionsbüro für Umwelt-und Zukunftsfragen GbR,
Bültestraße 85, 32545 Bad Oeynhausen,
ISSN 1434-1530.

Solarzeitalter.
Eurosolar Verlag,
Stockumer Str. 148, 44892 Bochum,
ISSN 0937-3802

Sonnenenergie –
Zeitschrift für regenerative Energiequellen und Energieeinsparung.
Solar Promotion Verlag GmbH,
Augustenstr. 79, 80333 München
ISSN 0172-3278

Sonnenenergie –
Zeitschrift der Schweizerischen Vereinigung für Sonnenenergie (SSES).
Aarbergasse 61, CH-3011 Bern,
ISSN 0379-65256

Sonnenenergie und Wärmetechnik.
Bielefelder Verlagsanstalt GmbH & Co. KG, Niederwall 53, 33602 Bielefeld
ISSN 0944-8772

Sonnenzeitung.
Uranus Verlags GmbH,
Lange Gasse 48/5, A-1080 Wien
ISSN 1027-6637

Sun World.
International Solar Energy Society,
129 Franklin Road, Birmingham, UK
ISSN 0149-1938

9. Anschriften

9.1 Lieferanten-Anschriften

Solaranlagen, Kollektoren, Speicher

A + F Solartechnik, Adalbert-Stifter-Str. 12, 94110 Wegscheid, Tel.: 08592/1474 Fax: 08592/1001
Kollektoren

ABSOLUT SOLAR, Stormsweg 3, 22085 Hamburg, Tel.: 040/2280062, Fax: 040/2280064
Brauchwasserspeicher

AEG, Hausgeräte GmbH, Muggenhofer Str.135, 90429 Nürnberg, Tel.: 0911/323-1545, Fax: 0911/323-2084, http://www.aeg.hausgeräte.de,
Kollektoren, Speicher, Regler

AET Solar- und Energiesysteme, Hessegasse 30, RH 11, A-1220 Wien/ Österreich, Tel.: +43-177454-70, Fax: +43-177454-65, aet.vie@ping.at,
Kollektoren und Speicher

Air Fröhlich AG, Multisol, Romanshorner Str. 100, CH 9320 Arbon / Schweiz, Tel.: +43/71/4474242, Fax: +43/71/4474241
Kollektoren

Altec Solartechnik, Windmühlenweg 21, 07907 Schleiz, Tel.: 03663/402001, Fax: 03663/413243
Kollektoren

AR-CON, Solvarme A/S, Jyttevej 18, Dk-9520 Skørping /Dänemark, Tel.: +45 98/391477, Fax: +45 98/392005
Kollektoren

AST Solartechnik GmbH, Langstr. 26, 65589 Hadamar 4, Tel.: 06433/943861, Fax: 06433/943861
Kollektoren

ASU Haus und Energie GmbH, Röhre 22, 59846 Sundern, Tel.: 02933/2804, Fax: 02933/2807,
Trinkwasserspeicher

AURIGA Solar- und Umwelttechnik GmbH & Co KG, Rinklinger Str. 12, 75015 Bretten, Tel.: 07252/94490, Fax: 07252/944999
Kollektoren

Austria Email AG, Austria Str. 6, A-8720 Knittelfeld, Tel.: +43/3512/700-0, Fax: +43/3512/700237
Solarspeicher

Kurt Birnbreier, Koblenzer Str. 112, 57072 Siegen, Tel.: 0271/331561, Fax: 0271/332775, http://www.solarflex.de
Solar-Komponenten , Solarflex-Rohr

Blomberg Vertriebsgesellschaft mbH, Voltastr. 50, 59229 Ahlen, Tel.: 02382/780-0, Fax: 02382/780-332, BlombergNEWS@blomberg.de
Speicher

Buderus Heiztechnik GmbH, Justus-Kilian-Str. 1, 35457 Lollar, Tel.: 06441/418-8, Fax: 06441/418-2603
Kollektoren, Speicher, Regler

Christeva Sonnenenergietechnik GmbH, Wirthfeldweg 10, 82054 Sauerlach, Tel.: 08104/1644, Fax: 08104/2353, christeva@amazonas.comlink.apc.org,
Kollektoren, Speicher, Regler

Chromagen, Kibbutz Shaar Haamakim, 30097 Israel, Tel.: +972-4/9839476, Fax: +972-4/9839246, chromg@netvision.net.il,
Kollektoren und Speicher

CME, Jochenberger Str. 129, A-6370 Kitzbühl / Österreich, Tel.: +43-5356/66822, Fax: +43-5356/66844
Kollektoren, Speicher, Regler

CONSOLAR Energiespeicher- und Regelungssysteme GmbH, Dreieichstr. 48, 60594 Frankfurt, Tel.: 069/61991130, Fax: 069/61991128, consolar@t-online.de;
Brauchwasser- und Pufferspeicher

Daimler-Benz-Aerospace, Sunda Solartechnik GmbH, An der Bundesstr. 31, 88090 Immenstaad, Tel.: 07545/83483, Fax: 07545/82925
Kollektoren

DIMAS S.A, Solar Energy Applications, 2nd km Argos - Nafplion, GR-21200 Argos/Griechenland, Tel.: +30751/29110, Fax: +30 751/62671
Kollektoren

Dipl.-Ing. H. Fohs GmbH, Niederkircher Str. 6, 67146 Deidesheim/ Weinstr., Tel.: 06326/6575, Fax: 06326/7561
Brauchwasser- Kombi- und Pufferspeicher

Doma Solartechnik GmbH, Hauptstr. 65, A-6712 Bludesch / Österreich, Tel.: +43-5550-3999, Fax: +43-5550-2992
Kollektoren, Solarfassaden

Dornier-Prinz Solartechnik GmbH, Simmerner Str. 7, 55442 Stromberg, Tel.: 06724/607174, Fax: 06724/607170
Kollektoren

Eco-SUN GmbH, Schwanthalerstr. 79, 80336 München, Tel.: 089/5438066, Fax: 089/5438161
Kollektoren, Speicher, Regler

Eisenwerk Wittigsthal GmbH,
Eisenwerkstr. 1, 08349 Johanngeorgenstadt,
Tel.: 03773/506-0, Fax: 03773/2945
Kollektoren

ELCO Klöckner Heiztechnik GmbH,
Hohenzollernstr. 31, 72379 Hechingen,
Tel.: 07471/187-0, Fax: 07471/187-580
Kollektoren, Speicher, Regler

ESL GmbH,
Donaustauferstr. 54a, 93059 Regensburg,
Tel.: 0941/41924, Fax: 0941/42846
Kollektoren, Regler

GASOKOL,
A-4371 Dimbach 53/ Österreich,
Tel.: +43-7418/7475, Fax: +43-7418/74754
Kollektoren und Speicher aller Art

GEBaU Anlagen- und Systemtechnik
Peter Godau,
An der Strusbek 8 b, 22926 Ahrensburg,
Tel.: 04102/471111, Fax: 04102/471113
EPDM-Absorber für Schwimmbadbeheizung

Robert Geiger GmbH,
Weilerweg 14, 89335 Ichenhausen,
Tel.: 08223/9688-0, Fax: 08223/3764
Kollektoren, Speicher, Regler

Grammer Solar-Luft-technik,
Wernher-von-Braun-Str. 6, 92224 Amberg,
Tel.: 09621/601152, Fax: 9621/601260,
email: solar.info@grammer.de
Luftkollektoren, solare Luftheizungsanlagen

Hegeler & Söhne GmbH,
Benquestr. 58, 28209 Bremen,
Tel.: 0421/344488, Fax: 0421/343883
Kollektoren

HELUX Solartechnik GmbH,
Wiesenstr. 16 a, 66386 St. Ingbert,
Tel.: 06894/966235, Fax: 06894/966237
Kollektoren, Speicher, Regler

IKARUS Solar,
Fabrikstr. 14, 87437 Kempten,
Tel.: 0831/61410, Fax: 0831/66489
Kollektoren, Speicher, Regler

IMP Klimat,
Vojkora 58, SI-1000 Ljubljana / Slowenien,
Tel.: +386 611682320, Fax: +386611683241
janez.dolinar@guest.arnes.si,
Kollektoren

Jenni Energietechnik AG,
CH-3414 Oberburg,
Tel. : +41/34/4229777, Fax: +41/34/4229727
Solarspeicher, Großspeicher, Solaranlagen

Kasterka GmbH, Im Industriegelände,
66131 Saarbrücken-Ensheim,
Tel.: 06893/9472-0, Fax: 06893/9472-20,
kasterka@aol.com,
Kollektoren, Speicher

KBB Kollektorbau GmbH,
Köpenicker Str, 325, 12555 Berlin,
Tel.: 030/65762617, Fax: 030/65762701
Kollektoren, Speicher

Lehmann Solartechnik,
Bahnhofstr. 34, 08543 Jocketa,
Tel.: 037439/744-0, Fax: 037439/744-25
Kollektoren, Speicher, Regler

Leidig Solartechnik,
Diebacher Str. 4, 91610 Insingen,
Tel.: 09869/700, Fax: 09869/700
Kollektoren, Speicher, Regler

Lenz AG, Multisol Solartechnik,
Waldburg 4, CH-9244 Niederuzwil/ Schweiz,
Tel.: +41/71/9557020, Fax: +41/71/9557025

Lupi Solartechnik GmbH,
Fliederstr. 2, 94051 Kropfmühl,
Tel.: 08586/2464, Fax: 08586/6156
Kollektoren, Regler

Manzenrieder SOLAR,
Donaustr. 20, 94491 Hengersberg,
Tel.: 09901/901607, Fax: 09901/901609
Kollektoren, Speicher, Regler

MEA Solaranlagen GmbH,
Engerwitzdorferstraße 40, A-4210 Gallneukirchen / Österreich, Tel.: +43/7235/63020,
Fax: +43/7235/6302010
Kollektoren

Microtherm Energietechnik GmbH,
Sur la Place, F-25930 Lods,
Tel.: +33/3816098 03, Fax: +33/381609116
Kollektoren

MTH Moderne Wassertechnik GmbH,
Lilienthalstr. 8, 82205 Gilching,
Tel.: 08105/2736-0, Fax: 08105/273620
Hersteller von Schwimmbadabsorbern

Müller Energietechnik GmbH & Co.KG,
Industriestraße 8, 74589 Satteldorf,
Tel.: 07951/9700-0, Fax: 07951/9700-97
Kollektoren, Speicher, Regler

OERTLI ROHLEDER Wärmetechnik,
Raiffeisenstr. 3, 71696 Möglingen,
Tel.: 07141/2454-0, Fax: 07141/2454-95
Kollektoren, Speicher

Paal Solar GmbH,
Achstetter Str. 23, 89155 Erbach-Ersingen,
Tel.: 07305/9680-0, 07305/9680-40
Kollektoren, Schwimmbadabsorber, Speicher, Regler

Paradigma, Ritter Energie- u. Umwelttechnik GmbH & Co. KG, Ettlingerstr. 30,
76307 Karlsbad, Tel.: 07202/922-0,
Fax: 07202/922-100, Ritter@paradigma.de
Kollektoren, Speicher, Regler

PHÖNIX Solarinitiative GmbH, Rheinstr. 8,
53619 Rheinbreitbach, Tel.: 02224/92270,
Fax: 02224/10321
Kollektoren, Speicher, Regler mit Selbstbau-Unterstützung

Pro Solar Energietechnik GmbH, Deisenfangstraße 47-51, 88212 Ravensburg, Tel.:
0751/3610-0, Fax: 0751/3610-10
Kollektoren, Speicher, Regler

R+R Wärmetechnik GmbH,
Robert-Koch-Str. 22, 59227 Ahlen,
Tel.: 02382/3100, Fax: 02382/3106
Sonnenkollektoren, Brauchwasser- und Pefferspeicher, Plattenwärmetauscher

ratiotherm GmbH & Co KG, Postfach 1669,
83266 Traunstein, Tel.: 0861/ 3144, Fax:
0861/ 3126, schiersch@t-online.de
Brauchwasser- und Pufferspeicher

REA Solar- und Heiztechnik,
Rottmannstr. 18, 80333 München,
Tel.: 089/522017, Fax: 089/5420740
Kollektoren

RES Regenerative Energie Sytemtechnik GmbH, Im Wörth 3, 79576 Weil am Rhein,
Tel.: 07621/9242 10, Fax: 07621/9242 15
Kollektoren, Regler

Retec GmbH, Wartburg 1, 09514 Lengfeld,
Tel.: 037367/2261, Fax: 037367/2261
Kollektoren, Speicher, Regler

Schweizer Energie AG,
Chnübrächi 36, CH-8197 Rafz / Schweiz,
Tel.: +41 1 86908 49, Fax: +41 1 86908 89
Kollektoren

Ernst Schweizer AG,
CH-8908 Hedingen / Schweiz,
Tel.: +41-1-763 6111, Fax: +41-1-761 8851
Kollektoren

SEG Solar Einkaufs GmbH,
Schwalbenweg 20, 72379 Hechingen,
Tel.: 07471/4028, Fax: 07471/4029
Kollektoren

SET Solar-Energie-Technik GmbH,
Industriestr. 1-3, 68804 Altlußheim,
Tel.: 06205/3525, Fax: 06205/3528,
solar-energie-technik-set@t-online.de
Kollektoren, Speicher, Regler

Solar Projekt Energiesysteme GmbH,
Am Bläsiberg 13-18, 88250 Weingarten,
Tel.: 0751/56033-0, Fax: 0751/56033-77
Kollektoren, Speicher, Regler

Solar-Fit GmbH & Co. KG,
Ohmstr. 3, 96129 Strullendorf,
Tel.: 09543/14 37, Fax: 09543/3248
Kollektoren, Speicher

Solaranlagen Lange GmbH,
Am Jägerhaus 6, 48291 Telgte,
Tel.: 02504/2169, Fax: 02504/72490
Kollektoren

Solartec Gesellschaft für Solarsysteme mbH,
Hellinger Str. 3, 97486 Königsberg/Bayern,
Tel.: 09525/89589, Fax: 09525/89588
Kollektoren, Speicher

Solartechnik Rieder,
Tradt 8, 93437 Furth i. Wald- Ränkam,
Tel.: 09973/801120, Fax: 09973/801122
Kollektoren

SOLARTOP GmbH,
Berliner Str. 16, 93073 Neutraubling,
Tel.: 09401/93220, Fax: 09401/932230
Kollektoren, Speicher

SolarVision GmbH,
Ettlinger Str. 30, 75370 Karlsbad,
Tel.: 07202/922145, Fax: 07202/922100
Kollektoren, Speicher

Solarwerkstatt Bremen GmbH,
Scharnhorststraße 131, 28211 Bremen,
Tel.: 0421/230022, Fax: 0421/235055
Kollektoren, Speicher, Regler

Soltec AG, Hirschengutstr. 1,
CH-8872 Weesen / Schweiz,
Tel.: +41 55/6165030, Fax: +41 55/6165033
Kollektoren, Regler

SOLVIS Energiesysteme GmbH & Co.KG,
Marienbergerstr. 1, 38122 Braunschweig,
Tel.: 0531-28904-0, Fax: 0531-28904-44,
www.SOLVIS-Energietechnik.de,
Kollektoren, Speicher, Regler

Sonnenkraft, Reitfeld 6, 93086 Wörth a.d. Donau, Tel.: 09482/90103, Fax: 09482/90105
Kollektoren, Speicher

Sontop Verfahrenstechnik GmbH,
Torstr. 1a, 79688 Hausen,
Tel.: 07622/669213, Fax: 07622/669215
Pufferspeicher

SOTEC SOLAR Solaranlagenbau,
Scharnhorststr. 30, 58840 Plettenberg,
Tel.: 02391/53532, Fax: 02391/559209
Kollektoren, Regler

Stefan Nau GmbH & Co,
Brückenstr. 1, 72135 Dettenhausen,
Tel.: 07157-562-0, Fax: 07157/61000
Kollektoren, Speicher

Stiebel Eltron,
Dr.-Stiebel-Straße, 37603 Holzminden,
Tel.: 05531/702-615, Fax: 05531/702-606
Kollektoren, Speicher, Regler

SUN Shine,
Plosestraße, I-39042 Brixen / Italien,
Tel.: +39-472/835575, Fax: +39-472/837656
Kollektoren, Speicher, Regler

Sunset Energietechnik GmbH,
Industriestr. 22, 91325 Adelsdorf,
Tel.: 09195/9494-0, Fax: 09195/9494-29
Kollektoren, Speicher, Regler

TINOX GmbH,
Schwere-Reiter Str. 35/2b, 80797 München,
Tel.: 089/ 300072-0, Fax: 089/ 300072-72,
scole@cube.net,
Herstellung von hochselektiven Absorberstreifen

UFE SOLAR GmbH, Alfred-Nobel-Str. 1, 16225 Eberswalde, Tel.: 03334/5257-0, Fax: 03334/5257-550, http://www.ufesolar.de
Kollektoren, Speicher, Regler

Joh. Vaillant GmbH & Co.,
Berghauser Str. 40, 42859 Remscheid,
Tel.: 02191/ 18-0, Fax: 02191/ 18-2810,
http://www.vailant.de,
Kollektoren, Speicher, Regler

VAMA-EUROKLIMA,
Steuerwalderstr. 22, 31135 Hildesheim,
Tel.: 05121/5901-0, Fax: 05121/5901-25
Kollektoren, Speicher

Viessmann-Werke GmbH & Co,
35107 Allendorf,
Tel.: 06452/70-0, Fax: 06452/70-2780
Kollektoren, Speicher, Regler

VIVA Solar Energietechnik GmbH,
Otto Wolf Str. 12, 56626 Andernach,
Tel.: 02632/9663-0, Fax: 02632/96632
Kollektoren, Speicher

Wagner & Co Solartechnik GmbH,
Ringstr. 14, 35091 Cölbe,
Tel.: 06421/8007-0, Fax: 06421/8007-22,
http://www.wagner-solartechnik.de,
Kollektoren, Speicher, Regler

Walo Wärmetechnik G. Wagner GmbH & Co, Gewerbegebiet Tannenweg, 97854 Steinfeld, Tel.: 09359/9740-0, Fax: 09359/1480
Kollektoren, Speicher

Wrenger Solartechnik,
Barbarastr. 13a, 30952 Ronnenberg,
Tel.: 0511/ 433226, Fax: 0511/ 433221
Kollektoren, Speicher

Wülfing und Hauck GmbH + Co KG,
Postfach 10, 34254 Kaufungen,
Tel.: 05605/80090
SOLARDUR-Solarabsorber zur Schwimmbadheizung

Zukunft Sonne, Solaranlagen Einkaufsgemeinschaft GmbH,
Wang 11, 83567 Unterreit, Tel.: 08073/9226,
Fax: 08073/9227, zukunft.sonne@t-online.de
Kollektoren

Anlagenzubehör

Aeroflex Süd Baumann GmbH,
Magirusstr. 17, 89077 Ulm,
Tel.: 0731/93292-30, Fax: 0731/93292-33
Schnellmontage-Solarverrohrung zwischen Kollektor und Speicher

Bickele + Bühler Ingenieurbüro für Solar-, Steuer- und Regelungstechnik,
Tierbergstr. 6, 70469 Stuttgart,
Tel.: 0711/8560441, Fax: 0711/8560442
Mikroprozessorsteuerungen für Solaranlagen

esaa GmbH, Innovative Solartechnik,
Haldenstr. 42, 75417 Mühlacker,
Tel.: 07041/84545, Fax: 07041/84546
selbstoptimierende Regelungen für Solaranlagen

Fragol Industrieschmierstoff GmbH, Reichspräsidentenstr. 21-25, 45470 Mülheim,
Tel.: 0208/30002, Fax: 0208/3000277
Wärmeträgerflüssigkeiten, Frost- und Korrosionsschutzmedien

Innotec Solar- und Wassertechnik GmbH,
Forsterstr. 100, 90441 Nürnberg,
Tel.: 0911/4249325, Fax: 0911/422078
Solare Schichtspeichersysteme

Interpane Solar Beschichtungs GmbH + Co,
Sohnreystr. 21, 37697 Lauenförde,
Tel.: 05273/809-264, Fax: 05273/809-238
Selektive Absorberbeschichtung

IWK Regler + Kompensatoren GmbH,
Postfach 1162, 76288 Stutensee,
Tel. : 07244/99-0, Fax: : 07244/99312
Ringwellschlachleitungen für hochtemperaturbeständige flexible Verbindungen

KM Europa Metal AG,
Postfach 3320, 49023 Osnabrück,
Tel.: 0541/321-3220, Fax: 0541/321-3449
Osnasol-Rohrbündel für Solarleitung zwischen Kollektor und Speicher

Meibes Zeitspar-Armaturen für Heiztechnik GmbH, Kokenhorststr. 8, 30938 Burgwedel,
Tel.: 05139/80690, Fax: 05139/806950
Solarstation-Systemeinheiten incl. Pumpen zur Schnellmontage

Prozeda GmbH,
Fahrgasse 1, 91352 Pantzfeld,
Tel.: 09545/94490, Fax: 09545/944922
Regel- und Anzeigegeräte für Solaranlagen

Resol Elektronische Regelungen GmbH,
Heiskampstr. 10, 45527 Hattingen,
Tel.: 02324/96480, Fax: 02324/964855
Regel- und Anzeigegeräte für Solaranlagen

Sorel GmbH, Mikroelektronik,
Jahnstr. 36, 45549 Sprockhövel,
Tel.: 02339/6024, Fax: 02339/6025
Temperaturdifferenzregler und Regler für multivalente Heizsysteme

Technische Alternative Elektronische Steuerungsgerätegesellschaft mbH,
Langestr. 124, A-3872 Amaliendorf,
Tel.: +43/286253635, Fax: +43/2862/580187
Solarregelungen

Transfer Electric GmbH + Co KG,
Postfach 1327, 49442 Lemförde,
Tel.: 05443/1808, Fax: 05443/2715
Solarlacke

Tyforop Chemie GmbH,
Hellbrookstr. 5a, 22305 Hamburg,
Tel.: 040/612169, Fax: 040/615299,
email: info@tyfo.de;
Wärmeträgerflüssigkeiten, Frost- und Korrosionsschutzmedien

Bezugsadressen Simulationsprogramme

f-chart und *SWSIMU*
IST Datentechnik GmbH,
Ritterweg 1, D-79400 Kandern,
Tel.: 07626/9154-0, Fax: 07626/9154-30

MATLAB/SIMULINK, Toolbox CARNOT (ab Anfang 2000): Scientific Computers,
Franzstr. 107 – 109, 52064 Aachen,
Tel.: 0241/470750, Fax: 0241/44983

Polysun
econzept Energieplanung GmbH,
Wiesentalstr. 29, D-79115 Freiburg,
Tel.: 0761/4016627, Fax: 0761/4016620

*T*SOL*
Innovative Ingenieur-Software, Dr.-Ing. Gerhard Valentin & Partner,
Köpenicker Str. 9, D-10997 Berlin,
Tel.: 030/617917-80, Fax: 030/617917-88

TRNSYS
TransSolar Energietechnik GmbH,
Nobelstr. 15, D-70569 Stuttgart,
Tel.: 0711/67976-0, Fax: 0711/67976-11

9.2 Verbände

Bundesverband Solarenergie e.V. (BSE),
Elisabethstraße 34, D-80796 München,
Tel.: +49/89/27813424, Fax: +4989/2710156

Deutscher Fachverband Solarenergie e.V. (DFS), Bertholdstraße 45, D-79098 Freiburg,
Tel.: 0049/761/296209-0, Fax: 0049/761/296209-9, eMail: dfs.freiburg@t-online.de

Deutsche Gesellschaft für Sonnenenergie e.V. (DGS),
Augustenstraße 79, D-80333 München, Tel.: 0049/89/524071, Fax: 0049/89/521668,
eMail: info@dgs-solar.org, Internet: http://www.dgs-solar.org

Europäische Sonnenenergie-Vereinigung e.V. (Eurosolar), Plittersdorfer Straße 137,
53173 Bonn,
Tel.: 0049/228/362373, Fax: 0049/228/361279, eMail: inter_office@eurosolar.org

Foreningen af danske fabrikanter af solvarmeanlaeg,
Danmarksvej 8, DK-4681 Herfolge,
Tel.: 0045/56/275050, Fax: 0045/56/276787

International Solar Energy Society (ISES), Wiesentalstraße 50, D-79115 Freiburg, Tel.: +49/761/45906-0, Fax: +49/761/4590699, eMail: hq@ises.org, Internet: wire.ises.org

Schweizerische Vereinigung für Sonnenenergie (SSES), Belpstraße 69, CH-3000 Bern 14, Tel.: +41/31/3718000, Fax: +41/31/3718000

Sonnenenergie-Fachverband Schweiz (SOFAS), Falkenstraße 26, CH-8008 Zürich, Tel.: 0041/1/2627337, Fax: 0041/1/2627340

SWISSOLAR, Schachenallee 29H, CH-5000 Aarau, Tel.: 0041/62/8340320, Fax: 0041/62/8340324, eMail: info@swissolar.ch, Internet: www.swissolar.ch

Unternehmensvereinigung Solarwirtschaft e.V. (UVS),
Greifswalder Straße 207, D-10405 Berlin,
Tel.: 0049/30/44009-123, Fax: 0049/30/44009-124, eMail: uvs@solarinfo.de

9.3 Beratungsstellen

AGV Arbeitsgemeinschaft der Ferbraucherverbände, Heilsbachstr. 20, 53123 Bonn, Tel.: 0228/64890

ARGE Solar, Altenkesseler Str. 17, 66115 Saarbrücken, Tel.: 0681/9762470

ARGEE Arbeitsgemeinschaft Erneuerbare Energien, Gartengasse 5, A-8200 Gleisdorf, Tel.: 0043-3112/588617, http://datenwerk.at/arge_ee/

BINE Bürger Informationszentrum Neue Energietechniken,
Mechenstr. 57, 53129 Bonn,
Tel.: 0228/232086

BSE Bundesverband Solarenergie e. V.,
Kruppstr. 5, 45128 Essen,
Tel.: 0201/1223006

BUND Bund für Umwelt und Naturschutz Deutschland, Im Rheingarten 7, 53225 Bonn, Tel.: 0228/400970

Bund der Energieverbraucher, Rheinstr. 8, 536719 Rheinbreitenbach, Tel.: 02224/78475

DGS Deutsche Gesellschaft für Solarenergie, Augustenstr. 79, 80333 München, Tel.: 089/524071

Eurosolar e.V. Vereinigung f. d. Solare Energiezeitalter, Plittersdorfer Str. 103, 53173 Bonn, Tel.: 0228/362373

FESA Förderverein Energie und Solaragentur, Wippertstr. 2, 79100 Freiburg, Tel.: 0761/407361

Forum für Zukunftsenergien e.V., Godesberger Allee 90, 53175 Bonn, Tel.: 0228/959550

Internationales Solarzentrum Berlin e.V., Schoppenhauerstr. 25, 14129 Berlin, http://emsolar.ee.tu-berlin.de/iscb

Solarenergie Förderverein Aachen e.V., Herzogstr. 6, 52070 Aachen, Tel.: 0241/511616, , http://www.sfv.de

Solarverein Trier e.V., c/o ECOShOP GmbH, Am Knieberg 29, 54293 Trier, Tel.: 0651/69796, www.trier.fh-rpl.de/abt-tr/trier/solarverein

SOLID Solarenergie Informations- u. Demonstrationszentrum, Heinrich-Stranke-Str. 3-5, 90765 Fürth, Tel.: 0911/792035

Stiftung Warentest, Lützowplatz 11-13, 10785 Berlin, Tel.: 030/26310

Verbraucherzentrale Hessen, Luisenplatz 8, 65185 Wiesbaden, Tel.: 06121/378001

9.4 Verbraucherzentralen

Verbraucherzentrale Baden-Württemberg e.V., Paulinenstr. 47, 70178, Stuttgart, Tel.: 0711/66910, Fax: 0711/669150

Verbraucherzentrale Bayern e.V., Mozartstr. 9, 80336 München, Tel.: 089/539870, Fax: 089/537553

Verbraucherzent rale Berlin e.V., Bayreuther Str. 40, 10787 Berlin, Tel.: 030/214850, Fax: 030/2117201

Verbraucherzentrale Brandenburg e.V., Hegelallee 6-8, 14467 Potsdam, Tel.: 0331/28933-33, Fax: 0331/28933-38

Verbraucherzentrale des Landes Bremen e.V., Altenweg 4, 28195 Bremen, Tel.: 0421/160777, Fax: 0421/1607780

Verbraucherzentrale des Saarlandes e.V., Hohenzollernstr. 11, 66117 Saarbrücken, Tel.: 0681/500890, Fax: 0681/5008922

Verbraucherzentrale Hamburg e.V., Kirchenallee 22, 20099 Hamburg, Tel.: 040/248320, Fax: 040/24832290

Verbraucherzentrale Hessen e.V., Reuterweg 51-53, 60323 Frankfurt a.M., Tel.: 069/972010-0, Fax: 069/97201050

Verbraucherzentrale Hessen e.V., Luisenplatz 8, 65185 Wiesbaden, Tel.: 06121/378001

Verbraucherzentrale Mecklenburg-Vorpommern e.V., Stransstr. 98, 18055 Rostock, Tel.: 0381/493980, Fax: 0381/31286

Verbraucherzentrale Niedersachsen e.V., Herrenstr. 14, 30159 Hannover, Tel.: 0511/9119600, Fax: 0511/9119610

Verbraucherzentrale Nordrhein-Westfalen e.V., Mintropstr. 27, 40215 Düsseldorf, Tel.: 0211/3809-0, Fax: 0211/3809-172

Verbraucherzentrale Rheinland-Pfalz e.V., Große Langgasse 16, 55116 Mainz, Tel.: 06131/28480, Fax: 06131/284840

Verbraucherzentrale Sachsen e.V., Bernhardstr. 7, 04315 Leipzig, Tel.: 0341/6893041,

Verbraucherzentrale Sachsen-Anhalt e.V., Steinbocksgasse 1, 06108 Halle, Tel.: 0345/29803-0, Fax: 0345/2980326

Verbraucherzentrale Schleswig-Holstein e.V., Bergstr. 24, 24103 Kiel, Tel.: 0431/51286, Fax: 0431/553509

Verbraucherzentrale Thüringen e.V., Eugen-Richter-Str. 44, 99085 Erfurt, Tel.: 0361/5551 4-0, Fax: 0361/55514-40

9.5 Energieagenturen

Energieagentur der Investitionsbank Schleswig-Holstein, Fleethören 29-31, 24103 Kiel, Tel.: 0431/900-3674

Energieagentur Nordrhein-Westfahlen, Morianstr. 32, 42103 Wuppertal, Tel.: 0202/245520

Energieagentur Schleswig-Holstein, Fleethören 29-31, 24103 Kiel, Tel.: 0431/9805800

Hessen-Energie GmbH, Mainzer Str. 98-102, 65189 Wiesbaden, Tel.: 0611/74623-0

Klimaschutz und Energieagentur, Grirsbachstr. 10, 76185 Karlsruhe, Tel.: 0721/98471-0

Niedersächsische Energieagentur, Rühnkorffstr. 1, 30163 Hannover, Tel.: 0511/96529-0, 0511/96529-99,

Norddeutsche Energieagentur für Industrie und Gewerbe GmbH, Heidenkampsweg 101, 20097 Hamburg, Tel.: 040/237827-0

Saarländische Energieagentur, Altenkesseler Str. 17, 66115 Saarbrücken, Tel.: 0681/976217-0, Fax: 0681/976217-5,

WEA Westfälische Energieagentur, Kampstr. 88, 44137 Dortmund, Tel.: 0231/1821-90

9.6 Forschungseinrichtungen

AGÖF, Arbeitsgemeinschaft ökologischer Forschungsinstitute, Energie und Umweltzentrum, 28237 Springe Eldagsen, Tel.: 05044/975-75

Bayerisches Zentrum für Angewandte Energieforschung e.V. (ZAE), Domagkstraße 11, 80807 München, Tel.: 0049/89/356250-0, Fax: 0049/89/356250-23
eMail: info@a4.zae.physik.tu-muenchen.de

Dansk Teknologisk Institut (DTI), Provestationen for Solenergi, Postboks 141, DK-2630 Taastrup, Tel.: 0045/43504595, Fax: 0045/43507222

Deutscher Wetterdienst Metereologisches Observatorium Hamburg, Frahmredder 95, 22393 Hamburg, Tel.: 040/60173-02

Deutsches Zentrum für Luft- und Raumfahrt e.V. (DLR), 51170 Köln, Tel.: 02203/601-0, Fax: 02203/673-10

DLR Deutsche Gesellschaft für Luft- und Raumfahrt, Pfaffenwaldring 38-40, 70569 Stuttgart, Tel.: 0711/68621

Fachhochschule Lübeck, Labor für Solartechnik, Stephensonstr. 3, 23562 Lübeck, Tel.: 0451/5005166

FhG-ISE, Fraunhofer Institut für Solare Energiesysteme, Oltmannsstraße 5, 79100 Freiburg, Tel.: 0761/4588-0, Fax: 0761/4588-100, eMail: info@ise.fhg.de

GSE Gesellschaft für Solar- und Energietechnik, Uhlbacher Straße 184, 70329 Stuttgart, Tel.: 0711/329241

Institut für Solare Energieversorgungstechnik (ISET), Königstor 59, 34119 Kassel, Tel.: 0561/7294-0, Fax: 0561/7294-100, eMail: mbox@iset.uni-kassel.de

Institut für Solarenergieforschung GmbH (ISFH), Am Ohrberg 1, 31860 Emmerthal, Tel.: 05151/999-0, Fax: 05151/999-400, eMail: public@isfh.uni-hannover.de

Institut für Thermodynamik und Wärmetechnik (ITW) der Universität Stuttgart, Pfaffenwaldring 6, 70569 Stuttgart, Tel.: 0711/6853536, Fax: 0711/6853503

IWU Institut Wohnen und Umwelt, Annastr. 15, 64285 Darmstadt, Tel.: 06151/29040

Öko-Institut e.V. Institut für angwandte Ökologie, Postfach 6226, 79038 Feiburg, Tel.: 0761/45295-0, Fax: 0761/475437, http://www.oeko.de

Solarenergie Prüf- und Forschungsstelle (SPF-ITR), Oberseestraße 10, CH-8640 Rapperswil, Tel.: +41/0055/234624, Fax: +41/55/234400

Solar-Institut Jülich (SIJ), FH-Aachen, Ginsterweg 1, 52428 Jülich, Tel.: 02461/99-3272, Fax: 02461/99-3135, http://www.sij.fh-aachen.de

Technische Universität Braunschweig Forschungskreis Solarenergie, Franz-Liszt-Str. 35, 38106 Braunschweig, Tel.: 0531/391-3555

Universität Oldenburg, 26111 Oldenburg, Tel.: 0441/798-0

ZfS Rationelle Energietechnik GmbH, Verbindungsstr. 19, 40723 Hilden, Tel.: 02103/2444-0

ZSW Zentrum für Solarenergie und Wasserstoff-Forschung, Baden Württemberg, Heßbrühlstr. 21c, 70565 Stuttgart, Tel.: 0711/7870-0, Fax: 0711/7870-100, http://zsw.e-technik.uni-stuttgart.de

9.7 Förderstellen

Stand: März 1999. Aktuelle Infomationen über die aktuellen Förderprogramme finden sich im Internet unter http://www. solarserver.de/foerderung Aufgeführt sind nur die Förderprogramme von Bund und Ländern. Solaranlagen werden auch von Kommunen und Energieversorgungsunternehmen gefördert. Auskunft erteilen deren Energieberatungsstellen und Umweltämter.

Bundesweite Förderungen

Bundeswirtschaftsministerium BAW
Bundesamt für Wirtschaft, Postfach 5171, 65726 Eschborn, Tel.: 06196/404-0, Fax: 06196/94226, www.bawi.de
250 DM/m² bis 20 m² Kollektorfläche, 125 DM/m² für jeden m² größer 20 m².

Kreditanstalt für Wiederaufbau
KfW, Palmengartenstr. 5 – 9, 60325 Frankfurt, Tel.: 069/7431-4340
Anträge bei der Hausbank stellen!
Kollektorförderung innerhalb des CO_2-Minderungs-Programmmes.

Neue Bundesländer
über zuständige Finanzämter
15% Zulage nach §4 Investitionszulagengesetz 1999. Die Zulage wird im Jahr 2000 geantragt für Anlagen, die 1999 gebaut wurden. Rechtsanspruch! Max. Investition: 40.000 DM

Baden-Württemberg
Landeskreditanstalt, Abt. Landwirtschafts- und Umweltförderung,
Postfach 102943, 70025 Stuttgart,
Tel.: 0711/122-2412, Fax: 0711/122-2515
Um 3% zinsverbilligte Darlehen, Laufzeit 10 Jahre. Bei EFH/ZFH Darlehen von 10.000 DM, bei sonstigen Anlagen zu Darlehenssokkelbetrag von 5.000 DM, max. zusätzlich 1.000 DM/m² Kollektorfläche. Kumulationsgrenze mit anderen öffentlichen Zuschüssen von 25%.

Bayern
Anträge an die Bezirksregierungen:
Oberbayern, Tel.: 089/2176-2334
Niederbayern, Tel.: 0871/808-1333
Oberpfalz, Tel.: 0941/5680-313
Oberfranken, Tel.: 0921/604-1511
Mittelfranken, Tel.: 0981/53-402
Unterfranken, Tel.: 0931/380-1575
Schwaben, Tel.: 0821/327-2305
Bei EFH 1000 DM, über 10.000 DM Anlagenkosten 1.500 DM; sonst 250 DM pro m² Kollektorfläche (Flachkollektoren),. bei Vakuumkollektoren 350 DM/m², max. 25.000 DM. Für Neubauten mit Anspruch auf Eigenheimzulage muß diese vorrangig in Anspruch genommen werden. Mindestkollektorfläche 3 m². Bagatellgrenze 1.500 DM. Nicht kumulierbar mit anderen öffentlichen Zuschüssen.

Berlin
Investitionsbank Berlin,
Bundesallee 210, 10719 Berlin,
Tel.: 030/2125-3620, Fax: 030/2125-4300
Baukostenzuschuß von max. 30% für Gebäude, die vor 1991 errichtet wurden. Bagatellgrenze von 10.000 DM je Antrag oder Förderungsbetrag von 5.000 DM je Antrag

Brandenburg
Ministerium für Wirtschaft,
Heinrich-Mann-Allee 107, 14460 Potsdam,
Tel.: 0331/866-17022
Bis 6 m²: 1.500 DM, darüber zusätzlich 250 DM/m², max. 30% der zuwendungsfähigen Ausgaben.

Bremen
Stadtwerke Bremen AG, Kundencenter,
Sögestr. 59-61, 26195 Bremen,
Tel.: 0421/3592-440, Fax: 0421/3592-925
Pauschaler Zuschuß von 2.000 DM für Anlagen mit 10 m², darüber zusätzlich 175 DM/m², max. 3.750 DM, zusätzlich 500 DM bei gleichzeitiger Installation einer Gasbrennwertanlage (50 – 150 kW: 1.000 DM).

Hamburg
Umweltbehörde – Energieabteilung A43,
Billstr. 84, 20539 Hamburg,
Tel.: 040/788ß-2724, Fax: 040/788ß-2099
Hamburgische Wohnungsbaukreditanstalt,
Besenbinderhof 31, 20097 Hamburg, Tel.: 040/248460
Zuschuß von 500 DM/m² bei Flachkollektoren, von 650 DM/m² bei Vakuumröhrenkollektoren: 4 bis 10 m² (3 bis 7 m²) Kollektorfläche bei Flachkollektoren (Vakuumröhrenkollektoren) ist Vorraussetzung. Bei Neubauten (Inanspruchnahme der Eigenheimzulage) und bei Selbstinstallation: reduzierter Zuschuß von 350 DM/m² (Flachkollektoren) bzw. 450 DM/m² (Vakuumröhrenkollektoren). Bei Anlagen über 10 bzw. 7 m² Antrag an Umweltbehörde.

Hessen
Antrag an die Kreisverwaltungen, in Städten über 50.000 Einwohner an den Magistrat
20% der förderfähigen Investitionsausgaben, bei EFH max. 2.000 DM, bei ZFH/MFH max. 1.000 DM/WE. Keine Förderung bei Anspruch auf Öko-Zulage. 1000 DM bei gleichzeitiger Installation eines Gasbrennwert- oder Öl-Niedertemperaturkessels; Zuwendungen von Gemeinden, Kreisen und Energieversorgungsunternehmen schließen die Landesförderung nicht aus und werden nicht auf die förderfähigen Ausgaben oder den Zuschußbetrag angerechnet.

Mecklenburg-Vorpommern
Wirtschaftsminister des Landes Mecklenburg-Vorpommern,
J.-Stelling-Straße 14, 19048 Schwerin,
Tel.: 0385/588-5431, Fax: 0385/588-5471
20% der förderfähigen Kosten, max. 2.000 DM bei EFH. Mindestkollektorfläche 4 m² (Vakuumkollektoren) bzw. 6 m² (Flachkollektoren) Kollektorfläche, 300 l Warmwasserspeicher. Kumulationsgrenze von 40% mit anderen öffentlichen Fördermitteln.

Niedersachsen
Anträge an die Bezirksregierungen
Ministerium für Wirtschaft, Technologie und Verkehr, Friedrichswall 1, 30159 Hannover,
Tel.: 0511/120-5619
Förderung ab einer Kollektorfläche von 20 m² (auch Schwimmbad): zinsvergünstigtes darlehen für 50% der Kosten (Zinssatz 2,5%)

Nordrhein-Westfalen
Landesinstitut für Bauwesen,
Außenstelle Dortmund,
Postfach 102543, 44025 Dortmund,
Tel.: 0231/5415-301, Fax: 0231/5415-3012
1.300 DM für Brauchwasseranlagen in Gebäuden mit 1 bis 2 WE, 1.500 DM + 200 DM/m² für Anlagen zur Heizungsunterstützung und bei Gebäuden ab 3 WE.

Rheinland-Pfalz

Ministerium für Wirtschaft, Verkehr, Landwirtschaft und Weinbau;
Postfach 3269, 55022 Mainz,
Tel.: 06131/162-110, Fax: 06131/162-155

Antragstop

Saarland

ARGE-Solar e.V.;
Altenkesseler Straße 17, 66115 Saarbrücken,
Tel.: 0681/9762-470, Fax: 0681/9762-471

EFH und ZFH pauschal 1.500 DM bei mind. 3m² Vakuum- bzw. 4m² Flachkollektoren; bei Anspruch auf Öko-Zulage 500 DM; MFH pauschal 3.300 DM bei mind. 8m² Vakuum- bzw. 10m² Flachkollektoren bzw. 4.800 DM bei mind. 14m² Vakuum- bzw. 18m² Flachkollektoren. Förderung nur für Brauchwasseranlagen.

Sachsen

Forschungszentrum Rossendorf e.V.;
Projektträger Umwelt und Energie,
Postfach 510119, 01314 Dresden,
Tel.: 0351/260-3471, Fax: 0351/260-3486

300 DM/m² Kollektorfläche bis zu einer Fläche von 20 m² und 150 DM/m² für Kollektorflächen über 20 m². Höchstbetrag: 50.000 DM. 200 DM für Wärmemengenzähler. Bagatellgrenze 10.000 DM! Mindestertrag von 350 kWh/m² Kollektorfläche und Jahr. Einbau eines Wärmemengen- und Elektroenergie- bzw. Betriebsstundenzählers ist Pflicht.

Sachsen-Anhalt

Anträge an die Regierungspräsidien,
Ministerium für Wirtschaft, Referat 57,
Postfach 3480, 39043 Magdeburg,
Tel.: 0391/567-4773

30% der Anlagenkosten, bei EFH/ZFH max. 6.000 DM, bei MFH oder sonstigen größere Anlagen max. 60.000 DM. Der Deckungsbeitrag muß größer als 40% des auf konventionelle Weise gedeckten Bedarfs bei Brauchwasseranlagen sein. Energiegewinn des Kollektors höher als 350 kWh/m² und Jahr.

Schleswig-Holstein

Investitionsbank Schleswig-Holstein, 532
Umwelt- und Energieförderung,
Fleethorn 39-41, 24103 Kiel,
Tel.: 0431/900-3333, Fax: 0431/900-3653

1500 DM bei EFH/ZFH bis 10m² Kollektorfläche, darüber 300 DM/m², bei Gemeinschaftsanlagen 1.000 DM je zusätzliche WE. Wenn Wärmemengenmeßeinrichtungen Bedingung, zusätzlich 2.000 DM. Zuschuß von 30%, max. 49% bei MFH ab 9 WE und sonst.; Ökologische Zusatzförderung nach dem Eigenheimzulagengesetz muss bei Neubauvorhaben vorrangig in Anspruch genommen werden. Bagatellgrenze von 6.000 DM an zuwendungsfähigen Kosten.

Thüringen

Thüringer Aufbaubank, Energie- und Technologieförderung,
Postfach 129, 09003 Erfurt,
Tel.: 0361/7447-378, Fax: 0361/7447-231

400 DM/m² bis 10 m² Kollektorfläche; 300 DM/m² bei Anlagen über 10 m². Maximalbetrag: 50.000 DM je Anlage. Gefördert werden Solaranlagen zur Brauchwassererwärmung, Raumbeheizung und zur Bereitstellung von Prozeßwärme.Eine Kumulierung mit der Zuwendung des Bundesdministeriums für Wirtschaft ist nicht möglich.

Anhang 1: Sonneneinstrahlung

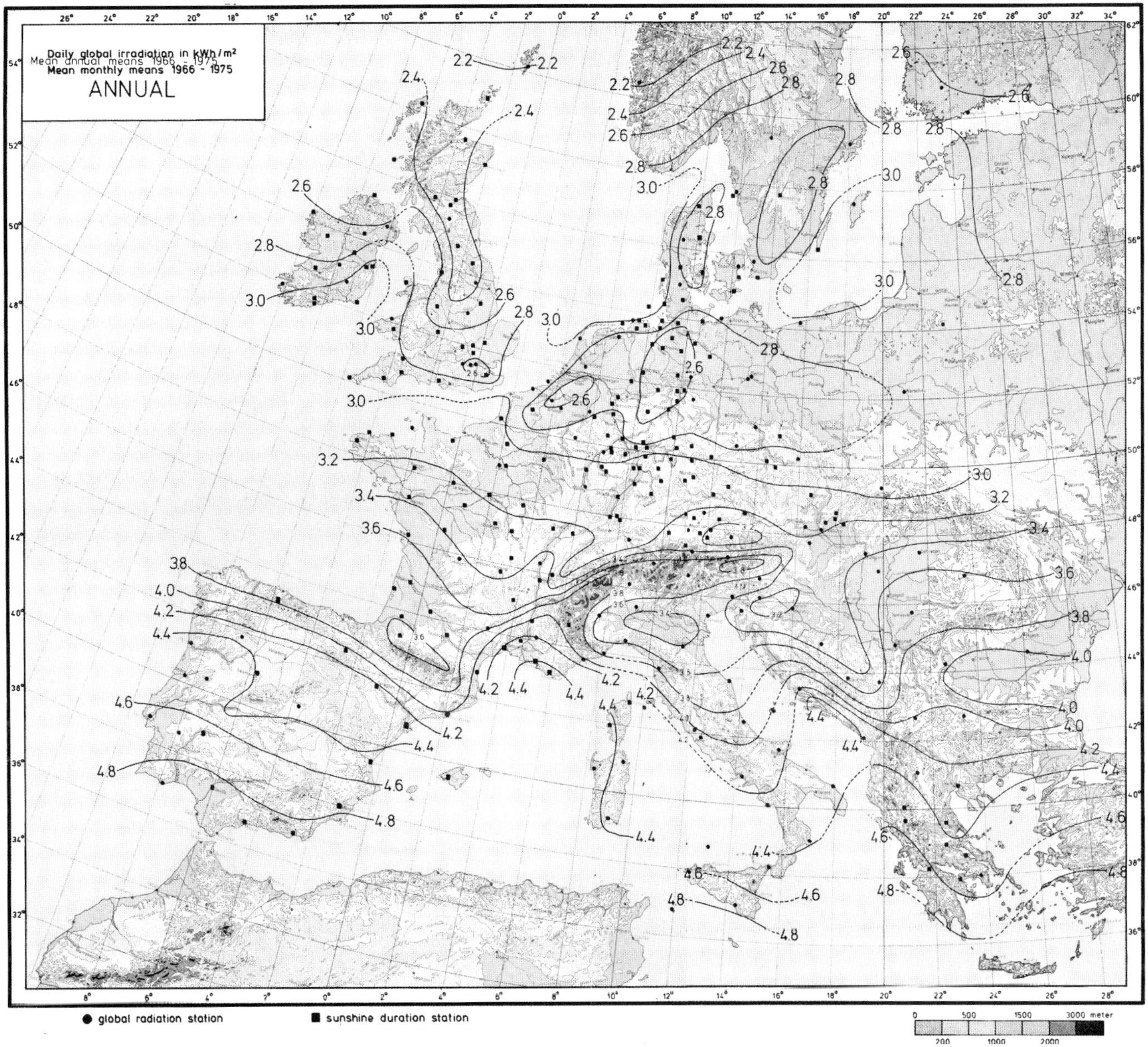

Abb. A1: Tägliche Einstrahlung auf waagerechte Flächen (in kWh/m²d) im Jahresmittel. Quelle: /12/

Ort			Jan.	Feb.	März	April	Mai	Juni	Juli	Aug.	Sept.	Okt.	Nov.	Dez.	Jahr
Heiligendamm	T_a	°C	k.A.												
	G_{0°	Wh/m^{2}d	460	1045	2275	3809	5074	5864	5192	4598	2954	1475	666	388	2826
L.: 11° 51' O	G_{30°	Wh/m^{2}d	710	1520	2920	4280	5310	5920	5320	5150	3640	2060	1060	640	3220
B.: 54° 9' N	G_{60°	Wh/m^{2}d	820	1680	2970	3940	4590	4950	4510	4710	3590	2230	1230	770	3000
Höhe: 21 m ü.NN.	G_{90°	Wh/m^{2}d	760	1510	2460	2900	3140	3230	3030	3390	2860	1950	1150	740	2260
	S	h/d	k.A.												
Norderney	T_a	°C	1,4	1,6	3,7	7,2	11,0	14,4	16,8	17,1	14,9	10,6	6,3	3,2	9,0
	G_{0°	Wh/m^{2}d	565	1295	2600	4274	5126	6020	5454	4745	3061	1656	740	443	3006
L.: 7° 9' O	G_{30°	Wh/m^{2}d	890	1880	3340	4840	5310	6020	5540	5230	3720	2280	1140	750	3420
B.: 53° 43' N	G_{60°	Wh/m^{2}d	1040	2080	3400	4460	4560	4990	4650	4720	3630	2430	1310	900	3180
Höhe: 13 m ü.NN.	G_{90°	Wh/m^{2}d	970	1870	2800	3270	3100	3240	3100	3370	2870	2110	1220	870	2400
	S	h/d	1,0	2,4	3,8	5,7	6,7	7,8	7,0	7,2	4,8	3,0	1,5	1,2	4,4
Hamburg	T_a	°C	0,3	1,0	3,5	7,5	13,3	15,4	17,1	16,2	13,6	8,8	4,2	1,6	8,5
	G_{0°	Wh/m^{2}d	521	1132	2231	3553	4688	5437	4820	4340	2786	1489	671	401	2680
L.: 10° 0' O	G_{30°	Wh/m^{2}d	790	1600	2810	4000	4880	5490	4930	4800	3370	2040	1020	670	3040
B.: 53° 38' N	G_{60°	Wh/m^{2}d	900	1750	2830	3680	4200	4580	4170	4340	3290	2180	1160	800	2830
Höhe: 14 m ü.NN.	G_{90°	Wh/m^{2}d	830	1560	2330	2720	2870	3010	2810	3120	2600	1900	1080	770	2130
	S	h/d	1,3	2,2	3,8	5,4	6,8	8,2	7,1	7,3	4,8	3,0	1,6	1,2	4,4
Berlin	T_a	°C	-1,0	0,6	3,4	8,6	13,8	17,2	18,9	18,2	14,6	9,3	3,8	0,6	9,0
	G_{0°	Wh/m^{2}d	607	1136	2435	3487	4765	5436	5257	4580	3048	1592	756	452	2805
L.: 13° 18' O	G_{30°	Wh/m^{2}d	910	1590	3090	3880	4930	5430	5350	5030	3710	2110	1110	690	3160
B.: 52° 28'	G_{60°	Wh/m^{2}d	1040	1720	3120	3520	4210	4480	4500	4520	3620	2210	1240	790	2920
Höhe: 51 m ü.NN.	G_{90°	Wh/m^{2}d	960	1520	2550	2580	2850	2920	2990	3220	2850	1890	1130	740	2190
	S	h/d	1,4	2,2	4,4	5,0	6,7	7,5	7,4	7,4	5,4	3,2	1,7	1,1	3,6
Braunschweig	T_a	°C	0,2	1,1	4,0	7,9	13,2	16,1	17,6	16,6	13,5	8,9	4,2	1,6	8,8
	G_{0°	Wh/m^{2}d	613	1164	2238	3432	4645	5198	4776	4209	2787	1501	702	416	2648
L.: 10° 27' O	G_{30°	Wh/m^{2}d	940	1610	2770	3820	4800	5190	4840	4590	3330	1990	1030	610	2970
B.: 52° 18' N	G_{60°	Wh/m^{2}d	1070	1730	2760	3470	4090	4280	4060	4110	3220	2090	1150	690	2730
Höhe: 81 m ü.NN.	G_{90°	Wh/m^{2}d	990	1530	2240	2540	2770	2780	2710	2930	2520	1790	1050	640	2040
	S	h/d	1,5	2,1	3,7	5,0	6,5	7,3	6,8	6,8	4,7	3,2	1,7	1,0	4,2
Braunlage	T_a	°C	-2,7	-2,3	1,0	5,0	9,9	13,0	14,6	14,1	11,3	6,6	1,9	-1,0	6,0
	G_{0°	Wh/m^{2}d	735	1336	2403	3507	4423	4949	4787	4156	2782	1672	757	512	2676
L.: 10° 37' O	G_{30°	Wh/m^{2}d	1170	1890	2970	3880	4530	4910	4840	4480	3300	2290	1120	830	3020
B.: 51° 43' N	G_{60°	Wh/m^{2}d	1370	2060	2940	3510	3840	4030	4040	3960	3160	2440	1250	980	2800
Höhe: 601 m ü.NN.	G_{90°	Wh/m^{2}d	1280	1820	2370	2550	2590	2620	2670	2790	2450	2110	1140	920	2110
	S	h/d	1,6	2,4	3,5	5,0	6,0	6,7	6,7	6,2	4,4	3,4	1,6	1,3	4,1

Tabellen A1: (auf den nächsten 4 Seiten)
Einstrahlungsdaten und Temperaturen für ausgewählte Stationen. Angegeben sind die monatlichen Mittelwerte der Außentemperatur T_a, der täg-

Ort			Jan.	Feb.	März	April	Mai	Juni	Juli	Aug.	Sept.	Okt.	Nov.	Dez.	Jahr
Dresden	T_a	°C	-0,8	0,0	3,5	7,8	13,1	16,0	17,8	17,0	13,8	8,7	3,6	0,3	8,4
	G_{0°	Wh/m^2d	721	1212	2377	3435	4416	5015	5047	4368	3075	1718	831	500	2735
L.: 13° 41' O	G_{30°	Wh/m^2d	1240	1580	2620	3690	4140	4270	4400	4260	3580	2440	1190	980	2870
B.: 51° 7' N	G_{60°	Wh/m^2d	1470	1700	2580	3310	3460	3460	3630	3740	3450	2620	1350	1190	2670
Höhe: 271 m ü.NN.	G_{90°	Wh/m^2d	1390	1490	2060	2360	2290	2210	2350	2600	2660	2270	1230	1140	2010
	S	h/d	1,9	2,7	4,1	5,4	6,4	7,2	7,1	6,7	5,6	4,1	2,0	1,6	4,6
Fichtelberg	T_a	°C	-5,3	-5,0	-2,3	1,4	6,5	9,4	11,3	10,8	8,1	3,5	-1,2	-4,1	2,8
	G_{0°	Wh/m^2d	737	1149	2139	3370	4090	4371	4403	3975	2985	1740	789	555	2533
L.: 12° 57' O	G_{30°	Wh/m^2d	1240	1580	2620	3690	4140	4270	4400	4260	3580	2440	1190	980	2870
B.: 50° 26' N	G_{60°	Wh/m^2d	1470	1700	2580	3310	3460	3460	3630	3740	3450	2620	1350	1190	2670
Höhe: 1214 m ü.NN.	G_{90°	Wh/m^2d	1390	1490	2060	2360	2290	2210	2350	2600	2660	2270	1230	1140	2010
	S	h/d	2,1	2,5	3,7	4,9	5,6	6,4	6,3	6,1	5,2	4,2	1,9	1,9	4,2
Würzburg	T_a	°C	-0,6	0,5	4,7	9,3	13,5	16,7	18,4	17,8	14,4	9,2	4,3	0,8	9,1
	G_{0°	Wh/m^2d	817	1595	2680	4037	5033	5536	5342	4482	3533	1943	921	650	3054
L.: 9° 54' O	G_{30°	Wh/m^2d	1170	2180	3250	4430	5120	5340	5370	4800	4210	2600	1290	980	3400
B.: 49° 48' N	G_{60°	Wh/m^2d	1290	2330	3180	3980	4300	4340	4450	4220	4040	2720	1400	1110	3120
Höhe: 259 m ü.NN.	G_{90°	Wh/m^2d	1170	2030	2530	2850	2850	2760	2900	2940	3100	2310	1250	1030	2310
	S	h/d	1,2	2,5	3,7	5,4	6,4	7,0	7,3	6,6	5,5	3,3	1,5	1,2	4,3
Trier	T_a	°C	0,6	1,4	5,5	9,0	13,1	16,1	17,8	17,2	14,4	9,4	5,1	1,6	9,3
	G_{0°	Wh/m^2d	722	1471	2520	3878	4883	5251	5268	4428	3309	1789	836	561	2917
L.: 6° 40' O	G_{30°	Wh/m^2d	1030	2030	3060	4260	4960	5150	5280	4740	3910	2360	1150	850	3240
B.: 49° 45' N	G_{60°	Wh/m^2d	1140	2170	2990	3820	4160	4180	4370	4150	3740	2460	1240	970	2950
Höhe: 265 m ü.NN.	G_{90°	Wh/m^2d	1030	1890	2380	2730	2760	2660	2840	2880	2870	2080	1100	900	2180
	S	h/d	1,3	2,4	3,5	5,3	6,2	6,6	7,2	6,4	5,2	3,1	1,4	1,2	4,2
Weihenstephan	T_a	°C	-2,4	-1,5	2,8	7,4	11,8	15,0	16,6	16,1	13,0	6,6	2,4	-1,1	7,2
	G_{0°	Wh/m^2d	1071	1825	2961	4108	5071	5383	5458	4600	3697	2231	1180	830	3208
L.: 11° 44' O	G_{30°	Wh/m^2d	1600	2510	3590	4470	5140	5270	5450	4900	4390	3010	1780	1280	3620
B.: 48° 24' N	G_{60°	Wh/m^2d	1810	2680	3500	3970	4280	4250	4480	4280	4190	3170	2010	1460	3340
Höhe: 467 m ü.NN.	G_{90°	Wh/m^2d	1650	2320	2760	2810	2800	2680	2870	2940	3200	2690	1820	1350	2490
	S	h/d	1,7	2,7	4,0	5,2	6,5	6,8	7,4	6,7	5,8	4,0	2,1	1,4	4,5
Hohenpeissenberg	T_a	°C	-2,2	-1,6	1,9	5,6	9,8	13,1	15,1	14,7	12,1	7,0	2,5	-0,8	6,4
	G_{0°	Wh/m^2d	1367	2053	3165	4147	4891	5132	5399	4621	3850	2609	1428	1116	3322
L.: 11° 1' O	G_{30°	Wh/m^2d	2410	2960	3880	4500	4920	4970	5360	4910	4630	3730	2340	2090	3900
B.: 47° 48' N	G_{60°	Wh/m^2d	2900	3230	3810	3980	4060	3970	4370	4250	4450	4030	2740	2590	3700
Höhe: 975 m ü.NN.	G_{90°	Wh/m^2d	2740	2830	3000	2790	2630	2470	2760	2890	3370	3450	2540	2500	2830
	S	h/d	3,2	3,4	4,3	5,2	6,2	6,4	7,4	6,7	6,2	5,2	3,1	2,9	5,0

lichen Sonneneinstrahlung G auf waagerechte Flächen sowie auf südorientierte Flächen mit 30°, 60° und 90° Neigung, sowie die mittlere tägliche Sonnenscheindauer (direkte Einstrahlung >120 W/m^2).Die Daten über Einstrahlung und Sonnenscheindauer wurden /12/ entnommen.

Ort			Jan.	Feb.	März	April	Mai	Juni	Juli	Aug.	Sept.	Okt.	Nov.	Dez.	Jahr
Maastricht	T_a	°C	1,9	2,6	4,8	8,0	12,6	15,2	16,9	16,4	13,8	9,6	5,2	2,8	9,2
Niederlande	$G_{0°}$	Wh/m²d	687	1338	2290	3606	4748	4995	4815	4257	3059	1760	879	536	2755
	$G_{30°}$	Wh/m²d	1000	1820	2750	3960	4840	4920	4830	4560	3620	2320	1290	820	3070
L.: 5° 46′ O	$G_{60°}$	Wh/m²d	1120	1940	2690	3560	4080	4010	4010	4020	3460	2420	1440	940	2810
B.: 50° 55′ N	$G_{90°}$	Wh/m²d	1020	1690	2140	2570	2730	2590	2640	2820	2670	2060	1310	870	2090
Höhe: 116 m ü. NN	S	h/d	1,3	2,2	3,1	4,8	6,0	6,1	6,1	6,1	4,8	3,2	1,9	1,2	3,9
Wien	T_a	°C	-1,4	0,3	4,4	9,4	14,2	17,6	19,4	18,7	15,0	9,6	4,0	0,0	9,3
Österreich	$G_{0°}$	Wh/m²d	760	1416	2642	3950	5100	5329	5437	4524	3304	2046	1006	692	3026
	$G_{30°}$	Wh/m²d	1090	1870	3200	4350	5220	5240	5470	4880	3940	2760	1480	1060	3390
L.: 16° 22′ O	$G_{60°}$	Wh/m²d	1200	1960	3120	3900	4380	4240	4500	4290	3780	2900	1660	1220	3100
B.: 48° 15′ N	$G_{90°}$	Wh/m²d	1080	1680	2470	2780	2860	2650	2860	2950	2900	2460	1500	1130	2280
Höhe: 202 m ü. NN	S	h/d	1,6	2,6	3,9	5,7	7,3	7,4	8,1	7,2	5,8	4,4	2,4	1,8	4,9
Salzburg	T_a	°C	-1,8	-0,1	3,8	8,5	13,2	16,5	18,1	17,5	14,1	8,9	3,3	-0,8	8,4
Österreich	$G_{0°}$	Wh/m²d	1033	1696	2810	3758	4573	4632	4906	4245	3309	2186	1080	789	2925
	$G_{30°}$	Wh/m²d	1600	2330	3430	4100	4640	4530	4910	4540	3930	3000	1600	1240	3330
L.: 13° 00′ O	$G_{60°}$	Wh/m²d	1830	2480	3360	3650	3860	3650	4030	3960	3760	3180	1800	1430	3090
B.: 47° 48′ N	$G_{90°}$	Wh/m²d	1680	2150	2660	2580	2520	2300	2580	2720	2870	2700	1630	1330	2310
Höhe: 435 m ü. NN	S	h/d	2,4	3,1	4,4	5,2	6,4	6,5	7,2	6,7	5,8	4,7	2,7	2,1	4,8
Innsbruck	T_a	°C	-3,1	-0,3	4,3	8,9	13,5	16,5	17,9	17,2	14,1	9,1	2,9	-1,8	8,3
Östereich	$G_{0°}$	Wh/m²d	1310	2174	3375	4469	5300	5422	5424	4673	3947	2623	1441	1124	3446
	$G_{30°}$	Wh/m²d	2120	3080	4130	4850	5310	5220	5350	4940	4720	3640	2290	1950	3970
L.: 11° 24′ O	$G_{60°}$	Wh/m²d	2470	3340	4040	4290	4370	4150	4340	4270	4520	3880	2650	2350	3720
B.: 47° 16′ N	$G_{90°}$	Wh/m²d	2290	2910	3180	2990	2810	2570	2740	2900	3430	3300	2430	2230	2810
Höhe: 582 m ü. NN	S	h/d	2,8	3,8	4,7	5,5	6,2	6,1	6,9	6,5	6,4	5,5	3,2	2,7	5,0
Sonnblick	T_a	°C	k.A.												
Österreich	$G_{0°}$	Wh/m²d	1688	2581	4089	5379	5990	5753	5447	4487	3870	3075	1825	1456	3809
	$G_{30°}$	Wh/m²d	2950	3690	5000	5750	5930	5520	5340	4660	4520	4410	3060	2800	4470
L.: 12° 57′ O	$G_{60°}$	Wh/m²d	3550	4010	4880	5020	4820	4360	4290	3960	4240	4760	3610	3490	4250
B.: 47° 03′ N	$G_{90°}$	Wh/m²d	3350	3490	3820	3460	3060	2700	2700	2660	3170	4070	3350	3370	3270
Höhe: 3106 m ü. NN	S	h/d	3,7	3,7	4,4	4,6	4,9	4,4	5,5	5,0	5,2	5,7	3,8	3,8	4,6
Klagenfurt	T_a	°C	-5,3	-2,4	3,0	8,8	13,8	17,3	19,1	18,0	14,1	8,5	2,0	-3,2	7,8
Österreich	$G_{0°}$	Wh/m²d	1142	2140	3295	4335	5583	5720	5729	4856	3724	1466	1223	909	3434
	$G_{30°}$	Wh/m²d	1640	2940	4020	4730	5660	5550	5700	5170	4400	3330	1740	1350	3860
L.: 14° 20′ O	$G_{60°}$	Wh/m²d	1810	3140	3930	4210	4690	4420	4630	4470	4180	3490	1910	1520	3540
B.: 46° 39′ N	$G_{90°}$	Wh/m²d	1620	2710	3090	2960	3000	2720	2890	3020	3150	2940	1700	1390	2600
Höhe: 452 m ü. NN	S	h/d	2,0	3,8	5,0	6,1	7,8	7,4	8,2	7,2	5,9	4,7	2,4	1,7	5,2

Ort			Jan.	Feb.	März	April	Mai	Juni	Juli	Aug.	Sept.	Okt.	Nov.	Dez.	Jahr
Zürich - Kloten	T_a	°C	-0,1	0,9	4,6	8,3	13,1	16,1	17,7	17,1	13,9	8,9	4,0	0,8	8,8
Schweiz	$G_{0°}$	Wh/m²d	832	1614	2724	3933	5025	5454	5797	4558	3575	2009	1000	657	3106
	$G_{30°}$	Wh/m²d	1060	2120	3230	4250	5020	5260	5740	4790	4180	2580	1340	840	3370
L.: 8° 33' O	$G_{60°}$	Wh/m²d	1090	2210	3100	3750	4130	4180	4660	4120	3950	2640	1410	880	3010
B.: 47° 27' N	$G_{90°}$	Wh/m²d	940	1880	2420	2630	2660	2580	2930	2800	2980	2190	1230	760	2170
Höhe: 440 m ü. NN	S	h/d	0,9	2,4	3,5	5,0	5,8	6,4	7,5	5,9	5,3	3,1	1,4	0,8	4,0
Davos	T_a	°C	-6,6	-5,6	-2,1	2,0	7,2	10,4	12,0	11,4	8,2	3,6	-1,4	-5,3	2,8
Schweiz	$G_{0°}$	Wh/m²d	1551	2454	3987	5233	5656	5479	5558	4736	4089	2876	1671	1351	3726
	$G_{30°}$	Wh/m²d	2570	3540	4960	5660	5600	5230	5420	4950	4880	4050	2750	2500	4340
L.: 9° 49' O	$G_{60°}$	Wh/m²d	3030	3850	4880	4950	4540	4100	4330	4220	4630	4330	3220	3080	4100
B.: 46° 48' N	$G_{90°}$	Wh/m²d	2810	3360	3820	3390	2850	2490	2670	2800	3450	3670	2980	2950	3100
Höhe: 1590 m ü. NN	S	h/d	2,9	3,4	4,5	5,2	5,6	5,4	6,5	5,9	5,7	4,7	3,1	3,0	4,7
Lorcano-Monti	T_a	°C													
Schweiz	$G_{0°}$	Wh/m²d	1441	2139	3578	4705	5189	6024	6303	5198	3946	2846	1532	1324	3694
	$G_{30°}$	Wh/m²d	2450	3100	4510	5180	5180	5800	6250	5520	4710	4070	2520	2530	4330
L.: 8° 47' O	$G_{60°}$	Wh/m²d	2910	3390	4490	4610	4230	4580	5050	4760	4480	4390	2950	3150	4090
B.: 46° 10' N	$G_{90°}$	Wh/m²d	2720	2960	3560	3200	2690	2760	3080	3180	3360	3740	2730	3030	3090
Höhe: 380 m ü. NN	S	h/d	3,8	4,5	5,9	6,8	6,5	7,8	9,0	7,5	6,4	6,1	4,0	4,4	6,1
Mailand	T_a	°C	k.A.												
Italien	$G_{0°}$	Wh/m²d	921	1705	3004	4490	5137	5828	6072	5258	3818	2452	1140	859	3399
	$G_{30°}$	Wh/m²d	3860	5330	642	7410	7510	7650	7670	7680	6950	5680	4350	3500	6170
L.: 9° 17' O	$G_{60°}$	Wh/m²d	4700	5940	6340	6470	6000	5990	6060	6490	6590	6090	5190	4410	5850
B.: 45° 26' N	$G_{90°}$	Wh/m²d	4420	5150	4820	4200	3450	3370	3440	4040	4750	5070	4780	4260	4310
Höhe: 103 m ü. NN	S	h/d	1,7	3,0	5,0	6,2	6,8	8,0	9,2	7,6	5,8	4,6	2,2	1,6	5,2
Madrid	T_a	°C	4,5	6,3	8,5	11,7	15,9	20,4	24,7	24,2	19,1	13,2	8,2	4,3	13,4
Spanien	$G_{0°}$	Wh/m²d	1728	2627	4154	5450	6169	6692	7224	6485	4801	3161	1985	1768	4364
	$G_{30°}$	Wh/m²d	2700	3590	5460	5810	5880	6290	6970	6980	5560	4190	2940	3150	4970
L.: 3° 43' W	$G_{60°}$	Wh/m²d	3040	3790	5260	4970	4600	4690	5310	5870	5230	4370	3320	3800	4530
B.: 40° 27' N	$G_{90°}$	Wh/m²d	2730	3200	3980	3180	2610	2470	2810	3620	3780	3600	2960	3560	3210
Höhe: 669 m ü. NN	S	h/d	k.A.												
Athen	T_a	°C	8,6	9,4	11,9	15,3	20,0	24,4	27,3	26,9	23,5	19,4	14,1	10,5	17,6
Griechenland	$G_{0°}$	Wh/m²d	1754	2620	3820	5149	6407	6838	6883	6179	4856	3383	2329	1694	4335
	$G_{30°}$	Wh/m²d	2520	3460	4500	5510	6350	6470	6680	6530	5710	4500	3480	2660	4870
L.: 23° 43' O	$G_{60°}$	Wh/m²d	2760	3580	4260	4730	5000	4830	5120	5470	5320	4630	3870	3040	4390
B.: 37° 58' N	$G_{90°}$	Wh/m²d	2420	2950	3180	3090	2840	2520	2750	3330	3790	3750	3390	2750	3060
Höhe: 107 m ü. NN	S	h/d	3,5	3,8	5,5	6,1	8,6	10,3	10,2	9,6	8,4	6,2	4,4	4,3	6,8

Anhang 2: Nomenklatur, angelehnt an DIN 4757, Solarthermische Anlagen

Erläuterung	Symbol	Einheit
Kapitel 2		
Neigungswinkel des Kollektors	n	Grad
Bestrahlungsstärke oder (Sonnen-)Einstrahlung	E	W/m²
Absorptionskoeffizient	α	%
Emissionskoeffizient	ε	%
Transmissionskoeffizient	τ	%
Optischer Wirkungsgrad / Konversionsfaktor	η_0	%
Vom Absorber aufgenommene Wärmeleistung	W_A	W/m²
Mittlere Absorbertemperatur	ϑ_m	°C
Temperatur des Wärmeträgers bei Austritt aus dem Kollektor (Vorlauftemperatur)	ϑ_a	°C
Umgebungslufttemperatur des Kollektors	ϑ_L	°C
Temperatur des Wärmeträgers beim Eintritt in den Kollektor (Rücklauftemperatur)	ϑ_e	°C
Stillstandstemperatur	ϑ_s	°C
Absorberfläche	A	m²
Wärmedurchgangskoeffizient	k	W/m²K
Thermische Verluste des Kollektors	W_V	W/m²
Optische Verluste durch Reflexion u. Absorption a. d. Glasscheibe d. Kollektors u. d. Reflexion am Absorber	W_0	W/m²
Nutzleistung des Kollektors	W_N	W/m²
Wirkungsgrad des Kollektors	η	%
Masse	m	kg
Spezifische Wärmekapazität	c	J/kgK oder Wh/kgK
Spezifische Wärmekapazität von Wasser	c_W	4190 J/kgK
Temperatur	ϑ	°C
Massenstrom des Wärmeträgers	M	kg/s
Wärmemenge oder Energie	Q	J; Wh; kWh
Wärmeleitkoeffizient	λ	W/mK
Hilfsgrößen zur Beschreibung des Wärmedurchgangskoeffizienten eines Kollektors	k_1 k_2	W/m²K W/m²K²
Korrektur f. Winkelabhängigk. d. Konversionsfaktors η_0	K_{50}	%
Reduzierte Temperatur $(\vartheta_m - \vartheta_L) / E$	x	m²K/W
Wärmeleistung	W	W
Kapitel 3		
Energieinhalt des Wärmespeichers	Q_{Sp}	kWh ; kJ
Dichte	ρ	kg/m³
Volumetrische Wärmekapazität	c_V	Wh/m³K
Wärmeverluste des Speichers	W_{VSp}	W
Wärmeverlustkoeffizient des Speichers	k_{Sp}	W/m²K
Oberfläche des Speichers	A_{Sp}	m²
Mittlere Temperatur im Speicher	ϑ_{Sp}	°C oder K
Eintrittstemp. a. d. Primärseite eines Wärmetauschers	$\vartheta_{ein,\,pr}$	°C
Austrittstemp. a. d. Primärseite eines Wärmetauschers	$\vartheta_{aus,\,pr}$	°C
Eintrittstemp. a. d. Sekundärseite e. Wärmetauschers	$\vartheta_{ein,\,sek}$	°C
Austrittstemp. a. d. Sekundärseite e. Wärmetauschers	$\vartheta_{aus,\,sek}$	°C
Leistung eines Wärmeübertragers	W_{WT}	W
Wärmetauscheroberfläche	A_{WT}	m²
Spezifische Übertragungsleistung e. Wärmetauschers	k_{WT}	W/m²K
Mittlere Temperaturdifferenz am Wärmetauscher	$\Delta\vartheta_{m,\,WT}$	°C
Kapitel 4		
Kollektoraustrittstemperatur bei Low-Flow	$\vartheta_{a\,LF}$	°C
Kollektoraustrittstemperatur bei High-Flow	$\vartheta_{a\,HF}$	°C
Kollektoreintrittstemperatur bei Low-Flow	$\vartheta_{e\,LF}$	°C
Kollektoreintrittstemperatur bei High-Flow	$\vartheta_{e\,HF}$	°C
Kapitel 5		
Jahressumme d. solaren Einstrahlung (Globalstrahlung)	G_S	kWh/a
Jährliche Verluste eines Kollektors bzw. Kollektorfelds	Q_{VK}	kWh/a
Jährliche Verluste eines Kollektorkreislaufs	Q_{VKK}	kWh/a
Jährlicher Bruttowärmeertrag eines Kollektor(felde)s	Q_{SK}	kWh/a
Jährlicher Bruttoertrag einer Solaranlage	Q_{SB}	kWh/a
Jährlicher Nettoertrag einer Solaranlage	Q_{SN}	kWh/a
Jährliche Energie für die Zusatzheizung	Q_Z	kWh/a
Jährliche Verluste der Zusatzheizung	Q_{VZ}	kWh/a
Jährliche Bruttozusatzenergie	Q_{ZB}	kWh/a

Erläuterung	Symbol	Einheit
Jährlicher Bruttoenergieeintrag in den Speicher	Q_B	kWh/a
Jährliche Speicherverluste	Q_{VSp}	kWh/a
Jährliche Nettozusatzenergie	Q_{ZN}	kWh/a
Jährlicher Bedarf, Verbrauch oder Nutzungsenergie	Q_N	kWh/a
Solare Deckungsrate oder –grad	D_S	%
Speichernutzungsgrad	η_{Sp}	%
Kollektornutzungsgrad	η_K	%
Nutzungsgrad der konventionellen Zusatzheizung	η_Z	%
Systemnutzungsgrad der Solaranlage	η_{Sys}	%
Azimutwinkel	a	° (Grad)
Korrekturfaktor für Kollektorneigung und –ausrichtung	f_{na}	-
Fläche eines Kollektorfelds	A_K	m^2
Jährliche spezifische Globalstrahlung am Kollektor	G_a	kWh/m^2a
Tagesbedarf an Energie	$Q_{N,d}$	kWh/d
Tägliche spezifische Globalstrahlung	G_d	kWh/m^2d
Speichervolumen	V_{Sp}	l
Monatliche spezifische Globalstrahlung	G_{mon}	kWh/m^2mon
Durchfluß im Kollektorkreis	V_{KK}	l/h ; m^3/h
Länge der Kollektoren	l	m
Abstand zwischen Kollektorreihen	b	m
Sonnenhöhenwinkel	h	Grad
Arbeitszahl	AZ	-
Jährlicher elektrischer Energiebedarf (Strom) einer Solaranlage für Pumpe und Regelung	Q_{el}	kWh/a
Strömungsgeschwindigkeit	w	m/s
Heizleistung	W_H	W
Jahresheizwärmebedarf eines Gebäudes	Q_H	kWh/a
Druck	p	Pa ; mWS ; mbar
Druckverlust	Δp	mbar
Gesamtdruckverlust im Kollektorkreis	Δp_{ges}	mbar
Druckverlust im Kollektor	$\Delta p_{Kollektor}$	mbar
Druckverlust im Wärmetauscher	$\Delta p_{Wärmetauscher}$	mbar
Druckverlust in der Rohrleitung und den Armaturen	$\Delta p_{Leitung}$	mbar
Flüssigkeitsvolumen des Kollektors	V_K	l
Flüssigkeitsvolumen des Anlagenkreislaufs	V_A	l

Erläuterung	Symbol	Einheit
Flüssigkeitsvolumen des Wärmetauschers	V_{WT}	l
Flüssigkeitsvolumen der Rohrleitungen	V_L	l
Ausdehnungsvolumen des Membran-Ausdehnungsgefäßes (MAG)	V_D	l
Mindestausdehnungsvolumen des MAG	V_{D1}	l
Mindestausdehnungsvolumen plus Flüssigkeitsvolumen des Kollektors	V_{D2}	l
Gefäßvolumen des MAG	V_G	l
Minimale Gefäßgröße des MAG	V_{Gmin}	l
Vordruck, mit dem eine Kollektoranlage befüllt wird	p_{vor}	bar
Statischer Druck am MAG	$p_{statisch, G}$	bar
Gesamter statischer Systemdruck	$p_{statisch, ges}$	bar
Statischer Druck am Sicherheitsventil	$p_{statisch, SV}$	bar
Maximal zulässiger Druck im System (Kollektor)	$p_{max, K}$	bar
Maximal zulässiger Betriebsdruck	p_{Bmax}	bar
Ansprechdruck des Sicherheitsventils	$p_{max, SV}$	bar

In den Schaltungen verwendete Sinnbilder

Benennung	Symbol	Benennung	Symbol
Abzweigstelle	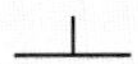	Wärmetauscher	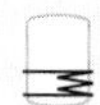
Absperrorgan, allgemein		Platten-Wärmetauscher	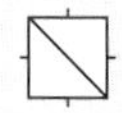
Druckminderventil	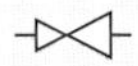		
Dreiwegeventil	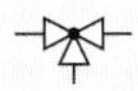	Speicher	
Durchgangsventil mit Rückflußverhinderer		Ausdehnungsgefäß (MAG)	
Absperr- / Rückschlagklappe	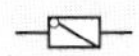		
Sicherheitsventil mit Feder	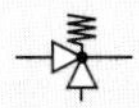	Druckmessung	
Pumpe (für Schaltbilder)	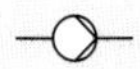	Temperaturmessung	

Anhang 3: Druckverlust von Kupferrohr und von Stahlrohr

Druckverlust in Kupferrohr: 65% Wasser, 35% Glykol; 50 °C

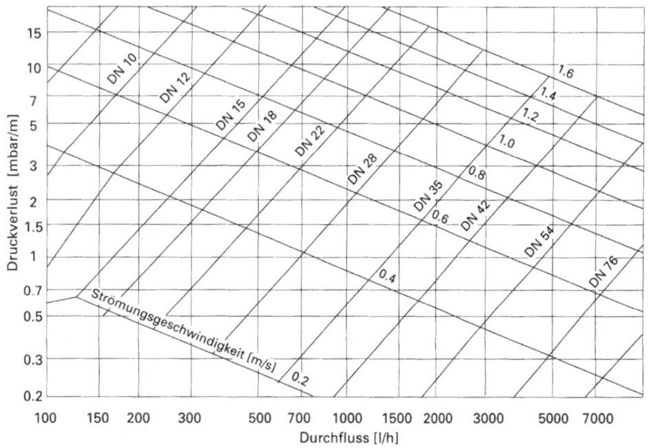

Druckverlust in Stahlrohr: 65% Wasser, 35% Glykol; 50 °C

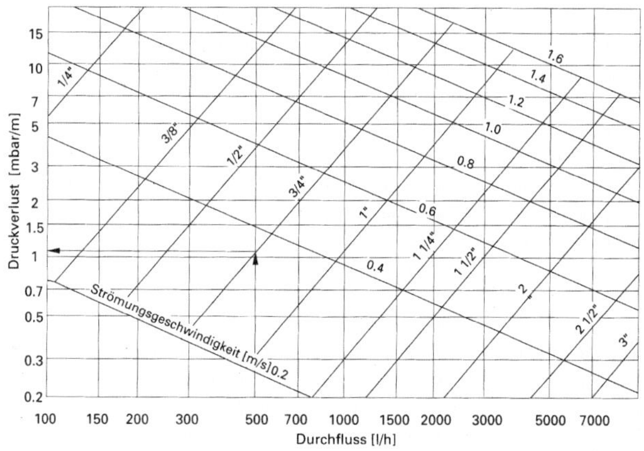

Druckverlust in Kupferrohr: 10% Wasser, 90% Glykol; 50 °C

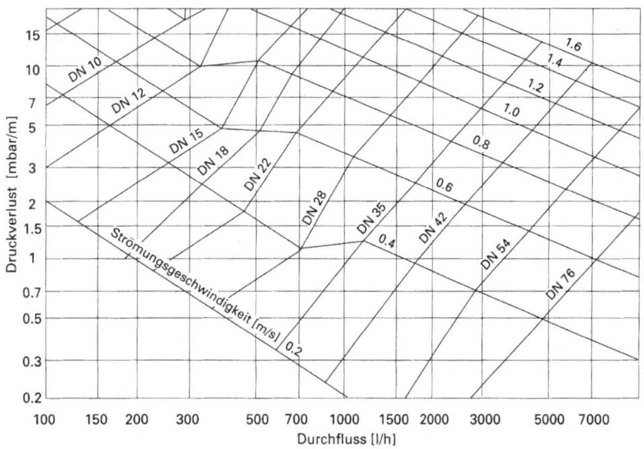

Druckverlust in Stahlrohr: 10% Wasser, 90% Glykol; 50 °C

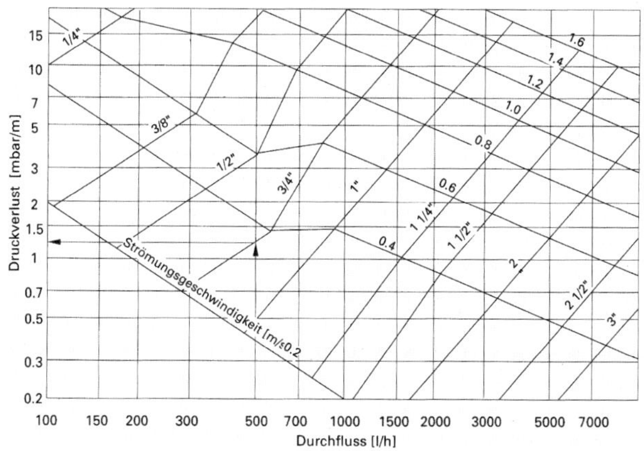

Abb. A3: Druckverlust in Stahl- und Kupferrohren für Wasser-Frostschutz-Mischungen. Quelle: /84/

Anhang 4: Ausschreibung

Der folgende Text soll anhand von Beispielen die Möglichkeiten aufzeigen, Angebote für Sonnenkollektoranlagen einzuholen. Mit der Ausschreibung werde die Leistungen, welche vom Anlagenbauer zu erbringen sind, beschrieben und an die Unternehmer zur Erarbeitung des Angebotes übermittelt. Mit diesem Schritt wird eine Konkurrenzsituation herbeigeführt, welche sich auf den Preis auswirkt. Es besteht die Möglichkeit, die Ausschreibung entweder als Pflichtenheft oder als detaillierten Materialauszug (Devis) zu erstellen. Ein Pflichtenheft gibt dem Unternehmen größere Freiheiten, erschwert jedoch die Kontrolle der Angebote, besonders wenn diese bezüglich Vorgaben ungenügend beschrieben werden. Bei detaillierten Materialauszügen kann dem Unternehmer Gelegeheit zum Angebot von eigenen Varianten gegeben werden.
Grundsätzlich kennt man zwei Arten, um Ausschreibungen vorzunehmen:

1. Das Pflichtenheft
2. Das Leistungsverzeichnis

Unterschiede zwischen Pflichtenheft und Leistungsverzeichnis		
	Pflichtenheft	Leistungsverzeichnis
Konzept	vom Planer ausgearbeitet	vom Planer ausgearbeitet
Projektierung	Vorprojekt (und teilweise Projekt) durch Planer, Projekt durch den Unternehmer	vom Planer ausgearbeitet
Materialauszug	Beschreibung, was zu tun ist, durch den Planer; Materialauszug d. Unternehmer	detaillierter Materialauszug durch den Planer

Grundsätzliche Überlegungen

Vor der Ausschreibung sollte man sich einige grundsätzliche gedanken machen:

- Welche anderen als die ausgeschriebenen Möglichkeiten sollen dem Unternehmer gelassen werden?
- Welche Qualitäten sollen die Materialien aufweisen? Sollen alle Materialien vorgegeben werden?
- Welche Nebenarbeiten sollen mit angeboten werden?
- Welche Normen, Gesetze, Riochtlinien und Empfehlungen müssen vom Unternehmer beachtet werden?
- Welche Unternehmer sollen rechnen dürfen?

Je mehr Freiheiten dem Unternehmer in der Ausschreibung zugestanden werden, desto schwieriger gestaltet sich die anschließene Kontrolle und die Auftragvergabe.

1. Pflichtenheft

In einem Pflichtenheft werden die wichtigsten Anlagendaten und –funktionen sowie die Vertragsbedingungen vorgegeben. Anhand der Anlagenbeschreibung und der beiliegenden Pläne erstellt der Unternehmer selbst einen Materialauszug und offeriert die funtionstüchtige Anlage aufgrund "seines" Projektes.

Minimalanforderung an ein Pflichtenheft

Der Aufbau kann ähnlich dem Leistungsverzeichnis vorgenommen werden, jedoch entfällt der detaillierte Materialauszug:

- Deckblatt

mit Adressen des Objektes, der Bauherrschaft und des Planers außerdem Eingabesumme, Rabatt, Skonto, MWSt

- Inhaltsverzeichnis
- Kostenzusammenstellung
- Bedingungen (allgemeine und spezielle):

u.a. Auflistung der vom Unternehmer einzurechnenden Planungsleistungen gemäß Leistungs- und Honorarordnung

- Grundlagen

Die Grundlagen für ein Pflichtenheft setzen sich aus folgenden Unterlagen und Angaben zusammen:

- Objektdaten
- Planunterlagen M 1:100 (evtl. M 1:50): Gebäudeansichten, Schnitte, Dachaufrisse, Grundriß Keller, Situationsplan
- Situationsbeschreibung / Vorgehensplan
- Ziel und Nutzen der Anlage

- Prinzipschema

- Anlagen und Funktionsbeschreibung

Hier wird das wesentliche einer Anlage aufgelistet. Als notwendiges Arbeitsinstrument müssen dem Pflichtenheft immer genügend Planungsunterlagen beiliegen, so daß der Unternehmer sein Angebot seriös ausarbeiten kann.
Folgende Arbeiten und Unterlagen müssen mindestens enthalten sein oder sind vom Unternehmer anzugeben
- Absorberfläche
- Bauart der Kollektoren
- Neigung der Kollektoren
- Prüfnummer einer anerkannten Prüfstelle
- Anlagenertrag
- Speichergröße inkl. Anschlüsse und Instrumentierung
- Materialien und Fabrikate
- Vorgabe der Funktionen
- Ausführungsdetails

- Bauseitige Leistungen

sofern nicht bauseits zu erbringen, sind anzubieten:
- Elektroarbeiten
- Sanitärarbeiten
- Spenglerarbeiten
- Dachdeckerarbeiten
- Maurer-/Baumeister-Arbeiten

- Anhang: Planunterlagen, Anlagenschema

2. Leistungsverzeichnis / Kostenvoranschlag

Zum Leistungsverzeichnis (für den Kostenvoranschlag) gehört ein detaillierter Materialauszug mit allen zum Funktionieren der Anlage notwendigen Komponenten und Materialien (meistens exklusiv Elektro- und Sanitärarbeiten). Der Aufbau des Leistungsverzeichnisses kann folgendermaßen aussehen:

· Deckblatt

mit Adressen des Objektes, der Bauherrschaft und des Planers außerdem Eingabesumme, Rabatt, Skonto, MWSt

- Inhaltsverzeichnis

- Kostenzusammenstellung

- Bedingungen (allgemeine und spezielle):

u.a. Auflistung der vom Unternehmer einzurechnenden Planungsleistungen gemäß Leistungs- und Honorarordnung

- Grundlagen

Die Grundlagen für ein Leistungsverzeichnis setzen sich aus folgenden Unterlagen und Angaben zusammen:
- Objektdaten
- Hinweise auf Planunterlagen
- Ziel und Nutzen der Anlage

- Prinzipschema

- Anlagen und Funktionsbeschreibung

Hier wird die Sonnenkollektoranlage mit ihren Funktionen beschrieben. Als Hilfsmittel sollen die zutreffenden Planungsunterlagen beiliegen.

- Materialvorschriften

Materialvorschriften für Rohrleitungen, Apparate, Armaturen, Wärmedämmung, Steuerungen usw.

- Bauseitige Leistungen

sofern nicht bauseits zu erbringen, sind anzubieten:
- Elektroarbeiten
- Sanitärarbeiten
- Spenglerarbeiten
- Dachdeckerarbeiten
- Maurer-/Baumeister-Arbeiten
- Kran, Gerüst

- Anhang: Planunterlagen, Anlagenschema

Ausschreibungstexte

Im folgenden werden beispielhaft die Punkte genannt, die in einem Leitungsverzeichnis bzw. Angebot spezifiziert und aufgeführt werden sollten.

Kollektorfeld für Dachaufbau / Dacheinbau

Fabrikat / Typ: ________________

Bauart: für Dachaufbau / Dacheinbau

Prüf-Nr.: ________________

Orientierung ________________

O = -90°, S =0°, W = 90° ________________ °

Neigung (horizontal = 0°) ________________ °

Absorberfl. pro Element (A_A) ________________ m²

Anzahl der Elemente ________________

Materialien

Rahmen ________________

Absorber ________________

Wärmedämmung ________________

Abdeckung ________________

Dichtungen ________________

Kollektoranschlüsse ________________

Kollektorfeld (die Quantität ist jeweils auf die Absorberfläche bezogen angegeben) bestehend aus:

- Sonnenkollektoren (Absorberfläche) A_A ________________ m²
- Temperaturfühlertasche im Kollektorabsorber ________________Stk
- Unterkonstruktion ________________ m²
  Kollektorneigung ________________ °
  Art des Daches ________________ °
  Ständer-Material (bei Dachaufbau) ________________
  Untergrund für Kollektoren (bei Dacheinbau) ________________
- Kollektorverbindungen in den Kollektorreihen ________________ m²
- Montage des Kollektorfeldes auf vorbereitetem Untergrund ________________ m²
- Blecheinfassung (bei Dacheinbau) bauseits
  Material ________________

Warmwasserspeicher mit innenliegendem bzw. außenliegenden Wärmetauscher

Warmwasserspeicher ________________ Stk

Fabrikat / Typ ________________

Speicherinhalt V_{Sp} ________________ l

Material ________________

Abmessungen

ohne Wärmedämmung ø ________________ mm

mit Wärmedämmung ø ________________ mm

Raumhöhe ________________ mm

Stutzen:

Wärmetauscher Kollektorkreis (wenn WT innen) ø _____mm _______Stk

Anschlüsse ø _____mm _______ Stk
für Ladekreis (wenn WT außen) im unteren Drittel d. Speichers

Wärmetauscher Zusatzheiz. ø _____mm _______ Stk

Thermometerstutzen inkl. Tauchhülsen ø _____mm _______ Stk

Thermometer ________________ Stk

Kaltwasser ø _____mm _______ Stk

Warmwasser ø _____mm _______ Stk

Elektroheizeinsatz ø _____mm _______

Thermostatstutzen (inkl. Tauchhülsen) ø _____mm _______ Stk

Entlüftung ø _____mm _______ Stk

Entleerung ø _____mm _______ Stk

Blindflansch ø _____mm _______ Stk

inkl. Wärmedämmung

Dämmstärke ________________ mm

Dämmaterial ________________

Material Ummantelung ________________

Mehrpreise:

Elektroheizregister ________________

beheizbares Volumen V_z ________________ l

Leistung ________________kW

Spannung ________________ V

incl. Einbau ___________ DM/Euro

Wärmetauscher Kollektorkreis (innenliegend)

Wärmetauscher ________________Stk
Bauart ________________
Bauhöhe ________________mm
beheizbares Voulmen V_S ________________ l
Durchflußmenge ________________ l/s
Medium ________________
Druckverlust bei 50°C ________________ Pa
Oberfläche ________________ m^2
Rohr-Innendurchmesser ________________ mm
Anzahl der Rohre parallel ________________
Rohrlänge ________________ m

Wärmetauscher-Kreislauf
Zusatzenergie (innenliegend) ________________Stk
Leistung ________________kW
Bauart ________________
beheizbares Volumen V_Z ________________ l
Durchflußmenge ________________ l/s

Temperaturen
Heizungskreis ______°C / ______ °C
Trinkwasser von _____°C auf _____ °C
Fläche ________________ m^2
Dimension ________________
Länge ________________ m

alternativ:
Wärmetauscher Kollektorkreis (außenliegend)

Wärmetauscher außen ________________ Stk
Leistung ________________ kW
Bauart ________________
beheizbares Voulmen V_S ________________ l

Primärseite
Medium ________________
Durchflußmenge ________________ l/s
Eintrittstemperatur ________________ °C
Austrittstemperatur ________________ °C
Druckverlust ________________ Pa

Sekundärseite:
Medium Wasser
Durchflußmenge ________________ l/s
Eintrittstemperatur ________________ °C
Austrittstemperatur ________________ °C
Druckverlust ________________ Pa
inkl. Wärmedämmung aus ________________

Wärmetauscher-Kreislauf
Zusatzenergie (innenliegend)
Wärmetauscher ________________Stk
Leistung ________________kW
Bauart ________________
beheizbares Volumen V_Z ________________ l
Durchflußmenge ________________ l/s
Temperaturen
Heizungskreis ________________ °C
Trinkwasser von _____°C auf _____ °C
Fläche ________________ m^2
Dimension ________________
Länge ________________ m

Speicher mit innenliegendem Chromstahl-Speicher (für Heizung und Warmwasser) und innenliegendem Wärmetauscher

Puffer-/ Warmwasserspeicher ________________Stk
Fabrikat / Typ ________________
Speicherinhalt V_{Sp} ________________ l
Material ________________
mit integriertem Chromstahl-Speicherwassererwärmer:
Bauart ________________
Warmwasser-Speicherinhalt ________________ l

Abmessungen Speicher
ohne Wärmedämmung ________________mm
mit Wärmedämmung ________________mm
Raumhöhe ________________

Stutzen:
Wärmetauscher Kollektorkr. ø _____mm _______ Stk
Thermometerstutzen ø _____mm _______ Stk
inkl. Tauchhülsen

Trinkwasser	ø _____mm	_______ Stk
Warmwasser	ø _____mm	_______ Stk
Heizkessel-Kreis	ø _____mm	_______ Stk
beheizbares Volumen V_Z	________________ l	
Raumheizung	ø _____mm	_______ Stk
Elektroheizeinsatz	ø _____mm	_______ Stk
Thermostatstutzen (inkl. Tauchhülsen)	ø _____mm	_______ Stk
Entlüftung	ø _____mm	_______ Stk
Entleerung	ø _____mm	_______ Stk

inkl. Wärmedämmung

Dämmstärke	________________mm
Dämmaterial	________________
Material Ummantelung	________________

Mehrpreis: Elektroheizregister

beheizbares Volumen V_z	________________ l
Leistung	________________ kW
Spannung	________________ V
incl. Einbau	___________ DM/Euro

Wärmetauscher Kollektorkreis

Wärmetauscher (innenliegend)	________________ Stk
Bauart	________________
Bauhöhe	________________mm
beheizbares Voulmen V_s	________________ l
Durchflußmenge	________________ l/s
Medium	________________
Druckverlust bei 50°C	________________ Pa
Oberfläche	________________ m^2
Rohr-Innendurchmesser	________________mm
Anzahl der Rohre parallel	________________
Rohrlänge	________________ m

Rohrleitungen

Hinweis: Im Kollektorkreis keine verzinkten Stahlrohre oder Kunststoff-Rohrleitungen verwenden!

Gas- und Siedewasserrohre	DN ______	______ m
geschweißt, schwarz grundiert	ø ______	______ m
Total	________________ m	
Kupferrohre	ø ______	______ m
	ø ______	______ m
	ø ______	______ m
Total	________________ m	
Bogen 90°	ø ______	______ Stk
	ø ______	______ Stk

Zuschläge:

für Fittinge, Schweiß-/Löt- und Dichtungsmaterial	________________ %	
für Verschnitt	________________ %	
Befestigungen	DN ______	______ Stk
	ø ______	______ Stk

inkl. allernötigen Zusatzmaterialien wie Schrauben, Dübel, Grundplatte, Nippel etc.

Luftflaschen (bis DN 50)	________________ Stk
Übergangsstücke für Anschlüsse Kollektoren Cu-St	________________ Stk

___ Anschlüsse (je ___ Kollektoren, durch Lieferant zusammengehängt)

Installationseinheit

Installationseinheit	____________________ Stk
Lieferant	____________________
Abmessungen	_________ mm x mm x mm

bestehend aus

- Umwälzpumpe inkl./exkl. Mortorschutz
  - Fabrikat / Typ ________________
  - Durchflußmenge ________________ l/s
  - Wärmeträgergemisch Glykol ___%, Wasser ___%
  - Förderhöhe ________________ Pa
  - Spannung ________________ V
  - Anschlußleistung ________________ W
- Sicherheitsventil ________________ DN
- Rückschlagklappe
  - Fabrikat / Typ ________________
- Manometer 1 Stk.
- Thermometer 2 Stk.
- Absperrarmaturen
  - Fabrikat / Typ ________________
- Füllgarnitur 1 Stk.

- Expansionsgefäß
  Fabrikat / Typ ________________ Stk
  Volumen ________________ l
  Vordruck ________________ Pa
- Kunststoffbehälter zum Auffangen und Mischen des Wasser-Glykol-Gemisches beim Abblasen des Sicherheitsventils
  Inhalt ________________ l
- Wärmeschutzmedium ________________ l
  mit Korrosionsschutz-Inhibitoren, giftfrei, unverdünnt
  Fabrikat ________________

Regelorgane

Steuerung des Kollektorkreislaufes

Funktionen: Temperaturdifferenzsteuerung (Kollektortemp. – Speichertemp.) mit einstellbaren Schaltwerten ΔT_{ein} und ΔT_{aus}. Thermostatfunktion für die Rückkühlung des Speichers über die Kollektoren, einstellbarer Sicherheitsthermostat zur Begrenzung der Speichertemperatur.

Fabrikat ________________

inkl. Temperaturfühler

inkl.
- Schemaausarbeitung ________________ Stk
- Funktionsbeschrieb ________________ Stk
- 1. Inbetriebsetzung ________________ Stk
- Nachregulierung ________________ Stk

Transport / Montage

Montagezeit (1 Moneur + 1 Helfer) für die vorstehenden Materialien ______________ Tag(e)

Füllen der Anlage
mit Wasser-Glykol-Gemisch Glykol ___%, Wasser ___%

Hydraulischer Abgleich der gesamten Sonnenenergieanlage. Nachkontrolle der geforderten Werte. Erstellen eines Inbetriebnahmeprotokolles.

Wartungs- und Betriebsanleitung für die gesamte Solar-Anlage (3fach) ________________ Stk

Wärmedämmung

Dämmungen über Dach (Temperaturbereich –20 bis 200°C) Anorganische Schalen und Mattenn mit wasserdichtem Alublech-Mantel.

Rohr Dämmstärke x Außen-ø-Rohr (mm)
DN __ ____ x ____ ______________ m
ø ____ ____ x ____ ______________ m

Bogen 3d 90°
Dämmstärke x Außen-ø –Rohr (mm)
DN __ ____ x ____ ______________ m
ø ____ ____ x ____ ______________ m

Verdeckte Leitungen
Anorganische Schalen oder Matten roh
Leitungen im Schacht
Rohr Dämmungen (mm)
DN __ ____ x ____ ______________ m
ø ____ ____ x ____ ______________ m

Sichtbare Rohrleitungen
Anorganische Schalen und Matten-Umhüllungen aus Blech oder Folie

Rohr Dämmstärke x Außen-ø-Rohr (mm)
DN __ ____ x ____ ______________ m
ø ____ ____ x ____ ______________ m

Bogen 3d 90°
Dämmstärke x Außen-ø –Rohr (mm)
DN __ ____ x ____ ______________ m
ø ____ ____ x ____ ______________ m

Luftflaschen
DN __ ____ x ____ ______________ m
ø ____ ____ x ____ ______________ m

Armaturen
Anorganische Matten, Umhüllung aus Glasgewebe mit aufgedampfter Aluminiumschicht
Absperrorgane
Dämmung (mm)
DN __ __________ ______________ m
ø ____ __________ ______________ m

Quelle: nach /62/

Anhang 5: Anlagenbeschreibung nach DIN 4757 zum Aushang im Bedienungsraum

Thermische Einspeicher-Solaranlage zur Trinkwassererwärmung mit geschlossenem Zwangsumlauf des Wärmeträgers

Beschreibung der Anlage

Die Solaranlage zur Warmwasserbereitung besteht aus den Kollektoren 1, dem Warmwasserspeicher 2, dem Regler 3, dem Solarkreis mit Umwälzpumpe und Sicherheitseinrichtungen 4.
Wenn die Solarflüssigkeit in den Kollektoren bei Sonnenbestrahlung eine höhere Temperatur erreicht als das Warmwasser im Speicher, schaltet der Regler die Umwälzpumpe ein. Die Solarflüssigkeit zirkuliert zwischen Kollektor und Speicher und erwärmt das Trinkwasser.
Durch die Erwärmung nimmt das Volumen der Solarflüssigkeit zu und wird im Ausdehnungsgefäß aufgenommen.
Wird beispielsweise wegen eines Stromausfalls die Zirkulation der Solarflüssigkeit bei starker Sonnenbestrahlung unterbrochen, so kann sich in den Kollektoren Dampf bilden. Infolgedessen wird die Solarflüssigkeit aus den Kollektoren verdrängt und vom Ausdehnungsgefäß aufgenommen (eigensichere Anlage). Die Anlage kann dann erst wieder funktionsgerecht arbeiten, wenn der Dampf kondensiert ist, also spätestens am folgenden Tag.
Zum Schutz gegen unzulässig hohen Betriebsdruck sind Solarkreis und Warmwasserspeicher mit Sicherheitsventilen ausgerüstet. Das Austreten von geringen Mengen Warmwasser ist eine normale Erscheinung. Solarflüssigkeit sollte dagegen nicht über das Sicherheitsventil entweichen. Gegebenenfalls benachrichtigen Sie bitte den Ersteller der Anlage.

Ersteller der Anlage Name Adresse Telefon/Fax	 __________ __________ __________
Baujahr:	
Max. zulässiger Betriebsüberdruck: Fülldruck bei Raumtemperatur:	__________ bar __________ bar
Stillstandstemperatur: Zulässige Vorlauftemperatur:	__________ °C __________ °C
Wärmeträger: Inhalt der Anlage:	__________ __________ l

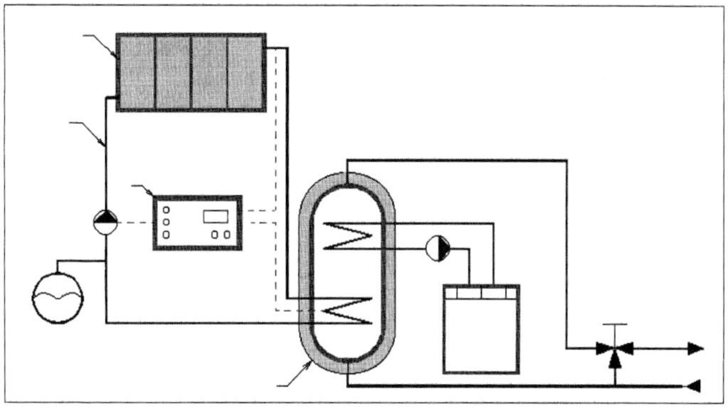

Die Anlage arbeitet vollautomatisch und störungsfrei und sollte nur zu Wartungszwecken auf Handbetrieb geschaltet werden. Sie darf auch in Urlaubszeiten nicht abgeschaltet werden. Stattdessen wird empfohlen, die Solltemperatur für die Nachheizung auf einen Wert unter Raumtemperatur einzustellen, um unnötigen Energieverbrauch zu vermeiden.

Stichworte zu den Inhalten der Bedienungsanleitung

Bedienung des Solarreglers

- Anzeigefunktionen
- Sollwert-Einstellungen
- Empfohlene Sollwerte
- Low-flow-Anlagen evtl. höhere Temperaturdifferenz
- Programmierung
- Handbetrieb
- Automatikbetrieb
- Sicherung ersetzen

Füllen, Entlüften, Inbetriebnahme der Anlage

- Speicher füllen und entleeren
- Solarkreis füllen und entleeren
- Solarkreis entlüften
- Funktionskontrolle und Inbetriebsetzung:

Instandhaltung

- Sichtkontrollen
- Funktionsprüfung
- Wärmetauscher entkalken
- Frostsicherheit prüfen
- Korrosionsschutz prüfen/erneuern

Quelle: /81/

Anhang 6: Inbetriebnahme und Übergabe

Anlagenstandort:
Betreiber:

Füllen der Anlage

Wärmeträgermedium, Produkt:..
Einfüllmenge in Litern:..
Gemisch in %:.................................. geprüft bis ....°C
Vordruck am Ausdehnungsgefäß vor dem Befüllen: ....bar
Anlagenbetriebsdruck: ....bar bei .....°C Vorlauftemperatur
Kollektorkreis gespült: ❒ ja ❒ nein
Wasserdruckprobe mit einem Druck von ......bar
durchgeführt Kollektorkreis entlüftet: ❒ ja ❒ nein
Automatikentlüfter und die vorgeschaltenen
Kugelhähne wurden geschlossen: ❒ ja ❒ nein
Steht unter der Abblasleitung des Sicherheitsventil
ein geeigneter Behälter: ❒ ja ❒ nein

Regelung, Temperaturen und Pumpe

Pumpendrehzahl auf Stufe ....
Volumenstrom in l/h .... (falls Kontrolle möglich)
Schwerkraftbremse in Arbeitsstellung: ❒ ja ❒ nein
Funktionskontrolle der Regelung: ❒ ja ❒ nein
Eingestellte Temperaturdifferenz des Reglers: ....K
Maximalbegrenzung der Speichertemperatur: ....°C
Eingestellte Temperatur für die Nachheizung: ....°C
Laufzeit der Zirkulationspumpe: ....-....... Uhr, ...-....... Uhr
Zirkulationspumpe läuft nur bis
Rücklauftemperaturen kleiner ....°C
Thermostatisches Mischventil am Speicherausgang
auf max. 60°C gestellt: ❒ ja ❒ nein

Einweisung des Anlagenbetreibers

Bedienung Solarregler: ❒ ja ❒ nein
Bedienung/Funktion Nachheizung: ❒ ja ❒ nein
Bedienung Entlüfter: ❒ ja ❒ nein
Funktion Fremdstromanode: ❒ ja ❒ nein
Wartungsintervalle: ❒ ja ❒ nein
Unterlagen Solaranlage überreicht: ❒ ja ❒ nein
Betriebsanweisung überreicht: ❒ ja ❒ nein

Nötige Nacharbeiten

____

____

Evtl. Mängel und Nacharbeiten werden bis am ....
erledigt.
Ort, Datum

____

Unterschrift/Stempel Unternehmer Auftraggeber/Betreiber

Checkliste zum Zustand der Anlage

Ist die Anlage dicht? ❒ ja ❒ nein
Temperaturfühler richtig plaziert u. nicht verschattet? ❒ ja ❒ nein
Kollektoren sturm- und schneesicher installiert? ❒ ja ❒ nein
Max. Neigungswinkel des Kollektors eingehalten? ❒ ja ❒ nein
Bei dachintegrierten Kollekt. Hinterlüftung beachtet? ❒ ja ❒ nein
Dach auf Dichtheit geprüft? ❒ ja ❒ nein
Ist der Kollektor für Wartungsarbeiten zugänglich? ❒ ja ❒ nein
Ist Rohrdämmung im Außenbereich wasserdicht,
temperatur- und UV-beständig? ❒ ja ❒ nein
Ist die Rohrdämmung lückenlos bis zum
Speichermantel ausgeführt? ❒ ja ❒ nein
Kollektorkreis am Potentialausgleich angeschlossen? ❒ ja ❒ nein
Rohrleitungen unter Berücksichtigung der
Wärmedehnung verlegt? ❒ ja ❒ nein
Entlüftung am höchsten Punkt des Kollektorkreises
möglich? ❒ ja ❒ nein
Überspannungsschutz für Kollektorfühler montiert? ❒ ja ❒ nein
Für Kollektoren und Eindeckrahmen ausreichender
Blitzschutz und Erdung vorhanden? ❒ ja ❒ nein
Sind Vor- und Rücklauf richtig angeschlossen und
die Pumpe im Rücklauf eingebaut: ❒ ja ❒ nein
Korrosionsschutzanode im Trinkwasserspeicher montiert
und in Funktion gesetzt? ❒ ja ❒ nein
Ist der Speicherfühler richtig plaziert? ❒ ja ❒ nein
Liegt der Eignungsnachweis für das
Frostschutzmittel vor? ❒ ja ❒ nein

Quelle: /81/

Stichwortverzeichnis

Sach- und Fachbücher zur umweltfreundlichen Technik

Holger König
Wege zum gesunden Bauen
Baustoffwahl, Baukonstruktionen, ausgeführte Objekte, Baunormen, Bauphysik, Preise und Bezugsquellen. Ein Handbuch für Bauherren, Architekten u. Handwerker. 10. Aufl. 1998, 261 S. m.v. Abb. 49,80 DM

Edgar Haupt, Anne Wiktorin
Wintergärten - Anspruch und Wirklichkeit
Ein Praxishandbuch. Planung und Bau von Wintergärten: Konstruktionen, empfehlenswerte Materialien, Verglasungs- und Klimatisierungssysteme; Bauschäden, gebaute Beispiele. 1996, 177 S. 220 Abb. 39,80 DM

Holger König
Das Dachgeschoß
Gesunder Wohnraum unter dem Dach - Umbau, Ausbau, Neubau: ein umfassendes und konsequentes Planungshandbuch für Bauherren, Handwerker und Planer. 2.unveränd.Aufl. 1994, 236 S. m.v. Abb. 48,- DM

Othmar Humm
NiedrigEnergieHäuser
Theorie und Praxis. Konzepte, Baukonstruktionen, Produkte u. energietechnische Maßnahmen. Das Buch zeigt, wie moderne Niedrigenergiehäuser geplant u.gebaut werden. 294 S., 21 x 21 cm geb. 1997 58,- DM

Othmar Humm
NiedrigEnergie- und PassivHäuser
Schneller Einstieg in die Techniken zukunftsweisenden Hausbaus: hochwärmedämmende Wand-, Dach- und Fensterkonstruktionen, Sonnenenergienutzung, Heizungs- u. Lüftungstechnik. 126 S., TB, 1998 29,90 DM

Heinz Ladener
Vom Altbau zum Niedrigenergiehaus
Energietechnische Gebäudesanierung i.d. Praxis: Katalog erprobter Wärmedämmkonstruktionen, Empfehlung zur Haustechnik-Erneuerung, Tips zu Ausschreibung u. Ausführung. 1998, geb. 272 S. m.v.Abb. 49,80 DM

G. Häfele, W. Oed, L. Sabel
Hauserneuerung
Das Handbuch zeigt, worauf es bei der umweltverträglichen u. kostengünstigen Renovierung ankommt. Mit Anleitungen zur Selbsthilfe, Baustoffkunde u. Kostenübersicht. 1996, 236 S. m.v.Abb., gebunden 49,80 DM

Gernot Minke
Lehmbau-Handbuch
Ein umfassendes Lehrbuch und Nachschlagewerk, das die ganze Vielfalt der Einsatzmöglichkeiten und Verarbeitungstechniken des Baustoffes Lehm zeigt und die materialspezifischen Eigenschaften praxisnah erläutert.
4. Aufl. 1999, 320 S. m. vielen z.T. farb. Abb. gebunden 68,- DM

Gernot Minke
Dächer begrünen – einfach und wirkungsvoll
Praxisnaher, leicht verständlicher Ratgeber, der zeigt, wie Wohn- und Bürogebäude, Garagen und Carports mit einem Gründach ausgestattet werden. Mit Konstruktionsdetails von Dachaufbauten, Begrünungssystemen, Kosten und Hinweisen für den Selbstbau. 2000, 94 S., 17 x 24 cm 24,90 DM

Horst Crome
Handbuch Windenergie-Technik
Einführung in die Prinzipien der Windenergienutzung und Schritt-für-Schritt-Anleitung für den Bau verschiedener solider, leistungsfähiger Windkraftanlagen zur Stromerzeugung (200 W - 5 kW, 2 bis 7 m Rotor ø).
2000, 208 S. m.vielen z.T. farb. Abb., geb. 58,- DM

Heinz Ladener
Solare Stromversorgung
Grundlagen- u. Praxiswissen, das für Planung und Bau solarer Stromversorgungsanlagen gebraucht wird: Solarpanele, Akkus, Schaltungstechnik und Geräte, m. Beispielen u. Erfahrungen. 3.Aufl.1999, 284 S., 48,- DM

Andreas Henze, Werner Hillebrand
Strom von der Sonne
Einsatzmöglichkeiten, Aufbau, Dimensionierung und Installation kleiner netzunabhängiger Solarstromanlagen für Hütten, Fahrzeuge und Boote, mit Hinweisen für die fachgerechte Elektroinstallation + Beispiele einschließlich PV-Anlagen zur Netzeinspeisung. 1999, 134 S. TB 24,90 DM

Bücher zu aktuellen Themen
Bauen - Energie - Umwelt

Daniel Mack
Möbel aus Wildholz

Möbel aus naturgeformtem Holz für drinnen und draußen: Neben vielfältigen Möbelstücken, Formen und Stilen beschreibt der Autor, worauf es bei der Auswahl der Hölzer ankommt und wie sie bearbeitet und zusammengefügt werden. 1999, 168 S. m.v.Abb., gebunden 49,80 DM

Claudia Lorenz Ladener
Naturkeller

Grundlagen, Planung und Bau von naturgekühlten Lagerräumen im Haus oder Freiland, um für Obst und Gemüse geeignete Überwinterungsmöglichkeiten zu schaffen. 139 S. m.v.Abb., 1990 29,80 DM

Uwe Hallenga
Wind: Strom für Haus und Hol

Bauanleitung mit Zeichnungssatz für eine kleine, leicht nachzubauende Windkraftanlage, die bei gutem Wind 200 bis 500 W Leistung bringt. 1990, 76 S. m.vielen Abb. 14,80 DM

Dieter Viebach
Der Stirlingmotor

Einfach erklärt und leicht gebaut. Detaillierte Bauanleitung für einen funktionstüchtigen Modellmotor, hergestellt aus einer gewöhnlichen Konservendose und einfach nachzubauenden Holzteilen.
1998, 106 Seiten m. vielen Abb., 17 x 24 cm 29,90 DM

Hans-P. Ebert
Heizen mit Holz

Günstiger Holzeinkauf, Zurichten des Waldholzes, Lagerung und Trocknung, Anforderungen an Feuerstelle und Schornstein, die verschiedenen Ofentypen und ihre Einsatzbereiche. 130 S. m.v.Abb., 1998 19,80 DM

Claudia Lorenz-Ladener
Holzbacköfen im Garten

Detaillierte Bauanleitungen vom einfachen Lehmofen bis zum gemauerten Brotbackhäuschen. Mit vielen Erfahrungen und Ratschlägen sowie pfiffigen Tips und Rezepten. 138 S. m.v.Abb., 17 x 24 cm, 1998 29,90 DM

Karlheinz Böse
Regenwasser für Garten und Haus

Wie und in welchen Behältern Wasser gesammelt werden kann, wann gefiltert werden muß, welche Pumpen geeignet sind, wie das Wasser in Haus und Garten verteilt wird. 110 S. m.v.Abb., 2. Aufl. 1999 19,90 DM

Martin Werdich, Kuno Kübler
Stirling - Maschinen

Grundlagen und Technik von Stirling-Maschinen mit einem Überblick über erprobte Motorkonzepte und ihre Vor- und Nachteile. Mit ausführlichem Hersteller- und Literaturverzeichnis sowie Bauplan für ein Funktionsmodell.
140 S. m.v.Abb., 7. Aufl. 1999 29,80 DM

Klaus W. König
Regenwasser in der Architektur

Sammlung und Nutzung von Regenwasser an Gebäuden: Planung, Bau und Betrieb von Regenwassersammelanlagen im privaten, gewerblichen und kommunalen Bereich sowie erweiterte Wasserkonzepte mit Versickerung und Verdunstung. 1996, 236 S. m.v. Abb., 56,- DM

Unsere Bücher erhalten Sie in allen Buchhandlungen.
Preisstand: 1.12.2000 - Änderungen vorbehalten!

In unserer *Versandbuchhandlung* haben wir über 300 Titel auf Lager, die Sie direkt bei uns bestellen können, und zwar zu folgenden Themen: Solararchitektur - Bauen & Selbstbau - Nutzung von Sonnen-, Wind- und Wasserkraft - Bioenergie - Energiekonzepte - Land- und Gartenbau - Tierhaltung - gesunde Küche - und vieles mehr ....

ökobuch Verlag & Versand GmbH
79216 Staufen · Postfach 1126 · ✆07633-50613

Fordern Sie einfach die große Buchliste an bei: 07633-50870 · email: oekobuch@t-online.de · http://www.oekobuch.de/